Paraninfo

W0340806

REBT Reglamento Electrotécnico para Baja Tensión

Actualizado según RD 560/2010, RD 1053/2014, RD 244/2019, RD 542/2020 y RD 298/2021

- Resumen de la Guía Técnica de Aplicación actualizada del REBT
- ITC-BT-03 actualizada según RD 298/2021
- ITC-BT-04 e ITC-BT-52 actualizadas según RD 542/2020
- ITC-BT-40 actualizada según RD 244/2019
- ITC-BT-06 e ITC-BT-07 actualizadas a la norma UNE 211435
- ITC-BT-19 actualizada a la norma UNE-HD 60364-5-52
- Adaptado al Reglamento Europeo CPR
- Ejemplos de aplicación, notas aclaratorias y figuras en color

5.ª EDICIÓN

Pablo Alcalde San Miguel

Paraninfo

Reglamento Electrotécnico para Baja Tensión

Gerente Editorial
María José López Raso

Equipo Técnico Editorial
Paola Paz Otero
Sofía Durán Tamayo

Editora de Adquisiciones
Carmen Lara Carmona

Producción
Nacho Cabal Ramos

Diseño de Cubierta
Ediciones Nobel

Preimpresión
Alejandra García Blázquez

5.ª edición, 2021

C/ Velázquez 31, 3.° Dcha. / 28001 Madrid
(ESPAÑA)
Teléfono: 914 463 350 / Fax: 914 456 218
clientes@paraninfo.es / www.paraninfo.es

ISBN: 978-84-1366-506-1
Depósito legal: M- 23773-2021
(26773)

Impreso en España / *Printed in Spain*

ÍNDICE

PRÓLOGO . . . 21
REAL DECRETO 842/2002 . . . 25
REAL DECRETO 1053/2014 . . . 34
REAL DECRETO 244/2019 . . . 46
REAL DECRETO 542/2020 . . . 52
REAL DECRETO 298/2021 . . . 59
REBT - ARTICULADO . . . 75

ITC-BT-01 Terminología 95

ITC-BT-02 Normas de referencia en el REBT 111

ITC-BT-03 Documentación e inspecciones. Empresas autorizadas en baja tensión 127

1. Objeto . . . 128
2. Empresa instaladora e instalador en baja tensión . . . 128
2.1. Empresa instaladora en baja tensión . . . 128
2.2. Instalador en baja tensión . . . 128
3. Clasificación de las empresas instaladoras en baja tensión . . . 128
3.1. Categoría básica (IBTB) . . . 128
3.2. Categoría especialista (IBTE) . . . 128
4. Instalador en baja tensión . . . 129
5. Habilitación de empresas instaladoras de Baja Tensión . . . 131
6. Obligaciones de las empresas instaladoras en Baja Tensión . . . 133
Apéndice I. Medios mínimos, técnicos y humanos, requeridos para las empresas instaladoras en baja tensión . . . 135
1. Medios humanos . . . 135
2. Medios técnicos . . . 135
2.1. Categoría Básica. Equipos . . . 135
2.2. Categoría Especialista . . . 136
2.3. Herramientas, equipos y medios de protección individual . . . 136
Apéndice II. Conocimientos mínimos necesarios para Instaladores en Baja Tensión . . . 136
I. Instalador Categoría Básica . . . 136
A) Conocimientos teóricos . . . 136
B) Conocimientos prácticos . . . 139
II. Instalador Categoría Especialista . . . 140
A) Conocimientos teóricos . . . 140
B) Conocimientos prácticos . . . 142

ITC-BT-04 Documentación y puesta en servicio de las instalaciones 145

1. Objeto . . . 146
2. Documentación de las instalaciones . . . 146
2.1. Proyecto . . . 146
2.2. Memoria Técnica de Diseño . . . 147
3. Instalaciones que precisan proyecto . . . 147

4. Instalaciones que requieren Memoria Técnica de Diseño 149
5. Ejecución y tramitación de las instalaciones 149
6. Puesta en servicio de las instalaciones 152

ITC-BT-05 Verificaciones e inspecciones **153**

1. Objeto 154
2. Agentes intervinientes 154
3. Verificaciones previas a la puesta en servicio 154
4. Inspecciones 156
4.1. Inspecciones iniciales 156
4.2. Inspecciones periódicas 156
5. Procedimiento 156
6. Clasificación de defectos 158
6.1. Defecto muy grave 158
6.2. Defecto grave 159
6.3. Defecto leve 160

ITC-BT-06 Redes aéreas para distribución en baja tensión **161**

1. Materiales 162
1.1. Conductores 162
1.1.1. Conductores aislados 162
1.1.2. Conductores desnudos 162
1.2. Aisladores 162
1.3. Accesorios de sujeción 163
1.4. Apoyos 163
1.5. Tirantes y tornapuntas 163
2. Cálculo mecánico 163
2.1. Acciones a considerar en el cálculo 163
2.2. Conductores 164
2.2.1. Tracción máxima admisible 164
2.2.2. Flecha máxima 165
2.3. Apoyos 165
3. Ejecución de las instalaciones 166
3.1. Instalación de conductores aislados 166
3.1.1. Cables posados 166
3.1.2. Cables tensados 167
3.2. Instalación de conductores desnudos 167
3.2.1. Distancia de los conductores desnudos al suelo y zonas de protección de las edificaciones 168
3.2.2. Separación mínima entre conductores desnudos y entre estos y los muros o paredes de edificaciones 170
3.3. Empalmes y conexiones de conductores. Condiciones mecánicas y eléctricas de los mismos 171
3.4. Sección mínima del conductor neutro 171
3.5. Identificación del conductor neutro 171
3.6. Continuidad del conductor neutro 172
3.7. Puesta a tierra del neutro 172

3.8. Instalación de apoyos . . . 172
3.9. Condiciones generales para cruzamientos y paralelismos . . . 173
3.9.1. Cruzamientos . . . 173
3.9.2. Proximidades y paralelismos . . . 177
4. Intensidades máximas admisibles por los conductores . . . 180
4.1. Generalidades . . . 180
4.2. Cables formados por conductores aislados con polietileno reticulado (XLPE), en haz, a espiral visible . . . 180
4.2.1. Intensidades máximas admisibles . . . 180
4.2.2. Factores de corrección . . . 181
4.2.3. Intensidades máximas de cortocircuito admisibles en los conductores de los cables . . . 182
4.3. Conductores desnudos de cobre y aluminio . . . 183
4.4. Otros cables u otros sistemas de instalación . . . 184

ITC-BT-07 Redes subterráneas para distribución en baja tensión 185

1. Cables . . . 186
2. Ejecución de las instalaciones . . . 187
2.1. Instalación de cables aislados . . . 187
2.1.1. Directamente enterrados . . . 187
2.1.2. En canalizaciones entubadas . . . 188
2.1.3. En galerías . . . 189
2.1.4. En atarjeas o canales registrables . . . 191
2.1.5. En bandejas, soportes, palomillas o directamente sujetos a la pared . . . 192
2.1.6. Circuitos con cables en paralelo . . . 192
2.2. Condiciones generales para cruzamiento, proximidades y paralelismo . . . 192
2.2.1. Cruzamientos . . . 193
2.2.2. Proximidades y paralelismos . . . 195
2.2.3. Acometidas (conexiones de servicio) . . . 197
2.3. Puesta a tierra y continuidad del neutro . . . 197
3. Intensidades máximas admisibles (Criterio de la nueva norma UNE 211435) . . . 198
3.1. Intensidades máximas permanentes en los conductores de los cables . . . 198
3.1.1. Temperatura máxima admisible . . . 198
3.1.2. Condiciones de instalación enterrada . . . 199
3.1.3. Cables enterrados en zanja en el interior de tubos o similares . . . 206
3.1.4. Condiciones de instalación al aire (en galerías, zanjas registrables, atarjeas o canales revisables) . . . 206
3.2. Intensidades de cortocircuito admisibles en los conductores . . . 208
3.3. Otros cables o sistemas de instalación . . . 209

ITC-BT-08 Sistemas de conexión del neutro y de las masas en redes de distribución de energía eléctrica 211

1. Esquemas de distribución . . . 212
1.1. Esquema TN . . . 212
1.2. Esquema TT . . . 214
1.3. Esquema IT . . . 215

1.4. Aplicación de los tres tipos de esquemas 216
2. Prescripciones especiales en las redes de distribución para la aplicación del esquema TN 216

ITC-BT-09 Instalaciones de alumbrado exterior **219**

1. Campo de aplicación 220
2. Acometidas desde las redes de distribución de la compañía suministradora . . . 220
3. Dimensionamiento de las instalaciones 221
4. Cuadros de protección, medida y control 223
5. Redes de alimentación 223
5.1. Cables 223
5.2. Tipos 224
5.2.1. Redes subterráneas 224
5.2.2. Redes aéreas 225
5.2.3. Redes de control y auxiliares 226
6. Soportes de luminarias 229
6.1. Características 229
6.2. Instalación eléctrica 229
7. Luminarias 230
7.1. Características 230
7.2. Instalación eléctrica de luminarias suspendidas 230
8. Equipos eléctricos de los puntos de luz 231
9. Protección contra contactos directos e indirectos 231
10. Puestas a tierra 233

ITC-BT-10 Previsión de cargas para suministros de baja tensión **237**

1. Clasificación de los lugares de consumo 238
2. Grado de electrificación y previsión de la potencia en las viviendas 238
2.1. Grado de electrificación 238
2.1.1. Electrificación básica 238
2.1.2. Electrificación elevada 238
2.2. Previsión de la potencia 239
3. Carga total correspondiente a un edificio destinado preferentemente a viviendas 240
3.1. Carga correspondiente a un conjunto de viviendas 240
3.2. Carga correspondiente a los servicios generales 241
3.3. Carga correspondiente a los locales comerciales y oficinas 242
3.4. Carga correspondiente a los garajes 243
4. Carga total correspondiente a edificios comerciales, de oficinas o destinados a una o varias industrias 243
4.1. Edificios comerciales o de oficinas 243
4.2. Edificios destinados a concentración de industrias 244
5. Carga correspondiente a las zonas de estacionamiento con infraestructura para la recarga de los vehículos eléctricos en viviendas de nueva construcción . . . 244
5.1. Viviendas unifamiliares 244
5.2. Instalación en plazas de aparcamientos o estacionamientos colectivos en edificios o conjuntos inmobiliarios en régimen de propiedad horizontal 244

6. Previsión de cargas 244
7. Suministros monofásicos 245

ITC-BT-11 Redes de distribución de energía. Acometidas 247

1. Acometidas 248
1.1. Definición 248
1.2. Tipos de acometidas 248
1.2.1. Acometida aérea posada sobre fachada 248
1.2.2. Acometida aérea tensada sobre postes 250
1.2.3. Acometida subterránea 250
1.2.4. Acometida aero subterránea 251
1.3. Instalación 252
1.4. Características de los cables y conductores 252

ITC-BT-12 Instalaciones de enlace. Esquemas 253

1. Instalaciones de enlace 254
1.1. Definición 254
1.2. Partes que constituyen las instalaciones de enlace 254
2. Esquemas 254
2.1. Para un solo usuario 255
2.2. Para más de un usuario 256
2.2.1. Colocación de contadores para dos usuarios alimentados desde el mismo lugar 256
2.2.2. Colocación de contadores en forma centralizada en un lugar 257
2.2.3. Colocación de contadores en forma centralizada en más de un lugar 257

ITC-BT-13 Instalaciones de enlace. Cajas generales de protección 259

1. Cajas generales de protección (CGP) 260
1.1. Emplazamiento e instalación 260
1.2. Tipos y características 261
2. Cajas de protección y medida (CPM) 263
2.1. Emplazamiento e instalación 263
2.2. Tipos y características 263

ITC-BT-14 Instalaciones de enlace. Línea general de alimentación 265

1. Definición 266
2. Instalación 266
3. Cables 268

ITC-BT-15 Instalaciones de enlace. Derivaciones individuales 273

1. Definición 274
2. Instalación 274
3. Cables 277

ITC-BT-16 Instalaciones de enlace. Contadores: ubicación y sistemas de instalación 281

1. Generalidades 282
2. Formas de colocación 284
2.1. Colocación en forma individual 284
2.2. Colocación en forma concentrada 284
2.2.1. En local 285
2.2.2. En armario 287
3. Concentración de contadores 288
4. Elección del sistema 290

ITC-BT-17 Instalaciones de enlace. Dispositivos generales e individuales de mando y protección. Interruptor de control de potencia 291

1. Dispositivos generales e individuales de mando y protección. Interruptor de control de potencia 292
1.1. Situación 292
1.2. Composición y características de los cuadros 293
1.3. Características principales de los dispositivos de protección 294

ITC-BT-18 Instalaciones de puesta a tierra 295

1. Objeto 296
2. Puesta o conexión a tierra. Definición 296
3. Uniones a tierra 296
3.1. Tomas de tierra 298
3.2. Conductores de tierra 299
3.3. Bornes de puesta a tierra 300
3.4. Conductores de protección 301
4. Puesta a tierra por razones de protección 304
4.1. Tomas de tierra y conductores de protección para dispositivos de control de tensión de defecto 304
5. Puesta a tierra por razones funcionales 304
6. Puesta a tierra por razones combinadas de protección y funcionales 304
7. Conductores CPN (también denominados PEN) 304
8. Conductores de equipotencialidad 305
9. Resistencia de las tomas de tierra 306
10. Tomas de tierra independientes 309
11. Separación entre las tomas de tierra de las masas de las instalaciones de utilización y de las masas de un centro de transformación 310
12. Revisión de las tomas de tierra 311

ITC-BT-19 Instalaciones interiores o receptoras. Prescripciones generales 313

1. Campo de aplicación 314
2. Prescripciones de carácter general 314
2.1. Regla general 314
2.2. Conductores activos 315
2.2.1. Naturaleza de los conductores 315

2.2.2. Sección de los conductores. Caídas de tensión 315
2.2.3. Intensidades máximas admisibles 317
2.2.4. Identificación de conductores 329
2.3. Conductores de protección 330
2.4. Subdivisión de las instalaciones 331
2.5. Equilibrado de cargas 332
2.6. Posibilidad de separación de la alimentación 332
2.7. Posibilidad de conectar y desconectar en carga 333
2.8. Medidas de protección contra contactos directos o indirectos 334
2.9. Resistencia de aislamiento y rigidez dieléctrica 334
2.10. Bases de toma de corriente 337
2.11. Conexiones 339

ITC-BT-20 Instalaciones interiores o receptoras. Sistemas de instalación 341

1. Generalidades 342
2. Sistemas de instalación 342
2.1. Prescripciones generales 342
2.1.1. Disposiciones 342
2.1.2. Accesibilidad 343
2.1.3. Identificación 343
2.2. Condiciones particulares 344
2.2.1. Conductores aislados bajo tubos protectores 345
2.2.2. Conductores aislados fijados directamente sobre las paredes 345
2.2.3. Conductores aislados enterrados 346
2.2.4. Conductores aislados directamente empotrados en estructuras 347
2.2.5. Conductores aéreos 347
2.2.6. Conductores aislados en el interior de huecos de la construcción 347
2.2.7. Conductores aislados bajo canales protectoras 348
2.2.8. Conductores aislados bajo molduras 349
2.2.9. Conductores aislados en bandeja o soporte de bandejas 351
2.2.10. Canalizaciones eléctricas prefabricadas 351
3. Paso a través de elementos de la construcción 353

ITC-BT-21 Instalaciones interiores o receptoras. Tubos y canales protectoras 355

1. Tubos protectores 356
1.1. Generalidades 356
1.2. Características mínimas de los tubos, en función del tipo de instalación 357
1.2.1. Tubos en canalizaciones fijas en superficie 357
1.2.2. Tubos en canalizaciones empotradas 359
1.2.3. Canalizaciones aéreas o con tubos al aire 361
1.2.4. Tubos en canalizaciones enterradas 363
2. Instalación y colocación de los tubos 365
2.1. Prescripciones generales 365
2.2. Montaje fijo en superficie 368
2.3. Montaje fijo empotrado 368
2.4. Montaje al aire 369

3. Canales protectoras 370
3.1. Generalidades 370
3.2. Características de las canales 371
4. Instalación y colocación de las canales 372
4.1. Prescripciones generales 372

ITC-BT-22 Instalaciones interiores o receptoras. Protección contra sobreintensidades 373

1. Protección de las instalaciones 374
1.1. Protección contra sobreintensidades 374
1.2. Aplicación de las medidas de protección 378

ITC-BT-23 Instalaciones interiores o receptoras. Protección contra sobretensiones 381

1. Objeto y campo de aplicación 382
2. Categorías de las sobretensiones. 383
2.1. Objeto de las categorías 383
2.2. Descripción de las categorías de sobretensiones 384
3. Medidas para el control de las sobretensiones 385
3.1. Situación natural 385
3.2. Situación controlada 385
4. Selección de los materiales en la instalación 390

ITC-BT-24 Instalaciones interiores o receptoras. Protección contra los contactos directos e indirectos 395

1. Introducción 396
2. Protección contra contactos directos e indirectos 396
3. Protección contra contactos directos. 397
3.1. Protección por aislamiento de las partes activas 397
3.2. Protección por medio de barreras o envolventes 398
3.3. Protección por medio de obstáculos 399
3.4. Protección por puesta fuera de alcance por alejamiento 399
3.5. Protección complementaria por dispositivos de corriente diferencial-residual 401
4. Protección contra los contactos indirectos 401
4.1. Protección por corte automático de la alimentación 402
4.1.1. Esquemas TN. Características y prescripciones de los dispositivos de protección 403
4.1.2. Esquemas TT. Características y prescripciones de los dispositivos de protección 404
4.1.3. Esquemas IT. Características y prescripciones de los dispositivos de protección 406
4.2. Protección por empleo de equipos de la clase II o por aislamiento equivalente 411
4.3. Protección en los locales o emplazamientos no conductores 412
4.4. Protección mediante conexiones equipotenciales locales no conectadas a tierra 414
4.5. Protección por separación eléctrica 414

ITC-BT-25 Instalaciones interiores en viviendas. Número de circuitos y características 417

1. Grado de electrificación básico 418
2. Circuitos interiores 418
   2.1. Protección general 418
   2.2. Previsión para instalaciones de sistemas de automatización, gestión técnica de la energía y seguridad 420
   2.3. Derivaciones 420
      2.3.1. Electrificación básica 421
      2.3.2. Electrificación elevada 422
3. Determinación del número de circuitos, sección de los conductores y de las caídas de tensión 425
4. Puntos de utilización 427

ITC-BT-26 Instalaciones interiores en viviendas. Prescripciones generales de instalación 429

1. Ámbito de aplicación 430
2. Tensiones de utilización y esquema de conexión 430
3. Tomas de tierra 430
   3.1. Instalación 430
   3.2. Elementos a conectar a tierra 433
   3.3. Puntos de puesta a tierra 433
   3.4. Líneas principales de tierra. Derivaciones 434
   3.5. Conductores de protección 435
4. Protección contra contactos indirectos 435
5. Cuadro general de distribución 435
6. Conductores 436
   6.1. Naturaleza y secciones 436
      6.1.1. Conductores activos 436
      6.1.2. Conductores de protección 436
   6.2. Identificación de los conductores 436
   6.3. Conexiones 437
7. Ejecución de las instalaciones 437
   7.1. Sistema de instalación 437
   7.2. Condiciones generales 438

ITC-BT-27 Instalaciones interiores en viviendas. Locales que tienen una bañera o ducha 439

1. Campo de aplicación 440
2. Ejecución de las instalaciones 440
   2.1. Clasificación de los volúmenes 440
      2.1.1. Volumen 0 440
      2.1.2. Volumen 1 440
      2.1.3. Volumen 2 441
      2.1.4. Volumen 3 441

2.2. Protección para garantizar la seguridad 442
2.3. Elección e instalación de los materiales eléctricos. 443
3. Requisitos particulares para la instalación de bañeras de hidromasaje, cabinas de ducha con circuitos eléctricos y aparatos análogos 445
4. Figuras de la clasificación de los volúmenes 446

ITC-BT-28 Instalaciones en locales de pública concurrencia **449**

1. Campo de aplicación 450
2. Alimentación de los servicios de seguridad. 452
2.1. Generalidades y fuentes de alimentación 452
2.2. Fuentes propias de energía 454
2.3. Suministros complementarios o de seguridad. 454
3. Alumbrados de emergencia 456
3.1. Alumbrado de seguridad. 456
3.1.1. Alumbrado de evacuación 456
3.1.2. Alumbrado ambiente o antipánico 457
3.1.3. Alumbrado de zonas de alto riesgo 457
3.2. Alumbrado de reemplazamiento 457
3.3. Lugares en que deberán instalarse alumbrados de emergencia 458
3.3.1. Con alumbrado de seguridad 458
3.3.2. Con alumbrado de reemplazamiento 460
3.4. Prescripciones de los aparatos para alumbrado de emergencia. 460
3.4.1. Aparatos autónomos para alumbrado de emergencia. 460
3.4.2. Luminaria alimentada por fuente central 462
4. Prescripciones de carácter general 462
5. Prescripciones complementarias para locales de espectáculos y actividades recreativas 464
6. Prescripciones complementarias para locales de reunión y trabajo 466

ITC-BT-29 Prescripciones particulares para las instalaciones eléctricas de los locales con riesgo de incendio o explosión **467**

1. Campo de aplicación 468
2. Terminología. 469
3. Fundamentos para alcanzar la seguridad. 471
4. Clasificación de emplazamientos 472
4.1. Clases de emplazamientos 473
4.1.1. Zonas de emplazamientos clase I. 474
4.1.2. Zonas de emplazamiento clase II 475
4.2. Ejemplos de emplazamientos peligrosos 475
5. Requisitos de los equipos 477
6. Prescripciones generales 477
6.1. Condiciones generales 477
6.2. Documentación 478
6.3. Mantenimiento y reparación 479
7. Emplazamientos de clase I 479
7.1. Generalidades. 479
7.2. Selección de equipos eléctricos (excluidos cables y conductos) 479

7.3. Reglas de instalación de equipos eléctricos 480
8. Emplazamientos de clase II 480
8.1. Generalidades 480
8.2. Selección de equipos eléctricos (excluidos cables y conductos) 481
8.3. Reglas de instalación de equipos eléctricos 481
9. Sistemas de cableado 482
9.1. Generalidades 482
9.2. Requisitos de los cables 483
9.3. Requisitos de los conductos 487

ITC-BT-30 Instalaciones en locales de características especiales **499**

1. Instalaciones en locales húmedos 500
1.1. Canalizaciones eléctricas 500
1.1.1. Instalación de conductores y cables aislados en el interior de tubos 500
1.1.2. Instalación de cables aislados con cubierta en el interior de canales aislantes 501
1.1.3. Instalación de cables aislados y armados con alambres galvanizados sin tubo protector 501
1.2. Aparamenta 502
1.3. Receptores de alumbrado y aparatos portátiles de alumbrado 502
2. Instalaciones en locales mojados 503
2.1. Canalizaciones 503
2.1.1. Instalación de conductores y cables aislados en el interior de tubos 503
2.1.2. Instalación de cables aislados con cubierta en el interior de canales aislantes 503
2.2. Aparamenta 504
2.3. Dispositivos de protección 504
2.4. Aparatos móviles o portátiles 504
2.5. Receptores de alumbrado 504
3. Instalaciones en locales con riesgo de corrosión 504
4. Instalaciones en locales polvorientos sin riesgo de incendio o explosión 505
5. Instalaciones en locales a temperatura elevada 505
6. Instalaciones en locales a muy baja temperatura 506
7. Instalaciones en locales en que existan baterías de acumuladores 506
8. Instalaciones en locales afectos a un servicio eléctrico 507
9. Instalaciones en otros locales de características especiales 508
9.1. Clasificación de las influencias externas 508

ITC-BT-31 Instalaciones con fines especiales. Piscinas y fuentes **509**

1. Campo de aplicación 510
2. Piscinas y pediluvios 510
2.1. Clasificación de los volúmenes 510
2.2. Prescripciones generales 511
2.2.1. Canalizaciones 513
2.2.2. Cajas de conexión 513

2.2.3. Luminarias . . . 513
2.2.4. Aparamenta y otros equipos . . . 513
3. Fuentes . . . 515
3.1. Requisitos del volumen 0 y 1 de las fuentes . . . 515
3.2. Conexión equipotencial suplementaria . . . 516
3.3. Protección contra la penetración del agua en los equipos eléctricos . . . 516
3.4. Canalizaciones . . . 516
4. Prescripciones particulares de equipos eléctricos de baja tensión instalados en el volumen 1 de las piscinas y otros baños . . . 516

ITC-BT-32 Instalaciones con fines especiales. Máquinas de elevación y transporte 521

1. Ámbito de aplicación . . . 522
2. Requisitos generales . . . 522
3. Protección para garantizar la seguridad . . . 523
3.1. Protección contra los contactos directos . . . 523
3.2. Protección contra sobreintensidades . . . 524
4. Seccionamiento y corte . . . 524
4.1. Corte por mantenimiento mecánico . . . 524
4.2. Corte y parada de emergencia . . . 525
5. Aparamenta . . . 526
5.1. Interruptores . . . 526
5.2. Interruptores en el lado de la alimentación de la instalación . . . 526
6. Disposición de la toma de tierra y conductores de protección . . . 527

ITC-BT-33 Instalaciones con fines especiales. Instalaciones provisionales y temporales de obras 529

1. Campo de aplicación . . . 530
2. Características generales . . . 531
2.1. Alimentación . . . 531
3. Instalaciones de seguridad . . . 532
3.1. Alumbrado de seguridad . . . 533
3.2. Otros circuitos de seguridad . . . 533
4. Protección contra los choques eléctricos . . . 533
4.1. Medidas de protección contra los contactos directos . . . 533
4.2. Medidas de protección contra los contactos indirectos . . . 534
5. Elección e instalación de los equipos . . . 535
5.1. Reglas comunes . . . 535
5.2. Canalizaciones . . . 537
5.3. Cables eléctricos . . . 538
6. Aparamenta . . . 539
6.1. Aparamenta de mando y seccionamiento . . . 539

ITC-BT-34 Instalaciones con fines especiales. Ferias y *stands* 541

1. Campo de aplicación . . . 542
2. Características generales . . . 542
2.1. Alimentación . . . 542

2.2. Influencias externas 542
3. Protección para garantizar la seguridad 543
3.1. Protección contra contactos directos e indirectos 543
3.2. Medidas de protección en función de las influencias externas 543
3.3. Medidas de protección contra sobreintensidades 544
4. Protección contra el fuego 544
5. Protección contra altas temperaturas 544
6. Aparamenta y montaje de equipos 544
6.1. Reglas comunes 544
6.2. Cables eléctricos 545
6.3. Canalizaciones 545
6.4. Otros equipos 545
6.4.1. Luminarias 545
6.4.2. Alumbrado de emergencia 545
6.4.3. Interruptores de emergencia 545
6.4.4. Bases y tomas de corriente 545
6.5. Conexiones a tierra 546
6.6. Conductores de protección 546
6.7. Cajas, cuadros y armarios de control 546

ITC-BT-35 Instalaciones con fines especiales. Establecimientos agrícolas y hortícolas 547

1. Campo de aplicación 548
2. Requisitos generales 548

ITC-BT-36 Instalaciones a muy baja tensión 549

1. Generalidades 550
2. Requisitos generales para las instalaciones a Muy Baja Tensión de Seguridad (MBTS) y Muy Baja Tensión de Protección (MBTP) 550
2.1. Fuentes de alimentación 550
2.2. Condiciones de instalación de los circuitos 552
3. Requisitos particulares para las instalaciones a Muy Baja Tensión de Seguridad (MBTS) 553
4. Requisitos particulares para las instalaciones a Muy Baja Tensión de Protección (MBTP) 554

ITC-BT-37 Instalaciones a tensiones especiales 555

1. Prescripciones particulares 556

ITC-BT-38 Instalaciones con fines especiales. Requisitos particulares para la instalación eléctrica en quirófanos y salas de intervención 557

1. Objeto y campo de aplicación 558
2. Condiciones generales de seguridad e instalación 558
2.1. Medidas de protección 558
2.1.1. Puesta a tierra de protección 558
2.1.2. Conexión de equipotencialidad 559
2.1.3. Suministro a través de un transformador de aislamiento 559

2.1.4. Protección diferencial y contra sobreintensidades 560
2.1.5. Empleo de muy baja tensión de seguridad 560
2.2. Suministros complementarios 560
2.3. Medidas contra el riesgo de incendio o explosión 560
2.4. Control y mantenimiento 562
2.4.1. Antes de la puesta en servicio de la instalación 562
2.4.2. Después de su puesta en servicio 563
2.4.3. Libro de Mantenimiento 563
3. Condiciones especiales de instalación de receptores en quirófanos y salas de intervención 563

ITC-BT-39 Instalaciones para fines especiales. Cercas eléctricas para ganado 565

1. Objeto y campo de aplicación 566
2. Alimentación 566
3. Prescripciones particulares 566

ITC-BT-40 Instalaciones generadoras de baja tensión 569

1. Objeto y campo de aplicación 570
2. Clasificación 571
3. Condiciones generales 572
4. Condiciones para la conexión 573
4.1. Instalaciones generadoras aisladas 576
4.2. Instalaciones generadoras asistidas 578
4.3. Instalaciones generadoras interconectadas 580
4.3.1. Potencias máximas de las centrales interconectadas en baja tensión 597
4.3.2. Condiciones específicas para el arranque y acoplamiento de la instalación generadora a la Red de Distribución Pública . . . 598
4.3.3. Equipos de maniobra y medida a disponer en el punto de interconexión 599
4.3.4. Control de la energía reactiva 600
5. Cables de conexión 601
6. Forma de la onda 601
7. Protecciones 605
8. Instalaciones de puesta a tierra 613
8.1. Generalidades 613
8.2. Características de la puesta a tierra según el funcionamiento de la instalación generadora respecto a la Red de Distribución Pública 614
8.2.1. Instalaciones generadoras aisladas conectadas a instalaciones receptoras que son alimentadas de forma exclusiva por dichos grupos 614
8.2.2. Instalaciones generadoras asistidas, conectadas a instalaciones receptoras que pueden ser alimentadas, de forma independiente, por dichos grupos o por la Red de Distribución Pública 614
8.2.3. Instalaciones generadoras interconectadas, conectadas a instalaciones receptoras que pueden ser alimentadas, de forma simultánea o independiente, por dichos grupos o por la Red de Distribución Pública 614

8.3. Generadores eólicos . . . 617
9. Puesta en marcha . . . 617
10. Otras disposiciones . . . 617
Anexo I. Sistemas para evitar el vertido de energía a la red . . . 618

ITC-BT-41 Instalaciones eléctricas en caravanas y parques de caravanas 627

1. Objeto y campo de aplicación . . . 628
2. Condiciones generales de instalación . . . 628

ITC-BT-42 Instalaciones eléctricas en puertos y marinas para barcos de recreo 629

1. Objeto y campo de aplicación . . . 630
2. Características generales . . . 630
3. Protecciones de seguridad . . . 630
3.1. Protección por Muy Baja Tensión de Seguridad (MBTS) . . . 630
3.2. Protección por corte automático de la alimentación . . . 630
3.3. Aplicación de las medidas de protección contra los choques eléctricos . . . 631
3.3.1. Protección por obstáculos . . . 631
3.3.2. Protección contra contactos indirectos . . . 631
4. Selección e instalación de equipos eléctricos . . . 631
4.1. Generalidades . . . 631
4.2. Canalizaciones . . . 631
4.3. Aparamenta . . . 632
4.3.1. Cuadros de distribución . . . 632
4.3.2. Bases de toma de corriente . . . 632
4.3.3. Conexión a los barcos de recreo . . . 634

ITC-BT-43 Instalación de receptores. Prescripciones generales 635

1. Introducción . . . 636
2. Generalidades . . . 636
2.1. Condiciones generales de instalación . . . 636
2.2. Clasificación de los receptores . . . 636
2.3. Condiciones de utilización . . . 637
2.4. Tensiones de alimentación . . . 638
2.5. Conexión de receptores . . . 638
2.6. Utilización de receptores que desequilibren las fases o produzcan fuertes oscilaciones de la potencia absorbida . . . 639
2.7. Compensación del factor de potencia . . . 640

ITC-BT-44 Instalación de receptores. Receptores para alumbrado 641

1. Objeto y campo de aplicación . . . 642
2. Condiciones particulares para los receptores para alumbrado y sus componentes . . . 642
2.1. Luminarias . . . 642
2.1.1. Suspensiones y dispositivos de regulación . . . 642

2.1.2. Cableado interno . . . 642
2.1.3. Cableado externo . . . 643
2.1.4. Puesta a tierra . . . 643
2.2. Lámparas . . . 643
2.3. Portalámparas . . . 643
3. Condiciones de instalación de los receptores para alumbrado . . . 644
3.1. Condiciones generales . . . 644
3.2. Condiciones específicas . . . 646
4. Utilización de muy bajas tensiones para alumbrado . . . 646
5. Rótulos luminosos . . . 646

ITC-BT-45 Instalación de receptores. Aparatos de caldeo 647

1. Objeto y campo de aplicación . . . 648
2. Aparatos para usos doméstico y comercial . . . 648
2.1. Aparatos para el calentamiento de líquidos . . . 648
2.2. Aparatos para el calentamiento de locales . . . 648
2.3. Cocinas, hornos, hornillos y encimeras . . . 649
3. Aparatos para usos industriales . . . 649
3.1. Aparatos de calentamiento de líquidos . . . 649
3.1.1. Calentadores de agua en los que esta forma parte del circuito eléctrico . . . 649
3.1.2. Calentadores provistos de elementos de caldeo desnudos sumergidos en el agua . . . 651
3.2. Aparatos de cocción y hornos industriales . . . 651
3.3. Aparatos para soldadura eléctrica por arco . . . 651

ITC-BT-46 Instalación de receptores. Cables y folios radiantes en viviendas 653

1. Objeto y campo de aplicación . . . 654
2. Limitaciones de empleo . . . 654
3. Instalación . . . 655
3.1. Circuito de alimentación . . . 655
3.2. Instalación eléctrica . . . 655
3.2.1. Uniones frías . . . 655
3.3. Colocación de los cables calefactores . . . 656
3.4. Fijación de los cables calefactores . . . 656
3.5. Relación con otras instalaciones . . . 656
4. Particularidades para instalaciones en el suelo de los cables calefactores . . . 657
4.1. Colocación . . . 657
5. Particularidades para instalaciones de cables calefactores en el techo . . . 658
5.1. Colocación . . . 658
6. Control . . . 658

ITC-BT-47 Instalación de receptores. Motores 659

1. Objeto y campo de aplicación . . . 660
2. Condiciones generales de instalación . . . 660

3. Conductores de conexión 660
3.1. Un solo motor 660
3.2. Varios motores 660
3.3. Carga combinada 661
4. Protección contra sobreintensidades 661
5. Protección contra la falta de tensión 662
6. Sobreintensidad de arranque 662
7. Instalación de reóstatos y resistencias 663
8. Herramientas portátiles 664

ITC-BT-48 Instalación de receptores. Transformadores y autotransformadores. Reactancias y rectificadores. Condensadores 665

1. Objeto y campo de aplicación 666
2. Condiciones generales de instalación 666
2.1. Transformadores y autotransformadores 666
2.2. Reactancias y rectificadores 667
2.3. Condensadores 667
3. Protección de los transformadores contra sobreintensidad 668

ITC-BT-49 Instalaciones eléctricas en muebles 669

1. Objeto y campo de aplicación 670
2. Muebles no destinados a instalarse en cuartos de baño 670
2.1. Aspectos generales 670
2.2. Canalizaciones 671
2.3. Sección de los conductores 671
2.4. Protección mecánica de los cables 671
2.5. Conexiones 672
3. Muebles en cuarto de baño 672

ITC-BT-50 Instalaciones eléctricas en locales que contienen radiadores para saunas 673

1. Objeto y campo de aplicación 674
2. Condiciones generales de instalación 674

ITC-BT-51 Instalaciones de sistemas de automatización, gestión técnica de la energía y seguridad para viviendas y edificios 675

1. Objeto y campo de aplicación 676
2. Terminología 677
3. Tipos de sistemas 677
4. Requisitos generales de la instalación 678
5. Condiciones particulares de instalación 679
5.1. Requisitos para sistemas que usan señales que se acoplan y transmiten por la instalación eléctrica de baja tensión 679
5.2. Requisitos para sistemas que usan señales transmitidas por cables específicos para dicha función 679
5.3. Requisitos para sistemas que usan señales radiadas 679

ITC-BT-52 Instalaciones con fines especiales. Infraestructura para la recarga de vehículos eléctricos ... 683

1. Objeto y campo de aplicación ... 684
2. Términos y definiciones ... 684
3. Esquemas de instalación para la recarga de vehículos eléctricos ... 690
3.1. Instalación en aparcamientos de viviendas unifamiliares ... 699
3.2. Instalación en aparcamientos o estacionamientos colectivos en edificios o conjuntos inmobiliarios en régimen de propiedad horizontal ... 701
3.3. Otras instalaciones de recarga ... 704
3.3.1. Estaciones de recarga para autoservicio (uso por personas no adiestradas) ... 704
3.3.2. Estaciones de recarga con asistencia para su utilización (uso por personas adiestradas o cualificadas) ... 704
4. Previsión de cargas según el esquema de la instalación ... 704
4.1. Esquema colectivo con un contador principal común (esquemas 1a, 1b y 1c) ... 705
4.2. Esquema individual (esquemas 2, 3a y 3b) ... 707
4.3. Esquema 4 (esquemas 4a y 4b) ... 708
5. Requisitos generales de la instalación ... 709
5.1. Alimentación ... 712
5.2. Sistemas de conexión del neutro ... 712
5.3. Canalizaciones ... 712
5.4. Punto de conexión ... 713
5.5. Contador secundario de medida de energía ... 715
6. Protección para garantizar la seguridad ... 715
6.1. Medidas de protección contra contactos directos e indirectos ... 715
6.2. Medidas de protección en función de las influencias externas ... 717
6.2.1. Grado de protección contra penetración de cuerpos sólidos y acceso a partes peligrosas ... 717
6.2.2. Grado de protección contra la penetración del agua ... 717
6.2.3. Grado de protección contra impactos mecánicos ... 718
6.3. Medidas de protección contra sobreintensidades ... 719
6.4. Medidas de protección contra sobretensiones ... 720
7. Condiciones particulares de instalación ... 721
7.1. Red de tierra para plazas de aparcamiento en el exterior ... 721

ANEXO I Código IP y Código IK ... 727
ANEXO II Caída de tensión. Cálculo de secciones ... 729
ANEXO III CPR y marcado CE de cables eléctricos por su reacción al fuego ... 733

Contenido del MATERIAL WEB ... 737
Instrucciones para el acceso al MATERIAL WEB ... 737

PRÓLOGO

El Reglamento Electrotécnico para Baja Tensión fue aprobado tras deliberación del Consejo de Ministros y reflejado en el Real Decreto 842/2002 de 2 de agosto de 2002 y publicado en el *BOE* número 224 de fecha 18 de septiembre de 2002, a propuesta del Ministerio de Ciencia y Tecnología, con el informe favorable del Ministerio de Administraciones Públicas y de acuerdo con el Consejo de Estado.

Este reglamento sustituye al Reglamento Electrotécnico para Baja Tensión de 1973.

El actual reglamento consta de tres partes fundamentales:

- Real Decreto.
- Articulado del Reglamento de Baja Tensión.
- Instrucciones Técnicas Complementarias.

El reglamento que aquí les presentamos está corregido y actualizado según RD 560/2010, por el que se modifican diversas normas reglamentarias en materia de seguridad industrial; y según el **RD 1053/2014** por el que se aprueba una nueva Instrucción Técnica Complementaria **ITC-BT-52** «Infraestructura para la recarga de vehículos eléctricos».

Además, se ha adaptado según la publicación del Reglamento Delegado 2016/364, que establece **las clases posibles de reacción al fuego de los cables eléctricos,** siguiendo los criterios del nuevo Reglamento de Productos de la Construcción de la Unión Europea **(CPR),** (Reglamento n.° 305/2011). A partir del 1 de Julio de 2017 solamente se podrán comercializar los cables eléctricos que lleven el marcado CE según las clases de reacción al fuego.

Corregido después de la publicación del Real Decreto 244/2019, de 5 de abril, por el que se regulan las condiciones administrativas, técnicas y económicas del autoconsumo de energía eléctrica. En la disposición final segunda de este RD se introducen modificaciones en la ITC-BT-40 del REBT, en las que se regulan los requisitos de los mecanismos antivertido y diversos requisitos de seguridad de las instalaciones generadoras de baja tensión.

Con la publicación del Real Decreto 542/2020, se modifican y derogan diferentes disposiciones en materia de calidad y seguridad industrial, que obligan de nuevo a la modificación del presente REBT. En concreto se modifica: el título y redacción del Artículo 14 en relación a las especificaciones particulares y proyectos tipo de las empresas distribuidoras de energía eléctrica; el apartado 5.5 de la ITC-BT-01 sobre la documentación y puesta en servicio de las instalaciones; y la ITC-BT-52 en la que se indican los nuevos criterios a seguir para la preinstalación mínima de puntos de recarga del vehículo eléctrico en edificios.

También se ha adaptado siguiendo los criterios de la publicación del Real Decreto 298/2021, por el que se modifican diversas normas reglamentarias en materia de seguridad industrial. En este nuevo RD se modifica el apartado 2 del Artículo 2 en relación al campo de aplicación del REBT que afectará ahora tanto a las instalaciones existentes, como a las modificaciones, reparaciones de las mismas, sean o no de importancia; además, se añaden cambios en la ITC-BT-03 que afectan a la competencia de las empresas instaladoras, se matiza y actualiza la normativa para la obtención de la acreditación como Instalador en Baja Tensión y se especifican los conocimientos mínimos necesarios para el desempeño de los Instaladores en Baja Tensión en sus diferentes categorías.

Actualización de normas UNE

Se ha hecho un esfuerzo por **actualizar aquellas normas que ya no están vigor.** Así, por ejemplo, en las ITC-BT-06 e ITC-BT-07, en relación con los conductores para líneas eléctricas aéreas y subterráneas, basan sus tablas de cálculo en la norma UNE 20435. Dado que esta norma ha sido anulada y sustituida por la UNE 211435, en su primera edición en el 2007 y actualizada en el 2011, hemos creído conveniente adaptar estas dos ITC a la nueva norma y sustituir todas las tablas que se ven afectadas.

El mismo criterio se ha seguido en la ITC-BT-19, en relación con la anulación de la norma UNE 20460-5-23 y la sustitución por la nueva norma UNE-HD 60364-5-52 para la instalación de conductores y canalizaciones en instalaciones interiores o receptoras.

Resumen de la Guía Técnica de aplicación del REBT

En la mayor parte de las instrucciones se ha incluido un resumen de la Guía Técnica de aplicación del REBT con las últimas actualizaciones, como por ejemplo en las ITC:

- BT-23. Protección contra sobretensiones.
- BT-24. Protección contra los contactos directos e indirectos.
- BT-25. Instalaciones interiores en viviendas.
- BT-28. Instalaciones en locales de pública concurrencia.

- BT-29. Instalaciones eléctricas en locales con riesgo de incendio o explosión.
- BT-33. Instalaciones provisionales y temporales de obras.
- BT-40. Instalaciones generadoras de baja tensión.
- BT-52. Infraestructura para la recarga de vehículos eléctricos.

Conviene recordar que la Guía no tiene carácter vinculante y que aporta aclaraciones a los conceptos que aparecen en el REBT.

Notas, figuras, ejemplos de aplicación

Con el fin de aclarar algunos conceptos que aparecen en el REBT, se han incluido notas con explicaciones sencillas, resúmenes, figuras en color y ejemplos de aplicación prácticos de aquellos aspectos que nos han parecido más relevantes. Se ha de aclarar que las figuras que son propias del reglamento casi siempre aparecen con un orden numérico (por ejemplo, Figura 1, Figura 2, etc.). Las figuras explicativas que se han añadido, o bien no tienen ningún tipo de texto en su pie, o bien aparecen con un orden de tipo alfabético (por ejemplo, Figura A, Figura B, etc.).

Material web

Además se ofrece al lector multitud de recursos didácticos como material web que le serán de valiosa ayuda para comprender los conceptos relativos al REBT y profundizar en ellos. Aquí se podrán encontrar, por ejemplo, el texto completo del Real Decreto y sus Instrucciones Técnicas complementarias, así como la Guía Técnica completa y actualizada, la documentación de tramitación de instalaciones eléctricas por comunidades autónomas, el Código Técnico de la Edificación, documentos relativos a la Salud y Seguridad de los trabajadores frente al riesgo eléctrico, etcétera.

El usuario podrá acceder al material web a través de **www.paraninfo.es** mediante un sencillo registro desde la sección «Recursos previo registro» de la ficha de la obra.

ANOTACIONES

REAL DECRETO 842/2002

de 2 de agosto, por el que se aprueba el Reglamento electrotécnico para baja tensión

(Corregido por el Real Decreto 560/2010, de 7 de mayo, por el que se modifican diversas normas reglamentarias en materia de seguridad industrial para adecuarlas a la Ley 17/2009, de 23 de noviembre, sobre el libre acceso a las actividades de servicios y su ejercicio, y a la Ley 25/2009, de 22 de diciembre, de modificación de diversas leyes para su adaptación a la Ley sobre el libre acceso a las actividades de servicios y su ejercicio y corrección de errores publicada en el BOE *n.° 149 de fecha 19 de junio de 2010 y corrección de errores publicada en el* BOE *n.° 207 de fecha 26 de agosto de 2010).*

(Corregido también por el Real Decreto 1053/2014, de 12 de diciembre, por el que se aprueba una nueva Instrucción Técnica Complementaria ***ITC-BT-52*** *«Instalaciones con fines especiales. Infraestructura para la recarga de vehículos eléctricos», del Reglamento electrotécnico para baja tensión, aprobado por Real Decreto 842/2002, de 2 de agosto, y se modifican otras instrucciones técnicas complementarias del mismo).*

(Corregido después de la publicación del Real Decreto 244/2019, de 5 de abril, por el que se regulan las condiciones administrativas, técnicas y económicas del autoconsumo de energía eléctrica. En la disposición final segunda de este RD se introducen modificaciones en la ITC-BT-40 del REBT, en las que se regulan los requisitos de los mecanismos antivertido y diversos requisitos de seguridad de las instalaciones generadoras de baja tensión).

(Adaptado tras la publicación del Reglamento Delegado 2016/364, que establece las clases posibles de reacción al fuego de los cables eléctricos, siguiendo los criterios del nuevo Reglamento de Productos de la Construcción de la Unión Europea **(CPR),** (Reglamento n.° 305/2011). *A partir del 1 de Julio de 2017 solamente se podrán comercializar los cables eléctricos que lleven el marcado CE según las clases de reacción al fuego que se indican en el capítulo 4, en base a las normas armonizadas EN 50575:2014 y EN 50575:2014/A1:2016. A estos efectos se deberán incluir los siguientes textos en las ITC-BT: 14, 15, 16, 20, 28 y 29:*

a) texto reglamentario en ITC-BT 014: *Instalaciones de enlace. Línea General de Alimentación*

Los cables serán de la clase de reacción al fuego mínima C_{ca}-s1b, d1, a1. Los cables con características equivalentes a las de la norma UNE 21123, partes 4 o 5, cumplen con esta prescripción.

b) texto reglamentario en ITC-BT 015: *Instalaciones de enlace. Derivaciones Individuales*

Los cables serán de la clase de reacción al fuego mínima C_{ca}-s1b, d1, a1. Los cables con características equivalentes a los de la norma UNE 21123, partes 4 o 5, o a la norma UNE 211002 (según la tensión asignada del cable) cumplen con esta prescripción.

c) texto reglamentario en ITC-BT 016: *Instalaciones de enlace. Contadores. Ubicación y sistemas de instalación*

Los cables serán de la clase de reacción al fuego mínima C_{ca}-s1b, d1, a1. Los cables con características equivalentes a la norma UNE 21027, parte 9 (mezclas termoestables) o a la norma UNE 211002 (mezclas termoplásticas) cumplen con esta prescripción.

d) texto reglamentario en ITC-BT 020: *Instalaciones interiores. Instalaciones interiores o receptoras. Sistemas de instalación*

Podrán instalarse directamente en los huecos de la construcción los cables de clase de reacción al fuego mínima E_{ca} y los tubos que sean no propagadores de la llama.

e) texto reglamentario en ITC-BT 028: *Instalaciones en locales de pública concurrencia*

Los cables serán de la clase de reacción al fuego mínima C_{ca}-s1b, d1, a1. Los cables con características equivalentes a las de la norma UNE 21123, partes 4 o 5, o a la norma UNE 211002 (según la tensión asignada del cable) cumplen con esta prescripción.

f) texto reglamentario en ITC-BT 029: *Prescripciones particulares para las instalaciones eléctricas de los locales con riesgo de incendio o explosión*

Los cables a utilizar en las instalaciones fijas deben cumplir, respecto a la reacción al fuego, como mínimo la clase Cca-s1b, d1, a1).

(Corregido después de la publicación del Real Decreto 542/2020, de 26 de mayo, por el que se modifican y derogan diferentes disposiciones en materia de calidad y seguridad industrial. En concreto se modifica: el título y redacción del Artículo 14 en relación a las especificaciones particulares y proyectos tipo de las empresas distribuidoras de energía eléctrica; el apartado 5.5 de la ITC-BT-04 sobre la documentación y puesta en servicio de las instalaciones; y la ITC-BT-52 en la que se indican los nuevos criterios a seguir para la preinstalación mínima de puntos de recarga del vehículo eléctrico en edificios).

(Corregido después de la publicación del Real Decreto 298/2021, de 27 de abril, por el que se modifican diversas normas reglamentarias en materia de seguridad industrial. En este nuevo RD se modifica el apartado 2 del Artículo 2 en relación al campo de aplicación del REBT que afectará ahora tanto a las instalaciones existentes, como a las modificaciones, reparaciones de las mismas, sean o no de importancia; además se añaden cambios en la ITC-BT-03 que afectan a la competencia de las empresas instaladoras, se matiza y actualiza la normativa para la obtención de la acreditación como Instalador en Baja Tensión y se especifican los conocimientos mínimos necesarios para el desempeño de los Instaladores en Baja Tensión en sus diferentes categorías).

El vigente Reglamento Electrotécnico para Baja Tensión, aprobado por Decreto 2413/1973, de 20 de septiembre, supuso un considerable avance en materia de reglas técnicas y estableció un esquema normativo, basado en un reglamento marco y unas instrucciones complementarias, las cuales desarrollaban aspectos específicos, que se reveló altamente eficaz, de modo que otros muchos reglamentos se realizaron con análogo formato.

No obstante, la evolución tanto del caudal técnico como de las condiciones legales ha provocado, al fin y a la postre, también en este Reglamento un alejamiento de las bases con que fue elaborado, por lo cual resulta necesaria su actualización.

La Ley 21/1992, de 16 de julio, de Industria establece el nuevo marco jurídico en el que, obviamente, se desenvuelve la reglamentación sobre seguridad industrial. El apartado 5 de su artículo 12 señala que «los reglamentos de seguridad industrial de ámbito estatal se aprobarán por el Gobierno de la Nación, sin perjuicio de que las Comunidades autónomas, con competencia legislativa sobre industria, puedan introducir requisitos adicionales sobre las mismas materias cuando se trate de instalaciones radicadas en su territorio».

Por otro lado, el Tratado de Adhesión de España a la Comunidad Económica Europea impuso el cumplimiento de las obligaciones derivadas de su tratado constitutivo y sucesivas modificaciones.

El conjunto normativo establecido por la Asociación Española de Normalización y Certificación (AENOR), con origen en los organismos internacionales de normalización electrotécnica, como la Comisión Electrotécnica Internacional (CEI) o el Comité Europeo de Normalización Electrotécnica (CENELEC), pone a disposición de las partes interesadas instrumentos técnicos avalados por una amplia experiencia y consensuados por los sectores directamente implicados, lo que facilita la ejecución homogénea de las instalaciones y los intercambios comerciales.

El Reglamento que se aprueba mediante el presente Real Decreto y sus Instrucciones Técnicas Complementarias mantienen el esquema citado y, en la medida de lo posible, el ordenamiento del Reglamento anterior, para facilitar la transición.

La mayor novedad del Reglamento consiste en la remisión a normas, en la medida que se trate de prescripciones de carácter eminentemente técnico y, especialmente, características de los materiales. Dado que dichas normas proceden en su mayor parte de las normas europeas EN e internacionales CEI, se consigue rápidamente disponer de soluciones técnicas en sintonía con lo aplicado en los países más avanzados y que reflejan un alto grado de consenso en el sector.

Para facilitar su puesta al día, en el texto de las Instrucciones únicamente se citan dichas normas por sus números de referencia, sin el año de edición. En una Instrucción a tal propósito se recoge toda la lista de las normas, esta vez con el año de edición, a fin de que, cuando aparezcan nuevas versiones, se puedan hacer los respectivos cambios en dicha lista, quedando automáticamente actualizadas en el texto dispositivo, sin necesidad de otra intervención. En ese momento también se pueden establecer los plazos para la transición entre las versiones, de tal manera que los fabricantes y distribuidores de material eléctrico puedan dar salida en un tiempo razonable a los productos fabricados de acuerdo con la versión de la norma anulada.

En línea con la reglamentación europea, las prescripciones establecidas por el propio Reglamento se considera que alcanzan los objetivos mínimos de seguridad exigibles en cada momento, de acuerdo con el estado de la técnica, pero también se admiten otras ejecuciones cuya equivalencia con dichos niveles de seguridad se demuestre por el diseñador de la instalación.

Por otro lado, a diferencia del anterior, el reglamento que ahora se aprueba permite que se puedan conceder excepciones a sus prescripciones en los casos en que se justifique debidamente su imposibilidad material y se aporten medidas compensatorias, lo que evitará situaciones sin salida.

Se definen de manera mucho más precisa las figuras de las empresas instaladoras, teniendo en cuenta las distintas formaciones docentes y experiencias obtenidas en este campo. Se establece una categoría básica, para la realización de las instalaciones eléctricas más comunes, y una categoría especialista, con varias modalidades, atendiendo a las instalaciones que presentan peculiaridades relevantes.

Se introducen nuevos tipos de instalaciones: desde las correspondientes a establecimientos agrícolas y hortícolas hasta las de automatización, gestión técnica de la energía y seguridad para viviendas en edificios, de acuerdo con las técnicas más modernas, pasando por un nuevo concepto de instalaciones en piscinas, donde se introducen las tensiones que proporcionan seguridad intrínseca, caravanas y parques de caravanas, entre otras.

Se aumenta el número mínimo de circuitos en viviendas, lo que redundará en un mayor confort de las mismas. Para la ejecución y puesta en servicio de las instalaciones se requiere en todos los casos la elaboración de una documentación técnica, en forma de proyecto o memoria, según las características de aquellas y el registro en la correspondiente Comunidad Autónoma.

Por primera vez en un reglamento de este tipo se exige la entrega al titular de una instalación de una documentación donde se reflejen sus características fundamentales, trazado, instrucciones y precauciones de uso, etc. Carecía de sentido no proceder de esta manera con una instalación de un inmueble, mientras se proporciona sistemáticamente un libro de instrucciones con cualquier aparato eléctrico de escaso valor económico.

Se establece un cuadro de inspecciones por organismos de control, en el caso de instalaciones cuya seguridad ofrece particular relevancia, sin obviar que los titulares de las mismas deben mantenerlas en buen estado. Finalmente, se encarga al Centro Directivo competente en materia de Seguridad Industrial del Ministerio de Ciencia y Tecnología la elaboración de una Guía, como ayuda a los distintos agentes afectados para la mejor comprensión de las prescripciones reglamentarias.

En la fase de proyecto la presente Disposición ha cumplido el procedimiento de información establecido en el Real Decreto 1337/1999, de 31 de julio, por el que se regula la remisión de información en materia de normas y reglamentaciones técnicas y reglamentos relativos a los servicios de la sociedad de la información, de aplicación de la Directiva del Consejo 98/34/CEE.

En su virtud, a propuesta del Ministro de Ciencia y Tecnología, con informe favorable del ministro de Administraciones Públicas, de acuerdo con el Consejo de Estado, y previa deliberación del Consejo de Ministros en su reunión del 2 de agosto de 2002,

DISPONGO:

Artículo único. *Aprobación del Reglamento electrotécnico para baja tensión.*

Se aprueba el Reglamento Electrotécnico para Baja Tensión y sus Instrucciones Técnicas Complementarias (ITC) BT-01 a BT-51, que se adjuntan al presente Real Decreto.

Disposición transitoria primera. *Carnés profesionales.*

Los titulares de carnés de instalador autorizado o empresa instaladora autorizada, a la fecha de la publicación del presente Real Decreto, dispondrán de dos años, a partir de la entrada en vigor del adjunto Reglamento, para convalidarlos por los correspondientes que se contemplan en la Instrucción Técnica Complementaria ITC-BT 03 del mismo, siempre que no les hubiera sido retirado por sanción, mediante la presentación ante el Órgano competente de la Comunidad Autónoma de una memoria en la que se acredite la respectiva experiencia profesional en las instalaciones eléctricas correspondientes a la categoría o categorías cuya convalidación se solicita, y que cuentan con los medios técnicos y humanos requeridos por la citada ITC-BT 03. A partir de la convalidación, para la renovación de los carnés deberán seguir el procedimiento común fijado en el Reglamento.

Disposición transitoria segunda. *Entidades de formación.*

En tanto no se determinen por las Administraciones educativas las titulaciones académicas y profesionales correspondientes a la formación mínima requerida para el ejercicio de la actividad de instalador, esta formación podrá ser acreditada, sin efectos académicos, a través de la correspondiente certificación expedida por una entidad pública o privada que tenga capacidad para desarrollar actividades formativas en esta materia y cuente con la correspondiente autorización administrativa.

Los requisitos de las entidades de formación serán establecidos mediante la correspondiente Orden ministerial.

Disposición transitoria tercera. *Instalaciones en fase de tramitación en la fecha de entrada en vigor del Reglamento.*

Se permitirá una prórroga de dos años, a partir de la entrada en vigor del Reglamento anexo, para la ejecución de aquellas instalaciones cuya documentación técnica haya sido presentada antes de dicha entrada en vigor ante el Órgano Competente de la Comunidad Autónoma y fuera conforme a lo dispuesto en el Reglamento Electrotécnico para Baja Tensión, aprobado por Decreto 2413/1973, de 20 de septiembre, sus Instrucciones Técnicas Complementarias y todas las disposiciones que los desarrollan y modifican.

Disposición Derogatoria Única. *Derogación normativa.*

A la entrada en vigor del adjunto Reglamento, quedará derogado el Reglamento Electrotécnico para Baja Tensión, aprobado por Decreto 2413/1973, de 20 de septiembre, sus Instrucciones Técnicas Complementarias y todas las disposiciones que los desarrollan y modifican.

Disposición final primera. *Habilitación normativa.*

El presente Real Decreto se dicta al amparo del título competencial establecido en la disposición final única de la Ley 21/1992, de 16 de julio, de Industria, en concreto de las competencias que corresponden al Estado conforme al artículo 149.1.1.ª y 13.ª de la Constitución, relativas a la regulación de las condiciones básicas que garanticen la igualdad de todos los españoles en el ejercicio de los derechos y en el cumplimiento de los deberes constitucionales, así como sobre las bases y condiciones de la planificación general de la actividad económica.

Disposición final segunda. *Habilitación al Ministro de Ciencia y Tecnología.*

Se faculta al Ministro de Ciencia y Tecnología para que, en atención al desarrollo tecnológico y a petición de parte interesada, pueda establecer, con carácter general y provisional, prescripciones técnicas, diferentes de las previstas en el Reglamento o sus instrucciones técnicas complementarias (ITC), que posibiliten un nivel de seguridad al menos equivalente a las anteriores, en tanto se procede a la modificación de los mismos.

Disposición final tercera. *Entrada en vigor.*

El Reglamento Electrotécnico para Baja Tensión, adjunto al presente Real Decreto, entrará en vigor, con carácter obligatorio, para todas las instalaciones contempladas en su ámbito de aplicación, al año de su publicación en el *Boletín Oficial del Estado*. No obstante, podrá aplicarse, voluntariamente, desde la fecha de dicha publicación.

Dado en Palma de Mallorca, el 2 de agosto de 2002.

JUAN CARLOS R.

El Ministro de Ciencia y Tecnología,
JOSEP PIQUÉ I CAMPS

Artículo séptimo. Modificación del RD 842/2002

Disposición adicional primera. *Cobertura de seguro u otra garantía equivalente suscrito en otro Estado.*

Cuando la empresa instaladora en baja tensión que se establece o ejerce la actividad en España, ya esté cubierta por un seguro de responsabilidad civil profesional u otra garantía equivalente o comparable en lo esencial en cuanto a su finalidad y a la cobertura, que ofrezca en términos de riesgo asegurado, suma asegurada o límite de la garantía en otro Estado miembro en el que ya esté establecido, se considerará cumplida la exigencia establecida en el apartado 5.8.c) de la ITC-BT-03 aprobada por el Real Decreto 842/2002, de 2 de agosto, por el que se aprueba el Reglamento electrotécnico para baja tensión. Si la equivalencia con los requisitos es solo parcial, la empresa instaladora en baja tensión deberá ampliar el seguro o garantía equivalente hasta completar las condiciones exigidas. En el caso de seguros u otras garantías suscritas con entidades aseguradoras y entidades de crédito autorizadas en otro Estado miembro, se aceptarán a efectos de acreditación los certificados emitidos por estas.

Disposición adicional segunda. *Aceptación de documentos de otros Estados miembros a efectos de acreditación del cumplimiento de requisitos.*

A los efectos de acreditar el cumplimiento de los requisitos exigidos a las empresas instaladoras, se aceptarán los documentos procedentes de otro Estado miembro de los que se desprenda que se cumplen tales requisitos, en los términos previstos en el artículo 17 de la Ley 17/2009, de 23 de noviembre, sobre el libre acceso a las actividades de servicios y su ejercicio.

Disposición adicional tercera. *Modelo de declaración responsable.*

Corresponderá a las comunidades autónomas elaborar y mantener disponibles los modelos de declaración responsable. A efectos de facilitar la introducción de datos en el Registro Integrado Industrial regulado en el título IV de la Ley 21/1992, de 16 de julio, de Industria, el órgano competente en materia de seguridad industrial del Ministerio de Industria, Turismo y Comercio elaborará y mantendrá actualizada una propuesta de modelos de declaración responsable, que deberá incluir los datos que se suministrarán al indicado registro, y que estará disponible en la sede electrónica de dicho Ministerio.

Disposición adicional cuarta. ***Obligaciones en materia de información y reclamaciones.***

Las empresas instaladoras en baja tensión deben cumplir las obligaciones de información de los prestadores y las obligaciones en materia de reclamaciones establecidas, respectivamente, en los artículos 22 y 23 de la Ley 17/2009, de 23 de noviembre, sobre el libre acceso a las actividades de servicios y su ejercicio.

Dado en Madrid, el 7 de mayo de 2010.

JUAN CARLOS R.

El Ministro de Industria, Turismo y Comercio,
MIGUEL SEBASTIÁN GASCÓN

REAL DECRETO 1053/2014

de 12 de diciembre, por el que se aprueba una nueva Instrucción Técnica Complementaria ITC-BT-52 «Instalaciones con fines especiales. Infraestructura para la recarga de vehículos eléctricos», del Reglamento electrotécnico para baja tensión, aprobado por Real Decreto 842/2002, de 2 de agosto, y se modifican otras instrucciones técnicas complementarias del mismo)

La electricidad puede incrementar la eficiencia energética de los vehículos de carretera y contribuir a la reducción del CO_2 en el transporte. Es la fuente de energía indispensable para el desarrollo de los vehículos eléctricos, incluidos los vehículos eléctricos ligeros, que puede contribuir a mejorar la calidad del aire y a reducir la contaminación acústica en las aglomeraciones urbanas o suburbanas y demás zonas densamente pobladas.

El Gobierno presentó el 6 de abril de 2010 la Estrategia Integral para el Impulso del Vehículo Eléctrico, con horizonte 2014, con diferentes programas para la aplicación de medidas que contemplan el fenómeno desde sus distintas facetas: fomento de la demanda, industrialización e I+D+i, actuaciones horizontales y fomento de la infraestructura de recarga y gestión de la demanda energética. En relación con este último ámbito, se decía en el referido documento que la infraestructura prioritaria de suministro debe ser un elemento asociado a la adquisición del propio vehículo eléctrico (infraestructura vinculada), asociando el resto de infraestructura a servicios de recarga energética.

El Real Decreto-ley 6/2010, de 9 de abril, de medidas para el impulso de la recuperación económica y el empleo, reformó la Ley 54/1997, de 27 de noviembre, del Sector Eléctrico, entre otros aspectos, para incluir un nuevo agente del sector, denominado «gestor de cargas del sistema», cuya función principal será «la entrega de energía a través de servicios de recarga de vehículos eléctricos que utilicen motores eléctricos o baterías de almacenamiento en unas condiciones que permitan la recarga conveniente y a coste mínimo para el propio usuario y para el sistema eléctrico, mediante la futura integración con los sistemas de recarga tecnológicos que se desarrollen». Ello no impide que los titulares de los aparcamientos de uso no público puedan realizar las instalaciones correspondientes y gestionar su propio suministro o realizar una repercusión interna de gastos.

En desarrollo de la previsión de dicho Real Decreto-ley 6/2010, de 9 de abril, el Real Decreto 647/2011, de 9 de mayo, ha regulado la actividad de gestor de cargas del sistema para la realización de servicios de recarga energética, al tiempo que ha creado una tarifa de acceso supervalle, a fin de optimizar el aprovechamiento de la potencia de generación eléctrica ya existente, disponible de manera opcional tanto en libre comercialización como en tarifa de último recurso, lo que permitirá poner a disposición de los usuarios recargas más económicas en los correspondientes periodos horarios, al tiempo que ofrecerá al sistema eléctrico la posibilidad de mejorar su eficiencia global mediante un aplanamiento de la curva de demanda. Con ello se estima que podrían atenderse las necesidades de hasta 5 millones de vehículos eléctricos sin necesidad de aumentar la potencia de generación.

La definición de la figura del gestor de cargas ha sido refrendada posteriormente por la nueva Ley 24/2013, de 26 de diciembre, del Sector Eléctrico, que en su artículo 48 define los servicios de recarga energética y las obligaciones y derechos de los gestores de cargas.

Según el artículo 48 de la Ley del Sector Eléctrico, el servicio de recarga energética tendrá como función principal la entrega de energía a través de servicios de carga de vehículos eléctricos y de baterías de almacenamiento en unas condiciones que permitan la carga de forma eficiente y a mínimo coste para el propio usuario y para el sistema eléctrico. Para garantizar la seguridad de las instalaciones de carga de vehículos eléctricos, así como para facilitar mediante su normalización su funcionamiento al mínimo coste, es necesario desarrollar la norma técnica correspondiente.

En la Unión Europea se vienen debatiendo las cuestiones técnicas y preparando las estrategias políticas para el fomento de energías alternativas y su aprovechamiento. La Comisión Europea publicó el 24 de enero de 2013 una «Comunicación al Parlamento Europeo, al Consejo, al Comité Económico y Social Europeo y al Comité de las Regiones. Energía limpia para el transporte: Estrategia europea en materia de combustibles alternativos», y muy recientemente la «Directiva 2014/94/UE de 22 de octubre de 2014, del Parlamento Europeo y del Consejo, relativa a la implantación de una infraestructura para los combustibles alternativos», encaminadas ambas iniciativas a potenciar los denominados «combustibles alternativos» y, en particular, en lo referente al coche eléctrico, a la aprobación de un modelo de conector común para los vehículos eléctricos de la Unión Europea y a la promoción de la infraestructura necesaria para la recarga del vehículo eléctrico.

Según estas políticas europeas y en particular según la Directiva 2014/94/UE, los Estados miembros de la Unión Europea deben velar porque se cree un número apropiado de puntos de recarga accesibles al público a fin de permitir que los vehículos eléctricos circulen al menos en las aglomeraciones urbanas o suburbanas y demás zonas densamente pobladas y, en su caso, dentro de las redes que determinarán dichos Estados miembros. Así, por ejemplo, el número de dichos puntos de recarga accesibles al público deberá establecerse mediante marcos de acción nacionales que deberán comunicarse a la Comisión antes del 18 de noviembre de 2016, teniendo en cuenta, entre otros factores, el número estimado de vehículos eléctricos matriculados en los horizontes de 2020, 2025 y 2030 en cada Estado miembro. A título indicativo, el número adecuado de puntos de recarga deberá ser equivalente, al menos, a un punto de recarga cada 10 vehículos, teniendo asimismo en cuenta el tipo de vehículos, la tecnología de carga y los puntos de recarga privados disponibles. Las autoridades públicas de cada Estado miembro deberán adoptar medidas que ayuden a los usuarios de vehículos garantizando que los promotores y los gestores de los locales faciliten la infraestructura necesaria con suficientes puntos de recarga de vehículos eléctricos.

Esas, y cualesquiera otras iniciativas procedentes de la UE, deberán ser tenidas en cuenta, y los actos legislativos pertinentes, aprobados por el Parlamento Europeo y el Consejo, deberán aplicarse en los términos que se determinen, de modo que deberían realizarse las previsiones oportunas para acoger cualquier nuevo elemento que proceda de esas instancias también en el futuro. De la misma manera, en función de la evolución en la introducción del vehículo eléctrico, deberá posibilitarse una manera flexible para adaptarse a las posibles nuevas necesidades.

Este real decreto encuentra cobertura en primer lugar en la disposición final cuarta.1 de la referida Ley del Sector Eléctrico, la cual habilita, con carácter general, al Gobierno para que en el ámbito de sus competencias, dicte las disposiciones reglamentarias necesarias para el desarrollo y aplicación de esta ley. Pero además, en segundo lugar, más concretamente, también encuentra cobertura en el artículo 53.9, el cual dispone que las instalaciones de producción, transporte, distribución de energía eléctrica y líneas directas, las destinadas a su recepción por los usuarios, los equipos de consumo, así como los elementos técnicos y materiales para las instalaciones eléctricas deberán ajustarse a las correspondientes normas técnicas de seguridad y calidad industriales, de conformidad a lo previsto en la Ley 21/1992, de 16 de julio, de Industria, y demás normativa que resulte de aplicación.

Por otra parte, uno de los fines de la Ley 21/1992, de 16 de julio, de Industria, es el de contribuir a compatibilizar la actividad industrial con la protección del medio ambiente, lo cual va íntimamente unido a la eficiencia y ahorro energéticos y a la utilización de energías renovables. Por otra parte la mencionada Ley de Industria establece en su artículo 12 que los reglamentos de seguridad establecerán las condiciones técnicas o requisitos de seguridad que según su objeto deben reunir las instalaciones, los equipos, los procesos, los productos industriales y su utilización, así como los procedimientos técnicos de evaluación de su conformidad con las referidas condiciones o requisitos.

Asimismo, el artículo 12 de la Ley de Industria, en su apartado 5, determina que los Reglamentos de seguridad industrial de ámbito estatal se aprobarán por el Gobierno de la Nación, sin perjuicio de que las comunidades autónomas con competencia legislativa sobre industria, puedan introducir requisitos adicionales sobre las mismas materias cuando se trate de instalaciones radicadas en su territorio. En desarrollo de la citada previsión legal se dictó el Real Decreto 842/2002, de 2 de agosto, por el que se aprueba el Reglamento electrotécnico para baja tensión.

Así, pues, este real decreto encuentra el marco adecuado en la Ley de Industria y en el Reglamento electrotécnico para baja tensión que se modifica y completa, para establecer las especificaciones técnicas que posibiliten la recarga segura de los vehículos eléctricos en cualquiera de las situaciones que cabe esperar. Para ello, mediante este real decreto se aprueba una nueva instrucción técnica complementaria (ITC) que se añade a las ya incluidas en el Reglamento electrotécnico para baja tensión, aprobado por Real Decreto 842/2002, de 2 de agosto, denominada **ITC-BT-52** «Instalaciones con fines especiales. Infraestructura para la recarga de vehículos eléctricos», cuya finalidad es regular la alimentación eficiente y segura de las estaciones de recarga. Simultáneamente se modifican otras varias instrucciones en aquello que, consecuentemente, se ven afectadas.

De acuerdo con lo que se establece en la indicada nueva instrucción técnica complementaria, en lo referente a equipos y materiales, deben utilizarse estaciones de recarga con elementos de conexión normalizados y técnicamente seguros, como instrumento de los gestores de cargas o extensión de las instalaciones de los particulares.

Además, mediante la disposición adicional primera se prescriben unas dotaciones mínimas de la estructura para la recarga del «vehículo eléctrico» en edificios o estacionamientos de nueva construcción y en vías públicas, disposición que, encuentra cobertura en lo dispuesto en el artículo 3 de la Ley 38/1999, de 5 de noviembre, de Ordenación de la Edificación y en los artículos 82.2, 101 y 104.f) de la Ley 2/2011, de 4 de marzo, de Economía Sostenible.

En razón de la novedad de la materia, conviene prever la elaboración de una guía técnica que pueda dar orientaciones prácticas a las cuestiones que pudieran suscitarse en el desarrollo del mismo, lo que se hace en la disposición adicional segunda.

En definitiva, este real decreto constituye una norma reglamentaria sobre seguridad industrial en instalaciones energéticas de acuerdo con lo establecido en la Ley 21/1992, de 16 de julio, de Industria y Ley 24/2013, de 26 de diciembre, del Sector Eléctrico, si bien, su disposición adicional primera también se debe poner en relación con la Ley 38/1999, de 5 de noviembre, de Ordenación de la Edificación, y Ley 2/2011, de 4 de marzo, de Economía Sostenible.

Por lo que hace al orden competencial, este real decreto se dicta al amparo de lo dispuesto en las reglas 13.ª y 25.ª del artículo 149.1 de la Constitución Española, que atribuyen al Estado las competencias exclusivas sobre bases y coordinación de la planificación general de la actividad económica y sobre bases del régimen minero y energético, respectivamente. En todo caso, esta regulación tiene carácter de normativa básica y recoge previsiones de carácter exclusiva y marcadamente técnico, por lo que la Ley no resulta un instrumento idóneo para su establecimiento y se encuentra justificada su aprobación mediante real decreto.

Para su elaboración, este real decreto ha sido sometido al trámite de audiencia que prescribe el artículo 24.1.c) de la Ley 50/1997, de 27 de noviembre, del Gobierno, incluyendo la consulta a las comunidades autónomas y a la entidad más representativa de los entes locales, así como al procedimiento de información de normas y reglamentaciones técnicas y de reglamentos relativos a la sociedad de la información, regulado por Real Decreto 1337/1999, de 31 de julio, a los efectos de dar cumplimiento a lo dispuesto en la Directiva 98/34/CE del Parlamento Europeo y del Consejo, de 22 de junio, modificada por la Directiva 98/48/CE del Parlamento Europeo y del Consejo, de 20 julio. Además ha sido objeto de informe por el Consejo de Coordinación de la Seguridad Industrial, tal como exige el artículo 2.d) de su Reglamento, aprobado por Real Decreto 25/1997, de 21 de febrero.

En su virtud, a propuesta del Ministro de Industria, Energía y Turismo, de acuerdo con el Consejo de Estado, previa deliberación del Consejo de Ministros en su reunión del día 12 de diciembre de 2014,

DISPONGO:

Artículo único. *Aprobación de la Instrucción técnica complementaria ITC-BT-52, «Instalaciones con fines especiales. Infraestructura para la recarga de vehículos eléctricos», del Reglamento electrotécnico para baja tensión.*

1. Se aprueba la Instrucción técnica complementaria ITC-BT-52, «Instalaciones con fines especiales. Infraestructura para la recarga de vehículos eléctricos», del Reglamento electrotécnico para baja tensión, aprobado por Real Decreto 842/2002, de 2 de agosto, cuyo texto se inserta a continuación.

2. Las condiciones económicas del sistema se regirán por su normativa específica.

Disposición adicional primera. *Dotaciones mínimas de la estructura para la recarga del vehículo eléctrico en edificios o estacionamientos de nueva construcción y en vías públicas.*

1. En edificios o estacionamientos de nueva construcción deberá incluirse la instalación eléctrica específica para la recarga de los vehículos eléctricos, ejecutada de acuerdo con lo establecido en la referida ITC-BT-52, «Instalaciones con fines especiales. Infraestructura para la recarga de vehículos eléctricos», que se aprueba mediante este real decreto, con las siguientes dotaciones mínimas:

a) En aparcamientos o estacionamientos colectivos en edificios de régimen de propiedad horizontal, se deberá ejecutar una conducción principal por zonas comunitarias (mediante, tubos, canales, bandejas, etc.), de modo que se posibilite la realización de derivaciones hasta las estaciones de recarga ubicada en las plazas de aparcamiento, tal y como se describe en el apartado 3.2 de la ITC-BT-52,

b) en aparcamientos o estacionamientos de flotas privadas, cooperativas o de empresa, o los de oficinas, para su propio personal o asociados, o depósitos municipales de vehículos, las instalaciones necesarias para suministrar a una estación de recarga por cada **40 plazas** y

c) en aparcamientos o estacionamientos públicos permanentes, las instalaciones necesarias para suministrar a una estación de recarga por cada 40 plazas.

Se considera que un edificio o estacionamiento es de nueva construcción cuando el proyecto constructivo se presente a la Administración pública competente para su tramitación en fecha posterior a la entrada en vigor de este real decreto.

2. En la vía pública, deberán efectuarse las instalaciones necesarias para dar suministro a las estaciones de recarga ubicadas en las plazas destinadas a vehículos eléctricos que estén previstas en el Planes de Movilidad Sostenible supramunicipales o municipales.

Disposición adicional segunda. *Guía técnica.*

El órgano directivo competente en materia de seguridad industrial del Ministerio de Industria, Energía y Turismo elaborará y mantendrá actualizada una Guía técnica, de carácter no vinculante, para la aplicación práctica de las previsiones de este real decreto, la cual podrá establecer aclaraciones a conceptos de carácter general incluidos en el mismo.

Disposición transitoria única. *Plazo de terminación de las instalaciones en fase de ejecución antes de la fecha de entrada en vigor del real decreto.*

Las instalaciones para la recarga del vehículo eléctrico que estén en ejecución antes de la fecha de entrada en vigor de este real decreto dispondrán del plazo de tres años desde la citada fecha, para su terminación y puesta en servicio sin tener que sujetarse a las prescripciones del mismo, para lo cual los titulares o, en su nombre, las empresas instaladoras que las ejecuten, deberán presentar a la Administración pública competente en el plazo de seis meses desde dicha entrada en vigor, una lista con las instalaciones en esta situación. A los efectos de acreditar la ejecución se tomará como referencia la fecha de la licencia de obra correspondiente. Los órganos competentes de las Comunidades Autónomas, en atención a situaciones objetivas, justificadas por el titular mediante un informe técnico, podrán modificar dicho plazo.

Disposición derogatoria única. *Derogación normativa.*

Quedan derogadas cuantas disposiciones de igual o inferior rango contradigan lo dispuesto en este real decreto.

Disposición final primera. *Modificación de la Instrucción técnica complementaria ITC-BT-02 del REBT.*

En la tabla de la Instrucción técnica complementaria ITC-BT-02, «Normas de referencia en el Reglamento electrotécnico de baja tensión» del REBT, aprobado por Real Decreto 842/2002, de 2 de agosto, se añaden las siguientes normas:

NOTA

Estas nuevas normas se pueden encontrar anexas en la ITC-BT-02 de la presente edición de este REBT.

Disposición final segunda. *Modificación de la Instrucción técnica complementaria ITC-BT-04 del REBT.*

NOTA

Esta modificación esta ya incluida en la **ITC-BT-04** de la presente edición de este REBT. En el apartado «3. Instalaciones que precisan proyecto» consiste en la sustitución del término "garajes" por los términos «*aparcamientos o estacionamientos*»; y por la inclusión de los siguientes párrafos:

z	*Las correspondientes a las infraestructuras para la recarga del vehículo eléctrico.*	*P > 50 kW*
	Instalaciones de recarga situadas en el exterior.	*P > 10 kW*
	Todas las instalaciones que incluyan estaciones de recarga previstas para el modo de carga 4.	*Sin límite*

«*No será necesaria la elaboración de proyecto para las instalaciones de recarga que se ejecuten en los grupos de instalación g) y h) existentes en edificios de viviendas, siempre que las nuevas instalaciones no estén incluidas en el grupo z)*».

Disposición final tercera. *Modificación de la Instrucción técnica complementaria ITC-BT-05 del REBT.*

NOTA

Esta modificación está ya incluida en la **ITC-BT-05** de la presente edición de este REBT. En el apartado «4.1 Inspecciones iniciales» consiste en la sustitución del término «garajes» por los términos *«aparcamientos o estacionamientos»*; y por la inclusión del siguiente párrafo:

h) Instalaciones de las estaciones de recarga para el vehículo eléctrico, que requieran la elaboración de proyecto para su ejecución.

Disposición final cuarta. *Modificación de la Instrucción técnica complementaria ITC-BT-10 del REBT.*

NOTA

Esta modificación esta ya incluida en la **ITC-BT-10** de la presente edición de este REBT y consiste en:

a) En el apartado «1. Clasificación de los lugares de consumo» se incluye el siguiente párrafo:

— Aparcamientos o estacionamientos dotados de infraestructura para la recarga de los vehículos eléctricos.

b) El epígrafe «2.1.2 Electrificación elevada» se incluye el siguiente párrafo:

O con una instalación para la recarga del vehículo eléctrico en viviendas unifamiliares.

c) Se añade un nuevo apartado 5, con la siguiente redacción:

5. Carga correspondiente a las zonas de estacionamiento con infraestructura para la recarga de los vehículos eléctricos en viviendas de nueva construcción.

5.1 Viviendas unifamiliares. Para la previsión de cargas de viviendas unifamiliares dotadas de infraestructura para la recarga de vehículos eléctricos se considerará grado de electrificación elevado.

5.2 Instalación en plazas de aparcamientos o estacionamientos colectivos en edificios o conjuntos inmobiliarios en régimen de propiedad horizontal. La previsión de cargas para la carga del vehículo eléctrico se calculará multiplicando 3.680 W, por el 10 % del total de las plazas de aparcamiento construidas. La suma de todas estas potencias se multiplicará por el factor de simultaneidad que corresponda y su sumará con la previsión de potencia del resto de la instalación del edificio, en función del esquema de la instalación y de la disponibilidad de un sistema protección de la línea general de alimentación, tal y como se establece en la ITC-BT-52.

No obstante el proyectista de la instalación podrá prever una potencia instalada mayor cuando disponga de los datos que lo justifiquen.

d) El apartado 5, «*Previsión de cargas*», pasará a ser el apartado 6. En él se tendrá en cuenta para el cálculo de la carga total prevista, la carga correspondiente a las zonas de estacionamiento con infraestructura para la recarga de los vehículos eléctricos en viviendas de nueva construcción.

d) Se renumerará el apartado 6, «Suministros monofásicos», que pasará a ser apartado 7.

Disposición final quinta. *Modificación de la Instrucción técnica complementaria ITC-BT-16 del REBT.*

NOTA

Esta modificación esta ya incluida en la **ITC-BT-16** de la presente edición de este REBT y consiste en:

a) Al final del apartado, «1. Generalidades», se añade el texto siguiente:

Cuando en una centralización se instalen contadores inteligentes que incorporen la función de telegestión, las derivaciones individuales con origen en estos contadores no requerirán del hilo mando especificado en la ITC-BT-15, ya que estos contadores permiten la aplicación de diferentes tarifas sin necesidad del hilo de mando.

b) Al final del apartado, «3. Concentración de contadores», se añade el texto siguiente:

— Unidad funcional de medida destinada a la medida de la recarga del vehículo eléctrico (según el tipo de esquema eléctrico utilizado de los indicados en la ITC-BT-52).

— Unidad funcional de mando y protección para la recarga del vehículo eléctrico (según el tipo de esquema eléctrico utilizado de los indicados en la ITC-BT-52).

— Unidad de sistema de protección de la línea general de alimentación (SPL) del vehículo eléctrico (según el tipo de esquema eléctrico utilizado de los indicados en la ITC-BT-52 y según se trate de una instalación nueva o ya existente).

Disposición final sexta. *Modificación de la Instrucción técnica complementaria ITC-BT-25 del REBT.*

NOTA

Esta modificación está ya incluida en la **ITC-BT-25** de la presente edición de este REBT y consiste en:

a) Dentro del epígrafe «2.3.2. Electrificación elevada» se añade para su clasificación la previsión de *sistemas para la recarga de vehículos eléctricos en viviendas unifamiliares.*

Además se añade un nuevo circuito para la recarga de vehículos y una descripción del mismo:

En el circuito C_{13}, se colocará un interruptor diferencial exclusivo para éste con las características especificadas en la ITC-BT-52. En aparcamientos o estacionamientos colectivos en edificios o conjuntos inmobiliarios en régimen de propiedad horizontal, el circuito C_{13} quedará sustituido por los esquemas de conexión correspondientes instalados en las zonas comunes según establece la ITC-BT-52.

b) A la Tabla 1 del epígrafe 3 se le añade un circuito más de utilización, el C_{13}, con una sección mínima de los conductores de 2,5 mm^2 , un tubo o conducto de 20 mm de diámetro y un factor de simultaneidad y de utilización de 1. La potencia prevista por toma, los tipos de bases de toma de corriente interruptor automático para este circuito se especifican en la ITC-BT-52.

c) A la Tabla 2 del epígrafe 4, se le añade el circuito C_{13} dentro de la estancia «Garajes unifamiliares y otros», con la instalación de una base de toma de corriente. La potencia prevista por toma, los tipos de bases de toma de corriente y la intensidad asignada del interruptor automático para este circuito se especifican en la ITC-BT-52.

Disposición final séptima. *Título competencial.*

Este real decreto se dicta al amparo de lo dispuesto en el artículo 149.1.13.ª y 25.ª de la Constitución, que atribuyen al Estado las competencias exclusivas sobre bases y coordinación de la planificación general de la actividad económica y sobre bases del régimen energético, respectivamente.

Disposición final octava. *Habilitación para la modificación del contenido técnico de la ITC- BT-52.*

Se autoriza al Ministro de Industria, Energía y Turismo, previo acuerdo de la Comisión Delegada del Gobierno para Asuntos Económicos, para modificar el contenido técnico de la Instrucción técnica complementaria BT-52, «Instalaciones con fines especiales. Infraestructura para la recarga de vehículos eléctricos» del Reglamento electrotécnico para baja tensión, aprobado por Real Decreto 842/2002, de 2 de agosto, con objeto de mantenerlo permanentemente adaptado al progreso de la técnica, así como a las normas del Derecho de la Unión Europea o de otros organismos internacionales.

Disposición final novena. *Habilitación para el establecimiento de prescripciones técnicas provisionales.*

El Ministro de Industria, Energía y Turismo, en atención al progreso de la técnica y a petición justificada de parte interesada, podrá autorizar, con carácter provisional, previo acuerdo de la Comisión Delegada del Gobierno para Asuntos Económicos, y mediante orden que se publicará en el «Boletín Oficial del Estado», prescripciones técnicas alternativas a las previstas en la Instrucción técnica complementaria BT-52, a condición de que posibiliten un nivel de seguridad al menos equivalente a las anteriores, en tanto se procede a la oportuna modificación de dicha instrucción.

Disposición final décima. *Entrada en vigor.*

Este real decreto entrará en vigor a los seis meses de su publicación en el «Boletín Oficial del Estado».

Dado en Madrid, el 12 de diciembre de 2014.

FELIPE R.

El Ministro de Industria, Turismo y Comercio,
JOSÉ MANUEL SORIA LÓPEZ

REAL DECRETO 244/2019

de 5 de abril, por el que se regulan las condiciones administrativas, técnicas y económicas del autoconsumo de energía eléctrica

La Ley 24/2013, de 26 de diciembre, del Sector Eléctrico, en la dicción original del artículo 9, definía el autoconsumo como el consumo de energía eléctrica proveniente de instalaciones de generación conectadas en el interior de una red de un consumidor o a través de una línea directa de energía eléctrica asociadas a un consumidor y distinguía varias modalidades de autoconsumo.

Al amparo de dicha dicción, el 10 de octubre de 2015 fue publicado en el «Boletín Oficial del Estado» el Real Decreto 900/2015, de 9 de octubre, por el que se regulan las condiciones administrativas, técnicas y económicas de las modalidades de suministro de energía eléctrica con autoconsumo y de producción con autoconsumo. Este reglamento recogía, entre otros, los requisitos técnicos que debían cumplir las instalaciones destinadas al autoconsumo de energía eléctrica para asegurar el cumplimiento de los criterios de seguridad de las instalaciones, así como el marco económico de aplicación para esta actividad.

Posteriormente, el Real Decreto-ley 15/2018, de 5 de octubre, de medidas urgentes para la transición energética y la protección de los consumidores, ha realizado una modificación profunda en la regulación del autoconsumo en España con el fin de que los consumidores, productores, y la sociedad en su conjunto, puedan beneficiarse de las ventajas que puede acarrear esta actividad, en términos de menores necesidades de red, mayor independencia energética y menores emisiones de gases de efecto invernadero.

Con el objetivo de impulsar que el autoconsumo se realice con generación distribuida renovable, en este real decreto-ley se establece que la energía autoconsumida de origen renovable, cogeneración o residuos, estará exenta de todo tipo de cargos y peajes.

La incorporación al ordenamiento jurídico de las medidas de impulso del autoconsumo contenidas en el citado real decreto-ley se ha realizado principalmente mediante la reforma del artículo 9 de la Ley 24/2013, de 26 de diciembre, en el que se han introducido las siguientes modificaciones:

- Se realiza una nueva definición de autoconsumo, recogiendo que se entenderá como tal el consumo por parte de uno o varios consumidores de energía eléctrica proveniente de instalaciones de generación próximas a las de consumo y asociadas a las mismas.
- Se realiza una nueva definición de las modalidades de autoconsumo, reduciéndolas a solo dos: «autoconsumo sin excedentes», que en ningún momento puede realizar vertidos de energía a la red y «autoconsumo con excedentes», en el que sí se pueden realizar vertidos a las redes de distribución y transporte.
- Se exime a las instalaciones de autoconsumo sin excedentes, para las que el consumidor asociado ya disponga de permiso de acceso y conexión para consumo, de la necesidad de la obtención de los permisos de acceso y conexión de las instalaciones de generación.
- Se habilita a que reglamentariamente se puedan desarrollar mecanismos de compensación entre el déficit y el superávit de los consumidores acogidos al autoconsumo con excedentes para instalaciones de hasta 100 kW.
- En cuanto al registro, se opta por disponer de un registro de autoconsumo, pero muy simplificado. Este registro de ámbito estatal tendrá fines estadísticos para poder evaluar si se está logrando la implantación deseada, analizar los impactos en el sistema y para poder computar los efectos de una generación renovable en los planes integrados de energía y clima. Este registro se nutrirá de la información recibida de las comunidades autónomas y ciudades de Ceuta y Melilla.

El mencionado Real Decreto-ley 15/2018, de 5 de octubre, también incorpora la derogación de varios artículos del mencionado Real Decreto 900/2015, de 9 de octubre, al considerarlos obstáculos para la expansión del autoconsumo, entre los que cabe destacar los relativos a las configuraciones de medida, las limitaciones del máximo de potencia de generación instalada hasta la potencia contratada o los relativos al pago de cargos por la energía autoconsumida.

El propio real decreto-ley recoge la necesidad de aprobar un reglamento que regule varios aspectos, entre los que cabe destacar las configuraciones de medida simplificadas, las condiciones administrativas y técnicas para la conexión a la red de las instalaciones de producción asociadas al autoconsumo, los mecanismos de compensación entre déficits y superávit de los consumidores acogidos al autoconsumo con excedentes para instalaciones de hasta 100 kW y la organización del registro administrativo. Mediante el presente real decreto realiza el desarrollo reglamentario arriba señalado con el fin de cumplir con las obligaciones impuestas por el Real Decreto-ley 15/2018, de 5 de octubre.

En el texto del real decreto también se realizan modificaciones de reales decretos que tienen influencia en el autoconsumo. En la disposición final segunda se introducen modificaciones en la ITC-BT-40 del Reglamento electrotécnico para baja tensión, en las que se regulan los requisitos de los mecanismos antivertido y diversos requisitos de seguridad de las instalaciones generadoras de baja tensión. La disposición final primera modifica el Real Decreto 1110/2007, de 24 de agosto, por el que se aprueba el Reglamento unificado de puntos de medida del sistema eléctrico, entre las que cabe señalar que se habilita la posibilidad de que se integren en los sistemas de telegestión y telemedida los equipos ubicados en baja tensión en fronteras tipo 3 y 4. Otra de las normas que se modifica para el impulso del autoconsumo mediante la disposición final cuarta, es el Real Decreto 1699/2011, de 18 de noviembre, por el que se regula la conexión a red de instalaciones de producción de energía eléctrica de pequeña potencia, con el fin de permitir que se conecten instalaciones monofásicas de generación a la red de hasta 15 kW.

NOTA

Dada la amplitud de todos los capítulos y articulado completo del RD 244/2019, este se puede consultar de forma íntegra en el MATERIAL WEB preparado para este texto. Aquí nos centraremos especialmente en la disposición final segunda, que modifica la ITC-BT-40 de este reglamento. Seguidamente se incluye el texto de dichas modificaciones según aparecen reflejadas en el RD 2444/2019. Dichas modificaciones ya están incluidas en la ITC-BT-40 de la presente edición de este REBT.

Disposición final segunda. *Modificación de la ITC-BT-40 sobre instalaciones generadoras de baja tensión del Reglamento electrotécnico para baja tensión, aprobado por el Real Decreto 842/2002, de 2 de agosto, por el que se aprueba el Reglamento electrotécnico para baja tensión.*

La ITC-BT-40 sobre instalaciones generadoras de baja tensión del Reglamento electrotécnico para baja tensión, aprobado por Real Decreto 842/2002, de 2 de agosto, se modifica como sigue:

Uno. Se modifica el apartado 2.c) de la ITC-BT-40, que queda redactado de la siguiente manera:

«c) Instalaciones generadoras interconectadas: las que están trabajando normalmente en paralelo con la Red de Distribución Pública.

Las instalaciones generadoras interconectadas para autoconsumo podrán pertenecer a las modalidades de suministro con autoconsumo sin excedentes o modalidades de suministro con autoconsumo con excedentes definidas en el artículo 9 de la Ley 24/2013, de 26 de diciembre, y en el artículo 4 del Real Decreto 244/2019, de 5 de abril, por el que se regulan las condiciones administrativas, técnicas y económicas del autoconsumo de energía eléctrica.»

Dos. Se añaden seis párrafos en el apartado 4.3 de la ITC-BT-40, con la siguiente redacción:

«Las prescripciones de la ITC-BT-40 son aplicables a todas las instalaciones de autoconsumo interconectadas, sea cual sea su potencia. Todas las instalaciones de generación interconectadas a la red de distribución en baja tensión deben disponer de dispositivos que limiten la inyección de corriente continua y la generación de sobretensiones, así como impedir el funcionamiento en isla de dicha red de distribución, de forma que la conexión de la instalación de generación no afecte al funcionamiento normal de la red ni a la calidad del suministro de los clientes conectados a ella.

Las instalaciones de autoconsumo sin excedentes, independientemente de que se conecten a la red de baja tensión o a la de alta tensión, con generación y regulación en baja tensión, deberán disponer de un sistema que evite el vertido de energía a la red de distribución que cumpla los requisitos y ensayos del nuevo anexo I de la ITC-BT-40. A las instalaciones de autoconsumo sin excedentes no les son de aplicación los apartados 4.3.1, 4.3.4 y ninguno de los requisitos relacionados con la empresa distribuidora del apartado 9.

No obstante, estas instalaciones, se ajustarán a lo establecido en la ITC-BT-04 en cuanto a su documentación y puesta en servicio, e independientemente de su potencia y modo de conexión, dispondrán de la documentación requerida para la evaluación de la conformidad según anexo I, apartado I.4 de la ITC-BT-40. Esta documentación será entregada por el instalador junto con el certificado de la instalación. Cuando la conexión a la instalación eléctrica de un generador para autoconsumo sin excedentes, no se realice a través de un circuito independiente y, por tanto, no se requiera modificar la instalación interior existente, la obligación de entregar dicha documentación recaerá en el fabricante, el importador, o en el responsable de la comercialización del kit generador, quien entregará la documentación directamente al usuario.

En todas las instalaciones de producción próximas a las de consumo, definidas en el Real Decreto 244/2019, de 5 de abril, por el que se regulan las condiciones administrativas, técnicas y económicas del autoconsumo de energía eléctrica, la conexión se realizará a través de un cuadro de mando y protección que incluya las protecciones diferenciales tipo A necesarias para garantizar que la tensión de contacto no resulte peligrosa para las personas. Cuando dichas instalaciones generadoras sean accesibles al público general o estén ubicadas en zonas residenciales, o análogas, la protección diferencial de los circuitos de generación será de 30 mA. La conexión de la instalación de producción podrá realizarse en el embarrado general de la centralización de contadores de los consumos, en la caja general de protección de la que parten los consumos o mediante una caja general de protección independiente que se conecte a la red de distribución. En los casos de autoconsumo colectivo en edificios en régimen de propiedad horizontal, la instalación de producción no podrá conectarse directamente a la instalación interior de ninguno de los consumidores asociados a la instalación de autoconsumo colectivo.

Todos los generadores para suministro con autoconsumo con excedentes independientemente de su potencia y los generadores para suministro con autoconsumo sin excedentes de potencia instalada superior a 800 VA, que se conecten a instalaciones interiores o receptoras de usuario, lo harán a través de un circuito independiente y dedicado desde un cuadro de mando y protección que incluya protección diferencial tipo A, que será de 30 mA en instalaciones de viviendas, o instalaciones accesibles al público general en zonas residenciales, o análogas.

Los generadores destinados a su instalación en viviendas, que no se conecten a la instalación a través de circuito dedicado, o a través de un transformador de aislamiento, tendrán una corriente de fuga a tierra igual o inferior a 10 mA.»

Tres. Se modifica el encabezado del cuarto párrafo del apartado 7, que quedará redactado de la siguiente manera:

«Las protecciones mínimas a disponer serán las siguientes, con independencia de que estos ajustes podrían verse modificados por la normativa del sector eléctrico en función del generador al que aplique:»

Cuatro. Se añade un anexo en la ITC-BT-40 relativa a los sistemas para evitar el vertido de energía a la red.

NOTA

Dada la amplitud de dicho anexo, este se ha incluido directamente en la ITC-BT-40 de la presente edición de este REBT.

Disposición final séptima. ***Entrada en vigor.***

El presente real decreto entra en vigor el día siguiente al de su publicación en el «Boletín Oficial del Estado».

Dado en Madrid, el 5 de abril de 2019.

FELIPE R.

La Ministra para la Transición Ecológica,
TERESA RIBERA RODRÍGUEZ

REAL DECRETO 542/2020

de 26 de mayo, por el que se modifican y derogan diferentes disposiciones en materia de calidad y seguridad industrial

El Ministerio de Industria, Comercio y Turismo, en el ámbito de sus competencias en materia de industria, ha venido elaborando disposiciones de seguridad industrial mediante el establecimiento de especificaciones técnicas adecuadas tendentes a prevenir a los usuarios contra los riesgos derivados de la utilización de aparatos y productos industriales.

El 26 de octubre de 2012 el Consejo de Ministros acordó la creación de la Comisión para la Reforma de las Administraciones Públicas con el mandato de realizar un estudio integral dirigido a modernizar el sector público español, dotarle de una mayor eficacia y eliminar las duplicidades que le afectaban y simplificar los procedimientos a través de los cuales los ciudadanos y las empresas se relacionan con la Administración.

En la misma línea, el Programa nacional de reformas de España para 2014 estableció la necesidad de impulsar medidas para racionalizar la actuación administrativa, mejorar la eficiencia en el uso de los recursos públicos y aumentar su productividad.

Por otra parte, en la exposición de motivos de la Ley 21/1992, de 16 de julio, de Industria, se resaltaba la necesidad de adaptar la regulación de la actividad industrial en España a la regulación de la Unión Europea y a la constitución del Mercado Interior, lo que implica, entre otras cosas, la necesidad de compatibilizar los instrumentos de la política industrial con los de la libre competencia y la libre circulación de mercancías y productos, particularmente a través de la normalización, la armonización de las reglamentaciones e instrumentos de control, así como el nuevo enfoque comunitario basado en la progresiva sustitución de la tradicional homologación administrativa de productos por la certificación que realizan entidades de verificación de la conformidad, con la correspondiente supervisión de sus actuaciones por los poderes públicos.

Asimismo, la entrada en vigor de nuevos reglamentos europeos hace necesario derogar disposiciones nacionales previas, en concreto, el Reglamento (UE) n.° 305/2011 del Parlamento Europeo y del Consejo, de 9 de marzo de 2011, por el que se establecen condiciones armonizadas para la comercialización de productos de construcción, el Reglamento (UE) 2016/424 del Parlamento Europeo y del Consejo, de 9 de marzo de 2016, relativo a las instalaciones de transporte por cable, el Reglamento (UE) 2016/425 del Parlamento Europeo y del Consejo, de 9 de marzo de 2016, relativo a los equipos de protección individual, y el Reglamento (UE) 2016/426 del Parlamento Europeo y del Consejo, de 9 de marzo de 2016, sobre los aparatos que queman combustibles gaseosos.

Es decir, se hace necesario, por una parte, la derogación de disposiciones reglamentarias que establecen la homologación de determinados productos industriales, y por otra, la derogación de diversas disposiciones reglamentarias ante la entrada en vigor de reglamentos europeos, simplificando el marco normativo para una mayor claridad y comprensión del mismo.

Adicionalmente, se modifican diversas disposiciones reglamentarias para armonizar, actualizar o mejorar los textos reglamentarios existentes.

Igualmente, con objeto de armonizar y perfeccionar los controles sobre la aprobación de Normas Particulares y Proyectos Tipo con lo exigido en el Real Decreto 337/2014, de 9 de mayo, por el que se aprueban el Reglamento sobre condiciones técnicas y garantías de seguridad en instalaciones eléctricas de alta tensión y sus Instrucciones Técnicas Complementarias ITC-RAT 01 a 23, se modifican el Real Decreto 842/2002, de 2 de agosto, por el que se aprueba el Reglamento electrotécnico para baja tensión, y el Real Decreto 223/2008, de 15 de febrero, por el que se aprueban el Reglamento sobre condiciones técnicas y garantías de seguridad en líneas eléctricas de alta tensión y sus instrucciones técnicas complementarias ITC-LAT 01 a 09. En este sentido, es necesario reflejar en dicho proceso de aprobación, mediante la petición de informe preceptivo a los órganos competentes de las Comunidades Autónomas, cuando la aprobación de estas normas recaiga sobre la Administración General del Estado, el reparto competencial de nuestro Ordenamiento Jurídico, donde son las Comunidades Autónomas las titulares de la competencia ejecutiva en la aplicación de los reglamentos de seguridad industrial. Asimismo, la experiencia de la Administración General del Estado en la aprobación de estas normas ha venido a demostrar una extensa interrelación de estas normas con la normativa del sector eléctrico, por lo que es necesario solicitar igualmente informe a la Secretaría de Estado de Energía del Ministerio para la Transición Ecológica y el Reto Demográfico.

Asimismo, debe aprovecharse este real decreto para modificar el Real Decreto 1053/2014, de 12 de diciembre, por el que se aprueba una nueva Instrucción Técnica Complementaria (ITC) BT 52 «Instalaciones con fines especiales.

Infraestructura para la recarga de vehículos eléctricos», del Reglamento electrotécnico para baja tensión, aprobado por Real Decreto 842/2002, de 2 de agosto, y se modifican otras instrucciones técnicas complementarias del mismo.

En concreto se modifica el apartado 3.2 «Instalaciones en aparcamiento o estacionamientos colectivos en edificios o conjunto inmobiliarios en régimen de propiedad horizontal» de la Instrucción Técnica Complementaria (ITC) BT 52 con objeto de hacer posible la utilización de distintos esquemas de instalaciones, ampliando los permitidos actualmente, lo que dará mayor flexibilidad de actuación en dichas instalaciones sin minorar la seguridad.

Artículo quinto. *Modificación del Reglamento electrotécnico para baja tensión aprobado por el Real Decreto 842/2002, de 2 de agosto.*

El Reglamento Electrotécnico para Baja tensión, aprobado por el Real Decreto 842/2002, de 2 de agosto, queda modificado como sigue:

Uno. El artículo 14. «Especificaciones particulares de las empresas suministradoras», que pasa a denominarse: «Especificaciones particulares y Proyectos tipo de las empresas distribuidoras», queda redactado como sigue:

«Artículo 14. Especificaciones particulares y Proyectos tipo de las empresas distribuidoras.

1. Las empresas distribuidoras de energía eléctrica podrán proponer especificaciones particulares sobre la construcción y montaje de acometidas, líneas generales de alimentación, instalaciones de contadores y derivaciones individuales. Estas especificaciones serán únicas para todo el territorio de distribución de la empresa distribuidora y recogerán las condiciones técnicas de carácter concreto que sean precisas para conseguir una mayor homogeneidad en la seguridad y el funcionamiento de las redes de distribución y las instalaciones de los consumidores.

En ningún caso estas especificaciones incluirán marcas o modelos de equipos o materiales concretos que aboquen al consumidor a un único proveedor, ni prescripciones de tipo administrativo o económico, que supongan para el titular de la instalación privada cargas adicionales a las previstas en este reglamento, o en otra normativa que pueda ser de aplicación.

En todo caso, las especificaciones incluirán la posibilidad de que, ante situaciones debidamente justificadas, previa acreditación de seguridad equivalente, el titular de la instalación pueda dar soluciones alternativas a situaciones concretas en que sea imposible cumplir los requisitos de las especificaciones aprobadas por la Administración.

2. Dichas especificaciones deberán ajustarse, en cualquier caso, a los preceptos del reglamento, y previo cumplimiento del procedimiento de información pública, deberán ser aprobadas y registradas por los órganos competentes de las Comunidades Autónomas, en caso de que se limiten a su ámbito territorial, o por el Ministerio de Industria, Comercio y Turismo, en caso de aplicarse en más de una comunidad autónoma.

3. Una persona técnica competente de la empresa distribuidora de energía eléctrica certificará que las especificaciones particulares cumplen todas las exigencias técnicas y de seguridad reglamentariamente establecidas.

Asimismo, dichas normas deberán contar con un informe técnico de un órgano cualificado e independiente que certificará que dichas especificaciones cumplen con todos los requisitos de la reglamentación de seguridad aplicable a productos e instalaciones de baja tensión, que no se incluyen prescripciones de tipo administrativo o económico que supongan una carga para el titular de la instalación privada y que tampoco se incluyen sobredimensionamientos técnicamente no justificados de la instalación, salvo aquellos derivados de la utilización de las series normalizadas de materiales.

4. Las empresas distribuidoras que quieran proponer las especificaciones particulares, a las que hace referencia el apartado 1, y que no se limiten al ámbito territorial de una única Comunidad Autónoma, deberán remitir solicitud de aprobación al Ministerio de Industria, Comercio y Turismo, acompañada de la siguiente documentación:

a) El texto de las especificaciones para las que se solicita la aprobación.

b) Certificado por persona técnica competente referido en el punto 3.

c) Informe técnico emitido por un organismo cualificado, referido en el punto 3.

d) Listado de las Comunidades Autónomas donde la empresa distribuidora lleve a cabo su actividad.

Presentada la solicitud por medios electrónicos, el Ministerio de Industria, Comercio y Turismo realizará el trámite de información pública de dicha especificación y solicitará informe a la Comisión Nacional de los Mercados y la Competencia, al órgano competente de las Comunidades Autónomas en las que la empresa distribuidora desarrolle su actividad y a la Secretaría de Estado de Energía del Ministerio para la Transición Ecológica y el Reto Demográfico.

Recibidos los informes, o cumplido el plazo marcado en el artículo 80 de la Ley 39/2015, de 1 de octubre, del Procedimiento Administrativo Común para su emisión, procederá a su aprobación siempre que se garantice el cumplimiento reglamentario, la uniformidad de los requisitos en todas las zonas de implantación de la empresa de distribución y que no se adopten barreras técnicas que aboquen al consumidor a un único proveedor, publicándose la resolución correspondiente en el «Boletín Oficial del Estado».

Una vez presentadas las especificaciones ante el Ministerio de Industria, Comercio y Turismo, junto con los documentos mencionados, el plazo para la aprobación será de tres meses, considerándose el silencio administrativo como aprobatorio.

5. Las normas así aprobadas se publicarán en la página web del Ministerio de Industria, Comercio y Turismo, sin perjuicio de la publicidad que las empresas de distribución hagan de las mismas.

6. En caso de modificación o ampliación de especificaciones ya aprobadas, la empresa de distribución de energía eléctrica solicitará aprobación de la ampliación o modificación de dichas especificaciones, siguiendo el mismo procedimiento indicado anteriormente.

7. Igualmente las empresas distribuidoras, para aquellas instalaciones, o parte de las mismas, de carácter repetitivo, propiedad de las empresas distribución de energía eléctrica y que requieren proyecto de acuerdo a lo establecido en la ITC-BT 04, podrán proponer proyectos tipo para su aprobación por los órganos competentes de las Comunidades Autónomas, en caso de que se limiten a su ámbito territorial, o por el Ministerio de Industria, Comercio y Turismo, en caso de aplicarse en más de una comunidad autónoma. La aprobación de los proyectos tipo seguirán el procedimiento descrito en este artículo para las especificaciones particulares.

Estos proyectos tipo, incluirán las condiciones técnicas de carácter concreto que sean precisas para conseguir mayor homogeneidad en la seguridad y el funcionamiento de las instalaciones de baja tensión, respetando los requisitos impuestos a las especificaciones particulares en este artículo.

En cualquier caso, los proyectos tipo deberán ser completados, inexcusablemente, con los datos específicos concernientes a cada caso particular.»

Dos. El apartado 5.5 de la instrucción técnica complementaria ITC-BT-04 «Documentación y puesta en servicio de las instalaciones», queda redactado como sigue:

«Antes de la puesta en servicio de las instalaciones, la empresa instaladora deberá presentar ante el Órgano competente de la Comunidad Autónoma, al objeto de su inscripción en el correspondiente registro, el Certificado de Instalación con su correspondiente anexo de información al usuario, por quintuplicado, al que se acompañará, según el caso, el Proyecto o la Memoria Técnica de Diseño, así como el certificado de Dirección de Obra firmado por el correspondiente técnico titulado competente, y el certificado de inspección inicial del Organismo de Control, si procede.

El Órgano competente de la Comunidad Autónoma deberá diligenciar las copias del Certificado de Instalación, devolviendo cuatro a la empresa instaladora, dos para sí y las otras dos para la propiedad, a fin de que esta pueda, a su vez, quedarse con una copia y entregar la otra a la Compañía eléctrica, requisito sin el cual esta no podrá suministrar energía a la instalación, salvo lo indicado en el Artículo 18.3 del Reglamento Electrotécnico para Baja Tensión.

Si la documentación técnica indicada se presentase por medios electrónicos, solo será necesaria la presentación de una única copia del certificado de instalación eléctrica en lugar de cinco. En este caso, la administración enviará dicho certificado diligenciado por medios electrónicos a la empresa instaladora, quien deberá entregar una copia (también electrónica) del documento al titular de la instalación y conservar otra para su archivo.»

Artículo undécimo. Modificación de la instrucción técnica complementaria ITC-BT 52 *«Instalaciones con fines especiales. Infraestructura para la recarga de vehículos eléctricos», del Reglamento electrotécnico para baja tensión, aprobada por el Real Decreto 1053/2014, de 12 de diciembre.*

El apartado 3.2 de la instrucción técnica complementaria (ITC) BT 52 «Instalaciones con fines especiales. Infraestructura para la recarga de vehículos eléctricos», queda modificado como sigue:

«3.2 Instalación en aparcamientos o estacionamientos colectivos en edificios o conjuntos inmobiliarios en régimen de propiedad horizontal.

Las instalaciones eléctricas para la recarga de vehículos eléctricos ubicadas en aparcamientos o estacionamientos colectivos en edificios o conjuntos inmobiliarios en régimen de propiedad horizontal seguirán cualquiera de los esquemas descritos anteriormente. En un mismo edificio se podrán utilizar esquemas distintos siempre que se cumplan todos los requisitos establecidos en esta (ITC) BT-52.

En el esquema 4a, el circuito de recarga seguirá las condiciones de instalación descritas en la (ITC) BT-15, utilizando cables y sistemas de conducción de los mismos tipos y características que para una derivación individual; la sección del cable se calculará conforme a los requisitos generales del apartado 5 de esta ITC, no siendo necesario prever una ampliación de la sección de los cables para determinar el diámetro o las dimensiones transversales del sistema de conducción a utilizar.

El esquema 4b se utilizará cuando la alimentación de las estaciones de recarga se proyecte como parte integrante o ampliación de la instalación eléctrica que atiende a los servicios generales de los garajes.

Tanto en instalaciones existentes como en instalaciones nuevas, y con objeto de facilitar la utilización del esquema eléctrico seleccionado, los cuadros con las protecciones generales se podrán ubicar en los cuartos habilitados para ello o en zonas comunes.

La preinstalación eléctrica para la recarga de vehículo eléctrico en edificios o conjuntos inmobiliarios facilitará la utilización posterior de cualquiera de los posibles esquemas de instalación. Para ello se preverán los siguientes elementos:

a) Instalación de sistemas de conducción de cables desde la centralización de contadores y por las vías principales del aparcamiento o estacionamiento con objeto de poder alimentar posteriormente las estaciones de recarga que se puedan ubicar en las plazas individuales del aparcamiento o estacionamiento. Cuando la preinstalación esté prevista para el 100 % de las plazas los sistemas de conducción de cables llegarán hasta cada una de las plazas.

b) La centralización de contadores se dimensionará de acuerdo al esquema eléctrico escogido para la recarga del VEHÍCULO ELÉCTRICO y según lo establecido en la (ITC) BT-16. Se instalará como mínimo un módulo de reserva para ubicar un contador principal, y los dispositivos de protección contra sobreintensidades asociados al contador, bien sea con fusibles o con interruptor automático.

Cuando se realice la instalación para el primer punto de conexión en edificios existentes, se deberá prever, en su caso, la instalación de los elementos comunes de forma que se adecúe la infraestructura para albergar la instalación de futuros puntos de conexión.

Las bases de toma de corriente o conectores instalados en la estación de recarga y sus interruptores automáticos de protección deberán ser conformes con alguna de las opciones indicadas en el apartado 5.4.»

REAL DECRETO 298/2021

de 27 de abril, por el que se modifican diversas normas reglamentarias en materia de seguridad industrial

La Ley 17/2009, de 23 de noviembre, sobre el libre acceso a las actividades de servicios y su ejercicio, que transpone al ordenamiento jurídico español la Directiva 2006/123/CE del Parlamento Europeo y del Consejo, de 12 de diciembre de 2006, relativa a los servicios en el mercado interior (denominada Directiva de Servicios), viene a consolidar los principios regulatorios compatibles con las libertades básicas de establecimiento y de libre prestación de servicios, y al mismo tiempo permite suprimir las barreras y reducir las trabas al acceso de las actividades de servicios y su ejercicio.

Por su parte, la Ley 25/2009, de 22 de diciembre, de modificación de diversas leyes para su adaptación a la Ley sobre el libre acceso a las actividades de servicios y su ejercicio, modifica expresamente las leyes vigentes afectadas por la citada directiva, entre ellas, la Ley 21/1992, de 16 de julio, de Industria.

El Real Decreto 560/2010, de 7 de mayo, por el que se modifican diversas normas reglamentarias en materia de seguridad industrial para adecuarlas a la Ley 17/2009, de 23 de noviembre, sobre el libre acceso a las actividades de servicios y su ejercicio, y a la Ley 25/2009, de 22 de diciembre, de modificación de diversas leyes para su adaptación a la Ley sobre el libre acceso a las actividades de servicios y su ejercicio, vino a adaptar los diversos reales decretos en materia de seguridad industrial a lo establecido en las citadas Leyes 17/2009, de 23 de noviembre, y 25/2009, de 22 de diciembre, y en concreto, a las modificaciones realizadas a la Ley 21/1992, de 16 de julio.

Así, se realizó la adaptación concreta de la Directiva 2006/123/CE, del Parlamento Europeo y del Consejo, de 12 de diciembre, y de la Ley 17/2009, de 23 de noviembre, al ámbito de la seguridad industrial, a través del Real Decreto 560/2010, de 7 de mayo, exigiendo, en los reglamentos modificados por dicho real decreto, con respecto a la realización de la actividad en libre prestación, que se presente una declaración responsable y se cumplan determinados requisitos, como el empleo de medios técnicos específicos regulados en la normativa española, la disponibilidad de un seguro profesional o un número de personal mínimo con objeto de asegurar la seguridad pública y prevenir riesgos para la salud y la seguridad, todo ello de acuerdo con lo dispuesto en el artículo 12.3 de la Ley 17/2009, de 23 de noviembre.

El presente real decreto consta de 12 artículos, por los cuales se modifican diversas normas reglamentarias sobre seguridad industrial, una disposición adicional, una disposición transitoria y dos disposiciones finales.

En su virtud, a propuesta de la Ministra de Industria, Comercio y Turismo, de acuerdo con el Consejo de Estado, y previa deliberación del Consejo de Ministros en su reunión del día 27 de abril de 2021,

DISPONGO:

Artículo primero. *Modificación del Reglamento electrotécnico para baja tensión y de su instrucción técnica complementaria ITC-BT-03 «Empresas instaladoras en Baja Tensión», aprobados por el Real Decreto 842/2002, de 2 de agosto.*

El Reglamento electrotécnico para baja tensión y su instrucción técnica complementaria ITC-BT-03 «Empresas instaladoras en Baja Tensión» aprobados por el Real Decreto 842/2002, de 2 de agosto, quedan modificados como sigue:

Uno. El apartado 2 del Artículo 2 del Reglamento electrotécnico para baja tensión, se modifica como sigue:

«**2.** El presente Reglamento se aplicará:

a) A las nuevas instalaciones, a sus modificaciones y a sus ampliaciones.

b) A las modificaciones, reparaciones y ampliaciones, sean o no de importancia, de las instalaciones existentes antes de su entrada en vigor, solo en lo que afecta a la parte modificada, reparada o ampliada, y siempre y cuando se tomen las medidas necesarias para garantizar las condiciones de seguridad del conjunto de la instalación.

c) A las instalaciones existentes antes de su entrada en vigor, en lo referente al régimen de inspecciones, si bien los criterios técnicos aplicables en dichas inspecciones serán los correspondientes a la reglamentación con la que se aprobaron.

Se entenderá por modificaciones o reparaciones de importancia, a los efectos de la documentación exigible y de la obligatoriedad de inspección inicial, a las que afectan a más del 50 por 100 de la potencia instalada. Igualmente se considerará modificación de importancia la que afecte a líneas completas de procesos productivos con nuevos circuitos y cuadros, aun con reducción de potencia.»

Dos. El apartado 3, «Clasificación de las Empresas instaladoras en Baja Tensión», de la instrucción técnica complementaria **ITC-BT-03** «Empresas instaladoras en Baja Tensión», queda redactado como sigue:

«Las Empresas instaladoras en Baja Tensión se clasifican en las siguientes categorías:

3.1 Categoría básica (IBTB).–Las empresas instaladoras de esta categoría podrán realizar, mantener y reparar las instalaciones eléctricas para baja tensión en edificios, industrias, infraestructuras y, en general, todas las comprendidas en el ámbito del presente Reglamento Electrotécnico para Baja Tensión, que no se reserven a la categoría especialista (IBTE).

3.2 Categoría especialista (IBTE).–Las empresas instaladoras de la categoría especialista podrán realizar, mantener y reparar las instalaciones de la categoría Básica y, además, las correspondientes a:

- Sistemas de automatización, gestión técnica de la energía y seguridad para viviendas y edificios;
- Sistemas de control distribuido;
- Sistemas de supervisión, control y adquisición de datos;
- Control de procesos;
- Líneas aéreas o subterráneas para distribución de energía;
- Locales con riesgo de incendio o explosión;
- Quirófanos y salas de intervención;
- Lámparas de descarga en alta tensión, rótulos luminosos y similares;
- Instalaciones generadoras de baja tensión de potencia superior o igual a 10 kW; que estén contenidas en el ámbito del presente Reglamento electrotécnico para baja tensión y sus instrucciones técnicas complementarias.

La categoría especialista para las cuatro primeras modalidades de instalaciones (sistemas de automatización, gestión técnica de la energía y seguridad para viviendas y edificios; sistemas de control distribuido; sistemas de supervisión, control y adquisición de datos; y control de procesos) es única.»

Tres. El apartado 4, «Instalador en Baja Tensión», de la instrucción técnica complementaria **ITC-BT-03** «Empresas instaladoras en Baja Tensión», queda redactado como sigue:

«**4.** Instalador en Baja Tensión.

El instalador en baja tensión deberá desarrollar su actividad en el seno de una empresa instaladora de baja tensión habilitada y deberá cumplir y poder acreditar ante la Administración competente cuando esta así lo requiera en el ejercicio de sus facultades de inspección, comprobación y control, una de las siguientes situaciones:

a) Disponer de un título universitario cuyo ámbito competencial, atribuciones legales o plan de estudios cubra las materias objeto del Reglamento electrotécnico para baja tensión, aprobado por el Real Decreto 842/2002, de 2 de agosto, y de sus instrucciones técnicas complementarias.

b) Disponer de un título de formación profesional o de un certificado de profesionalidad incluido en el Repertorio Nacional de Certificados de Profesionalidad, cuyo ámbito competencial incluya las materias objeto del Reglamento electrotécnico para baja tensión, aprobado por el Real Decreto 842/2002, de 2 de agosto, y de sus instrucciones técnicas complementarias.

c) Tener reconocida una competencia profesional adquirida por experiencia laboral, de acuerdo con lo estipulado en el Real Decreto 1224/2009, de 17 de julio, de reconocimiento de las competencias profesionales adquiridas por experiencia laboral, en las materias objeto del Reglamento electrotécnico para baja tensión, aprobado por el Real Decreto 842/2002, de 2 de agosto, y de sus instrucciones técnicas complementarias.

d) Tener reconocida la cualificación profesional de instalador en baja tensión adquirida en otro u otros Estados miembros de la Unión Europea, de acuerdo con lo establecido en el Real Decreto 581/2017, de 9 de junio, por el que se incorpora al ordenamiento jurídico español la Directiva 2013/55/UE del Parlamento Europeo y del Consejo, de 20 de noviembre de 2013, por la que se modifica la Directiva 2005/36/CE relativa al reconocimiento de cualificaciones profesionales y el Reglamento (UE) n.° 1024/2012 relativo a la cooperación administrativa a través del Sistema de Información del Mercado Interior (Reglamento IMI).

e) Poseer una certificación otorgada por entidad acreditada para la certificación de personas por ENAC o cualquier otro Organismo Nacional de Acreditación designado de acuerdo a lo establecido en el Reglamento (CE) n.° 765/2008 del Parlamento Europeo y del Consejo, de 9 de julio de 2008, por el que se establecen los requisitos de acreditación y vigilancia del mercado relativos a la comercialización de los productos y por el que se deroga el Reglamento (CEE) n.° 339/93, de acuerdo a la norma UNE-EN ISO/IEC 17024.

Todas las entidades acreditadas para la certificación de personas que quieran otorgar estas certificaciones deberán incluir en su esquema de certificación un sistema de evaluación que incluya los contenidos mínimos que se indican en el Apéndice II de esta instrucción técnica complementaria.

Cualquiera de las situaciones o titulaciones previstas (título universitario, título de formación profesional o certificado de profesionalidad, experiencia laboral reconocida o certificación otorgada por entidad acreditada) son válidas indistintamente para las distintas categorías de instalador de baja tensión, en función de los conocimientos acreditados.

De acuerdo con la Ley 17/2009, de 23 de noviembre, sobre el libre acceso a las actividades de servicios y su ejercicio, el personal habilitado por una Comunidad Autónoma podrá ejecutar esta actividad dentro de una empresa instaladora en todo el territorio español, sin que puedan imponerse requisitos o condiciones adicionales.»

Cuatro. El apartado 5.2 del apartado 5, «Habilitación de Empresas instaladoras de Baja Tensión», de la instrucción técnica complementaria **ITC-BT-03** «Empresas instaladoras en baja Tensión», queda redactado como sigue:

«Las empresas instaladoras en baja tensión legalmente establecidos para el ejercicio de esta actividad en cualquier otro Estado miembro de la Unión Europea que deseen realizar la actividad en régimen de libre prestación en territorio español, deberán presentar, previo al inicio de la misma, ante el órgano competente de la comunidad autónoma donde deseen comenzar su actividad, una declaración responsable en la que el titular de la empresa o el representante legal de la misma declare para qué categoría, y en su caso, modalidad, va a desempeñar la actividad, que cumple los requisitos que se exigen por esta instrucción técnica complementaria, que dispone de la documentación que así lo acredita, que se compromete a mantenerlos durante la vigencia de la actividad y que se responsabiliza de que la ejecución de las instalaciones se efectúa de acuerdo con las normas y requisitos que se establecen en el Reglamento electrotécnico para baja tensión, aprobado por el Real Decreto 842/2002, de 2 de agosto, y sus respectivas instrucciones técnicas complementarias.

Para la acreditación del cumplimiento del requisito de personal cualificado la declaración deberá hacer constar que la empresa dispone de la documentación que acredita la capacitación del personal afectado, de acuerdo con la normativa del país de establecimiento y conforme a lo previsto en la normativa de la Unión Europea sobre reconocimiento de cualificaciones profesionales, aplicada en España mediante el Real Decreto 581/2017, de 9 de junio. La autoridad competente podrá verificar esa capacidad con arreglo a lo dispuesto en el artículo 15 del citado real decreto.»

Cinco. El apartado 5.6 del apartado 5, «Habilitación de Empresas instaladoras de Baja Tensión», de la instrucción técnica complementaria **ITC-BT-03** «Empresas instaladoras en Baja Tensión», queda redactado como sigue:

«5.6 Al amparo de lo previsto en el apartado 3 del artículo 69 de la Ley 39/2015, de 1 de octubre, del Procedimiento Administrativo Común de las Administraciones Públicas, la Administración competente podrá regular un procedimiento para comprobar a posteriori lo declarado por el interesado.

En todo caso, la no presentación de la declaración, así como la inexactitud, falsedad u omisión, de carácter esencial, de datos o manifestaciones que deban figurar en dicha declaración habilitará a la Administración competente para dictar resolución, que deberá ser motivada y previa audiencia del interesado, por la que se declare la imposibilidad de seguir ejerciendo la actividad, sin perjuicio de las responsabilidades que pudieran derivarse de las actuaciones realizadas, y de la aplicación del régimen sancionador previsto en la Ley 21/1992, de 16 de julio, de Industria.»

Seis. El apartado 5.8 del apartado 5, «Habilitación de Empresas instaladoras de Baja Tensión», de la instrucción técnica complementaria **ITC-BT-03** «Empresas instaladoras en Baja Tensión», queda redactado como sigue:

«5.8 Las empresas instaladoras cumplirán lo siguiente:

a) Disponer de la documentación que identifique a la empresa instaladora, que en el caso de persona jurídica deberá estar constituida legalmente.

b) Contar con los medios técnicos y humanos necesarios para realizar su actividad en condiciones de seguridad, que, como mínimo serán los que se determinan en el Apéndice I de esta instrucción técnica complementaria.

c) Haber suscrito un seguro de responsabilidad civil profesional u otra garantía equivalente que cubra los daños que puedan provocar en la prestación del servicio por una cuantía mínima de 600.000 euros por siniestro para la categoría básica y de 900.000 euros por siniestro para la categoría especialista. Estas cuantías mínimas se actualizarán por orden de la persona titular del Ministerio de Industria, Comercio y Turismo, siempre que sea necesario para mantener la equivalencia económica de la garantía y previo informe de la Comisión Delegada del Gobierno para Asuntos Económicos.»

Siete. El Apéndice, «Medios mínimos, Técnicos y Humanos, Requeridos para las Empresas instaladoras en Baja Tensión», de la instrucción técnica complementaria ITC-BT-03 «Empresas instaladoras en Baja Tensión», se numera como Apéndice I, quedando su apartado 1, «Medios humanos», redactado como sigue:

«**1.** Medios Humanos.–Contar con el personal necesario para realizar la actividad en condiciones de seguridad, en número suficiente para atender las instalaciones que tengan contratadas con un mínimo de un instalador en baja tensión de la misma categoría en la que la empresa se encuentra habilitada, contratado en plantilla a jornada completa (salvo que se acredite que el horario de apertura de la empresa es menor, en cuyo caso se admitirá que este esté contratado a tiempo parcial para prestar servicios durante un número de horas equivalente al horario durante el que la empresa desarrolle su actividad).

Se considerará que también queda satisfecho el requisito de contar con un profesional habilitado en plantilla si se cumple alguna de las siguientes condiciones:

1.ª En el caso de las personas jurídicas, la titularidad de la cualificación individual, la ostente uno de los socios de la organización, siempre que trabaje para la empresa a jornada completa, o durante el horario de apertura de la misma.

2.ª En el caso de que la empresa instaladora sea una persona física dada de alta en el régimen especial de trabajadores autónomos, si esta dispone de la habilitación como instalador en baja tensión.

La figura del instalador podrá ser sustituida por la de dos o más instaladores de la misma o mismas categorías, cuyos horarios laborales permitan cubrir la jornada completa o el horario de actividad de la empresa.»

Ocho. Se añade un nuevo Apéndice II a la de la instrucción técnica complementaria **ITC-BT-03** «Empresas Instaladoras en Baja Tensión», con la siguiente redacción:

APÉNDICE II

Conocimientos mínimos necesarios para Instaladores en Baja Tensión

I. Instalador Categoría Básica

A) Conocimientos teóricos

Unidad temática 1: Fundamentos de las Instalaciones Eléctricas.

1. Conceptos básicos de electrotecnia:

1.1 Corriente alterna y corriente continua.
1.2 Sistemas trifásicos y monofásicos.
1.3 Componentes de las instalaciones eléctricas.
1.4 Cables y conductores.
1.5 Aparamenta de protección.
1.6 Receptores y máquinas eléctricas: motores y transformadores.

2. Calculo eléctrico de las líneas de BT:

2.1 Criterio de capacidad térmica.
2.2 Criterio de caída de tensión.
2.3 Criterio de corriente de cortocircuito.
2.4 Líneas abiertas y cerradas; líneas de sección uniforme y no uniforme.

3. Reglamentación de las instalaciones eléctricas: REBT y sus ITC:

3.1 Instaladores de Baja Tensión (ITC-BT-03).
3.2 Documentación de las instalaciones (ITC-BT-04).
3.3 Puesta en servicio.
3.4 Verificaciones e inspecciones (ITC-BT-05).

4. Normativa internacional de instalaciones eléctricas de baja tensión.

Unidad temática 2: Instalaciones de Enlace.

1. Previsión de cargas para suministros de BT (ITC-BT-10).

2. Esquemas de las instalaciones de enlace (ITC-BT-12).

3. Partes constituyentes de las instalaciones de enlace:

3.1 Cajas Generales de Protección (CGP) (ITC-BT-13).
3.2 Línea General de Alimentación (LGA) (ITC-BT-14).
3.3 Centralizaciones de Contadores (CC) (ITC-BT-16).
3.4 Derivaciones Individuales (DI) (ITC-BT-15).
3.5 Dispositivos Generales de Mando y Protección (DGMP) (ITC-BT-17).

4. Cálculo y Montaje de las instalaciones de enlace:
    4.1 Caídas de tensión.
    4.2 Sistemas de instalación: tubos y canalizaciones (ITC-BT-20; ITC-BT-21).
    4.3 Tipos y emplazamiento de los cuadros eléctricos.
    4.4 Simbología, planos y esquemas eléctricos de las instalaciones.

Unidad temática 3: Instalaciones Interiores o Receptoras.

1. Prescripciones generales para las instalaciones interiores (ITC-BT-19).
2. Instalaciones en viviendas y edificios de viviendas (ITC-BT-25):
    2.1 Grados de electrificación, número de circuitos y características.
    2.2 Tomas de tierra y protección contra los contactos indirectos (ITC-BT-26).
    2.3 Instalaciones en locales que contienen una bañera o ducha (ITC-BT-27).
    2.4 Instalaciones comunes de edificios de viviendas.
    2.5 Dimensionamiento de tubos y canalizaciones.
3. Instalaciones en edificios comerciales, oficinas e industrias:
    3.1 Carga total correspondiente edificios comerciales, oficinas e industrias.
    3.2 Distribución de la electrificación en el edificio. Equilibrado de cargas.
    3.3 Conductores, circuitos y secciones.
4. Instalaciones en garajes y desclasificación de los garajes.

Unidad temática 4: Protecciones de las instalaciones.

1. Sistemas de conexión del neutro y de las masas en las instalaciones de distribución en BT (ITC-BT-08).
2. Instalaciones de puesta a tierra (ITC-BT-18).
3. Protección contra los choques eléctricos-contactos directos e indirectos (ITC-BT-24).
4. Protección contra las sobreintensidades-sobrecargas y cortocircuitos (ITC-BT-23).
5. Protección contra las sobretensiones (ITC-BT-22).

Unidad temática 5: Instalaciones con características especiales.

1. Instalaciones de alumbrado exterior (ITC-BT-09):
    1.1 Introducción a los conceptos luminotécnicos y al REEAE.
    1.2 Cálculos eléctricos de alumbrado.
    1.3 Cálculos luminotécnicos básicos.
2. Instalaciones en locales de pública concurrencia (ITC-BT-28):
    2.1 Suministros complementarios.
    2.2 Alumbrado de emergencia.

3. Instalaciones de infraestructura para la recarga del vehículo eléctrico (ITC-BT-52):
    3.1 Esquemas de conexión.
    3.2 Previsión de cargas.
    3.3 Requisitos generales y medidas de protección.
    3.4 Tipos de conexión y modos de carga del VE.
4. Instalaciones en locales de características especiales (ITC-BT-30):
    4.1 Locales húmedos.
    4.2 Locales mojados.
    4.3 Otros locales de características especiales.
5. Instalaciones de piscinas y fuentes (ITC-BT-31).
6. Instalaciones a muy baja tensión y a tensiones especiales (ITC-BT-36; ITC-BT-37).
7. Instalaciones de máquinas de elevación y transporte (ITC-BT-32).
8. Instalaciones provisionales y temporales de obras (ITC-BT-33).
9. Instalaciones de ferias y stands (ITC-BT-34).
10. Instalaciones de establecimientos agrícolas y hortícolas (ITC-BT-35).
11. Instalaciones de cercas eléctricas para ganado (ITC-BT-39).
12. Instalaciones en caravanas y parques de caravanas (ITC-BT-41).
13. Instalaciones en puertos y marinas para barcos de recreo (ITC-BT-42).
14. Instalaciones en locales con radiadores para saunas (ITC-BT-50).
15. Instalaciones eléctricas en muebles (ITC-BT-49).

Unidad temática 6: Instalación de Receptores.

1. Prescripciones generales para la instalación de receptores (ITC-BT-43).
2. Receptores de alumbrado (ITC-BT-44).
3. Aparatos de caldeo (ITC-BT-45).
4. Cables y folios radiantes en viviendas (ITC-BT-46).
5. Motores, transformadores, reactancias y condensadores (ITC-BT-47; ITC-BT-48).

Unidad temática 7: Instalaciones generadoras de baja tensión de potencia inferior A 10 kW (ITC BT-40).

1. Tipos y clasificación.
2. Montaje y mantenimiento.
3. Sistemas antivertido para instalaciones sin excedentes.

4. Condiciones generales y particulares para la conexión:
   4.1 Instalaciones aisladas.
   4.2 Instalaciones asistidas.
   4.3 Instalaciones interconectadas.

5. Protecciones e instalaciones de puesta a tierra.

B) Conocimientos prácticos

1. Montaje y puesta en servicio de instalaciones de baja tensión que estén comprendidas en el ámbito de este reglamento y que no se reserven a la categoría de especialista.

2. Verificación, mantenimiento y reparación de instalaciones de baja tensión que estén comprendidas en el ámbito de este reglamento y que no se reserven a la categoría de especialista:
   2.1 Verificación inicial de instalaciones, en función de sus características, y de acuerdo a la normativa vigente.
   2.2 Mantenimiento y reparación de instalaciones.
   2.3 Mantenimiento o reparación de la aparamenta de protección, control, seccionamiento o conexión.

3. Manejo aparatos de medida y herramientas:
   3.1 Herramientas utilizadas en instalaciones eléctricas de baja tensión: tipos y manejo.
   3.2 Manejo de aparatos de medida de magnitudes eléctricas.

II. Instalador Categoría Especialista

Además de los conocimientos teóricos y prácticos indicados para la categoría básica, el instalador de categoría especialista, para cada especialidad, deberá tener los siguientes conocimientos:

A) Conocimientos teóricos

Unidad temática 1 (Especialista): Líneas de distribución en BT.

1. Tipos de redes de distribución: radiales, en anillo.

2. Líneas aéreas (ITC-BT-06):
   2.1 Componentes: Conductores aislados y desnudos, Apoyos, aisladores y herrajes, accesorios de sujeción.
   2.2 Cálculo mecánico de las líneas: conductores y apoyos.
   2.3 Intensidades admisibles en régimen permanente y en cortocircuito.

3. Líneas subterráneas (ITC-BT-07):

3.1 Cables aislados.

3.2 Intensidades admisibles en régimen permanente y en cortocircuito: factores de corrección por tipo de instalación.

4. Acometidas (ITC-BT-11).

5. Normas particulares de las empresas distribuidoras.

Unidad temática 2 (Especialista): Sistemas de automatización (ITC-BT-51).

1. Automatismos eléctricos:

1.1 Elementos que componen las instalaciones: sensores, actuadores, dispositivos de control y elementos auxiliares. Tipos y características.

1.2 Cuadros eléctricos.

1.3 Simbología normalizada en las instalaciones.

1.4 Planos y esquemas eléctricos normalizados. Tipología.

2. Instalaciones automatizadas:

2.1 Tipos de sensores. Características y aplicaciones.

2.2 Actuadores: relés, contactores, solenoides, electroválvulas (entre otros).

2.3 Control de potencia: arranque de motores (monofásicos y trifásicos, entre otros).

2.4 Protecciones contra cortocircuitos, derivaciones y sobrecargas.

2.5 Arrancadores estáticos y variadores de velocidad electrónicos.

2.6 Controladores programables. Autómatas.

2.7 Programas de control. Programación.

Unidad temática 3 (Especialista): Instalaciones en locales con riesgo de incendio y explosión (ITC-BT-29).

1. Clasificación de emplazamientos y Modos de protección.

2. Condiciones de la instalación para todas las zonas peligrosas.

3. Criterios de selección de material.

Unidad temática 4 (Especialista): Instalaciones en quirófanos y salas de intervención (ITC-BT-38).

1. Medidas de protección.

2. Puesta a tierra y equipotencialidad.

3. Alimentación con transformador de aislamiento.
4. Protección diferencial y contra sobreintensidades.
5. Suministros complementarios.
6. Riesgo de incendio y explosión.
7. Control y mantenimiento.
8. Cuadros de distribución y receptores especiales.

Unidad temática 5 (Especialista): Instalaciones generadoras de baja tensión de potencia superior o igual a 10 kW (ITC-BT-40).

1. Tipos y clasificación.
2. Condiciones generales y particulares para la conexión:
   2.1 Instalaciones aisladas.
   2.2 Instalaciones asistidas.
   2.3 Instalaciones interconectadas.
3. Protecciones e instalaciones de puesta a tierra.

Unidad temática 6 (Especialista): Instalaciones de lámparas de descarga en alta tensión y rótulos luminosos (ITC-BT-44).

1. Rótulos y tubos luminosos alimentados entre 1 kV y 10 kV: Reglas de instalación, envolventes, soportes.
2. Protección contra los contactos indirectos, protección contra fugas y apertura de circuitos.
3. Transformadores, convertidores e inversores.

B) Conocimientos prácticos

1. Montaje y puesta en servicio de instalaciones de baja tensión que estén comprendidas en el ámbito de este reglamento y que estén reservadas a la categoría de especialista.
2. Verificación, mantenimiento y reparación de instalaciones de baja tensión que estén comprendidas en el ámbito de este reglamento y que estén reservadas a la categoría de especialista:
   2.1 Verificación inicial de instalaciones, en función de sus características, y de acuerdo a la normativa vigente.
   2.2 Mantenimiento y reparación de instalaciones.
   2.3 Mantenimiento o reparación de la aparamenta de protección, control, seccionamiento o conexión.

3. Adicionalmente, para cada categoría especialista:

3.1 **Unidad temática 1:** Líneas de distribución en B.T.

3.1.1 Ejecución de las instalaciones aéreas: Conductores aislados y desnudos; distancias de separación; Cruzamientos, proximidades y paralelismos.

3.1.2 Ejecución de las instalaciones subterráneas: tipos de instalación y condiciones para cruzamientos, paralelismos y proximidades.

3.2 **Unidad temática 2:** Sistemas de automatización.

3.2.1 Sistemas de automatización, gestión técnica de la energía y seguridad para viviendas y edificios.

3.2.2 Sistemas de control distribuido.

3.2.3 Instalación y programación de sistemas de supervisión, control y adquisición de datos.

3.2.4 Control de procesos.

3.3 **Unidad temática 3:** Instalaciones en locales con riesgo de incendio y explosión.

3.3.1 Selección de material para trabajar en ambientes clasificados.

3.3.2 Instalaciones de estaciones de servicio, garajes y talleres de reparación.

3.4 **Unidad temática 4:** Instalaciones en quirófanos y salas de intervención.

3.4.1 Selección de material para trabajar en ambientes clasificados.

3.4.2 Instalación de receptores especiales.

3.5 **Unidad temática 5:** Instalaciones generadoras de baja tensión de potencia superior o igual a 10 kW.

3.5.1 Ejecución de las distintas instalaciones de autoconsumo.

3.5.2 Instalación de sistemas antivertido para instalaciones sin excedentes.

3.6 **Unidad temática 6:** Instalaciones de lámparas de descarga en alta tensión y rótulos luminosos.

3.6.1 Instalación de rótulos y tubos luminosos alimentados entre 1 kV y 10 kV.

3.6.2 Protecciones contra fugas.»

Disposición adicional única. *Uso de lenguaje no sexista.*

La referencias que en el texto de este real decreto se hacen a instalador, reparador, conservador, los trabajadores, los operarios cualificados, un técnico titulado universitario, el responsable técnico, los socios, operador de grúa, el médico, un profesional habilitado, el fabricante, el titular de la empresa o al representante legal, así como al interesado, deben entenderse hechas respectivamente a instalador o instaladora, reparador o reparadora, conservador o conservadora, las personas trabajadoras, las personas operarias cualificadas, un técnico o una técnica con titulación universitaria, el personal responsable técnico, las personas socias, operador u operadora de grúa, el médico o la médica, un o una profesional habilitada, la o el fabricante, la persona titular de la empresa, la o el representante legal de la empresa, así como la interesada o el interesado.

Disposición transitoria única. *Empresas previamente habilitadas.*

Las empresas habilitadas a la fecha de entrada en vigor del presente real decreto podrán seguir realizando la actividad objeto de habilitación sin que deban presentar la declaración responsable regulada en los reales decretos modificados por este real decreto. No obstante, dispondrán de un año, desde la entrada en vigor del presente real decreto, para adaptarse a las condiciones y requisitos establecidos en las modificaciones introducidas por el presente real decreto.

Disposición final segunda. *Entrada en vigor.*

El presente real decreto entrará en vigor el 1 de julio de 2021.

Dado en Madrid, el 27 de abril de 2021.

FELIPE R.

La Ministra de Industria, Comercio y Turismo,
MARÍA REYES MAROTO ILLERA

ANOTACIONES

REBT – ARTICULADO

El Reglamento está dividido en 29 artículos que describen el objetivo, el campo de aplicación, el alcance y las características fundamentales del reglamento:

Artículo 1. Objeto.
Artículo 2. Campo de aplicación.
Artículo 3. Instalación eléctrica.
Artículo 4. Clasificación de las tensiones. Frecuencia de las redes.
Artículo 5. Perturbaciones en las redes.
Artículo 6. Equipos y materiales.
Artículo 7. Coincidencia con otras tensiones.
Artículo 8. Redes de distribución.
Artículo 9. Instalaciones de alumbrado exterior.
Artículo 10. Tipos de suministro.
Artículo 11. Locales de características especiales.
Artículo 12. Ordenación de cargas.
Artículo 13. Reserva de local.
Artículo 14. Especificaciones particulares de las empresas suministradoras.
Artículo 15. Acometidas e instalaciones de enlace.
Artículo 16. Instalaciones interiores o receptoras.
Artículo 17. Receptores y puesta a tierra.
Artículo 18. Ejecución y puesta en servicio de las instalaciones.
Artículo 19. Información a los usuarios.
Artículo 20. Mantenimiento de las instalaciones.
Artículo 21. Inspecciones.
Artículo 22. Empresas Instaladoras.
Artículo 23. Cumplimiento de las prescripciones.
Artículo 24. Excepciones.
Artículo 25. Equivalencia de normativa del Espacio Económico Europeo.
Artículo 26. Normas de referencia.
Artículo 27. Accidentes.
Artículo 28. Infracciones y sanciones.
Artículo 29. Guía técnica.

Artículo 1. Objeto

El presente Reglamento tiene por objeto establecer las condiciones técnicas y garantías que deben reunir las instalaciones eléctricas conectadas a una fuente de suministro en los límites de baja tensión, con la finalidad de:

a) Preservar la seguridad de las personas y los bienes.

b) Asegurar el normal funcionamiento de dichas instalaciones y prevenir las perturbaciones en otras instalaciones y servicios.

c) Contribuir a la fiabilidad técnica y a la eficiencia económica de las instalaciones.

Artículo 2. Campo de aplicación

1. El presente Reglamento se aplicará a las instalaciones que distribuyan la energía eléctrica, a las generadoras de electricidad para consumo propio y a las receptoras, en los siguientes límites de tensiones nominales:

a) Corriente alterna: igual o inferior a **1.000 voltios**.
b) Corriente continua: igual o inferior a **1.500 voltios**.

2. El presente Reglamento se aplicará:

a) A las nuevas instalaciones, a sus modificaciones y a sus ampliaciones.

b) A las modificaciones, reparaciones y ampliaciones, sean o no de importancia, de las instalaciones existentes antes de su entrada en vigor, solo en lo que afecta a la parte modificada, reparada o ampliada, y siempre y cuando se tomen las medidas necesarias para garantizar las condiciones de seguridad del conjunto de la instalación.

c) A las instalaciones existentes antes de su entrada en vigor, en lo referente al régimen de inspecciones, si bien los criterios técnicos aplicables en dichas inspecciones serán los correspondientes a la reglamentación con la que se aprobaron.

Se entenderá por modificaciones o reparaciones de importancia, a los efectos de la documentación exigible y de la obligatoriedad de inspección inicial, a las que afectan a más del **50 % de la potencia instalada.** Igualmente se considerará modificación de importancia la que afecte a líneas completas de procesos productivos con nuevos circuitos y cuadros, aun con reducción de potencia.

*Según la Guía Técnica: se entiende por **potencia instalada** aquella para la cual se proyectó inicialmente la instalación eléctrica según la previsión de cargas correspondientes. Según el actual REBT será la potencia calculada según la previsión de cargas conforme a los criterios de la **ITC-BT-10.***

3. Asimismo, se aplicará a las instalaciones existentes antes de su entrada en vigor, cuando su estado, situación o características impliquen un riesgo grave para las personas o los bienes, o se produzcan perturbaciones importantes en el normal funcionamiento de otras instalaciones, a juicio del Órgano Competente de la Comunidad Autónoma.

4. Se excluyen de la aplicación de este Reglamento las instalaciones y equipos de uso exclusivo en minas, material de tracción, automóviles, navíos, aeronaves, sistemas de comunicación, y los usos militares y demás instalaciones y equipos que estuvieran sujetos a reglamentación específica.

5. Las prescripciones del presente Reglamento y sus instrucciones técnicas complementarias (en adelante ITC) son de carácter general unas y específico otras. Las específicas sustituirán, modificarán o complementarán a las generales, según los casos.

6. No se aplicarán las **prescripciones generales,** sino únicamente prescripciones específicas, que serán objeto de las correspondientes ITC, a las instalaciones o equipos que utilizan **«muy baja tensión»** (hasta **50 V en corriente alterna y hasta 75 V en corriente continua);** por ejemplo, las redes informáticas y similares, siempre que su fuente de energía sea autónoma, no se alimenten de redes destinadas a otros suministros, o que tales instalaciones sean absolutamente independientes de las redes de baja tensión con valores por encima de los fijados para tales pequeñas tensiones.

Artículo 3. Instalación eléctrica

Se entiende por instalación eléctrica todo conjunto de aparatos y de circuitos asociados en previsión de un fin particular: producción, conversión, transformación, transmisión, distribución o utilización de la energía eléctrica.

Artículo 4. Clasificación de las tensiones. Frecuencia de las redes

1. A efectos de aplicación de las prescripciones del presente Reglamento, las instalaciones eléctricas de baja tensión se clasifican, según las tensiones nominales que se les asignen, en la forma siguiente:

	Corriente alterna (valor eficaz)	Corriente continua (valor medio aritmético)
Muy baja tensión	$Un \leq 50$ V	$Un \leq 75$ V
Tensión usual	$50 < Un \leq 500$ V	$75 < Un \leq 750$ V
Tensión especial	$500 < Un \leq 1.000$ V	$750 < Un \leq 1.500$ V

2. Las tensiones nominales usualmente utilizadas en las distribuciones de corriente alterna serán:

a) **230 V** entre fases para las redes trifásicas de tres conductores.

b) **230 V** entre fase y neutro y **400 V** entre fases, para las redes trifásicas de 4 conductores.

3. Cuando en las instalaciones no pueda utilizarse alguna de las tensiones normalizadas en este Reglamento, porque deban conectarse a o derivar de otra instalación con tensión diferente, se condicionará su inscripción a que la nueva instalación pueda ser utilizada en el futuro con la tensión normalizada que pueda preverse.

4. La **frecuencia** empleada en la red será de **50 Hz.**

5. Podrán utilizarse otras tensiones y frecuencias, previa autorización motivada del Órgano competente de la Administración Pública, cuando se justifique ante el mismo su necesidad, no se produzcan perturbaciones significativas en el funcionamiento de otras instalaciones y no se menoscabe el nivel de seguridad para las personas y los bienes.

Artículo 5. Perturbaciones en las redes

Las instalaciones de baja tensión que pudieran producir perturbaciones sobre las telecomunicaciones, las redes de distribución de energía o los receptores deberán estar dotadas de los adecuados dispositivos protectores, según se establece en las disposiciones vigentes relativas a esta materia.

Artículo 6. Equipos y materiales

1. Los materiales y equipos utilizados en las instalaciones deberán ser utilizados en la forma y para la finalidad que fueron fabricados. Los incluidos en el campo de aplicación de la reglamentación de transposición de las Directivas de la Unión Europea deberán cumplir con lo establecido en las mismas.

En lo no cubierto por tal reglamentación se aplicarán los criterios técnicos preceptuados por el presente Reglamento. En particular, se incluirán junto con los equipos y materiales las indicaciones necesarias para su correcta instalación y uso, debiendo marcarse con las siguientes indicaciones mínimas:

a) Identificación del fabricante, representante legal o responsable de la comercialización.

b) Marca y modelo.

c) Tensión y potencia (o intensidad) asignadas.

d) Cualquier otra indicación referente al uso específico del material o equipo, asignado por el fabricante.

2. Los órganos competentes de las Comunidades Autónomas verificarán el cumplimiento de las exigencias técnicas de los materiales y equipos sujetos a este Reglamento. La verificación podrá efectuarse por muestreo.

Artículo 7. Coincidencia con otras tensiones

Si en una instalación eléctrica de baja tensión se encuentran integrados circuitos o elementos sometidos a tensiones superiores a los límites definidos en este Reglamento, en ausencia de indicación específica en este, se deberá cumplir con lo establecido en los reglamentos que regulen las instalaciones a dichas tensiones.

Artículo 8. Redes de distribución

1. Las instalaciones de servicio público o privado cuya finalidad sea la distribución de energía eléctrica se definirán:

a) Por los valores de la tensión entre fase o conductor polar y tierra y entre dos conductores de fase o polares, para las instalaciones unidas directamente a tierra.

b) Por el valor de la tensión entre dos conductores de fase o polares, para las instalaciones no unidas directamente a tierra.

2. Las intensidades de la corriente eléctrica admisibles en los conductores se regularán en función de las condiciones técnicas de las redes de distribución y de los sistemas de protección empleados en las mismas.

Artículo 9. Instalaciones de alumbrado exterior

Se considerarán instalaciones de alumbrado exterior las que tienen por finalidad la iluminación de las vías de circulación o comunicación y las de los espacios comprendidos entre edificaciones que, por sus características o seguridad general, deben permanecer iluminados, en forma permanente o circunstancial, sean o no de dominio público.

Las condiciones que deben reunir las instalaciones de alumbrado exterior serán las correspondientes a su peculiar situación de intemperie y, por el riesgo que supone, el que parte de sus elementos sean fácilmente accesibles.

Artículo 10. Tipos de suministro

1. A efectos del presente Reglamento, los suministros se clasifican en normales y complementarios.

a) **Suministros normales** son los efectuados a cada abonado por una sola empresa distribuidora por la totalidad de la potencia contratada por el mismo y con un solo punto de entrega de la energía.

b) **Suministros complementarios** o de seguridad son los que, a efectos de seguridad y continuidad de suministro, complementan a un suministro normal. Estos suministros podrán realizarse por dos empresas diferentes o por la misma Empresa, cuando se disponga, en el lugar de utilización de la energía, de medios de transporte y distribución independientes, o por el usuario mediante medios de producción propios. Se considera suministro complementario aquel que, aun partiendo del mismo transformador, dispone de línea de distribución independiente del suministro normal desde su mismo origen en baja tensión. Se clasifican en suministro de socorro, suministro de reserva y suministro duplicado:

- **Suministro de socorro** es el que está limitado a una potencia receptora mínima equivalente al 15 % del total contratado para el suministro normal.
- **Suministro de reserva** es el dedicado a mantener un servicio restringido de los elementos de funcionamiento indispensables de la instalación receptora, con una potencia mínima del 25 % de la potencia total contratada para el suministro normal.
- **Suministro duplicado** es el que es capaz de mantener un servicio mayor del 50 % de la potencia total contratada para el suministro normal.

NOTA

La ITC-BT-28 indica los tipos de locales de pública concurrencia que deben disponer de un suministro complementario.

Tipos de suministros	
Suministros normales	Realizados por una sola empresa distribuidora por el 100 % de la $P_{contratada}$
Suministros complementarios	**Socorro:** 15 % $P_{contratada}$ **Reserva:** 25 % $P_{contratada}$ **Duplicado:** 50 % $P_{contratada}$

2. Las instalaciones previstas para recibir suministros complementarios deberán estar dotadas de los dispositivos necesarios para impedir un acoplamiento entre ambos suministros, salvo lo prescrito en las instrucciones técnicas complementarias. La instalación de esos dispositivos deberá realizarse de acuerdo con la o las empresas suministradoras. De no establecerse ese acuerdo, el órgano competente de la Comunidad Autónoma resolverá lo que proceda en un plazo máximo de 15 días hábiles, contados a partir de la fecha en que le sea formulada la consulta.

3. Además de los señalados en las correspondientes instrucciones técnicas complementarias, los órganos competentes de las Comunidades Autónomas podrán fijar, en cada caso, los establecimientos industriales o dedicados a cualquier otra actividad que, por sus características y circunstancias singulares, hayan de disponer de suministro de socorro, de reserva o suministro duplicado.

4. Si la empresa suministradora que ha de facilitar el suministro complementario se negara a realizarlo o no hubiera acuerdo con el usuario sobre las condiciones técnico-económicas propuestas, el órgano competente de la Comunidad Autónoma deberá resolver lo que proceda, en el plazo de quince días hábiles, a partir de la fecha de presentación de la controversia.

Artículo 11. Locales de características especiales

Se establecerán en las correspondientes instrucciones técnicas complementarias prescripciones especiales, en base a las condiciones particulares que presentan, en los denominados «locales de características especiales», tales como los locales y emplazamientos mojados o en los que exista atmósfera húmeda, gases o polvos de materias no inflamables o combustibles, temperaturas muy elevadas o muy bajas en relación con las normales, los que se dediquen a la conservación o reparación de automóviles, los que estén afectos a los servicios de producción o distribución de energía eléctrica; en las instalaciones donde se utilicen las denominadas tensiones especiales, las que se realicen con carácter provisional o temporal, las instalaciones para piscinas, otras señaladas específicamente en las ITC y, en general, todas aquellas donde sea necesario mantener instalaciones eléctricas en circunstancias distintas a las que pueden estimarse como de riesgo normal, para la utilización de la energía eléctrica en baja tensión.

Artículo 12. Ordenación de cargas

Se establecerán en las correspondientes instrucciones técnicas complementarias prescripciones relativas a la ordenación de las cargas previsibles para cada una de las agrupaciones de consumo de características semejantes, tales como edificios dedicados principalmente a viviendas, edificios comerciales, de oficinas y de talleres para industrias, basadas en la mejor utilización de las instalaciones de distribución de energía eléctrica.

Antes de iniciar las obras, los titulares de edificaciones en proyecto de construcción deberán facilitar a la Empresa suministradora toda la información necesaria para deducir los consumos y cargas que han de producirse, a fin de poder adecuar con antelación suficiente el crecimiento de sus redes y las previsiones de cargas en sus centros de transformación.

Artículo 13. Reserva de local

En lo relativo a la reserva de local se seguirán las prescripciones recogidas en la reglamentación* por la que se regulen las actividades de transporte, distribución, comercialización, suministro y procedimientos de autorización de instalaciones de energía eléctrica.

Artículo 14. Especificaciones particulares y Proyectos tipo de las empresas distribuidoras

1. Las empresas distribuidoras de energía eléctrica podrán proponer especificaciones particulares sobre la construcción y montaje de acometidas, líneas generales de alimentación, instalaciones de contadores y derivaciones individuales. Estas especificaciones serán únicas para todo el territorio de distribución de la empresa distribuidora y recogerán las condiciones técnicas de carácter concreto que sean

* ***Real Decreto 1955/2000,*** *de 1 de diciembre.*

precisas para conseguir una mayor homogeneidad en la seguridad y el funcionamiento de las redes de distribución y las instalaciones de los consumidores.

En ningún caso estas especificaciones incluirán marcas o modelos de equipos o materiales concretos que aboquen al consumidor a un único proveedor, ni prescripciones de tipo administrativo o económico, que supongan para el titular de la instalación privada cargas adicionales a las previstas en este reglamento, o en otra normativa que pueda ser de aplicación.

En todo caso, las especificaciones incluirán la posibilidad de que, ante situaciones debidamente justificadas, previa acreditación de seguridad equivalente, el titular de la instalación pueda dar soluciones alternativas a situaciones concretas en que sea imposible cumplir los requisitos de las especificaciones aprobadas por la Administración.

2. Dichas especificaciones deberán ajustarse, en cualquier caso, a los preceptos del reglamento, y previo cumplimiento del procedimiento de información pública, deberán ser aprobadas y registradas por los órganos competentes de las Comunidades Autónomas, en caso de que se limiten a su ámbito territorial, o por el Ministerio de Industria, Comercio y Turismo, en caso de aplicarse en más de una comunidad autónoma.

3. Una persona técnica competente de la empresa distribuidora de energía eléctrica certificará que las especificaciones particulares cumplen todas las exigencias técnicas y de seguridad reglamentariamente establecidas.

Asimismo, dichas normas deberán contar con un informe técnico de un órgano cualificado e independiente que certificará que dichas especificaciones cumplen con todos los requisitos de la reglamentación de seguridad aplicable a productos e instalaciones de baja tensión, que no se incluyen prescripciones de tipo administrativo o económico que supongan una carga para el titular de la instalación privada y que tampoco se incluyen sobredimensionamientos técnicamente no justificados de la instalación, salvo aquellos derivados de la utilización de las series normalizadas de materiales.

4. Las empresas distribuidoras que quieran proponer las especificaciones particulares, a las que hace referencia el apartado 1, y que no se limiten al ámbito territorial de una única Comunidad Autónoma, deberán remitir solicitud de aprobación al Ministerio de Industria, Comercio y Turismo, acompañada de la siguiente documentación:

a) El texto de las especificaciones para las que se solicita la aprobación.

b) Certificado por persona técnica competente referido en el punto 3.

c) Informe técnico emitido por un organismo cualificado, referido en el punto 3.

d) Listado de las Comunidades Autónomas donde la empresa distribuidora lleve a cabo su actividad.

Presentada la solicitud por medios electrónicos, el Ministerio de Industria, Comercio y Turismo realizará el trámite de información pública de dicha especificación y solicitará informe a la Comisión Nacional de los Mercados y la Competencia, al órgano competente de las Comunidades Autónomas en las que la empresa distribuidora desarrolle su actividad y a la Secretaría de Estado de Energía del Ministerio para la Transición Ecológica y el Reto Demográfico.

Recibidos los informes, o cumplido el plazo marcado en el artículo 80 de la Ley 39/2015, de 1 de octubre, del Procedimiento Administrativo Común para su emisión, procederá a su aprobación siempre que se garantice el cumplimiento reglamentario, la uniformidad de los requisitos en todas las zonas de implantación de la empresa de distribución y que no se adopten barreras técnicas que aboquen al consumidor a un único proveedor, publicándose la resolución correspondiente en el «Boletín Oficial del Estado».

Una vez presentadas las especificaciones ante el Ministerio de Industria, Comercio y Turismo, junto con los documentos mencionados, el plazo para la aprobación será de tres meses, considerándose el silencio administrativo como aprobatorio.

5. Las normas así aprobadas se publicarán en la página web del Ministerio de Industria, Comercio y Turismo, sin perjuicio de la publicidad que las empresas de distribución hagan de las mismas.

6. En caso de modificación o ampliación de especificaciones ya aprobadas, la empresa de distribución de energía eléctrica solicitará aprobación de la ampliación o modificación de dichas especificaciones, siguiendo el mismo procedimiento indicado anteriormente.

7. Igualmente las empresas distribuidoras, para aquellas instalaciones, o parte de las mismas, de carácter repetitivo, propiedad de las empresas distribución de energía eléctrica y que requieren proyecto de acuerdo a lo establecido en la ITC-BT 04, podrán proponer proyectos tipo para su aprobación por los órganos competentes de las Comunidades Autónomas, en caso de que se limiten a su ámbito territorial, o por el Ministerio de Industria, Comercio y Turismo, en caso de aplicarse en más de una comunidad autónoma. La aprobación de los proyectos tipo seguirán el procedimiento descrito en este artículo para las especificaciones particulares.

Estos proyectos tipo, incluirán las condiciones técnicas de carácter concreto que sean precisas para conseguir mayor homogeneidad en la seguridad y el funcionamiento de las instalaciones de baja tensión, respetando los requisitos impuestos a las especificaciones particulares en este artículo.

En cualquier caso, los proyectos tipo deberán ser completados, inexcusablemente, con los datos específicos concernientes a cada caso particular.

Artículo 15. Acometidas e instalaciones de enlace

1. Se denomina acometida la parte de la instalación de la red de distribución que alimenta la caja o cajas generales de protección o unidad funcional equivalente.

La **acometida** será responsabilidad de la empresa suministradora, que asumirá la inspección y verificación final.

2. Son **instalaciones de enlace** las que unen la caja general de protección, o cajas generales de protección, incluidas estas, con las instalaciones interiores o receptoras del usuario.

Se componen de:

- Caja general de protección,
- línea general de alimentación,
- elementos para la ubicación de contadores,
- derivación individual,
- caja para interruptor de control de potencia, y
- dispositivos generales de mando y protección.

Las cajas generales de protección alojan elementos de protección de las líneas generales de alimentación y señalan el principio de la propiedad de las instalaciones de los usuarios.

La línea general de alimentación es la parte de la instalación que enlaza una caja general de protección con las derivaciones individuales que alimenta.

La derivación individual de un abonado parte de la línea general de alimentación y comprende los aparatos de medida, mando y protección.

3. Las compañías suministradoras facilitarán los valores máximos previsibles de las potencias o corrientes de cortocircuito de sus redes de distribución, con el fin de que el proyectista tenga en cuenta este dato en sus cálculos.

Artículo 16. Instalaciones interiores o receptoras

1. Las instalaciones interiores o receptoras son las que, alimentadas por una red de distribución o por una fuente de energía propia, tienen como finalidad principal la utilización de la energía eléctrica. **Dentro de este concepto hay que incluir cualquier instalación receptora aunque toda ella o alguna de sus partes esté situada a la intemperie.**

2. En toda instalación interior o receptora que se proyecte y realice, se alcanzará el máximo equilibrio en las cargas que soportan los distintos conductores que forman parte de la misma, y esta se subdividirá de forma que las perturbaciones originadas por las averías que pudieran producirse en algún punto de ella afecten a una mínima parte de la instalación. Esta subdivisión deberá permitir también la localización de las averías y facilitar el control del aislamiento de la parte de la instalación afectada.

3. Los sistemas de protección para las instalaciones interiores o receptoras para baja tensión impedirán los efectos de las sobreintensidades y sobretensiones que por distintas causas cabe prever en las mismas y resguardarán a sus materiales y equipos de las acciones y efectos de los agentes externos. Asimismo, y a efectos de seguridad general, se determinarán las condiciones que deben cumplir dichas instalaciones para proteger de los contactos directos e indirectos.

4. En la utilización de la energía eléctrica para instalaciones receptoras se adoptarán las medidas de seguridad, tanto para la protección de los usuarios como para la de las redes, que resulten proporcionadas a las características y potencia de los aparatos receptores utilizados en las mismas.

5. Además de los preceptos que en virtud del presente y otros reglamentos sean de aplicación a los locales de pública concurrencia, deberán cumplirse medidas y previsiones específicas, en función del riesgo que implica en los mismos un funcionamiento defectuoso de la instalación eléctrica.

Artículo 17. Receptores y puesta a tierra

Sin perjuicio de las disposiciones referentes a los requisitos técnicos de diseño de los materiales eléctricos, según lo estipulado en el artículo 6, la instalación de los receptores, así como el sistema de protección por puesta a tierra, deberán respetar lo dispuesto en las correspondientes instrucciones técnicas complementarias.

Artículo 18. Ejecución y puesta en servicio de las instalaciones

1. Según lo establecido en el artículo 12.3 de la Ley 21/1992, de Industria, la puesta en servicio y utilización de las instalaciones eléctricas se condiciona al siguiente procedimiento:

a) Deberá elaborarse, previamente a la ejecución, una documentación técnica que defina las características de la instalación y que, en función de sus características, según determine la correspondiente ITC, revestirá la forma de proyecto o memoria técnica.

b) La instalación deberá verificarse por el instalador, con la supervisión del director de obra en su caso, a fin de comprobar la correcta ejecución y funcionamiento seguro de la misma.

c) Asimismo, cuando así se determine en la correspondiente ITC, la instalación deberá ser objeto de una inspección inicial, por un organismo de control.

d) A la terminación de la instalación y realizadas las verificaciones pertinentes y, en su caso, la inspección inicial, el instalador autorizado ejecutor de la instalación emitirá un certificado de instalación, en el que se hará constar que la misma se ha realizado de conformidad con lo establecido en el Reglamento y sus instrucciones técnicas complementarias y de acuerdo con la documentación técnica. En su caso, identificará y justificará las variaciones que en la ejecución se hayan producido con relación a lo previsto en dicha documentación.

e) El certificado, junto con la documentación técnica y, en su caso, el certificado de dirección de obra y el de inspección inicial, deberá depositarse ante el órgano competente de la Comunidad Autónoma, con objeto de registrar la referida instalación, recibiendo las copias diligenciadas necesarias para la constancia de cada interesado y solicitud de suministro de energía. Las Administraciones competentes deberán facilitar que estas documentaciones puedan ser presentadas y registradas por procedimientos informáticos o telemáticos.

2. Las instalaciones eléctricas deberán ser realizadas únicamente por empresas instaladoras.

3. La empresa suministradora no podrá conectar la instalación receptora a la red de distribución si no se le entrega la copia correspondiente del certificado de instalación debidamente diligenciado por el Órgano competente de la Comunidad Autónoma.

4. No obstante lo indicado en el apartado precedente, cuando existan circunstancias objetivas por las cuales sea preciso contar con suministro de energía eléctrica antes de poder culminar la tramitación administrativa de las instalaciones, dichas circunstancias, debidamente justificadas y acompañadas de las garantías para el mantenimiento de la seguridad de las personas y bienes y de la no perturbación de otras instalaciones o equipos, deberán ser expuestas ante el órgano competente de la Comunidad Autónoma, la cual podrá autorizar, mediante resolución motivada, el suministro provisional para atender estrictamente aquellas necesidades.

5. En caso de instalaciones temporales (congresos y exposiciones, con distintos *stands*, ferias ambulantes, festejos, verbenas, etc.), el órgano competente de la Comunidad podrá admitir que la tramitación de las distintas instalaciones parciales se realice de manera conjunta. De la misma manera, podrá aceptarse que se sustituya la documentación técnica por una declaración, diligenciada la primera vez por la Administración, en el supuesto de instalaciones realizadas sistemáticamente de forma repetitiva.

Artículo 19. Información a los usuarios

Como anexo al certificado de instalación que se entregue al titular de cualquier instalación eléctrica, la empresa instaladora deberá confeccionar unas **instrucciones para el correcto uso y mantenimiento** de la misma. Dichas instrucciones incluirán, en cualquier caso, como mínimo, **un esquema unifilar** de la instalación con las características técnicas fundamentales de los equipos y materiales eléctricos instalados, así como un **croquis de su trazado.**

Cualquier modificación o ampliación requerirá la elaboración de un complemento a lo anterior, en la medida en que sea necesario.

GUÍA

Se tendrán los documentos siguientes:

- Instrucciones generales de uso y mantenimiento.
- Documentos propios de la instalación.
- Esquema unifilar de la instalación.
- Croquis o plano(s) de trazado de las canalizaciones, de las redes de tierra y ubicación de los materiales instalados (dispositivos de protección, interruptores, bases de toma de corriente, puntos de luz, aparatos de alumbrado de emergencia, etc.).

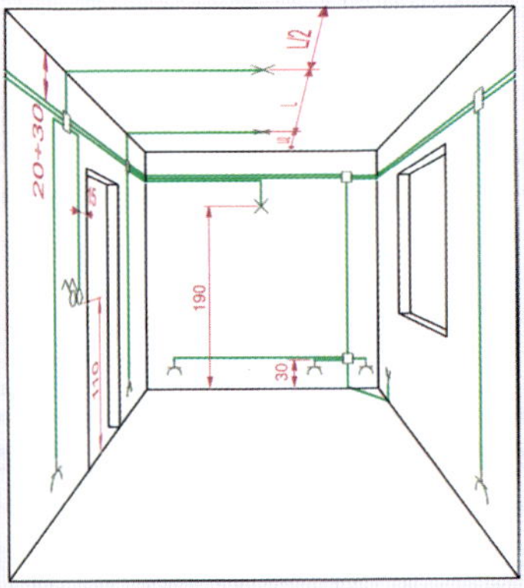

En la Figura siguiente se incluye un ejemplo de croquis de trazado de una instalación eléctrica empotrada.

Artículo 20. Mantenimiento de las instalaciones

Los titulares de las instalaciones deberán mantener en buen estado de funcionamiento sus instalaciones, utilizándolas de acuerdo con sus características y absteniéndose de intervenir en las mismas para modificarlas. Si son necesarias modificaciones, estas deberán ser efectuadas por un instalador autorizado.

Artículo 21. Inspecciones (ITC-BT-05)

Sin perjuicio de la facultad que, de acuerdo con lo señalado en el artículo 14 de la Ley 21/1992, de Industria, posee la Administración Pública competente para llevar a cabo, por sí misma, las actuaciones de inspección y control que estime necesarias, el cumplimiento de las disposiciones y requisitos de seguridad establecidos por el presente Reglamento y sus instrucciones técnicas complementarias, según lo previsto en el artículo 12.3 de dicha Ley, deberá ser comprobado, en su caso, por un organismo de control autorizado en este campo reglamentario.

A tal fin, la correspondiente instrucción técnica complementaria determinará:

a) Las instalaciones y las modificaciones, reparaciones o ampliaciones de instalaciones que deberán ser objeto de inspección inicial, antes de su puesta en servicio.

b) Las instalaciones que deberán ser objeto de inspección periódica.

c) Los criterios para la valoración de las inspecciones, así como las medidas a adoptar como resultado de las mismas.

d) Los plazos de las inspecciones periódicas.

Artículo 22. Empresas Instaladoras (ITC-BT-03)

1. Las instalaciones eléctricas de baja tensión se ejecutarán por empresas instaladoras en baja tensión, que serán aquellas personas físicas o jurídicas que hayan presentado la declaración responsable de inicio de actividad según se establece en la correspondiente instrucción técnica complementaria. Ello se entiende sin perjuicio del posible proyecto y dirección de obra por técnicos titulados competentes que, en su caso, requieran las citadas instalaciones.

2. De acuerdo con la Ley 21/1992, de 16 de julio, de Industria, la declaración responsable habilita por tiempo indefinido a la empresa instaladora, desde el momento de su presentación ante la Administración competente, para el ejercicio de la actividad en todo el territorio español, sin que puedan imponerse requisitos o condiciones adicionales.

Artículo 23. Cumplimiento de las prescripciones

1. Se considerará que las instalaciones realizadas de conformidad con las prescripciones del presente Reglamento proporcionan las condiciones de seguridad que, de acuerdo con el estado de la técnica, son exigibles, a fin de preservar a las personas y los bienes, cuando se utilizan de acuerdo a su destino.

2. Las prescripciones establecidas en el presente Reglamento tendrán la condición de mínimos obligatorios, en el sentido de lo indicado por el artículo 12.5 de la Ley 21/1992, de Industria.

Se considerarán cubiertos tales mínimos:

a) Por aplicación directa de las prescripciones de las correspondientes ITC.

b) Por aplicación de técnicas de seguridad equivalentes, siendo tales las que, sin ocasionar distorsiones en los sistemas de distribución de las compañías suministradoras, proporcionen, al menos, un nivel de seguridad equiparable a la anterior. La aplicación de técnicas de seguridad equivalentes deberá ser justificado debidamente por el diseñador de la instalación, y aprobada por el órgano competente de la Comunidad Autónoma.

Artículo 24. Excepciones

Sin perjuicio de lo establecido en el apartado 1 del artículo 6, cuando sea materialmente imposible cumplir determinadas prescripciones del presente Reglamento, sin que sea factible tampoco acogerse a la letra b) del artículo anterior, el titular de la instalación que se pretenda realizar deberá presentar, ante el órgano competente de la Comunidad Autónoma, previamente al procedimiento contemplado en el artículo 18, una solicitud de excepción, exponiendo los motivos de la misma e indicando las medidas de seguridad alternativas que se propongan, las cuales, en ningún caso, podrán rebajar los niveles de protección establecidos en el Reglamento.

El citado órgano competente podrá desestimar la solicitud, requerir la modificación de las medidas alternativas o conceder la autorización de excepción, que será siempre expresa, entendiéndose el silencio administrativo como desestimatorio.

Artículo 25. Equivalencia de normativa del Espacio Económico Europeo

Sin perjuicio de lo establecido en el artículo 6, a los efectos del presente Reglamento y para la comercialización de productos provenientes de los Estados miembros de la Unión Europea o del Espacio Económico Europeo, sometidos a las reglamentaciones nacionales de seguridad industrial, la Administración pública competente deberá aceptar la validez de los certificados y marcas de conformidad a normas y las actas o protocolos de ensayos que son exigibles por las citadas reglamentaciones, emitidos por organismos de evaluación de la conformidad oficialmente reconocidos en dichos Estados, siempre que se reconozca, por la mencionada Administración pública competente, que los citados agentes ofrecen garantías técnicas, profesionales y de independencia e imparcialidad equivalentes a las exigidas por la legislación española y que las disposiciones legales vigentes del Estado en base a las que se evalúa la conformidad comporten un nivel de seguridad equivalente al exigido por las correspondientes disposiciones españolas.

Artículo 26. Normas de referencia

1. Las instrucciones técnicas complementarias podrán establecer la aplicación de normas UNE u otras reconocidas internacionalmente, de manera total o parcial, a fin de facilitar la adaptación al estado de la técnica en cada momento.

Dicha referencia se realizará, por regla general, sin indicar el año de edición de las normas en cuestión.

En la correspondiente instrucción técnica complementaria se recogerá el listado de todas las normas citadas en el texto de las instrucciones, identificadas por sus títulos y numeración, la cual incluirá el año de edición.

2. Cuando una o varias normas varíen su año de edición, o se editen modificaciones posteriores a las mismas, deberán ser objeto de actualización en el listado de normas, mediante resolución del centro directivo competente en materia de seguridad industrial del Ministerio de Ciencia y Tecnología, en la que deberá hacerse constar la fecha a partir de la cual la utilización de la nueva edición de la norma será válida y la fecha a partir de la cual la utilización de la antigua edición de la norma dejará de serlo, a efectos reglamentarios.

A falta de resolución expresa, se entenderá que también cumple las condiciones reglamentarias la edición de la norma posterior a la que figure en el listado de normas, siempre que la misma no modifique criterios básicos y se limite a actualizar ensayos o incremente la seguridad intrínseca del material correspondiente.

Según la Guía Técnica: *puesto que las prescripciones reglamentarias definen condiciones mínimas de seguridad, se asume que una norma en edición posterior a la que figura en la* ***ITC-BT-02*** *ofrece un nivel de seguridad equivalente o superior al mínimo fijado en el Reglamento.*

Artículo 27. Accidentes

A efectos estadísticos y con objeto de poder determinar las principales causas, así como disponer las eventuales correcciones en la reglamentación, se debe poseer los correspondientes datos sistematizados de los accidentes más significativos. Para ello, cuando se produzca un accidente que ocasione daños o víctimas, la compañía suministradora deberá redactar un informe que recoja los aspectos esenciales del mismo. En los quince primeros días de cada trimestre, deberán remitir a las Comunidades Autónomas y al centro directivo competente en materia de seguridad industrial del Ministerio de Ciencia y Tecnología copia de todos los informes realizados.

Artículo 28. Infracciones y sanciones

Las infracciones a lo dispuesto en el presente reglamento se clasificarán y sancionarán de acuerdo con lo dispuesto en el Título V de la Ley 21/1992, de Industria.

GUÍA

En dicha Ley se clasifican las infracciones en muy graves, graves y leves.

Son infracciones muy graves las tipificadas como graves cuando de las mismas resulte un daño muy grave o se derive un peligro muy grave e inminente para las personas, la flora, la fauna, las cosas o el medio ambiente.

Son infracciones graves entre otras:

- La fabricación, importación, venta, transporte, instalación o utilización de productos, aparatos y elementos sujetos a seguridad industrial sin cumplir las normas reglamentarias, cuando comporte peligro o daño grave para personas, la flora, la fauna, las cosas o el medio ambiente.
- La puesta en funcionamiento de las instalaciones careciendo de la correspondiente autorización, cuando esta sea preceptiva.
- La ocultación o alteración dolosa de datos relativos a las empresas, por ejemplo, fabricantes o instaladores autorizados, o la expedición de certificados no acordes con la realidad de los hechos.
- El incumplimiento de las especificaciones dictadas por la autoridad competente en materia de seguridad industrial.
- La inadecuada conservación y mantenimiento de las instalaciones, si de ello puede resultar un peligro para las personas, la flora, la fauna, las cosas o el medio ambiente.

Son infracciones leves las siguientes:

- El incumplimiento de cualquier otra prescripción reglamentaria no citada anteriormente.

- La no comunicación a la Administración competente, dentro de los plazos reglamentarios, de los datos relativos a las empresas, por ejemplo fabricantes o instaladores autorizados.
- La falta de colaboración con las administraciones públicas en el ejercicio por estas de sus funciones reglamentarias.

Para determinar la cuantía de las sanciones se tendrá en cuenta:

- La importancia del daño o deterioro causado.
- El grado de participación o beneficio obtenido.
- La capacidad económica del infractor.
- La intencionalidad de la comisión de la infracción.
- La reincidencia.

Artículo 29. Guía técnica

El centro directivo competente en materia de seguridad industrial del Ministerio de Ciencia y Tecnología elaborará y mantendrá actualizada una Guía técnica, **de carácter no vinculante,** para la aplicación práctica de las previsiones del presente Reglamento y sus instrucciones técnicas complementarias, la cual podrá establecer aclaraciones a conceptos de carácter general incluidos en este Reglamento.

NOTA

Índice de Unidades Temáticas de la Guía técnica.

GUÍA-BT-RD 842/02 Real Decreto 842/2002.
GUÍA-BT-03 Empresas instaladoras autorizadas.
GUÍA-BT-04 Documentación y puesta en servicio de las instalaciones.
GUÍA-BT-05 Verificaciones e inspecciones.
GUÍA-BT-08 Sistemas de conexión del neutro y de las masas.
GUÍA-BT-09 Instalaciones de alumbrado exterior.
GUÍA-BT-10 Previsión de cargas para suministros en BT.
GUÍA-BT-12 Instalaciones de enlace. Esquemas.
GUÍA-BT-13 Cajas generales de protección.
GUÍA-BT-14 Línea general de alimentación.
GUÍA-BT-15 Derivaciones individuales.
GUÍA-BT-16 Instalaciones de enlace. Sistemas de instalación.
GUÍA-BT-17 Dispositivos de mando y protección.

GUÍA-BT-18 Instalaciones de puesta a tierra.
GUÍA-BT-19 Instalaciones interiores o receptoras.
GUÍA-BT-20 Sistemas de instalación.
GUÍA-BT-21 Tubos y canales protectoras.
GUÍA-BT-22 Protección contra sobreintensidades.
GUÍA-BT-23 Protección contra sobretensiones.
GUÍA-BT-24 Protección contra los contactos directos e indirectos.
GUÍA-BT-25 N.° de circuitos y características en viviendas.
GUÍA-BT-26 Instalaciones interiores en viviendas.
GUÍA-BT-27 Locales que contienen una bañera o ducha.
GUÍA-BT-28 Locales de pública concurrencia.
GUÍA-BT-29 Locales con riesgo de incendio o explosión.
GUÍA-BT-30 Locales de características especiales.
GUÍA-BT-33 Instalaciones provisionales y temporales de obras.
GUÍA-BT-40 Instalaciones generadoras de baja tensión.
GUÍA-BT-49 Instalaciones eléctricas en muebles.
GUÍA-BT-51 Sistemas de automatización.
GUÍA-BT-52 Infraestructura para la recarga de vehículos eléctricos.
GUÍA-BT-ANEXO 1 Significado y explicación de los códigos IP, IK.
GUÍA-BT-ANEXO 2 Cálculo de las caídas de tensión.
GUÍA-BT-ANEXO 3 Cálculo de corrientes de cortocircuito.
GUÍA-BT-ANEXO 4 Verificación de las instalaciones eléctricas.

ANOTACIONES

ITC-BT-01

TERMINOLOGÍA

Consideraciones generales

Las definiciones específicas de los términos utilizados en las ITC particulares pueden encontrarse en el texto de dichas ITC.

Para aquellos términos no definidos en la presente instrucción ni en las ITC particulares se aplicará lo dispuesto en la norma **UNE 21302.**

Aislamiento de un cable: conjunto de materiales aislantes que forman parte de un cable y cuya función específica es soportar la tensión.

Aislamiento funcional: aislamiento necesario para garantizar el funcionamiento normal y la protección fundamentales contra los choques eléctricos.

Aislamiento principal: aislamiento de las partes activas, cuyo deterioro podría provocar riesgo de choque eléctrico.

Aislamiento reforzado: aislamiento cuyas características mecánicas y eléctricas hace que pueda considerarse equivalente a un doble aislamiento.

Aislamiento suplementario: aislamiento independiente, previsto además del aislamiento principal, a efectos de asegurar la protección contra choque eléctrico en caso de deterioro del aislamiento principal.

Aislante: sustancia o cuerpo cuya conductividad es nula o, en la práctica, muy débil.

Alta sensibilidad: se consideran los interruptores diferenciales como de alta sensibilidad cuando el valor de esta es igual o inferior a **30 mA**.

Amovible: calificativo que se aplica a todo material instalado de manera que se pueda quitar fácilmente.

Aparamenta: Equipo, aparato o material previsto para ser conectado a un circuito eléctrico con el fin de asegurar una o varias de las siguientes funciones: protección, control, seccionamiento, conexión.

Aparato amovible: puede ser:

- Aparato portátil a mano, cuya utilización, en uso normal, exige la acción constante de la misma.
- Aparato movible, cuya utilización, en uso normal, puede necesitar su desplazamiento.
- Aparato semifijo, que solo puede ser desplazado cuando está sin tensión.

Aparato de caldeo eléctrico: aparato que produce calor de forma deliberada por medio de fenómenos eléctricos. Se destina a elevar la temperatura de un determinado medio o fluido.

Aparato fijo: es el que está instalado en forma inamovible.

Bandeja: material de instalación constituido por un perfil, de paredes perforadas o sin perforar, destinado a soportar cables y abierto en su parte superior.

Base móvil: base prevista para conectarse a, o a integrase con, cables flexibles y que puede desplazarse fácilmente cuando está conectada al circuito de alimentación.

Borne o barra principal de tierra: borne o barra prevista para la conexión a los dispositivos de puesta a tierra de los conductores de protección, incluyendo los conductores de equipotencialidad y eventualmente los conductores de puesta a tierra funcional.

Cable aislado: conjunto constituido por:

- Uno o varios conductores aislados.
- Su eventual revestimiento individual.
- La eventual protección del conjunto.
- El o los eventuales revestimientos de protección que se dispongan.

Puede tener, además, uno o varios conductores no aislados.

Cable blindado con aislamiento mineral: cable aislado por una materia mineral y que tiene una cubierta de protección constituida por cobre, aluminio o aleación de estos. Estas cubiertas, a su vez, pueden estar protegidas por un revestimiento adecuado.

Cable con cubierta estanca: son aquellos cables que disponen de una cubierta interna o externa con protección eficaz contra la penetración de líquidos.

Cable con neutro concéntrico: cable con un conductor concéntrico destinado a utilizarse como conductor de neutro.

Cable flexible: cable diseñado para garantizar una conexión deformable en servicio y en el que la estructura y la elección de los materiales son tales que cumplen las exigencias correspondientes.

Cable flexible fijado permanentemente: cable flexible de alimentación a un aparato, unido a este de manera que solo se pueda desconectar de él con ayuda de un útil.

Cable multiconductor: cable que incluye más de un conductor, algunos de los cuales pueden no estar aislados.

Cable unipolar: cable que tiene un solo conductor aislado.

Canal: recinto situado bajo el nivel del suelo o piso y cuyas dimensiones no permiten circular por él y que, en caso de ser cerrado, debe permitir el acceso a los cables en toda su longitud.

Canal moldura: variedad de canal de paredes llenas, de pequeñas dimensiones, que contiene uno o varios alojamientos para conductores.

Canal protectora: material de instalación constituido por un perfil, de paredes llenas o perforadas, destinado a contener conductores y otros componentes eléctricos y cerrado por una tapa desmontable.

Canalización amovible: canalización que puede ser quitada fácilmente.

Canalización eléctrica: conjunto constituido por uno o varios conductores eléctricos y los elementos que aseguran su fijación y, en su caso, su protección mecánica.

Canalización fija: canalización instalada en forma inamovible, que no puede ser desplazada.

Canalización movible: canalización que puede ser desplazada durante su utilización.

Cebado: establecimiento de un arco como consecuencia de una perforación de aislamiento.

Cerca eléctrica: cerca formada por uno o varios conductores, sujetos a pequeños aisladores, montados sobre postes ligeros a una altura apropiada a los animales que se pretende alejar y electrizados de tal forma que las personas o los animales que los toquen no reciban descargas peligrosas.

Choque eléctrico: efecto fisiopatológico resultante del paso de corriente eléctrica a través del cuerpo humano o de un animal.

Circuito: conjunto de materiales eléctricos (conductores, aparamenta, etc.) de diferentes fases o polaridades, alimentadas por la misma fuente de energía y protegidos contra las sobreintensidades por el o los mismos dispositivos de protección.

No quedan incluidos en esta definición los circuitos que formen parte de los aparatos de utilización o receptores.

Conducto: envolvente cerrada destinada a alojar conductores aislados o cables en las instalaciones eléctricas, y que permiten su reemplazamiento por tracción.

Conductor aislado: conjunto que incluye el conductor, su aislamiento y sus eventuales pantallas.

Conductor CPN o PEN: conductor puesto a tierra que asegura, al mismo tiempo, las funciones de conductor de protección y de conductor neutro.

Conductor de protección (CP o PE): conductor requerido en ciertas medidas de protección contra choques eléctricos y que conecta alguna de las siguientes partes:

- Masas.
- Elementos conductores.
- Borne principal de tierra.
- Toma de tierra.
- Punto de la fuente de alimentación unida a tierra o a un neutro artificial.

Conductor de un cable: parte de un cable que tiene la función específica de conducir corriente.

Conductor equipotencial: conductor de protección que asegura una conexión equipotencial.

Conductor flexible: conductor constituido por alambres suficientemente finos y reunidos de forma que puedan utilizarse como un cable flexible.

Conductor mediano (*véase* punto mediano).

Conductor neutro: conductor conectado al punto de una red y capaz de contribuir al transporte de energía eléctrica.

Conductores activos: se consideran como conductores activos en toda instalación los destinados normalmente a la transmisión de la energía eléctrica. Esta consideración se aplica a los conductores de fase y al conductor neutro en corriente alterna y a los conductores polares y al compensador en corriente continua.

Conector: conjunto destinado a conectar eléctricamente un cable a un aparato eléctrico.

Se compone de dos partes:

- Una toma móvil, que es la parte que forma cuerpo con el conductor de alimentación.
- Una base, que es la parte incorporada o fijada al aparato de utilización.

Conexión equipotencial: conexión eléctrica que pone al mismo potencial, o a potenciales prácticamente iguales, a las partes conductoras accesibles y elementos conductores.

Contacto directo: contacto de personas o animales con partes activas de los materiales y equipos.

Contacto indirecto: contacto de personas o animales domésticos con partes que se han puesto bajo tensión como resultado de un fallo de aislamiento.

Contactor con apertura automática: contactor electromagnético provisto de relés que producen su apertura en condiciones predeterminadas.

Contactor con contactos abiertos en reposo: aparato de interrupción no accionado manualmente, con una sola posición de reposo que se corresponde con la apertura de sus contactos. El aparato está previsto, corrientemente, para maniobras frecuentes con cargas y sobrecargas normales.

Contactor con contactos cerrados en reposo: aparato de interrupción no accionado manualmente, con una sola posición de reposo que corresponde a la apertura de sus contactos. El aparato está previsto, corrientemente, para maniobras frecuentes con cargas y sobrecargas normales.

Contactor de sobrecarrera: interruptor contactor de posición que entra en acción cuando un elemento móvil ha sobrepasado su posición de fin de carrera.

Corriente admisible permanente (de un conductor): valor máximo de la corriente que circula permanentemente por un conductor, en condiciones específicas, sin que su temperatura de régimen permanente supere un valor especificado.

Corriente convencional de funcionamiento de un dispositivo de protección: valor especificado que provoca el funcionamiento del dispositivo de protección antes de transcurrir un intervalo de tiempo determinado de una duración especificada llamado tiempo convencional.

Corriente de choque: corriente de contacto que podría provocar efectos fisiopatológicos.

Corriente de contacto: corriente que pasa a través del cuerpo humano o de un animal cuando está sometido a una tensión eléctrica.

Corriente de cortocircuito franco: sobreintensidad producida por un fallo de impedancia despreciable, entre dos conductores activos que presentan una diferencia de potencial en condiciones normales de servicio.

Corriente de defecto a tierra: corriente que, en caso de un solo punto de defecto a tierra, se deriva por el citado punto desde el circuito averiado a tierra o partes conectadas a tierra.

Corriente de defecto o de falta: corriente que circula debido a un defecto de aislamiento.

Corriente de fuga en una instalación: corriente que, en ausencia de fallos, se transmite a la tierra o a elementos conductores del circuito.

Corriente de puesta a tierra: corriente total que se deriva a tierra a través de la puesta a tierra.

Nota: la corriente de puesta a tierra es la parte de la corriente de defecto que provoca la elevación de potencial de una instalación de puesta a tierra.

Corriente de sobrecarga de un circuito: sobreintensidad que se produce en un circuito, en ausencia de un fallo eléctrico.

Corriente diferencial residual: suma algebraica de los valores instantáneos de las corrientes que circulan a través de todos los conductores activos de un circuito, en un punto de una instalación eléctrica.

Corriente diferencial residual de funcionamiento: valor de la corriente diferencial residual que provoca el funcionamiento de un dispositivo de protección.

Cortacircuito fusible: aparato cuyo cometido es el de interrumpir el circuito en que está intercalado, por fusión de uno de sus elementos, cuando la intensidad que recorre el elemento sobrepasa, durante un tiempo determinado, un determinado valor.

Corte omnipolar: corte de todos los conductores activos. Puede ser:

- Simultáneo, cuando la conexión y desconexión se efectúa al mismo tiempo en el conductor neutro o compensador y en las fases o polares.
- No simultáneo, cuando la conexión del neutro o compensador se establece antes que las de las fases o polares y se desconectan estas antes que el neutro o compensador.

Cubierta de un cable: revestimiento tubular continuo y uniforme de material metálico o no metálico generalmente extruido.

Dedo de prueba o sonda portátil de ensayo: dispositivo de forma similar a un dedo, incluso en sus articulaciones internacionalmente normalizado, y que se destina a verificar si las partes activas de cualquier aparato o materias son accesibles o no al utilizador del mismo. Existen varios tipos de dedos de prueba, destinados a diferentes aparatos, según su clase, tensión, etc.

Defecto franco: defecto de aislamiento cuya impedancia puede considerarse nula.

Defecto monofásico a tierra: defecto de aislamiento entre un conductor y tierra.

Doble aislamiento: aislamiento que comprende, a la vez, un aislamiento principal y un aislamiento suplementario.

Elemento conductor ajeno a la instalación eléctrica: elemento que no forma parte de la instalación eléctrica y que es susceptible de introducir un potencial, generalmente el de tierra.

Elementos conductores: todos aquellos que pueden encontrarse en un edificio, aparato, etc., y que son susceptibles de transferir una tensión, tales como estructuras metálicas o de hormigón armado utilizadas en la construcción de edificios (por ejemplo, armaduras, paneles, carpintería metálica, etc.), canalizaciones metálicas de agua, gas, calefacción, etc., así como los aparatos no eléctricos conectados a ellas, si la unión constituye una conexión eléctrica (por ejemplo, radiadores, cocinas, fregaderos metálicos, etc.), suelos y paredes conductores.

Envolvente: elemento que asegura la protección de los materiales contra determinadas influencias externas y la protección, en cualquier dirección, ante contactos directos.

Factor de diversidad: inverso del factor de simultaneidad.

Factor de simultaneidad: relación entre la totalidad de la potencia instalada o prevista, para un conjunto de instalaciones o de máquinas, durante un período de tiempo determinado, y las sumas de las potencias máximas absorbidas individualmente por las instalaciones o por las máquinas.

Fuente de alimentación de energía: lugar o punto donde una línea, una red, una instalación o un aparato recibe energía eléctrica que tiene que transmitir, repartir o utilizar.

Fuente de energía: aparato generador o sistema suministrador de energía eléctrica.

Gama nominal de tensiones (*véase* tensión nominal de un aparato).

Impedancia: cociente de la tensión en los bornes de un circuito por la corriente que fluye por ellos. Esta definición solo es aplicable a corrientes sinusoidales.

Impedancia del circuito de defecto: impedancia total ofrecida al paso de una corriente de defecto.

Instalación de puesta a tierra: conjunto de conexiones y dispositivos necesarios para poner a tierra, individual o colectivamente, un aparato o una instalación.

Instalación eléctrica: conjunto de aparatos y de circuitos asociados, en previsión de un fin particular: producción, conversión, transformación, transmisión, distribución o utilización de la energía eléctrica.

Instalación eléctrica de edificios: conjunto de materiales eléctricos asociados a una aplicación determinada cuyas características están coordinadas.

Instalaciones provisionales: aquellas que tienen, en tiempo, una duración limitada a las circunstancias que las motiven:

Pueden ser:

- **De obras:** son las destinadas a la ejecución de trabajos de construcción de edificios y similares.
- **De reparación:** las necesarias para paliar un incidente de explotación.
- **De trabajos:** las realizadas para permitir cambios o transformaciones de las instalaciones, sin interrumpir la explotación.
- **Semipermanentes:** las destinadas a modificaciones de duración limitada, en el marco de actividades habituales de los locales en los que se repitan periódicamente (ferias).

Intensidad de defecto: valor que alcanza una corriente de defecto.

Interruptor automático: interruptor capaz de establecer, mantener e interrumpir las intensidades de corriente de servicio, o de establecer e interrumpir automáticamente, en condiciones predeterminadas, intensidades de corriente anormalmente elevadas, tales como las corrientes de cortocircuito.

Interruptor de control de potencia y magnetotérmico: aparato de conexión que integra todos los dispositivos necesarios para asegurar de forma coordinada:

- Mando.
- Protección contra sobrecargas.
- Protección contra cortocircuitos.

Interruptor diferencial: aparato electromecánico o asociación de aparatos destinados a provocar la apertura de los contactos cuando la corriente diferencial alcanza un valor dado.

Línea general de distribución: canalización eléctrica que enlaza otra canalización, un cuadro de mando y protección o un dispositivo de protección general con el origen de canalizaciones que alimentan distintos receptores, locales o emplazamientos.

Luminaria: aparato de alumbrado que reparte, filtra o transforma la luz de una o varias lámparas y que comprende todos los dispositivos necesarios para fijar y proteger las lámparas (excluyendo las propias lámparas) y, cuando sea necesario, los circuitos auxiliares junto con los medios de conexión al circuito de alimentación.

Masa: conjunto de las partes metálicas de un aparato que, en condiciones normales, están aisladas de las partes activas.

Las masas comprenden normalmente:

- Las partes metálicas accesibles de los materiales y de los equipos eléctricos, separadas de las partes activas solamente por un aislamiento funcional, las cuales son susceptibles de ser puestas en tensión a consecuencia de un fallo de las disposiciones tomadas para asegurar su aislamiento. Este fallo puede resultar de un defecto del aislamiento funcional o de las disposiciones de fijación y de protección.
- Por tanto, son masas las partes metálicas accesibles de los materiales eléctricos, excepto los de clase II, las armaduras metálicas de los cables y las condiciones metálicas de agua, gas, etc.
- Los elementos metálicos en conexión eléctrica o en contacto con las superficies exteriores de materiales eléctricos, que estén separadas de las partes activas por aislamientos funcionales, lleven o no estas superficies exteriores algún elemento metálico.

  Por tanto, son masas las piezas metálicas que forman parte de las canalizaciones eléctricas, los soportes de aparatos eléctricos con aislamiento funcional y las piezas colocadas en contacto con la envoltura exterior de estos aparatos.

  Por extensión, también puede ser necesario considerar como masas todo objeto metálico situado en la proximidad de partes activas no aisladas y que presenta un riesgo apreciable de encontrarse unido eléctricamente con estas partes activas, a consecuencia de un fallo de los medios de fijación (por ejemplo, aflojamiento de una conexión, rotura de un conductor, etc.).

  Nota: una parte conductora que solo puede ser puesta bajo tensión en caso de fallo a través de una masa no puede considerarse como una masa.

Material de clase 0: material en el cual la protección contra el choque eléctrico se basa en el aislamiento principal, lo que implica que no existe ninguna disposición prevista para la conexión de las partes activas accesibles, si las hay, a un conductor de protección que forme parte del cableado fijo de la instalación. La protección en caso de defecto en el aislamiento principal depende del entorno.

Material de clase I: material en el cual la protección contra el choque eléctrico no se basa únicamente en el aislamiento principal, sino que comporta una medida de seguridad complementaria en forma de medios de conexión de las partes conductoras accesibles a un conductor de protección puesto a tierra, que forma parte del cableado fijo de la instalación, de forma tal que las partes conductoras accesibles no puedan presentar tensiones peligrosas.

Material de clase II: material en el cual la protección contra el choque eléctrico no se basa únicamente en el aislamiento principal, sino que comporta medidas de seguridad complementarias, tales como el doble aislamiento o aislamiento reforzado. Estas medidas no suponen la utilización de puesta a tierra para la protección y no dependen de las condiciones de la instalación.

Este material debe estar alimentado por cables con doble aislamiento o con aislamiento reforzado.

Material de clase III: material en el cual la protección contra el choque eléctrico no se basa en la alimentación a muy baja tensión y en el cual no se producen tensiones superiores a **50 V** en c.a. o a **75 V** en c.c.

Material eléctrico: cualquier material utilizado en la producción, transformación, transporte, distribución o utilización de la energía eléctrica, como máquinas, transformadores, aparamenta, instrumentos de medida, dispositivos de protección, material para canalizaciones, receptores, etc.

Material móvil: material que se desplaza durante su funcionamiento o que puede ser fácilmente desplazado, permaneciendo conectado al circuito de alimentación.

Material portátil (de mano): material móvil previsto para ser tenido en la mano en uso normal, incluido el motor si este forma parte del material.

Nivel de aislamiento: para un aparato determinado, característica definida por una o más tensiones especificadas de su aislamiento.

Nivel de protección (de un dispositivo de protección contra sobretensiones): son los valores de cresta de las tensiones más elevadas admisibles en los bornes de un dispositivo de protección cuando está sometido a sobretensiones de formas normalizadas y valores asignados bajo condiciones especificadas.

Partes accesibles simultáneamente: conductores o partes conductoras que pueden ser tocadas simultáneamente por una persona o, en su caso, por animales domésticos o ganado.

Nota: las partes simultáneamente accesibles pueden ser partes activas, masas, elementos conductores, conductores de protección o tomas de tierra.

Partes activas: conductores y piezas conductoras bajo tensión en servicio normal. Incluyen el conductor neutro o compensador y las partes a ellos conectadas. Excepcionalmente, las masas no se considerarán como partes activas cuando estén unidas al neutro con finalidad de protección contra contactos indirectos.

Perforación (ruptura eléctrica): fallo dieléctrico de un aislamiento por defecto de un campo eléctrico elevado o por la degradación físico-química del material aislante.

Persona adiestrada: persona suficientemente informada o controlada por personas cualificadas que puede evitar los peligros que pueda presentar la electricidad.

Persona cualificada: persona que, teniendo conocimientos técnicos o experiencia suficiente, puede evitar los peligros que pueda presentar la electricidad.

Poder de cierre: el de un dispositivo se expresa por la intensidad de corriente que este aparato es capaz de establecer, bajo una tensión dada, en las condiciones prescritas de empleo y de funcionamiento.

Poder de corte: el de un aparato se expresa por la intensidad de corriente que este dispositivo es capaz de cortar, bajo una tensión de restablecimiento determinada, y en las condiciones prescritas de funcionamiento.

Potencia nominal de un motor: es la potencia mecánica disponible sobre su eje, expresada en vatios, kilovatios o megavatios.

Potencia prevista o instalada: potencia máxima capaz de suministrar una instalación a los equipos y aparatos conectados a ella, ya sea en el diseño de la instalación o en su ejecución, respectivamente.

Protección contra choques eléctricos en caso de defecto: prevención de contactos peligrosos de personas o de animales con:

- Masas.
- Elementos conductores susceptibles de ser puestos bajo tensión en caso de defecto.

Protección contra choques eléctricos en servicio normal: prevención de contactos peligrosos, de personas o animales, con las partes activas.

Punto a potencial cero: punto del terreno a una distancia tal de la instalación de toma de tierra que el gradiente de tensión resulta despreciable, cuando pasa por dicha instalación una corriente de defecto.

Punto mediano: punto de un sistema de corriente continua o de alterna monofásica que, en las condiciones de funcionamiento previstas, presenta la misma diferencia de potencial, con relación a cada uno de los polos o fases del sistema. A veces se conoce también como punto neutro, por semejanza con los sistemas trifásicos. El conductor que tiene su origen en este punto mediano se denomina conductor mediano, neutro o, en corriente continua, compensador.

Punto neutro: punto de un sistema polifásico que, en las condiciones de funcionamiento previstas, presenta la misma diferencia de potencial, con relación a cada uno de los polos o fases del sistema.

Reactancia: dispositivo que se aplica para agregar a un circuito inductancia, con distintos objetos; por ejemplo, arranque de motores, conexión en paralelo de transformadores o regulación de corriente. Reactancia limitadora es la que se usa para limitar la corriente cuando se produzca un cortocircuito.

Receptor: aparato o máquina eléctrica que utiliza la energía eléctrica para un fin determinado.

Red de distribución: conjunto de conductores con todos sus accesorios, sus elementos de sujeción, protección, etc., que une una fuente de energía con las instalaciones interiores o receptoras.

Red posada: sobre fachada o muros, es aquella en la que los conductores aislados se instalan sin quedar sometidos a esfuerzos mecánicos, a excepción de su propio peso.

Red tensada: sobre apoyos, es aquella en que los conductores se instalan con una tensión mecánica predeterminada, contemplada en las correspondientes tablas de tendido, mediante dispositivos de anclaje y suspensión.

Redes de distribución privada: son las destinadas, por un único usuario, a la distribución de energía eléctrica en baja tensión, a locales o emplazamiento de su propiedad o a otros especialmente autorizados por la dirección general de la energía. Las redes de distribución privadas pueden tener su origen:

- En centrales de generación propia.
- En redes de distribución pública. En este caso, son aplicables en el punto de entrega de la energía los preceptos fijados por el reglamento de verificaciones eléctricas y regularidad en el suministro de energía y en las especificaciones particulares de la empresa eléctrica, aprobadas oficialmente, si las hubiera.

Redes de distribución pública: son las destinadas al suministro de energía eléctrica en baja tensión a varios usuarios. En relación con este suministro son de aplicación para cada uno de ellos los preceptos fijados en el reglamento electrotécnico de baja tensión, así como los del reglamento de verificaciones eléctricas y regularidad en el suministro de energía.

Las redes de distribución pública pueden ser:

- Pertenecientes a empresas distribuidoras de energía.
- De propiedad particular o colectiva.

Resistencia de puesta a tierra: relación entre la tensión que alcanza con respecto a un punto a potencial cero una instalación de puesta a tierra y la corriente que la recorre.

Resistencia global o total de tierra: resistencia de tierra medida en un punto, considerando la acción conjunta de la totalidad de las puestas a tierra.

Resistencia limitadora: resistencia que se intercala en un circuito para limitar la corriente circulante.

Sistema de doble alimentación: sistema de alimentación previsto para mantener el funcionamiento de la instalación o partes de esta, en caso de fallo del suministro normal, por razones distintas a las que afectan a la seguridad de las personas.

Sistemas de alimentación para servicios de seguridad: el sistema comprende la fuente de alimentación y los circuitos, hasta los bornes de los aparatos de utilización. Sistema de alimentación previsto para mantener el funcionamiento de los aparatos esenciales para la seguridad de las personas.

Determinadas instalaciones pueden incluir, también, en el suministro los equipos de utilización.

Sobreintensidad: toda corriente superior a un valor asignado. En los conductores, el valor asignado es la corriente admisible.

Suelo o pared no conductor: suelo o pared no susceptibles de propagar potenciales.

Se considerará así el suelo (o la pared) que presentan una resistencia igual o superior a **50.000 Ω** si la tensión nominal de la instalación es ≤ **500 V** y una resistencia igual o superior a **100.000 Ω** si es superior a **500 V**.

La medida de aislamiento de un suelo se efectúa recubriendo el suelo con una tela húmeda cuadrada de, aproximadamente, **270 mm** de lado, sobre la que se dispone una placa metálica no oxidada, cuadrada de **250 mm** de lado y cargada con una masa *m* de, aproximadamente, **75 kg** (peso medio de una persona).

Se mide la tensión con la ayuda de un voltímetro de gran resistencia interna (R_i no inferior a **3.000 Ω**) sucesivamente:

- Entre un conductor de fase y la placa metálica (U_2).
- Entre este mismo conductor de fase y una toma de tierra, eléctricamente distinta T, de resistencia despreciable con relación a R_i, se mide la tensión U_1.

La resistencia buscada viene dada por la fórmula:

$$R_S = R_i\left(\frac{U_1}{U_2} - 1\right)$$

Se efectúan en un mismo local tres medidas por lo menos, una de las cuales sobre una superficie situada a un metro de un elemento conductor, si existe, en el local considerado.

Ninguna de estas tres medidas debe ser inferior a **50.000 Ω** para poder considerar el suelo como no conductor.

Si el punto neutro de la instalación está aislado de tierra, es necesario, para realizar esta medida, poner temporalmente a tierra una de las fases no utilizada para la misma.

Temperatura ambiente: temperatura del aire u otro medio donde el material vaya a ser utilizado.

Tensión asignada de un cable: tensión máxima del sistema al que el cable puede estar conectado.

Tensión con relación o respecto a tierra: se entiende como tensión con relación a tierra:

- En instalaciones trifásicas con neutro aislado o no unido directamente a tierra, a la tensión nominal de la instalación.
- En instalaciones trifásicas con neutro unido directamente a tierra, a la tensión nominal de la instalación.
- En instalaciones monofásicas o de corriente continua, sin punto de puesta a tierra, a la tensión nominal.
- En instalaciones monofásicas o de corriente continua, con punto mediano puesto a tierra, a la mitad de la tensión nominal.

Nota: se entiende por neutro unido directamente a tierra la unión a la instalación de toma de tierra, sin interposición de una impedancia limitadora.

Tensión de contacto: tensión que aparece entre partes accesibles simultáneamente, al ocurrir un fallo de aislamiento.

Notas:

1. Por convenio este término solo se utiliza en relación con la protección contra contactos indirectos.
2. En ciertos casos el valor de la tensión de contacto puede resultar influido notablemente por la impedancia que presenta la persona en contacto con esas partes.

Tensión de defecto: tensión que aparece a causa de un defecto de aislamiento, entre dos masas, entre una masa y un elemento conductor, o entre una masa y una toma de tierra de referencia, es decir, un punto en el que el potencial no se modifica al quedar la masa en tensión.

Tensión de puesta a tierra (tensión a tierra): tensión entre una instalación de puesta a tierra y un punto a potencial cero, cuando pasa por dicha instalación una corriente de defecto.

Tensión nominal de un aparato:

- Tensión prevista de alimentación del aparato y por la que se le designa.
- Gama nominal de tensiones: intervalo entre los límites de tensión previstas para alimentar el aparato.

En caso de alimentación trifásica, la tensión nominal se refiere a la tensión entre fases.

Tensión nominal de una instalación: tensión por la que se designa una instalación o una parte de la misma.

Tensión nominal (o asignada): valor convencional de la tensión con la que se denomina un sistema o instalación y para los que ha sido previsto su funcionamiento y aislamiento. Para los sistemas trifásicos se considera como tal la tensión compuesta.

Tierra: masa conductora de la tierra en la que el potencial eléctrico en cada punto se toma, convencionalmente, igual a cero.

Tierra lejana: electrodo de tierra conectado a un aparato y situado a una distancia suficiente del mismo para que sea independiente de cualquier otro electrodo de tierra situado cerca del aparato.

Toma de tierra: electrodo, o conjunto de electrodos, en contacto con el suelo y que asegura la conexión eléctrica con el mismo.

Tubo blindado: tubo que, además de tener las características del tubo normal, es capaz de resistir, después de su colocación, fuertes presiones y golpes repetidos, y que ofrece una resistencia notable a la penetración de objetos puntiagudos.

Tubo normal: tubo que es capaz de soportar únicamente los esfuerzos mecánicos que se producen durante su almacenado, transporte y colocación.

ANOTACIONES

ITC-BT-02

NORMAS DE REFERENCIA EN EL REBT

Norma	Título
UNE 20062:1993	Aparatos autónomos para alumbrado de emergencia con lámparas de incandescencia.
UNE 20315:1994	Bases de toma de corriente y clavijas para usos domesticos y análogos.
UNE 20324:1993	Grados de protección proporcionados por las envolventes (Código IP).
UNE 20324/1M:2000	Grados de protección proporcionados por las envolventes (Código IP).
UNE 20392:1993	Aparatos autónomos para alumbrado de emergencia con lámparas de fluorescencia. Prescripciones de funcionamiento.
UNE 20431:1982	Características de los cables eléctricos resistentes al fuego.
UNE 20435-1:1990	Guía para la elección de cables de alta tensión.
UNE 20435-1/1M:1992	Guía para la elección de cables de alta tensión.
UNE 20435-2:1990	Guía para la elección de cables de alta tensión. Cables de transporte de energía aislados con dieléctricos secos extruidos para tensiones nominales de 1 a 30 kV.
UNE 20435-2 ERRATUM:1991	Guía para la elección de cables de alta tensión. Cables de transporte de energía aislados con dieléctricos secos extruidos para tensiones nominales de 1 a 30 kV.
UNE 20451:1997	Requisitos generales para envolventes de accesorios para instalaciones eléctricas fijas de usos domésticos y análogos.
UNE 20460-1:1990	Instalaciones eléctricas en edificios. Parte 1: Campo de aplicación.
UNE 20460-2:1991	Instalaciones eléctricas en edificios. Parte 2: Definiciones.
UNE 20460-3:1996	Instalaciones eléctricas en edificios. Parte 3: Determinación de las características generales.
UNE 20460-4-41:1998	Instalaciones eléctricas en edificios. Parte 4: Protección para garantizar la seguridad. Capítulo 41: Protección contra los choques eléctricos.
UNE 20460-4-43:1990	Instalaciones eléctricas en edificios. Parte 4: Protección para garantizar la seguridad. Capítulo 43: Protección contra las sobreintensidades.
UNE 20460-4-45:1990	Instalaciones eléctricas en edificios. Parte 4: Protección para garantizar la seguridad. Capítulo 45: Protección contra las bajadas de tensión.
UNE 20460-4-47:1996	Instalaciones eléctricas en edificios. Parte 4: Protección para garantizar la seguridad. Capítulo 47: Aplicación de medidas de protección para garantizar la seguridad.

Norma	Título
UNE 20460-4-473: 1990	Instalaciones eléctricas en edificios. Parte 4: Protección para garantizar la seguridad. Capítulo 47: Aplicación de las medidas de protección. Sección 473: Protección contra las sobreintensidades.
UNE 20460-5-52:1996	Instalaciones eléctricas en edificios. Parte 5: Selección e instalación de materiales eléctricos. Capítulo 5: Canalizaciones.
UNE 20460-5-52/1M: 1999	Instalaciones eléctricas en edificios. Parte 5: Elección e instalación de materiales eléctricos. Capítulo 52: Canalizaciones.
UNE 20460-5-54:1990	Instalaciones eléctricas en edificios. Parte 5: Elección e instalación de los materiales eléctricos. Puesta a tierra y conductores de protección.
UNE 20460-5-523: 1994	Instalaciones eléctricas de edificios. Parte 5: Selección e instalación de materiales eléctricos. Capítulo 52: Canalizaciones. Sección 523: Corrientes admisibles.
UNE 20460-6-61:1994	Instalaciones eléctricas en edificios. Parte 6: Verificación inicial. Capítulo 61: Verificación inicial (previa a la puesta en servicio).
UNE 20460-7-703:1993	Instalaciones eléctricas en edificios. Parte 7: Reglas para las instalaciones y emplazamientos especiales. Sección 703: Locales que contienen radiadores para saunas.
UNE 20460-7-704:2001	Instalaciones eléctricas en edificios. Parte 7: Reglas para las instalaciones y emplazamientos especiales. Sección 704: Instalaciones en obras.
UNE 20460-7-705:1993	Instalaciones eléctricas en edificios. Parte 7: Reglas para las instalaciones y emplazamientos especiales. Sección 705: Instalaciones eléctricas en los establecimientos agrícolas y hortícolas.
UNE 20460-7-708:1994	Instalaciones eléctricas en edificios. Parte 7: Reglas para las instalaciones y emplazamientos especiales. Sección 708: Instalaciones eléctricas en parques de caravanas y en caravanas.
UNE 20481:1990	Instalaciones eléctricas en edificios. Campos de tensiones.
UNE 20572-1:1997	Efectos de la corriente sobre el hombre y los animales domésticos. Parte 1: Aspectos generales.
UNE 20615:1978	Sistemas con transformador de aislamiento para uso médico y sus dispositivos de control y protección.
UNE 20615/1C:1980	Sistemas con transformador de aislamiento para uso médico y sus dispositivos de control y protección. Especificaciones particulares de ensayo.
UNE 20615/2C:1985	Sistemas con transformador de aislamiento para uso médico y sus dispositivos de control y protección.
UNE 21012:1971	Cables de cobre para líneas eléctricas aéreas. Especificación.
UNE 21018:1980	Normalización de conductores desnudos a base de aluminio para líneas eléctricas aéreas.
UNE 21022:1982	Conductores de cables aislados.
UNE 21022/1M:1993	Conductores de cables aislados.

Norma	Título
UNE 21022-2:1985	Conductores de cables aislados. Guía sobre los límites dimensionales de los conductores circulares.
UNE 21022-2/ 1M:1991	Conductores de cables aislados. Guía sobre los límites dimensionales de los conductores circulares.
UNE 21027-1:1998	Cables aislados con goma de tensiones asignadas inferiores o iguales a 450/750 V. Prescripciones generales.
UNE 21027-2:1998	Cables aislados con goma de tensiones asignadas inferiores o iguales a 450/750 V. Métodos de ensayo.
UNE 21027-3:1996	Cables aislados con goma, de tensiones nominales U_0/U inferiores o iguales a 450/750 V. Parte 3: Cables aislados con silicona resistente al calor.
UNE 21027-3/ 1C:1997	Cables aislados con goma de tensiones nominales U_0/U inferiores o iguales a 450/750 V. Parte 3: Cables aislados con silicona resistente al calor.
UNE 21027-3/ 1M:1999	Cables aislados con goma de tensiones asignadas inferiores o iguales a 450/750 V. Parte 3: Cables aislados con silicona resistente al calor.
UNE 21027-4:1996	Cables aislados con goma, de tensiones nominales U_0/U inferiores o iguales a 450/750 V. Parte 4: Cables flexibles.
UNE 21027-4/ 1M:1999	Cables aislados con goma de tensiones asignadas inferiores o iguales a 450/750 V. Parte 4: Cables flexibles.
UNE 21027-6:1996	Cables aislados con goma, de tensiones nominales U_0/U inferiores o iguales a 450/750 V. Parte 6: Cables para máquinas de soldar.
UNE 21027-6/ 1M:1999	Cables aislados con goma de tensiones asignadas inferiores o iguales a 450/750 V. Punto 6: Cables para máquinas de soldar.
UNE 21027-7:1996	Cables aislados con goma de tensiones nominales U_0/U inferiores o iguales a 450/750 V. Parte 7: Cables resistentes al calor, para cableado interno, para temperaturas en el conductor hasta 110 °C.
UNE 21027-7/ 1M:1999	Cables aislados con goma de tensiones asignadas inferiores o iguales a 450/750 V. Parte 7: Cables resistentes al calor, para cableado interno, para temperaturas en el conductor hasta 110 °C.
UNE 21027-8:1995	Cables aislados con goma, de tensiones nominales U_0/U inferiores o iguales a 450/750 V. Parte 8: Cables con cubierta de policloropreno o elastómero sintético equivalente, para guirnaldas luminosas.
UNE 21027-8/ 1M:1999	Cables aislados con goma de tensiones asignadas inferiores o iguales a 450/750 V. Parte 8: Cables con cubierta de policloropreno o elastómero sintético equivalente para guirnaldas luminosas.
UNE 21027-9:1996	Cables aislados con goma de tensiones nominales U_0/U inferiores o iguales a 450/750 V. Parte 9: Cables unipolares sin cubierta para instalación fija, con baja emisión de humos y gases corrosivos.
UNE 21027-9/ 1M:1999	Cables aislados con goma de tensiones asignadas inferiores o iguales a 450/750 V. Parte 9: Cables unipolares sin cubierta para instalación fija, con baja emisión de humos y gases corrosivos.

Norma	Título
UNE 21027-10:1995	Cables aislados con goma, de tensiones nominales U_0/U inferiores o iguales a 450/750 V. Parte 10: Cables flexibles con aislamiento de EPR y cubierta de poliuretano.
UNE 21027-10/ 1M:1999	Cables aislados con goma de tensiones asignadas inferiores o iguales a 450/750 V. Parte 10: Cables flexibles con aislamiento de EPR y cubierta de poliuretano.
UNE 21027-11:1995	Cables aislados con goma de tensiones nominales U_0/U inferiores o iguales a 450/750 V. Parte 11: Cables con aislamiento y cubierta de EVA.
UNE 21027-11/ 1M:1999	Cables aislados con goma de tensiones nominales U_0/U inferiores o iguales a 450/750 V. Parte 11: Cables con aislamiento de EVA.
UNE 21027-12:1996	Cables aislados con goma de tensiones nominales U_0/U inferiores o iguales a 450/750 V. Parte 12: Cables flexibles con aislamiento de EPR resistente al calor.
UNE 21027-12/ 1M:1999	Cables aislados con goma de tensiones nominales U_0/U inferiores o iguales a 450/750 V. Parte 12: Cables flexibles con aislamiento de EPR resistente al calor.
UNE 21027-13:1996	Cables aislados con goma de tensiones nominales U_0/U inferiores o iguales a 450/750 V. Parte 13: Cables flexibles con aislamiento y cubierta de compuesto reticulado con baja emisión de humos y gases corrosivos.
UNE 21027-13/ 1M:2000	Cables aislados con goma de tensiones asignadas inferiores o iguales a 450/750 V. Parte 13: Cables flexibles con aislamiento y cubierta de compuesto reticulado con baja emisión de humos y gases corrosivos.
UNE 21027-14:1996	Cables aislados con goma de tensiones nominales U_0/U inferiores o iguales a 450/750 V. Parte 14: Cables para aplicaciones que requieren una alta flexibilidad.
UNE 21027-14/ 1M:1999	Cables aislados con goma de tensiones asignadas inferiores o iguales a 450/750 V. Parte 14: Cables para aplicaciones que requieran una alta flexibilidad.
UNE 21027-15:1999	Cables aislados con goma de tensiones nominales U_0/U inferiores o iguales a 450/750 V. Parte 15: Cables multiconductores con aislamiento y cubierta de silicona resistente al calor.
UNE 21027-16:2000	Cables aislados con goma de tensiones nominales U_0/U inferiores o iguales a 450/750 V. Parte 16: Cables con cubierta de policloropreno o elastómero sintético equivalente, resistente al agua.
UNE 21030:1996	Conductores aislados cableados en haz de tensión asignada 0,6/1 kV, para líneas de distribución y acometidas.
UNE 21031-1:1998	Cables aislados con policloruro de vinilo de tensiones asignadas inferiores o iguales a 450/750 V. Parte 1: Prescripciones generales.
UNE 21031-2:1998	Cables aislados con policloruro de vinilo de tensiones asignadas inferiores o iguales a 450/750 V. Parte 2: Métodos de ensayo.

Norma	Título
UNE 21031-3:1996	Cables aislados con policloruro de vinilo de tensiones nominales U_0/U inferiores o iguales a 450/750 V. Parte 3: Cables sin cubierta para instalaciones fijas.
UNE 21031-3/ 1M:2000	Cables aislados con policloruro de vinilo de tensiones asignadas inferiores o iguales a 450/750 V. Parte 3: Cables sin cubierta para instalaciones fijas.
UNE 21031-4:1992	Cables aislados con policloruro de vinilo de tensiones nominales U_0/U inferiores o iguales a 450/750 V. Parte 4: Cables con cubierta para instalaciones fijas.
UNE 21031-5:1994	Cables aislados con policloruro de vinilo de tensiones nominales U_0/U inferiores o iguales a 450/750 V. Cables flexibles.
UNE 21031-5/ 1C:2001	Cables aislados con policloruro de vinilo de tensiones nominales U_0/U inferiores o iguales a 450/750 V. Parte 5: Cables flexibles. Cables de más de 5 conductores con cubierta normal de policloruro de vinilo.
UNE 21031-5/ 1M:2000	Cables aislados con policloruro de vinilo de tensiones asignadas inferiores o iguales a 450/750 V. Cables flexibles.
UNE 21031-5/ 2M:2001	Cables aislados con policloruro de vinilo de tensiones asignadas inferiores o iguales a 450/750 V. Parte 5: Cables flexibles.
UNE 21031-7:1996	Cables aislados con policloruro de vinilo de tensiones nominales U_0/U inferiores o iguales a 450/750 V. Parte 7: Cables sin cubierta para cableado interno para una temperatura del conductor 90 °C.
UNE 21031-7/ 1M:2000	Cables aislados con policloruro de vinilo de tensiones asignadas inferiores o iguales a 450/750 V. Parte 7: Cables sin cubierta para cableado interno para una temperatura del conductor 90 °C.
UNE 21031-8:2000	Cables aislados con policloruro de vinilo de tensiones nominales U_0/U inferiores o iguales a 450/750 V. Cables sin cubierta para guirnaldas luminosas.
UNE 21031-9:1996	Cables aislados con policloruro de vinilo de tensiones nominales U_0/U inferiores o iguales a 450/750 V. Parte 9: Cables para instalaciones fijas a baja temperatura.
UNE 21031-9/ 1M:2000	Cables aislados con policloruro de vinilo de tensiones asignadas inferiores o iguales a 450/750 V. Parte 9: Cables unipolares sin cubierta para instalación a baja temperatura.
UNE 21031-10:2001	Cables aislados con policloruro de vinilo de tensiones nominales U_0/U inferiores o iguales a 450/750 V. Parte 10: Cables extensibles.
UNE 21031-11:1996	Cables aislados con policloruro de vinilo de tensiones nominales U_0/U inferiores o iguales a 450/750 V. Parte 11: Cables para luminarias.
UNE 21031-11/ 1M:2001	Cables aislados con policloruro de vinilo de tensiones asignadas inferiores o iguales a 450/750 V. Parte 11: Cables para luminarias.
UNE 21031-12:1995	Cables aislados con policloruro de vinilo de tensiones nominales U_0/U inferiores o iguales a 450/750 V. Parte 12: Cables flexibles resistentes al calor.

Norma	Título
UNE 21031-12/ 1M:2001	Cables aislados con policloruro de vinilo de tensiones asignadas inferiores o iguales a 450/750 V. Parte 12: Cables flexibles resistentes al calor.
UNE 21031-13:1996	Cables aislados con policloruro de vinilo de tensiones nominales U_0/U inferiores o iguales a 450/750 V. Parte 13: Cables de dos o más conductores con cubierta de PVC resistente al aceite.
UNE 21031-13/ 1M:2001	Cables aislados con policloruro de vinilo de tensiones asignadas inferiores o iguales a 450/750 V. Parte 13: Cables de dos o más conductores con cubierta de PVC resistente al aceite.
UNE 21123-1:1999	Cables eléctricos de utilización industrial de tensión asignada 0,6/1 kV. Parte 1: Cables con aislamiento y cubierta de policloruro de vinilo.
UNE 21123-2:1999	Cables eléctricos de utilización industrial de tensión asignada 0,6/1 kV. Parte 2: Cables con aislamiento de polietileno reticulado y cubierta de policloruro de vinilo.
UNE 21123-3:1999	Cables eléctricos de utilización industrial de tensión asignada 0,6/1 kV. Parte 3: Cables con aislamiento de etileno propileno y cubierta de policloruro de vinilo.
UNE 21123-4:1999	Cables eléctricos de utilización industrial de tensión asignada 0,6/1 kV. Parte 4: Cables con aislamiento de polietileno reticulado y cubierta de poliolefina.
UNE 21123-5:1999	Cables eléctricos de utilización industrial de tensión asignada 0,6/1 kV. Parte 5: Cables con aislamiento de etileno propileno y cubierta de poliolefina.
UNE 21144-1-1:1997	Cables eléctricos. Cálculo de la intensidad admisible. Parte 1: Ecuaciones de intensidad admisible (factor de carga 100 %) y cálculo de pérdidas. Sección 1: Generalidades.
UNE 21144-1-2:1997	Cables eléctricos. Cálculo de la intensidad admisible. Parte 1: Ecuaciones de intensidad admisible (factor de carga 100 %) y cálculo de pérdidas. Sección 2: Factores de pérdidas por corrientes de Foucault en las cubiertas en el caso de dos circuitos en capas.
UNE 21144-2-1:1997	Cables eléctricos. Cálculo de la intensidad admisible. Parte 2: Resistencia térmica. Sección 1: Cálculo de la resistencia térmica.
UNE 21144-2-2:1997	Cables eléctricos. Cálculo de la intensidad admisible. Parte 2: Resistencia térmica. Sección 2: Método de cálculo de los coeficientes de reducción de la intensidad admisible para grupos de cables al aire y protegidos de la radiación solar.
UNE 21144-3-1:1997	Cables eléctricos. Cálculo de la intensidad admisible. Parte 3: Secciones sobre condiciones de funcionamiento. Sección 1: Condiciones de funcionamiento de referencia y selección del tipo de cable.
UNE 21150:1986	Cables flexibles para servicios móviles, aislados con goma de etileno-propileno y cubierta reforzada de policloropreno o elastómero equivalente de tensión nominal 0,6/1 kV.
UNE 21155-1:1994	Cables calefactores de tensión nominal 300/500 V para calefacción de locales y prevención de formación de hielo.

Norma	Título
UNE 21157-1:1996	Cables con aislamiento mineral de tensión nominal no superior a 750 V. Parte 1: Cables.
UNE 21166:1989	Cables para alimentación de bombas sumergidas.
UNE 21302-461:1990	Vocabulario electrotécnico. Capítulo 461: Cables eléctricos.
UNE 21302-461/1M:1995	Vocabulario electrotécnico. Capítulo 461: Cables eléctricos.
UNE 21302-461/2M:1999	Vocabulario electrotécnico. Capítulo 461: Cables eléctricos.
UNE 21302-601:1991	Vocabulario electrotécnico. Capítulo 601: Producción, transporte y distribución de la energía eléctrica. Generalidades.
UNE 21302-601/1M:2000	Vocabulario electrotécnico. Capítulo 601: Producción, transporte y distribución de la energía eléctrica. Generalidades.
UNE 21302-602:1991	Vocabulario electrotécnico. Capítulo 602: Producción, transporte y distribución de la energía eléctrica. Producción.
UNE 21302-603:1991	Vocabulario electrotécnico. Capítulo 603: Producción, transporte y distribución de energía eléctrica. Planificación de redes.
UNE 21302-603/1M:2000	Vocabulario electrotécnico. Capítulo 603: Producción, transporte y distribución de energía eléctrica. Planificación de redes.
UNE 21302-604:1991	Vocabulario electrotécnico. Capítulo 604: Producción, transporte y distribución de la energía eléctrica. Explotación.
UNE 21302-604/1M:2000	Vocabulario electrotécnico. Capítulo 604: Producción, transporte y distribución de la energía eléctrica. Explotación.
UNE 21302-605:1991	Vocabulario electrotécnico. Capítulo 605: Producción, transporte y distribución de la energía eléctrica. Subestaciones.
UNE 21302-826:1991	Vocabulario electrotécnico. Capítulo 826: Instalaciones eléctricas en edificios.
UNE 21302-826/1M:1991	Vocabulario electrotécnico. Capítulo 826: Instalaciones eléctricas en edificios.
UNE 21302-826/2M:1998	Vocabulario electrotécnico. Capítulo 826: Instalaciones eléctricas en edificios.
UNE 21302-826/3M:2001	Vocabulario electrotécnico. Capítulo 826: Instalaciones eléctricas en edificios.
UNE 21302-841:1990	Vocabulario electrotécnico. Capítulo 841: Electrotermia industrial.
UNE 21302-845:1995	Vocabulario electrotécnico. Capítulo 845: Iluminación.
UNE 36582:1986	Perfiles tubulares de acero, de pared gruesa, galvanizados, para blindaje de conducciones eléctricas (tubo «conduit»).
UNE 211002:2000	Cables de tensión asignada hasta 450/750 V con aislamiento de compuesto termoplástico de baja emisión de humos y gases corrosivos. Cables unipolares sin cubierta para instalaciones fijas.

Norma	Título
UNE-EN 50015:1998	Material eléctrico para atmósferas potencialmente explosivas. Inmersión en aceite «o».
UNE-EN 50018:1996	Material eléctrico para atmósferas potencialmente explosivas. Envolvente antideflagrante «d».
UNE-EN 50020:1997	Material eléctrico para atmósferas potencialmente explosivas. Seguridad intrínseca «i».
UNE-EN 50020 CORRIGENDUM:1999	Material eléctrico para atmósferas potencialmente explosivas. Seguridad intrínseca «i».
UNE-EN 50039:1996	Material eléctrico para atmósferas potencialmente explosivas. Sistemas eléctricos de seguridad intrínseca «i».
UNE-EN 50065-1:1994	Transmisiones de señales por la red eléctrica de baja tensión en la banda de frecuencias de 3 kHz a 148,5 kHz. Reglas generales, bandas de frecuencia y perturbaciones electromagnéticas.
UNE-EN 50065-1/ A1:1994	Transmisión de señales por la red eléctrica de baja tensión en la banda de frecuencias de 3 kHz a 148,5 kHz. Parte 1: Reglas generales, bandas de frecuencia y perturbaciones electromagnéticas.
UNE-EN 50065-1/ A2:1997	Transmisión de señales por la red eléctrica de baja tensión en la banda de frecuencias de 3 kHz a 148,5 kHz. Reglas generales, bandas de frecuencia y perturbaciones electromagnéticas.
UNE-EN 50065-1/ A3:1997	Transmisión de señales por la red eléctrica de baja tensión en la banda de frecuencias de 3 kHz a 148,5 kHz. Reglas generales, bandas de frecuencia y perturbaciones electromagnéticas.
UNE-EN 50085-1:1997	Sistemas para canales para cables y sistemas de conductos cerrados de sección no circular para cables en instalaciones eléctricas. Parte 1: Requisitos generales.
UNE-EN 50085-1/ A1:1999	Sistemas para canales para cables y sistemas de conductos cerrados de sección no circular para cables en instalaciones eléctricas. Parte 1: Requisitos generales.
UNE-EN 50086-1:1995	Sistemas de tubo para instalaciones eléctricas. Parte 1: Requisitos generales.
UNE-EN 50086-1 ERRATUM:1996	Sistemas de tubos para instalaciones eléctricas. Parte 1: Requisitos generales.
UNE-EN 50086-1 CORRIGENDUM:2001	Sistemas de tubos para instalaciones eléctricas. Parte 1: Requisitos generales.
UNE-EN 50086-2-1: 1997	Sistemas de tubos para instalaciones eléctricas. Parte 2-1: Requisitos particulares para sistemas de tubos rígidos.
UNE-EN 50086-2-1 CORRIGENDUM:2001	Sistemas de tubos para la conducción de cables. Parte 2-1: Requisitos particulares para sistemas de tubos rígidos.
UNE-EN 50086-2-1/ A11:1999	Sistemas de tubos para instalaciones eléctricas. Parte 2-1: Requisitos particulares para sistemas de tubos rígidos.
UNE-EN 50086-2-1/A11	Sistemas de tubos para la conducción de cables.

Norma	Título
CORRIGENDUM:2001	Parte 2-1: Requisitos particulares para sistemas de tubos rígidos.
UNE-EN 50086-2-2: 1997	Sistemas de tubos para instalaciones eléctricas. Parte 2-2: Requisitos particulares para sistemas de tubos curvables.
UNE-EN 50086-2-2 CORRIGENDUM:2001	Sistemas de tubos para la conducción de cables. Parte 2-2: Requisitos particulares para sistemas de tubos curvables.
UNE-EN 50086-2-2/ A11:1999	Sistemas de tubos para instalaciones eléctricas. Parte 2-2: Requisitos particulares para sistemas de tubos curvables.
UNE-EN 50086-2-2/A11 CORRIGENDUM:2001	Sistemas de tubos para la conducción de cables. Parte 2-2: Requisitos particulares para sistemas de tubos curvables.
UNE-EN 50086-2-3: 1997	Sistemas de tubos para instalaciones eléctricas. Parte 2-3: Requisitos particulares para sistemas de tubos flexibles.
UNE-EN 50086-2-3 CORRIGENDUM:2001	Sistemas de tubos para la conducción de cables. Parte 2-3: Requisitos particulares para sistemas de tubos flexibles.
UNE-EN 50086-2-3/ A11:1999	Sistemas de tubos para instalaciones eléctricas. Parte 2-3: Requisitos particulares para sistemas de tubos flexibles.
UNE-EN 50086-2-3/A11 CORRIGENDUM:2001	Sistemas de tubos para la conducción de cables. Parte 2-3: Requisitos particulares para sistemas de tubos flexibles.
UNE-EN 50086-2-3/ A11 ERRATUM:2000	Sistemas de tubos para instalaciones eléctricas. Parte 2-3: Requisitos particulares para sistemas de tubos flexibles.
UNE-EN 50086-2-4: 1995	Sistemas de tubo para instalaciones eléctricas. Parte 2-4: Requisitos particulares para sistemas de tubos enterrados.
UNE-EN 50086-2-4 CORRIGENDUM:2001	Sistemas de tubos para la conducción de cables. Parte 2-4: Requisitos particulares para sistemas de tubos enterrados.
UNE-EN 50086-2-4/ A1:2001	Sistemas de tubos para la conducción de cables. Parte 2-4: Requisitos particulares para sistemas de tubos enterrados.
UNE-EN 50102:1996	Grados de protección proporcionados por las envolventes de materiales eléctricos contra los impactos mecánicos externos (código IK).
UNE-EN 50102/ A1:1999	Grados de protección proporcionados por las envolventes de materiales eléctricos contra los impactos mecánicos externos (código IK).
UNE-EN 50107:1999	Rótulos e instalaciones de tubos luminosos de descarga que funcionan con tensiones asignadas de salida en vacío superiores a 1 kV pero sin exceder 10 kV.
UNE-EN 50200:2000	Método de ensayo de la resistencia al fuego de los cables de pequeñas dimensiones sin protección, para uso en circuitos de emergencia.
UNE-EN 50266-1:2001	Métodos de ensayo comunes para cables sometidos al fuego. Ensayo de propagación vertical de la llama de cables colocados en capas en posición vertical. Parte 1: Equipo de ensayo.
UNE-EN 50266-2-1: 2001	Métodos de ensayo comunes para cables sometidos al fuego. Ensayo de propagación vertical de la llama de cables colocados en capas en posición vertical. Parte 2-1: Procedimientos. Categoría A F/R.

Norma	Título
UNE-EN 50266-2-2: 2001	Métodos de ensayo comunes para cables sometidos al fuego. Ensayo de propagación vertical de la llama de cables colocados en capas en posición vertical. Parte 2-2: Procedimientos. Categoría A.
UNE-EN 50266-2-3: 2001	Métodos de ensayo comunes para cables sometidos al fuego. Ensayo de propagación vertical de la llama de cables colocados en capas en posición vertical. Parte 2-3: Procedimientos. Categoría B.
UNE-EN 50266-2-4: 2001	Métodos de ensayo comunes para cables sometidos al fuego. Ensayo de propagación vertical de la llama de cables colocados en capas en posición vertical. Parte 2-4: Procedimientos. Categoría C.
UNE-EN 50266-2-5: 2001	Métodos de ensayo comunes para cables sometidos al fuego. Ensayo de propagación vertical de la llama de cables colocados en capas en posición vertical. Parte 2-5: Procedimientos. Categoría D.
UNE-EN 50267-1:1999	Métodos de ensayo comunes para cables sometidos al fuego. Ensayo de gases desprendidos durante la combustión de materiales procedentes de los cables. Parte 1: Equipo.
UNE-EN 50267-2-1: 1999	Métodos de ensayo comunes para cables sometidos al fuego. Ensayo de gases desprendidos durante la combustión de materiales procedentes de los cables. Parte 2: Procedimientos. Sección 1: Determinación de la cantidad de gases halógenos ácidos.
UNE-EN 50267-2-3: 1999	Métodos de ensayo comunes para cables sometidos al fuego. Ensayo de gases desprendidos durante la combustión de materiales procedentes de los cables. Parte 2: Procedimientos. Sección 3: Determinación del grado de acidez de los gases de los cables a partir de la medida de la media ponderada del PH y de la conductividad.
UNE-EN 50268-1:2000	Métodos de ensayo comunes para cables sometidos al fuego. Medida de la densidad de los humos emitidos por cables en combustión bajo condiciones definidas. Parte 1: Equipo de ensayo.
UNE-EN 50268-2:2000	Métodos de ensayo comunes para cables sometidos al fuego. Medida de la densidad de los humos emitidos por cables en combustión bajo condiciones definidas. Parte 1: Procedimiento.
UNE-EN 50281-1-2: 1999	Aparatos eléctricos destinados a ser utilizados en presencia de polvos combustibles. Parte 1-2: Aparatos eléctricos protegidos con envolventes. Selección, instalación y mantenimiento.
UNE-EN 50281-1-2 CORRIGENDUM: 2000	Aparatos eléctricos destinados a ser utilizados en presencia de polvos combustibles. Parte 1-2: Aparatos eléctricos protegidos con envolventes. Selección, instalación y mantenimiento.
UNE-EN 60061-2:1996	Casquillos y portalámparas, junto con los calibres para el control de la intercambiabilidad y de la seguridad. Parte 2: Portalámparas.
UNE-EN 60061-2/ A1:1997	Casquillos y portalámparas junto con los calibres para el control de la intercambiabilidad y de la seguridad. Parte 2: Portalámparas.
UNE-EN 60061-2/ A18:1999	Casquillos y portalámparas junto con los calibres para el control de la intercambiabilidad y de la seguridad. Parte 2: Portalámparas.
UNE-EN 60061-2/ A19:2000	Casquillos y portalámparas junto con los calibres para el control de la intercambiabilidad y de la seguridad. Parte 2: Portalámparas.

Norma	Título
UNE-EN 60061-2/ A20:2000	Casquillos y portalámparas junto con los calibres para el control de la intercambiabilidad y de la seguridad. Parte 2: Portalámparas.
UNE-EN 60061-2/ A2:1998	Casquillos y portalámparas junto con los calibres para el control de la intercambiabilidad y de la seguridad. Parte 2: Portalámparas.
UNE-EN 60061-2/ A3:1998	Casquillos y portalámparas junto con los calibres para el control de la intercambiabilidad y de la seguridad. Parte 2: Portalámparas.
UNE-EN 60061-2/ A4:1998	Casquillos y portalámparas junto con los calibres para el control de la intercambiabilidad y de la seguridad. Parte 2: Portalámparas.
UNE-EN 60061-2/ A5:1998	Casquillos y portalámparas junto con los calibres para el control de la intercambiabilidad y de la seguridad. Parte 2: Portalámparas.
UNE-EN 60061-2/ A6:1998	Casquillos y portalámparas junto con los calibres para el control de la intercambiabilidad y de la seguridad. Parte 2: Portalámparas.
UNE-EN 60061-2/ A7:1998	Casquillos y portalámparas junto con los calibres para el control de la intercambiabilidad y de la seguridad. Parte 2: Portalámparas.
UNE-EN 60079-10: 1997	Material eléctrico para atmósferas de gas explosivas. Parte 10: Clasificación de emplazamientos peligrosos.
UNE-EN 60079-14: 1998	Material eléctrico para atmósferas de gas explosivas. Parte 14: Instalaciones eléctricas en áreas peligrosas (a excepción de las minas).
UNE-EN 60079-17: 1998	Material eléctrico para atmósferas de gas explosivas. Parte 17: Inspección y mantenimiento de instalaciones eléctricas en áreas peligrosas (con excepción de las minas).
UNE-EN 60309-1:2001	Tomas de corriente para usos industriales. Parte 1: Requisitos generales.
UNE-EN 60309-2:2001	Tomas de corriente para usos industriales. Parte 2: Requisitos de intercambiabilidad dimensional para los accesorios de espigas y alvéolos.
UNE-EN 60335-2-41:1997	Seguridad de los aparatos electrodomésticos y análogos. Parte 2: Requisitos particulares para bombas eléctricas para líquidos con temperatura que no exceda de 35 °C.
UNE-EN 60335-2-60: 1999	Seguridad de los aparatos electrodomésticos y análogos. Parte 2: Requisitos particulares para bañeras de hidromasaje y aparatos análogos.
UNE-EN 60335-2-76: 2001	Seguridad de los aparatos electrodomésticos y análogos. Parte 2: Requisitos particulares para los electrificadores de cercas.
UNE-EN 60423:1999	Tubos de protección de conductores. Diámetros exteriores de los tubos para instalaciones eléctricas y roscas para tubos y accesorios.
UNE-EN 60439-1:2001	Conjuntos de aparamenta de baja tensión. Parte 1: Requisitos para los conjuntos de serie y los conjuntos derivados de serie.
UNE-EN 60439-2:2001	Conjuntos de aparamenta de baja tensión. Parte 2: Requisitos particulares para las canalizaciones prefabricadas.

Norma	Título
UNE-EN 60439-3:1994	Conjuntos de aparamenta para baja tensión. Parte 3: Requisitos particulares para los conjuntos de aparamenta de baja tensión destinados a estar instalados en lugares accesibles al personal no cualificado durante su utilización.
UNE-EN 60439-3/ A1:1997	Conjuntos de aparamenta de baja tensión. Parte 3: Requisitos particulares para los conjuntos de aparamenta de baja tensión destinados a estar instalados en lugares accesibles al personal no cualificado durante su utilización.
UNE-EN 60439-4:1994	Conjuntos de aparamenta de baja tensión. Parte 4: Requisitos particulares para obras (CO).
UNE-EN 60439-4/ A1:1997	Conjuntos de aparamenta de baja tensión. Parte 4: Requisitos particulares para obras (CO).
UNE-EN 60439-4/ A2:2000	Conjuntos de aparamenta de baja tensión. Parte 4: Requisitos particulares para obras (CO).
UNE-EN 60598-2-3: 1997	Luminarias. Parte 2: Reglas particulares. Sección 3: Luminarias para alumbrado público.
UNE-EN 60598-2-3/ A1:1997	Luminarias. Parte 2: Requisitos particulares. Sección 3: Luminarias para alumbrado público.
UNE-EN 60598-2-3/ A2:2001	Luminarias. Parte 2: Requisitos particulares. Sección 3: Luminarias para alumbrado público.
UNE-EN 60598-2-18:1997	Luminarias. Parte 2: Reglas particulares. Sección 18: Luminarias para piscinas y análogos.
UNE-EN 60598-2-22: 1999	Luminarias. Parte 2: Reglas particulares. Sección 22: Luminarias para alumbrados de emergencia.
UNE-EN 60669-1:1996	Interruptores para instalaciones eléctricas fijas, domésticas y análogas. Parte 1: Prescripciones generales.
UNE-EN 60669-1 ERRATUM:2000	Interruptores para instalaciones eléctricas fijas, domésticas y análogas. Parte 1: Prescripciones generales.
UNE-EN 60669-1/ A2:1998	Interruptores para instalaciones eléctricas fijas, domésticas y análogas. Parte 1: Prescripciones generales.
UNE-EN 60695-2-1/0:1997	Ensayos relativos a los riesgos del fuego. Parte 2: Métodos de ensayo. Sección 1/Hoja 0: Métodos de ensayo al hilo incandescente. Generalidades.
UNE-EN 60695-2-1/ 1:1997	Ensayos relativos a los riesgos del fuego. Parte 2: Métodos de ensayo. Sección 1/Hoja 1: Ensayo al hilo incandescente en productos acabados y guía.
UNE-EN 60695-2-1/ 2:1996	Ensayos relativos a los riesgos del fuego. Parte 2: Métodos de ensayo. Sección 1/hoja 2: Ensayo de inflamabilidad al hilo incandescente en materiales.
UNE-EN 60695-2-1/ 3:1996	Ensayos relativos a los riesgos del fuego. Parte 2: Métodos de ensayo. Sección 1/hoja 3: Ensayo de ignición al hilo incandescente en materiales.

Norma	Título
UNE-EN 60695-11-10: 2000	Ensayos relativos a los riesgos del fuego. Parte 11-10: Llamas de ensayo. Métodos de ensayo horizontal y vertical a la llama de 50 W.
UNE-EN 60742:1996	Transformadores de separación de circuitos y transformadores de seguridad. Requisitos.
UNE-EN 60831-1:1998	Condensadores de potencia autorregenerables a instalar en paralelo en redes de corriente alterna de tensión nominal inferior o igual a 1.000 V. Parte 1: Generalidades. Características de funcionamiento, ensayos y valores nominales. Prescripciones de seguridad. Guía de instalación y explotación.
UNE-EN 60831-2:1998	Condensadores de potencia autorregenerables a instalar en paralelo en redes de corriente alterna de tensión nominal inferior o igual a 1.000 V. Parte 2: Ensayos de envejecimiento, autorregeneración y destrucción.
UNE-EN 60947-2:1998	Aparamenta de baja tensión. Parte 2: Interruptores automáticos.
UNE-EN 60947-2/A1: 1999	Aparamenta de baja tensión. Parte 2: Interruptores automáticos.
UNE-EN 60998-2-1: 1996	Dispositivos de conexión para circuitos de baja tensión para usos domésticos y análogos. Parte 2-1: Reglas particulares para dispositivos de conexión independientes con elementos de apriete con tornillo.
UNE-EN 61558-2-4: 1999	Seguridad de los transformadores, unidades de alimentación y análogos. Parte 2-4: Requisitos particulares para los transformadores de separación de circuitos para uso general.
UNE-EN 61558-2-4: ERRATUM 2001	Seguridad de los transformadores, unidades de alimentación y análogos. Parte 2-4: Requisitos particulares para los transformadores de separación de circuitos para uso general.
UNE-EN 61558-2-5: 1999	Seguridad de los transformadores, unidades de alimentación y análogos. Parte 2-5: Requisitos particulares para los transformadores y unidades de alimentación para máquinas de afeitar.
UNE-HD 603 (serie)	Cables de distribución de tensión asignada 0,6/1 kV.
EN 61196-2:1995	Cables para frecuencias radioeléctricas. Parte 2: Cables semirrígidos y coaxiales con aislamiento de politetrafluoretileno (PTFE). Especificación intermedia.
EN 61196-3:1999	Cables para frecuencias radioeléctricas. Parte 3: Especificación intermedia para cables coaxiales para redes locales.
EN 61196-3-2:1998	Cables para radiofrecuencia. Parte 3-2: Cables coaxiales para comunicación digital en cableado horizontal de inmuebles. Especificación particular para cables coaxiales con dieléctricos sólidos para redes de área local de 185 m cada una y hasta 10 Mb/s.
EN 61196-3-3:1998	Cables para radiofrecuencia. Parte 3-3: Cables coaxiales para comunicación digital en cableado horizontal de inmuebles. Especificación particular para cables coaxiales con dieléctricos expandidos para redes de área local de 185 m cada una y hasta 10 Mb/s.

Norma	Título
CEI 60079-19:1993	Material eléctrico para atmósferas explosivas de gas. Parte 19: Reparación y revisión del material empleado de atmósferas explosivas (excluidas las minas o la fabricación de explosivos).
CEI 60189-2:1981	Cables e hilos para bajas frecuencias con aislamiento y cubierta de PVC. Cables con formación en pares, tríos, cuadretes y quintetes para instalaciones interiores.
CEI 60189-2/A1:1989	Cables e hilos para bajas frecuencias con aislamiento y cubierta de PVC. Cables con formación en pares, tríos, cuadretes y quintetes para instalaciones interiores.
CEI 60189-2/A2:1996	Cables e hilos para bajas frecuencias con aislamiento y cubierta de PVC. Cables con formación en pares, tríos, cuadretes y quintetes para instalaciones interiores.
CEI 61241-3:1997	Materiales eléctricos destinados a ser utilizados en presencia de polvos combustibles. Parte 3: Clasificación de lugares donde hay o puede haber polvos combustibles.

Normas añadidas según la disposición primera del Real Decreto 1053/2014, de 12 de diciembre, por el que se aprueba una nueva Instrucción Técnica Complementaria **ITC-BT-52** «Instalaciones con fines especiales. Infraestructura para la recarga de vehículos eléctricos»,

Norma	Título
UNE-EN 50160: 2011	Características de la tensión suministrada por las redes generales de distribución.
UNE-EN 50470-1: 2007	Equipos de medida de la energía eléctrica (c.a.). Parte 1: Requisitos generales, ensayos y condiciones de ensayo. Equipos de medida (índices de clase A, B y C).
UNE-EN 50470-3: 2007	Equipos de medida de la energía eléctrica (c.a). Parte 3: Requisitos particulares. Contadores estáticos de energía activa (índices de clasificación A, B y C).
UNE-EN 61008-1: 2006 UNE-EN 61008-1/ A11: 2008 UNE-EN 61008-1/ A12: 2009 UNE-EN 61008-1/ A13: 2013	Interruptores automáticos para actuar por corriente diferencial residual, sin dispositivo de protección contra sobreintensidades, para usos domésticos y análogos (ID). Parte 1: Reglas generales. Esta norma dejará de aplicarse el 19/06/2017.
UNE-EN 61008-1: 2013	Interruptores automáticos para actuar por corriente diferencial residual, sin dispositivo de protección contra sobreintensidades, para usos domésticos y análogos (ID). Parte 1: Reglas generales.

Norma	Título
UNE-EN 61008-2-1: 1996 UNE-EN 61008-2-1/ A11: 1999	Interruptores automáticos para actuar por corriente diferencial residual, sin dispositivo de protección contra sobreintensidades, para usos domésticos y análogos (ID). Parte 2-1: Aplicabilidad de las reglas generales a los ID funcionalmente independientes de la tensión de alimentación.
UNE-EN 61009-1: 2006 UNE-EN 61009-1 CORR. 2007 UNE-EN 61009-1/ A11: 2008 UNE-EN 61009-1/ A12: 2009 UNE-EN 61009-1/ A13: 2009 UNE-EN 61009-1/ A14: 2013	Interruptores automáticos para actuar por corriente diferencial residual, con dispositivo de protección contra sobreintensidades incorporado, para usos domésticos y análogos (AD). Parte 1: reglas generales. Esta norma dejará de aplicarse el 18/06/2017.
UNE-EN 61009-1: 2013	Interruptores automáticos para actuar por corriente diferencial residual, con dispositivo de protección contra sobreintensidades incorporado, para usos doméstico y análogo (AD). Parte 1: Reglas generales.
UNE-EN 61009-2-1: 1996 UNE-EN 61009-2-1/ A11: 1999	Interruptores automáticos para actuar por corriente diferencial residual, con dispositivo de protección contra sobreintensidades incorporado, para usos domésticos y análogos (AD). Parte 2-1: aplicación de las reglas generales a los AD funcionalmente independientes de la tensión de alimentación.
UNE-EN 60898-1: 2004 UNE-EN 60898-1 ERRATUM 2009 UNE-EN 60898-1/A1: 2005 UNE-EN 60898-1/ A11: 2006 UNE-EN 60898-1/ A12: 2009 UNE-EN 60898-1/ A13: 2013	Accesorios eléctricos. Interruptores automáticos para instalaciones domésticas y análogas para la protección contra sobreintensidades. Parte 1: interruptores automáticos para funcionamiento en corriente alterna.
UNE-EN 60898-2: 2007	Accesorios eléctricos. Interruptores automáticos para instalaciones domésticas y análogas para la protección contra sobreintensidades. Parte 2: Interruptores automáticos para operación en corriente alterna y en corriente continua. (IEC 60898-2:2000 + A1:2003, modificada).
UNE-EN 61643-11: 2005 UNE-EN 61643-11/ A11: 2007	Pararrayos de baja tensión. Parte 11: pararrayos conectados a sistemas eléctricos de baja tensión. Requisitos y ensayos. Esta norma dejará de aplicarse el 28/08/2015.

Norma	Título
UNE-EN 61643-11: 2013	Dispositivos de protección contra sobretensiones transitorias de baja tensión. Parte 11: Dispositivos de protección contra sobretensiones transitorias conectados a sistemas eléctricos de baja tensión. Requisitos y métodos de ensayo.
UNE-EN 62208: 2012	Envolventes vacías destinadas a los conjuntos de aparamenta de baja tensión. Requisitos generales.
UNE HD 60364-5-51: 2010 UNE HD 60364-5-51/ A11:2013	Instalaciones eléctricas en edificios. Parte 5-51: selección e instalación de materiales eléctricos. Reglas comunes.
UNE-EN 50550: 2012 UNE-EN 50550/AC: 2012	Dispositivos de protección contra sobretensiones a frecuencia industrial para usos domésticos y análogos (POP).
UNE-EN 50557:2012	Requisitos para los dispositivos de rearme automático (ARD) para interruptores automáticos, AD e ID de uso doméstico y análogo.
UNE-EN 61851-1:2012	Sistema conductivo de carga para vehículos eléctricos. Parte 1: Requisitos generales.
UNE-EN 62196-1:2012 UNE-EN 62196-1/ A11:2013	Bases, clavijas, conectores de vehículo y entradas de vehículo. Carga conductiva de vehículos eléctricos. Parte 1: Requisitos generales.
UNE-EN 62196-2:2012 UNE-EN 62196-2/ A11:2013 UNE-EN 62196-2/ A12:2014	Bases, clavijas, conectores de vehículo y entradas de vehículo. Carga conductiva de vehículos eléctricos. Parte 2: Compatibilidad dimensional y requisitos de intercambiabilidad para los accesorios de espigas y alvéolos en corriente alterna.
EN 62196-3:2014	Bases, clavijas, conectores de vehículo y entradas de vehículo. Carga conductiva de vehículos eléctricos. Parte 3: Compatibilidad dimensional y requisitos de intercambiabilidad para acopladores de vehículo de espigas y alvéolos en corriente continua y corriente alterna/continua.

ITC-BT-03

DOCUMENTACIÓN E INSPECCIONES. EMPRESAS AUTORIZADAS EN BAJA TENSIÓN

Índice

1 Objeto 128

2 Empresa instaladora e instalador en baja tensión 128

2.1. Empresa instaladora en baja tensión 128
2.2. Instalador en baja tensión 128

3 Clasificación de las empresas instaladoras en baja tensión 128

3.1. Categoría básica (IBTB) 128
3.2. Categoría especialista (IBTE) 128

4 Instalador en baja tensión 129

5 Habilitación de empresas instaladoras de Baja Tensión 131

6 Obligaciones de las empresas instaladoras en Baja Tensión 133

Apéndice I

Apéndice II

1. Objeto

La presente instrucción técnica complementaria tiene por objeto desarrollar las previsiones del artículo 22 del Reglamento electrotécnico para baja tensión, aprobado por Real Decreto 842/2002, de 2 de agosto, estableciendo las condiciones y requisitos que deben observarse para la certificación de la competencia y para la habilitación como empresa instaladora en el ámbito de aplicación de dicho reglamento.

2. Empresa instaladora e instalador en baja tensión

2.1. Empresa instaladora en baja tensión

Es la persona física o jurídica que realiza, mantiene o repara las instalaciones eléctricas en el ámbito del Reglamento electrotécnico para baja tensión, aprobado por Real Decreto 842/2002, de 2 de agosto, y sus instrucciones técnicas complementarias, habiendo presentado la correspondiente declaración responsable de inicio de actividad según lo prescrito en esta Instrucción Técnica Complementaria.

2.2. Instalador en baja tensión

Es la persona física que tiene conocimientos para desempeñar alguna de las actividades correspondientes a las categorías indicadas en el apartado 3 de esta Instrucción Técnica Complementaria cumpliendo lo establecido en el apartado 4 de esta Instrucción Técnica Complementaria BT-03.

3. Clasificación de las empresas instaladoras en baja tensión

Las empresas instaladoras en Baja Tensión se clasifican en las siguientes categorías:

3.1. Categoría básica (IBTB)

Las empresas instaladoras de esta categoría podrán realizar, mantener y reparar las instalaciones eléctricas para baja tensión en edificios, industrias, infraestructuras y, en general, todas las comprendidas en el ámbito del presente Reglamento Electrotécnico para Baja Tensión, que no se reserven a la categoría especialista (IBTE).

3.2. Categoría especialista (IBTE)

Las empresas instaladoras de la categoría especialista podrán realizar, mantener y reparar las instalaciones de la categoría Básica y, además, las correspondientes a:

- Sistemas de automatización, gestión técnica de la energía y seguridad para viviendas y edificios.

- Sistemas de control distribuido.
- Sistemas de supervisión, control y adquisición de datos.
- Control de procesos.
- Líneas aéreas o subterráneas para distribución de energía.
- Locales con riesgo de incendio o explosión.
- Quirófanos y salas de intervención.
- Lámparas de descarga en alta tensión, rótulos luminosos y similares.
- Instalaciones generadoras de baja tensión de potencia superior o igual a 10 kW, que estén contenidas en el ámbito del presente Reglamento electrotécnico para baja tensión y sus instrucciones técnicas complementarias.

La categoría especialista para las cuatro primeras modalidades de instalaciones (sistemas de automatización, gestión técnica de la energía y seguridad para viviendas y edificios; sistemas de control distribuido; sistemas de supervisión, control y adquisición de datos; y control de procesos) es única.

4. Instalador en baja tensión

El instalador en baja tensión deberá desarrollar su actividad en el seno de una empresa instaladora de baja tensión habilitada y deberá cumplir y poder acreditar ante la Administración competente cuando esta así lo requiera en el ejercicio de sus facultades de inspección, comprobación y control, una de las siguientes situaciones:

a) Disponer de un título universitario cuyo plan de estudios cubra las materias objeto del Reglamento electrotécnico para baja tensión, aprobado por el 842/2002, de 2 de agosto, y de sus Instrucciones Técnicas Complementarias.

b) Disponer de un título de formación profesional o de un certificado de profesionalidad incluido en el Catálogo Nacional de Cualificaciones Profesionales, cuyo ámbito competencial coincida con las materias objeto del Reglamento electrotécnico para baja tensión, aprobado por el 842/2002, de 2 de agosto, y de sus ITC.

NOTA

A este respecto, en el mes de febrero de 2018 se publica un documento por parte del Ministerio de Economía, Industria y Competitividad, con el nombre de «Titulación instalador de baja tensión» donde se pueden consultar los títulos de Formación Profesional y Certificados de Profesionalidad que cumplen estos requisitos. Dicho documento se puede consultar en el Material Web, disponible en la ficha del libro en **www.paraninfo.es**.

c) Tener reconocida una competencia profesional adquirida por experiencia laboral, de acuerdo con lo estipulado en el Real Decreto 1224/2009, de 17 de julio, de reconocimiento de las competencias profesionales adquiridas por experiencia laboral, en las materias objeto del Reglamento electrotécnico para baja tensión, aprobado por el 842/2002, de 2 de agosto, y de sus Instrucciones Técnicas Complementarias.

d) Tener reconocida la cualificación profesional de instalador en baja tensión adquirida en otro u otros Estados miembros de la Unión Europea, de acuerdo con lo establecido en el Real Decreto 581/2017, de 9 de junio, por el que se incorpora al ordenamiento jurídico español la Directiva 2013/55/UE del Parlamento Europeo y del Consejo, de 20 de noviembre de 2013, por la que se modifica la Directiva 2005/36/CE relativa al reconocimiento de cualificaciones profesionales y el Reglamento (UE) n.° 1024/2012 relativo a la cooperación administrativa a través del Sistema de Información del Mercado Interior (Reglamento IMI).

e) Poseer una certificación otorgada por entidad acreditada para la certificación de personas por ENAC o cualquier otro Organismo Nacional de Acreditación designado de acuerdo a lo establecido en el Reglamento (CE) n.° 765/2008 del Parlamento Europeo y del Consejo, de 9 de julio de 2008, por el que se establecen los requisitos de acreditación y vigilancia del mercado relativos a la comercialización de los productos y por el que se deroga el Reglamento (CEE) n.° 339/93, de acuerdo a la norma UNE-EN ISO/IEC 17024.

Todas las entidades acreditadas para la certificación de personas que quieran otorgar estas certificaciones deberán incluir en su esquema de certificación un sistema de evaluación que incluya los contenidos mínimos que se indican en el Apéndice II de esta instrucción técnica complementaria.

Cualquiera de las situaciones o titulaciones previstas (título universitario, título de formación profesional o certificado de profesionalidad, experiencia laboral reconocida o certificación otorgada por entidad acreditada) son válidas indistintamente para las distintas categorías de instalador de baja tensión, en función de los conocimientos acreditados.

De acuerdo con la Ley 17/2009, de 23 de noviembre, sobre el libre acceso a las actividades de servicios y su ejercicio, el personal habilitado por una Comunidad Autónoma podrá ejecutar esta actividad dentro de una empresa instaladora en todo el territorio español, sin que puedan imponerse requisitos o condiciones adicionales.

5. Habilitación de empresas instaladoras de Baja Tensión

5.1. Antes de comenzar sus actividades como empresas instaladoras en baja tensión, las personas físicas o jurídicas que deseen establecerse en España deberán presentar ante el órgano competente de la comunidad autónoma en la que se establezcan una declaración responsable en la que el titular de la empresa o el representante legal de la misma declare para qué categoría, y en su caso, modalidad, va a desempeñar la actividad, que cumple los requisitos que se exigen por esta Instrucción Técnica Complementaria, que dispone de la documentación que así lo acredita, que se compromete a mantenerlos durante la vigencia de la actividad y que se responsabiliza de que la ejecución de las instalaciones se efectúa de acuerdo con las normas y requisitos que se establecen en el Reglamento electrotécnico para baja tensión, aprobado por el Real Decreto 842/2002, de 2 de agosto, y sus respectivas instrucciones técnicas complementarias.

5.2. Las empresas instaladoras en baja tensión legalmente establecidos para el ejercicio de esta actividad en cualquier otro Estado miembro de la Unión Europea que deseen realizar la actividad en régimen de libre prestación en territorio español deberán presentar, previo al inicio de la misma, ante el órgano competente de la comunidad autónoma donde deseen comenzar su actividad, una declaración responsable en la que el titular de la empresa o el representante legal de la misma declare para qué categoría, y en su caso, modalidad, va a desempeñar la actividad, que cumple los requisitos que se exigen por esta Instrucción Técnica Complementaria, que dispone de la documentación que así lo acredita, que se compromete a mantenerlos durante la vigencia de la actividad y que se responsabiliza de que la ejecución de las instalaciones se efectúa de acuerdo con las normas y requisitos que se establecen en el Reglamento electrotécnico para baja tensión, aprobado por el Real Decreto 842/2002, de 2 de agosto, y sus respectivas instrucciones técnicas complementarias.

Para la acreditación del cumplimiento del requisito de personal cualificado la declaración deberá hacer constar que la empresa dispone de la documentación que acredita la capacitación del personal afectado, de acuerdo con la normativa del país de establecimiento y conforme a lo previsto en la normativa de la Unión Europea sobre reconocimiento de cualificaciones profesionales, aplicada en España mediante el Real Decreto 581/2017, de 9 de junio. La autoridad competente podrá verificar esa capacidad con arreglo a lo dispuesto en el artículo 15 del citado real decreto.

5.3. Las comunidades autónomas deberán posibilitar que la declaración responsable sea realizada por medios electrónicos.

No se podrá exigir la presentación de documentación acreditativa del cumplimiento de los requisitos junto con la declaración responsable. No obstante, esta documentación deberá estar disponible para su presentación inmediata ante la Administración competente cuando esta así lo requiera en el ejercicio de sus facultades de inspección, comprobación y control.

5.4. El órgano competente de la comunidad autónoma asignará, de oficio, un número de identificación a la empresa y remitirá los datos necesarios para su inclusión en el Registro Integrado Industrial regulado en el título IV de la Ley 21/1992, de 16 de julio, de Industria y en su normativa reglamentaria de desarrollo.

5.5. De acuerdo con la Ley 21/1992, de 16 de julio, de Industria, la declaración responsable habilita por tiempo indefinido a la empresa instaladora, desde el momento de su presentación ante la Administración competente, para el ejercicio de la actividad en todo el territorio español, sin que puedan imponerse requisitos o condiciones adicionales.

5.6. Al amparo de lo previsto en el apartado 3 del artículo 69 de la Ley 39/2015, de 1 de octubre, del Procedimiento Administrativo Común de las Administraciones Públicas, la Administración competente podrá regular un procedimiento para comprobar a posteriori lo declarado por el interesado.

En todo caso, la no presentación de la declaración, así como la inexactitud, falsedad u omisión, de carácter esencial, de datos o manifestaciones que deban figurar en dicha declaración habilitará a la Administración competente para dictar resolución, que deberá ser motivada y previa audiencia del interesado, por la que se declare la imposibilidad de seguir ejerciendo la actividad, sin perjuicio de las responsabilidades que pudieran derivarse de las actuaciones realizadas, y de la aplicación del régimen sancionador previsto en la Ley 21/1992, de 16 de julio, de Industria.

5.7. Cualquier hecho que suponga modificación de alguno de los datos incluidos en la declaración originaria, así como el cese de las actividades, deberá ser comunicado por el interesado al órgano competente de la comunidad autónoma donde presentó la declaración responsable en el plazo de un mes.

5.8. Las empresas instaladoras cumplirán lo siguiente:

a) Disponer de la documentación que identifique a la empresa instaladora, que en el caso de persona jurídica deberá estar constituida legalmente.

b) Contar con los medios técnicos y humanos necesarios para realizar su actividad en condiciones de seguridad, que, como mínimo serán los que se determinan en el Apéndice I de esta instrucción técnica complementaria.

c) Haber suscrito un seguro de responsabilidad civil profesional u otra garantía equivalente que cubra los daños que puedan provocar en la prestación del servicio por una cuantía mínima de 600.000 euros por siniestro para la categoría básica y de 900.000 euros por siniestro para la categoría especialista. Estas cuantías mínimas se actualizarán por orden de la persona titular del Ministerio de Industria, Comercio y Turismo, siempre que sea necesario para mantener la equivalencia económica de la garantía y previo informe de la Comisión Delegada del Gobierno para Asuntos Económicos.

5.9. La empresa instaladora habilitada no podrá facilitar, ceder o enajenar certificados de instalación no realizadas por ella misma.

5.10. El incumplimiento de los requisitos exigidos, verificado por la autoridad competente y declarado mediante resolución motivada, conllevará el cese de la actividad, salvo que pueda incoarse un expediente de subsanación de errores, sin perjuicio de las sanciones que pudieran derivarse de la gravedad de las actuaciones realizadas.

La autoridad competente, en este caso, abrirá un expediente informativo al titular de la instalación, que tendrá quince días naturales a partir de la comunicación para aportar las evidencias o descargos correspondientes.

5.11. El órgano competente de la comunidad autónoma dará traslado inmediato al Ministerio de Industria, Turismo y Comercio de la inhabilitación temporal, las modificaciones y el cese de la actividad a los que se refieren los apartados precedentes para la actualización de los datos en el Registro Integrado Industrial regulado en el título IV de la Ley 21/1992, de 16 de julio, de Industria, tal y como lo establece su normativa reglamentaria de desarrollo.

6. Obligaciones de las empresas instaladoras en Baja Tensión

Las empresas instaladoras en Baja Tensión deben, en sus respectivas categorías:

a) Ejecutar, modificar, ampliar, mantener o reparar las instalaciones que les sean adjudicadas o confiadas, de conformidad con la normativa vigente y con la documentación de diseño de la instalación, utilizando, en su caso, materiales y equipos que sean conformes a la legislación que les sea aplicable.

b) Efectuar las pruebas y ensayos reglamentarios que les sean atribuidos.

c) Realizar las operaciones de revisión y mantenimiento que tengan encomendadas, en la forma y plazos previstos.

d) Emitir los certificados de instalación o mantenimiento, en su caso.

e) Coordinar, en su caso, con la empresa suministradora y con los usuarios las operaciones que impliquen interrupción del suministro.

f) Notificar a la Administración competente los posibles incumplimientos reglamentarios de materiales o instalaciones, que observasen en el desempeño de su actividad. En caso de peligro manifiesto, darán cuenta inmediata de ello a los usuarios y, en su caso, a la empresa suministradora, y pondrá la circunstancia en conocimiento del Órgano competente de la Comunidad Autónoma en el plazo máximo de 24 horas.

g) Asistir a las inspecciones establecidas por el Reglamento, o las realizadas de oficio por la Administración, si fuera requerido por el procedimiento.

h) Mantener al día un registro de las instalaciones ejecutadas o mantenidas.

i) Informar a la Administración competente sobre los accidentes ocurridos en las instalaciones a su cargo.

j) Conservar a disposición de la Administración copia de los contratos de mantenimiento al menos durante los 5 años inmediatos posteriores a la finalización de los mismos.

APÉNDICE I

Medios mínimos, técnicos y humanos, requeridos para las empresas instaladoras en baja tensión

1. Medios humanos

Contar con el personal necesario para realizar la actividad en condiciones de seguridad, en número suficiente para atender las instalaciones que tengan contratadas con un mínimo de un instalador en baja tensión de la misma categoría en la que la empresa se encuentra habilitada, contratado en plantilla a jornada completa (salvo que se acredite que el horario de apertura de la empresa es menor, en cuyo caso se admitirá que este esté contratado a tiempo parcial para prestar servicios durante un número de horas equivalente al horario durante el que la empresa desarrolle su actividad).

Se considerará que también queda satisfecho el requisito de contar con un profesional habilitado en plantilla si se cumple alguna de las siguientes condiciones:

1.ª En el caso de las personas jurídicas, la titularidad de la cualificación individual, la ostente uno de los socios de la organización, siempre que trabaje para la empresa a jornada completa, o durante el horario de apertura de la misma.

2.ª En el caso de que la empresa instaladora sea una persona física dada de alta en el régimen especial de trabajadores autónomos, si esta dispone de la habilitación como instalador en baja tensión.

La figura del instalador podrá ser sustituida por la de dos o más instaladores de la misma o mismas categorías, cuyos horarios laborales permitan cubrir la jornada completa o el horario de actividad de la empresa.

2. Medios técnicos

2.1. Categoría Básica. Equipos

- Telurómetro.
- Medidor de aislamiento, según **ITC-BT-19.**
- Multímetro, para la medida de Tensión alterna y continua hasta **500 V**, Intensidad alterna y continua hasta **20 A**; Resistencia.
- Medidor de corrientes de fuga, con resolución mejor o igual que **1 mA**.
- Detector de tensión.

- Analizador-registrador de potencia y energía para corriente alterna trifásica, con capacidad de medida de las siguientes magnitudes: potencia activa; tensión alterna; intensidad alterna; factor de potencia.
- Equipo verificador de la sensibilidad de disparo de los interruptores diferenciales, capaz de verificar la característica intensidad-tiempo.
- Equipo verificador de la continuidad de conductores.
- Medidor de resistencias de bucle, con fuente propia de energía, con sistema de medición independiente del valor de la resistencia de los cables de prueba y con una resolución mejor o igual que **0,1 Ω**.
- Herramientas comunes y equipo auxiliar.
- Luxómetro con rango de medida adecuado para el alumbrado de emergencia.

2.2. Categoría Especialista

Además de los medios anteriores, deberán contar con los siguientes, según proceda:

- Analizador de redes, de armónicos y de perturbaciones de red.
- Electrodos para la medida del aislamiento de los suelos.
- Aparato comprobador del dispositivo de vigilancia del nivel de aislamiento de los quirófanos.

2.3. Herramientas, equipos y medios de protección individual

Estarán de acuerdo con la normativa vigente y las necesidades de la instalación.

APÉNDICE II

Conocimientos mínimos necesarios para Instaladores en Baja Tensión

I. Instalador Categoría Básica

A) Conocimientos teóricos

Unidad temática 1: Fundamentos de las Instalaciones Eléctricas.

1. Conceptos básicos de electrotecnia:
   - 1.1 Corriente alterna y corriente continua.
   - 1.2 Sistemas trifásicos y monofásicos.
   - 1.3 Componentes de las instalaciones eléctricas.

1.4 Cables y conductores.
1.5 Aparamenta de protección.
1.6 Receptores y máquinas eléctricas: motores y transformadores.

2. Calculo eléctrico de las líneas de BT:

2.1 Criterio de capacidad térmica.
2.2 Criterio de caída de tensión.
2.3 Criterio de corriente de cortocircuito.
2.4 Líneas abiertas y cerradas; líneas de sección uniforme y no uniforme.

3. Reglamentación de las instalaciones eléctricas: REBT y sus ITC:

3.1 Instaladores de Baja Tensión (ITC-BT-03).
3.2 Documentación de las instalaciones (ITC-BT-04).
3.3 Puesta en servicio.
3.4 Verificaciones e inspecciones (ITC-BT-05).

4. Normativa internacional de instalaciones eléctricas de baja tensión.

Unidad temática 2: Instalaciones de Enlace.

1. Previsión de cargas para suministros de BT (ITC-BT-10).

2. Esquemas de las instalaciones de enlace (ITC-BT-12).

3. Partes constituyentes de las instalaciones de enlace:

3.1 Cajas Generales de Protección (CGP) (ITC-BT-13).
3.2 Línea General de Alimentación (LGA) (ITC-BT-14).
3.3 Centralizaciones de Contadores (CC) (ITC-BT-16).
3.4 Derivaciones Individuales (DI) (ITC-BT-15).
3.5 Dispositivos Generales de Mando y Protección (DGMP) (ITC-BT-17).

4. Cálculo y Montaje de las instalaciones de enlace:

4.1 Caídas de tensión.
4.2 Sistemas de instalación: tubos y canalizaciones (ITC-BT-20; ITC-BT-21).
4.3 Tipos y emplazamiento de los cuadros eléctricos.
4.4 Simbología, planos y esquemas eléctricos de las instalaciones.

Unidad temática 3: Instalaciones Interiores o Receptoras.

1. Prescripciones generales para las instalaciones interiores (ITC-BT-19).

2. Instalaciones en viviendas y edificios de viviendas (ITC-BT-25):

2.1 Grados de electrificación, número de circuitos y características.
2.2 Tomas de tierra y protección contra los contactos indirectos (ITC-BT-26).

2.3 Instalaciones en locales que contienen una bañera o ducha (ITC-BT-27).
2.4 Instalaciones comunes de edificios de viviendas.
2.5 Dimensionamiento de tubos y canalizaciones.

3. Instalaciones en edificios comerciales, oficinas e industrias:

3.1 Carga total correspondiente edificios comerciales, oficinas e industrias.
3.2 Distribución de la electrificación en el edificio. Equilibrado de cargas.
3.3 Conductores, circuitos y secciones.

4. Instalaciones en garajes y desclasificación de los garajes.

Unidad temática 4: Protecciones de las instalaciones.

1. Sistemas de conexión del neutro y de las masas en las instalaciones de distribución en BT (ITC-BT-08).

2. Instalaciones de puesta a tierra (ITC-BT-18).

3. Protección contra los choques eléctricos-contactos directos e indirectos (ITC-BT-24).

4. Protección contra las sobreintensidades-sobrecargas y cortocircuitos (ITC-BT-23).

5. Protección contra las sobretensiones (ITC-BT-22).

Unidad temática 5: Instalaciones con características especiales.

1. Instalaciones de alumbrado exterior (ITC-BT-09):

1.1 Introducción a los conceptos luminotécnicos y al REEAE.
1.2 Cálculos eléctricos de alumbrado.
1.3 Cálculos luminotécnicos básicos.

2. Instalaciones en locales de pública concurrencia (ITC-BT-28):

2.1 Suministros complementarios.
2.2 Alumbrado de emergencia.

3. Instalaciones de infraestructura para la recarga del vehículo eléctrico (ITC-BT-52):

3.1 Esquemas de conexión.
3.2 Previsión de cargas.
3.3 Requisitos generales y medidas de protección.
3.4 Tipos de conexión y modos de carga del VE.

4. Instalaciones en locales de características especiales (ITC-BT-30):

4.1 Locales húmedos.
4.2 Locales mojados.
4.3 Otros locales de características especiales.

5. Instalaciones de piscinas y fuentes (ITC-BT-31).

6. Instalaciones a muy baja tensión y a tensiones especiales (ITC-BT-36; ITC-BT-37).
7. Instalaciones de máquinas de elevación y transporte (ITC-BT-32).
8. Instalaciones provisionales y temporales de obras (ITC-BT-33).
9. Instalaciones de ferias y stands (ITC-BT-34).
10. Instalaciones de establecimientos agrícolas y hortícolas (ITC-BT-35).
11. Instalaciones de cercas eléctricas para ganado (ITC-BT-39).
12. Instalaciones en caravanas y parques de caravanas (ITC-BT-41).
13. Instalaciones en puertos y marinas para barcos de recreo (ITC-BT-42).
14. Instalaciones en locales con radiadores para saunas (ITC-BT-50).
15. Instalaciones eléctricas en muebles (ITC-BT-49).

Unidad temática 6: Instalación de Receptores.

1. Prescripciones generales para la instalación de receptores (ITC-BT-43).
2. Receptores de alumbrado (ITC-BT-44).
3. Aparatos de caldeo (ITC-BT-45).
4. Cables y folios radiantes en viviendas (ITC-BT-46).
5. Motores, transformadores, reactancias y condensadores (ITC-BT-47; ITC-BT-48).

Unidad temática 7: Instalaciones generadoras de baja tensión de potencia inferior A 10 kW. (ITC BT-40)

1. Tipos y clasificación.
2. Montaje y mantenimiento.
3. Sistemas antivertido para instalaciones sin excedentes.
4. Condiciones generales y particulares para la conexión:
    - 4.1 Instalaciones aisladas.
    - 4.2 Instalaciones asistidas.
    - 4.3 Instalaciones interconectadas.
5. Protecciones e instalaciones de puesta a tierra.

B) Conocimientos prácticos

1. Montaje y puesta en servicio de instalaciones de baja tensión que estén comprendidas en el ámbito de este reglamento y que no se reserven a la categoría de especialista.

2. Verificación, mantenimiento y reparación de instalaciones de baja tensión que estén comprendidas en el ámbito de este reglamento y que no se reserven a la categoría de especialista:

2.1 Verificación inicial de instalaciones, en función de sus características, y de acuerdo a la normativa vigente.

2.2 Mantenimiento y reparación de instalaciones.

2.3 Mantenimiento o reparación de la aparamenta de protección, control, seccionamiento o conexión.

3. Manejo aparatos de medida y herramientas:

3.1 Herramientas utilizadas en instalaciones eléctricas de baja tensión: tipos y manejo.

3.2 Manejo de aparatos de medida de magnitudes eléctricas.

II. Instalador Categoría Especialista

Además de los conocimientos teóricos y prácticos indicados para la categoría básica, el instalador de categoría especialista, para cada especialidad, deberá tener los siguientes conocimientos:

A) Conocimientos teóricos

Unidad temática 1 (Especialista): Líneas de distribución en BT.

1. Tipos de redes de distribución: radiales, en anillo.

2. Líneas aéreas (ITC-BT-06):

2.1 Componentes: Conductores aislados y desnudos, Apoyos, aisladores y herrajes, accesorios de sujeción.

2.2 Cálculo mecánico de las líneas: conductores y apoyos.

2.3 Intensidades admisibles en régimen permanente y en cortocircuito.

3. Líneas subterráneas (ITC-BT-07):

3.1 Cables aislados.

3.2 Intensidades admisibles en régimen permanente y en cortocircuito: factores de corrección por tipo de instalación.

4. Acometidas (ITC-BT-11).

5. Normas particulares de las empresas distribuidoras.

Unidad temática 2 (Especialista): Sistemas de automatización (ITC-BT-51).

1. Automatismos eléctricos:
   1.1 Elementos que componen las instalaciones: sensores, actuadores, dispositivos de control y elementos auxiliares. Tipos y características.
   1.2 Cuadros eléctricos.
   1.3 Simbología normalizada en las instalaciones.
   1.4 Planos y esquemas eléctricos normalizados. Tipología.
2. Instalaciones automatizadas:
   2.1 Tipos de sensores. Características y aplicaciones.
   2.2 Actuadores: relés, contactores, solenoides, electroválvulas (entre otros).
   2.3 Control de potencia: arranque de motores (monofásicos y trifásicos, entre otros).
   2.4 Protecciones contra cortocircuitos, derivaciones y sobrecargas.
   2.5 Arrancadores estáticos y variadores de velocidad electrónicos.
   2.6 Controladores programables. Autómatas.
   2.7 Programas de control. Programación.

Unidad temática 3 (Especialista): Instalaciones en locales con riesgo de incendio y explosión (ITC-BT-29).

1. Clasificación de emplazamientos y Modos de protección.
2. Condiciones de la instalación para todas las zonas peligrosas.
3. Criterios de selección de material.

Unidad temática 4 (Especialista): Instalaciones en quirófanos y salas de intervención (ITC-BT-38).

1. Medidas de protección.
2. Puesta a tierra y equipotencialidad.
3. Alimentación con transformador de aislamiento.
4. Protección diferencial y contra sobreintensidades.
5. Suministros complementarios.
6. Riesgo de incendio y explosión.
7. Control y mantenimiento.
8. Cuadros de distribución y receptores especiales.

Unidad temática 5 (Especialista): Instalaciones generadoras de baja tensión de potencia superior o igual a 10 kW (ITC-BT-40).

1. Tipos y clasificación.
2. Condiciones generales y particulares para la conexión:
   - 2.1 Instalaciones aisladas.
   - 2.2 Instalaciones asistidas.
   - 2.3 Instalaciones interconectadas.
3. Protecciones e instalaciones de puesta a tierra.

Unidad temática 6 (Especialista): Instalaciones de lámparas de descarga en alta tensión y rótulos luminosos (ITC-BT-44).

1. Rótulos y tubos luminosos alimentados entre 1 kV y 10 kV: Reglas de instalación, envolventes, soportes.
2. Protección contra los contactos indirectos, protección contra fugas y apertura de circuitos.
3. Transformadores, convertidores e inversores.

B) Conocimientos prácticos

1. Montaje y puesta en servicio de instalaciones de baja tensión que estén comprendidas en el ámbito de este reglamento y que estén reservadas a la categoría de especialista.
2. Verificación, mantenimiento y reparación de instalaciones de baja tensión que estén comprendidas en el ámbito de este reglamento y que estén reservadas a la categoría de especialista:
   - 2.1 Verificación inicial de instalaciones, en función de sus características, y de acuerdo a la normativa vigente.
   - 2.2 Mantenimiento y reparación de instalaciones.
   - 2.3 Mantenimiento o reparación de la aparamenta de protección, control, seccionamiento o conexión.
3. Adicionalmente, para cada categoría especialista:
   - 3.1 **Unidad temática 1:** Líneas de distribución en B.T.
     - 3.1.1 Ejecución de las instalaciones aéreas: Conductores aislados y desnudos; distancias de separación; Cruzamientos, proximidades y paralelismos.
     - 3.1.2 Ejecución de las instalaciones subterráneas: tipos de instalación y condiciones para cruzamientos, paralelismos y proximidades.

3.2 **Unidad temática 2:** Sistemas de automatización.

3.2.1 Sistemas de automatización, gestión técnica de la energía y seguridad para viviendas y edificios.

3.2.2 Sistemas de control distribuido.

3.2.3 Instalación y programación de sistemas de supervisión, control y adquisición de datos.

3.2.4 Control de procesos.

3.3 **Unidad temática 3:** Instalaciones en locales con riesgo de incendio y explosión.

3.3.1 Selección de material para trabajar en ambientes clasificados.

3.3.2 Instalaciones de estaciones de servicio, garajes y talleres de reparación.

3.4 **Unidad temática 4:** Instalaciones en quirófanos y salas de intervención.

3.4.1 Selección de material para trabajar en ambientes clasificados.

3.4.2 Instalación de receptores especiales.

3.5 **Unidad temática 5:** Instalaciones generadoras de baja tensión de potencia superior o igual a 10 kW.

3.5.1 Ejecución de las distintas instalaciones de autoconsumo.

3.5.2 Instalación de sistemas antivertido para instalaciones sin excedentes.

3.6 **Unidad temática 6:** Instalaciones de lámparas de descarga en alta tensión y rótulos luminosos.

3.6.1 Instalación de rótulos y tubos luminosos alimentados entre 1 kV y 10 kV.

3.6.2 Protecciones contra fugas.

ANOTACIONES

ITC-BT-04

DOCUMENTACIÓN Y PUESTA EN SERVICIO DE LAS INSTALACIONES

Índice

1 Objeto 146

2 Documentación de las instalaciones 146

2.1. Proyecto 146

2.2. Memoria Técnica de Diseño 147

3 Instalaciones que precisan proyecto 147

4 Instalaciones que requieren Memoria Técnica de Diseño 149

5 Ejecución y tramitación de las instalaciones 149

6 Puesta en servicio de las instalaciones 152

1. Objeto

La presente Instrucción tiene por objeto desarrollar las prescripciones del artículo 18 del Reglamento Electrotécnico para Baja Tensión, determinando la documentación técnica que deben tener las instalaciones para ser legalmente puestas en servicio, así como su tramitación ante el Órgano competente de la Administración.

2. Documentación de las instalaciones

Las instalaciones en el ámbito de aplicación del presente Reglamento deben ejecutarse sobre la base de una documentación técnica que, en función de su importancia, deberá adoptar una de las siguientes modalidades:

2.1. Proyecto

Cuando se precise proyecto, de acuerdo con lo establecido en el apartado 3, este deberá ser redactado y firmado por técnico titulado competente, quien será directamente responsable de que el mismo se adapte a las disposiciones reglamentarias. El proyecto de instalación se desarrollará, bien como parte del proyecto general del edificio, bien en forma de uno o varios proyectos específicos.

En la memoria del proyecto se expresarán especialmente:

- Datos relativos al propietario.
- Emplazamiento, características básicas y uso al que se destina.
- Características y secciones de los conductores a emplear.
- Características y diámetros de los tubos para canalizaciones.
- Relación nominal de los receptores que se prevean instalar y su potencia, sistemas y dispositivos de seguridad adoptados y cuantos detalles sean necesarios de acuerdo con la importancia de la instalación proyectada y para que se ponga de manifiesto el cumplimiento de las prescripciones del Reglamento y sus Instrucciones Técnicas Complementarias.
- Esquema unifilar de la instalación y características de los dispositivos de corte y protección adoptados, puntos de utilización y secciones de los conductores.
- Croquis de su trazado.
- Cálculos justificativos del diseño.

Los planos serán los suficientes en número y detalle, tanto para dar una idea clara de las disposiciones que pretenden adoptarse en las instalaciones como para que la Empresa instaladora que ejecute la instalación disponga de todos los datos necesarios para la realización de la misma.

2.2. Memoria Técnica de Diseño

La Memoria Técnica de Diseño (MTD) se redactará sobre impresos, según modelo determinado por el Órgano competente de la Comunidad Autónoma, con objeto de proporcionar los principales datos y características de diseño de las instalaciones. El instalador autorizado para la categoría de la instalación correspondiente o el técnico titulado competente que firme dicha Memoria será directamente responsable de que la misma se adapte a las exigencias reglamentarias.

En especial, se incluirán los siguientes datos:

- Los referentes al propietario.
- Identificación de la persona que firma la memoria y justificación de su competencia.
- Emplazamiento de la instalación.
- Uso al que se destina.
- Relación nominal de los receptores que se prevea instalar y su potencia.
- Cálculos justificativos de las características de la línea general de alimentación, derivaciones individuales y líneas secundarias, sus elementos de protección y sus puntos de utilización.
- Pequeña memoria descriptiva.
- Esquema unifilar de la instalación y características de los dispositivos de corte y protección adoptados, puntos de utilización y secciones de los conductores.
- Croquis de su trazado.

MATERIAL WEB

Para ampliar la información relativa a este tema, en la Guía Técnica **(GUÍA-BT-04),** que se puede encontrar en el MATERIAL WEB, se adjunta un ejemplo de formato de Memoria Técnica de Diseño (MTD) que garantiza el contenido técnico mínimo establecido en el REBT.

3. Instalaciones que precisan proyecto

3.1. Para su ejecución, precisan elaboración de proyecto las nuevas instalaciones siguientes:

Grupo	Tipo de instalación	Límites
A	Las correspondientes a industrias, en general.	*P* > 20 kW
B	Las correspondientes a: ▪ Locales húmedos, polvorientos o con riesgo de corrosión. ▪ Bombas de extracción o elevación de agua, sean industriales o no.	*P* > 10 kW
C	Las correspondientes a: ▪ Locales mojados. ▪ Generadores y convertidores. ▪ Conductores aislados para caldeo, excluyendo las de viviendas.	*P* > 10 kW
D	▪ De carácter temporal para alimentación de maquinaria de obras en construcción. ▪ De carácter temporal en locales o emplazamientos abiertos.	*P* > 50 kW
E	Las de edificios destinados principalmente a viviendas, locales comerciales y oficinas, que no tengan la consideración de locales de pública concurrencia, en edificación vertical u horizontal.	*P* > 100 kW por caja General de Protección
F	Las correspondientes a viviendas unifamiliares.	*P* > 50 kW
G	Las de aparcamientos o estacionamientos que requieren ventilación forzada.	Cualquiera que sea su ocupación
H	Las de aparcamientos o estacionamientos que disponen de ventilación natural.	De más de 5 plazas de estacionamiento
I	Las correspondientes a locales de pública concurrencia.	Sin límite
i	Las correspondientes a: ▪ Líneas de baja tensión con apoyos comunes con las de alta tensión. ▪ Máquinas de elevación y transporte. ▪ Las que utilicen tensiones especiales. ▪ Las destinadas a rótulos luminosos salvo que se consideren instalaciones de Baja tensión según lo establecido en la ITC-BT-44. ▪ Cercas eléctricas. ▪ Redes aéreas o subterráneas de distribución.	Sin límite
K	Instalaciones de alumbrado exterior.	*P* > 5 kW
L	Las correspondientes a locales con riesgo de incendio o explosión, excepto garajes.	Sin límite
M	Las de quirófanos y salas de intervención.	Sin límite
N	Las correspondientes a piscinas y fuentes.	*P* > 5 kW
Z	Las correspondientes a las infraestructuras para la recarga del vehículo eléctrico.	*P* > 50 kW
	Instalaciones de recarga situadas en el exterior.	*P* > 10 kW
	Todas las instalaciones que incluyan estaciones de recarga previstas para el modelo de carga 4.	Sin límite
O	Todas aquellas que, no estando comprendidas en los grupos anteriores, determine el Ministerio de Ciencia y Tecnología, mediante la oportuna Disposición.	Según corresponda

Nota: *P* = Potencia prevista en la instalación, teniendo en cuenta lo estipulado en la ITC-BT-10.

No será necesaria la elaboración de proyecto para las instalaciones de recarga que se ejecuten en los grupos de instalación **g)** y **h)** existentes en edificios de viviendas, siempre que las nuevas instalaciones no estén incluidas en el grupo z).

3.2. Asimismo, requerirán elaboración de proyecto las ampliaciones y modificaciones de las instalaciones siguientes:

a) Las ampliaciones de las instalaciones de los tipos **(b, c, g, i, j, l, m)** y modificaciones de importancia de las instalaciones señaladas en 3.1.

b) Las ampliaciones de las instalaciones que, siendo de los tipos señalados en 3.1, no alcanzasen los límites de potencia prevista establecidos para las mismas, pero que los superan al producirse la ampliación.

c) Las ampliaciones de instalaciones que requirieron proyecto originalmente si en una o en varias ampliaciones se supera el **50 %** de la potencia prevista en el proyecto anterior.

3.3. Si una instalación está comprendida en más de un grupo de los especificados en 3.1, se le aplicará el criterio más exigente de los establecidos para dichos grupos.

4. Instalaciones que requieren Memoria Técnica de Diseño

Requerirán Memoria Técnica de Diseño todas las instalaciones —sean nuevas, ampliaciones o modificaciones— no incluidas en los grupos indicados en el apartado 3.

5. Ejecución y tramitación de las instalaciones

5.1. Todas las instalaciones en el ámbito de aplicación del Reglamento deben ser efectuadas por las empresas instaladoras autorizadas a las que se refiere la Instrucción Técnica complementaria **ITC-BT-03.**

En el caso de instalaciones que requirieron Proyecto, su ejecución deberá contar con la dirección de un técnico titulado competente.

Si, en el curso de la ejecución de la instalación, la Empresa Instaladora considerase que el Proyecto o Memoria Técnica de Diseño no se ajusta a lo establecido en el Reglamento, deberá, por escrito, poner tal circunstancia en conocimiento del autor de dicho Proyecto o Memoria, y del propietario. Si no hubiera acuerdo entre las partes, se someterá la cuestión al Órgano competente de la Comunidad Autónoma, para que esta resuelva en el más breve plazo posible.

5.2. Al término de la ejecución de la instalación, **la empresa instaladora realizará las verificaciones** que resulten oportunas, en función de las características de aquella, según se especifica en la **ITC-BT-05** y en su caso todas las que determine la dirección de obra.

5.3. Asimismo, las instalaciones que se especifican en la **ITC-BT-05** deberán ser objeto de la correspondiente **Inspección Inicial por Organismo de Control.**

5.4. Finalizadas las obras y realizadas las verificaciones e inspección inicial a que se refieren los puntos anteriores, **la empresa instaladora deberá emitir un Certificado de Instalación,** según modelo establecido por la Administración, que deberá comprender, al menos, lo siguiente:

a) los datos referentes a las principales características de la instalación;

b) la potencia prevista de la instalación;

c) en su caso, la referencia del certificado del Organismo de Control que hubiera realizado la inspección inicial;

d) identificación de la empresa instaladora responsable de la instalación;

e) declaración expresa de que la instalación ha sido ejecutada de acuerdo con las prescripciones del Reglamento Electrotécnico para Baja Tensión y, en su caso, con las especificaciones particulares aprobadas a la Compañía eléctrica, así como, según corresponda, con el Proyecto o la Memoria Técnica de Diseño.

5.5. Antes de la puesta en servicio de las instalaciones, la empresa instaladora deberá presentar ante el Órgano competente de la Comunidad Autónoma, al objeto de su inscripción en el correspondiente registro, el **Certificado de Instalación** con su correspondiente anexo de información al usuario, por quintuplicado, al que se acompañará, según el caso, el Proyecto o la Memoria Técnica de Diseño, así como el certificado de Dirección de Obra firmado por el correspondiente técnico titulado competente, y el certificado de inspección inicial del Organismo de Control, si procede.

El Órgano competente de la Comunidad Autónoma deberá diligenciar las copias del Certificado de Instalación, devolviendo cuatro a la empresa instaladora, dos para sí y las otras dos para la propiedad, a fin de que esta pueda, a su vez, quedarse con una copia y entregar la otra a la Compañía eléctrica, requisito sin el cual esta no podrá suministrar energía a la instalación, salvo lo indicado en el Artículo 18.3 del Reglamento Electrotécnico para Baja Tensión.

Si la documentación técnica indicada se presentase por medios electrónicos, solo será necesaria la presentación de una única copia del certificado de instalación eléctrica en lugar de cinco. En este caso, la administración enviará dicho certificado diligenciado por medios electrónicos a la empresa instaladora, quien deberá entregar una copia (también electrónica) del documento al titular de la instalación y conservar otra para su archivo.

GUÍA-BT-04

En el esquema siguiente se indica cómo el instalador autorizado debe distribuir las cuatro copias de la documentación de la instalación que recibe de la Comunidad autónoma una vez diligenciadas. De las cinco copias iniciales la Comunidad autónoma mantiene una para su propio archivo y registro.

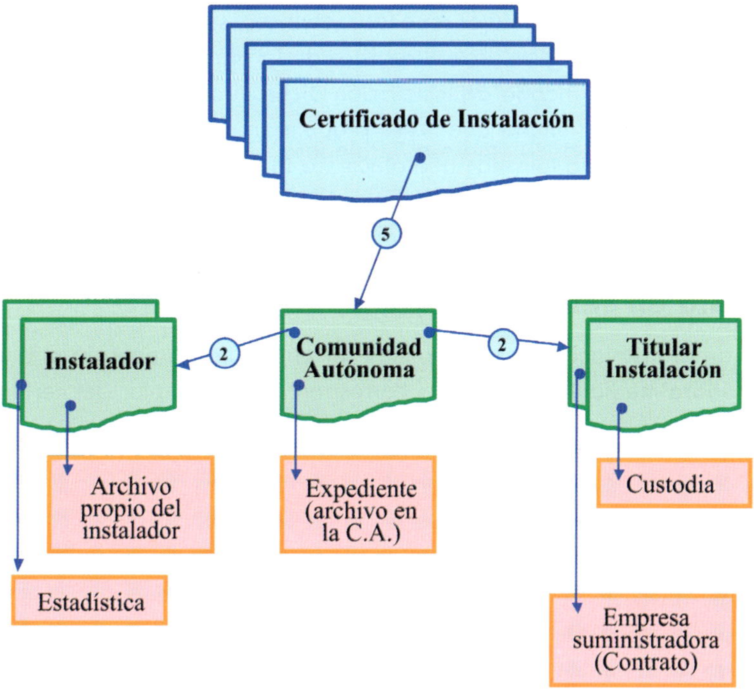

De las dos copias diligenciadas por la C.A. para el Instalador, una de ellas está prevista para la asociación profesional correspondiente, con el objeto de que sirva para la elaboración de estadísticas. Estas asociaciones pueden facilitar tales estadísticas a la C.A.

MATERIAL WEB

Dentro del **MATERIAL WEB** elaborado para este Reglamento se pueden encontrar los **modelos del certificado de Instalación por Comunidad Autónoma.**

5.6. Instalaciones temporales en ferias, exposiciones y similares.

Cuando en este tipo de eventos exista para toda la instalación de la feria o exposición una Dirección de Obra común, podrán agruparse todas las documentaciones de las instalaciones parciales de alimentación a los distintos *stands* o elementos de la feria, exposición, etc., y presentarse de una sola vez ante el Órgano competente de la Comunidad Autónoma, bajo una certificación de instalación global firmada por el responsable técnico de la Dirección mencionada.

Cuando se trate de montajes repetidos idénticos, se podrá prescindir de la documentación de diseño, tras el registro de la primera instalación, haciendo constar en el certificado de instalación dicha circunstancia, que será válida durante un año, siempre que no se produjeran modificaciones significativas, entendiendo como tales las que afecten a la potencia prevista, tensiones de servicio y utilización y a los elementos de protección contra contactos directos e indirectos y contra sobreintensidades.

6. Puesta en servicio de las instalaciones

El titular de la instalación deberá solicitar el suministro de energía a la Empresa suministradora mediante entrega del correspondiente ejemplar del certificado de instalación.

La Empresa suministradora podrá realizar, a su cargo, las verificaciones que considere oportunas, en lo que se refiere al cumplimiento de las prescripciones del presente Reglamento.

Cuando los valores obtenidos en la indicada verificación sean inferiores o superiores a los señalados respectivamente para el aislamiento y corrientes de fuga en la **ITC-BT-19,** las Empresas suministradoras no podrán conectar a sus redes las instalaciones receptoras.

En esos casos, deberán extender un Acta, en la que conste el resultado de las comprobaciones, la cual deberá ser firmada igualmente por el titular de la instalación, dándose por enterado. Dicha acta, en el plazo más breve posible, se pondrá en conocimiento del Órgano competente de la Comunidad Autónoma, quien determinará lo que proceda.

ITC-BT-05

VERIFICACIONES E INSPECCIONES

Índice

1 Objeto 154

2 Agentes intervinientes 154

3 Verificaciones previas a la puesta en servicio 154

4 Inspecciones 156

4.1. Inspecciones iniciales 156
4.2. Inspecciones periódicas 156

5 Procedimiento 156

6 Clasificación de defectos 158

6.1. Defecto muy grave 158
6.2. Defecto grave 159
6.3. Defecto leve 160

1. Objeto

La presente Instrucción tiene por objeto desarrollar las previsiones de los artículos 18 y 20 del Reglamento Electrotécnico para Baja Tensión, en relación con las verificaciones previas a la puesta en servicio e inspecciones de las instalaciones eléctricas incluidas en su campo de aplicación.

2. Agentes intervinientes

2.1. Las verificaciones previas a la puesta en servicio de las instalaciones deberán ser realizadas por las empresas instaladoras que las ejecuten.

2.2. De acuerdo con lo indicado en el artículo 20 del Reglamento, sin perjuicio de las atribuciones que, en cualquier caso, ostenta la Administración Pública, los agentes que lleven a cabo las inspecciones de las instalaciones eléctricas de Baja Tensión deberán tener la condición de Organismos de Control, según lo establecido en el Real Decreto 2.200/1995, de 28 de diciembre, acreditados para este campo reglamentario.

3. Verificaciones previas a la puesta en servicio

Las instalaciones eléctricas en baja tensión deberán ser verificadas, previamente a su puesta en servicio y según corresponda en función de sus características, siguiendo la metodología de la norma **UNE 20460-6-61** (esta norma ha sido anulada y sustituida por UNE-HD 60364-5-52).

GUÍA-BT-05

La verificación de las instalaciones eléctricas previa a su puesta en servicio comprende dos fases:

1.ª fase: verificación por examen (no requiere efectuar medidas).

2.ª fase: verificación con equipos de medida específicos.

1. Verificación por examen

Debe preceder a los ensayos y medidas, y normalmente se efectuará para el conjunto de la instalación estando esta sin tensión. Su objetivo es comprobar si el material eléctrico utilizado:

- Cumple con las prescripciones establecidas en el proyecto o memoria técnica de diseño.

- Ha sido instalado correctamente conforme a las prescripciones del Reglamento y del fabricante del material.
- No presenta ningún daño visible que pueda afectar a la seguridad.

Este tipo de verificación debe tener en cuenta los siguientes aspectos:

- La existencia de medidas de protección contra los choques eléctricos por contacto de partes bajo tensión o contactos directos.
- La existencia de medidas de protección contra choques eléctricos derivados del fallo de aislamiento de las partes activas de la instalación, es decir, contactos indirectos.
- La existencia y calibrado de los dispositivos de protección y señalización.
- La presencia de barreras cortafuegos y otras disposiciones que impidan la propagación del fuego, así como protecciones contra efectos térmicos.
- La utilización de materiales y medidas de protección apropiadas a las influencias externas.
- La existencia y disponibilidad de esquemas, advertencias e informaciones similares.
- La identificación de circuitos, fusibles, interruptores, bornes, etc.
- La correcta ejecución de las conexiones de los conductores.
- La accesibilidad para comodidad de funcionamiento y mantenimiento.

2. Verificaciones mediante medidas o ensayos

Las verificaciones descritas en la **ITC-BT-19** e **ITC-BT-18** son las siguientes:

- Medida de continuidad de los conductores de protección.
- Medida de la resistencia de puesta a tierra.
- Medida de la resistencia de aislamiento de los conductores.
- Medida de la resistencia de aislamiento de suelos y paredes, cuando se utilice este sistema de protección.
- Medida de la rigidez dieléctrica.

Se realizarán una o varias de las medidas indicadas a continuación según el sistema de protección utilizado:

- Medida de las corrientes de fuga.
- Comprobación de la intensidad de disparo de los diferenciales.
- Medida de la impedancia de bucle.
- Comprobación de la secuencia de fases.

4. Inspecciones

Las instalaciones eléctricas en baja tensión de especial relevancia que se citan a continuación deberán ser objeto de inspección por un Organismo de Control, a fin de asegurar, en la medida de lo posible, el cumplimiento reglamentario a lo largo de la vida de dichas instalaciones.

Las inspecciones podrán ser:

- Iniciales: antes de la puesta en servicio de las instalaciones.
- Periódicas.

4.1. Inspecciones iniciales

Serán objeto de inspección, una vez ejecutadas las instalaciones, sus ampliaciones o modificaciones de importancia y previamente a ser documentadas ante el Órgano competente de la Comunidad Autónoma, las siguientes instalaciones:

a) Instalaciones industriales que precisen proyecto, con una potencia instalada superior a **100 kW**.

b) Locales de Pública Concurrencia.

c) Locales con riesgo de incendio o explosión, de **clase I,** excepto aparcamientos o estacionamientos de menos de **25 plazas.**

d) Locales mojados con potencia instalada superior a **25 kW**.

e) Piscinas con potencia instalada superior a **10 kW**.

f) Quirófanos y salas de intervención.

g) Instalaciones de alumbrado exterior con potencia instalada superior **5 kW**.

h) Instalaciones de las estaciones de recarga para el vehículo eléctrico, que requieran la elaboración de proyecto para su ejecución.

4.2. Inspecciones periódicas

Serán objeto de inspecciones periódicas:

Cada 5 años: todas las instalaciones eléctricas en baja tensión que precisaron inspección inicial, según el punto 4.1 anterior.

Cada 10 años: las comunes de edificios de **viviendas** de potencia total instalada superior a **100 kW**.

5. Procedimiento

5.1. Los Organismos de Control realizarán la inspección de las instalaciones sobre la base de las prescripciones que establezca el Reglamento de aplicación y, en su caso, de lo especificado en la documentación técnica, aplicando los criterios para la clasificación de defectos que se relacionan en el apartado siguiente. La empresa instaladora, si lo estima conveniente, podrá asistir a la realización de estas inspecciones.

5.2. Como resultado de la inspección, el Organismo de Control emitirá un Certificado de Inspección, en el cual figurarán los datos de identificación de la instalación y la posible relación de defectos, con su clasificación, y la calificación de la instalación, que podrá ser:

5.2.1. Favorable: cuando no se determine la existencia de ningún defecto muy grave o grave. En este caso, los posibles defectos leves se anotarán para constancia del titular, con la indicación de que deberá poner los medios para subsanarlos antes de la próxima inspección; Asimismo, podrán servir de base a efectos estadísticos y de control del buen hacer de las empresas instaladoras.

5.2.2. Condicionada: cuando se detecte la existencia de, al menos, un defecto grave o defecto leve procedente de otra inspección anterior que no se haya corregido. En este caso:

a) Las instalaciones nuevas que sean objeto de esta calificación no podrán ser suministradas de energía eléctrica en tanto no se hayan corregido los defectos indicados y puedan obtener la calificación de favorable.

b) A las instalaciones ya en servicio se les fijará un plazo para proceder a su corrección, que no podrá superar los 6 meses. Transcurrido dicho plazo sin haberse subsanado los defectos, el Organismo de Control deberá remitir el Certificado con la calificación negativa al Órgano competente de la Comunidad Autónoma.

5.2.3. Negativa: cuando se observe, al menos, un defecto muy grave. En este caso:

a) Las nuevas instalaciones no podrán entrar en servicio, en tanto no se hayan corregido los defectos indicados y puedan obtener la calificación de favorable.

b) A las instalaciones ya en servicio se les emitirá Certificado negativo, que se remitirá inmediatamente al Órgano competente de la Comunidad Autónoma.

GUÍA-BT-05

A continuación se incluye un esquema del procedimiento de inspección,

Metodología de Inspección

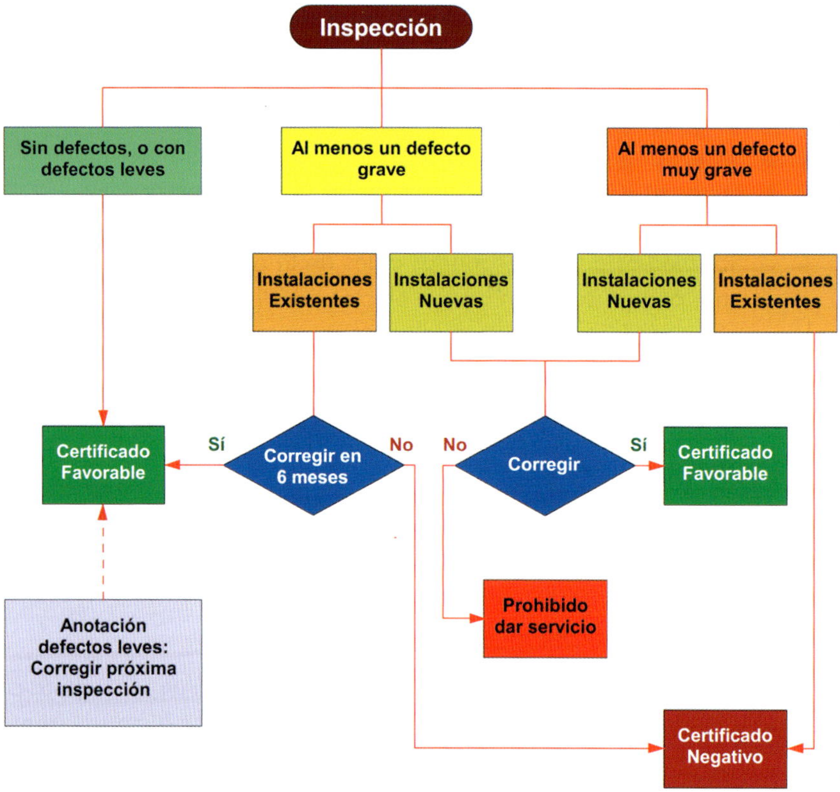

6. Clasificación de defectos

Los defectos en las instalaciones se clasificarán en defectos muy graves, defectos graves y defectos leves.

6.1. Defecto muy grave

Es todo aquel que la razón o la experiencia determina que constituye un peligro inmediato para la seguridad de las personas o los bienes.

Se consideran tales los incumplimientos de las medidas de seguridad que pueden provocar el desencadenamiento de los peligros que se pretenden evitar con tales medidas, en relación con:

- Contactos directos, en cualquier tipo de instalación.
- Locales de pública concurrencia.
- Locales con riesgo de incendio o explosión.
- Locales de características especiales.
- Instalaciones con fines especiales.
- Quirófanos y salas de intervención.

6.2. Defecto grave

Es el que no supone un peligro inmediato para la seguridad de las personas o de los bienes, pero puede serlo al originarse un fallo en la instalación. También se incluye dentro de esta clasificación el defecto que pueda reducir de modo sustancial la capacidad de utilización de la instalación eléctrica.

Dentro de este grupo y con carácter no exhaustivo, se consideran los siguientes defectos graves:

- Falta de conexiones equipotenciales, cuando estas fueran requeridas.
- Inexistencia de medidas adecuadas de seguridad contra contactos indirectos.
- Falta de aislamiento de la instalación.
- Falta de protección adecuada contra cortocircuitos y sobrecargas en los conductores, en función de la intensidad máxima admisible en los mismos, de acuerdo con sus características y condiciones de instalación.
- Falta de continuidad de los conductores de protección.
- Valores elevados de resistencia de tierra en relación con las medidas de seguridad adoptadas.
- Defectos en la conexión de los conductores de protección a las masas, cuando estas conexiones fueran preceptivas.
- Sección insuficiente de los conductores de protección.
- Existencia de partes o puntos de la instalación cuya defectuosa ejecución pudiera ser origen de averías o daños.
- Naturaleza o características no adecuadas de los conductores utilizados.
- Falta de sección de los conductores, en relación con las caídas de tensión admisibles para las cargas previstas.

- Falta de identificación de los conductores «neutro» y «de protección».
- Empleo de materiales, aparatos o receptores que no se ajusten a las especificaciones vigentes.
- Ampliaciones o modificaciones de una instalación que no se hubieran tramitado según lo establecido en la **ITC-BT-04.**
- Carencia del número de circuitos mínimos estipulados.
- La sucesiva reiteración o acumulación de defectos leves.

6.3. Defecto leve

Es todo aquel que no supone peligro para las personas o los bienes, no perturba el funcionamiento de la instalación y en el que la desviación respecto de lo reglamentado no tiene valor significativo para el uso efectivo o el funcionamiento de la instalación.

ANOTACIONES

ITC-BT-06

REDES AÉREAS PARA DISTRIBUCIÓN EN BAJA TENSIÓN

Índice

1 Materiales 162

1.1. Conductores 162
1.2. Aisladores 162
1.3. Accesorios de sujeción 163
1.4. Apoyos 163
1.5. Tirantes y tornapuntas 163

2 Cálculo mecánico 163

2.1. Acciones a considerar en el cálculo 163
2.2. Conductores 164
2.3. Apoyos 165

3 Ejecución de las instalaciones 166

3.1. Instalación de conductores aislados 166
3.2. Instalación de conductores desnudos 167
3.3. Empalmes y conexiones de conductores. Condiciones mecánicas y eléctricas de los mismos 171
3.4. Sección mínima del conductor neutro 171
3.5. Identificación del conductor neutro 171
3.6. Continuidad del conductor neutro 172
3.7. Puesta a tierra del neutro 172
3.8. Instalación de apoyos 172
3.9. Condiciones generales para cruzamientos y paralelismos 173

4 Intensidades máximas admisibles por los conductores 180

4.1. Generalidades 180
4.2. Cables formados por conductores aislados con polietileno reticulado (XLPE), en haz, a espiral visible 180
4.3. Conductores desnudos de cobre y aluminio 183
4.4. Otros cables u otros sistemas de instalación 184

1. Materiales

1.1. Conductores

Los conductores utilizados en las redes aéreas serán de cobre, aluminio o de otros materiales o aleaciones que posean características eléctricas y mecánicas adecuadas y serán preferentemente aislados.

1.1.1. Conductores aislados

Los conductores aislados serán de **tensión asignada no inferior a 0,6/1 kV**, tendrán un recubrimiento tal que garantice una buena resistencia a las acciones de la intemperie y deberán satisfacer las exigencias especificadas en la norma **UNE 21030.**

La **sección mínima** permitida en los conductores de **aluminio será de 16 mm²**, y en los de **cobre de 10 mm²**. La sección mínima correspondiente a otros materiales será la que garantice una resistencia mecánica y conductividad eléctrica no inferiores a las que le corresponden a los de cobre anteriormente indicados.

1.1.2. Conductores desnudos

Los conductores desnudos serán resistentes a las acciones de la intemperie y su **carga de rotura mínima** a la tracción será de **410 daN** debiendo satisfacer las exigencias especificadas en las normas **UNE 21012** (anulada y sustituida por UNE 207015) o **UNE 21018** según que los conductores sean de cobre o de aluminio.

Se considerarán como conductores desnudos aquellos conductores aislados para una tensión nominal inferior a **0,6/1 kV**.

Su utilización tendrá carácter especial debidamente justificado, excluyendo el caso de zonas de arbolado o con peligro de incendio.

1.2. Aisladores

Los aisladores serán de porcelana, vidrio o de otros materiales aislantes equivalentes que resistan las acciones de la intemperie, especialmente las variaciones de temperatura y la corrosión, debiendo ofrecer la misma resistencia a los esfuerzos mecánicos y poseer el nivel de aislamiento de los aisladores de porcelana o vidrio.

La fijación de los aisladores a sus soportes se efectuará mediante roscado o cementación a base de sustancias que no ataquen ninguna de las partes, y que no sufran variaciones de volumen que puedan afectar a los propios aisladores o a la seguridad de su fijación.

1.3. Accesorios de sujeción

Los accesorios que se empleen en las redes aéreas deberán estar debidamente protegidos contra la corrosión y envejecimiento, y resistirán los esfuerzos mecánicos a que puedan estar sometidos, con un coeficiente de seguridad no inferior al que corresponda al dispositivo de anclaje donde estén instalados.

1.4. Apoyos

Los apoyos podrán ser metálicos, de hormigón, madera o de cualquier otro material que cuente con la debida autorización de la Autoridad competente, y se dimensionarán de acuerdo con las hipótesis de cálculo indicadas en el apartado 2.3 de la presente instrucción. Deberán presentar una resistencia elevada a las acciones de la intemperie, y en el caso de no presentarla por sí mismos deberán recibir los tratamientos adecuados para tal fin.

1.5. Tirantes y tornapuntas

Los tirantes estarán constituidos por varillas o cables metálicos, debidamente protegidos contra la corrosión, y tendrán una **carga de rotura mínima de** 1.400 daN.

Los tornapuntas podrán ser metálicos, de hormigón, madera o cualquier otro material capaz de soportar los esfuerzos a que estén sometidos, debiendo estar debidamente protegidos contra las acciones de la intemperie.

Deberá restringirse el empleo de tirantes y tornapuntas.

2. Cálculo mecánico

2.1. Acciones a considerar en el cálculo

El cálculo mecánico de los elementos constituyentes de la red, cualquiera que sea su naturaleza, se efectuará con los supuestos de acción de las cargas y sobrecargas que a continuación se indican, combinadas en la forma y condiciones que se fijan en los apartados siguientes:

Como cargas permanentes se considerarán las cargas verticales debidas al propio peso de los distintos elementos: conductores, aisladores, accesorios de sujeción y apoyos.

Se considerarán las **sobrecargas debidas a la presión del viento** siguientes:

- Sobre conductores: 50 daN/m^2.
- Sobre superficies planas: 100 daN/m^2.
- Sobre superficies cilíndricas de apoyos: 70 daN/m^2.

La acción del viento sobre los conductores no se tendrá en cuenta en aquellos lugares en que por la configuración del terreno, o la disposición de las edificaciones, actúe en el sentido longitudinal de la línea.

A los efectos de las **sobrecargas motivadas por el hielo** se clasificará el país en tres zonas:

- **Zona A:** la situada a **menos de 500 m de altitud** sobre el nivel del mar. No se tendrá en cuenta sobrecarga alguna motivada por el hielo.
- **Zona B:** la situada a una altitud comprendida **entre 500 y 1.000 m**. Los conductores desnudos se considerarán sometidos a la sobrecarga de un manguito de hielo de valor **180 $\sqrt{d}$ gramos por metro** lineal, siendo ***d*** el diámetro del conductor en mm. En los cables en haz la sobrecarga se considerará de **60 $\sqrt{d}$ gramos por metro lineal,** siendo d el diámetro del cable en haz en mm. A efectos de cálculo se considera como diámetro de un cable en haz **2,5 veces** el diámetro del conductor de fase.
- **Zona C:** la situada a una altitud **superior a 1.000 m**. Los conductores desnudos se considerarán sometidos a la sobrecarga de un manguito de hielo de valor **360 $\sqrt{d}$ gramos por metro lineal,** siendo *d* el diámetro del conductor en mm. En los cables en haz la sobrecarga se considerará de **120 $\sqrt{d}$ gramos por metro lineal,** siendo *d* el diámetro del cable en haz en mm. A efectos de cálculo se considera como diámetro de un cable en haz **2,5 veces** el diámetro del conductor de fase.

NOTA

Resumen sobrecarga causadas por el hielo ($d = 2,5\ d_{fase}$)

	Sobrecarga (g/m)	
Zona	**Cond. desnudos**	**Cond. haz**
A (h < 500 m)	0	0
B (500 < h > 1.000 m)	180 $\sqrt{d}$	60 $\sqrt{d}$
C (h > 1.000 m)	360 $\sqrt{d}$	120 $\sqrt{d}$

2.2. Conductores

2.2.1. Tracción máxima admisible

La tracción máxima admisible de los conductores **no será superior a su carga de rotura dividida por 2,5** considerándolos sometidos a la hipótesis más desfavorable de las siguientes:

Zona A:

a) Sometidos a la acción de su propio peso y a la sobrecarga del viento, a la temperatura de 15 °C.

b) Sometidos a la acción de su propio peso y a la sobrecarga del viento dividida por **3,** a la temperatura de 0 °C.

Zonas B y C:

a) Sometidos a la acción de su propio peso y a la sobrecarga del viento, a la temperatura de 15 °C.

b) Sometidos a la acción de su propio peso y a la sobrecarga de hielo correspondiente a la zona, a la temperatura de 0 °C.

2.2.2. Flecha máxima

Se adoptará como flecha máxima de los conductores el mayor valor resultante de la comparación entre las dos hipótesis correspondientes a la zona climatológica que se considere, y a una tercera hipótesis de temperatura (válida para las tres zonas), consistente en considerar los conductores sometidos a la acción de su propio peso y a la temperatura máxima previsible, teniendo en cuenta las condiciones climatológicas y las de servicio de la red. Esta temperatura no será inferior a 50 °C.

2.3. Apoyos

Para el cálculo mecánico de los apoyos se tendrán en cuenta las hipótesis indicadas en la **Tabla 1,** según la función del apoyo y de la zona.

Tabla 1. *Cargas para el cálculo mecánico de los apoyos.*

Función del apoyo	Zona A		Zonas B y C	
	Hipótesis de viento a la temperatura de 15 °C	Hipótesis de temperatura a 0 °C con 1/3 de viento	Hipótesis de viento a la temperatura de 15 °C	Hipótesis de hielo según zona y temperatura de 0 °C
Alineación	Cargas permanentes.	Cargas permanentes. Desequilibrio de tracciones.	Cargas permanentes.	Cargas permanentes. Desequilibrio de tracciones.
Ángulo	Cargas permanentes Resultante de ángulo.			
Estrellamiento	Cargas permanentes. 2/3 resultante.	Cargas permanentes. Total resultante.	Cargas permanentes. 2/3 resultante.	Cargas permanentes. Total resultante.
Fin de línea	Cargas permanentes. Tracción total de conductores.			

Cuando los vanos sean inferiores a **15 m**, las cargas permanentes tienen muy poca influencia, por lo que en general se puede prescindir de las mismas en el cálculo.

El coeficiente de seguridad a la rotura será distinto en función del material de los apoyos según la **Tabla 2.**

Tabla 2. *Coeficiente de seguridad a la rotura en función del material de los apoyos.*

Coeficiente de seguridad a la rotura	
Material del apoyo	**Coeficiente**
Metálico.	1,5
Hormigón armado vibrado.	2,5
Madera.	3,5
Otros materiales no metálicos.	2,5

Nota: En el caso de apoyos metálicos o de hormigón armado vibrado cuya resistencia mecánica se haya comprobado mediante ensayos en verdadera magnitud, los coeficientes de seguridad podrán reducirse a 1,45 y 2, respectivamente.

Cuando por razones climatológicas extraordinarias hayan de suponerse temperaturas o manguitos de hielo superiores a los indicados, será suficiente comprobar que los esfuerzos resultantes son inferiores al límite elástico.

3. Ejecución de las instalaciones

3.1. Instalación de conductores aislados

Los conductores dotados de envolventes aislantes, cuya tensión nominal sea inferior a **0,6/1 kV,** se considerarán, a efectos de su instalación, como conductores desnudos (apartado 3.2).

Los conductores aislados de tensión nominal 0,6/1 kV (UNE 21030) podrán instalarse como:

3.1.1. Cables posados

Directamente posados sobre fachadas o muros, mediante abrazaderas fijadas a los mismos y resistentes a las acciones de la intemperie. Los conductores se protegerán adecuadamente en aquellos lugares en que puedan sufrir deterioro mecánico de cualquier índole.

En los espacios vacíos (cables no posados en fachada o muro) los conductores tendrán la condición de tensados y se regirán por lo indicado en el apartado 3.1.2.

En general deberá respetarse una **altura mínima al suelo de 2,5 m**. Lógicamente, si se produce una circunstancia particular como la señalada en el párrafo anterior, la altura mínima deberá ser la señalada en los puntos 3.1.2 y 3.9 para cada caso en particular. En los recorridos por debajo de esta altura mínima al suelo (por ejemplo, para acometidas) deberán protegerse mediante elementos adecuados, conforme a lo indicado en el apartado 1.2.1 de la **ITC-BT-11,** evitándose que los conductores pasen por delante de cualquier abertura existente en las fachadas o muros.

En las proximidades de aberturas en fachadas deben respetarse las siguientes distancias mínimas:

- **Ventanas:** **0,30 metros** al borde superior de la abertura y **0,50 metros** al borde inferior y bordes laterales de la abertura.
- **Balcones:** **0,30 metros** al borde superior de la abertura y **1,00 metros** a los bordes laterales del balcón.

Se tendrán en cuenta la existencia de salientes o marquesinas que puedan facilitar el posado de los conductores, pudiendo admitir, en estos casos, una disminución de las distancias antes indicadas.

Asimismo se respetará una distancia mínima de **0,05 metros** a los elementos metálicos presentes en las fachadas, tales como escaleras, a no ser que el cable disponga de una protección conforme a lo indicado en el apartado 1.2.1 de la **ITC-BT-11.**

3.1.2. Cables tensados

Los cables con neutro fiador podrán ir tensados entre piezas especiales colocadas sobre apoyos, fachadas o muros, con una tensión mecánica adecuada, sin considerar a estos efectos el aislamiento como elemento resistente. Para el resto de los cables tensados se utilizarán cables fiadores de acero galvanizado, cuya **resistencia a la rotura** será, como **mínimo, de 800 daN**, y a los que se fijarán mediante abrazaderas u otros dispositivos apropiados los conductores aislados.

Distancia al suelo: 4 m, salvo lo especificado en el apartado 3.9 para cruzamientos.

3.2. Instalación de conductores desnudos

Los conductores desnudos irán fijados a los aisladores de forma que quede asegurada su posición correcta en el aislador y no ocasione un debilitamiento apreciable de la resistencia mecánica del mismo, ni produzcan efectos de corrosión.

La fijación de los conductores al aislador debe hacerse preferentemente, en la garganta lateral del mismo, por la parte próxima al apoyo, y en el caso de ángulos, de manera que el esfuerzo mecánico del conductor esté dirigido hacia el aislador.

Cuando se establezcan derivaciones, y salvo que se utilicen aisladores especialmente concebidos para ellas, deberá colocarse un solo conductor por aislador.

Cuando se trate de redes establecidas por **encima de edificaciones** o sobre **apoyos fijados a las fachadas,** el **coeficiente de seguridad** de la tracción máxima admisible de los conductores deberá ser **superior,** en un **25 %,** a los valores indicados en el apartado 2.2.1.

3.2.1. Distancia de los conductores desnudos al suelo y zonas de protección de las edificaciones

Los conductores desnudos mantendrán, en las condiciones más desfavorables, las siguientes distancias respecto al suelo y a las edificaciones:

Al suelo: 4 m, salvo lo especificado en el apartado 3.9 para cruzamientos.

En edificios no destinados al servicio de distribución de la energía:

Los conductores se instalarán fuera de una zona de protección, limitada por los planos que se señalan:

Sobre los tejados:

- Un plano paralelo al tejado, con una **distancia vertical de 1,80 m** del mismo, cuando se trate de conductores **no puestos a tierra.**
- Y de **1,50 m** cuando estén **puestos a tierra.**
- Asimismo para cualquier elemento que se encontrase instalado, o que se instale en el tejado, se respetarán las mismas distancias que las indicadas en la **Figura 1** para las chimeneas.
- Cuando la **inclinación** del tejado sea **superior a 45 grados** sexagesimales, el plano limitante de la zona de protección deberá considerarse a **1 metro** de separación entre ambos.

Sobre terrazas y balcones:

- Un plano paralelo al suelo de la terraza o balcón, y a una distancia del mismo de **3 m**.

En fachadas: la zona de protección queda limitada:

a) Por un plano vertical paralelo al muro de fachada sin aberturas, situado a **0,20 m** del mismo.

b) Por un plano vertical paralelo al muro de fachada a una distancia de **1 metro** de las ventanas, balcones, terrazas o cualquier otra abertura. Este plano vendrá, a su vez, limitado por los planos siguientes:

— Un plano horizontal situado a una distancia vertical de **0,30 m** de la parte superior de la abertura de que se trate.

— Dos planos verticales, uno a cada lado de la abertura, perpendicular a la fachada, y situados a **1 m** de distancia horizontal de los extremos de la abertura.

— Un plano horizontal situado a **3 m** por debajo de los antepechos de las aberturas.

Los límites de esta zona de protección se representan en la Figura 1:

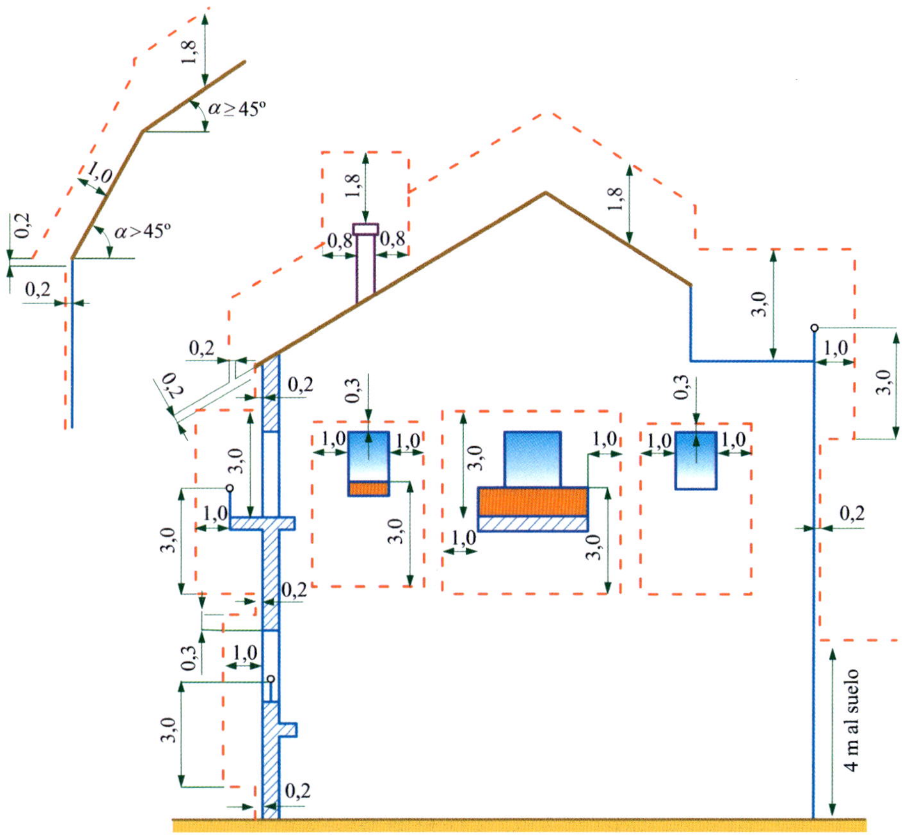

Figura 1. *Zona de protección en edificios para la instalación de líneas eléctricas de baja tensión con conductores desnudos.*

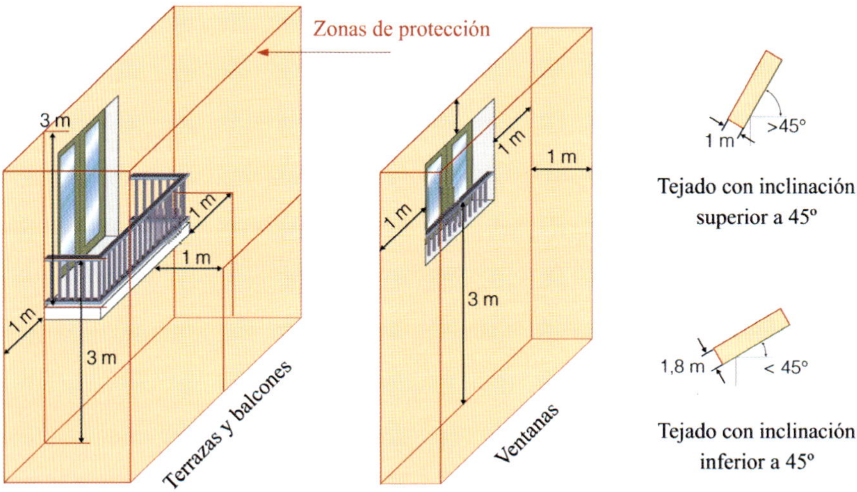

Figura A. *Detalle de zona de protección en balcones, ventanas y tejado.*

3.2.2. Separación mínima entre conductores desnudos y entre estos y los muros o paredes de edificaciones

Las distancias **(*D*)** entre conductores desnudos de polaridades diferentes serán, como mínimo, las siguientes:

- En vanos hasta 4 metros......... 0,10 m.
- En vanos de 4 a 6 metros....... 0,15 m.
- En vanos de 6 a 30 metros..... 0,20 m.
- En vanos de 30 a 50 metros... 0,30 m.

Para **vanos mayores de 50 m** se aplicará la fórmula $D = 0{,}55\sqrt{F}$, en la que ***F*** es la flecha máxima en metros.

En los **apoyos** en los que se establezcan **derivaciones,** la distancia entre cada uno de los conductores derivados y los conductores de polaridad diferente de la línea de donde aquellos se deriven podrá **disminuirse hasta** un **50 %** de los valores indicados anteriormente, con un **mínimo** de **0,10 m**.

Los **conductores** colocados sobre apoyos **sujetos a fachadas** de edificios estarán distanciados de estas **0,20 m** como mínimo. Esta separación deberá aumentarse en función de los vanos, de forma que nunca pueda sobrepasarse la zona de protección señalada en el capítulo anterior, ni en el caso de los más fuertes vientos.

3.3. Empalmes y conexiones de conductores. Condiciones mecánicas y eléctricas de los mismos

Los empalmes y conexiones de conductores se realizarán **utilizando piezas metálicas apropiadas,** resistentes a la corrosión, y que aseguren un contacto eléctrico eficaz, de modo que en ellos la elevación de temperatura no sea superior a la de los conductores.

Los empalmes deberán soportar sin rotura ni deslizamiento del conductor el **90 %** de su **carga de rotura. No es admisible realizar empalmes por soldadura o por torsión directa de los conductores.**

En los empalmes y conexiones de conductores aislados, o de estos con conductores desnudos, se utilizarán accesorios adecuados, resistentes a la acción de la intemperie y se colocarán de tal forma que eviten la penetración de la humedad en los conductores aislados.

Las derivaciones se conectarán en las proximidades de los soportes de línea, y no originarán tracción mecánica sobre la misma.

Con conductores de distinta naturaleza, se tomarán todas las precauciones necesarias para obviar los inconvenientes que se derivan de sus características especiales, evitando la corrosión electrolítica mediante piezas adecuadas.

3.4. Sección mínima del conductor neutro

Dependiendo del número de conductores con que se haga la distribución la sección mínima del conductor neutro será:

a) **Con dos o tres conductores: igual** a la de los conductores de **fase.**

b) **Con cuatro conductores: mitad** de la sección de los conductores de **fase,** con un **mínimo de:**

   — **10 mm^2 para cobre.**

   — **16 mm^2 para aluminio.**

En caso de utilizar conductor neutro de aleaciones de aluminio (por ejemplo, Almelec), la sección a considerar será la equivalente, teniendo en cuenta las conductividades de los diferentes materiales.

3.5. Identificación del conductor neutro

El conductor neutro deberá estar identificado por un sistema adecuado. En las líneas de conductores desnudos se admite que no lleve identificación alguna cuando este conductor tenga distinta sección o cuando esté claramente diferenciado por su posición.

3.6. Continuidad del conductor neutro

El conductor neutro no podrá ser interrumpido en las redes de distribución, salvo que esta **interrupción** sea realizada **con alguno de los dispositivos siguientes:**

a) Interruptores o seccionadores omnipolares que actúen sobre el neutro y las fases al mismo tiempo (corte omnipolar simultáneo), o que conecten el neutro antes que las fases y desconecten estas antes que el neutro.

b) Uniones amovibles en el neutro próximas a los interruptores o seccionadores de los conductores de fase, debidamente señalizadas, y que solo puedan ser maniobradas mediante herramientas adecuadas, **no debiendo, en este caso, ser seccionado el neutro sin que lo estén previamente las fases, ni conectadas estas sin haberlo sido previamente el neutro.**

3.7. Puesta a tierra del neutro

El conductor neutro de las líneas aéreas de redes de distribución de las compañías eléctricas **se conectará a tierra en el centro de transformación o central generadora de alimentación,** en la forma prevista en *el Reglamento sobre Condiciones Técnicas y Garantías de Seguridad en Centrales Eléctricas, Subestaciones y Centros de Transformación.*

Además, en los **esquemas** de distribución tipo **TT** y **TN** *(esquemas en ITC-BT-08),* el conductor **neutro** deberá estar puesto **a tierra** en otros puntos, y como **mínimo** una vez **cada 500 m** de longitud de línea. Para efectuar esta puesta a tierra se elegirán, con preferencia, los puntos de donde partan las derivaciones importantes.

Cuando, en los mencionados esquemas de distribución tipo, la puesta a tierra del neutro se efectúe en un apoyo de madera, los soportes metálicos de los aisladores correspondientes a los conductores de fase en este apoyo estarán unidos al conductor neutro.

En las redes de distribución privadas, con origen en centrales de generación propia para las que se prevea la puesta a tierra del neutro, se seguirá lo especificado anteriormente para las redes de distribución de las compañías eléctricas.

3.8. Instalación de apoyos

Los apoyos estarán consolidados por fundaciones adecuadas o bien directamente empotrados en el terreno, asegurando su estabilidad frente a las solicitaciones actuantes y a la naturaleza del suelo. En su instalación deberá observarse:

1. **Los postes de hormigón** se colocarán en cimentaciones monolíticas de hormigón.
2. **Los apoyos metálicos** serán cimentados en macizos de hormigón o mediante otros procedimientos avalados por la técnica (pernos, etc.). La cimentación deberá construirse de forma tal que facilite el deslizamiento del agua, y cubra, cuando existan, las cabezas de los pernos.
3. **Los postes de madera** se colocarán directamente retacados en el suelo, y no se empotrarán en macizos de hormigón. Se podrán fijar a bases metálicas o de hormigón por medio de elementos de unión apropiados que permitan su fácil sustitución, quedando el poste separado del suelo **0,15 m**, como mínimo.

3.9. Condiciones generales para cruzamientos y paralelismos

Las líneas eléctricas aéreas deberán cumplir las condiciones señaladas en los apartados 3.9.1 y 3.9.2 de la presente Instrucción.

3.9.1. Cruzamientos

Las líneas deberán presentar, en lo que se refiere a los vanos de cruce con las vías e instalaciones que se señalan, las condiciones que para cada caso se indican.

3.9.1.1. *Con líneas eléctricas aéreas de alta tensión*

De acuerdo con lo dispuesto en el Reglamento de Líneas Eléctricas Aéreas de Alta Tensión, la línea de baja tensión deberá **cruzar por debajo de la línea de alta tensión.**

La mínima distancia vertical «*d*» entre los conductores de ambas líneas, en las condiciones más desfavorables, no deberá ser inferior, en metros, a:

$$d \geq 1{,}5 + \frac{U + L1 + L2}{100}$$

U = Tensión nominal, en kV, de la línea de alta tensión.

L1 = Longitud, en metros, entre el punto de cruce y el apoyo más próximo de la línea de alta tensión.

L2 = Longitud, en metros, entre el punto de cruce y el apoyo más próximo de la línea de baja tensión.

Cuando la resultante de los esfuerzos del conductor en alguno de los apoyos de cruce de baja tensión tenga componente vertical ascendente, se tomarán las debidas precauciones para que no se desprendan los conductores, aisladores o accesorios de sujeción.

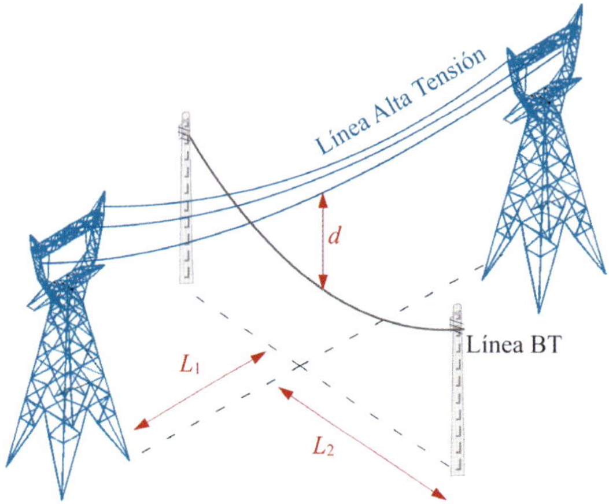

Podrán realizarse cruces sin que la línea de alta tensión reúna ninguna condición especial cuando la línea de baja tensión esté protegida en el cruce por un haz de cables de acero, situado entre los conductores de ambas líneas, con la suficiente resistencia mecánica para soportar la caída de los conductores de la línea de alta tensión, en el caso de que estos se rompieran o desprendieran. Los cables de protección serán de acero galvanizado, y estarán puestos a tierra.

En caso de que por **circunstancias** singulares sea necesario que la **línea de baja tensión cruce por encima de la de alta tensión,** será preciso recabar **autorización expresa del Organismo competente de la Administración,** debiendo tener presentes, para realizar estos cruzamientos, todas las precauciones y criterios expuestos en el citado Reglamento de Líneas Eléctricas Aéreas de Alta Tensión.

3.9.1.2. *Con otras líneas eléctricas aéreas de baja tensión*

Cuando alguna de las **líneas** sea de **conductores desnudos,** establecidas en apoyos diferentes, la distancia entre los conductores más próximos de las dos líneas será **superior a 0,50 m**, y si el cruzamiento se realiza en apoyo común esta distancia será la señalada en el punto 3.2.2 para los apoyos de derivación.

Cuando las dos **líneas** sean **aisladas, podrán estar en contacto.**

3.9.1.3. *Con líneas aéreas de telecomunicación*

Las **líneas** de baja tensión, con **conductores desnudos,** deberán **cruzar por encima de las de telecomunicación.**

Excepcionalmente podrán cruzar por debajo, debiendo adoptarse en este caso una de las soluciones siguientes:

- Colocación entre las líneas de un dispositivo de protección formado por un haz de cables de acero, situado entre los conductores de ambas líneas, con la suficiente resistencia mecánica para soportar la caída de los conductores de la línea de telecomunicación en el caso de que se rompieran o desprendieran. Los cables de protección serán de acero galvanizado, y estarán puestos a tierra.
- Empleo de conductores aislados para **0,6/1 kV** en el vano de cruce para líneas de baja tensión.
- Empleo de conductores aislados para **0,6/1 kV** en el vano de cruce para la línea de telecomunicación.

Cuando el **cruce** se efectúe en **distintos apoyos,** la **distancia mínima** entre los conductores desnudos de las líneas de baja tensión y los de las líneas de telecomunicación será de **1 m**.

Si el **cruce** se efectúa sobre **apoyos comunes,** dicha distancia podrá reducirse a **0,50 m**.

3.9.1.4. *Con carreteras y ferrocarriles sin electrificar*

Los conductores tendrán una **carga de rotura** no inferior a **420 daN**, admitiéndose en el caso de acometidas con **conductores aislados** que se reduzca dicho valor hasta **280 daN**.

La **altura mínima** del conductor más bajo, en las condiciones de flecha más desfavorables, será **de 6 m**.

Los conductores no presentarán ningún empalme en el vano de cruce, admitiéndose, durante la explotación, y por causa de reparación de la avería, la existencia de un empalme por vano.

3.9.1.5. *Con ferrocarriles electrificados, tranvías y trolebuses*

La **altura mínima** de los conductores sobre los cables o hilos sustentadores o conductores de la línea de contacto será de **2 m***.

Además, en el caso de ferrocarriles, tranvías o trolebuses provistos de trole, o de otros elementos de toma de corriente que puedan, accidentalmente, separarse de la

* Nos indica que la altura de los conductores de la línea sobre cualquier elemento del ferrocarril, tranvía o trolebús será mayor a 2 m.

línea de contacto, los conductores de la línea eléctrica deberán estar situados a una altura tal que, al desconectarse el elemento de toma de corriente, no alcance, en la posición más desfavorable que pueda adoptar, una separación inferior a **0,30 m** con los conductores de la línea de baja tensión.

3.9.1.6. *Con teleféricos y cables transportadores*

Cuando la **línea** de baja tensión pase **por encima,** la **distancia mínima** entre los conductores y cualquier elemento de la instalación del teleférico será **de 2 m**.

Cuando la **línea** aérea de baja tensión pase **por debajo,** esta **distancia** no será inferior a **3 m**. Los **apoyos** adyacentes del teleférico correspondiente al cruce con la línea de baja tensión se pondrán **a tierra.**

3.9.1.7. *Con ríos y canales navegables o flotables*

La altura mínima de los conductores sobre la superficie del agua para el máximo nivel que puede alcanzar será de: ***H* = *G* + 1 m,** donde ***G*** es el gálibo.

En el caso de que no exista gálibo definido se considerará este igual a 6 metros.

3.9.1.8. *Con antenas receptoras de radio y televisión*

Los **conductores** de la línea de baja tensión, cuando sean **desnudos,** deberán presentar, como mínimo, una **distancia** igual a **1 m** con respecto a la antena en sí, a sus tirantes y a sus conductores de bajada, cuando estos no estén fijados a las paredes de manera que eviten el posible contacto con la línea de baja tensión.

Queda prohibida la utilización de los apoyos de sustentación de líneas de baja tensión para la fijación sobre los mismos de las antenas de radio o televisión, así como de los tirantes de las mismas.

3.9.1.9. *Con canalizaciones de agua y gas*

La **distancia** mínima entre **cables** de energía eléctrica y **canalizaciones de agua o gas** será de **0,20 m**.

Se **evitará el cruce por la vertical** de las **juntas** de las canalizaciones de agua o gas, o de los **empalmes** de la canalización eléctrica, situando unas y otros a una **distancia superior a 1 m del cruce.**

Para **líneas aéreas desnudas** la distancia mínima será **1 m**.

3.9.2. Proximidades y paralelismos

3.9.2.1. *Con líneas eléctricas aéreas de alta tensión*

Se cumplirá lo dispuesto en el Reglamento de Líneas Eléctricas Aéreas de Alta Tensión, para **evitar la construcción de líneas paralelas con las de alta tensión a distancias inferiores a 1,5 veces la altura del apoyo** más alto entre las trazas de los conductores más próximos.

Se exceptúa de la prescripción anterior las líneas de acceso a centrales generadoras, estaciones transformadoras y centros de transformación. En estos casos se aplicará lo prescrito en los reglamentos aplicables a instalaciones de alta tensión.

No obstante, en **paralelismos** con **líneas** de tensión igual o **inferior a 66 kV** no deberá existir una separación inferior a **2 m** entre los conductores contiguos de las líneas paralelas, y de **3 m** para **tensiones superiores.**

Las líneas eléctricas de baja tensión podrán ir en los mismos apoyos que las de alta tensión cuando se cumplan las condiciones siguientes:

- Los conductores de la línea de alta tensión tendrán una carga de rotura mínima de 480 daN, e irán colocados por encima de los de baja tensión.
- La distancia entre los conductores más próximos de las dos líneas será, por lo menos, igual a la separación de los conductores de la línea de alta tensión.
- En los apoyos comunes, deberá colocarse una indicación, situada entre las líneas de baja y alta tensión, que advierta al personal que ha de realizar trabajos en baja tensión de los peligros que supone la presencia de una línea de alta tensión en la parte superior.
- El aislamiento de la línea de baja tensión no será inferior al correspondiente de puesta a tierra de la línea de alta tensión.

3.9.2.2. *Con otras líneas de baja tensión o de telecomunicación*

Cuando **ambas líneas** sean de **conductores aislados,** la distancia mínima será de **0,10 m**.

Cuando cualquiera de las líneas sea de **conductores desnudos,** la distancia mínima será de **1 m**.

Si **ambas líneas** van sobre los **mismos apoyos,** la distancia mínima podrá reducirse a **0,50 m**. El nivel de aislamiento de la línea de telecomunicación será, al menos, igual al de la línea de baja tensión; de otra forma se considerará como línea de conductores desnudos.

Cuando el paralelismo sea entre líneas desnudas de baja tensión, las distancias mínimas son las establecidas en el apartado 3.2.2.

3.9.2.3. *Con calles y carreteras*

Las líneas aéreas con **conductores desnudos** podrán establecerse próximas a estas vías públicas, debiendo en su instalación mantener la distancia mínima de **6 m**, cuando vuelen junto a las mismas en zonas o espacios de posible circulación rodada, y de **5 m en los demás casos.**

Cuando se trate de **conductores aislados,** esta distancia podrá reducirse a **4 m** cuando no vuelen junto a zonas o espacios de posible circulación rodada.

3.9.2.4. *Con ferrocarriles electrificados, tranvías y trolebuses*

La **distancia horizontal** de los conductores a la instalación de la línea de contacto será de **1,5 m**, como mínimo.

3.9.2.5. *Con zonas de arbolado*

Se utilizarán preferentemente cables aislados en haz; cuando la línea sea de conductores desnudos, deberán tomarse las medidas necesarias para que el árbol y sus ramas no lleguen a hacer contacto con dicha línea.

3.9.2.6. *Con canalizaciones de agua*

La **distancia mínima** entre los cables de energía eléctrica y las canalizaciones de agua será de **0,20 m**.

La distancia mínima **entre los empalmes** de los cables de energía eléctrica o entre los cables desnudos y las **juntas de las canalizaciones de agua** será de **1 m**.

Se deberá mantener una **distancia mínima de 0,20 m en proyección horizontal,** y se procurará que la canalización de agua quede por debajo del nivel del cable eléctrico.

Por otro lado, las arterias principales de agua se dispondrán de forma que se aseguren distancias superiores a **1 m** respecto a los cables eléctricos de baja tensión.

3.9.2.7. *Con canalizaciones de gas*

La **distancia mínima** entre los cables de energía eléctrica y las canalizaciones de gas será de **0,20 m**, excepto para **canalizaciones de gas de alta presión** (más de 4 bar), en que la distancia será de **0,40 m**.

La distancia mínima **entre los empalmes** de los cables de energía eléctrica o entre los cables desnudos y las **juntas de las canalizaciones de gas** será de **1 m**.

Se procurará mantener una **distancia mínima de 0,20 m en proyección horizontal.**

Por otro lado, las arterias importantes de gas se dispondrán de forma que se aseguren distancias superiores a **1 m** respecto a los cables eléctricos de baja tensión.

NOTA

	Distancias	
Tipo de instalación	**Cruzamiento**	**Paralelismo**
Líneas aéreas AT	$D > 1,5 + (U + L1 + L2) / 100$	$D \geq 1,5\ H$ (H = altura soporte)
Líneas aéreas BT	Mismo apoyo: depende del vano	Ambas aisladas: $D \geq 0,10$ m
	Apoyos diferentes: $D \geq 0,5$ m	Ambas sin aislar: $D \geq 1$ m
		Mismo apoyo: $D \geq 0,5$ m
Líneas de telecomunicaciones	Mismo apoyo: $D \geq 0,5$ m	Ambas aisladas: $D \geq 0,10$ m
	Apoyos diferentes: $D \geq 1$ m	Ambas sin aislar: $D \geq 1$ m
		Mismo apoyo: $D \geq 0,5$ m
Carreteras (altura de línea)	Conductor más bajo ≥ 6 m	Conductores desnudos: ≥ 6 m
		Conductores aislados: ≥ 4 m
Ferrocarriles sin electrificar	Conductor más bajo ≥ 6 m	
Ferrocarriles electrificados	Altura sobre línea de contacto ≥ 2 m	Distancia horizontal ≥ 1,5 m
Teleféricos	Línea BT por encima: $D \geq 2$ m	
	Línea BT por debajo: $D \geq 3$ m	
Ríos navegables (altura de línea)	$H = G + 1$ m (G = gálibo)	
Antenas radio y TV	$D \geq 1$ m	
Canalizaciones de agua	Conductores desnudos: ≥ 1 m	Conductores desnudos: ≥ 1 m
	Conductores aislados: ≥ 0,2 m	Conductores aislados: ≥ 0,2 m
Canalizaciones de gas	Conductores desnudos: ≥ 1 m	Conductores desnudos: ≥ 1 m
	Conductores aislados: ≥ 0,2 m	Conductores aislados: ≥ 0,2 m
Canalizaciones de gas alta presión		Conductores aislados: ≥ 0,4 m

4. Intensidades máximas admisibles por los conductores

4.1. Generalidades

Las intensidades máximas admisibles que figuran en los siguientes apartados de esta Instrucción se aplican a los cables aislados de tensión asignada de **0,6/1 kV** y a los conductores desnudos utilizados en redes aéreas.

4.2. Cables formados por conductores aislados con polietileno reticulado (XLPE), en haz, a espiral visible

Satisfarán las exigencias especificadas en **UNE 21030.**

4.2.1. Intensidades máximas admisibles

En las Tablas 3, 4 y 5 figuran las intensidades máximas admisibles en régimen permanente, para algunos de estos tipos de cables, utilizados en condiciones normales de instalación.

Se definen como condiciones normales de instalación las correspondientes a un solo cable, instalado al aire libre, y a una temperatura ambiente de **40 °C**.

Para condiciones de instalación diferentes u otras variables a tener en cuenta, se aplicarán los factores de corrección definidos en el apartado 4.2.2.

4.2.1.1. *Cables con neutro fiador de aleación de Aluminio-Magnesio-Silicio (Almelec) para instalaciones de cables tensados*

Tabla 3. *Intensidad máxima admisible en amperios a temperatura ambiente de 40 °C.*

Cables con neutro fiador de aleación de ALUMINIO-Magnesio-Silicio	
Número de conductores por sección (mm²)	Intensidad máxima (A)
1 × 25 Al/54,6 Alm	110
1 × 50 Al/54,6 Alm	165
3 × 25 Al/54,6 Alm	100
3 × 50 Al/54,6 Alm	150
3 × 95 Al/54,6 Alm	230
3 × 150 Al/80 Alm	305

4.2.1.2. *Cables sin neutro fiador para instalaciones de cables posados, o tensados con fiador de acero*

Tabla 4. *Intensidad máxima admisible en amperios a temperatura ambiente de 40 °C.*

Cables de ALUMINIO sin neutro fiador		
Número de conductores por sección (mm^2)	Intensidad máxima (A)	
	Posada sobre fachadas	Tendida con fiador de acero
2 × 16 Al	73	81
2 × 25 Al	101	109
4 × 16 Al	67	72
4 × 25 Al	90	97
4 × 50 Al	133	144
3 × 95/50 Al	207	223
3 × 150/95 Al	277	301

Tabla 5. *Intensidad máxima admisible en amperios a una temperatura ambiente de 40 °C.*

Cables de COBRE sin neutro fiador		
Número de conductores por sección mm^2	Intensidad máxima (A)	
	Posada en fachada	Tendida con fiador
2 × 10 Cu	77	85
4 × 10 Cu	65	72
4 × 16 Cu	86	95

4.2.2. Factores de corrección

4.2.2.1. *Instalación expuesta directamente al sol*

En zonas en las que la radiación solar es muy fuerte, se deberá tener en cuenta el calentamiento de la superficie de los cables con relación a la temperatura ambiente, por lo que en estos casos se aplica un **factor de corrección 0,9 o inferior,** tal como recomiendan las normas de la serie **UNE 20435** (anulada y sustituida por UNE 211435).

4.2.2.2. *Factores de corrección por agrupación de varios cables*

En la **Tabla 6** figuran los factores de corrección de la intensidad máxima admisible, en caso de agrupación de varios cables en haz al aire. Estos factores se aplican a cables separados entre sí, una distancia comprendida entre un diámetro y un cuarto de diámetro en tendidos horizontales con cables en el mismo plano vertical **(1/4 *D* > *L* < *D*).**

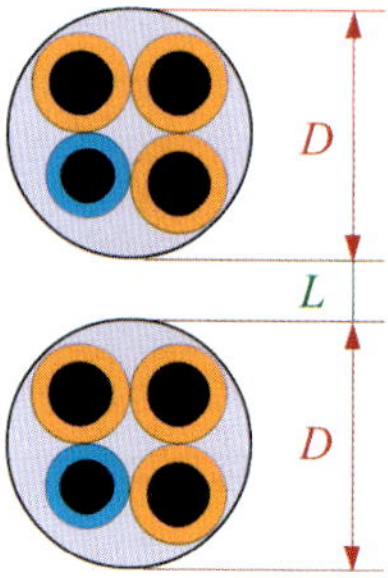

Para otras separaciones o agrupaciones consúltese la norma **UNE 21144 -2-2.**

A efectos de cálculo se considera como diámetro de un cable en haz 2,5 veces el diámetro del conductor de fase.

Tabla 6. *Factores de corrección de la intensidad máxima admisible en caso de agrupación de cables aislados en haz, instalados al aire.*

Factores de corrección en función del número de cables				
Número de cables	**1**	**2**	**3**	**Más de 3**
Factor de corrección	1,00	0,89	0,80	0,75

4.2.2.3. *Factores de corrección en función de la temperatura ambiente*

En la Tabla 7 figuran los factores de corrección para temperaturas diferentes a 40 °C.

Tabla 7. *Factores de corrección de la intensidad máxima admisible para cables aislados en haz, en función de la temperatura ambiente.*

Factores de corrección en función de la temperatura ambiente							
Temperatura °C	**20**	**25**	**30**	**35**	**40**	**45**	**50**
Aislados con polietileno reticulado	1,18	1,14	1,10	1,05	1,00	0,95	0,90

4.2.3. Intensidades máximas de cortocircuito admisibles en los conductores de los cables

En las Tablas 8 y 9 se indican las intensidades de cortocircuito admisibles, en función de los diferentes tiempos de duración del cortocircuito.

Tabla 8. *Intensidad máxima de cortocircuito en kA para conductores de aluminio.*

Intensidad máxima de cortocircuito en kA para conductores de ALUMINIO									
Sección del conductor mm²	Duración del cortocircuito (s)								
	0,1	0,2	0,3	0,5	1,0	1,5	2,0	2,5	3,0
16	4,7	3,2	2,7	2,1	1,4	1,2	1,0	0,9	0,8
25	7,3	5,0	4,2	3,3	2,3	1,9	1,6	1,4	1,3
50	14,7	10,1	8,5	6,6	4,6	3,8	3,3	2,9	2,7
95	27,9	19,2	16,1	12,5	8,8	7,2	6,2	5,6	5,1
150	44,1	30,4	25,5	19,8	13,9	11,4	9,9	8,8	8,1

Tabla 9. *Intensidad máxima de cortocircuito en kA para conductores de cobre.*

Intensidad máxima de cortocircuito en kA para conductores de COBRE									
Sección del conductor mm²	Duración del cortocircuito (s)								
	0,1	0,2	0,3	0,5	1,0	1,5	2,0	2,5	3,0
10	4,81	3,29	2,70	2,11	1,52	1,26	1,11	1,00	0,92
16	7,34	5,23	4,29	3,35	2,40	1,99	1,74	1,57	1,44

4.3. Conductores desnudos de cobre y aluminio

Las intensidades máximas admisibles en régimen permanente serán las obtenidas por aplicación de la Tabla 10.

Tabla 10. *Densidad de corriente en A/mm² para conductores desnudos al aire.*

Sección nominal mm²	Densidad de corriente (A/mm²)		Intensidad máxima admisible (A)	
	Cobre	Aluminio	Cobre	Aluminio
10	8,75	–	88	–
16	7,60	6,00	122	96
25	6,35	5,00	159	125
35	5,75	4,55	201	159
50	5,10	4,00	255	200
70	4,50	3,55	315	249
95	4,05	3,20	385	304
120	–	2,90	–	348
150	–	2,70	–	405

Nota: A la Tabla 10 se le han añadido dos columnas más en relación con la que aparece en el REBT, donde se indican además las intensidades máximas admisibles para cada caso.

4.4. Otros cables u otros sistemas de instalación

Para cualquier otro tipo de cable o composiciones u otro sistema de instalación no contemplado en esta Instrucción, así como para cables que no figuran en las tablas anteriores, deberán consultarse las normas de la serie **UNE 20435 (sustituida actualmente por la UNE 211435)**, o calcularse según la norma **UNE 21144.**

NOTA

En la Tabla 11 se pueden consultar las intensidades admisibles para redes de distribución tipo **RZ de 0.6/1 kV** aisladas con XLPE según norma **UNE 211435** (la nueva norma de referencia para circuitos de distribución).

Esta norma ha anulado y sustituido a la anterior **UNE 20435,** por lo que la Tabla 11 contiene los valores a aplicar. Hemos creído oportuno no eliminar el resto de tablas que figuran en esta Instrucción técnica por contener detalles sobre coeficientes de corrección que no aparecen en la **UNE 211435** para redes aéreas de distribución y por ser reciente el cambio de la norma.

Tabla 11. *Cables aéreos de distribución tipo RZ de 0,6/1 kV. Temperatura del aire ambiente. 40 °C. Radiación solar: 1kW/m.*

Intensidad máxima admisible en (A). Aislamiento de XLPE. Cables en triángulo en contacto				
Sección en mm²	Tres conductores cargados		Dos conductores cargados	
Aluminio	Protegidos del sol	Expuestos al sol	Protegidos del sol	Expuestos al sol
16	64	56	78	72
25	90	76	105	95
50	135	115	160	145
95	215	185	–	–
150	300	250	–	–
Cobre				
2,5	–	–	32	31
6	35	31	42	40
4	45	39	54	52
10	62	54	76	70
16	84	72	100	94

Los factores de corrección de las Tablas 6 y 7 se pueden considerar válidos para las dos opciones (UNE 211435 o REBT y antigua UNE 20435). En lo que se refiere a la corrección por temperatura ambiente (Tabla 7), los valores son coincidentes en ambas normas. La nueva UNE 211435 no tiene tabla específica de coeficientes de corrección por agrupamiento de cables trenzados RZ, por lo que se puede aplicar la Tabla 6.

ITC-BT-07

REDES SUBTERRÁNEAS PARA DISTRIBUCIÓN EN BAJA TENSIÓN

Índice

1 **Cables** 186

2 **Ejecución de las instalaciones** 187

2.1. Instalación de cables aislados 187
2.2. Condiciones generales para cruzamiento, proximidades y paralelismo 192
2.3. Puesta a tierra y continuidad del neutro 197

3 **Intensidades máximas admisibles (Criterio de la nueva norma UNE 211435)** 198

3.1. Intensidades máximas permanentes en los conductores de los cables 198
3.2. Intensidades de cortocircuito admisibles en los conductores 208
3.3. Otros cables o sistemas de instalación 209

1. Cables

Los conductores de los cables utilizados en las líneas subterráneas serán de cobre o de aluminio y estarán aislados con mezclas apropiadas de compuestos poliméricos. Estarán además debidamente protegidos contra la corrosión que pueda provocar el terreno donde se instalen y tendrán la resistencia mecánica suficiente para soportar los esfuerzos a que puedan estar sometidos.

Los cables podrán ser de uno o más conductores y de **tensión asignada no inferior a 0,6/1 kV**, y deberán cumplir los requisitos especificados en la parte correspondiente de la norma **UNE-HD 603.** La sección de estos conductores será la adecuada a las intensidades y caídas de tensión previstas y, en todo caso, esta **sección no será inferior a:**

- **6 mm²** para conductores de cobre.
- **16 mm²** para los de aluminio.

Dependiendo del número de conductores con que se haga la distribución, la **sección mínima** del conductor **neutro** será:

a) Con dos o tres conductores: igual a la de los conductores de fase.

b) Con cuatro conductores, la sección del neutro será como mínimo la de la Tabla 1.

Tabla 1. *Sección mínima del conductor neutro en función del número de conductores.*

Conductores fase (mm^2)	Sección neutro (mm^2)
6 (Cu)	6
10 (Cu)	10
16 (Cu)	10
16 (Al)	16
25	16
35	16
50	25
70	35
95	50
120	70
150	70
185	95
240	120
300	150
400	185

2. Ejecución de las instalaciones

2.1. Instalación de cables aislados

Las canalizaciones se dispondrán, en general, por terrenos de dominio público, y en zonas perfectamente delimitadas, preferentemente bajo las aceras. El trazado será lo más rectilíneo posible y a poder ser paralelo a referencias fijas como líneas en fachada y bordillos. Asimismo, deberán tenerse en cuenta los radios de curvatura mínimos, fijados por los fabricantes (o en su defecto los indicados en las normas de la serie **UNE 20435** (anulada y sustituida por UNE 211435), a respetar en los cambios de dirección.

En la etapa de proyecto se deberá consultar con las empresas de servicio público y con los posibles propietarios de servicios para conocer la posición de sus instalaciones en la zona afectada. Una vez conocida, antes de proceder a la apertura de las zanjas, se abrirán calas de reconocimiento para confirmar o rectificar el trazado previsto en el proyecto.

Los cables aislados podrán instalarse de cualquiera de las maneras indicada a continuación:

2.1.1. Directamente enterrados

La **profundidad,** hasta la parte inferior del cable, no será menor de:

- **0,60 m en acera,** ni de
- **0,80 m en calzada.**

Cuando existan impedimentos que no permitan lograr las mencionadas profundidades, estas podrán reducirse, disponiendo protecciones mecánicas suficientes, tales como las establecidas en el apartado 2.1.2. Por el contrario, deberán aumentarse cuando las condiciones que se establecen en el apartado 2.2 de la presente instrucción así lo exijan.

Para conseguir que el cable quede correctamente instalado sin haber recibido daño alguno, y que ofrezca seguridad frente a excavaciones hechas por terceros, en la instalación de los cables se seguirán las instrucciones descritas a continuación:

- El lecho de la zanja que va a recibir el cable será liso y estará libre de aristas vivas, cantos, piedras, etc.
- En el mismo se dispondrá una **capa de arena** de mina o de río lavada, de **espesor mínimo 0,05 m** sobre la que se colocará el cable.
- **Por encima del cable** irá otra capa de **arena** o tierra cribada de unos **0,10 m de espesor.**

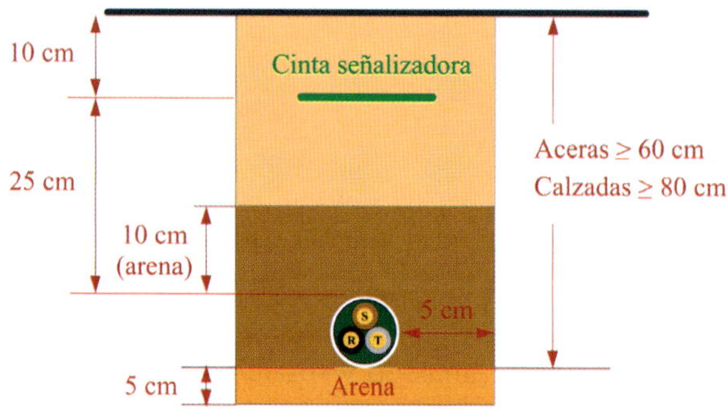

- Ambas capas cubrirán la anchura total de la zanja, la cual será suficiente para **mantener 0,05 m entre los cables y las paredes laterales.**
- Por encima de la arena todos los cables deberán tener una **protección mecánica** como, por ejemplo, losetas de hormigón, placas protectoras de plástico, ladrillos o rasillas colocadas transversalmente. Podrá admitirse el empleo de otras protecciones mecánicas equivalentes.
- Se colocará también una **cinta de señalización** que advierta de la existencia del cable eléctrico de baja tensión. Su **distancia** mínima al **suelo** será de **0,10 m**, y a la **parte superior del cable** de **0,25 m**.
- Se admitirá también la colocación de placas con la doble misión de protección mecánica y de señalización.

2.1.2. En canalizaciones entubadas

Serán conformes con las especificaciones del apartado 1.2.4 de la **ITC-BT-21. No se instalará más de un circuito por tubo.**

- Se evitarán, en lo posible, los cambios de dirección de los tubos.
- En los puntos donde se produzcan y para facilitar la manipulación de los cables, se dispondrán arquetas con tapa, registrables o no.
- Para facilitar el tendido de los cables, en los tramos rectos se instalarán **arquetas intermedias,** registrables, ciegas o simplemente calas de tiro, como máximo **cada 40 m**. Esta distancia podrá variarse de forma razonable, en función de derivaciones, cruces u otros condicionantes viarios.
- A la entrada en las arquetas, los tubos deberán quedar debidamente sellados en sus extremos para evitar la entrada de roedores.

2.1.3. En galerías

Se consideran dos tipos de galería, la galería visitable, de dimensiones interiores suficientes para la circulación de personas, y la galería registrable, o zanja prefabricada, en la que no está prevista la circulación de personas y donde las tapas de registro precisan medios mecánicos para su manipulación.

Las galerías serán de hormigón armado o de otros materiales de rigidez, estanqueidad y duración equivalentes. Se dimensionarán para soportar la carga de tierras y pavimentos situados por encima y las cargas del tráfico que correspondan.

2.1.3.1. *Galerías visitables*

Limitación de servicios existentes

Las galerías visitables se usarán, preferentemente, para instalaciones eléctricas de potencia, cables de control y telecomunicaciones. **En ningún caso podrán coexistir en la misma galería instalaciones eléctricas e instalaciones de gas.**

Tampoco es recomendable que existan canalizaciones de agua aunque, en aquellos casos en que sea necesario, las canalizaciones de agua se situarán a un nivel inferior que el resto de las instalaciones, siendo condición indispensable que la galería tenga un desagüe situado por encima de la cota del alcantarillado, o de la canalización de saneamiento en que evacua.

Condiciones generales

Las galerías visitables dispondrán de **pasillos de circulación de 0,90 m de anchura mínima y 2 m de altura mínima,** debiéndose justificar las excepciones. En los puntos singulares, entronques, pasos especiales, accesos de personal, etc., se estudiarán tanto el correcto paso de las canalizaciones como la seguridad de circulación de las personas.

Los accesos a la galería deben quedar cerrados de forma que se impida la entrada de personas ajenas al servicio, pero que permita la salida de las que estén en su interior. Deberán disponerse accesos en las zonas extremas de las galerías.

La **ventilación** de las galerías será suficiente para asegurar que el **aire se renueve 6 veces por hora,** para evitar acumulaciones de gas y condensaciones de humedad, y contribuir a que la temperatura máxima de la galería sea compatible con los servicios que contenga. **Esta temperatura no sobrepasará los 40 °C**.

Los suelos de las galerías serán antideslizantes y deberán tener la pendiente adecuada y un sistema de drenaje eficaz, que evite la formación de charcos.

Las empresas utilizadoras tomarán las disposiciones oportunas para evitar la presencia de roedores en las galerías.

Disposición e identificación de los cables

Es aconsejable disponer los cables de distintos servicios y de distintos propietarios sobre soportes diferentes y mantener entre ellos unas distancias que permitan su correcta instalación y mantenimiento. Dentro de un mismo servicio debe procurarse agruparlos por tensiones (por ejemplo, en uno de los laterales se instalarán los cables de baja tensión, control, señalización, etc., reservando el otro para los cables de alta tensión).

Los cables se dispondrán de forma que su trazado sea recto y procurando conservar su posición relativa con los demás. Las entradas y salidas de los cables en las galerías se harán de forma que no dificulten ni el mantenimiento de los cables existentes ni la instalación de nuevos cables.

Una vez instalados, todos los cables deberán quedar debidamente señalizados e identificados. En la identificación figurará, también, la empresa a quién pertenecen.

Sujeción de los cables

Los cables deberán estar fijados a las paredes o a estructuras de la galería mediante elementos de sujeción (regletas, ménsulas, bandejas, bridas, etc.) para evitar que los esfuerzos electrodinámicos que pueden presentarse durante la explotación de las redes de baja tensión puedan moverlos o deformarlos.

Estos esfuerzos, en las condiciones más desfavorables previsibles, servirán para dimensionar la resistencia de los elementos de sujeción, así como su separación.

En el caso de cables unipolares agrupados en mazo, los mayores esfuerzos electrodinámicos aparecen entre fases de una misma línea, como fuerza de repulsión de una fase respecto a las otras. En este caso pueden complementarse las sujeciones de los cables con otras que mantengan unido el mazo.

Equipotencialidad de masas metálicas accesibles

Todos los elementos metálicos para sujeción de los cables (bandejas, soportes, bridas, etc.) u otros elementos metálicos accesibles a las personas que transitan por las galerías (pavimentos, barandillas, estructuras o tuberías metálicas, etc.) se **conectarán** eléctricamente **al conductor de tierra** de la galería.

Galerías de longitud superior a 400 m

Las galerías de longitud superior a **400 m**, además de las disposiciones anteriores, dispondrán de:

a) Iluminación fija en su interior.

b) Instalaciones fijas de detección de gases tóxicos, con una sensibilidad mínima de **300 ppm**.

c) Indicadores luminosos que regulen el acceso en las entradas.

d) Accesos de personas cada **400 m**, como máximo.

e) Alumbrado de señalización interior para informar de las salidas y referencias exteriores.

f) Tabiques de sectorización contra incendios **(RF120)** según CTE-DB-SI.

g) Puertas cortafuegos **(RF 90)** según CTE-DB-SI.

2.1.3.2. *Galerías o zanjas registrables*

- En tales galerías se admite la instalación de cables eléctricos de alta tensión, de baja tensión y de alumbrado, control y comunicación.
- **No se admite la existencia de canalizaciones de gas.**
- Solo se admite la existencia de canalizaciones de agua, si se puede asegurar que, en caso de fuga, el agua no afecte a los demás servicios (por ejemplo, en un diseño de doble cuerpo, en el que en un cuerpo se dispone una canalización de agua y tubos hormigonados para cables de comunicación, y en el otro cuerpo, estanco respecto al anterior cuando tiene colocada la tapa registrable, se disponen los cables de baja tensión, de alta tensión, de alumbrado público, semáforos, control y comunicación).

Las **condiciones de seguridad** más destacables que deben cumplir este tipo de instalación son:

- **estanqueidad de los cierres,** y
- **buena renovación de aire** en el cuerpo ocupado por los cables eléctricos, para evitar acumulaciones de gas y condensación de humedades, y mejorar la disipación de calor.

2.1.4. En atarjeas o canales registrables

En ciertas ubicaciones con acceso restringido a personas adiestradas, como puede ser, en el interior de industrias o de recintos destinados exclusivamente a contener instalaciones eléctricas, podrán utilizarse canales de obra con tapas (que normalmente enrasan con el nivel del suelo) manipulables a mano.

Es aconsejable separar los cables de distintas tensiones (aprovechando el fondo y las dos paredes). Incluso, puede ser preferible utilizar canales distintos.

El canal debe permitir la renovación del aire. Sin embargo, si hay canalizaciones de gas cercanas al canal, existe el riesgo de explosión ocasionado por eventuales fugas de gas que lleguen al canal. En cualquier caso, el proyectista debe estudiar las características particulares del entorno y justificar la solución adoptada.

2.1.5. En bandejas, soportes, palomillas o directamente sujetos a la pared

Normalmente, este tipo de instalación **solo** se empleará **en subestaciones u otras instalaciones eléctricas y en la parte interior de edificios, no sometida a la intemperie,** y en donde el **acceso quede restringido al personal autorizado.** Cuando las zonas por las que discurra el cable sean accesibles a personas o vehículos, deberán disponerse protecciones mecánicas que dificulten su accesibilidad.

2.1.6. Circuitos con cables en paralelo

Cuando la intensidad a transportar sea superior a la admisible por un solo conductor, se podrá instalar más de un conductor por fase, según los siguientes criterios:

- Emplear conductores del mismo material, sección y longitud.
- Los cables se agruparán en ternas dispuestas al tresbolillo, en uno o varios niveles:

Tres ternas en un nivel

Tres ternas apiladas en tres niveles

2.2. Condiciones generales para cruzamiento, proximidades y paralelismo

Los cables subterráneos, cuando estén enterrados directamente en el terreno, deberán cumplir, además de los requisitos reseñados en el presente punto, las condiciones que pudieran imponer otros Organismos Competentes, como consecuencia de disposiciones legales, cuando sus instalaciones fueran afectadas por tendidos de cables subterráneos de baja tensión.

Los requisitos señalados en este punto no serán de aplicación a cables dispuestos en galerías, en canales, en bandejas, en soportes, en palomillas o directamente sujetos a la pared. En estos casos, la disposición de los cables se hará a criterio de la empresa que los explote; sin embargo, para establecer las intensidades admisibles en dichos cables, se deberán aplicar los factores de corrección definidos en el apartado 3.

Para cruzar zonas en las que no sea posible o suponga graves inconvenientes y dificultades la apertura de zanjas (cruces de ferrocarriles, carreteras con gran densidad de circulación, etc.), pueden utilizarse máquinas perforadoras «topo» de tipo impacto, hincadora de tuberías o taladradora de barrena; en estos casos se prescindirá del diseño de zanja descrito anteriormente puesto que se utiliza el proceso de perforación que se considere más adecuado. Su instalación precisa zonas amplias despejadas a ambos lados del obstáculo a atravesar para la ubicación de la maquinaria.

2.2.1. Cruzamientos

A continuación se fijan, para cada uno de los casos indicados, las condiciones a que deben responder los cruzamientos de cables subterráneos de baja tensión directamente enterrados.

Calles y carreteras

Los cables se colocarán en el interior de tubos protectores conforme con lo establecido en la **ITC-BT-21,** recubiertos de hormigón en toda su longitud a una **profundidad** mínima de **0,80 m.** Siempre que sea posible, el cruce se hará perpendicular al eje del vial.

Ferrocarriles

Los cables se colocarán en el interior de tubos protectores conforme con lo establecido en la **ITC-BT-21,** recubiertos de hormigón y, siempre que sea posible, perpendiculares a la vía, y a una **profundidad** mínima de **1,3 m** respecto a la cara inferior de la traviesa. Dichos tubos rebasarán las vías férreas en **1,5 m** por cada extremo.

Otros cables de energía eléctrica

Siempre que sea posible, se procurará que los cables de baja tensión discurran por encima de los de alta tensión.

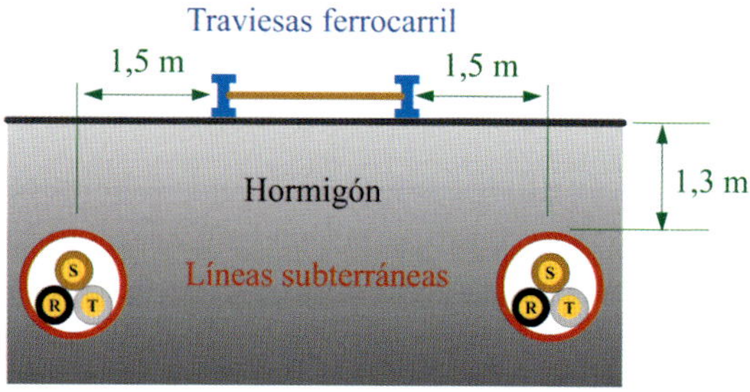

La **distancia** mínima entre un cable de baja tensión y **otros cables** de energía eléctrica será:

- **0,25 m** con cables de **alta tensión** y
- **0,10 m** con cables de **baja tensión.**

La distancia del punto de **cruce a los empalmes** será superior a **1 m**.

Cuando no puedan respetarse estas distancias en los cables directamente enterrados, el cable instalado más recientemente se dispondrá en canalización entubada según lo prescrito en el apartado 2.1.2.

Cables de telecomunicación

La **separación mínima** entre los cables de energía eléctrica y los de telecomunicación será de **0,20 m**.

La distancia del punto de cruce a los **empalmes,** tanto del cable de energía como del cable de telecomunicación, será superior a **1 m**.

Cuando no puedan respetarse estas distancias en los cables directamente enterrados, el cable instalado más recientemente se dispondrá en canalización entubada según lo prescrito en el apartado 2.1.2.

Estas restricciones no se deben aplicar a los cables de fibra óptica con cubiertas dieléctricas. Todo tipo de protección en la cubierta del cable debe ser aislante.

Canalizaciones de agua y gas

Siempre que sea posible, los cables se instalarán por encima de las canalizaciones de agua.

La **distancia mínima** entre cables de energía eléctrica y canalizaciones de agua o gas será de **0,20 m**.

Se evitará el cruce por la vertical de las juntas de las canalizaciones de agua o gas, o de los **empalmes** de la canalización eléctrica, situando unas y otros a una distancia superior a **1 m del cruce.**

Cuando no puedan respetarse estas distancias en los cables directamente enterrados, el cable instalado más recientemente se dispondrá en canalización entubada según lo prescrito en el apartado 2.1.2.

Conducciones de alcantarillado

Se procurará pasar los cables por encima de las conducciones de alcantarillado. No se admitirá incidir en su interior. Se admitirá incidir en su pared (por ejemplo, instalando tubos), siempre que se asegure que esta no ha quedado debilitada. Si no es posible, se pasará por debajo, y los cables se dispondrán en canalizaciones entubadas según lo prescrito en el apartado 2.1.2.

Depósitos de carburante

Los cables se dispondrán en canalizaciones entubadas según lo prescrito en el apartado 2.1.2 y **distarán,** como mínimo, **0,20 m del depósito.**

Los extremos de los tubos **rebasarán** al depósito, como mínimo, **1,5 m** por cada extremo.

2.2.2. Proximidades y paralelismos

Los cables subterráneos de baja tensión directamente enterrados deberán cumplir las condiciones y distancias de proximidad que se indican a continuación, procurando evitar que queden en el mismo plano vertical que las demás conducciones.

Otros cables de energía eléctrica

Los cables de baja tensión podrán instalarse paralelamente a otros de baja o alta tensión, manteniendo entre ellos una distancia mínima de:

- **0,10 m** con los cables de **baja tensión** y
- **0,25 m** con los cables de **alta tensión.**

Cuando no puedan respetarse estas distancias en los cables directamente enterrados, el cable instalado más recientemente se dispondrá en canalización entubada según lo prescrito en el apartado 2.1.2.

En el caso de que un mismo propietario canalice a la vez varios cables de baja tensión, podrá instalarlos a menor distancia, incluso en contacto.

Cables de telecomunicación

La **distancia mínima** entre los cables de energía eléctrica y los de telecomunicación será de **0,20 m**. Cuando no puedan respetarse estas distancias en los cables directamente enterrados, el cable instalado más recientemente se dispondrá en canalización entubada según lo prescrito en el apartado 2.1.2.

Canalizaciones de agua

La **distancia mínima** entre los cables de energía eléctrica y las canalizaciones de agua será de **0,20 m**.

La distancia mínima entre los **empalmes** de los cables de energía eléctrica y las juntas de las canalizaciones de agua será de **1 m**.

Cuando no puedan respetarse estas distancias en los cables directamente enterrados, el cable instalado más recientemente se dispondrá en canalización entubada según lo prescrito en el apartado 2.1.2.

Se procurará mantener una distancia mínima de **0,20 m en proyección horizontal,** y que la **canalización de agua** quede **por debajo** del nivel del cable eléctrico.

Por otro lado, las **arterias principales de agua** se dispondrán de forma que se aseguren distancias superiores a **1 m** respecto a los cables eléctricos de baja tensión.

Canalizaciones de gas

La **distancia mínima** entre los cables de energía eléctrica y las canalizaciones de gas será de **0,20 m**, excepto para canalizaciones de **gas de alta presión** (más de **4 bar**), en que la distancia será de **0,40 m**.

La distancia mínima entre los **empalmes** de los cables de energía eléctrica y las juntas de las canalizaciones de gas será de **1 m**.

Cuando no puedan respetarse estas distancias en los cables directamente enterrados, el cable instalado más recientemente se dispondrá en canalización entubada según lo prescrito en el apartado 2.1.2.

Se procurará mantener una distancia mínima de **0,20 m en proyección horizontal.**

Por otro lado, las **arterias importantes de gas** se dispondrán de forma que se aseguren distancias superiores a **1 m** respecto a los cables eléctricos de baja tensión.

2.2.3. Acometidas (conexiones de servicio)

En el caso de que el cruzamiento o paralelismo entre cables eléctricos y canalizaciones de los servicios descritos anteriormente se produzcan en el **tramo de acometida a un edificio** deberá mantenerse una distancia mínima de **0,20 m**.

Cuando no puedan respetarse estas distancias en los cables directamente enterrados, el cable instalado más recientemente se dispondrá en canalización entubada según lo prescrito en el apartado 2.1.2.

La canalización de la acometida eléctrica, en la entrada al edificio, deberá taponarse hasta conseguir una estanqueidad adecuada.

2.3. Puesta a tierra y continuidad del neutro

La puesta a tierra y continuidad del neutro se atendrá a lo establecido en los capítulos 3.6 y 3.7 de la **ITC-BT-06.**

NOTA

Resumen de distancias de cruzamiento y proximidad en redes subterráneas

	Distancias en metros	
Tipo de instalación	**Cruzamiento**	**Paralelismo**
Otros cables de energía.	AT ≥ 0,25 m BT ≥ 0,10 m	AT ≥ 0,25 m BT ≥ 0,10 m
Cables de telecomunicación.	≥ 0,20 m	≥ 0,20 m
Calles y carreteras.	≥ 0,80 m	
Canalizaciones de agua y gas.	≥ 0,20 m	≥ 0,20 m
Canal. de gas alta presión.		≥ 0,40 m
Acometidas.	≥ 0,20 m	
Depósitos carburante.		

NOTA

Las especificaciones que se dan en esta Instrucción Técnica se corresponden con los mínimos exigibles. Dado que en la mayoría de los casos este tipo de instalaciones se realizan bajo la supervisión de **las compañías suministradoras** de energía eléctrica, se hace necesaria también la consulta de las **normas técnicas particulares** de dichas compañías.

3. Intensidades máximas admisibles (Criterio de la nueva norma UNE 211435)

3.1. Intensidades máximas permanentes en los conductores de los cables

En las tablas que siguen se dan los valores indicados en la nueva norma **UNE 211435** que anula y sustituye a la **UNE 20435** (Guía para la elección de cables eléctricos de tensión asignada superior o igual a **0,6/1 kV** para circuitos de distribución de energía eléctrica).

NOTA

Las redes subterráneas para distribución según el REBT deben realizarse siguiendo las indicaciones de la ITC-BT-07 cuyo contenido está basado en la UNE 20435, norma que ha sido anulada y sustituida por la UNE 211435. Nos encontramos, por tanto, ante la situación de un contenido reglamentario que está anulado por la aparición de una nueva norma. Aunque todavía no se ha publicado nada al respecto en la Guía Técnica de aplicación del REBT ni en el Reglamento, para evitar confusiones, hemos decidido incluir en esta edición únicamente solo las tablas de consulta de la nueva norma.

De todas formas, es importante recordar que, según se indica en el artículo 26 del REBT, cuando una norma sea objeto de modificaciones, mientras no se actualice en el listado de normas, mediante resolución del centro directivo competente, en la que se indiquen las fechas a partir de las cuales la nueva norma es válida y la antigua deja de serlo; a falta de resolución expresa, se entenderá que ambas normas cumplen las condiciones reglamentarias, siempre que la misma no modifique criterios básicos y se limite a actualizar ensayos o incremente la seguridad intrínseca del material correspondiente.

Si, en cualquier caso, se desea realizar una consulta de las tablas anuladas que aparecen en el REBT original, basta con consultar directamente el RD 842/2002 que aparece en el *BOE* y que facilitamos en el **MATERIAL WEB.**

3.1.1. Temperatura máxima admisible

Las intensidades máximas admisibles en servicio permanente dependen en cada caso de la temperatura máxima que el aislamiento pueda soportar sin alteraciones de sus propiedades eléctricas, mecánicas o químicas. Esta temperatura es función del tipo de aislamiento y del régimen de carga.

En la Tabla A se especifican, con carácter informativo, las temperaturas máximas admisibles, en régimen permanente y en cortocircuito, para algunos tipos de cables aislados.

Tabla A. *Temperaturas máximas en el conductor en °C (UNE 211435).*

Tipo de aislamiento	Temperatura máxima °C	
	Régimen permanente	Cortocircuito $t \leq 5$ s
Polietileno reticulado (XLPE).	90 °C	250 °C
Etileno Propileno de alto módulo(HEPR).	105 °C	250 °C

3.1.2. Condiciones de instalación enterrada

3.1.2.1. *Condiciones tipo de instalación enterrada*

En la Tabla B se muestra la intensidad máxima admisible para **cables tipo RV o AL XZ1(S) de 0,6/1 kV**. Esta tabla se aplica tanto para cables soterrados como para cables en galerías subterráneas, con las siguientes características:

- Temperatura del terreno: **25 °C**.
- Temperatura del aire ambiente: **40 °C**.
- Resistencia térmica del terreno: **1,5 K·m/W**.
- Profundidad de soterramiento: **0,7 m**.

Tabla B. *Intensidad máxima admisible para cables tipo RV o AL XZ1(S) DE 0,6/1 kV. Cables soterrados y cables en galerías subterráneas (UNE 211435).*

Intensidad máxima admisible en A para cables en triángulo en contacto			
Sección (mm^2)	Directamente soterrados[1] 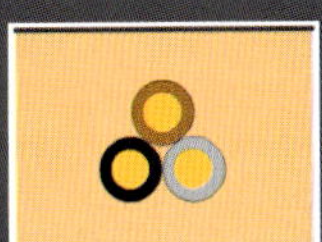	En tubular soterrada[2] 	Al aire, protegido del sol[1] 
Aluminio			
25	95	82	88
50	135	115	125
95	200	175	200
150	260	230	290
240	340	305	390
Cobre			
25	125	105	115
50	185	155	185
95	260	225	285
150	340	300	390
240	445	400	540

[1] Tres cables unipolares al tresbolillo.
[2] Tres cables unipolares en la misma tubular.

3.1.2.2. *Condiciones especiales de instalación enterrada y factores de corrección de intensidad admisible*

La intensidad admisible de un cable, determinada por las condiciones de instalación enterrada cuyas características se han especificado en los apartados 2.1.1 y 3.1.2, deberán corregirse teniendo en cuenta cada una de las magnitudes de la instalación real que difieran de aquellas, de forma que el aumento de temperatura provocado por la circulación de la intensidad calculada no dé lugar a una temperatura en el conductor superior a la prescrita en la Tabla A. A continuación se exponen algunos casos particulares de instalación, cuyas características afectan al valor máximo de la intensidad admisible, indicando los factores de corrección a aplicar.

3.1.2.2.1. Cables enterrados en terrenos cuya temperatura sea distinta de 25 °C

En la Tabla C se indican los factores de corrección, **F,** de la intensidad admisible para temperaturas del terreno $\boldsymbol{\theta_t}$, distintas de **25 °C,** en función de la temperatura máxima de servicio $\boldsymbol{\theta_s}$, de la Tabla A.

Tabla C. *Factor de corrección F, para temperatura del terreno distinto de 25 °C (UNE 211435).*

Temperatura máxima del conductor	Temperatura del terreno, θ_t ,en °C								
	10 °C	15 °C	20 °C	25 °C	30 °C	35 °C	40 °C	45 °C	50 °C
90 °C (XLPE/EPR)	1,11	1,07	1,04	1	0,96	0,92	0,88	0,83	0,78
105 °C (HEPR)	1,09	1,06	1,03	1	0,97	0,94	0,90	0,87	0,83
70 °C (PVC)	1,15	1,10	1,05	1	0,94	0,88	0,81	0,74	0,66

El factor de corrección para otras temperaturas del terreno, distintas de las de la tabla, será:

$$F = \sqrt{\frac{\theta_s - \theta_t}{\theta_s - 25}}$$

3.1.2.2.2. Cables enterrados, directamente o en conducciones, en terreno de resistividad térmica distinta de 1,5 K·m/W

En las Tablas D1 y D2 se indican, para distintas resistividades térmicas del terreno, los correspondientes factores de corrección de la intensidad admisible.

Tabla D1. *Factor de corrección para resistividad térmica del terreno distinta de 1,5 K·m/W para cables directamente soterrados (UNE 211435).*

Cables instalados en tubos soterrados. Un circuito por tubo

Sección del conductor (mm)	Resistividad térmica del terreno (K·m/W)						
	0,8	0,9	1	1,5	2	2,5	3
25	1,12	1,10	1,08	1,00	0,93	0,88	0,83
35	1,13	1,11	1,09	1,00	0,93	0,88	0,83
50	1,13	1,11	1,09	1,00	0,93	0,87	0,83
70	1,13	1,11	1,09	1,00	0,93	0,87	0,82
95	1,14	1,12	1,09	1,00	0,93	0,87	0,82
120	1,14	1,12	1,10	1,00	0,93	0,87	0,82
150	1,14	1,12	1,10	1,00	0,93	0,87	0,82
185	1,14	1,12	1,10	1,00	0,93	0,87	0,82
240	1,15	1,12	1,10	1,00	0,92	0,86	0,81
300	1,15	1,13	1,10	1,00	0,92	0,86	0,81
400	1,16	1,13	1,10	1,00	0,92	0,86	0,81

Tabla D2. *Factor de corrección para resistividad térmica del terreno distinta de 1,5 K·m/W para cables directamente soterrados en triángulo en contacto (UNE 211435).*

Cables directamente soterrados en triángulo en contacto

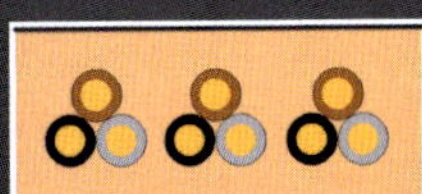

Sección del conductor (mm)	Resistividad térmica del terreno (K·m/W)						
	0,8	0,9	1	1,5	2	2,5	3
25	1,25	1,20	1,16	1,00	0,89	0,81	0,75
35	1,25	1,21	1,16	1,00	0,89	0,81	0,75
50	1,26	1,21	1,16	1,00	0,89	0,81	0,74
70	1,27	1,22	1,17	1,00	0,89	0,81	0,74
95	1,28	1,22	1,18	1,00	0,89	0,80	0,74
120	1,28	1,22	1,18	1,00	0,88	0,80	0,74
150	1,28	1,23	1,18	1,00	0,88	0,80	0,74
185	1,29	1,23	1,18	1,00	0,88	0,80	0,74
240	1,29	1,23	1,18	1,00	0,88	0,80	0,73
300	1,30	1,24	1,19	1,00	0,88	0,80	0,73
400	1,30	1,24	1,19	1,00	0,88	0,79	0,73

NOTA

Para el cálculo de la intensidad admisible en los cables enterrados uno de los factores a tener en cuenta es la resistividad térmica del terreno, la cual depende del tipo de terreno y de su humedad, aumentando cuando el terreno está más seco. La Tabla D3 muestra valores de resistividades térmicas del terreno en función de su naturaleza y grado de humedad.

Tabla D3. *Resistividad térmica del terreno en función de su naturaleza y humedad.*

Resistividad térmica del terreno (K·m/W)	Naturaleza del terreno y grado de humedad
0,40	Inundado.
0,50	Muy húmedo.
0,70	Húmedo.
0,85	Poco húmedo.
1,00	Seco.
1,20	Arcilloso muy seco.
1,50	Arenoso muy seco.
2,00	De piedra arenisca.
2,50	De piedra caliza.
3,00	De piedra granítica.

3.1.2.2.3. Cables tripolares o tetrapolares o ternos de cables unipolares agrupados bajo tierra

En las Tablas E1 y E2 se indican los factores de corrección que se deben aplicar, según el número de cables tripolares o ternos de unipolares y la distancia entre ellos.

Tabla E1. *Factores de corrección para agrupaciones de cables unipolares en triángulo de contacto de 0,6/1 kV soterrados en grupos dispuestos en un plano horizontal (UNE 211435).*

Circuitos de cables unipolares en triángulo en contacto. Grupos dispuestos en un plano horizontal

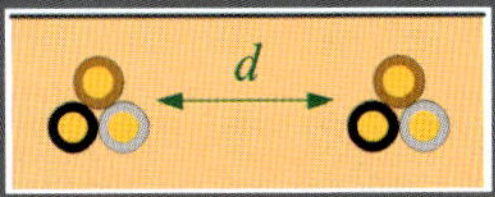

Circuitos agrupados	Cables directamente soterrados - Distancias entre grupos en mm				
	Contacto	200 mm	400 mm	600 mm	800 mm
2	0,82	0,88	0,92	0,94	0,96
3	0,71	0,79	0,84	0,88	0,91
4	0,64	0,74	0,81	0,85	0,89
5	0,59	0,70	0,78	0,83	0,87
6	0,56	0,67	0,76	0,82	0,86
7	0,53	0,65	0,74	0,80	0,85
8	0,51	0,63	0,73	0,80	–
9	0,49	0,62	0,72	0,79	–
0	0,48	0,61	0,71	–	–

Tabla E2. *Factores de corrección para agrupaciones de cables de 0,6/1 kV soterrados bajo tubo dispuestos en un plano horizontal (UNE 211435).*

Circuitos en tubulares soterradas. Tubos dispuestos en un plano horizontal

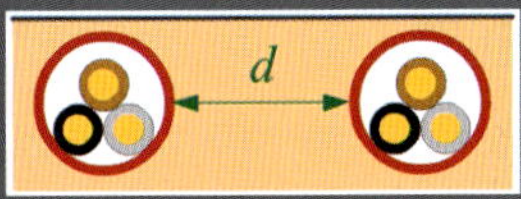

Circuitos agrupados	Distancias entre tubos en mm				
	Contacto	200 mm	400 mm	600 mm	800 mm
2	0,87	0,90	0,94	0,96	0,97
3	0,77	0,82	0,87	0,90	0,93
4	0,71	0,77	0,84	0,88	0,91
5	0,67	0,74	0,81	0,86	0,89
6	0,64	0,71	0,79	0,85	0,88
7	0,61	0,69	0,78	0,84	–
8	0,59	0,67	0,77	0,83	–
9	0,57	0,66	0,76	0,82	–
0	0,56	0,65	0,75	–	–

3.1.2.2.4. Cables enterrados en zanja a diferentes profundidades

En la Tabla F se indican los factores de corrección que deben aplicarse para profundidades de instalación **distintas de 0,70 m**.

Tabla F. *Factores de corrección para diferentes profundidades de soterramiento (UNE 211435).*

	Factores de corrección	
Profundidad (m)	**Soterrados**	**En tubular**
0,50	1,04	1,03
0,60	1,02	1,01
0,70	1,00	1,00
0,80	0,99	0,99
1,00	0,97	0,97
1,25	0,95	0,96
1,50	0,93	0,95
1,75	0,92	0,94
2,00	0,91	0,93
2,50	0,89	0,91
3,00	0,88	0,90

EJEMPLO DE APLICACIÓN

1. Determina la intensidad máxima admisible para una línea de distribución enterrada bajo tubo formada por tres cables de aluminio en contacto de 150 mm^2 de sección, aislados con XLPE, tensión de aislamiento 1 kV, a una profundidad de 0,6 metros, en un terreno de piedra arenisca con una resistividad térmica de 2 K·m/W, a una temperatura de 30 °C. Dicha línea está instalada junto con otras 5 líneas más a una distancia entre tubos de 200 mm.

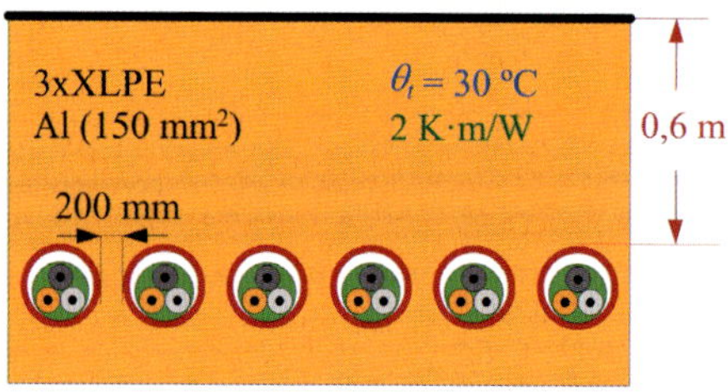

Solución: según la Tabla B, la intensidad máxima admisible para cables de aluminio de 150 mm^2 en tubos soterrados es de 230 A.

Ahora consultamos la Tabla C para aplicar el factor de corrección para temperaturas de terreno distintas a 25 °C, que resulta ser 0,96 para una temperatura de 30 °C para conductores aislados con XLPE.

En la Tabla D1 consultamos el factor de corrección para resistividades térmicas de terreno distintas de 1,5 K·m/W para cables instalados en tubos soterrados, obteniendo un resultado de 0,93 para un conductor de 150 mm^2 y una resistividad térmica de 2 K·m/W.

En la Tabla E2 se obtiene un factor de corrección de 0,71 para agrupaciones de 6 cables instalados bajo tubo en disposición horizontal y separados entre sí 200 mm.

Una vez hecho esto, consultamos la Tabla F para aplicar el factor de corrección para profundidades de instalación distintas de 0,7 m, obteniendo un resultado de 1,01 para líneas bajo tubo soterradas a 0,6 m de profundidad.

Aplicando todos los factores de corrección obtenemos un resultado de:

$$I_{máx.adm.} = 230 \cdot 0{,}96 \cdot 0{,}93 \cdot 0{,}71 \cdot 1{,}01 = 147{,}3 \text{ A}$$

2. Calcula las sección de los conductores de un cable de cobre aislado con XLPE, en triángulo en contacto, directamente soterrado si se prevé una intensidad máxima por él de 250 A. El cable está instalado en un terreno a una temperatura de 20 °C, a una profundidad de 1 metro, en un terreno de piedra caliza con una resistividad térmica de 2,5 K·m/W. Dicha línea está instalada junto con otras 2 líneas más en contacto. Realiza el cálculo solamente teniendo en cuenta la intensidad máxima admisible por el conductor, ya que se desconoce la caída de tensión máxima admisible en la línea.

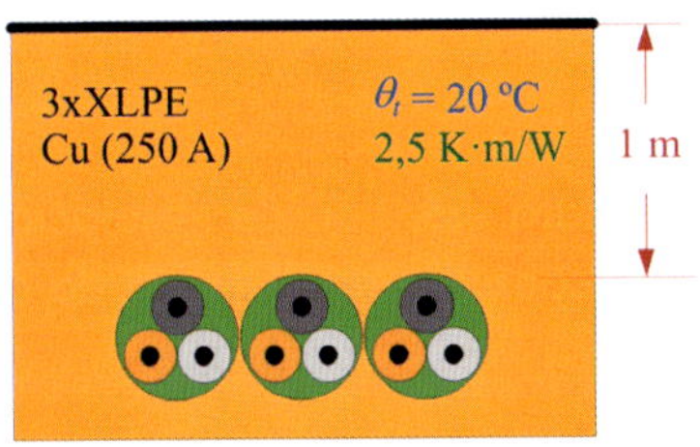

Solución: lo primero es consultar en las tablas los factores de corrección a aplicar:

Factor de corrección por temperatura del terreno (Tabla C) (20 °C) = 1,04.

Factor de corrección por resistividad térmica del terreno (Tabla D2) (conductor aproximadamente de 240 mm^2) = 0,86.

Factor de corrección por circuitos agrupados (Tabla E1) (3 circuitos en contacto) = 0,71.

Factor de corrección por profundidad (Tabla F) (1 m) = 0,97.

Aplicando todos estos factores de corrección, la intensidad que habrá que tener en cuenta para el cálculo de la sección de los conductores será:

$$I_{máx} = \frac{250}{1{,}04 \cdot 0{,}86 \cdot 0{,}71 \cdot 0{,}97} = 406 \text{ A}$$

Consultando la Tabla B, para un cable de cobre directamente soterrado, tenemos que con un conductor de 240 mm^2 de sección sería suficiente ya que posee una intensidad máxima admisible de 445 A.

3.1.3. Cables enterrados en zanja en el interior de tubos o similares

En este tipo de instalaciones es de aplicación todo lo establecido en el apartado 3.1.2., además de lo indicado a continuación.

Se instalará un **circuito por tubo.** La relación entre el diámetro interior del tubo y el diámetro aparente del circuito será superior a **2,** pudiéndose aceptar excepcionalmente **1,5.**

En el caso de canalizaciones bajo tubos que no superen los **15 m**, si el tubo se rellena con aglomerados especiales no será necesario aplicar factor de corrección de intensidad por este motivo.

3.1.4. Condiciones de instalación al aire (en galerías, zanjas registrables, atarjeas o canales revisables)

3.1.4.1. *Condiciones tipo de instalación al aire (en galerías, zanjas registrables, etc.)*

Las intensidades admisibles para este tipo de instalación son las mismas que las de la Tabla B, que se puede consultar en el apartado anterior 3.1.2 de esta Instrucción.

3.1.4.2. *Condiciones especiales de instalación al aire en galerías ventiladas y factores de corrección de la intensidad admisible*

La intensidad admisible de un cable, determinada por las condiciones de instalación al aire en galerías ventiladas cuyas características se han especificado en el apartado 3.1.4.1, deberá corregirse teniendo en cuenta cada una de las magnitudes de la instalación real que difieran de aquellas, de forma que el aumento de temperatura provocado por la circulación de la intensidad calculada no dé lugar a una temperatura en el conductor, superior a la prescrita en la Tabla A. A continuación, se exponen algunos casos particulares de instalación, cuyas características afectan al valor máximo de la intensidad admisible, indicando los coeficientes de corrección a aplicar.

3.1.4.2.1. Cables instalados al aire en ambientes de temperatura distinta de 40 °C

En la Tabla G se indican los factores de corrección **F**, de la intensidad admisible para temperaturas del aire ambiente, θ_a, distintas de **40 °C**, en función de la temperatura máxima de servicio θ_s en la Tabla A.

Tabla G. *Coeficiente de corrección F para temperatura ambiente distinta de 40 °C (UNE 211435).*

Temperatura máxima del conductor	Temperatura ambiente, θ_a, en °C. Cables en galerías								
	20	25	30	35	40	45	50	55	60
90 °C (XLPE/EPR)	1,18	1,14	1,10	1,05	1,00	0,95	0,89	0,84	0,77
105 °C (HEPR)	1,14	1,11	1,07	1,04	1,00	0,96	0,92	0,88	0,83

El factor de corrección para otras temperaturas, distintas de las de la Tabla G, será:

$$F = \sqrt{\frac{\theta_s - \theta_a}{\theta_s - 40}}$$

3.1.4.2.2. Cables instalados al aire en canales o galerías pequeñas

Se observa que en ciertas condiciones de instalación (en canalillos, galerías pequeñas, etc.), en los que no hay una eficaz renovación de aire, el calor disipado por los cables no puede difundirse libremente y provoca un aumento de la temperatura del aire.

La magnitud de este aumento depende de muchos factores y debe ser determinada en cada caso como una estimación aproximada. Debe tenerse en cuenta que el incremento de temperatura por este motivo puede ser del orden de **15 °C**. La intensidad admisible en las condiciones de régimen deberá, por tanto, reducirse con los coeficientes de la Tabla G.

3.1.4.2.3. Grupos de cables instalados al aire

En la Tabla H se dan los factores de corrección a aplicar en los agrupamientos de varios circuitos en función del método de instalación y número de circuitos.

Tabla H. *Factor de corrección para agrupaciones de cables unipolares instalados al aire libre o en galerías (UNE 211435).*

Factores de corrección para líneas de tres cables en triángulo en contacto[2]					
Método de instalación		Número de bandejas	Número de circuitos trifásicos		
			1	2	3
Bandejas perforadas horizontales[3]	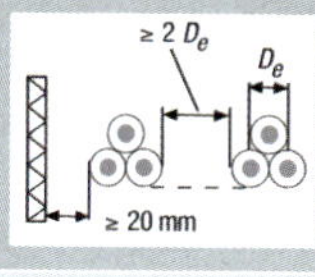	1	1,00	0,98	0,96
		2	0,97	0,93	0,89
		3	0,96	0,92	0,86
Bandejas perforadas verticales[4]	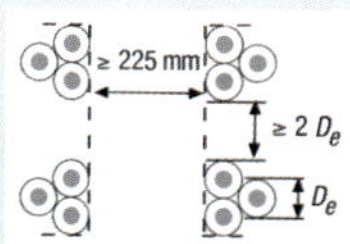	1	1,00	0,91	0,89
		2	1,00	0,90	0,86
Bridas, soportes, ménsulas[5]	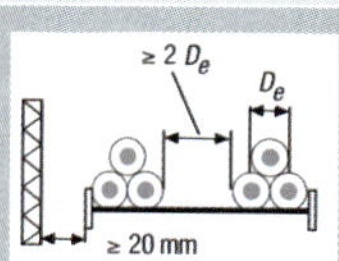	1	1,00	1,00	1,00
		2	0,97	0,95	0,93
		3	0,96	0,94	0,90

Notas: Los valores son la media para los tipos de cables y la gama de secciones consideradas. La dispersión de los valores es inferior al 5 % en general.

[2] Los factores se aplican a cables en capas separadas, o en cables en triángulo en capas separadas. No se aplican si los cables se instalan en varias capas en contacto. En este caso los factores pueden ser sensiblemente inferiores.

[3] Los valores están previstos para una separación entre las bandejas verticales de 300 mm. Para espacios inferiores hay que reducir los factores.

[4] Los valores están previstos para una separación de las bandejas horizontales de 225 mm con las bandejas montadas de espalda a espalda. Si la separación es menor, hay que reducir los factores.

[5] Para circuitos que tengan más de un cable en paralelo por fase, conviene considerar cada conjunto de tres cables como un circuito en el sentido de aplicación de esta tabla.

3.2. Intensidades de cortocircuito admisibles en los conductores

En la Tabla I se indica la intensidad máxima de corriente de cortocircuito admisible en conductores de cobre y de aluminio de cables aislados con XLPE en función de los tiempos de duración del cortocircuito.

Tabla I. *Intensidad máxima de corriente de cortocircuito admisible en conductores de cobre y de aluminio de cables aislados con XLPE (UNE 211435).*

Sección (mm^2)	Intensidad máxima de cortocircuito (A)							
	Duración del cortocircuito en segundos							
	Cobre				Aluminio			
	0,2 s	0,5 s	1 s	2 s	0,2 s	0,5 s	1s	2s
2,5	850	560	410	310	–	–	–	–
4	1.340	870	640	470	–	–	–	–
6	1.990	1.290	940	690	–	–	–	–
10	3.290	2.120	1.530	1.110	–	–	–	–
16	5.240	3.360	2.410	1.740	–	–	–	–
25	8.150	5.200	3.750	2.700	5.400	3.500	2.500	1.800
35	11.350	7.250	5.200	3.700	7.550	4.850	3.450	2.500
50	16.200	10.350	7.350	5.250	10.750	6.850	4.900	3.550
70	22.650	14.400	10.250	7.350	15.000	9.600	6.850	4.900
95	30.700	19.500	13.900	9.900	20.350	12.950	9.250	6.600
120	38.700	24.600	17.500	12.450	25.650	16.350	11.650	8.300
150	48.350	30.700	21.850	15.550	32.000	20.400	14.500	1.350
185	59.600	37.850	26.850	19.100	39.450	25.100	17.850	12.750
240	77.250	49.000	34.800	24.750	51.100	32.500	23.100	16.450
300	96.500	61.200	43.450	30.850	63.850	40.550	28.800	20.500
400	128.550	81.500	57.850	41.050	85.050	54.000	38.350	27.250
Temperatura inicial (90 °C) - Temperatura final (250 °C) - Aislamiento XLPE								

3.3. Otros cables o sistemas de instalación

Para cualquier otro tipo de cable u otro sistema no contemplados en esta Instrucción, así como para cables que no figuran en las tablas anteriores, deberá consultarse la norma **UNE 20435** (actualmente sustituida por la norma **UNE 211435**) o calcularse según la norma **UNE 21144.**

ANOTACIONES

ITC-BT-08

SISTEMAS DE CONEXIÓN DEL NEUTRO Y DE LAS MASAS EN REDES DE DISTRIBUCIÓN DE ENERGÍA ELÉCTRICA

Índice

1 **Esquemas de distribución** 212

1.1. Esquema TN 212
1.2. Esquema TT 214
1.3. Esquema IT 215
1.4. Aplicación de los tres tipos de esquemas 216

2 **Prescripciones especiales en las redes de distribución para la aplicación del esquema TN** 216

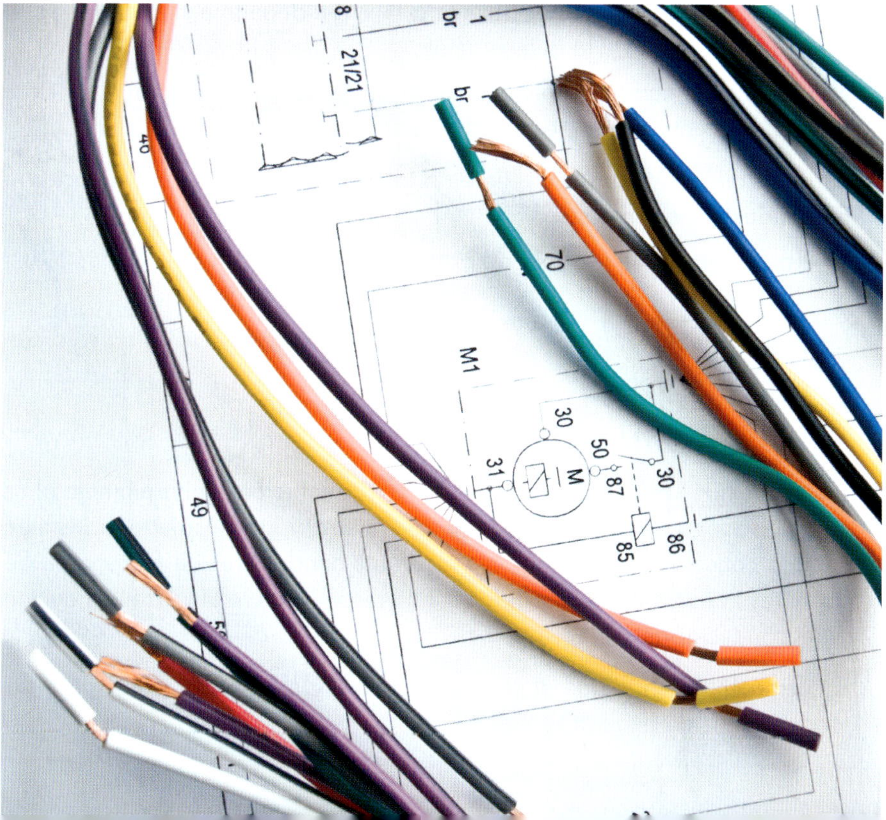

1. Esquemas de distribución

Para la determinación de las características de las medidas de protección contra choques eléctricos en caso de defecto (contactos indirectos) y contra sobreintensidades, así como de las especificaciones de la aparamenta encargada de tales funciones, será preciso tener en cuenta el esquema de distribución empleado.

Los esquemas de distribución se establecen en función de las conexiones a tierra de la red de distribución o de la alimentación, por un lado, y de las masas de la instalación receptora, por otro.

La denominación se realiza con un código de letras con el significado siguiente:

Primera letra: se refiere a la situación de la **alimentación** con respecto a tierra.

T = Conexión directa de un punto de la alimentación a tierra.

I = Aislamiento de todas las partes activas de la alimentación con respecto a tierra o conexión de un punto a tierra a través de una impedancia.

Segunda letra: se refiere a la situación de las masas de la **instalación receptora** con respecto a tierra.

T = Masas conectadas directamente a tierra, independientemente de la eventual puesta a tierra de la alimentación.

N = Masas conectadas directamente al punto de la alimentación puesto a tierra (en corriente alterna, este punto es normalmente el punto neutro).

Otras letras (eventuales): se refieren a la situación relativa del **conductor neutro y del conductor de protección.**

S = Las funciones de neutro y de protección, aseguradas por conductores separados.

C = Las funciones de neutro y de protección, combinadas en un solo conductor (conductor CPN).

1.1. Esquema TN

Los esquemas TN tienen un punto de la alimentación, generalmente el neutro o compensador, conectado directamente a tierra y las masas de la instalación receptora conectadas a dicho punto mediante conductores de protección. Se distinguen tres tipos de esquemas TN según la disposición relativa del conductor neutro y del conductor de protección:

Esquema TN-S: en el que el conductor neutro y el de protección son distintos en todo el esquema (Figura 1).

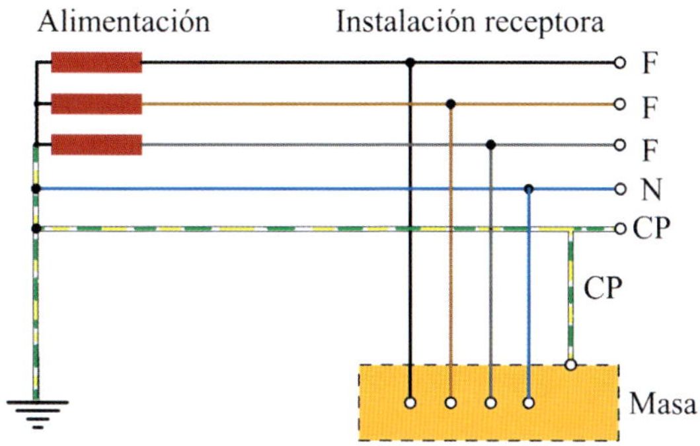

Figura 1. *Esquema de distribución tipo TN-S.*

Esquema TN C: en el que las funciones de neutro y protección están combinados en un solo conductor en todo el esquema (Figura 2). *(El color de este conductor CPN es verde-amarillo más una marca azul.)*

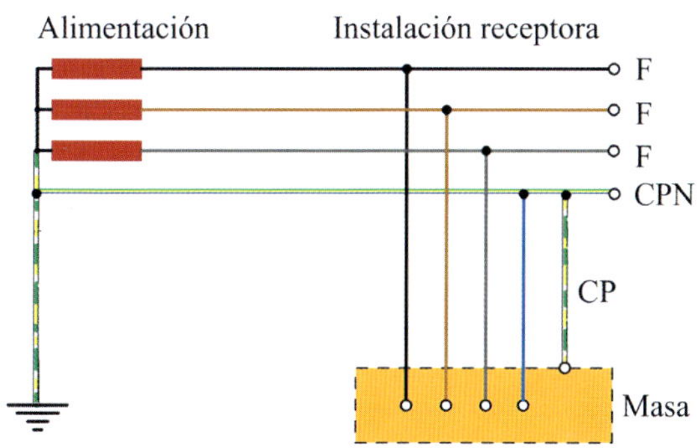

Figura 2. *Esquema de distribución tipo TN-C.*

Esquema TN-C-S: en el que las funciones de neutro y protección están combinadas en un solo conductor en una parte del esquema (Figura 3).

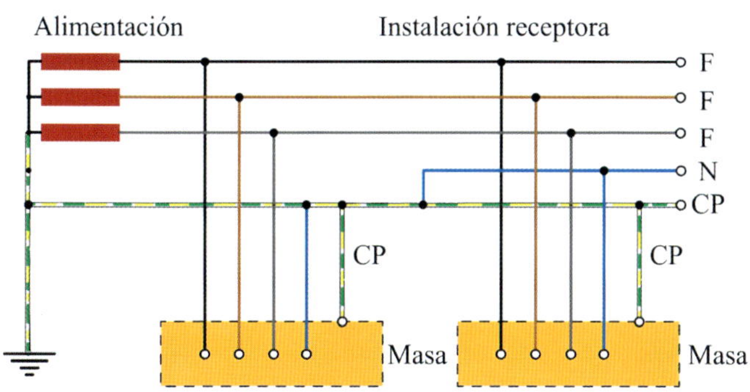

Figura 3. *Esquema de distribución tipo TN-C-S.*

En los esquemas TN cualquier intensidad de defecto franco fase-masa es una intensidad de cortocircuito. El bucle de defecto está constituido exclusivamente por elementos conductores metálicos.

1.2. Esquema TT

El esquema TT tiene un punto de alimentación, generalmente el neutro o compensador, conectado directamente a tierra. Las Masas de la instalación receptora están conectadas a una toma de tierra separada de la toma de tierra de la alimentación (Figura 4).

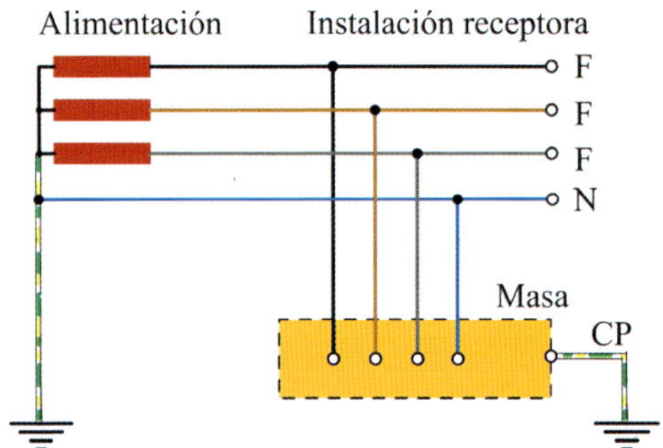

Figura 4. *Esquema de distribución tipo TT.*

En este esquema las intensidades de defecto fase-masa o fase-tierra pueden tener valores inferiores a los de cortocircuito, pero pueden ser suficientes para provocar la aparición de tensiones peligrosas.

El esquema de distribución TT es el que más se emplea en las redes de distribución pública de baja tensión. El sistema de protección asociado consiste en la combinación de la puesta a tierra de las masas y el uso del interruptor diferencial como elemento de corte ante un fallo de aislamiento en los conductores de la instalación receptora.

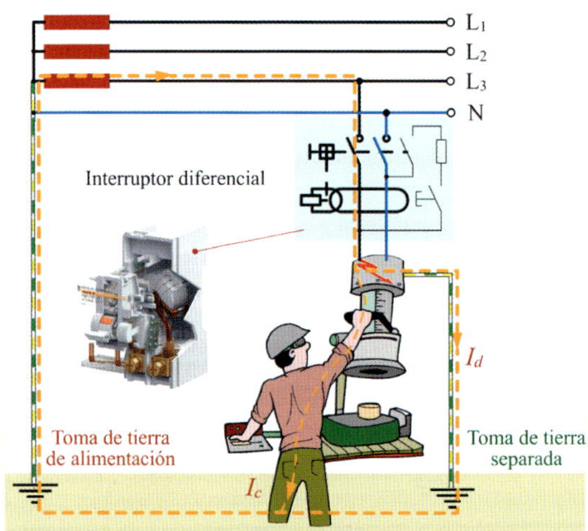

En general, el bucle de defecto incluye resistencia de paso a tierra en alguna parte del circuito de defecto, lo que no excluye la posibilidad de conexiones eléctricas voluntarias o no, entre la zona de la toma de tierra de las masas de la instalación y la de la alimentación. Aunque ambas tomas de tierra no sean independientes, el esquema sigue siendo un esquema TT si no se cumplen todas las condiciones del esquema TN. Dicho de otra forma, no se tienen en cuenta las posibles conexiones entre ambas zonas de toma de tierra para la determinación de las condiciones de protección.

1.3. Esquema IT

El esquema IT no tiene ningún punto de la alimentación conectado directamente a tierra. Las masas de la instalación receptora están puestas directamente a tierra (Figura 5).

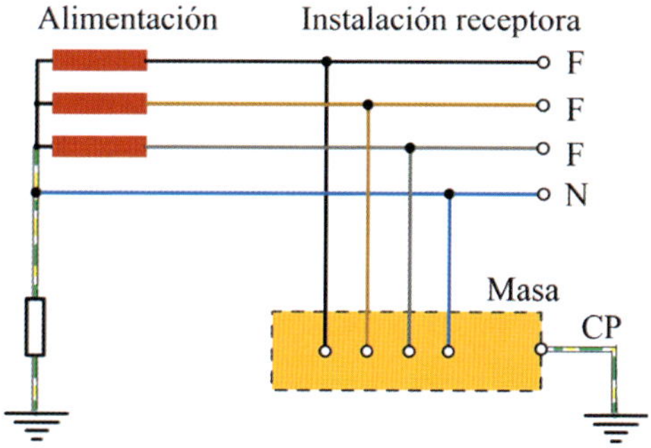

Figura 5. *Esquema de distribución tipo IT.*

En este esquema la intensidad resultante de un primer defecto fase-masa o fase-tierra tiene un valor lo suficientemente reducido como para no provocar la aparición de tensiones de contacto peligrosas.

La limitación del valor de la intensidad resultante de un primer defecto fase-masa o fase tierra se obtiene bien por la ausencia de conexión a tierra en la alimentación, o bien por la inserción de una impedancia suficiente entre un punto de la alimentación (generalmente el neutro) y tierra. A este efecto puede resultar necesario limitar la extensión de la instalación para disminuir el efecto capacitivo de los cables con respecto a tierra

*(En el apartado 4.1.3 de la **ITC-BT-24** se aclaran algunas ideas más sobre este sistema de distribución que nos ayudarán a comprender su funcionalidad).*

En este tipo de esquema se recomienda no distribuir el neutro.

1.4. Aplicación de los tres tipos de esquemas

La elección de uno de los tres tipos de esquemas debe hacerse en función de las características técnicas y económicas de cada instalación. Sin embargo, hay que tener en cuenta los siguientes principios:

a) Las **redes de distribución pública** de baja tensión tienen un punto puesta directamente a tierra por prescripción reglamentaria. Este punto es el punto neutro de la red. El esquema de distribución para instalaciones, receptoras alimentadas directamente de una red de distribución pública de baja tensión, es el **esquema TT.**

b) En instalaciones alimentadas en baja tensión, **a partir de un centro de transformación** de abonado, se podrá elegir **cualquiera de los tres esquemas citados.**

c) No obstante lo dicho en a), puede establecerse un esquema **IT** en parte o partes de una instalación alimentada directamente de una red de distribución pública mediante el uso de transformadores adecuados, en cuyo secundario y en la parte de la instalación afectada se establezcan las disposiciones que para tal esquema se citan en el apartado 1.3.

2. Prescripciones especiales en las redes de distribución para la aplicación del esquema TN

Para que las masas de la instalación receptora puedan estar conectadas a neutro como medida de protección contra contactos indirectos, la red de alimentación debe cumplir las siguientes prescripciones especiales:

a) La **sección del conductor neutro** debe, en todo su recorrido, ser como mínimo igual a la indicada en la Tabla 1, en función de la sección de los conductores de fase.

b) En las líneas aéreas, el conductor neutro se tenderá con las mismas precauciones que los conductores de fase.

c) Además de las puestas a tierra de los neutros señaladas en las instrucciones **ITC-BT-06** e **ITC-BT-07,** para las líneas principales y derivaciones **serán puestos a tierra** igualmente en los extremos de estas cuando la **longitud** de las mismas sea **superior a 200 m**.

d) **La resistencia de tierra del neutro** no será superior a **5 ohmios** en las proximidades de la central generadora o del centro de transformación, así como en los **200 últimos metros** de cualquier derivación de la red.

e) **La resistencia global de tierra,** de todas las tomas de tierra del neutro, **no será superior a 2 ohmios**.

Tabla 1. *Sección del conductor neutro en función de la sección de los conductores de fase.*

Sección de los conductores de fase (mm^2)	Sección nominal del conductor neutro (mm^2)	
	Redes aéreas	Redes subterráneas
16	16	16
25	25	16
35	35	16
50	50	25
70	50	35
95	50	50
120	70	70
150	70	70
185	95	95
240	120	120
300	150	150
400	185	185

f) En el esquema **TN-C,** las masas de las instalaciones receptoras deberán conectarse al conductor neutro mediante conductores de protección.

ANOTACIONES

ITC-BT-09

INSTALACIONES DE ALUMBRADO EXTERIOR

Índice

1 Campo de aplicación 220

2 Acometidas desde las redes de distribución de la compañía suministradora 220

3 Dimensionamiento de las instalaciones 221

4 Cuadros de protección, medida y control 223

5 Redes de alimentación 223

5.1. Cables 223
5.2. Tipos 224

6 Soportes de luminarias 229

6.1. Características 229
6.2. Instalación eléctrica 229

7 Luminarias 230

7.1. Características 230
7.2. Instalación eléctrica de luminarias suspendidas 230

8 Equipos eléctricos de los puntos de luz 231

9 Protección contra contactos directos e indirectos 231

10 Puestas a tierra 233

1. Campo de aplicación

Esta instrucción complementaria se aplicará a las instalaciones de alumbrado exterior, destinadas a iluminar zonas de dominio público o privado, tales como autopistas, carreteras, calles, plazas, parques, jardines, pasos elevados o subterráneos para vehículos o personas, caminos, etc.

Igualmente se incluyen las instalaciones de alumbrado para cabinas telefónicas, anuncios publicitarios, mobiliario urbano en general, monumentos o similares, así como todos los receptores que se conecten a la red de alumbrado exterior.

Se excluyen del ámbito de aplicación de esta instrucción la instalación para la iluminación **de fuentes y piscinas (ITC-BT-07) y las de los semáforos y las balizas, cuando sean completamente autónomos.**

MATERIAL WEB

Si se desea una aclaración mucho más detallada de lo que se considera alumbrado exterior para esta Instrucción Técnica, conviene consultar la Guía Técnica de aplicación del REBT **(Guía-BT-09)**, que se puede encontrar en el **MATERIAL WEB.**

2. Acometidas desde las redes de distribución de la compañía suministradora

La acometida podrá ser **subterránea (ITC-BT-07)** o **aérea** con cables aislados **(ITC-BT-06)**, y se realizará de acuerdo con las prescripciones particulares de la compañía suministradora, aprobadas según lo previsto en este Reglamento para este tipo de instalaciones.

La acometida finalizará en la caja general de protección y a continuación de la misma se dispondrá el equipo de medida.

GUÍA-BT-09

Las acometidas en el REBT vienen reguladas en el **artículo 15**, así como en la Instrucción Técnica Complementaria **ITC-BT-11.**

Continuidad del conductor neutro

Tanto en el esquema de conexión TT como en el esquema de conexión TN, el neutro de la instalación de alumbrado exterior debe estar conectado al neutro de la red de distribución, de forma que se garantice la continuidad del neutro desde la salida del transformador de distribución AT/BT hasta los receptores de alumbrado.

Esto significa que, para poder asegurar la continuidad del neutro, no podrán alimentarse los equipos de alumbrado a través de transformadores separadores eléctricos, ya que estos interrumpen la continuidad del neutro.

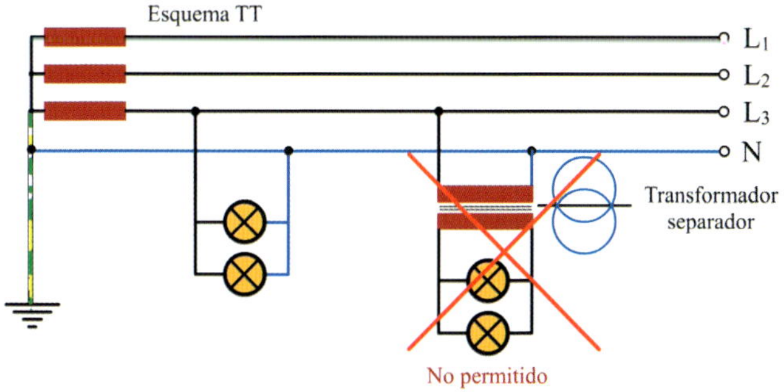

3. Dimensionamiento de las instalaciones

Las líneas de alimentación a puntos de luz con lámparas o tubos de descarga estarán previstas para transportar la carga debida a los propios receptores, a sus elementos asociados, a sus corrientes armónicas, de arranque y desequilibrio de fases. Como consecuencia:

> La **potencia aparente mínima en VA** se considerará **1,8 veces** la potencia en vatios de las lámparas o tubos de descarga.

Cuando se conozca la carga que supone cada uno de los elementos asociados a las lámparas o tubos de descarga, las corrientes armónicas, de arranque y desequilibrio de fases, que tanto estas como aquellos puedan producir, se aplicará el coeficiente corrector calculado con estos valores.

Además de lo indicado en párrafos anteriores,

- El **factor de potencia** de cada punto de luz deberá **corregirse** hasta un valor **mayor o igual a 0,90**.
- La **máxima caída de tensión** entre el origen de la instalación y cualquier otro punto de la instalación será **menor o igual que 3 %**.

Con el fin de conseguir ahorros energéticos y siempre que sea posible, las instalaciones de alumbrado público se proyectarán con distintos niveles de iluminación, de forma que esta decrezca durante las horas de menor necesidad de iluminación.

EJEMPLO DE APLICACIÓN

Una instalación de alumbrado consta de 50 lámparas de vapor de sodio de alta presión de **250 W** cada una con un factor de potencia mejorado a **0,9** y alimentadas con una red monofásica a una tensión de **230 V**. Calcula la potencia aparente mínima en VA a efectos del dimensionamiento de la instalación, la potencia activa total en W equivalente, la sección de los conductores mínima (cálculo solo teniendo en cuenta la caída de tensión) si la línea está formada por dos conductores de cobre aislados con XLPE con una longitud de **25 m**.

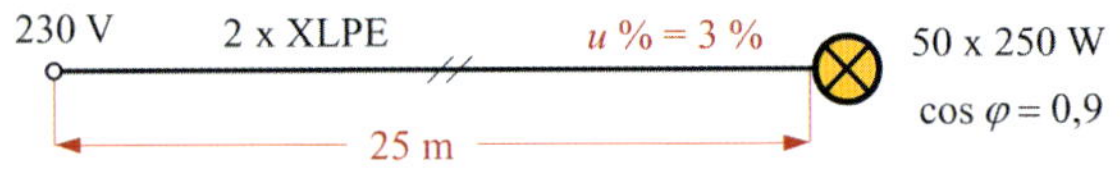

Solución: la potencia aparente mínima total de la instalación según esta Instrucción Técnica será 1,8 veces la potencia activa:

$$S = P \cdot 1{,}8 = 50 \cdot 250 \cdot 1{,}8 = 22.500 \text{ VA}$$

A efectos de cálculo de intensidad total de la línea, la potencia activa en W que se ha de tener en cuenta será:

$$P_{Total} = S \cdot \cos\varphi = 22.500 \cdot 0{,}9 = 20.250 \text{ W}$$

La intensidad total de la línea será:

$$I = \frac{P}{U \cdot \cos\varphi} = \frac{20.250}{230 \cdot 0{,}9} = 98 \text{ A}$$

La caída de tensión máxima en voltios admitida para el 3 % de la de alimentación será:

$$u = \frac{230}{100} \cdot 3 = 6{,}9 \text{ V}$$

Para calcular la sección en función de esta caída de tensión, se ha tenido en cuenta que la conductividad del cobre para un conductor aislado con XLPE (a **90 °C**) es de 44.

$$S = \frac{2L \cdot I \cdot \cos\varphi}{\Upsilon_{90\,°C} \cdot u} = \frac{2 \cdot 25 \cdot 98 \cdot 0{,}9}{44 \cdot 6{,}9} = 14{,}5 \text{ mm}^2 \rightarrow \text{Sección comercial } (16 \text{ mm}^2)$$

Para terminar el cálculo, habría que comprobar en función del tipo de instalación, aérea (ICT-BT-06) o subterránea (ICT-BT-07), si la intensidad máxima admisible de este conductor es igual o superior a 98 A. En caso contrario habría que aumentar la sección hasta conseguirlo.

4. Cuadros de protección, medida y control

Las líneas de alimentación a los puntos de luz y de control, cuando existan, partirán desde un cuadro de protección y control.

Las líneas estarán protegidas individualmente, con **corte omnipolar,** en este cuadro, tanto contra **sobreintensidades** (sobrecargas y cortocircuitos), como contra **corrientes de defecto a tierra** y contra **sobretensiones cuando los equipos instalados lo precisen.**

La intensidad de defecto, umbral de desconexión de los **interruptores diferenciales,** que podrán ser de reenganche automático, será como máximo **de 300 mA** y la **resistencia de puesta a tierra,** medida en la puesta en servicio de la instalación, será como **máximo** de **30 Ω**.

No obstante se admitirán interruptores diferenciales de intensidad máxima de **500 mA o 1 A**, siempre que la resistencia de puesta a tierra medida en la puesta en servicio de la instalación sea inferior o igual a **5 Ω** y a **1 Ω**, respectivamente.

Interruptores diferenciales admitidos con relación a la R_{tierra}.

$I_{defecto}$	300 mA	500 mA	1 A
R_{tierra}	30 Ω	5 Ω	1 Ω

Si el sistema de accionamiento del alumbrado se realiza con interruptores horarios o fotoeléctricos, se dispondrá además de un interruptor manual que permita el accionamiento del sistema, con independencia de los dispositivos citados.

La **envolvente del cuadro** proporcionará un **grado de protección** mínima **IP 55** según **UNE 20324** e **IK 10** según **UNE-EN 50102** y dispondrá de un sistema de cierre que permita el acceso exclusivo al mismo, del personal autorizado, con su **puerta de acceso** situada a una altura comprendida entre **2 m** y **0,3 m**. Los elementos de medidas estarán situados en un módulo independiente.

Las partes metálicas del cuadro irán conectadas a tierra.

5. Redes de alimentación

5.1. Cables

Los cables serán multipolares o unipolares con **conductores de cobre** y tensiones nominales de **0,6/1 kV**.

El conductor neutro de cada circuito que parte del cuadro no podrá ser utilizado por ningún otro circuito.

GUÍA-BT-09

Podrán utilizarse conductores de **aluminio** siempre que se tomen las precauciones adecuadas en su instalación. Concretamente, para garantizar en este caso la adecuada conexión al dispositivo de protección, dicho dispositivo será del tipo definido en la norma UNE-EN 60947-2.

De acuerdo con las reglas de la buena práctica en la ejecución de las redes de alimentación de los puntos de luz, se recomienda limitar la sección máxima de los conductores a **25 mm^2 de cobre,** al objeto de poder manipular adecuadamente los conductores. En consecuencia, se recomienda la subdivisión de las redes cuando los resultados de los cálculos obliguen a la instalación de conductores de mayor sección.

5.2. Tipos

5.2.1. Redes subterráneas

Se emplearán sistemas y materiales análogos a los de las redes subterráneas de distribución reguladas en la **ITC-BT-07.**

Los **cables** serán de las características especificadas en la **UNE 21123** e **irán entubados.**

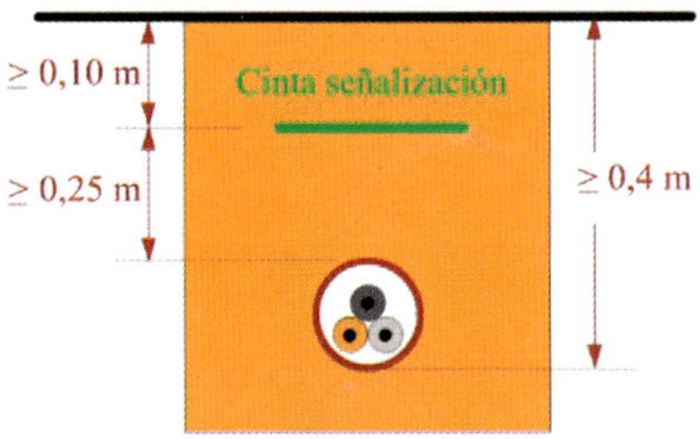

Los **tubos** para las canalizaciones subterráneas deben ser los indicados en la **ITC-BT-21** y el grado de protección mecánica el indicado en dicha instrucción, y podrán ir hormigonados en zanja o no. Cuando vayan hormigonados, el grado de resistencia al impacto será ligero según **UNE-EN 50086-2-4** (anulada y sustituida por UNE-EN 61386-24).

Los **tubos** irán **enterrados** a una **profundidad** mínima de **0,4 m** del nivel del suelo medidos desde la cota inferior del tubo y su **diámetro interior** no será inferior a **60 mm**.

Se colocará una **cinta de señalización** que advierta de la existencia de cables de alumbrado público, situada a una **distancia** mínima **del nivel del suelo de 0,10 m** y **a 0,25 m por encima del tubo.**

En los cruzamientos de calzadas, la canalización, además de entubada, irá hormigonada y se instalará como mínimo un tubo de reserva.

La **sección mínima** a emplear en los **conductores de los cables, incluido el neutro, será de 6 mm^2**.

En **distribuciones trifásicas tetrapolares,** para conductores de **fase** de sección superior a **6 mm^2**, la sección del **neutro** será conforme a lo indicado en **la Tabla 1 de la ITC-BT-07.**

GUÍA-BT-09

Para los cruzamientos de calzadas se recomienda una profundidad mínima del enterramiento del tubo de **0,5 m**. Para instalaciones con lámparas de descarga es recomendable que el conductor neutro tenga la misma sección que la fase.

Los cables y tubos de instalación habitual con estas características son:

Sistema de canalización (calidad mínima) Tubo		Compresión 450N, Impacto Normal. UNE-EN 50086-2-4
Cable	VV-K	Cable de tensión asignada 0,6/1 kV, con conductor de cobre clase 5 (−K), aislamiento y cubierta de policloruro de vinilo (VV) UNE 21123-1[1]
	RV-K	Cable de tensión asignada 0,6/1 kV, con conductor de cobre clase 5 (−K), aislamiento de polietileno reticulado (R) y cubierta de policloruro de vinilo (V) UNE 21123-2[1]

Nota 1: Las normas de la serie UNE 21123 también incluyen las variantes de cables armados y apantallados que puede ser conveniente utilizar en instalaciones particulares.

Los **empalmes y derivaciones** deberán realizarse en **cajas de bornes** adecuadas, situadas dentro de los soportes de las luminarias, y a una **altura mínima de 0,3 m** sobre el nivel del suelo o en una arqueta registrable, que garanticen, en ambos casos, la continuidad, el aislamiento y la estanqueidad del conductor.

5.2.2. Redes aéreas

Se emplearán los sistemas y materiales adecuados para las redes aéreas aisladas descritas en la **ITC-BT-06.**

Podrán estar constituidas por cables posados sobre fachadas o tensados sobre apoyos. En este último caso, los cables serán autoportantes con neutro fiador o con fiador de acero.

La **sección mínima** a emplear, para todos los conductores incluido el neutro, será de **4 mm²**.

En **distribuciones trifásicas tetrapolares** con conductores de **fase** de sección superior a **10 mm²**, la sección del **neutro** será como mínimo **la mitad de la sección de fase.**

En caso de ir sobre apoyos comunes con los de una red de distribución, el tendido de los cables de alumbrado será independiente de aquel.

5.2.3. Redes de control y auxiliares

Se emplearán sistemas y materiales similares a los indicados para los circuitos de alimentación; **la sección mínima** de los conductores será **2,5 mm²**.

GUÍA-BT-09

El cable de instalación habitual es del tipo RZ, aunque cuando la red aérea posada se instale en el interior de un tubo o canal protector, se podrán utilizar cables del tipo VV-K o RV-K. El tubo o canal será de las características indicadas en la ITC-BT-21 para canalizaciones fijas en superficie, siempre que su altura de instalación sea superior a **2,5 m** y de las características indicadas en la ITC-BT-11 para alturas de instalación inferiores.

En instalaciones de alumbrado exterior especiales (por ejemplo, en fábricas) en las que sus canalizaciones discurran por el interior de los edificios, podrá utilizarse cable del tipo RZ sobre bandejas.

En la tabla siguiente se indican los sistemas de instalación más habituales para redes aéreas.

	Sistema de canalización (calidad mínima)		Cable	
Aéreo-posados sobre fachada	Altura < 2,5 m	Tubo 4421 No propagador de la llama UNE-EN 50086-2-1	VV-K	Cable de tensión asignada 0,6/1 kV, con conductor de cobre clase 5 (−K), aislamiento y cubierta de policloruro de vinilo (VV) UNE 21123-1
		Canal no propagadora de la llama UNE-EN 50085	RV-K	Cable de tensión asignada 0,6/1 kV, con conductor de cobre clase 5 (−K), aislamiento de polietileno reticulado (R) y cubierta de policloruro de vinilo (V) UNE 21123-2
			RZ	Cable de tensión asignada 0,6/1 kV, con cubierta aislante de polietileno reticulado (R) y conductores de cobre cableados a derechas (Z) UNE 21030-2
	Altura ≥ 2,5 m	Tubo 4321 No propagador de la llama UNE-EN 50086-2-1	VV-K RV-K	Tipos ya descritos.
		Canal no propagadora de la llama UNE-EN 50085		
		Sin canalización.	RZ	Tipo ya descrito.
Aéreo-tensados sobre apoyo	Sin canalización.		RZ	Tipo ya descrito.

GUÍA-BT-09

Redes aéreas de alumbrado en apoyos comunes con redes de distribución en baja tensión

Cuando las redes de distribución pública en baja tensión (DP) y de alumbrado público (AP) se instalen en los mismos apoyos, los conductores de alumbrado público se situarán siempre por debajo de los conductores de la red de distribución pública en baja tensión y, por tanto, en todos los casos el tendido de los conductores de alumbrado público será independiente de la red de distribución pública en baja tensión.

La disposición de los conductores y luminarias de la instalación de alumbrado público (AP), así como de la red de distribución pública en baja tensión (DP), se determina en las figuras 1, 2, 3 y 4. Se recomienda el siguiente régimen de distancias mínimas:

Conductores aislados en redes AP y DP (Figuras 1 y 2)

- **0,10 m** entre conductores AP y DP.
- **0,35 m** para la caja de conexión C y brazo.

Conductores aislados en red AP y desnudos en red DP (Figuras 3 y 4)

- **1 m** para la luminaria y equipo auxiliar.
- **0,50 m** entre conductor AP y DP.
- (*d*) en m entre conductores DP en función de la longitud del vano (punto 3.2.2 de la ITC-BT-06).

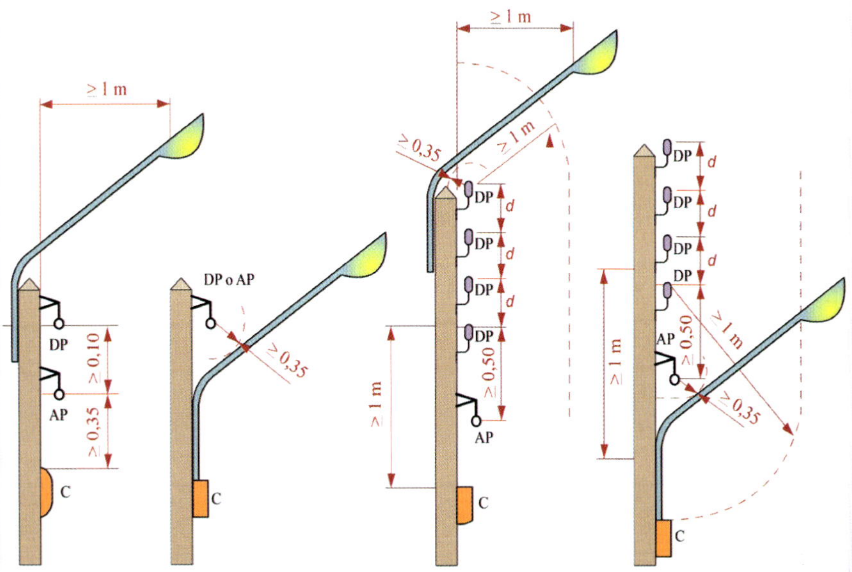

Figura 1 **Figura 2** **Figura 3** **Figura 4**

Cuando la luminaria esté implantada por encima de las redes públicas de distribución y alumbrado (Figuras 1 y 3), la distancia mínima de la luminaria al apoyo será de **1 m**.

6. Soportes de luminarias

6.1. Características

Los soportes de las luminarias de alumbrado exterior se ajustarán a la normativa vigente (en el caso de que sean de acero deberán cumplir el RD 2642/85, RD 401/89 y OM de 16/5/89). Serán de materiales resistentes a las acciones de la intemperie o estarán debidamente protegidas contra estas, no debiendo permitir la entrada de agua de lluvia ni la acumulación del agua de condensación. **Los soportes, sus anclajes y cimentaciones** se dimensionarán de forma que resistan las solicitaciones mecánicas, particularmente teniendo en cuenta la acción del viento, con un **coeficiente de seguridad no inferior a 2,5**, considerando las luminarias completas instaladas en el soporte.

Los soportes que lo requieran deberán poseer una **abertura** de dimensiones adecuadas al equipo eléctrico para acceder a los elementos de protección y maniobra; la **parte inferior** de dicha abertura estará situada, **como mínimo, a 0,30 m de la rasante,** y estará dotada de puerta o trampilla con **grado de protección IP 44** según **UNE 20324 (EN 60529)** e **IK 10** según **UNE-EN 50102.** La puerta o trampilla solamente se podrá abrir mediante el empleo de útiles especiales y dispondrá de un borne de tierra cuando sea metálica.

Cuando por su situación o dimensiones las columnas fijadas o incorporadas a obras de fábrica no permitan la instalación de los elementos de protección y maniobra en la base, podrán colocarse estos en la parte superior, en lugar apropiado o en el interior de la obra de fábrica.

6.2. Instalación eléctrica

En la instalación eléctrica en el interior de los soportes, se deberán respetar los siguientes aspectos:

Los conductores serán de **cobre,** de **sección mínima 2,5 mm^2**, y de **tensión nominal de 0,6/1 kV**, como mínimo; **no existirán empalmes en el interior de los soportes.**

En los puntos de entrada de los cables al interior de los soportes, los cables tendrán una protección suplementaria de material aislante mediante la prolongación del tubo u otro sistema que lo garantice.

La conexión a los terminales estará hecha de forma que no ejerza sobre los conductores ningún esfuerzo de tracción. Para las conexiones de los conductores de la red con los del soporte, se utilizarán elementos de derivación que contendrán los bornes apropiados, en número y tipo, así como los elementos de protección necesarios para el punto de luz.

7. Luminarias

7.1. Características

Las luminarias utilizadas en el alumbrado exterior serán conformes a la norma **UNE-EN 60598-2-3** y la **UNE-EN 60598-2-5** en el caso de proyectores de exterior.

GUÍA-BT-09

Las luminarias utilizadas en el alumbrado exterior deben tener como mínimo el grado de protección **IP 23.**

Como caso particular en ambientes con contaminación o existencia de componentes corrosivos (zonas industriales, urbanas, costeras, etc.) y con el fin de mantener el rendimiento de la luminaria, es recomendable que tenga los siguientes grados de protección:

- **IP 66** para el compartimiento óptico.
- **IP 44** para el alojamiento del equipo auxiliar.

En lo que atañe a la resistencia mecánica, en el caso de luminarias de alumbrado exterior, la norma **UNE-EN 60598-2-3** establece como mínimo los siguientes valores:

- **IK 04** (0,5 julios) para las partes frágiles (cierres de vidrio, metacrilato, etc.).
- **IK 05** (0,7 julios) para el resto de las partes (cuerpo o carcasa).

La protección contra los choques mecánicos debe ser apropiada al emplazamiento donde las luminarias están instaladas, cuyo grado mínimo será **IK 08** (**5 julios**), si están situadas a menos de **1,5 m** del suelo.

7.2. Instalación eléctrica de luminarias suspendidas

La conexión se realizará mediante **cables flexibles,** que penetren en la luminaria con la holgura suficiente para evitar que las oscilaciones de esta provoquen esfuerzos perjudiciales en los cables y en los terminales de conexión, utilizándose dispositivos que no disminuyan el grado de protección de luminaria **IP X3** según **UNE 20324.**

La **suspensión de las luminarias** se hará mediante **cables de acero** protegidos contra la corrosión, de sección suficiente para que posean una resistencia mecánica con **coeficiente de seguridad** no inferior a **3,5**.

La altura mínima sobre el nivel del suelo será de 6 m.

8. Equipos eléctricos de los puntos de luz

Podrán ser de tipo interior o exterior, y su instalación será la adecuada al tipo utilizado.

Los equipos eléctricos para montaje exterior poseerán:

- un grado de protección mínima **IP 54,** según **UNE 20324** e
- **IK 8** según **UNE-EN 50102,** e
- irán montados a una **altura mínima de 2,5 m** sobre el nivel del suelo.

Las entradas y salidas de cables serán por la parte inferior de la envolvente.

Cada punto de luz deberá tener compensado individualmente el **factor de potencia** para que sea igual o superior a **0,90**; asimismo deberá estar protegido contra sobreintensidades.

9. Protección contra contactos directos e indirectos

Las luminarias serán de **clase I** o de **clase II.**

Las **partes metálicas accesibles** de los soportes de luminarias estarán **conectadas a tierra.**

Se **excluyen** de esta prescripción aquellas partes metálicas que, teniendo un **doble aislamiento, no sean accesibles al público** en general.

Para el acceso al interior de las luminarias que estén instaladas a una altura inferior a **3 m** sobre el suelo o en un espacio accesible al público, se requerirá el empleo de útiles especiales.

Todas las **estructuras metálicas** que estén a una **distancia inferior a 2 m** de las partes metálicas de la instalación de alumbrado exterior deberán estar unidas **equipotencialmente entre sí.** Será necesario comprobar si estos elementos metálicos pueden transferir tensiones peligrosas a puntos alejados (por ejemplo, vallas metálicas), en cuyo caso deben tomarse las medidas adecuadas para evitarlo, mediante aislamiento de una de las partes simultáneamente accesible, mediante juntas aislantes, mediante puesta a tierra separada de las estructuras metálicas u otras medidas, si fuera necesario.

Cuando las luminarias sean de **clase I,** deberán estar **conectadas al punto de puesta a tierra** del soporte, mediante:

- **cable unipolar** aislado de tensión nominal **450/750 V**
- con cubierta de color **verde-amarillo** y
- sección mínima **2,5 mm²** en **cobre.**

GUÍA-BT-09

Protección de las partes accesibles

Soporte y elementos conductores sin equipamiento eléctrico

Si el elemento conductor no comporta equipamiento eléctrico, no tiene que ejecutarse la conexión equipotencial, dado que no aporta seguridad complementaria (Figura 5).

Figura 5

Soporte y elementos conductores con equipamiento eléctrico

El mobiliario urbano puede estar alimentado por la misma fuente o no. El mobiliario urbano y edículo en vía pública es una masa como el soporte. Tienen que conectarse estas masas a tierra al objeto de asegurar la equipotencialidad. La alimentación del mobiliario debe estar protegida por un **interruptor diferencial de 30 mA** (Figura 6).

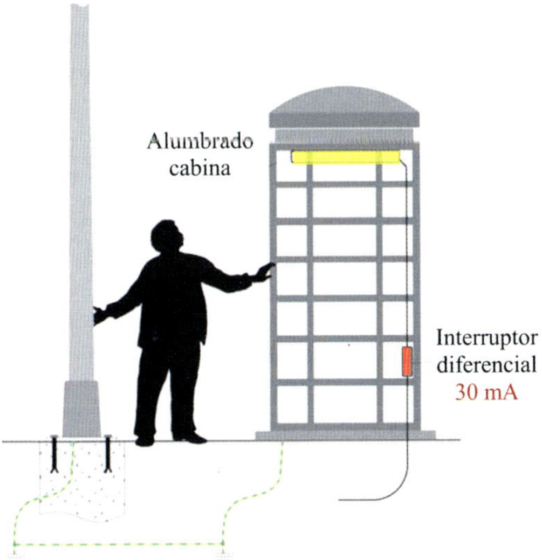

Figura 6

10. Puestas a tierra

La máxima resistencia de puesta a tierra será tal que, a lo largo de la vida de la instalación y en cualquier época del año, no se puedan producir **tensiones de contacto mayores de 24 V**, en las partes metálicas accesibles de la instalación (soportes, cuadros metálicos, etc.).

La puesta a tierra de los soportes se podrá realizar por conexión a red de tierra común para todas las líneas que partan del mismo cuadro de protección, medida y control.

En las redes de tierra, se instalará como mínimo un electrodo de puesta a tierra cada 5 soportes de luminarias, y siempre en el primero y en el último soporte de cada línea.

Los conductores de la red de tierra que unen los electrodos deberán ser:

- **Desnudos, de cobre, de 35 mm^2** de sección mínima, si forman parte de la propia red de tierra, en cuyo caso irán por fuera de las canalizaciones de los cables de alimentación.
- **Aislados,** mediante cables de tensión nominal **450/750 V**, con cubierta de color **verde-amarillo,** con conductores de **cobre,** de sección mínima **16 mm^2** para redes **subterráneas,** y **de igual sección** que los conductores de fase para las **redes posadas,** en cuyo caso irán por el interior de las canalizaciones de los cables de alimentación.

El **conductor de protección** que une cada soporte con el electrodo, o con la red de tierra, será de cable **unipolar aislado,** de tensión asignada **450/750 V**, con recubrimiento de color **verde-amarillo,** y sección mínima de **16 mm^2 de cobre.**

Todas las conexiones de los circuitos de tierra se realizarán mediante terminales, grapas, soldadura o elementos apropiados que garanticen un buen contacto permanente y protegido contra la corrosión.

GUÍA-BT-09

Puesta a tierra mediante conductor desnudo y conductor de protección

En los esquemas de las figuras siguientes, en las que no se han incluido los conductores activos, se representa la puesta a tierra mediante cable de cobre desnudo de **35 mm** de sección mínima (Fig. 7) y mediante conductor de protección (CP) aislado con recubrimiento de color verde-amarillo (Fig. 8). En ambas figuras las luminarias Clase I se han unido a tierra, mientras que en las de Clase II no se ha realizado dicha conexión.

En la Figura 7 el cable de cobre desnudo de **35 mm^2** está enterrado directamente en la tierra de la zanja para obtener la mejor conductividad posible, aun cuando el subsuelo sea heterogéneo. Esta solución permite obtener la más débil resistencia de puesta a tierra, con la ventaja de conseguir la mejor salida de la corriente de fuga.

En la Figura 8 se representa la puesta a tierra por conductor de protección (CP) con recubrimiento de color verde-amarillo, que se ha incorporado en el mismo tubo, enterrado en la zanja por el que se han tendido los cables de alimentación de la red de alumbrado exterior.

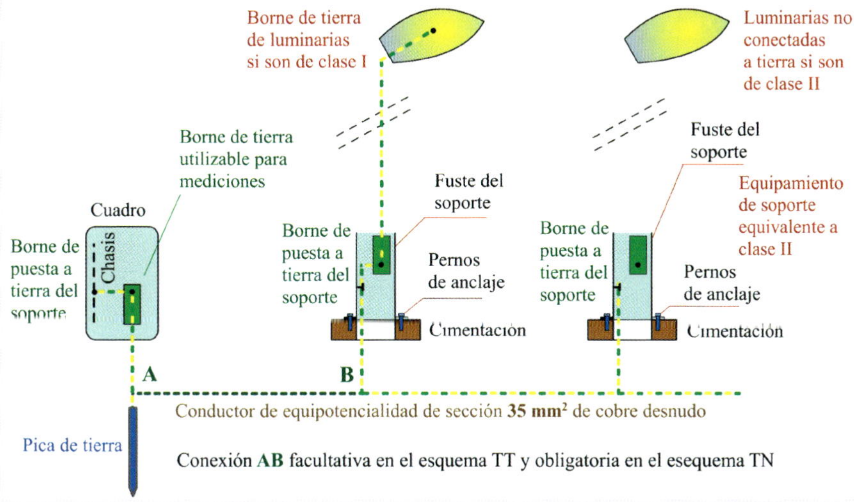

Figura 7. *Puesta a tierra mediante conductor de equipotencialidad de cobre desnudo de 35 mm^2.*

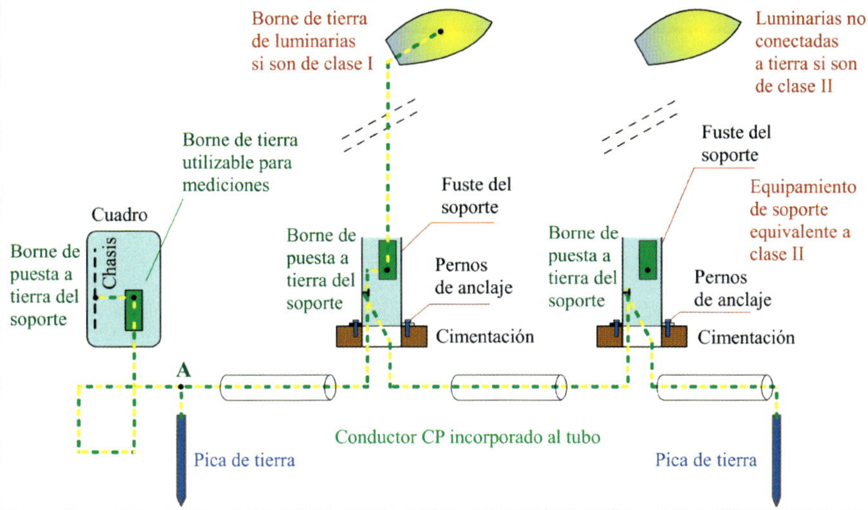

Figura 8. *Puesta a tierra mediante conductor de protección CP.*

GUÍA-BT-09

Características de los conductores de puestas a tierra

Desnudos: serán de construcción y resistencia eléctrica según la clase 2 de la norma UNE 21022 (conductor formado por varios alambres rígidos cableados entre sí).

Aislados: los conductores aislados de tensión asignada **450/750 V** y de instalación habitual con estas características son:

Cable H07V-U (UNE 21031-3)	Conductor unipolar aislado de tensión asignada 450/750 V, con conductor de cobre clase 1 (–U) y aislamiento de policloruro de vinilo (V). **Nota:** mayor sección normalizada 10 mm^2; por lo tanto solamente pueden utilizarse como conductor de protección para las redes posadas.
Cable H07V-R (UNE 21031-3)	Conductor unipolar aislado de tensión asignada 450/750 V, con conductor de cobre clase 2 (–R) y aislamiento de policloruro de vinilo (V).
Cable H07V-K (UNE 21031-3)	Conductor unipolar aislado de tensión asignada 450/750 V, con conductor de cobre clase 5 (–K) y aislamiento de policloruro de vinilo (V).

Cuando en las **redes aéreas** el conductor de protección forme parte del cable RZ (cable de tensión asignada **0,6/1 kV**, con cubierta aislante de polietileno reticulado y conductores de cobre cableados a derechas); no es necesaria la coloración verde-amarillo; en este caso el conductor de protección debe estar identificado con un marcado apropiado, por ejemplo mediante el símbolo de tierra o CP, cada **0,5 m**.

MATERIAL WEB

Reglamento de eficiencia energética en instalaciones de alumbrado exterior

RD 1890/2008, de 14 de noviembre, por el que se aprueba el Reglamento de eficiencia energética en instalaciones de alumbrado exterior y sus Instrucciones técnicas complementarias EA-01 a EA-07.

La eficiencia y el ahorro energéticos constituyen objetivos prioritarios para cualquier economía. El uso irracional de la energía y la contaminación lumínica suponen un impacto negativo sobre el medio ambiente, por lo que, ante la escasez de recursos naturales, se hace imperativo evitarlos, en la medida de lo posible.

Este reglamento tiene por objeto establecer las condiciones técnicas de diseño, ejecución y mantenimiento que deben reunir las instalaciones de alumbrado exterior, con la finalidad de:

a) Mejorar la eficiencia y ahorro energético, así como la disminución de las emisiones de gases de efecto invernadero.

b) Limitar el resplandor luminoso nocturno o contaminación luminosa y reducir la luz intrusa o molesta.

Para su estudio, en el **MATERIAL WEB** elaborado para este texto se puede consultar el Reglamento de eficiencia energética en instalaciones de alumbrado exterior, así como su Guía Técnica de aplicación.

ITC-BT-10

PREVISIÓN DE CARGAS PARA SUMINISTROS DE BAJA TENSIÓN

Índice

1 Clasificación de los lugares de consumo 238

2 Grado de electrificación y previsión de la potencia en las viviendas 238

2.1. Grado de electrificación 238
2.2. Previsión de la potencia 239

3 Carga total correspondiente a un edificio destinado preferentemente a viviendas 240

3.1. Carga correspondiente a un conjunto de viviendas 240
3.2. Carga correspondiente a los servicios generales 241
3.3. Carga correspondiente a los locales comerciales y oficinas 242
3.4. Carga correspondiente a los garajes 243

4 Carga total correspondiente a edificios comerciales, de oficinas o destinados a una o varias industrias 243

4.1. Edificios comerciales o de oficinas 243
4.2. Edificios destinados a concentración de industrias 244

5 Carga correspondiente a las zonas de estacionamiento con infraestructura para la recarga de los vehículos eléctricos en viviendas de nueva construcción 244

5.1. Viviendas unifamiliares 244
5.2. Instalación en plazas de aparcamientos o estacionamientos colectivos en edificios o conjuntos inmobiliarios en régimen de propiedad horizontal 244

6 Previsión de cargas 244

7 Suministros monofásicos 245

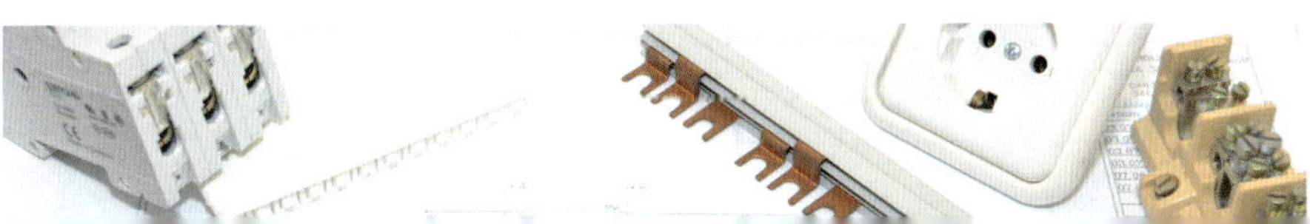

1. Clasificación de los lugares de consumo

Se establece la siguiente clasificación de los lugares de consumo:

- Edificios destinados principalmente a **viviendas.**
- Edificios **comerciales o de oficinas.**
- Edificios destinados a una **industria específica.**
- Edificios destinados a una **concentración de industrias.**
- Aparcamientos o estacionamientos dotados de infraestructura para la recarga de los vehículos eléctricos.

2. Grado de electrificación y previsión de la potencia en las viviendas

La carga máxima por vivienda depende del grado de utilización que se desee alcanzar. Se establecen los siguientes grados de electrificación.

2.1. Grado de electrificación

2.1.1. Electrificación básica

Es la necesaria para la cobertura de las posibles necesidades de utilización primarias sin necesidad de obras posteriores de adecuación.

Debe permitir la utilización de los aparatos eléctricos de uso común en una vivienda.

2.1.2. Electrificación elevada

Es la correspondiente a viviendas con una previsión de utilización de:

- aparatos electrodomésticos superior a la electrificación básica o
- de sistemas de **calefacción eléctrica** o
- de **acondicionamiento de aire** o
- con superficies útiles de la vivienda **superiores a 160 m²**, o
- con una instalación para la recarga del vehículo eléctrico en viviendas unifamiliares, o
- con cualquier combinación de los casos anteriores.

GUÍA-BT-10

El grado de electrificación de una vivienda será «electrificación elevada» cuando se cumpla alguna de las siguientes condiciones:

- Superficie útil de la vivienda superior a **160 m²**.

- Si está prevista la instalación **de aire acondicionado.**
- Si está prevista la instalación de **calefacción eléctrica.**
- Si está prevista la instalación de **sistemas de automatización.**
- Si está prevista la instalación de una **secadora.**
- Si el número de **puntos** de utilización de **alumbrado** es superior a **30.**
- Si el número de puntos de utilización de tomas de **corriente de uso general** es superior a **20.**
- Si el número de puntos de utilización de **tomas de corriente de los cuartos de baño y auxiliares de cocina** es superior a **6.**
- En otras condiciones indicadas en la **ITC-BT-25.**

2.2. Previsión de la potencia

El promotor, propietario o usuario del edificio fijará de acuerdo con la Empresa Suministradora la potencia a prever, la cual, para nuevas construcciones, no será inferior a **5.750 W** a **230 V**, en cada vivienda, independientemente de la potencia a contratar por cada usuario, que dependerá de la utilización que este haga de la instalación eléctrica.

En las viviendas con grado **de electrificación elevada,** la potencia a prever no será inferior a **9.200 W**.

En todos los casos, la potencia a prever se corresponderá con la capacidad máxima de la instalación, definida esta por la intensidad asignada del interruptor general automático, según se indica en **la ITC-BT-25.**

GUÍA-BT-10

Las potencias indicadas anteriormente corresponden a las potencias mínimas a prever para cada uno de los grados de electrificación.

La potencia a prever debe ser mayor cuando se conozca la previsión de carga de la vivienda y esta sea superior a los mínimos anteriormente citados.

En consecuencia, teóricamente la previsión de carga en un **grado de electrificación básico** abarca el rango 5.750 W a 9.199 W, aunque en la práctica, al estar condicionada esta previsión al calibre del interruptor general automático, los dos valores posibles son **5.750 W (para un calibre de 25 A)** y **7.360 W (para un calibre de 32 A).**

En ambos casos la potencia a contratar por cada usuario dependerá de la utilización que este haga de la instalación eléctrica y podrá ser inferior o igual a la potencia prevista.

3. Carga total correspondiente a un edificio destinado preferentemente a viviendas

La carga total correspondiente a un edificio destinado principalmente a viviendas resulta de la suma de:

- la carga correspondiente al conjunto de viviendas,
- de los servicios generales del edificio,
- de la correspondiente a los locales comerciales y
- de los garajes que forman parte del mismo.

La carga total correspondiente a varias viviendas o servicios se calculará de acuerdo con los siguientes apartados:

$$P_T = P_{viviendas} + P_{serv.\ genr.} + P_{loc.\ comerc.} + P_{garajes}$$

3.1. Carga correspondiente a un conjunto de viviendas

Se obtendrá multiplicando la media aritmética de las potencias máximas previstas en cada vivienda por el coeficiente de simultaneidad indicado en la Tabla 1, según el número de viviendas.

Tabla 1. *Coeficiente de simultaneidad según el número de viviendas.*

N.° de viviendas (n)	Coeficiente de simultaneidad
1	1
2	2
3	3
4	3,8
5	4,6
6	5,4
7	6,2
8	7
9	7,8
10	8,5
11	9,2
12	9,9
13	10,6
14	11,3
15	11,9
16	12,5
17	13,1
18	13,7
19	14,3
20	14,8
21	15,3
n > 21	15,3 + (n-21) · 0,5

Para edificios cuya instalación esté prevista para la aplicación de la tarifa nocturna, la simultaneidad será 1 (Coeficiente de simultaneidad = n.° de viviendas).

EJEMPLO DE APLICACIÓN

1. Calcula la carga total de un edificio de viviendas, si en este se prevé la construcción de **12** viviendas con electrificación básica con una previsión de potencia de **5.750 W**, **6** viviendas con electrificación elevada con una previsión de **9.200 W** y **3** viviendas con electrificación elevada con una previsión de **14.490 W**.

Solución:

El número total de viviendas en el edificio es 12 + 6 + 3 = 21.

Primero se calcula la media aritmética de las potencias máximas previstas en cada vivienda:

$$P_{media} = \left(\frac{12 \cdot 5.750 + 6 \cdot 9.200 + 3 \cdot 14.490}{21}\right) = 7.984 \text{ W}$$

Según la Tabla 1, el coeficiente de simultaneidad para 21 viviendas es:

$$C_{S\,21} = 15{,}3$$

La potencia total del edificio para este coeficiente la calculamos así:

$$P_{viviendas} = 15{,}3 \cdot 7.984 = 122.155 \text{ W}$$

2. Calcula la carga total de un edificio de viviendas, si en este se prevé la construcción de 24 viviendas con electrificación básica con una previsión de potencia de **5.750 W**, **4** viviendas con electrificación elevada con una previsión de **9.200 W** y **2** viviendas con electrificación elevada con una previsión de **14.900 W**.

Solución:

El número total de viviendas en el edificio es 24 + 4 + 2 = 30.

Según la Tabla 1, para más de 21 viviendas se aplica un coeficiente de simultaneidad según la expresión:

$$C_{simultaneidad} = 15{,}3 + (n - 21) \cdot 0{,}5 = 15{,}3 + (30 - 21) \cdot 0{,}5 = 19{,}8$$

La potencia total del edificio para este coeficiente la calculamos así:

$$P_{viviendas} = 19{,}8 \cdot \left(\frac{24 \cdot 5.750 + 4 \cdot 9.200 + 2 \cdot 14.900}{30}\right) = 135.036 \text{ W}$$

3.2. Carga correspondiente a los servicios generales

Será la suma de la potencia prevista en ascensores, aparatos elevadores, centrales de calor y frío, grupos de presión, alumbrado de portal, caja de escalera y espacios comunes y en todo el servicio eléctrico general del edificio sin aplicar ningún factor de reducción por simultaneidad **(Coeficiente de simultaneidad = 1).**

GUÍA-BT-10

Carga correspondiente a ascensores y montacargas

En la siguiente tabla se indican los valores típicos de las potencias de los aparatos elevadores según especifica la Norma Tecnológica de la Edificación ITE-ITA:

Tabla A1. *Previsión de potencia para aparatos elevadores.*

Tipo de aparato elevador	Carga (kg)	N.° de personas	Velocidad (m/s)	Potencia (kW)
ITA-1	400	5	0,63 m/s	4,5 kW
ITA-2	400	5	1,00 m/s	7,5 kW
ITA-3	630	8	1,00 m/s	11,5 kW
ITA-4	630	8	1,60 m/s	18,5 kW
ITA-5	1.000	13	1,60 m/s	29,5 kW
ITA-6	1.000	13	2,50 m/s	46,0 kW

Carga correspondiente al alumbrado (*véase* Tabla A2)

Tabla A2. *Estimación de potencia para el alumbrado.*

	Incandescencia	Fluorescencia
Alumbrado de portal y otros espacios comunes	15 W/m^2	8 W/m^2
Alumbrado de la caja de escalera	7 W/m^2	4 W/m^2

3.3. Carga correspondiente a los locales comerciales y oficinas

Se calculará considerando un mínimo de **100 W por metro cuadrado y planta,** con un mínimo por local de **3.450 W** a **230 V** y coeficiente de simultaneidad 1.

GUÍA-BT-10

Ejemplo: edificio con dos locales comerciales y dos oficinas, en el que se desconoce la previsión real de carga de los locales

Tabla B. *Ejemplo de previsión de cargas en locales comerciales y oficinas.*

	Superficie (m²)	Previsión real de carga (W)	Previsión con 100 W/m²	Previsión carga (W)
Local 1	25	Desconocida	2.500 W	3.450 W*
Local 2	50	Desconocida	5.000 W	5.000 W
Oficina 1	200	35.000 W	20.000 W	35.000 W
Oficina 2	150	13.500 W	15.000 W	15.000 W
Carga total ($C_{Simultaneidad}$ = 1)				**58.450 W**

* Para el Local 1 se ha considerado la previsión mínima de 3.450 W.

3.4. Carga correspondiente a los garajes

Se calculará considerando un **mínimo de 10 W por metro cuadrado** y planta para garajes de **ventilación natural** y de **20 W** para los de **ventilación forzada,** con un **mínimo de 3.450 W** a **230 V** y coeficiente de simultaneidad 1.

Cuando en aplicación de la **CTE-DB-SI** sea necesario un sistema de ventilación forzada para la evacuación de humos de incendio, se estudiará de forma específica la previsión de cargas de los garajes.

Tabla C. *Previsión de cargas para garaje.*

	Previsión	Mínimo
Ventilación natural	10 W/m² y planta	3.450 W
Ventilación forzada	20 W/m² y planta	3.450 W

4. Carga total correspondiente a edificios comerciales, de oficinas o destinados a una o varias industrias

En general, la demanda de potencia determinará la carga a prever en estos casos que no podrá ser nunca inferior a los siguientes valores.

4.1. Edificios comerciales o de oficinas

Se calculará considerando un **mínimo de 100 W** por metro cuadrado y planta, con un **mínimo por local de 3.450 W** a **230 V** y coeficiente de simultaneidad 1.

4.2. Edificios destinados a concentración de industrias

Se calculará considerando un **mínimo de 125 W por metro cuadrado y planta,** con un **mínimo por local de 10.350 W** a **230 V** y coeficiente de simultaneidad 1.

Tabla D. *Previsión de cargas para edificios comerciales.*

	Previsión	Mínimo
Edificios comerciales o de oficinas	100 W/m² y planta	3.450 W
Concentración de industrias	125 W/m² y planta	10.350 W

5. Carga correspondiente a las zonas de estacionamiento con infraestructura para la recarga de los vehículos eléctricos en viviendas de nueva construcción

5.1. Viviendas unifamiliares

Para la previsión de cargas de viviendas unifamiliares dotadas de infraestructura para la recarga de vehículos eléctricos se considerará grado de electrificación elevado.

5.2. Instalación en plazas de aparcamientos o estacionamientos colectivos en edificios o conjuntos inmobiliarios en régimen de propiedad horizontal

La **previsión de cargas** para la carga del vehículo eléctrico se calculará multiplicando **3.680 W**, por el **10 %** del total de las plazas de aparcamiento construidas. La suma de todas estas potencias se multiplicará por el factor de simultaneidad que corresponda y su sumará con la previsión de potencia del resto de la instalación del edificio, en función del esquema de la instalación y de la disponibilidad de un sistema protección de la línea general de alimentación, tal y como se establece en la **ITC-BT-52**.

No obstante el proyectista de la instalación podrá prever una potencia instalada mayor cuando disponga de los datos que lo justifiquen.

6. Previsión de cargas

La previsión de los consumos y cargas se hará de acuerdo con lo dispuesto en la presente instrucción. La carga total prevista en los capítulos 2, 3, 4 y 5 será la que hay que considerar en el cálculo de los conductores de las acometidas y en el cálculo de las instalaciones de enlace.

7. Suministros monofásicos

Las empresas distribuidoras estarán obligadas, siempre que lo solicite el cliente, a efectuar el suministro de forma que permita el funcionamiento de cualquier **receptor monofásico** de **potencia menor o igual** a **5.750 W a 230 V,** hasta un suministro de **potencia máxima de 14.490 W a 230 V.**

GUÍA-BT-10

Tabla E. *Escalones de potencia prevista en suministros monofásicos.*

Electrificación	Potencia	Calibre IGA
Básica	5.750 W	25 A
	7. 360 W	32 A
Elevada	9. 200 W	40 A
	11. 500 W	50 A
	14. 490 W	63 A

EJEMPLO DE APLICACIÓN

Calcula la carga total de un edificio que alberga los siguientes elementos:

- 20 viviendas con electrificación básica con una previsión de potencia de **5.750 W**.
- Para los servicios generales constan de un ascensor para 5 personas tipo ITA-2, y se prevé la utilización de alumbrado con lámparas incandescentes para una superficie que iluminar de 300 m^2 para el alumbrado del portal y otros espacios comunes, y de 400 m^2 para el alumbrado con lámparas fluorescentes de la caja de escalera.
- 4 locales comerciales de 50 m^2 cada uno.
- Planta de garaje de 600 m^2 con 20 plazas de aparcamiento, con ventilación forzada.

Solución:

Según la Tabla 1, para 20 viviendas $C_{simultaneidad} = 14{,}8$.

La potencia total para las viviendas es:

$$P_{viviendas} = 14{,}8 \cdot 5.750 = 85.100 \text{ W}$$

Para el ascensor consultamos la Tabla A1 y para el alumbrado de servicios generales la Tabla A2.

* Ascensores, grúas y aparatos de elevación. Se aplicará un coeficiente de 1,3 sobre la potencia nominal de los mismos. (ITC-47, apartado 6).

$$P_{ascensor} = 7{,}5 \text{ kW} \cdot 1{,}3 = 9.750 \text{ W}$$

$$P_{alumbrado\ portal} = 300 \cdot 15 = 4.500 \text{ W}$$

* Alumbrado por medio de lámparas de descarga. Coeficiente 1,8 sobre la potencia en vatios de las lámparas. (ITC-44, apartado 3.1).

$$P_{alumbrado\ escalera} = 400 \cdot 4 \cdot 1{,}8 = 2.880 \text{ W}$$

$$P_{serv.\ genr.} = 9.750 + 4.500 + 2.880 = 17.130 \text{ W}$$

La carga para los locales comerciales es:

$$P_{loc.\ comerc.} = 4 \cdot 50 \cdot 100 = 20.000 \text{ W}$$

La carga para la planta de garaje con ventilación forzada es:

$$P_{garaje} = 20 \cdot 600 = 12.000 \text{ W}$$

La previsión para la carga del vehículo eléctrico para las plazas de aparcamiento es:

El 10 % de 20 plazas = 2

$$P_{vehículo\ eléctrico} = 2 \cdot 3.680 = 7.360 \text{ W}$$

* Se ha considerado la instalación sin SPL (Sistemas de Protección de la Línea General de Alimentación) con un coeficiente de simultaneidad de las cargas del vehículo eléctrico igual a 1 (ITC-52, apartado 5.1).

La carga total del edificio resulta ser:

$$P_T = 85.100 + 17.130 + 20.000 + 12.000 + 7.360 = 141.590 \text{ W}$$

ANOTACIONES

ITC-BT-11

REDES DE DISTRIBUCIÓN DE ENERGÍA. ACOMETIDAS

Índice

1 Acometidas 248

1.1. Definición 248
1.2. Tipos de acometidas 248
1.3. Instalación 252
1.4. Características de los cables y conductores 252

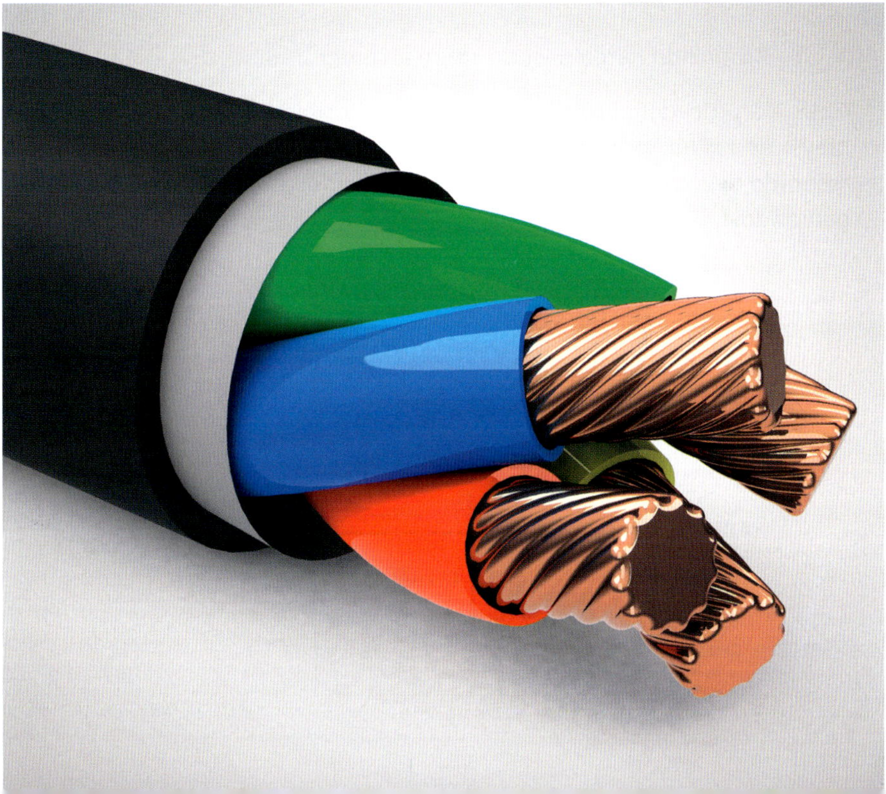

1. Acometidas

1.1. Definición

Parte de la instalación de la red de distribución, que alimenta la caja o cajas generales de protección o unidad funcional equivalente (en adelante **CGP**).

1.2. Tipos de acometidas

Atendiendo a su trazado, al sistema de instalación y a las características de la red, las acometidas podrán ser:

Tabla 1. *Tipo de acometida en función del sistema de instalación.*

Tipo	Sistema de instalación
Aéreas	Posada sobre fachada.
	Tensada sobre poste.
Subterráneas	Con entrada y salida.
	En derivación.
Mixtas	Subterráneas.

1.2.1. Acometida aérea posada sobre fachada

Antes de proceder a su realización, si es posible, deberá efectuarse un estudio previo de las fachadas para que estas se vean afectadas lo menos posible por el recorrido de los conductores que deberán quedar suficientemente protegidos y resguardados.

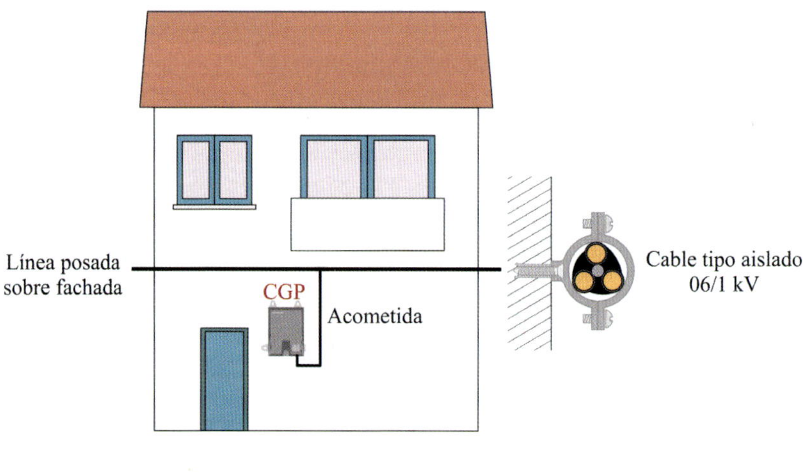

En este tipo de acometidas los cables se instalarán distanciados de la pared y su fijación a esta se hará mediante accesorios apropiados.

Los **cables posados** sobre fachada serán del tipo **aislado 0,6/1 kV** y su instalación se hará, preferentemente, bajo conductos cerrados o canales protectoras con tapa desmontable con la ayuda de un útil.

Los tramos en que la acometida quede a una **altura sobre el suelo inferior a 2,5 m** deberán **protegerse con tubos o canales rígidos** de las características indicadas en la Tabla 2 y se tomarán las medidas adecuadas para evitar el almacenamiento de agua en estos tubos o canales de protección.

El cumplimiento de estas características se verificará según los ensayos indicados en las normas **UNE-EN 50086-2-1** (anulada y sustituida por UNE-EN 61386-21) para tubos rígidos y **UNE-EN 50085-1** para canales.

Tabla 2. *Características de los tubos o canales que deben utilizarse cuando la acometida quede a una altura sobre el suelo inferior a 2,5 m.*

Característica	Grado (canales)	Código (tubos)
Resistencia al impacto.	Fuerte (6 julios).	4
Temperatura mínima de instalación y servicio.	–5 °C	4
Temperatura máxima de instalación y servicio.	+60 °C	1
Propiedades eléctricas.	Continuidad eléctrica/aislante.	1/2
Resistencia a la penetración de objetos sólidos.	Ø ≥ 1 mm	4
Resistencia a la corrosión (conductos metálicos).	Protección interior media, exterior alta.	3
Resistencia a la propagación de la llama.	No propagador.	1

Para los cruces de vías públicas y espacios sin edificar y dependiendo de la longitud del vano, los cables podrán instalarse amarrados directamente en ambos extremos, bien utilizando el sistema para acometida tensada, bien utilizando un cable fiador, siempre que se cumplan las condiciones de la **ITC-BT-06.**

Estos cruces se realizarán de modo que el vano sea lo más corto posible, y la **altura mínima** sobre calles y carreteras no será en ningún caso inferior a **6 m**.

En edificaciones de **interés histórico o artístico** o declaradas como tal, se tratará de **evitar** este tipo de acometidas.

1.2.2. Acometida aérea tensada sobre postes

Los cables serán del tipo aislado **0,6/1 kV** y podrán instalarse suspendidos de un cable fiador, independiente y debidamente tensado o también mediante la utilización de un conductor neutro fiador con una adecuada resistencia mecánica, y debidamente calculado para esta función.

Todos los apoyos irán provistos de elementos adecuados que permitirán la sujeción mediante soportes de suspensión o de amarre, indistintamente.

Las distancias en altura, proximidades, cruzamientos y paralelismos cumplirán lo indicado en la **ITC-BT-06.**

Cuando los cables crucen sobre vías públicas o zonas de posible circulación rodada, la **altura mínima** sobre calles y carreteras no será, en ningún caso, inferior a **6 m**.

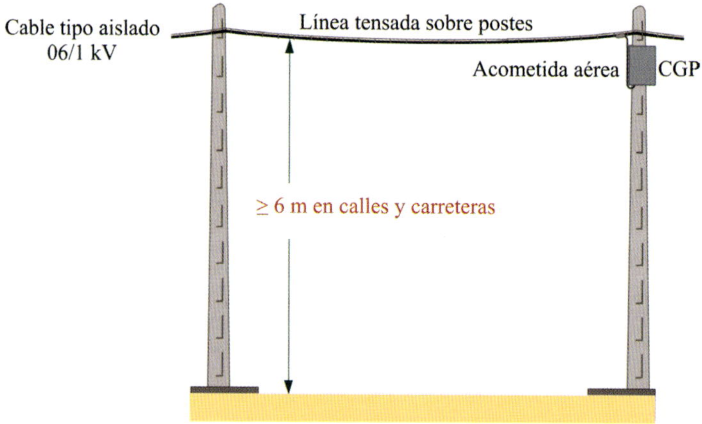

1.2.3. Acometida subterránea

Este tipo de instalación se realizará de acuerdo con lo indicado en la **ITC-BT-07.**

Se tendrá en cuenta las separaciones mínimas indicadas en la **ITC-BT-07** en los cruces y paralelismos con otras canalizaciones de agua, gas, líneas de telecomunicación y con otros conductores de energía eléctrica.

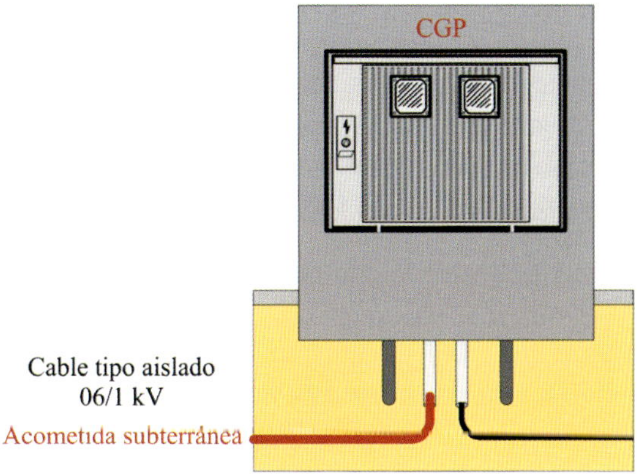

1.2.4. Acometida aero-subterránea

Son aquellas acometidas que se realizan parte en instalación aérea y parte en instalación subterránea.

El proyecto e instalación de los distintos tramos de la acometida se realizará en función de su trazado, de acuerdo con los apartados que le corresponden de esta instrucción, teniendo en cuenta las condiciones de su instalación.

En el paso de acometidas subterráneas a aéreas, **el cable irá protegido** desde la profundidad establecida según **ITC-BT-07** y hasta una **altura mínima de 2,5 m** por encima del nivel del suelo, mediante un **conducto rígido** de las características indicadas en el apartado 1.2.1 de esta instrucción.

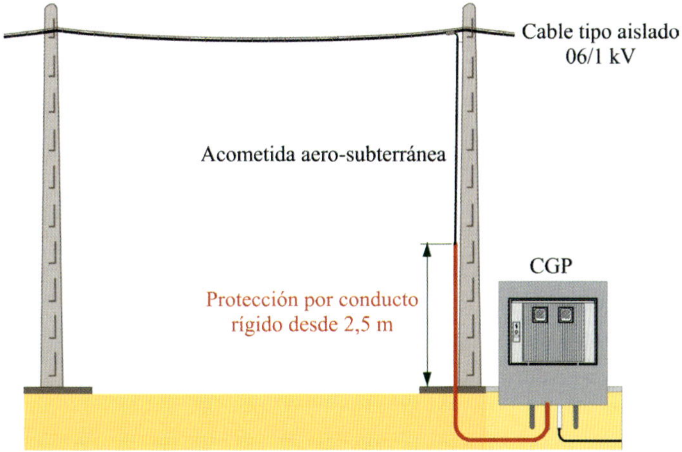

1.3. Instalación

Con carácter general, las acometidas se realizarán siguiendo los trazados más cortos, realizando conexiones cuando estas sean necesarias mediante sistemas o dispositivos apropiados. En todo caso se realizarán de forma que el aislamiento de los conductores se mantenga hasta los elementos de conexión de la CGP.

La acometida discurrirá por terrenos de dominio público excepto en aquellos casos de acometidas aéreas o subterráneas en que hayan sido autorizadas las correspondientes servidumbres de paso.

Se evitará la realización de acometidas por patios interiores, garajes, jardines privados, viales de conjuntos privados cerrados, etc.

En general se dispondrá de **una sola acometida por edificio o finca.** Sin embargo, podrán establecerse acometidas independientes para suministros complementarios establecidos en el Reglamento Electrotécnico para Baja Tensión o aquellos cuyas características especiales (potencias elevadas, entre otras) así lo aconsejen.

1.4. Características de los cables y conductores

Los conductores o cables serán aislados, de **cobre o aluminio** y los materiales utilizados y las condiciones de instalación cumplirán con las prescripciones establecidas en la **ITC-BT-06** y la **ITC-BT-07** para redes aéreas o subterráneas de distribución de energía eléctrica respectivamente.

Por cuanto se refiere a las secciones de los conductores y al número de los mismos, se calcularán teniendo en cuenta los siguientes aspectos:

- **Máxima carga prevista** de acuerdo con la **ITC-BT-10.**
- **Tensión de suministro.**
- **Intensidades máximas admisibles** para el tipo de conductor y las condiciones de su instalación.
- La **caída de tensión máxima admisible.** Esta caída de tensión será la que la empresa distribuidora tenga establecida, en su reparto de caídas de tensión en los elementos que constituyen la red, para que en la caja o cajas generales de protección esté dentro de los límites establecidos por el Reglamento de Verificaciones Eléctricas y Regularidad en el Suministro de Energía.

ITC-BT-12

INSTALACIONES DE ENLACE. ESQUEMAS

Índice

1 **Instalaciones de enlace** 254

1.1. Definición 254
1.2. Partes que constituyen las instalaciones de enlace 254

2 **Esquemas** 254

2.1. Para un solo usuario 255
2.2. Para más de un usuario 256

1. Instalaciones de enlace

1.1. Definición

Se denominan instalaciones de enlace aquellas que **unen la caja general de protección** o cajas generales de protección, incluidas estas, **con** las **instalaciones interiores** o receptoras del usuario.

Comenzarán, por tanto, en el final de la acometida y terminarán en los dispositivos generales de mando y protección.

Estas instalaciones se situarán y discurrirán siempre por lugares de uso común y quedarán de **propiedad del usuario,** que se responsabilizará de su conservación y mantenimiento.

1.2. Partes que constituyen las instalaciones de enlace

- Caja General de Protección **(CGP).**
- Línea General de Alimentación **(LGA).**
- Elementos para la ubicación de Contadores **(CC).**
- Derivación Individual **(DI).**
- Caja para Interruptor de Control de Potencia **(ICP).**
- Dispositivos Generales de Mando y Protección **(DGMP).**

2. Esquemas

Leyenda	
1. Red de distribución.	8. Derivación individual.
2. Acometida.	9. Fusible de seguridad.
3. Caja general de protección.	10. Contador.
4. Línea general de alimentación.	11. Caja para interruptor de control de potencia.
5. Interruptor general de maniobra.	12. Dispositivos generales de mando y protección.
6. Caja de derivación.	13. Instalación interior.
7. Emplazamiento de contadores.	

Nota: El conjunto de derivación individual e instalación interior constituye la instalación privada.

2.1. Para un solo usuario

En este caso se podrán simplificar las instalaciones de enlace al coincidir en el mismo lugar la Caja General de Protección y la situación del equipo de medida y **no existir, por tanto, la Línea General de Alimentación.** En consecuencia, el fusible de seguridad (9) coincide con el fusible de la CGP.

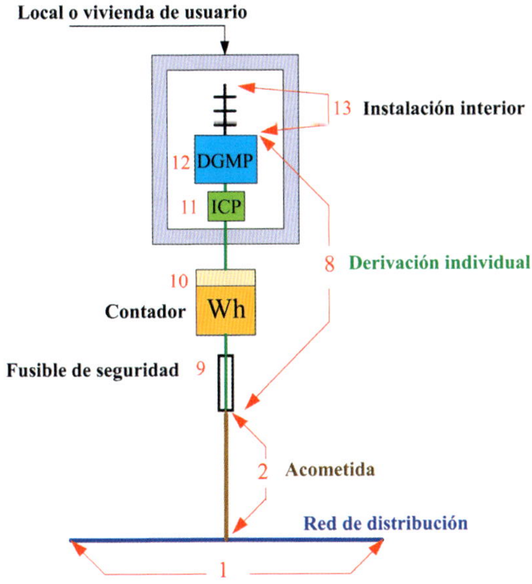

Esquema 2.1. *Para un solo usuario.*

GUÍA-BT-12

La acometida (*véase* ITC 11) no forma parte de las instalaciones de enlace, y es responsabilidad de la empresa suministradora.

El interruptor de control de potencia (ICP) es un dispositivo para controlar que la potencia realmente demandada por el consumidor no exceda de la contratada.

El **ICP** se utiliza para suministros en baja tensión y hasta una intensidad de **63 A**.

Para suministros de intensidad superior a 63 A no se utiliza el ICP, sino que se utilizarán interruptores de intensidad regulable, maxímetros o integradores incorporados al equipo de medida de energía eléctrica. En estos casos no es preceptiva la instalación de la caja para ICP (*véase* también **ITC-BT-17** apartado 1.1).

Según la **ITC-BT-13 punto 2,** la caja general de protección que incluye el contador, sus fusibles de protección y, en su caso, reloj para discriminación horaria se denomina **caja de protección y medida (CPM).**

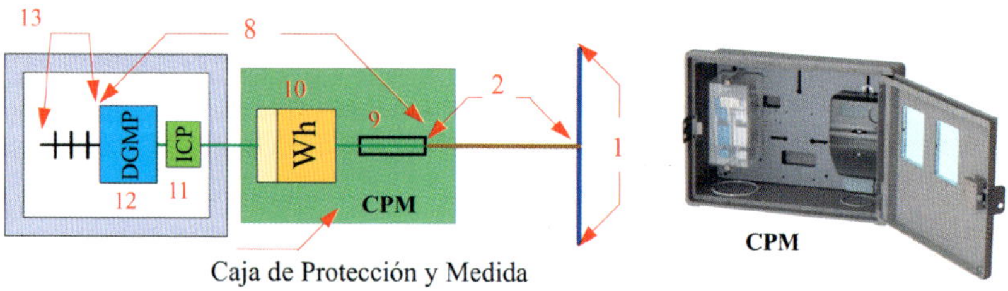

Figura 1. *Esquema 2.1. Para un solo usuario.*

2.2. Para más de un usuario

Las instalaciones de enlace se ajustarán a los siguientes esquemas según la colocación de los contadores.

2.2.1. Colocación de contadores para dos usuarios alimentados desde el mismo lugar

El esquema 2.1 puede generalizarse para dos usuarios alimentados desde el mismo lugar. Por lo tanto es válido lo indicado para los fusibles de seguridad (9) en el apartado 2.1.

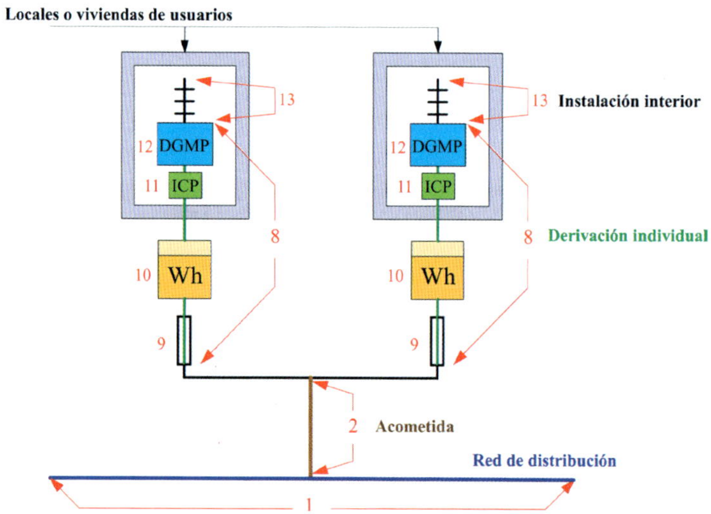

Esquema 2.2.1. *Para dos usuarios alimentados desde el mismo lugar.*

2.2.2. Colocación de contadores en forma centralizada en un lugar

Este esquema es el que se utilizará normalmente en conjuntos de edificación vertical u horizontal, destinados principalmente a viviendas, edificios comerciales, de oficinas o destinados a una concentración de industrias.

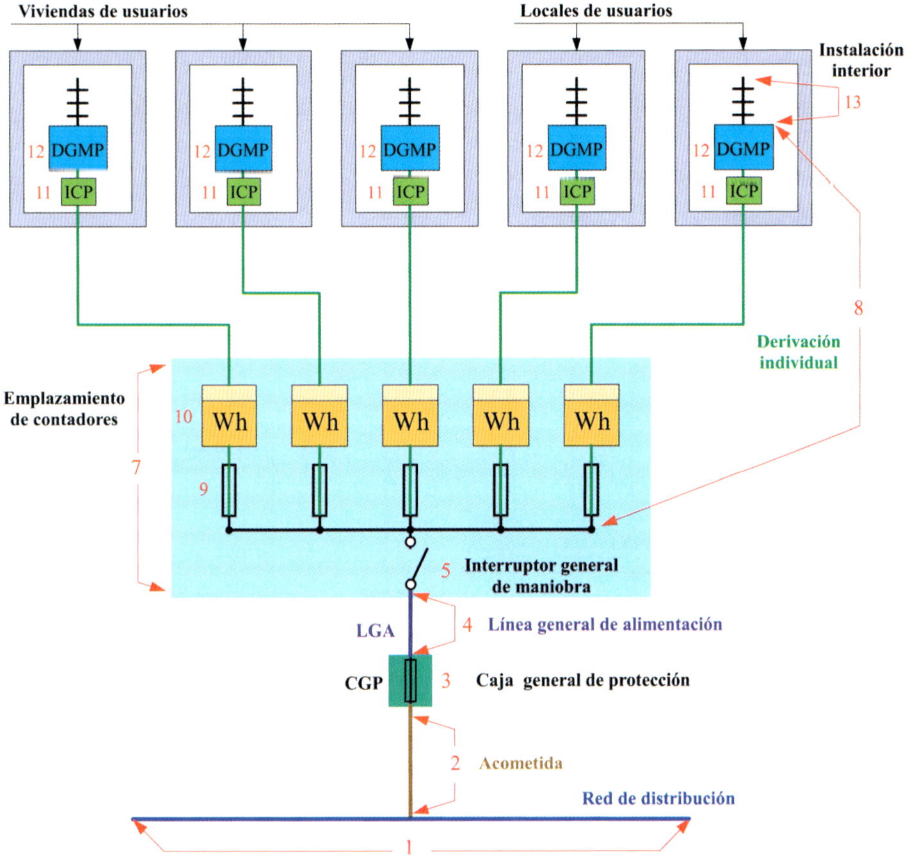

Esquema 2.2.2. *Para varios usuarios con contadores en forma centralizada en un lugar.*

2.2.3. Colocación de contadores en forma centralizada en más de un lugar

Este esquema se utilizará en edificios destinados a viviendas, edificios comerciales, de oficinas o destinados a una concentración de industrias donde la previsión de cargas haga aconsejable la centralización de contadores en más de un lugar o planta. Igualmente se utilizará para la ubicación de diversas centralizaciones en una misma planta en edificios comerciales o industriales, cuando la superficie de la misma y la previsión de cargas lo aconsejen. También podrá ser de aplicación en las agrupaciones de viviendas en distribución horizontal dentro de un recinto privado.

Este esquema es de aplicación en el caso de centralización de contadores de forma distribuida mediante canalizaciones eléctricas prefabricadas, que cumplan lo establecido en la norma **UNE-EN 60439-2.**

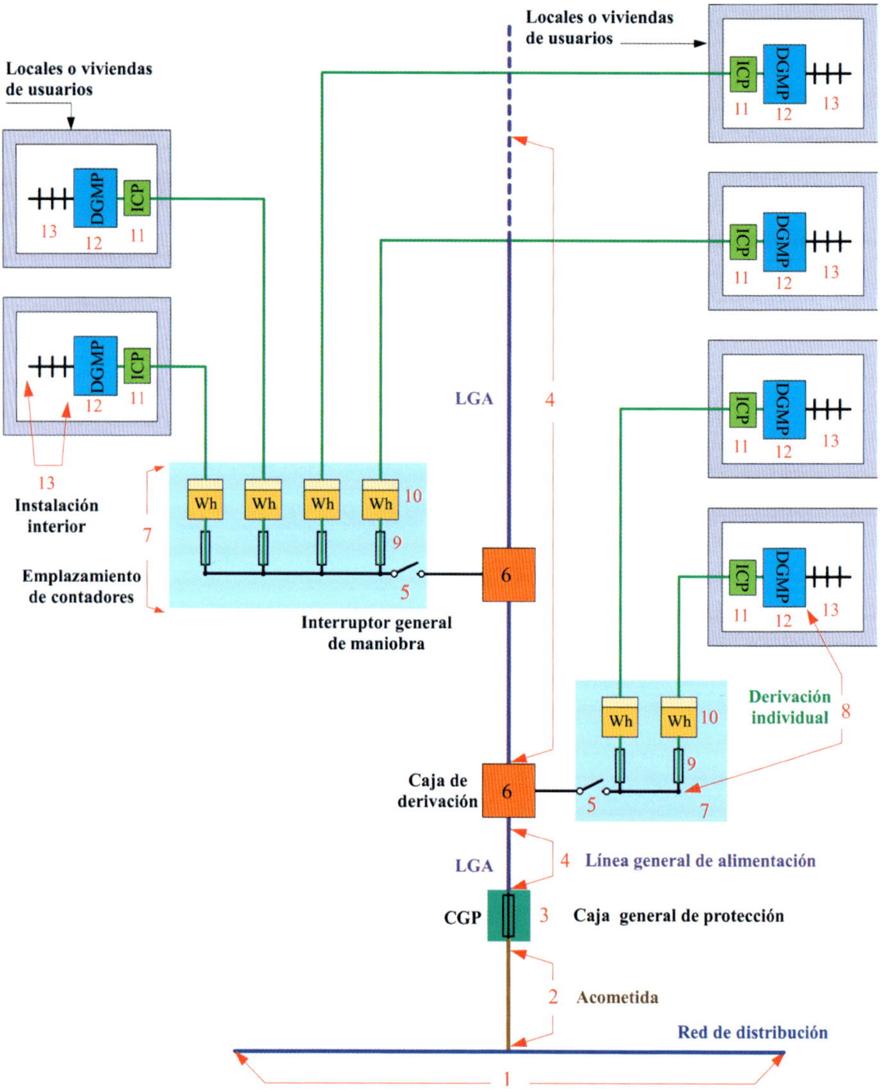

Esquema 2.2.3. *Para varios usuarios con contadores en forma centralizada en más de un lugar.*

ITC-BT-13

INSTALACIONES DE ENLACE. CAJAS GENERALES DE PROTECCIÓN

Índice

1 Cajas generales de protección (CGP) 260

1.1. Emplazamiento e instalación 260
1.2. Tipos y características 261

2 Cajas de protección y medida (CPM) 263

2.1. Emplazamiento e instalación 263
2.2. Tipos y características 263

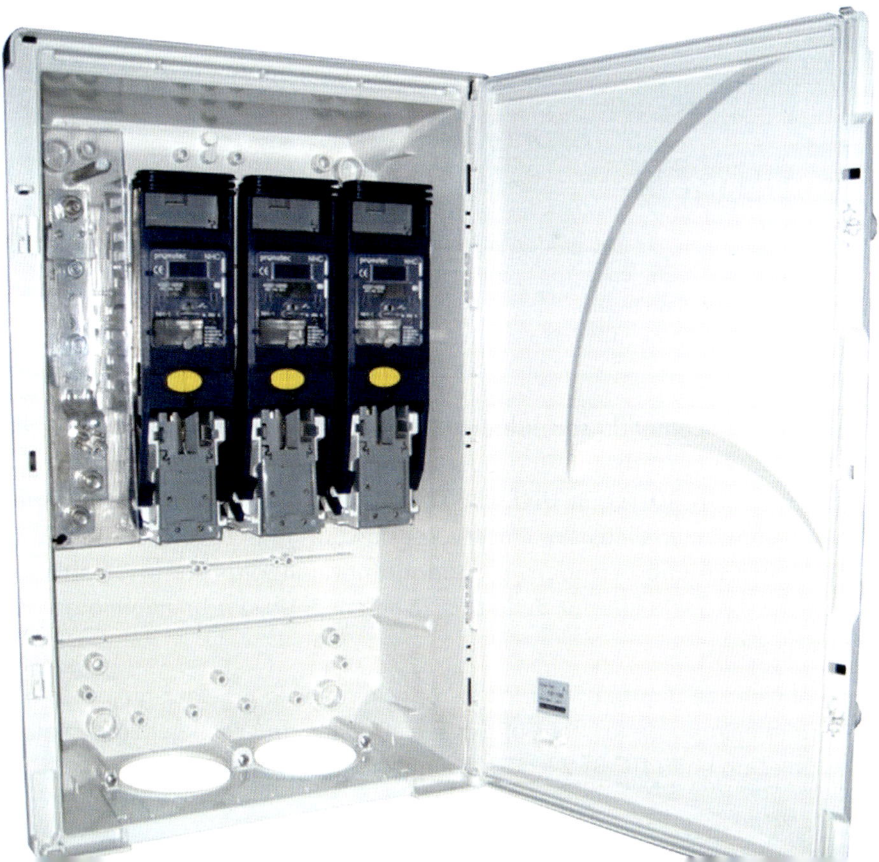

1. Cajas generales de protección (CGP)

Son las cajas que alojan los elementos de protección de las líneas generales de alimentación (LGA).

1.1. Emplazamiento e instalación

Se instalarán preferentemente sobre las fachadas exteriores de los edificios, en lugares de libre y permanente acceso. Su situación se fijará de común acuerdo entre la propiedad y la empresa suministradora.

En el caso de edificios que alberguen en su interior un centro de transformación para distribución en baja tensión, los fusibles del cuadro de baja tensión de dicho centro podrán utilizarse como protección de la línea general de alimentación, desempeñando la función de caja general de protección. En este caso, la propiedad y el mantenimiento de la protección serán de la empresa suministradora.

Cuando la **acometida sea aérea,** podrán instalarse en montaje superficial a una **altura sobre el suelo** comprendida entre **3 m** y **4 m**. Cuando se trate de una zona en la que esté previsto el paso de la red aérea a red subterránea, la caja general de protección se situará como si se tratase de una acometida subterránea.

GUÍA-BT-13

Tal y como se indica en la ITC-BT-11 apdo. 1.2.1 y 1.2.4, en los tramos en que la acometida circule sobre fachada a una altura inferior o igual a **2,5 m** por encima del nivel del suelo, deberá protegerse adicionalmente con un tubo o canal rígido con las características especificadas en la Tabla 2 de la ITC-BT-11.

Cuando la **acometida sea subterránea,** se instalará siempre en un nicho en pared, que se cerrará con una puerta preferentemente metálica, con grado de protección **IK 10** según **UNE-EN 50102,** revestida exteriormente de acuerdo con las características del entorno y estará protegida contra la corrosión, disponiendo de una cerradura o candado normalizado por la empresa suministradora. **La parte inferior de la puerta** se encontrará a un mínimo de **30 cm** del suelo.

En el nicho se dejarán previstos los orificios necesarios para alojar los conductos para la entrada de las acometidas subterráneas de la red general, conforme a lo establecido en la **ITC-BT-21** para canalizaciones empotradas.

En todos los casos se procurará que la situación elegida esté lo más próxima posible a la red de distribución pública y que quede alejada o, en su defecto, protegida adecuadamente de otras instalaciones tales como de agua, gas, teléfono, etc., según se indica en **ITC-BT-06** y **ITC-BT-07.**

Cuando la fachada no linde con la vía pública, la caja general de protección se situará en el límite entre las propiedades públicas y privadas.

No se alojarán más de dos cajas generales de protección en el interior del mismo nicho, disponiéndose una caja por cada línea general de alimentación. Cuando para un suministro se precisen más de dos cajas, podrán utilizarse otras soluciones técnicas previo acuerdo entre la propiedad y la empresa suministradora.

Los usuarios o el instalador electricista autorizado solo tendrán acceso y podrán actuar sobre las conexiones con la línea general de alimentación, previa **comunicación a la empresa suministradora.**

1.2. Tipos y características

Las cajas generales de protección a utilizar corresponderán a uno de los tipos recogidos en las especificaciones técnicas de la empresa suministradora que hayan sido aprobadas por la Administración Pública competente.

Dentro de las mismas se instalarán **cortacircuitos fusibles** en todos los conductores de fase o polares, con poder de corte al menos igual a la corriente de cortocircuito prevista en el punto de su instalación.

El **neutro** estará constituido por una **conexión amovible situada a la izquierda de las fases,** colocada la caja general de protección en posición de servicio, y dispondrá también de un **borne de conexión para su puesta a tierra** si procede.

El esquema de caja general de protección a utilizar estará en función de las necesidades del suministro solicitado, del tipo de red de alimentación y lo determinará la empresa suministradora. En el caso de alimentación subterránea, las cajas generales de protección podrán tener prevista la entrada y salida de la línea de distribución.

Las cajas generales de protección cumplirán todo lo que sobre el particular se indica en la norma **UNE-EN 60439-1;** tendrán grado de inflamabilidad según se indica en la norma **UNE-EN 60439-3;** una vez instaladas tendrán un grado de protección **IP 43** según **UNE 20324** e **IK 08** según **UNE-EN 50102** y serán **precintables.**

GUÍA-BT-13

Las Cajas Generales de Protección se recomienda que sean de Clase II (doble aislamiento o aislamiento reforzado) (Figura A).

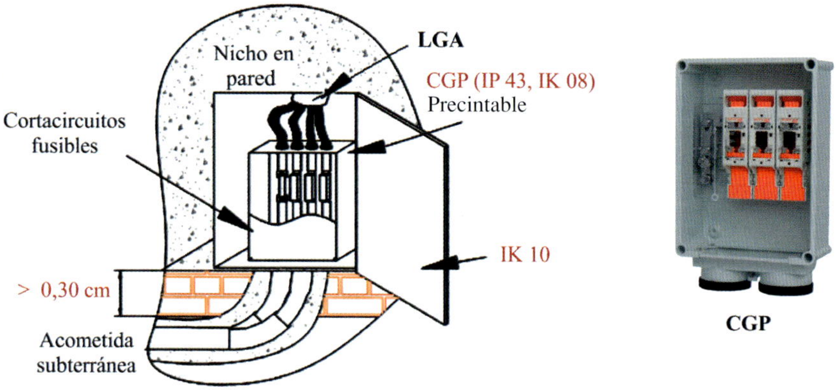

Figura A. *Ejemplo de caja general de protección (CGP) con acometida subterránea.*

Producto		Norma de aplicación
CGP (Conjunto de aparamenta)		UNE-EN 60439-1
Caja (para conjunto de aparamenta) de Clase II		UNE-EN 60439-1
Cartuchos fusibles y bases abiertas		UNE-EN 60269 (serie)
Bases cerradas (BUC) con contactos fusibles de cuchilla		UNE-EN 60269 (serie) UNE-EN 60947-3
Tubos	Rígido, hasta 2,5 m de altura, 4421	UNE-EN 50086-2-1
	Rígido 4321	
	Enterrado (Acometida subterránea)	UNE-EN 50086-2-4

Nota 1: Los diferentes componentes que conforman una CGP (caja y fusibles) deberán cumplir con su correspondiente norma de producto. Cuando se comercializan montados, todos estos elementos constituyen el conjunto de aparamenta y deberán cumplir con las prescripciones de la norma (UNE-EN 60439-1).

Nota 2: El grado de protección IP 43, el grado de protección contra los impactos mecánicos externos IK 08 y el grado de inflamabilidad se verificarán de acuerdo a lo establecido en la norma UNE-EN 50298. El grado de inflamabilidad será:

- (960 ± 10) °C para las partes que soportan partes activas.
- (650 ± 10) °C para todas las demás partes.

2. Cajas de protección y medida (CPM)

Para el caso de suministros para un único usuario o dos usuarios alimentados desde el mismo lugar conforme a los esquemas 2.1 y 2.2.1 de la Instrucción **ITC-BT-12, al no existir línea general de alimentación, podrá simplificarse la instalación** colocando en un único elemento la caja general de protección y el equipo de medida; dicho elemento se denominará caja de protección y medida.

2.1. Emplazamiento e instalación

Es aplicable lo indicado en el apartado 1.1 de esta instrucción, salvo que no se admitirá el montaje superficial. Además, los dispositivos de lectura de los **equipos de medida** deberán estar instalados a una **altura** comprendida entre **0,7 m** y **1,80 m**.

2.2. Tipos y características

Las cajas de protección y medida a utilizar corresponderán a uno de los tipos recogidos en las especificaciones técnicas de la empresa suministradora que hayan sido aprobadas por la Administración Pública competente, en función del número y naturaleza del suministro.

Las cajas de protección y medida cumplirán todo lo que sobre el particular se indica en la norma **UNE-EN 60439-1;** tendrán grado de inflamabilidad según se indica en la **UNE-EN 60439-3;** una vez instaladas tendrán un grado de protección **IP 43** según **UNE 20324** e **IK 09** según **UNE-EN 50102** y serán **precintables.**

La envolvente deberá disponer de la ventilación interna necesaria que garantice la no formación de condensaciones.

El material transparente para la lectura será resistente a la acción de los rayos ultravioleta.

GUÍA-BT-13

Las Cajas de Protección y Medida deberán ser de **Clase II** (doble aislamiento o aislamiento reforzado) (Figura B).

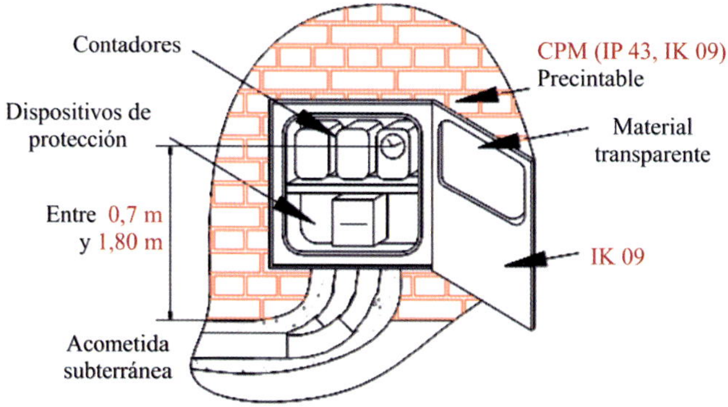

Figura B. *Ejemplo de caja de protección y medida (CPM) con acometida subterránea.*

Producto		Norma de aplicación
CPM (Conjunto de aparamenta)		UNE-EN 60439-1
Caja (para conjunto de aparamenta)		UNE-EN 60439-1
Bornes de conexión (domésticos o análogos)		UNE-EN 60998
Bornes de conexión (industriales)		UNE-EN 60947-7
Fusibles		UNE-EN 60269 (serie)
Contadores (electrónicos)		UNE-EN 61036
Contadores (inducción)		UNE-EN 60521
Interruptor horario		UNE-EN 61038
Tubos	Rígido 4321 (Acometida aérea o aéreo-subterránea)	UNE-EN 50086-2-1
	Enterrado (Acometida subterránea)	UNE-EN 50086-2-4

ITC-BT-14

INSTALACIONES DE ENLACE. LÍNEA GENERAL DE ALIMENTACIÓN

Índice

1 Definición 266

2 Instalación 266

3 Cables 268

1. Definición

Es aquella que enlaza la Caja General de Protección con la centralización de contadores.

De una misma línea general de alimentación pueden hacerse derivaciones para distintas centralizaciones de contadores.

Las líneas generales de alimentación estarán constituidas por:

- Conductores aislados en el interior de tubos empotrados.
- Conductores aislados en el interior de tubos enterrados.
- Conductores aislados en el interior de tubos en montaje superficial.
- Conductores aislados en el interior de canales protectoras cuya tapa solo se pueda abrir con la ayuda de un útil.
- Canalizaciones eléctricas prefabricadas que deberán cumplir la norma **UNE-EN 60439-2** (anulada y sustituida por UNE-EN 61439-6).
- Conductores aislados en el interior de conductos cerrados de obra de fábrica, proyectados y construidos al efecto.

En los casos anteriores, los tubos y canales, así como su instalación, cumplirán lo indicado en la **ITC-BT-21,** salvo en lo indicado en la presente instrucción.

Las canalizaciones incluirán, en su caso, el conductor de protección.

2. Instalación

El trazado de la línea general de alimentación será lo más corto y rectilíneo posible, discurriendo por zonas de uso común.

Cuando se instalen en el interior de **tubos,** su diámetro, en función de la sección del cable a instalar, será el que se indica en la **Tabla 1.**

Las dimensiones de **otros tipos de canalizaciones** deberán permitir la **ampliación** de la sección de los conductores en un **100 %.**

En instalaciones de cables aislados y conductores de protección en el interior de **tubos enterrados** se cumplirá lo especificado en la **ITC-BT-07,** excepto en lo indicado en la presente instrucción.

Las uniones de los tubos rígidos serán roscadas o embutidas, de modo que no puedan separarse los extremos.

Además, cuando la línea general de alimentación discurra verticalmente, lo hará por el interior de una canaladura o conducto de obra de fábrica empotrado o adosado al hueco de la escalera por lugares de uso común.

La línea general de alimentación no podrá ir adosada o empotrada a la escalera o zona de uso común cuando estos recintos sean protegidos conforme a lo establecido en la **CTE-DB-SI.**

Se evitarán las curvas, los cambios de dirección y la influencia térmica de otras canalizaciones del edificio.

Este conducto será **registrable y precintable** en cada planta y se establecerán **cortafuegos cada tres plantas,** como mínimo, y sus paredes tendrán una **resistencia al fuego de RF 120** según **CTE-DB-SI.**

Las **tapas de registro** tendrán una resistencia al fuego mínima, **RF 30.**

Las **dimensiones** mínimas del conducto serán de 30 × 30 cm y se destinará única y exclusivamente a alojar la línea general de alimentación y el conductor de protección.

GUÍA-BT-14

En lo referente a la ejecución de las LGA se considerará lo siguiente:

- Cuando se trate de modificaciones o sustituciones en edificios ya construidos y no puedan realizarse las canaladuras según los requisitos reglamentarios, se permitirá la instalación en montaje superficial o empotrado en pared, bajo tubo o canal protectora.
- Cuando el tramo vertical no comunique plantas diferentes, no es necesario realizar dicho tramo en canaladura, sino que valdrá directamente empotrado o en superficie, estando alojados los conductores bajo tubo o canal protectora.

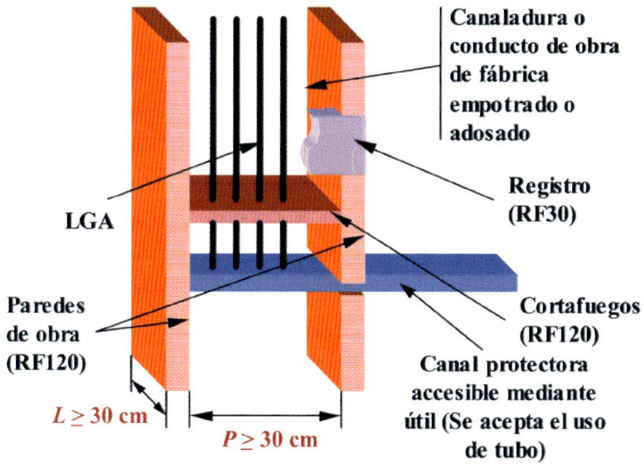

Figura A. *Ejemplo orientativo de la instalación de la LGA utilizando canal o tubo y conducto cerrado de obra de fábrica.*

3. Cables

Los conductores a utilizar, tres de fase y uno de neutro, serán de cobre o aluminio, unipolares y aislados, siendo su nivel de aislamiento 0,6/1 kV.

Los cables y sistemas de conducción de cables deben instalarse de manera que no se reduzcan las características de la estructura del edificio en la seguridad contra incendios.

Los cables serán **no propagadores del incendio** y con emisión de humos y opacidad reducida. Los cables con características equivalentes a las de la norma **UNE 21123** parte 4 o 5 cumplen con esta prescripción.

*Con la publicación del Reglamento Delegado 2016/364, que establece **las clases posibles de reacción al fuego de los cables eléctricos:** Los cables serán de la clase de reacción al fuego mínima **C_{ca}–s1b, d1, a1.***

Los elementos de conducción de cables con características equivalentes a los clasificados como **«no propagadores de la llama»** de acuerdo con las normas **UNE-EN 50085-1** y **UNE-EN 50086-1** cumplen con esta prescripción.

Siempre que se utilicen **conductores de aluminio,** las conexiones del mismo deberán realizarse utilizando las técnicas apropiadas que **eviten el deterioro** del conductor debido a la aparición de potenciales peligrosos originados por los **efectos de los pares galvánicos.**

La sección de los cables deberá ser uniforme en todo su recorrido **y sin empalmes,** exceptuándose las derivaciones realizadas en el interior de cajas para alimentación de centralizaciones de contadores.

La **sección mínima** será de:

- **10 mm^2 en cobre.**
- **16 mm^2 en aluminio.**

Para el cálculo de la sección de los cables se tendrá en cuenta tanto la máxima caída de tensión permitida como la intensidad máxima admisible.

La **caída de tensión máxima** permitida será para las líneas generales de alimentación destinadas a:

- **Contadores totalmente centralizados: 0,5 %.**
- **Centralizaciones parciales de contadores: 1 %.**

La intensidad máxima admisible a considerar será la fijada en la **UNE 20460-5-523** (anulada y sustituida por UNE-HD 60364-5-52) con los factores de corrección correspondientes a cada tipo de montaje, de acuerdo con la previsión de potencias establecidas en la **ITC-BT-10.**

NOTA

Intensidad máxima admisible para conductores de cobre y aluminio

Para consultar la intensidad admisible para los conductores de la LGA en instalaciones no enterradas, *véase* la Tabla A de la **ICT-BT-19** según norma **UNE-HD 60364-5-52.**

Para la **sección del conductor neutro** se tendrán en cuenta el máximo desequilibrio que puede preverse, las corrientes armónicas y su comportamiento, en función de las protecciones establecidas ante las sobrecargas y cortocircuitos que pudieran presentarse, **no admitiéndose una sección inferior al** 50 % de la correspondiente al conductor de fase, no siendo inferiores a los valores especificados en la **Tabla 1.**

Tabla 1

Secciones (mm^2)		Diámetro exterior de los tubos (mm)
Fase	Neutro	
10 (Cu)	10 (Cu)	75
16 (Cu)	10 (Cu)	75
16 (Al)	16 (Al)	75
25	16	110
35	16	110
50	25	125
70	35	140
95	50	140
120	70	160
150	70	160
185	95	180
240	120	200

GUÍA-BT-14

Las características mínimas para los cables y los sistemas de conducción de cables son:

Sistema de instalación	Sistema de canalización		Cable	
Superficial	Tubo 4321: No propagador de la llama.	Compresión Fuerte, Impacto Media, Propiedades eléctricas: Aislante/continuidad eléctrica. UNE-EN 50086-2-1	RZ1-K (AS)	Cable de tensión asignada 0,6/1 kV con conductor de cobre clase 5 (−K), aislamiento de polietileno reticulado (R) y cubierta de compuesto termoplástico a base de poliolefina (Z1). UNE 21123-4
	Canal no propagadora de la llama.	Impacto Media, No propagador de la llama, Propiedades eléctricas: Aislante/continuidad eléctrica. Que solo puede abrirse con herramientas. IP 2X mínimo. UNE-EN 50085	DZ1-K (AS)	Cable de tensión asignada 0,6/1 kV con conductor de cobre clase 5 (−K), aislamiento de etileno propileno (D) y cubierta de compuesto termoplástico a base de poliolefina (Z1). UNE 21123-5
Empotrado	Tubo 2221: No propagador de la llama.	Compresión Ligera, Impacto Ligera. UNE-EN 50086-2-2		
	Canal no propagadora de la llama.	Impacto Media, No propagador de la llama. Que solo puede abrirse con herramientas. IP 2X mínimo. UNE-EN 50085		
Enterrado	Tubo (Propiedades de propagación de la llama no declaradas).	Compresión 250/450N (hormigón/suelo ligero), Impacto Ligera/Normal. UNE-EN 50086-2-4	RZ1-K (AS) DZ1-K (AS)	Tipos ya descritos.
Canal de obra			RZ1-K (AS) DZ1-K (AS)	Tipos ya descritos.
Canalización prefabricada UNE-EN 60439-2				

Los cables con conductores de aluminio corresponden al tipo RZ1-Al (AS), según la norma UNE 21123-4; habitualmente se utilizan para instalaciones singulares.

EJEMPLO DE APLICACIÓN

Calcula la sección de los conductores de fase y neutro de la línea general de alimentación de un edificio destinado principalmente a viviendas con los siguientes datos:

- Previsión de carga total para el edificio = 100 kW.
- Factor de potencia = 0,9.
- Suministro de tres fases + neutro a una tensión de 400 V/230 V.
- Contadores centralizados (caída de tensión máxima = 0,5 %).
- Longitud de la línea = 15 m.
- Línea formada por cables unipolares aislados con XLPE (Polietileno reticulado) de 0,6/1 kV.
- Conducción bajo tubo empotrado.
- Temperatura ambiente inferior a 40 °C.

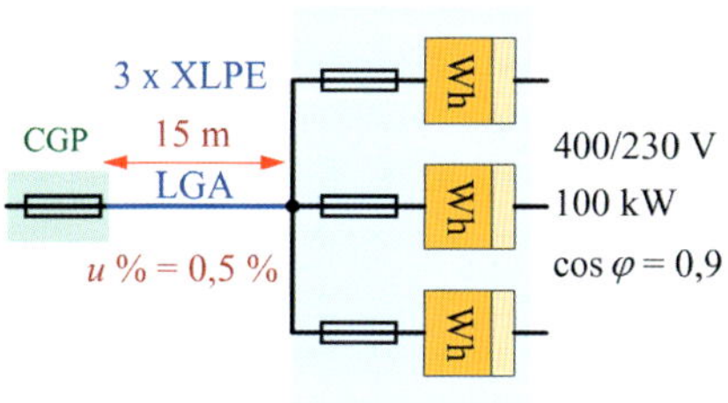

Solución:

Calculamos primero la intensidad total de la LGAr:

$$I_L = \frac{P}{\sqrt{3}\ U_L \cos\varphi} = \frac{100.000}{\sqrt{3} \cdot 400 \cdot 0{,}9} = 160 \text{ A}$$

La caída de tensión máxima en voltios es:

$$u = \frac{400}{100} \cdot 0{,}5 = 2 \text{ V}$$

Ahora calculamos la sección teniendo en cuenta esta caída de tensión. Dado que la temperatura admisible para cables aislados con XLPE es de 90 °C, se tendrá en cuenta una conductividad de 44 para conductores de cobre.

$$S = \frac{\sqrt{3}\ L \cdot \cos\varphi}{\Upsilon_{90°C} u} = \frac{\sqrt{3} \cdot 15 \cdot 160 \cdot 0{,}9}{44 \cdot 2} = 42{,}5 \text{ mm}^2 \rightarrow S_{comercial} = 50 \text{ mm}^2$$

En la Tabla A-52-1-bis de la ICT-BT-19 averiguamos la intensidad admisible para este conductor. Para tres conductores de cobre de XLPE, método de instalación B1 (conductores aislados en tubos empotrados en obra). En la columna 8 tenemos que, para una sección de 50 mm^2, la intensidad máxima admisible es de 145 A.

Como con 50 mm^2 no es suficiente para 160 A, seleccionamos finalmente un conductor de 70 mm^2 que admite hasta 185 A.

La sección del neutro que le corresponde (Tabla 1 de esta Instrucción Técnica) será igual a 35 mm^2, con diámetro exterior del tubo de 140 mm para la canalización.

ANOTACIONES

ITC-BT-15

INSTALACIONES DE ENLACE. DERIVACIONES INDIVIDUALES

Índice

1 Definición 274

2 Instalación 274

3 Cables 277

1. Definición

Derivación individual es la parte de la instalación que, partiendo de la línea general de alimentación, suministra energía eléctrica a una instalación de usuario.

La derivación individual se inicia en el embarrado general y comprende:

- los fusibles de seguridad,
- el conjunto de medida y
- los dispositivos generales de mando y protección.

Las derivaciones individuales estarán constituidas por:

- Conductores aislados en el interior de tubos empotrados.
- Conductores aislados en el interior de tubos enterrados.
- Conductores aislados en el interior de tubos en montaje superficial.
- Conductores aislados en el interior de canales protectoras cuya tapa solo se pueda abrir con la ayuda de un útil.
- Canalizaciones eléctricas prefabricadas que deberán cumplir la norma **UNE-EN 60439-2** (anulada y sustituida por UNE-EN 61439-6).
- Conductores aislados en el interior de conductos cerrados de obra de fábrica, proyectados y construidos al efecto.

En los casos anteriores, los tubos y canales, así como su instalación, cumplirán lo indicado en la **ITC-BT-21,** salvo en lo indicado en la presente instrucción.

Las canalizaciones incluirán, en cualquier caso, el conductor de protección.

Cada **derivación individual** será totalmente **independiente** de las derivaciones correspondientes a otros usuarios.

2. Instalación

Los tubos y canales protectoras tendrán una sección nominal que permita **ampliar la sección** de los conductores inicialmente instalados en un **100 %**.

En las mencionadas condiciones de instalación, los **diámetros exteriores nominales mínimos** de los tubos en derivaciones individuales serán de **32 mm**.

Cuando, por coincidencia del trazado, se produzca una agrupación de dos o más derivaciones individuales, estas podrán ser tendidas simultáneamente en el interior de un canal protector mediante cable con cubierta, asegurándose así la separación necesaria entre derivaciones individuales.

En cualquier caso, se dispondrá de un **tubo de reserva por cada diez derivaciones individuales** o fracción, desde las concentraciones de contadores hasta las viviendas o locales, para poder atender fácilmente posibles ampliaciones.

En **locales** donde no esté definida su partición, se instalará como **mínimo un tubo por cada** 50 m^2 de superficie.

Las uniones de los tubos rígidos serán roscadas, o embutidas, de manera que no puedan separarse los extremos.

En el caso de edificios destinados principalmente a viviendas, en edificios comerciales, de oficinas, o destinados a una concentración de industrias, las derivaciones individuales deberán discurrir por lugares de uso común, o en caso contrario quedar determinadas sus servidumbres correspondientes.

Cuando las derivaciones individuales discurran verticalmente, se alojarán en el interior de una canaladura o conducto de obra de fábrica con paredes de resistencia al fuego **RF 120,** preparado única y exclusivamente para este fin, empotrado o adosado al hueco de escalera o zonas de uso común, salvo cuando sean recintos protegidos conforme a lo establecido en la **CTE-DB-SI,** careciendo de curvas, cambios de dirección, cerrado convenientemente y precintables.

En estos casos y para evitar la caída de objetos y la propagación de las llamas, se dispondrá como mínimo, **cada tres plantas,** de elementos **cortafuegos y tapas de registro precintables** de las dimensiones de la canaladura, a fin de facilitar los trabajos de inspección y de instalación y sus características vendrán definidas por la **CTE-DB-SI.** Las tapas de registro tendrán una resistencia al fuego mínima, **RF 30.**

Las dimensiones mínimas de la canaladura o conducto de obra de fábrica se ajustarán a la siguiente tabla:

Tabla 1. *Dimensiones mínimas de la canaladura o conducto de obra de fábrica.*

Dimensiones (m)		
Número de derivaciones	Anchura *L* (m)	
	Profundidad $P = 0{,}15$ m una fila	Profundidad $P = 0{,}30$ m dos filas
Hasta 12	0,65	0,50
13-24	1,25	0,65
25-36	1,85	0,95
36-48	2,45	1,35

Para más derivaciones individuales de las indicadas se dispondrá el número de conductos o canaladuras necesario.

La **altura** mínima de las **tapas registro** será de **0,30 m** y su anchura igual a la de la canaladura. Su parte superior quedará instalada, como mínimo, a **0,20 m del techo.**

Con objeto de facilitar la instalación, **cada 15 m** se podrán colocar **cajas de registro precintables,** comunes a todos los tubos de derivación individual, en las que no se realizarán empalmes de conductores. Las cajas serán de **material aislante, no propagadoras de la llama** y **grado de inflamabilidad V-1,** según **UNE-EN 60695-11-10.**

Para el caso de **cables aislados en el interior de tubos enterrados,** la derivación individual cumplirá lo que se indica en la **ITC-BT-07** para redes subterráneas, excepto en lo indicado en la presente instrucción.

GUÍA-BT-15

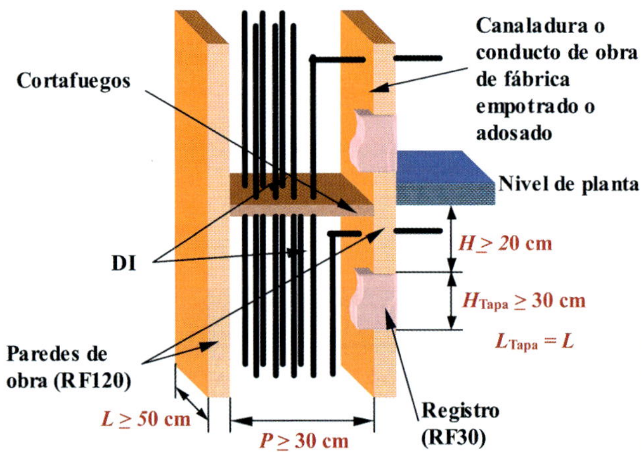

Figura A. *Ejemplo orientativo de la instalación de las derivaciones utilizando canal o tubo y conducto cerrado de obra de fábrica. Instalación en dos filas.*

Las características mínimas para los cables son:

Superficial Empotrado Canal de obra	ES07Z1-K (AS)	Unipolar aislado de tensión asignada 450/750 V con conductor de cobre clase 5 (−K) y aislamiento de compuesto termoplástico a base de poliolefina (Z1). UNE 211002
	RZ1-K (AS)	Cable de tensión asignada 0,6/1 kV con conductor de cobre clase 5 (−K), aislamiento de polietileno reticulado (R) y cubierta de compuesto termoplástico a base de poliolefina (Z1). UNE 21123-4
	DZ1-K (AS)	Cable de tensión asignada 0,6/1 kV con conductor de cobre clase 5 (−K), aislamiento de etileno propileno (D) y cubierta de compuesto termoplástico a base de poliolefina (Z1). UNE 21123-5
Enterrado	RZ1-K (AS) DZ1-K (AS)	Tipos ya descritos siempre multiconductores.

3. Cables

El número de conductores vendrá fijado por el número de fases necesarias para la utilización de los receptores de la derivación correspondiente y según su potencia, llevando cada línea su correspondiente conductor **neutro** así como el **conductor de protección.**

En el caso de suministros individuales el punto de conexión del conductor de protección, se dejará a criterio del proyectista de la instalación. Además, cada derivación individual incluirá el hilo de mando para posibilitar la aplicación de diferentes tarifas.

No se admitirá el empleo de conductor neutro común ni de conductor de protección común para distintos suministros.

A efecto de la consideración del número de fases que compongan la derivación individual, se tendrá en cuenta la potencia que en monofásico está obligada a suministrar la empresa distribuidora si el usuario así lo desea.

Los cables no presentarán empalmes y su sección será uniforme, exceptuándose en este caso las conexiones realizadas en la ubicación de los contadores y en los dispositivos de protección.

Los conductores a utilizar serán de **cobre o aluminio, aislados y normalmente unipolares,** siendo su nivel de aislamiento 450/750 V. Se seguirá el código de colores indicado en la **ITC-BT-19.**

Para el caso de cables **multiconductores o para el caso de derivaciones individuales** en el interior de tubos enterrados, el aislamiento de los conductores será de **0,6/1 kV**.

Los cables y sistemas de conducción de cables deben instalarse de manera que no se reduzcan las características de la estructura del edificio en la seguridad contra incendios.

Los cables serán **no propagadores del incendio y con emisión de humos y opacidad reducida.** Los cables con características equivalentes a las de la norma **UNE 21123** parte 4 o 5, o a la norma **UNE 211002** (según la tensión asignada del cable), cumplen con esta prescripción.

Con la publicación del Reglamento Delegado 2016/364, que establece ***las clases posibles de reacción al fuego de los cables eléctricos:*** *Los cables serán de la clase de reacción al fuego mínima* ***C_{ca}–s1b, d1, a1.***

Los elementos de conducción de cables con características equivalentes a los clasificados como «no propagadores de la llama» de acuerdo con las normas **UNE-EN 50085-1 y UNE-EN 50086-1** cumplen con esta prescripción.

La **sección mínima** será de:

- **6 mm²** para los cables polares, neutro y protección y de
- **1,5 mm²** para el hilo de mando, que será de color rojo.

Para el cálculo de la sección de los conductores se tendrá en cuenta lo siguiente:

a) La **demanda prevista por cada usuario,** que será como mínimo la fijada por la **ITC-BT-10** y cuya intensidad estará controlada por los dispositivos privados de mando y protección.

A efectos de las **intensidades admisibles** por cada sección, se tendrá en cuenta lo que se indica en la **ITC-BT-19** y, para el caso de cables aislados en el interior de tubos enterrados, lo dispuesto en la **ITC-BT-07.**

b) La **caída de tensión máxima admisible** será:

- Para el caso de contadores concentrados **en más de un lugar:** 0,5 %.
- Para el caso de contadores totalmente **concentrados:** 1 %.
- Para el caso de derivaciones individuales en suministros para un **único usuario** en que no existe línea general de alimentación: 1,5 %.

NOTA

Resumen caídas de tensión máximas admitidas

Tabla A. *Caída de tensión admisible para líneas de alimentación según el tipo de instalación.*

Instalación de los contadores	Instalaciones de enlace		Instalación interior		
	Línea general de alimentación	Derivación individual	Viviendas	Otras instalaciones	
				Alumbrado	Otros usos
Para un solo usuario.	No existe línea general de alimentación.	1,5 %			
Para dos usuarios alimentados desde el mismo lugar.					
Contadores totalmente centralizados.	0,5 %	1 %	3 %	3 %	5 %
Contadores centralizados en más de un lugar.	1 %	0,5 %			
TOTAL en el conjunto de la instalación	**1,5 %**		**4,5 %**	**4,5 %**	**6,5 %**

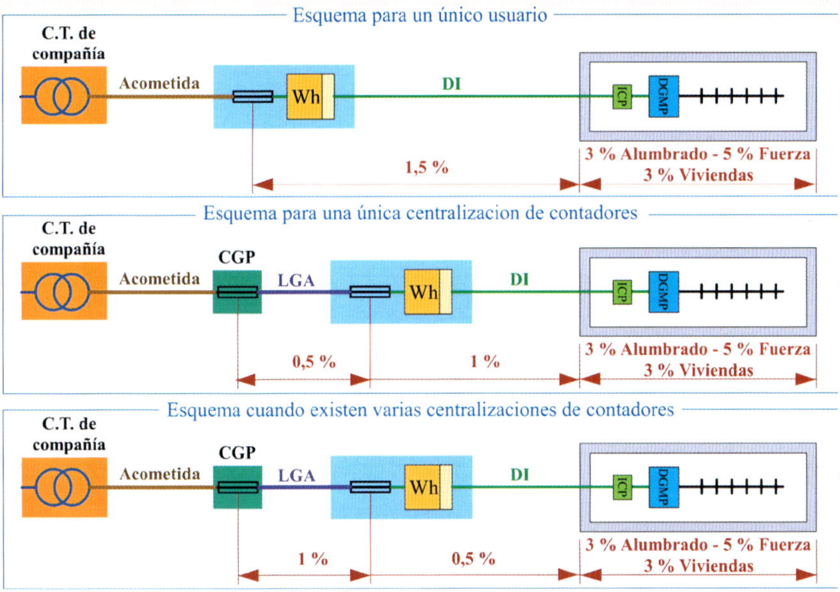

Figura B. *Esquema de instalación de enlace con contadores concentrados en un lugar.*

EJEMPLO DE APLICACIÓN

Calcula la sección de los conductores de fase y neutro de la derivación individual de una vivienda con un grado de electrificación elevada, con una previsión de potencia de **9.200 W** a **230 V** y con un factor de potencia de **0,9**. Los contadores están centralizados. La línea está formada por cables unipolares aislados con XLPE (polietileno reticulado) en conducción bajo tubo empotrado, con una longitud de **25 m**. La temperatura ambiente es inferior a **40 °C**.

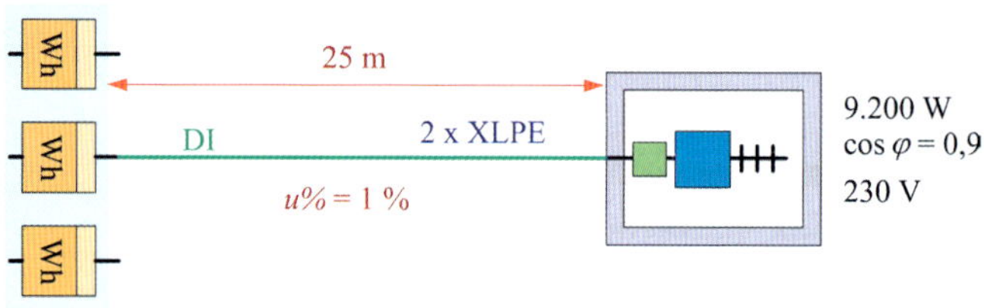

Solución:

Calculamos primero la intensidad total de la DI:

$$I_L = \frac{P}{U_L \cos \varphi} = \frac{9.200}{230 \cdot 0{,}9} = 44{,}44 \text{ A}$$

La caída de tensión máxima que se debe considerar será del **1 %** para contadores concentrados:

$$u = \frac{230}{100} \cdot 1 = 2{,}3 \text{ V}$$

Ahora calculamos la sección teniendo en cuenta esta caída de tensión. Dado que la temperatura admisible para cables aislados con XLPE es de 90 °C, se tendrá en cuenta una conductividad de **44** para conductores de cobre.

$$S = \frac{2 \cdot L \cdot I \cdot \cos \varphi}{Y_{90\,°C}\, u} = \frac{2 \cdot 25 \cdot 44{,}44 \cdot 0{,}9}{44 \cdot 2{,}3} = 19{,}8 \text{ mm}^2 \Rightarrow S_{comercial} = 25 \text{ mm}^2$$

En la Tabla A-52-1-bis de la ICT-BT-19 averiguamos la intensidad admisible para este conductor. Para tres conductores de cobre de XLPE, se sigue el método de instalación B1 (conductores aislados en tubos empotrados en obra). En la columna 10 tenemos que, para una sección de **25 mm²**, la intensidad máxima admisible es de **110 A**. La intensidad es superior a los **44,44 A** y, por tanto, suficiente.

ITC-BT-16

INSTALACIONES DE ENLACE. CONTADORES: UBICACIÓN Y SISTEMAS DE INSTALACIÓN

Índice

1 Generalidades 282

2 Formas de colocación 284

2.1. Colocación en forma individual 284

2.2. Colocación en forma concentrada 284

3 Concentración de contadores 288

4 Elección del sistema 290

1. Generalidades

Los contadores y demás dispositivos para la medida de la energía eléctrica, podrán estar ubicados en:

- Módulos (cajas con tapas precintables).
- Paneles.
- Armarios.

Todos ellos constituirán conjuntos que deberán cumplir la norma **UNE-EN 60439 partes 1, 2 y 3** (anulada y sustituida por UNE-EN 61439-1).

El grado de protección mínimo que deben cumplir estos conjuntos, de acuerdo con la norma **UNE 20324 y UNE-EN 50102,** respectivamente:

- Para instalaciones de tipo **interior: IP 40; IK 09.**
- Para instalaciones de tipo **exterior: IP 43; IK 09.**

Deberán permitir de forma directa la lectura de los contadores e interruptores horarios, así como la del resto de dispositivos de medida, cuando así sea preciso. Las partes transparentes que permiten la lectura directa deberán ser resistentes a los rayos ultravioleta.

Cuando se utilicen módulos o armarios, estos deberán disponer de ventilación interna para evitar condensaciones sin que disminuya su grado de protección.

Las dimensiones de los módulos, paneles y armarios serán las adecuadas para el tipo y número de contadores, así como del resto de dispositivos necesarios para la facturación de la energía, que según el tipo de suministro deban llevar.

Cada derivación individual debe llevar asociado en su origen su propia protección compuesta por **fusibles de seguridad,** con independencia de las protecciones correspondientes a la instalación interior de cada suministro. Estos fusibles se instalarán antes del contador y se colocarán en **cada uno de los hilos de fase o polares** que van al mismo, tendrán la adecuada capacidad de corte en función de la máxima intensidad de cortocircuito que pueda presentarse en ese punto y estarán **precintados** por la empresa distribuidora.

Los **cables** serán de **6 mm^2 de sección,** salvo cuando se incumplan las prescripciones reglamentarias en lo que afecta a previsión de cargas y caídas de tensión, en cuyo caso la sección será mayor.

Los cables serán de una tensión asignada de **450/750 V** y los conductores de **cobre,** de **clase 2** según norma **UNE 21022** (anulada y sustituida por UNE-EN

60228), con un aislamiento seco, extruido a base de mezclas termoestables o termoplásticas; y se identificarán según los colores prescritos en la **ITC-BT-26.**

Con la publicación del Reglamento Delegado 2016/364, que establece ***las clases posibles de reacción al fuego de los cables eléctricos:*** *Los cables serán de la clase de reacción al fuego mínima* $\boldsymbol{C_{ca}}$ ***–s1b, d1, a1.***

Los cables serán **no propagadores del incendio y con emisión de humos y opacidad reducida.** Los cables con características equivalentes a la norma **UNE 21027-9** (mezclas termoestables) o a la norma **UNE 211002** (mezclas termoplásticas) cumplen con esta prescripción.

Asimismo, deberá disponer del cableado necesario para los **circuitos de mando y control** con el objetivo de satisfacer las disposiciones tarifarias vigentes. El cable tendrá las mismas características que las indicadas anteriormente; su color de identificación será el **rojo** y con una sección de **1,5 mm²**.

Las conexiones se efectuarán directamente y los conductores no requerirán preparación especial o terminales.

Cuando en una centralización se instalen contadores inteligentes que incorporen la función de telegestión, las derivaciones individuales con origen en estos contadores no requerirán del hilo mando especificado en la **ITC-BT-15**, ya que estos contadores permiten la aplicación de diferentes tarifas sin necesidad del hilo de mando.

GUÍA-BT-16

Los cables con estas características indicados en estas normas son:

Tipo de cable		Norma de aplicación
Cable tipo H07Z-R	Conductor unipolar aislado de tensión asignada 450/750 V, conductor de cobre clase 2 (–R), aislamiento de compuesto termoestable (Z).	UNE 21027-9
Cable tipo ES07Z1-R (AS)	Conductor unipolar aislado de tensión asignada 450/750 V, conductor de cobre clase 2 (–R), aislamiento de compuesto termoplástico a base de poliolefina (Z1). Este tipo de cable solamente está normalizado para las secciones de 1,5 mm² con aislamiento de color rojo y de 6, 10, 16 mm².	UNE 211002

Nota 1: Según la norma UNE 21022 los conductores clase 2 son aquellos constituidos por varios alambres cableados, formando un conductor rígido.

2. Formas de colocación

2.1. Colocación en forma individual

Esta disposición se utilizará solo cuando se trate de un suministro a un único usuario independiente o a dos usuarios alimentados desde un mismo lugar.

Se hará uso de la **Caja de Protección y Medida (CPM),** de los tipos y características indicados en el apartado 2 de **ITC-BT-13,** que reúne bajo una misma envolvente los fusibles generales de protección, el contador y el dispositivo para discriminación horaria. En este caso, los **fusibles de seguridad coinciden con los generales de protección.**

El emplazamiento de la Caja de Protección y Medida se efectuará de acuerdo a lo indicado en el apartado 2.1 de la **ITC-BT-13.**

Para **suministros industriales,** comerciales o de servicios con medida indirecta, dada la complejidad y diversidad que ofrecen, la solución a adoptar será la que se especifique en los requisitos particulares de la empresa suministradora para cada caso en concreto, partiendo de los siguientes principios:

- Fácil lectura del equipo de medida.
- Acceso permanente a los fusibles generales de protección.
- Garantías de seguridad y mantenimiento.

El usuario será responsable del quebrantamiento de los precintos que coloquen los organismos oficiales o las empresas suministradoras, así como de la rotura de cualquiera de los elementos que queden bajo su custodia, cuando el contador esté instalado dentro de su local o vivienda. En el caso de que el contador se instale fuera, será responsable el propietario del edificio.

2.2. Colocación en forma concentrada

En el caso de:

- Edificios destinados a viviendas y locales comerciales.
- Edificios comerciales.
- Edificios destinados a una concentración de industrias.

Los contadores y demás dispositivos para la medida de la energía eléctrica de cada uno de los usuarios y de los servicios generales del edificio podrán concentrarse en uno o varios lugares, para cada uno de los cuales habrá de preverse en el edificio un armario o local adecuado a este fin, donde se colocarán los distintos elementos necesarios para su instalación.

Cuando el **número de contadores** centralizados sea superior a **16**, será obligatorio disponer de un **local** en el edificio para la ubicación de la concentración.

En función de la naturaleza y número de contadores, así como de las plantas del edificio, la concentración de los contadores se situará de la forma siguiente:

- En edificios de **hasta 12 plantas** se colocarán en la **planta baja, entresuelo o primer sótano.**
- En edificios **superiores a 12 plantas** se podrá concentrar **por plantas intermedias,** comprendiendo cada concentración los contadores de **6 o más** plantas.
- Podrán disponerse **concentraciones por plantas** cuando el **número de contadores** en cada una de las concentraciones sea **superior a 16.**

2.2.1. En local

Este local que estará dedicado única y exclusivamente a este fin podrá, además, albergar por necesidades de la Compañía Eléctrica para la gestión de los suministros que parten de la centralización un equipo de comunicación y adquisición de datos, a instalar por la Compañía Eléctrica, así como el cuadro general de mando y protección de los servicios comunes del edificio, siempre que las dimensiones reglamentarias lo permitan.

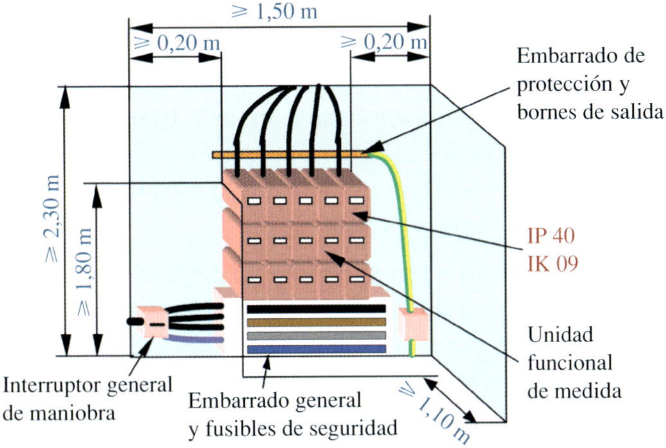

Figura A. *Ejemplo de colocación de contadores centralizados en un local.*

El local cumplirá las condiciones de protección contra incendios que establece la **CTE-DB-SI** para los locales de riesgo especial bajo y responderá **a las siguientes condiciones:**

- Estará situado en la planta baja, entresuelo o primer sótano, salvo cuando existan concentraciones por plantas, en un lugar **lo más próximo posible a la entrada del edificio** y a la canalización de las derivaciones individuales. Será de fácil y libre acceso, tal como portal o recinto de portería y el local nunca podrá coincidir con el de otros servicios tales como cuarto de calderas, concentración de contadores de agua, gas, telecomunicaciones, maquinaria de ascensores o de otros como almacén, cuarto trastero, de basuras, etc.
- **No servirá nunca de paso ni de acceso a otros locales.**
- Estará construido con **paredes de clase M0** y **suelos de clase M1,** separado de otros locales que presenten riesgos de incendio o produzcan vapores corrosivos y no estará expuesto a vibraciones ni humedades.
- Dispondrá de **ventilación y de iluminación** suficiente para comprobar el buen funcionamiento de todos los componentes de la concentración.
- Cuando la cota del suelo sea inferior o igual a la de los pasillos o locales colindantes, deberán disponerse **sumideros de desagüe** para que, en el caso de avería, descuido o rotura de tuberías de agua, no puedan producirse inundaciones en el local.
- Las paredes donde debe fijarse la concentración de contadores tendrán una resistencia no inferior a la del tabicón de medio pie de ladrillo hueco.
- El local tendrá una **altura mínima de 2,30 m** y una **anchura mínima** en paredes ocupadas por contadores de **1,50 m**. Sus dimensiones serán tales que las **distancias desde la pared** donde se instale la concentración de contadores hasta el primer obstáculo que tenga enfrente sean de **1,10 m**. La **distancia entre los laterales** de dicha concentración y sus paredes colindantes será de **20 cm**. La resistencia al fuego del local corresponderá a lo establecido en la Norma **CTE-DB-SI** para locales de riesgo especial bajo.
- La **puerta de acceso** abrirá hacia el exterior y tendrá una dimensión mínima de **0,70 × 2 m**; su resistencia al fuego corresponderá a lo establecido para puertas de locales de riesgo especial bajo en la Norma **CTE-DB-SI** y estará equipada con la cerradura que tenga normalizada la empresa distribuidora.
- Dentro del local e inmediato a la entrada deberá instalarse un equipo autónomo de **alumbrado de emergencia,** de autonomía no inferior a **1 hora** y proporcionando un nivel mínimo de iluminación de **5 lux**.

- En el exterior del local y lo más próximo a la puerta de entrada, deberá existir un **extintor móvil,** de **eficacia mínima 21B,** cuya instalación y mantenimiento será a cargo de la propiedad del edificio.

NOTA

En la Figura B se muestra un resumen de las condiciones del local para el cuarto de contadores:

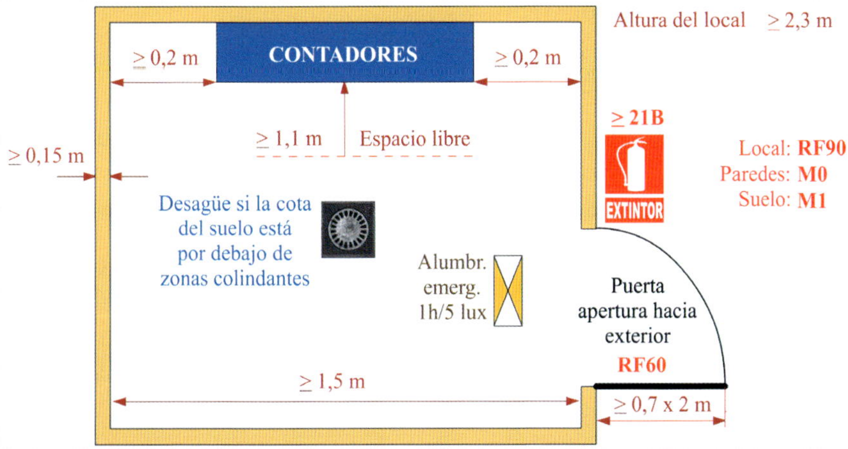

Figura B. *Características del local destinado para cuarto de contadores.*

2.2.2. En armario

Si el número de contadores a centralizar es **igual o inferior a 16,** además de poderse instalar en un local de las características descritas en 2.2.1, la concentración podrá ubicarse en un armario destinado única y exclusivamente a este fin.

Este armario reunirá los siguientes **requisitos:**

- Estará situado en la planta baja, entresuelo o primer sótano del edificio, salvo cuando existan concentraciones por plantas, empotrado o adosado sobre un paramento de la zona común de la entrada lo más próximo a ella y a la canalización de las derivaciones individuales.
- No tendrá bastidores intermedios que dificulten la instalación o lectura de los contadores y demás dispositivos.
- Desde la parte más saliente del armario hasta la pared opuesta deberá respetarse un pasillo de **1,5 m** como mínimo.

- Los armarios tendrán una característica parallamas mínima, **PF 30.**
- Las puertas de cierre dispondrán de la cerradura que tenga normalizada la empresa suministradora.
- Dispondrá de ventilación y de iluminación suficiente y. en sus inmediaciones, se instalará un **extintor móvil,** de eficacia mínima **21B,** cuya instalación y mantenimiento será a cargo de la propiedad del edificio. Igualmente, se colocará una **base de enchufe** (toma de corriente) con **toma de tierra** de **16 A** para servicios de mantenimiento.

3. Concentración de contadores

Las concentraciones de contadores estarán concebidas para albergar los **aparatos de medida, mando, control** (ajeno al ICP) y **protección** de todas y **cada una de las derivaciones individuales** que se alimentan desde la propia concentración.

Cumplirán con la **norma UNE-EN 60439** parte 2 y 3 y en lo que se refiere al grado de inflamabilidad cumplirán con el ensayo del hilo incandescente descrito en la norma **UNE-EN 60695-2-1,** a una temperatura de **960 °C** para los materiales aislantes que estén en contacto con las partes que transportan la corriente y de **850 °C** para el resto de los materiales tales como envolventes, tapas, etc.

Cuando existan envolventes, estarán dotadas de dispositivos precintables que impidan toda manipulación interior y podrán constituir uno o varios conjuntos. Los elementos constituyentes de la concentración que lo precisen estarán marcados de forma visible para que permitan una fácil y correcta identificación del suministro a que corresponde.

La propiedad del edificio o el usuario tendrán, en su caso, la responsabilidad del quebranto de los precintos que se coloquen y de la alteración de los elementos instalados que quedan bajo su custodia en el local o armario en que se ubique la concentración de contadores.

Las concentraciones permitirán la instalación de los elementos necesarios para la aplicación de las disposiciones tarifarias vigentes y permitirán la incorporación de los avances tecnológicos del momento.

La colocación de la concentración de contadores se realizará de tal forma que desde la parte inferior de la misma al suelo haya como mínimo una **altura de 0,25 m** y el cuadrante de **lectura** del aparato de medida situado más alto **no supere el 1,80 m**.

El cableado que efectúa las uniones embarrado-contador-borne de salida podrá ir bajo tubo o conducto.

Las concentraciones estarán formadas eléctricamente por las siguientes unidades funcionales:

- **Unidad funcional de interruptor general de maniobra:** su misión es dejar fuera de servicio, en caso de necesidad, toda la concentración de contadores. **Será obligatoria para concentraciones de más de dos usuarios.**

  Esta unidad se instalará en una envolvente de doble aislamiento independiente, que contendrá un interruptor de **corte omnipolar,** de **apertura en carga** y que garantice que el neutro no sea cortado antes que los otros polos.

  Se instalará entre la línea general de alimentación y el embarrado general de la concentración de contadores.

  Cuando exista **más de una línea general de alimentación,** se colocará un interruptor por cada una de ellas.

  El interruptor será, como **mínimo, de 160 A** para previsiones de carga hasta **90 kW**, y de **250 A** para las superiores a esta, hasta **150 kW**.

- **Unidad funcional de embarrado general y fusibles de seguridad:** contiene el embarrado general de la concentración y los fusibles de seguridad correspondientes a todos los suministros que estén conectados al mismo. Dispondrá de una protección aislante que evite contactos accidentales con el embarrado general al acceder a los fusibles de seguridad.

- **Unidad funcional de medida:** contiene los contadores, interruptores horarios y/o dispositivos de mando para la medida de la energía eléctrica.

- **Unidad funcional de mando (opcional):** contiene los dispositivos de mando para el cambio de tarifa de cada suministro.

- **Unidad funcional de embarrado de protección y bornes de salida:** contiene el embarrado de protección donde se conectarán los cables de protección de cada derivación individual, así como los bornes de salida de las derivaciones individuales.

  El embarrado de protección deberá estar señalizado con el símbolo normalizado de puesta a tierra y conectado a tierra.

- **Unidad funcional de telecomunicaciones (opcional):** contiene el espacio para el equipo de comunicación y adquisición de datos.

- **Unidad funcional de medida destinada a la medida de la recarga del vehículo eléctrico** (según el tipo de esquema eléctrico utilizado de los indicados en la **ITC-BT-52**).

- **Unidad funcional de mando y protección para la recarga del vehículo eléctrico** (según el tipo de esquema eléctrico utilizado de los indicados en la **ITC-BT-52**).
- **Unidad de sistema de protección de la línea general de alimentación (SPL) del vehículo eléctrico** (según el tipo de esquema eléctrico utilizado de los indicados en la **ITC-BT-52** y según se trate de una instalación nueva o ya existente).

NOTA

Es importante prever suficiente espacio libre en el local donde se ubica la centralización de contadores para poder instalar posteriormente las unidades funcionales opcionales o de registro de calidad de servicio.

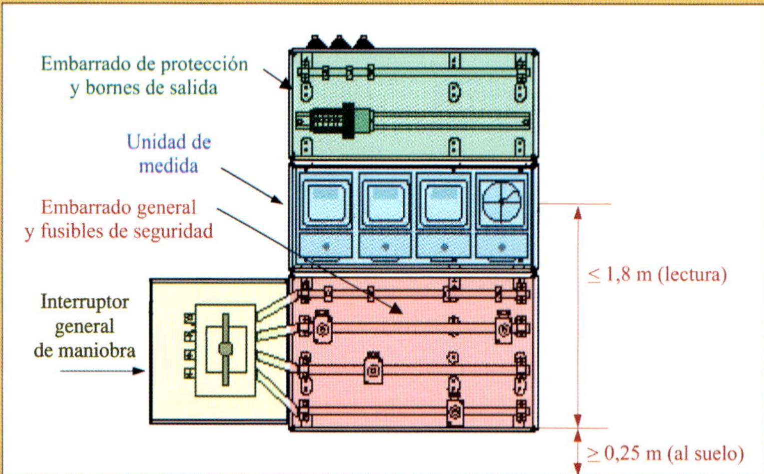

Figura C. *Ejemplo de instalación de las unidades funcionales principales de una centralización de contadores.*

4. Elección del sistema

Para homogeneizar estas instalaciones la Empresa Suministradora, de común acuerdo con la propiedad, elegirá de entre las soluciones propuestas la que mejor se ajuste al suministro solicitado. En caso de discrepancia resolverá el Organismo Competente de la Administración.

Se admitirán otras soluciones tales como contadores individuales en viviendas o locales, cuando se incorporen al sistema nuevas técnicas de telegestión.

ITC-BT-17

INSTALACIONES DE ENLACE. DISPOSITIVOS GENERALES E INDIVIDUALES DE MANDO Y PROTECCIÓN. INTERRUPTOR DE CONTROL DE POTENCIA

Índice

1 Dispositivos generales e individuales de mando y protección. Interruptor de control de potencia 292

1.1. Situación 292
1.2. Composición y características de los cuadros 293
1.3. Características principales de los dispositivos de protección 294

1. Dispositivos generales e individuales de mando y protección. Interruptor de control de potencia

1.1. Situación

Los dispositivos generales de mando y protección se situarán lo más cerca posible del punto de entrada de la derivación individual en el local o vivienda del usuario.

En viviendas y en locales comerciales e industriales en los que proceda, se colocará una **caja para el interruptor de control de potencia** inmediatamente antes de los demás dispositivos, en compartimento independiente y **precintable.** Dicha caja se podrá colocar en el mismo cuadro donde se coloquen los dispositivos generales de mando y protección.

GUÍA-BT-17

La obligatoriedad de instalación de la caja para el interruptor de control de potencia no será exigible en aquellas instalaciones en las que hasta ahora eran obligatorias, y que tengan integrado un contador inteligente con ICP incorporado, tal y como se dispone en el artículo 9.6 del. Real Decreto 1110/2007, de 24 de agosto, por el que se aprueba el Reglamento unificado de puntos de medida del sistema eléctrico.

En viviendas, deberá preverse la situación de los dispositivos generales de mando y protección junto a la puerta de entrada y no podrá colocarse en dormitorios, baños, aseos, etc. En los locales destinados a actividades industriales o comerciales, deberán situarse lo más próximo posible a una puerta de entrada de estos.

Los dispositivos individuales de mando y protección de cada uno de los circuitos, que son el origen de la instalación interior, podrán instalarse en cuadros separados y en otros lugares.

En locales de uso común o de pública concurrencia, deberán tomarse las precauciones necesarias para que los dispositivos de mando y protección no sean accesibles al público en general.

La **altura** a la cual se situarán los dispositivos generales e individuales de mando y protección de los circuitos, medida desde el nivel del suelo, estará comprendida entre **1,4** y **2 m**, **para viviendas.**

En **locales comerciales,** la altura mínima será de **1 m** desde el nivel del suelo.

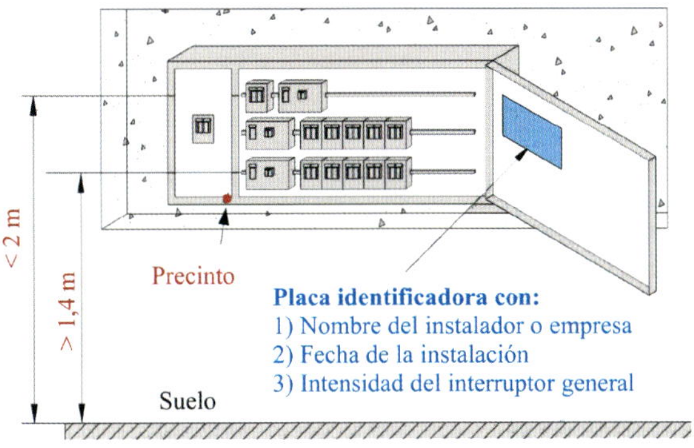

Figura A. *Características y ejemplo de instalación del cuadro general de mando y protección.*

1.2. Composición y características de los cuadros

Los dispositivos generales e individuales de mando y protección, cuya posición de servicio será vertical, se ubicarán en el interior de uno o varios cuadros de distribución de donde partirán los circuitos interiores.

Las envolventes de los cuadros se ajustarán a las normas **UNE 20451** y **UNE-EN 60439-3** (anuladas y sustituidas por UNE-EN 60670-1 y UNE-EN 61439-3, respectivamente), con un grado de protección mínimo **IP 30** según **UNE 20324** (anulada y sustituida por UNE-EN 61439-3) **IK 07** según **UNE-EN 50102.** La envolvente para el interruptor de control de potencia será **precintable** y sus dimensiones estarán de acuerdo con el tipo de suministro y tarifa a aplicar. Sus características y tipo corresponderán a un modelo oficialmente aprobado.

Los dispositivos generales e individuales de mando y protección serán, como mínimo:

- **Un interruptor general automático de corte omnipolar,** que permita su accionamiento manual y que esté dotado de elementos de protección contra sobrecarga y cortocircuitos. Este interruptor será independiente del interruptor de control de potencia.
- **Un interruptor diferencial general,** destinado a la protección contra contactos indirectos de todos los circuitos.
- **Dispositivos de corte omnipolar,** destinados a la protección contra sobrecargas y cortocircuitos de cada uno de los circuitos interiores de la vivienda o local.
- **Dispositivo de protección contra sobretensiones,** según **ITC-BT-23, si fuese necesario.**

Si por el tipo o carácter de la instalación se instalase un interruptor diferencial por cada circuito o grupo de circuitos, se podría prescindir del interruptor diferencial general, siempre que queden protegidos todos los circuitos.

En el caso de que se instale más de un interruptor diferencial en serie, existirá una selectividad entre ellos.

Según la tarifa a aplicar, el cuadro deberá prever la instalación de los mecanismos de control necesarios por exigencia de la aplicación de esa tarifa.

GUÍA-BT-17

Selectividad entre diferenciales

Para garantizar la selectividad total entre los diferenciales instalados en serie, se deben cumplir las siguientes condiciones:

1. **El tiempo de no-actuación del diferencial** instalado aguas arriba deberá ser superior al tiempo de total de operación del diferencial situado aguas abajo. **Los diferenciales tipo S** o los de tipo retardado de tiempo regulable cumplen con esta condición.

2. **La intensidad diferencial-residual del diferencial** instalado aguas arriba deberá ser superior a la del diferencial situado aguas abajo.

En el caso de diferenciales para uso doméstico o análogo (UNE-EN 61008 y UNE-EN 61009) la intensidad diferencial residual nominal del diferencial instalado aguas arriba deberá ser como **mínimo tres veces superior** a la del diferencial situado aguas abajo. Los diferenciales instalados serán de tipo S según lo establecido en ITC-BT-24 apartado 4.1.2.

1.3. Características principales de los dispositivos de protección

El **interruptor general automático** de corte omnipolar tendrá **poder de corte** suficiente para la intensidad de cortocircuito que pueda producirse en el punto de su instalación, de **4.500 A** como mínimo.

Los demás interruptores automáticos y diferenciales deberán resistir las corrientes de cortocircuito que puedan presentarse en el punto de su instalación. La sensibilidad de los interruptores diferenciales responderá a lo señalado en la Instrucción **ITC-BT-24.**

Los dispositivos de protección contra sobrecargas y cortocircuitos de los circuitos interiores serán de corte omnipolar y tendrán los polos protegidos que corresponda al número de fases del circuito que protegen. Sus características de interrupción estarán de acuerdo con las corrientes admisibles de los conductores del circuito que protegen.

ITC-BT-18

INSTALACIONES DE PUESTA A TIERRA

Índice

1 Objeto 296

2 Puesta o conexión a tierra. Definición 296

3 Uniones a tierra 296

3.1. Tomas de tierra 298
3.2. Conductores de tierra 299
3.3. Bornes de puesta a tierra 300
3.4. Conductores de protección 301

4 Puesta a tierra por razones de protección 304

4.1. Tomas de tierra y conductores de protección para dispositivos de control de tensión de defecto 304

5 Puesta a tierra por razones funcionales 304

6 Puesta a tierra por razones combinadas de protección y funcionales 304

7 Conductores CPN (también denominados PEN) 304

8 Conductores de equipotencialidad 305

9 Resistencia de las tomas de tierra 306

10 Tomas de tierra independientes 309

11 Separación entre las tomas de tierra de las masas de las instalaciones de utilización y de las masas de un centro de transformación 310

12 Revisión de las tomas de tierra 311

1. Objeto

Las puestas a tierra se establecen principalmente con objeto de limitar la tensión que, con respecto a tierra, puedan presentar en un momento dado las masas metálicas, asegurar la actuación de las protecciones y eliminar o disminuir el riesgo que supone una avería en los materiales eléctricos utilizados.

Cuando otras instrucciones técnicas prescriban como obligatoria la puesta a tierra de algún elemento o parte de la instalación, dichas puestas a tierra se regirán por el contenido de la presente instrucción.

2. Puesta o conexión a tierra. Definición

La puesta o conexión a tierra es la **unión eléctrica directa, sin fusibles ni protección** alguna, de una parte del circuito eléctrico o de una parte conductora no perteneciente al mismo mediante una toma de tierra con un electrodo o grupos de electrodos enterrados en el suelo.

Mediante la instalación de puesta a tierra se deberá conseguir que en el conjunto de instalaciones, edificios y superficie próxima del terreno no aparezcan diferencias de potencial peligrosas y que, al mismo tiempo, permita el paso a tierra de las corrientes de defecto o las de descarga de origen atmosférico.

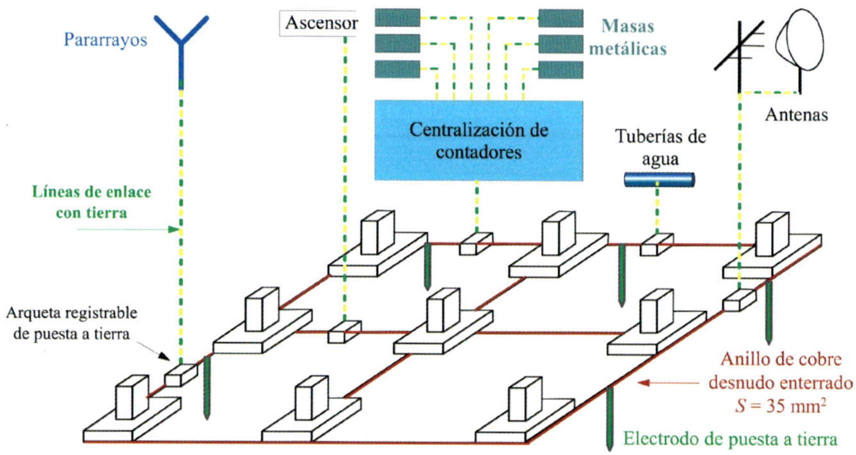

Figura A. *Ejemplo de puesta a tierra de un edificio.*

3. Uniones a tierra

Las disposiciones de puesta a tierra pueden ser utilizadas a la vez o separadamente, por razones de protección o razones funcionales, según las prescripciones de la instalación.

La elección e instalación de los materiales que aseguren la puesta a tierra deben ser tales que:

- El **valor de la resistencia de puesta a tierra** esté conforme con las normas de protección y de funcionamiento de la instalación y se mantenga de esta manera a lo largo del tiempo, teniendo en cuenta los requisitos generales indicados en la **ITC-BT-24** y los requisitos particulares de las Instrucciones Técnicas aplicables a cada instalación.
- Las corrientes de defecto a tierra y las corrientes de fuga puedan circular sin peligro, particularmente desde el punto de vista de solicitaciones térmicas, mecánicas y eléctricas.
- La solidez o la protección mecánica quede asegurada con independencia de las condiciones estimadas de influencias externas.
- Contemplen los posibles riesgos debidos a electrólisis que pudieran afectar a otras partes metálicas.

En la Figura 1 se indican las partes típicas de una instalación de puesta a tierra:

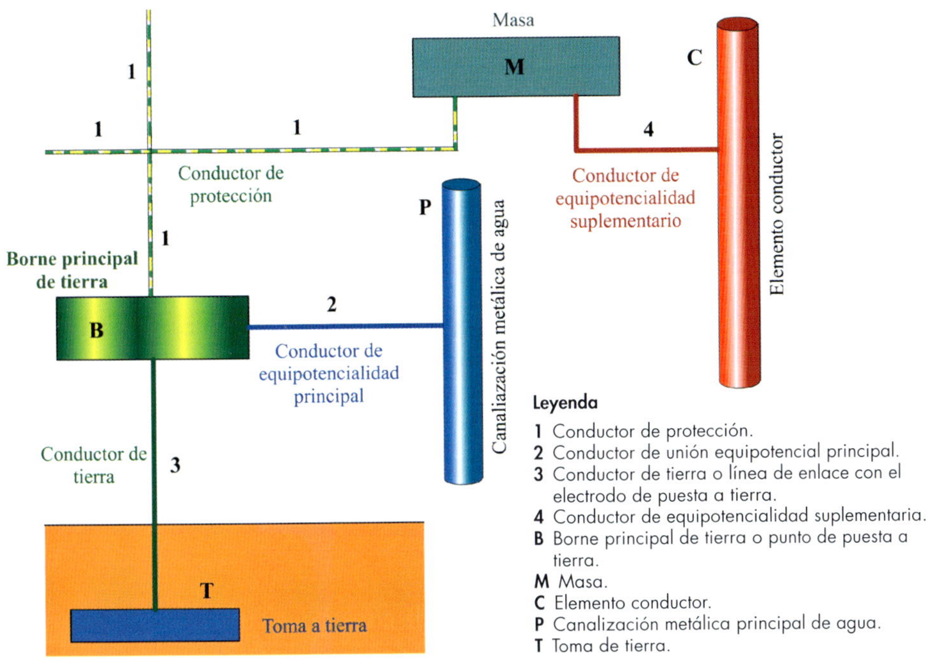

Figura 1. *Representación esquemática de un circuito de puesta a tierra.*

3.1. Tomas de tierra

Para la toma de tierra se pueden utilizar electrodos formados por:

- barras, tubos;
- pletinas, conductores desnudos;
- placas;
- anillos o mallas metálicas constituidos por los elementos anteriores o sus combinaciones;
- armaduras de hormigón enterradas, con excepción de las armaduras pretensadas;
- otras estructuras enterradas que se demuestre que son apropiadas.

Los conductores de **cobre** utilizados como electrodos serán de construcción y resistencia eléctrica según la **clase 2** de la norma **UNE 21022** (anulada y sustituida por UNE-EN 60228).

El tipo y la profundidad de enterramiento de las tomas de tierra deben ser tales que la posible pérdida de humedad del suelo, la presencia del hielo u otros efectos climáticos no aumenten la resistencia de la toma de tierra por encima del valor previsto.

La **profundidad** nunca será inferior a **0,50 m**.

Según la Guía Técnica: *la profundidad de enterramiento del electrodo deberá medirse desde la parte superior del mismo. Además, en lugares en los que exista* ***riesgo continuado de heladas,*** *se recomienda una profundidad mínima de enterramiento de la parte superior del electrodo de* ***0,8 m****.*

Los materiales utilizados y la realización de las tomas de tierra deben ser tales que no se vea afectada la resistencia mecánica y eléctrica por efecto de la corrosión de forma que comprometa las características del diseño de la instalación.

Las canalizaciones metálicas de otros servicios (agua, líquidos o gases inflamables, calefacción central, etc.) **no deben ser utilizadas** como tomas de tierra por razones de seguridad.

Las envolventes de plomo y otras envolventes de cables que no sean susceptibles de deterioro debido a una corrosión excesiva pueden ser utilizadas como toma de tierra, previa autorización del propietario, tomando las precauciones debidas para que el usuario de la instalación eléctrica sea advertido de los cambios del cable que podría afectar a sus características de puesta a tierra.

GUÍA-BT-18

La **ITC-BT-26** aplicable a viviendas, locales comerciales, oficinas y otros locales con usos análogos exige que la toma de tierra se realice en **forma de anillo cerrado** que integre a todo el perímetro del edificio al que se conectan, en su caso, los electrodos verticalmente hincados en el terreno cuando se prevea la necesidad de disminuir la resistencia de tierra que pueda presentar el conductor en anillo.

En otros casos no contemplados en la **ITC-BT-26** se recomienda también utilizar esta disposición constructiva.

Producto	Norma
Picas cilíndricas de acero-cobre	UNE 21056 UNE 202006
Conductor de cobre desnudo (clase 2)	UNE 21022 UNE-EN 60228

Las dimensiones mínimas recomendadas para los electrodos de puesta a tierra son las siguientes:

Tipo de electrodo		Dimensión mínima
Picas	Barras	Ø ≥ 14,2 mm (acero-cobre 250 μ). Ø ≥ 20 mm (acero galvanizado 78 μ).
	Perfiles	Espesor ≥ 5 mm y sección ≥ 350 mm^2.
	Tubos	Ø ext ≥ 30 mm y espesor ≥ 3 mm.
Placas	Rectangular	1 m × 0,5 m Espesor ≥ 2 mm (cobre). Espesor ≥ 3 mm (acero galvanizado 78 μ).
	Cuadrada	1 m × 1 m Espesor ≥ 2 mm (cobre). Espesor ≥ 3 mm (acero galvanizado 78 μ).
Conductor desnudo		35 mm^2 (cobre).

3.2. Conductores de tierra

La sección de los conductores de tierra tiene que satisfacer las prescripciones del apartado 3.4 de esta Instrucción y, **cuando estén enterrados,** deberán estar de acuerdo con los valores de la **Tabla 1.** La sección no será inferior a la mínima exigida para los conductores de protección.

Tabla 1. *Secciones mínimas convencionales de los conductores de tierra.*

Tipo	Protegido mecánicamente	No protegido mecánicamente
Protegido contra la corrosión(*)	Según apartado 3.4 Tabla 2	16 mm^2 Cobre 16 mm^2 Acero Galvanizado
No protegido contra la corrosión	25 mm^2 Cobre 50 mm^2 Hierro	

Nota: (*) La protección contra la corrosión puede obtenerse mediante una envolvente.

Durante la ejecución de las uniones entre conductores de tierra y electrodos de tierra debe extremarse el cuidado para que resulten eléctricamente correctas.

Debe cuidarse, en especial, que las conexiones no dañen ni a los conductores ni a los electrodos de tierra.

GUÍA-BT-18

No obstante a lo indicado en la Tabla 1, es recomendable que la **sección mínima** del conductor de tierra de **cobre enterrado y desnudo** sea de **35 mm^2**.

Se considera que las conexiones son eléctricamente correctas, si se realizan, por ejemplo, mediante grapas de conexión, soldadura aluminotérmica o autógena.

Grapas de conexión   Soldadura aluminotérmica

Figura B. *Ejemplo de conexiones a tierra.*

3.3. Bornes de puesta a tierra

En toda instalación de puesta a tierra debe preverse un borne principal de tierra, al cual deben unirse los conductores siguientes:

- Los conductores de tierra.
- Los conductores de protección.
- Los conductores de unión equipotencial principal.
- Los conductores de puesta a tierra funcional, si son necesarios.

Debe preverse sobre los conductores de tierra y en lugar accesible **un dispositivo que permita medir la resistencia de la toma de tierra** correspondiente. Este dispositivo puede estar combinado con el borne principal de tierra, debe ser **desmontable** necesariamente por medio de un útil, tiene que ser **mecánicamente seguro** y debe asegurar la **continuidad eléctrica.**

GUÍA-BT-18

La sección del puente seccionador de tierra debe ser la misma que la del conductor de tierra o sección equivalente si se utilizan otros materiales.

Se recomienda desconectar la instalación eléctrica en su origen antes de abrir el puente seccionador de tierra, para evitar que quede sin protección contra los contactos indirectos. Una vez realizada la medida de resistencia de puesta a tierra, se debe volver a conectar el puente antes de ponerla de nuevo en servicio.

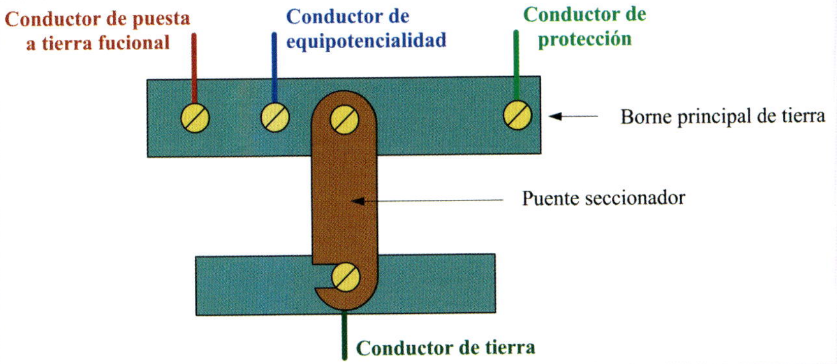

Figura C. *Ejemplo de puente seccionador de tierra.*

3.4. Conductores de protección

Los conductores de protección sirven para unir eléctricamente las masas de una instalación a ciertos elementos con el fin de asegurar la protección contra contactos indirectos.

En el circuito de conexión a tierra, los conductores de protección unirán las masas al conductor de tierra.

En otros casos reciben igualmente el nombre de conductores de protección, aquellos conductores que unen las masas:

- al neutro de la red,
- a un relé de protección.

La **sección** de los conductores de protección será la indicada en la **Tabla 2,** o se obtendrá por cálculo conforme a lo indicado en la norma **UNE 20460 -5-54** apartado 543.1.1 (anulada y sustituida por UNE-HD 60364-5-54).

Tabla 2. *Relación entre las secciones de los conductores de protección y los de fase.*

Sección de los conductores de fase de la instalación S (mm²)	Sección mínima de los conductores de protección S_p (mm²)
$S \leq 16$	$S_p = S$
$16 < S \leq 35$	$S_p = 16$
$S > 35$	$S_p = S/2$

Si la aplicación de la Tabla 2 conduce a valores no normalizados, se han de utilizar conductores que tengan la sección normalizada superior más próxima.

Los valores de la Tabla 2 solo son válidos en el caso de que los conductores de protección hayan sido fabricados del mismo material que los conductores activos; de no ser así, las secciones de los conductores de protección se determinarán de forma que presenten una conductibilidad equivalente a la que resulta aplicando la Tabla 2.

En todos los casos los conductores de protección que no forman parte de la canalización de alimentación serán de **cobre** con una **sección, al menos de:**

- **2,5 mm²**, si los conductores de protección disponen de una protección mecánica.
- **4 mm²**, si los conductores de protección no disponen de una protección mecánica.
- Cuando el conductor de protección sea común a varios circuitos, la sección de ese conductor debe dimensionarse en función de la mayor sección de los conductores de fase.

Como conductores de protección pueden utilizarse:

- conductores en los cables multiconductores, o
- conductores aislados o desnudos que posean una envolvente común con los conductores activos, o
- conductores separados desnudos o aislados.

Cuando la instalación consta de partes de envolventes de conjuntos montadas en fábrica o de canalizaciones prefabricadas con **envolvente metálica,** estas envolventes **pueden ser utilizadas como conductores de protección** si satisfacen, simultáneamente, las **tres condiciones** siguientes:

a) Su continuidad eléctrica debe ser tal que no resulte afectada por deterioros mecánicos, químicos o electroquímicos.

b) Su conductibilidad debe ser, como mínimo, igual a la que resulta por la aplicación del presente apartado.

c) Deben permitir la conexión de otros conductores de protección en toda derivación predeterminada.

La cubierta exterior de los cables con aislamiento mineral puede utilizarse como conductor de protección de los circuitos correspondientes, si satisfacen simultáneamente las condiciones a) y b) anteriores.

Otros conductos (agua, gas u otros tipos) o estructuras metálicas **no pueden utilizarse** como conductores de protección (CP o CPN).

Los conductores de protección deben estar convenientemente protegidos contra deterioros mecánicos, químicos y electroquímicos y contra los esfuerzos electrodinámicos.

Las conexiones deben ser accesibles para la verificación y ensayos, excepto en el caso de las efectuadas en cajas selladas con material de relleno o en cajas no desmontables con juntas estancas.

Ningún aparato deberá ser intercalado en el conductor de protección, aunque para los ensayos podrán utilizarse conexiones desmontables mediante útiles adecuados.

Las masas de los equipos a unir con los conductores de protección **no deben ser conectadas en serie** en un circuito de protección, con excepción de las envolventes montadas en fábrica o canalizaciones prefabricadas mencionadas anteriormente.

4. Puesta a tierra por razones de protección

Para las medidas de protección en los esquemas **TN, TT** e **IT,** *véase* la **ITC-BT-24.**

Cuando se utilicen dispositivos de protección contra sobreintensidades para la protección contra el choque eléctrico, será preceptiva la incorporación del conductor de protección en la misma canalización que los conductores activos o en su proximidad inmediata.

4.1. Tomas de tierra y conductores de protección para dispositivos de control de tensión de defecto

La **toma de tierra auxiliar** del dispositivo debe ser eléctricamente **independiente** de todos los elementos metálicos puestos a tierra, tales como elementos de construcciones metálicas, conducciones metálicas, cubiertas metálicas de cables. Esta condición se considera como cumplida si la toma de tierra auxiliar se instala a una distancia especificada de todo elemento metálico puesto a tierra, tal que quede fuera de la zona de influencia de la puesta a tierra principal.

La unión a esta toma de tierra debe estar aislada, con el fin de evitar todo contacto con el conductor de protección o cualquier elemento que pueda estar conectado a él.

El conductor de protección no debe estar unido más que a las masas de aquellos equipos eléctricos cuya alimentación pueda ser interrumpida cuando el dispositivo de protección funcione en las condiciones de defecto.

5. Puesta a tierra por razones funcionales

Las puestas a tierra por razones funcionales deben ser realizadas de forma que aseguren el funcionamiento correcto del equipo y permitan un funcionamiento correcto y fiable de la instalación.

6. Puesta a tierra por razones combinadas de protección y funcionales

Cuando la puesta a tierra sea necesaria a la vez por razones de protección y funcionales, prevalecerán las prescripciones de las medidas de protección.

7. Conductores CPN (también denominados PEN)

En el esquema **TN,** cuando en las instalaciones fijas el conductor de protección tenga una sección al menos igual a **10 mm²**, en cobre o aluminio, **las funciones de**

conductor de protección y de conductor neutro pueden ser combinadas, a condición de que la parte de la instalación **común no se encuentre protegida** por un **dispositivo de protección de corriente diferencial** residual.

Sin embargo, **la sección de mínima de un conductor CPN** puede ser de **4 mm^2**, a condición de que el cable sea de **cobre y del tipo concéntrico** y que las conexiones que aseguran la continuidad estén duplicadas en todos los puntos de conexión sobre el conductor externo. El conductor CPN concéntrico debe utilizarse a partir del transformador y debe limitarse a aquellas instalaciones en las que se utilicen accesorios concebidos para este fin.

El conductor CPN debe estar aislado para la tensión más elevada a la que puede estar sometido, con el fin de evitar las corrientes de fuga. El conductor CPN no tiene necesidad de estar aislado en el interior de los aparatos.

Si, a partir de un punto cualquiera de la instalación, el conductor neutro y el conductor de protección están separados, **no estará permitido** conectarlos entre sí en la continuación del circuito por detrás de este punto.

En el punto de separación, deben preverse bornes o barras separadas para el conductor de protección y para el conductor neutro. El conductor CPN debe estar unido al borne o a la barra prevista para el conductor de protección.

NOTA

CP = **C**onductor de **P**rotección.

CPN = **C**onductor de **P**rotección y **N**eutro.

PEN = **P**rotección **E**léctrica y **N**eutro.

CEP = **C**onductor de **E**quipotencialidad **P**rincipal.

CES = **C**onductor de **E**quipotencialidad **S**uplementario.

8. Conductores de equipotencialidad

El **conductor principal de equipotencialidad** debe tener una sección no inferior a la mitad de la del conductor de protección de sección mayor de la instalación, con un mínimo de **6 mm^2**. Sin embargo, su sección puede ser reducida a **2,5 mm^2**, si es de **cobre.**

Si el **conductor suplementario de equipotencialidad** uniera una masa a un elemento conductor, su **sección** no será inferior a la **mitad de la del conductor de protección** unido a esta masa.

La unión de equipotencialidad suplementaria puede estar asegurada, bien por elementos conductores no desmontables, tales como estructuras metálicas no desmontables, bien por conductores suplementarios, o por combinación de los dos.

9. Resistencia de las tomas de tierra

El electrodo se dimensionará de forma que su resistencia de tierra, en cualquier circunstancia previsible, no sea superior al valor especificado para ella, en cada caso.

Este valor de resistencia de tierra será tal que cualquier masa no pueda dar lugar a tensiones de contacto superiores a:

- **24 V** en local o emplazamiento conductor.
- **50 V** en los demás casos.

Si las condiciones de la instalación son tales que pueden dar lugar a tensiones de contacto superiores a los valores señalados anteriormente, se asegurará la rápida eliminación de la falta mediante dispositivos de corte adecuados a la corriente de servicio.

GUÍA-BT-18

La resistividad del terreno depende de su humedad y temperatura, las cuales varían durante las estaciones. La humedad está influenciada por la granulación y porosidad del terreno.

La resistividad del terreno aumenta considerablemente debido a:

- **Bajas temperaturas:** la resistividad puede alcanzar varios miles de **Ω · m** en el estrato helado, cuyo grosor puede alcanzar **1 m** en algunas zonas.
- **Sequedad:** este problema puede encontrarse en algunas áreas hasta una profundidad de **2 m**. Los valores alcanzados por la resistividad pueden ser del mismo orden de aquellos debidos a heladas.

Los estratos del terreno a través de los cuales puede fluir una corriente de agua, por ejemplo cerca de un río, raramente son apropiados para la instalación de electrodos de puesta a tierra. Estos estratos se componen usualmente de suelos pedregosos, muy permeables, saturados del agua proveniente de filtración natural que presentan resistividades elevadas.

En estos casos se recomienda **instalar picas de gran longitud** que permitan alcanzar terrenos más profundos y con mejor conductividad. Por ello, los electrodos **no se instalarán** de forma que se encuentren **parcial o totalmente inmersos en agua** (ríos, estanques, etc.).

La Tabla 3 da, a título de orientación, unos valores de la resistividad para un cierto número de terrenos. Con objeto de obtener una primera aproximación de la resistencia a tierra, los cálculos pueden efectuarse utilizando los valores medios indicados en la Tabla 4.

Aunque los cálculos efectuados a partir de estos valores no dan más que un valor muy aproximado de la resistencia a tierra del electrodo, la medida de resistencia de tierra de este electrodo puede permitir, aplicando las fórmulas dadas en la Tabla 5, estimar el valor medio local de la resistividad del terreno. El conocimiento de este valor puede ser útil para trabajos posteriores efectuados, en condiciones análogas.

Tabla 3. *Valores orientativos de la resistividad en función del terreno.*

Naturaleza terreno	Resistividad en Ohm · m	Naturaleza terreno	Resistividad en Ohm · m
Terrenos pantanosos.	De algunas unidades a 30	Suelo pedregoso cubierto de césped.	300 a 500
Limo.	20 a 100	Suelo pedregoso desnudo.	1.500 a 3.000
Humus.	10 a 50	Calizas blandas.	100 a 300
Turba húmeda.	5 a 100	Calizas compactas.	1.000 a 5.000
Arcilla plástica.	50	Calizas agrietadas.	500 a 1.000
Margas y arcillas compactas.	100 a 200	Pizarras.	50 a 300
Margas del Jurásico.	30 a 40	Roca de mica y cuarzo.	800
Arena arcillosa.	50 a 500	Granito y gres procedente de alteración.	1.500 a 10.000
Arena silícea.	200 a 3.000	Granito y gres muy alterado.	100 a 600

Tabla 4. *Valores medios aproximados de la resistividad en función del terreno.*

Naturaleza del terreno	Valor medio de la resistividad Ohm · m
Terrenos cultivables y fértiles, terraplenes compactos y húmedos.	50
Terraplenes cultivables poco fértiles y otros terraplenes.	500
Suelos pedregosos desnudos, arenas secas permeables.	3.000

Tabla 5. *Fórmulas para estimar la resistencia de tierra en función de la resistividad del terreno y las características del electrodo.*

Electrodo	Resistencia de tierra en Ohm
Placa enterrada.	$R = 0{,}8\ \rho / P$
Pica vertical.	$R = \rho / L$
Conductor enterrado horizontalmente.	$R = 2\ \rho / L$

Nota:
ρ, resistividad del terreno (Ohm · m).
P, perímetro de la placa (m).
L, longitud de la pica o del conductor (m).

GUÍA-BT-18

Placa enterrada

El valor de resistencia de tierra de la Tabla 5 se refiere a la instalación de la **placa en posición vertical;** de este modo se consigue el máximo contacto de las dos caras con el terreno; por ello se recomienda instalar las placas en posición vertical.

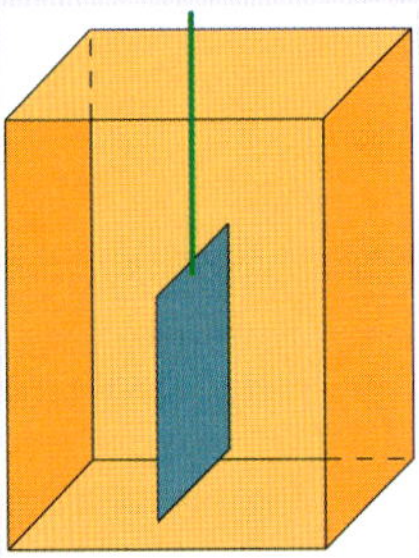
Placa vertical

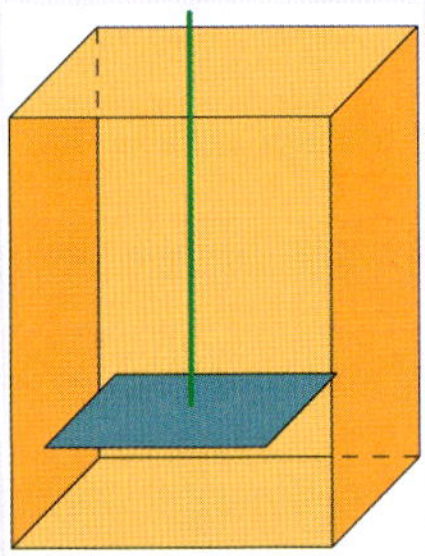
Placa horizontal

Cuando por condicionantes del terreno no sea posible la instalación vertical, el valor de la resistencia de tierra se calculará según la fórmula siguiente:

$$R_{placa\ horizontal} = 1{,}6\ \frac{\rho}{P}$$

Pica vertical

Es posible **reducir** el valor de **la resistencia** del electrodo si se disponen **varias picas** conectadas en **paralelo,** manteniendo una **distancia mínima** entre ellas igual al **doble de su longitud.**

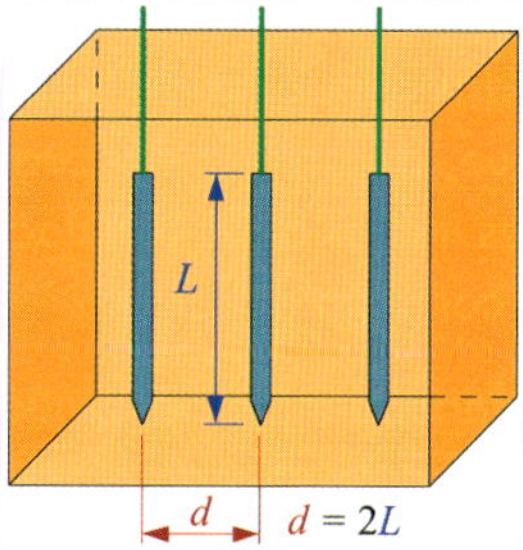

Se debe prestar atención al hecho de que, en el caso de picas de gran longitud, estas pueden alcanzar estratos con resistividades menores.

Conductor enterrado horizontalmente

La colocación de conductores en trazado sinuoso dentro de la zanja no mejora la resistencia del electrodo de puesta a tierra.

En la práctica, estos conductores se colocan de dos maneras diferentes:

- **Electrodo de puesta a tierra en los cimientos del edificio:** estos electrodos se instalan embebidos en los cimientos y están constituidos por un bucle alrededor del perímetro del edificio.
- **Zanjas horizontales:** los conductores están enterrados a una **profundidad** aproximada de **0,8 m** en zanjas excavadas al efecto.

Las zanjas no se llenarán con piedras o materiales similares, sino con tierra que mantenga la humedad.

10. Tomas de tierra independientes

Se considerará independiente una toma de tierra respecto a otra cuando una de las tomas de tierra **no alcance,** respecto a un punto de potencial cero, **una tensión superior a 50 V** cuando por la otra circula la máxima corriente de defecto a tierra prevista.

11. Separación entre las tomas de tierra de las masas de las instalaciones de utilización y de las masas de un centro de transformación

Se verificará que las masas puestas a tierra en una instalación de utilización, así como los conductores de protección asociados a estas masas o a los relés de protección de masa, no están unidas a la toma de tierra de las masas de un centro de transformación, para evitar que, durante la evacuación de un defecto a tierra en el centro de transformación, las masas de la instalación de utilización puedan quedar sometidas a tensiones de contacto peligrosas.

Si no se hace el control de independencia del punto 10, entre las puestas a tierra de las masas de las instalaciones de utilización respecto a la puesta a tierra de protección o masas del centro de transformación, **se considerará que las tomas de tierra son eléctricamente independientes cuando** se cumplan todas y cada una de las condiciones siguientes:

a) No exista canalización metálica conductora (cubierta metálica de cable no aislada especialmente, canalización de agua, gas, etc.) que una la zona de tierras del centro de transformación con la zona en donde se encuentran los aparatos de utilización.

b) La **distancia entre las tomas de tierra** del centro de transformación y las tomas de tierra u otros elementos conductores enterrados en los locales de utilización es al menos igual a **15 metros** para terrenos cuya resistividad no sea elevada **(< 100 ohmios · m)**. Cuando el terreno sea muy mal conductor, la distancia se calculará, aplicando la fórmula:

$$D = \frac{\rho I_d}{2\pi U}$$

Siendo:

D: distancia entre electrodos, en metros.

ρ: resistividad media del terreno en ohmios · metro.

I_d: intensidad de defecto a tierra, en amperios, para el lado de alta tensión, que será facilitado por la empresa eléctrica.

U: **1.200 V** para sistemas de distribución TT, siempre que el tiempo de eliminación del defecto en la instalación de alta tensión sea menor o igual a **5 segundos** y **250 V**, en caso contrario. Para redes TN, *U* será inferior a dos veces la tensión de contacto máxima admisible de la instalación definida en el punto 1.1 de la MIE-RAT 13 del Reglamento sobre Condiciones Técnicas y Garantía de Seguridad en Centrales Eléctricas, Subestaciones y Centros de Transformación.

c) El **centro de transformación está situado en un recinto aislado** de los locales de utilización o bien, si está contiguo a los locales de utilización o en el interior de los mismos, está establecido de tal manera que sus elementos metálicos no están unidos eléctricamente a los elementos metálicos constructivos de los locales de utilización.

Solo se podrán unir la puesta a tierra de la instalación de utilización (edificio) y la puesta a tierra de protección (masas) del centro de transformación si el valor de la resistencia de puesta a tierra única es lo suficientemente baja para que se cumpla que, en el caso de evacuar el máximo valor previsto de la corriente de defecto a tierra (I_d) en el centro de transformación, el valor de la tensión de defecto ($V_d = I_d \cdot R_t$) sea menor que la tensión de contacto máximo aplicada, definida en el punto 1.1 de la **MIE-RAT 13** del Reglamento sobre Condiciones Técnicas y Garantía de Seguridad en Centrales Eléctricas, Subestaciones y Centros de Transformación.

NOTA

Si se desea aclarar la información aportada por este apartado, consúltese la Guía Técnica de aplicación del REBT o el propio Reglamento sobre Condiciones Técnicas y Garantía de Seguridad en Centrales Eléctricas, Subestaciones y Centros de Transformación.

En la Guía Técnica de aplicación del REBT también se incluye un anexo en el que trata sobre recomendaciones en relación con la puesta a tierra y conexión equipotencial en instalaciones con **equipos de tecnología de la información.**

12. Revisión de las tomas de tierra

Por la importancia que ofrece, desde el punto de vista de la seguridad cualquier instalación de toma de tierra deberá ser obligatoriamente comprobada por el Director de la Obra o Instalador Autorizado en el momento de dar de alta la instalación para su puesta en marcha o en funcionamiento.

Personal técnicamente competente efectuará la **comprobación** de la instalación de puesta a tierra, al menos **anualmente,** en la época en la que el terreno esté más seco. Para ello, se medirá la resistencia de tierra, y se repararán con carácter urgente los defectos que se encuentren.

En los lugares en que el **terreno no sea favorable a la buena conservación de los electrodos,** estos y los conductores de enlace entre ellos hasta el punto de puesta a tierra **se pondrán al descubierto** para su **examen, al menos una vez cada cinco años.**

NOTA

Medida de la resistencia de la toma de tierra

Una vez realizada la toma de tierra, hay que medir su resistencia para comprobar si su valor óhmico se encuentra según lo requerido. También es necesario **realizar revisiones anuales de los valores de la resistencia de tierra,** ya que estos podrían modificarse por diferentes factores, como pueden ser la corrosión de los electrodos, el deterioro de conexiones, cambios en la composición de los terrenos (la resistividad de los terrenos aumenta al disminuir la humedad), etc.

Para la medida de la resistencia de tierra se utiliza el telurómetro. En el mercado existen diferentes tipos de telurómetros, pero básicamente todos emplean métodos de medida que consisten en clavar una serie de picas auxiliares a una determinada distancia de la toma de tierra.

En la Figura D se expone, a modo de ejemplo, un esquema de cómo se realiza la medida de resistencia de tierra con un telurómetro.

El telurómetro dispone de un terminal que se conecta al electrodo R_X de la toma de tierra. Además se proporciona un par de picas auxiliares R_Y y R_Z, de unos 30 cm de longitud, que se clavan a una cierta distancia del electrodo R_X de la toma de tierra.

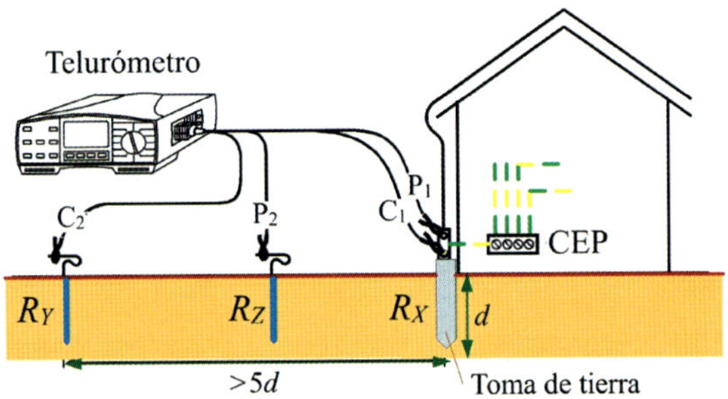

Figura D. *Esquema de conexiones para la medida de la resistencia de una toma de tierra con telurómetro.*

ITC-BT-19

INSTALACIONES INTERIORES O RECEPTORAS. PRESCRIPCIONES GENERALES

Índice

1 Campo de aplicación 314

2 Prescripciones de carácter general 314

2.1. Regla general . . . 314
2.2. Conductores activos . . . 315
2.3. Conductores de protección . . . 330
2.4. Subdivisión de las instalaciones . . . 331
2.5. Equilibrado de cargas . . . 332
2.6. Posibilidad de separación de la alimentación . . . 332
2.7. Posibilidad de conectar y desconectar en carga . . . 333
2.8. Medidas de protección contra contactos directos o indirectos . . . 334
2.9. Resistencia de aislamiento y rigidez dieléctrica . . . 334
2.10. Bases de toma de corriente . . . 337
2.11. Conexiones . . . 339

1. Campo de aplicación

Las prescripciones contenidas en esta Instrucción se extienden a las instalaciones interiores dentro del campo de aplicación del **Artículo 2** y con tensión asignada dentro de los márgenes de tensión fijados en el **Artículo 4** del presente Reglamento Electrotécnico para Baja Tensión.

GUÍA-BT-19

Artículo 2	Campo de aplicación	
	c.a.	$U \leq$ 1.000 voltios
	c.c.	$U \leq$ 1.500 voltios

Artículo 4	c.a.	c.c.
Muy baja tensión	$Un \leq 50$ V	$Un \leq 75$ V
Tensión usual	$50 < Un \leq 500$ V	$75 < Un \leq 750$ V
Tensión especial	$500 < Un \leq 1.000$ V	$750 < Un \leq 1.500$ V

Las instalaciones interiores o receptoras tienen por finalidad principal la utilización de la energía eléctrica, pudiendo estar situadas tanto en el interior como en el exterior, con montaje aéreo, empotrado o enterrado.

Las redes de distribución de energía eléctrica no están incluidas en el campo de aplicación de esta ITC-BT.

2. Prescripciones de carácter general

2.1. Regla general

La determinación de las características de la instalación deberá efectuarse de acuerdo con lo señalado en la norma **UNE 20460-3** (anulada y sustituida por UNE-HD 60364-5-62).

Según la Guía Técnica: *en función de las características de cada tipo de instalación, adicionalmente se deberán aplicar las prescripciones la ITC-BT correspondiente, por ejemplo:*

- *Instalaciones interiores de viviendas:* ***ITC-BT-25, 26 y 27.***
- *Locales de pública concurrencia:* ***ITC-BT-28.***
- *Locales con riesgo de incendio o explosión:* ***ITC-BT-29.***
- *Locales húmedos, mojados, con riesgo de corrosión, temperaturas elevadas o bajas, etc.:* ***ITC-BT-30.***

2.2. Conductores activos

2.2.1. Naturaleza de los conductores

Los conductores y cables que se empleen en las instalaciones serán de **cobre o aluminio y serán siempre aislados,** excepto cuando vayan montados sobre aisladores, tal como se indica en la **ITC-BT-20.**

Según la Guía Técnica: en ***viviendas e instalaciones similares*** *(p. ej., oficinas, locales comerciales, etc.) los conductores deben ser de* ***cobre*** *según establece la* ***ITC-BT-26.*** *Los cables con conductores de* ***aluminio*** *se usan habitualmente* ***en instalaciones industriales*** *con elevadas previsiones de carga.*

2.2.2. Sección de los conductores. Caídas de tensión

La sección de los conductores a utilizar se determinará de forma que la caída de tensión entre el origen de la instalación interior y cualquier punto de utilización sea, salvo lo prescrito en las Instrucciones particulares, menor del

- 3 % de la tensión nominal para cualquier circuito **interior de viviendas,** y para otras instalaciones interiores o receptoras, del
- 3 % para **alumbrado** y del
- 5 % para los **demás usos.**

Esta caída de tensión se calculará considerando alimentados todos los aparatos de utilización susceptibles de funcionar simultáneamente.

El valor de la caída de tensión podrá compensarse entre la de la instalación interior y la de las derivaciones individuales, de forma que la caída de tensión total sea inferior a la suma de los valores límites especificados para ambas, según el tipo de esquema utilizado.

Para instalaciones industriales que se alimenten directamente en alta tensión mediante un **transformador de distribución propio,** se considerará que la instalación interior de baja tensión tiene su origen en la salida del transformador. En este caso las caídas de tensión máximas admisibles serán del:

- 4,5 % **para alumbrado** y del
- 6,5 % **para los demás usos.**

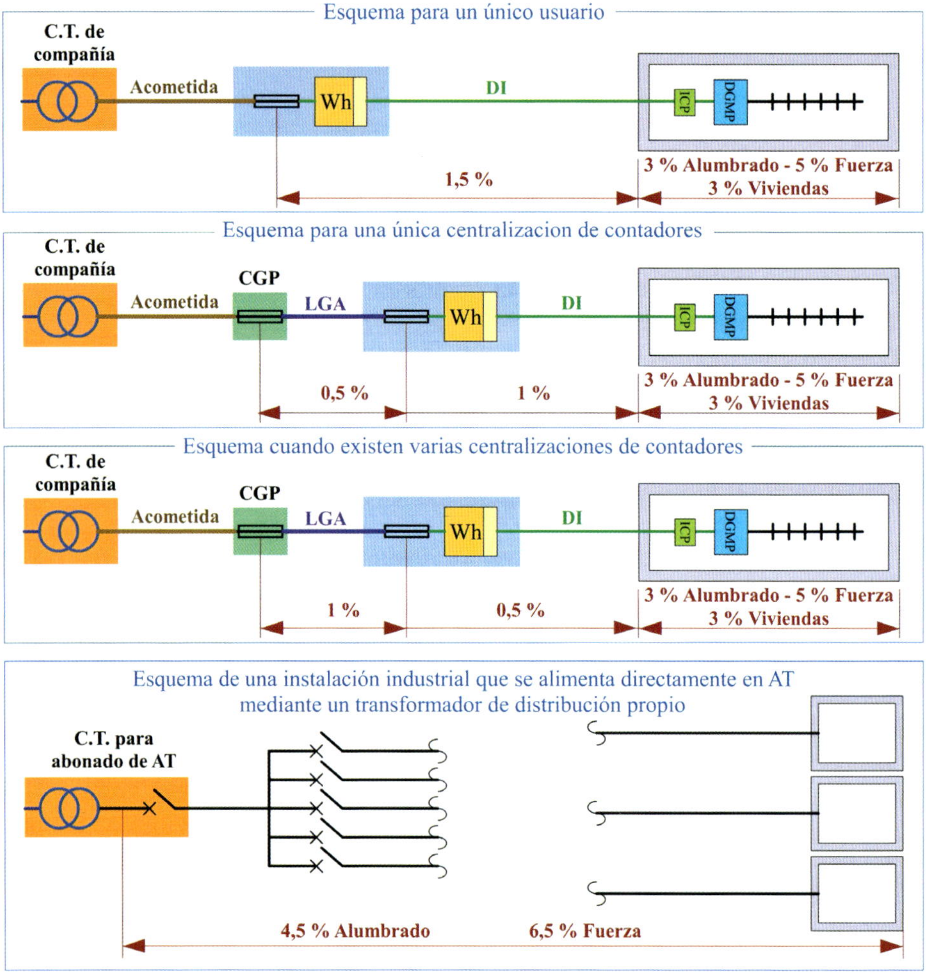

Figura A. *Esquemas resumen de las caídas de tensión máximas admisibles.*

El número de aparatos susceptibles de funcionar simultáneamente se determinará en cada caso particular, de acuerdo con las indicaciones incluidas en las instrucciones del presente reglamento y en su defecto con las indicaciones facilitadas por el usuario considerando una utilización racional de los aparatos.

En instalaciones interiores, para tener en cuenta las corrientes armónicas debidas a cargas no lineales y posibles desequilibrios, salvo justificación por cálculo, **la sección del conductor neutro será como mínimo igual a la de las fases.**

2.2.3. Intensidades máximas admisibles

Las intensidades máximas admisibles se regirán en su totalidad por lo indicado en la norma **UNE 20460-5-523** y su anexo Nacional (esta norma ha sido anulada y sustituida por UNE-HD 60364-5-52).

En la **Tabla A** se indican las intensidades admisibles para una temperatura ambiente del aire de **40 °C** y para distintos métodos de instalación, agrupamientos y tipos de cables. Para otras temperaturas, métodos de instalación, agrupamientos y tipos de cable, así como para conductores enterrados, consúltese la norma **UNE-HD 60364-5-52.**

NOTA

Intensidades máximas admisibles según la norma UNE-HD 60364-5-52

Esta Instrucción Técnica prescribe la aplicación de la norma UNE-HD 60364-5-52 en las siguientes instalaciones:

- ITC-BT-014 Línea general de alimentación.
- ITC-BT-015 Derivación individual.
- ITC-BT-019 Instalaciones interiores o receptoras.

La Tabla 1 que aparecía en la edición del REBT de 1994 de la norma UNE 20460-5-523 fue anulada y sustituida por la nueva edición de 2004. El BOE n.° 71 de 24 marzo de 2015 sustituye la norma UNE 20460-5-23:2004, por la norma UNE-HD 60364-5-52.

De todas formas, es importante recordar que, según se indica en el artículo 26 del REBT, cuando una norma sea objeto de modificaciones, mientras no se actualice en el listado de normas, mediante resolución del centro directivo competente, en la que se indiquen las fechas a partir de las cuales la nueva norma es válida y la antigua deja de serlo; a falta de resolución expresa, se entenderá que ambas normas cumplen las condiciones reglamentarias, siempre que la misma no modifique criterios básicos y se limite a actualizar ensayos o incremente la seguridad intrínseca del material correspondiente.

A pesar de esta última apreciación y a falta de la publicación de una nueva edición de la Guía Técnica de ITC-BT-19, se ha optado por incluir en esta nueva edición del REBT las directrices de la nueva norma UNE-HD 60364-5-52. Si, en cualquier caso, se desea realizar una consulta de las tablas de la norma UNE 20460-5-23 anulada, basta con consultar la Guía Técnica de la ITC-BT-19 en su edición de 2009 que facilitamos en el **MATERIAL WEB**.

Se pueden distinguir dos situaciones respecto a las intensidades admisibles:

- **Instalaciones no enterradas, Tabla A** de la norma **UNE-HD 60364-5-52.**
- **Instalaciones enterradas, Tabla H** de la norma **UNE-HD 60364-5-52.**

Se indican como **3x** los circuitos trifásicos (el neutro no se considera activo) y como **2x** los monofásicos (habitualmente fase más neutro).

Termoestables, aislados con polietileno reticulado (XLPE) o etileno propileno (EPR).

Termoestables, aislados con policloruro de vinilo (PVC).

En la **Tabla B** se explican detalladamente los métodos de instalación empleados.

Tabla A. *Intensidades admisibles (A) para cables con conductores de cobre y aluminio,* ***no enterrados*** *Temperatura ambiente 40 °C en el aire.*
(Se corresponde con la Tabla C.52.1 bis de carácter informativo que aparece en el Anexo C de la norma UNE-HD 60364-5-52. Es uno de los métodos posibles de simplificación de las tablas B.52.2 a B.52.5 y B.52.10 a B.52.13 que se proporcionan en dicha norma para una aplicación nacional. Para el estudio de dichas tablas sin simplificar consultar el texto íntegro que proporciona la norma).

Método de instalación	Número de conductores cargados y tipo de aislamiento																	
	2	3	4	5a	5b	6a	6b	7a	7b	8a	8b	9a	9b	10a	10b	11	12	13
A1		PVC 3	PVC 2			XLPE 3		XLPE 2										
A2	PVC 3	PVC 2			XLPE 3		XLPE 2											
B1				PVC 3		PVC 2					XLPE 3				XLPE 2			
B2			PVC 3	PVC 2					XLPE 3		XLPE 2							
C						PVC 3				PVC 2			XLPE 3			XLPE 2		
E								PVC 3				PVC 2			XLPE 3		XLPE 2	
F										PVC 3				PVC 2		XLPE 3		XLPE 2

	Sección mm²	2	3	4	5a	5b	6a	6b	7a	7b	8a	8b	9a	9b	10a	10b	11	12	13
		INTENSIDADES MÁXIMAS ADMISIBLES (A)																	
COBRE	1,5	11	11,5	12,5	13,5	14	14,5	15,5	16	16,5	17	17,5	19	20	20	20	21	23	-
COBRE	2,5	15	15,5	17	18	19	20	20	21	22	23	24	26	27	26	28	30	32	-
COBRE	4	20	20	22	24	25	26	28	29	30	31	32	34	36	36	38	40	44	-
COBRE	6	25	26	29	31	32	34	36	37	39	40	41	44	46	46	49	52	57	-
COBRE	10	33	36	40	43	45	46	49	52	54	54	57	60	63	65	68	72	78	-
COBRE	16	45	48	53	59	61	63	66	69	72	73	77	81	85	87	91	97	104	-
COBRE	25	59	63	69	77	80	82	86	87	91	95	100	103	108	110	115	122	135	146
COBRE	35	-	-	-	95	100	101	106	109	114	119	124	127	133	137	143	153	168	182
COBRE	50	-	-	-	116	121	122	128	133	139	145	151	155	162	167	174	188	204	220
COBRE	70	-	-	-	148	155	155	162	170	178	185	193	199	208	214	223	243	262	282
COBRE	95	-	-	-	180	188	187	196	207	216	224	234	241	252	259	271	298	320	343
COBRE	120	-	-	-	207	217	216	226	240	251	260	272	280	293	301	314	350	373	397
COBRE	150	-	-	-	-	-	247	259	276	289	299	313	322	337	343	359	401	430	458
COBRE	185	-	-	-	-	-	281	294	314	329	341	356	368	385	391	409	460	493	523
COBRE	240	-	-	-	-	-	330	345	368	385	401	419	435	455	468	489	545	583	617
ALUMINIO	2,5	11,5	12	13	14	15	16	16,5	17	17,5	18	19	20	20	20	21	23	25	-
ALUMINIO	4	15	16	17	19	20	21	22	22	23	24	25	26	28	27	29	31	34	-
ALUMINIO	6	20	20	22	24	25	27	29	28	30	31	32	33	35	36	38	40	44	-
ALUMINIO	10	26	27	31	33	35	38	40	40	41	42	44	46	49	50	52	56	60	-
ALUMINIO	16	35	37	41	46	48	50	52	53	55	57	60	63	66	66	70	76	82	-
ALUMINIO	25	46	49	54	60	63	63	66	67	70	72	75	78	81	84	88	91	98	110
ALUMINIO	35	-	-	-	74	78	78	81	83	87	89	93	97	101	104	109	114	122	136
ALUMINIO	50	-	-	-	90	94	95	100	101	106	108	113	118	123	127	132	140	149	167
ALUMINIO	70	-	-	-	115	121	121	127	130	136	139	145	151	158	162	170	180	192	215
ALUMINIO	95	-	-	-	140	146	147	154	159	166	169	177	183	192	197	206	219	233	262
ALUMINIO	120	-	-	-	161	169	171	179	184	192	196	205	213	222	228	239	254	273	306
ALUMINIO	150	-	-	-	-	-	196	205	213	222	227	237	246	257	264	276	294	314	353
ALUMINIO	185	-	-	-	-	-	222	232	243	254	259	271	281	293	301	315	337	361	406
ALUMINIO	240	-	-	-	-	-	261	273	287	300	306	320	332	347	355	372	399	427	482

Tabla B. *Ejemplos de métodos de instalación. (Se corresponde con la Tabla A.52.3 simplificada y reorganizada de la norma UNE-HD 60364-5-52 para facilitar su consulta).*

Métodos de instalación			
A1			
	Conductores aislados o cables unipolares en tubo en el interior de una pared térmicamente aislante [a, c]	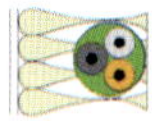	Cable multipolar en el interior de una pared térmicamente aislante [a, c]
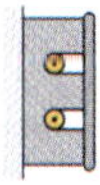	Conductores aislados o cables unipolares en molduras [c, e]		Conductores aislados en tubo o cables unipolares o multipolares en arquitrabe [c, f]
	Conductores aislados en tubo o cables unipolares o multipolares en marcos de ventana [c, f]		
A2			
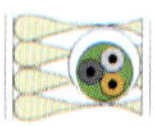	Cables multipolares en tubo en el interior de una pared térmicamente aislante [a, c]		
B1			
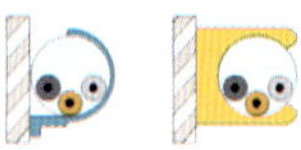	Conductores aislados o cables unipolares en tubo sobre pared de madera o de mampostería, o separado de ella a una distancia inferior a 0,3 veces el diámetro del tubo [c]	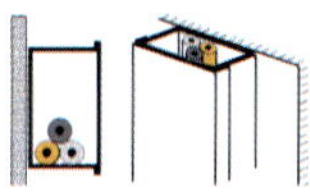	Conductores aislados o cables unipolares en canales (incluyendo canales de múltiples compartimentos) sobre una pared de madera o mampostería: – en recorrido horizontal [b] – en recorrido vertical [b, c]
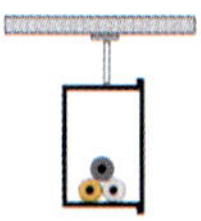	Conductores aislados o cables unipolares en canales suspendidos [b]	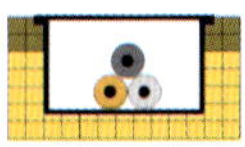	Conductores aislados o cable unipolar en canales empotrados en el suelo
	Conductores aislados o cable unipolar en canal empotrada [c]		Conductores aislados en tubo en canal de obra abierta o ventilada en el suelo [m, n]
	Cable unipolar o multipolar con cubierta en canal de obra abierta o ventilada en recorrido horizontal o vertical [n]	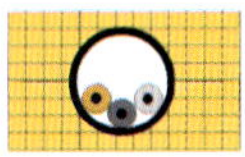	Conductores aislados o cables unipolares en tubo empotrado en mampostería [p]

B2			
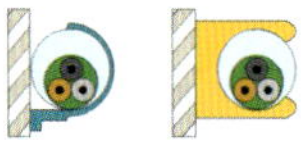	Cable multipolar en un tubo sobre pared de madera o de mampostería, o separado de ella a una distancia inferior a 0,3 veces el diámetro del tubo [c]	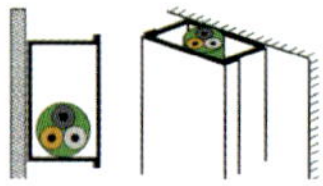	Cable multipolar en canales (incluyendo canales de múltiples compartimentos) sobre una pared de madera o mampostería: – en recorrido horizontal [b] – en recorrido vertical [b, c]
	Cable multipolar en canales suspendidos [b]	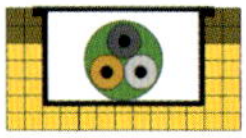	Cable multipolar en canales empotrados en el suelo
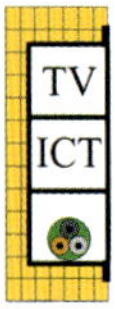	Cable multipolar en canal empotrada [c]		Cable multipolar en tubos empotrado en mampostería [p]

B1 o B2			
	Cables unipolares o multipolares en un hueco de la construcción [c, h, i]	**B1**	$5\ D_e \geq V < 20\ D_e$
		B2	$1{,}5\ D_e \geq V < 5\ D_e$
	Conductores aislados en tubo en un hueco de la construcción [c, i, j, k]	**B1**	$V \leq 20\ D_e$
		B2	$1{,}5\ D_e \geq V < 20\ D_e$
	Cables unipolares o multipolares en tubo en un hueco de la construcción [c, k]	**B1**	$V \leq 20\ D_e$
		B2	$1{,}5\ D_e \geq V < 20\ D_e$
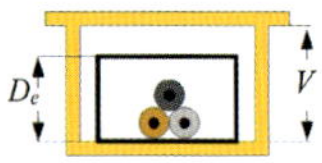	Conductores aislados en conductos cerrados de sección no circular en un hueco de la construcción [c, i, j, k]	**B1**	$V \leq 20\ D_e$
		B2	$1{,}5\ D_e \geq V < 20\ D_e$
	Cables unipolares o multipolares en conductos cerrados de sección no circular un hueco de la construcción [c, k]	**B1**	$V \leq 20\ D_e$
		B2	$1{,}5\ D_e \geq V < 20\ D_e$
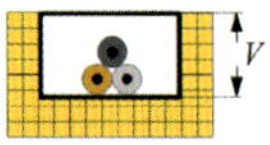	Conductores aislados en conducto cerrado de sección no circular empotrado en mampostería, de resistividad térmica no superior a 2 K·m/W [c, h, i]	**B1**	$5\ D_e \geq V < 50\ D_e$
		B2	$1{,}5\ D_e \geq V < 5\ D_e$
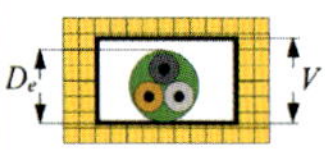	Cables unipolares o multipolares en conducto cerrado de sección no circular empotrado en mampostería, de resistividad térmica no superior a 2 K·m/W [c]	**B1**	$V \leq 20\ D_e$
		B2	$1{,}5\ D_e \geq V < 20\ D_e$

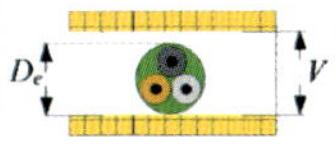	Cables unipolares o multipolares: – en hueco en el techo – en suelo suspendido [h, i]	**B1**	$1{,}5\ D_e \geq V < 5\ D_e$
		B2	$5\ D_e \geq V < 50\ D_e$
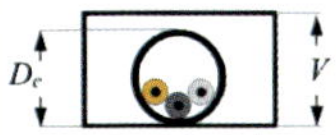	Conductores aislados o cables unipolares en tubo en canal de obra no ventilada, en recorrido horizontal o vertical [c, i, l, n]	**B1**	$V \leq 20\ D_e$
		B2	$1{,}5\ D_e \geq V < 20\ D_e$
	C		
	Cables unipolares o multipolares: – fijados sobre una pared de madera o mampostería o separados de la pared menos de 0,3 veces el diámetro del cable [c]	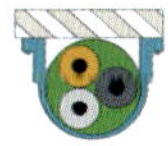	Cables unipolares o multipolares: – fijados directamente bajo un techo de madera o mampostería
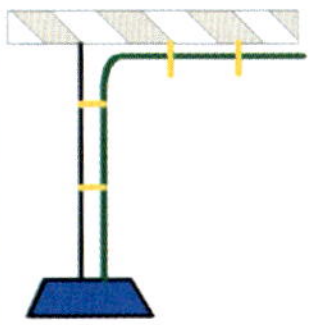	Instalación fija de un receptor suspendido	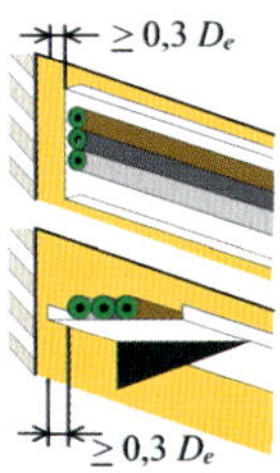	Cables unipolares o multipolares: Sobre bandejas no perforadas en recorrido horizontal o vertical [c, h]
	Cable unipolar o multipolar empotrado directamente en mampostería, de resistividad térmica no superior a 2 K·m/W Sin protección mecánica complementaria [o, p]		Cable unipolar o multipolar empotrados directamente en mampostería, de resistividad térmica no superior a 2 K·m/W Con protección mecánica complementaria [o, p]
	D1		
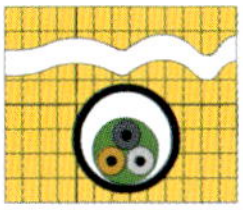	Cable multipolar en tubo o en conducto cerrado de sección no circular en el suelo	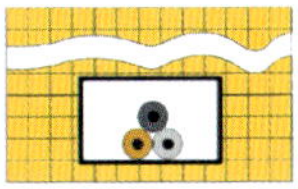	Cable unipolar en tubo o en conducto cerrado de sección no circular en el suelo
	D2		
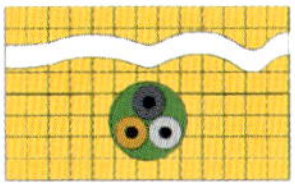	Cables unipolares o multipolares con cubierta en el suelo: – sin protección mecánica complementaria [q]	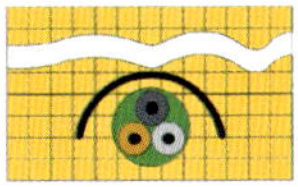	Cables unipolares o multipolares con cubierta en el suelo: – con protección mecánica complementaria [q]
	E		
	Cables unipolares o multipolares: – separados del techo		

E o F			
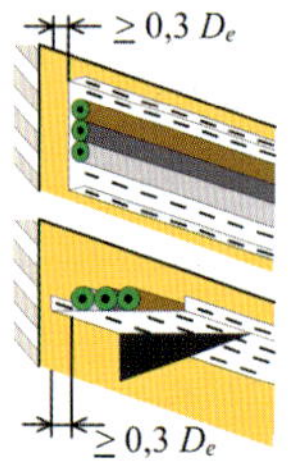	Cables unipolares o multipolares: – Sobre bandejas perforadas en recorrido horizontal o vertical [c, h] – Sobre soportes o rejillas en recorrido horizontal o vertical [c, h]	**E**	Unipolares
		F	Multipolares
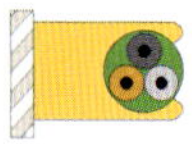	Cables unipolares o multipolares: Separados de la pared más de 0,3 veces el diámetro del cable	**E**	Unipolares
		F	Multipolares
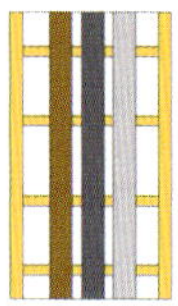	Cables unipolares o multipolares: Sobre bandejas de escalera [c]	**E**	Unipolares
		F	Multipolares
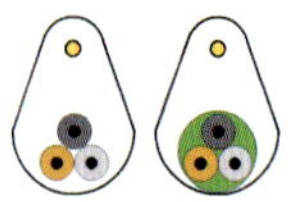	Cable unipolar o multipolar suspendido o incorporando un cable fiador o arnés	**E**	Unipolares
		F	Multipolares

Nota 1: Las ilustraciones no intentan describir productos o prácticas de instalación reales, pero son indicativas del método descrito.
Nota 2: Esta tabla proporciona el método de instalación de referencia en el que se considera que pueden utilizarse de forma segura las mismas corrientes admisibles. No está implícito que todos estos casos estén reconocidos en las reglas nacionales de todos los países ni que otros métodos de instalación estén prohibidos.
Nota 3: El término «mampostería» se toma para incluir ladrillo, hormigón, yeso y similares (que no sean materiales térmicamente aislantes).

[a] La capa interior de la pared tiene una conductividad térmica no inferior a 10 $W/m^2 \cdot K$.
[b] Los valores de intensidades máximas admisibles dados para los métodos B1 y B2 son válidos para un solo circuito. En el caso de varios circuitos en la canal se aplican los factores de reducción por agrupamiento de la **tabla B.52.17**, independientemente de la presencia de barreras o tabiques internos.
[c] Se debe tener cuidado cuando el cable discurre verticalmente y la ventilación es limitada. La temperatura ambiente en la parte superior de la sección vertical puede aumentar considerablemente. El asunto está bajo consideración.
[d] Se pueden usar los valores para método de referencia B2.
[e] La resistividad térmica de la envolvente se supone que es pobre debido al material de construcción y los posibles espacios de aire. Cuando la construcción es térmicamente equivalente a los métodos de instalación consistentes en cable multipolar en canales sobre una pared de mampostería en recorrido horizontal o vertical, puede usarse el método de referencia B1.
[f] La resistividad térmica de la envolvente se supone que es pobre debido al material de construcción y los posibles espacios de aire. Cuando la construcción es térmicamente equivalente a los métodos de instalación consistentes en cables unipolares o cable multipolar en canales sobre una pared de mampostería en recorrido horizontal o vertical, pueden usarse los métodos de referencia B1 o B2.
[g] También se pueden usar los factores de reducción por agrupamiento la **tabla B.52.17**.
[h] D_e es el diámetro externo de un cable multipolar:
- 2,2 × el diámetro del cable cuando tres cables unipolares están unidos al tresbolillo; o
- 3 × el diámetro del cable cuando tres cables unipolares se tienden en disposición plana.

[i] V es la dimensión más pequeña o el diámetro de un conducto o hueco de mampostería, o la profundidad vertical de un conducto rectangular, un hueco de suelo o techo o una canal de obra. La profundidad de la canal de obra es más importante que la anchura.
[j] D_e es el diámetro exterior del tubo o la profundidad vertical del conducto cerrado de sección no circular.
[l] D_e es el diámetro exterior del tubo.
[m] Para el cable multipolar instalado en el método consistente en conductores aislados en tubo en canal de obra abierta o ventilada en el suelo, utilícese la corriente admisible para el método de referencia B2.
[n] Se recomienda que estos métodos de instalación solo se utilicen en zonas donde el acceso está restringido a personas autorizadas para que la reducción en la corriente admisible y el riesgo de incendio debido a la acumulación de residuos pueda evitarse.
[o] Para los cables que tienen conductores no mayores de 16 mm^2, la corriente admisible puede ser mayor.
[p] La resistividad térmica de la mampostería no es mayor que 2 K·m/W, se toma el término «mampostería» para incluir el ladrillo, hormigón, yeso y similares (con excepción de los materiales térmicamente aislantes).
[q] La inclusión de los cables directamente enterrados en este punto es satisfactoria cuando la resistividad térmica del terreno es del orden de 2,5 K·m/W. Para resistividades del terreno inferiores, la corriente admisible de los cables directamente enterrados es apreciablemente mayor que para los cables en conductos.

NOTA

Factores de corrección

Cuando las condiciones de la instalación son distintas a las tomadas como base para la confección de la Tabla A (temperatura ambiente de 40 °C en instalaciones al aire), hay más de un circuito en la misma canalización, hay influencia de los armónicos, se tomarán los factores de corrección que siguen.

Factores de corrección por temperatura (Tabla C)

Reducen la intensidad máxima admisible en los conductores cuando la temperatura ambiente es superior a 40 °C, y la aumentan cuando dicha temperatura es inferior, tal como se muestra en la Tabla C. La norma UNE-HD 60364-5-52 nos proporciona en la mayor parte de sus tablas las intensidades admisibles para una temperatura ambiente de referencia de 30 °C y, por lo tanto, los factores de corrección por temperatura que nos proporciona en su Tabla B.52.14 son aplicables a valores diferentes a dicha temperatura. Dado que a nivel nacional suele ser más habitual partir de una temperatura ambiente de 40 °C, tal como se ha facilitado en la Tabla A de intensidades admisibles, los valores de la Tabla C que a continuación se ilustran se han obtenido a base de cálculos y no han variado respecto a la norma anterior.

Tabla C. *Factores de corrección por temperatura ambiente distinta a 40 °C.*

Aislamiento	Temperatura ambiente (θ_a) (°C)														
	10	15	20	25	30	35	40	45	50	55	60	65	70	75	80
PVC	1,40	1,34	1,29	1,22	1,15	1,08	**1,00**	0,91	0,82	0,70	0,57	–	–	–	–
XLPE o EPR	1,26	1,23	1,19	1,14	1,10	1,05	**1,00**	0,96	0,90	0,83	0,78	0,71	0,64	0,55	0,45

Factores de corrección por agrupamiento de circuitos (Tablas D-E-F)

El calentamiento mutuo de los cables, cuando varios circuitos coinciden en la misma canalización, obliga a considerar un factor de corrección adicional para tener en cuenta la mayor dificultad para disipar el calor generado, ya que esta situación equivale a una mayor temperatura ambiente. En la Tabla D se muestran los factores de corrección por agrupamiento de circuitos. Estos factores reducen la intensidad máxima admisible en los conductores cuando se agrupan varios circuitos en una instalación.

Tabla D. *Factores de corrección por agrupamiento de circuitos.*
(Se corresponde con la Tabla C.52.13 de carácter informativo que aparece en el Anexo C de la norma UNE-HD 60364-5-52).

Disposición	Número de circuitos o cables multipolares								
	1	2	3	4	6	9	12	16	20
Agrupados en el aire, en una superficie, empotrados o en el interior de una envolvente.	1,00	0,80	0,70	0,70	0,55	0,50	0,45	0,40	0,40
Capa única sobre muros, suelos o bandejas no perforadas.	1,00	0,85	0,80	0,75	0,70	0,70	Sin corrección suplementaria para más de 9 circuitos o cables multipolares.		
Capa única fijada directamente al techo.	0,95	0,80	0,70	0,70	0,65	0,60			
Capa única sobre bandejas perforadas horizontales o verticales.	1,00	0,90	0,80	0,75	0,75	0,70			
Capa única sobre bandeja de escalera, soportes o bridas de amarre, etc.	1,00	0,85	0,80	0,80	0,80	0,8			

Nota 1: Estos factores son aplicables a grupos homogéneos de cables cargados por igual.

Nota 2: Cuando la distancia horizontal entre cables adyacentes es superior al doble de su diámetro exterior, no es necesario factor de corrección.

Nota 3: Los mismos factores se aplican para grupos de dos o tres cables unipolares que para cables multipolares.

Nota 4: Si un sistema se compone de cables de dos o tres conductores aislados, se toma el número total de cables como el número de circuitos y se aplica el factor de corrección a las tablas para dos conductores cargados para los cables de dos conductores aislados, y a las tablas para tres conductores cargados para los cables de tres conductores aislados.

Nota 5: Si un agrupamiento está formado por n cables unipolares, puede ser considerado como n/2 circuitos de dos conductores cargados o como n/3 circuitos de tres conductores cargados.

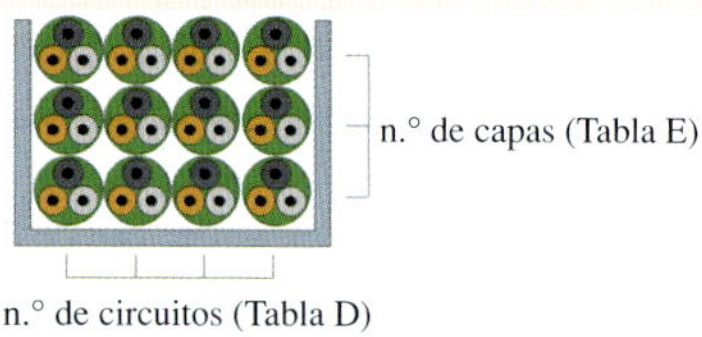

Cuando se instalan circuitos en varias capas se hace necesario aplicar un factor de corrección adicional que contemple la mayor dificultad para disipar el calor generado por el conjunto de cables. En la norma UNE-HD 60364-5-52 se facilitan estos factores de corrección en las tablas B.52.20 a 21 para grupos de cables montados sobre bandejas perforadas y no perforadas, bandejas de escalera, bridas de amarre, etc.

A modo de simplificación, en esta edición del REBT, facilitamos la Tabla E extraída de la Guía-BT-19, donde se indican los factores de corrección por agrupamiento de circuitos en varias capas que multiplicarán al factor de corrección de la tabla D anterior.

Tabla E. *Factores de corrección por agrupamiento de circuitos.*

N.° de capas	2	3	4 o 5	6 a 8	9 o más
Factor	0,8	0,73	0,70	0,68	0,66

En la Tabla F se indican los factores de corrección correspondientes para agrupación de cables en el interior de tubos en contacto y en posición horizontal, instalados al aire, formando una o varias capas. Esta tabla ha sido extraída de la Guía-BT-19.

Tabla F. *Factores de corrección para cables en el interior de tubos en contacto en posición horizontal, instalados al aire, formando una o varias capas.*

N.° de capas en vertical	N.° de tubos en horizontal					
	1	2	3	4	5	6
1	1,00	0,94	0,91	0,88	0,87	0,86
2	0,92	0,87	0,84	0,81	0,80	0,79
3	0,85	0,81	0,78	0,76	0,75	0,74
4	0,82	0,78	0,74	0,73	0,72	0,72
5	0,80	0,76	0,72	0,71	0,70	0,70
6	0,79	0,75	0,71	0,70	0,69	0,68

Factores de corrección por corrientes armónicas (Tabla G)

Se deberá aplicar el método adecuado cuando la incidencia de las corrientes armónicas sea significativa (*véase* anexo E en la norma UNE-HD 60364-5-52).

Las componentes armónicas descompensan los sistemas trifásicos y pueden hacer aumentar significativamente la corriente por el neutro, pudiéndose hacer incluso más alta que por las mismas fases, aunque las cargas estén equilibradas. Concretamente, el tercer armónico es el que más afecta a este desequilibrio.

Los receptores que producen mayor cantidad de componentes armónicas son las fuentes de alimentación conmutadas, variadores de velocidad para motores de corriente alterna, alumbrado con balastos electrónicos, etc. (en general, cualquier equipo que tome de la red intensidades de corrientes en impulsos bruscos).

En la Tabla G se muestran los factores de corrección para corrientes armónicas para cables con cuatro conductores activos, cuyo neutro es del mismo material y sección que los conductores de fase.

Tabla G. *Factores de corrección para corrientes armónicas para cables con cuatro conductores activos. (Se corresponde con la Tabla E.52.1 de carácter normativo que aparece en el Anexo E de la norma UNE-HD 60364-5-52).*

Contenido del tercer armónico de corriente de línea (%)	Factor de corrección	
	Selección del tamaño basado en la corriente de línea	Selección del tamaño basado en la corriente del neutro
0-15	1,00	–
15-33	0,86	–
33-45	–	0,86
> 45	–	1,00

Si la intensidad por el neutro se prevé que sea más alta que la de fase, es más recomendable que la selección esté basada en la «intensidad del neutro».

EJEMPLO DE APLICACIÓN

1. Para la alimentación eléctrica de un grupo de lámparas se utiliza una línea formada por dos conductores unipolares de cobre aislados con polietileno reticulado (XLPE) instalados bajo tubo en pared aislante. Calcula la sección de los conductores si la corriente que absorbe el horno es de **25 A**. Realiza el cálculo solamente teniendo en cuenta la intensidad máxima admisible por el conductor, ya que se desconoce la caída de tensión máxima admisible en la línea.

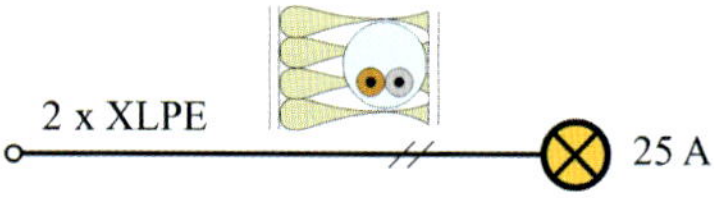

Solución: consultando la Tabla A, para «conductores aislados en tubos empotrados en paredes aislantes (Método de instalación A1)» «2x XLPE», nos encontramos en la columna número 7b, que nos indica que un conductor de **4 mm²** de sección sería suficiente ya que posee una intensidad máxima admisible de **30 A**.

2. Calcula la sección de los conductores de una línea trifásica formada por un cable multipolar de cobre aislado con polietileno reticulado (XLPE), instalado sobre bandeja perforada, si la intensidad que se prevé por las fases es de **80 A**. Esta línea se encuentra a una temperatura ambiente de **45 °C**. Por la misma bandeja transcurren cinco circuitos más cargados con la misma intensidad y agrupados en dos capas. Además, se prevé un contenido del **30 %** en el tercer armónico.

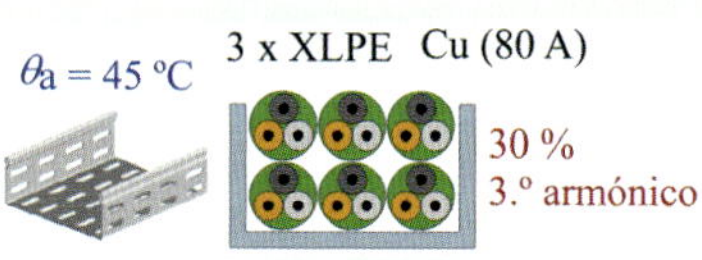

Solución: lo primero que se debe hacer es consultar en las tablas los factores de corrección que se deben aplicar:

- Factor de corrección por temperatura ambiente (Tabla C) (45 °C) = **0,96**.
- Factor de corrección por agrupamiento (Tabla D) (6 circuitos en bandeja perforada) = **0,75**.
- Factor de reducción por circuitos en varias capas (Tabla E) (2 capas) = **0,8**.
- Factor de reducción por corrientes armónicas (Tabla G) (30 %) = **0,86**.

Aplicando todos estos factores de reducción, la intensidad que habrá que tener en cuenta para el cálculo de la sección será:

$$I_{máx} = \frac{80}{0{,}96 \cdot 0{,}75 \cdot 0{,}8 \cdot 0{,}86} = 161{,}5 \text{ A}$$

Consultando la Tabla A, para «cable multipolar», instalado sobre bandeja perforada «(Método de instalación F)» «3x XLPE», nos encontramos en la columna número 11, que nos indica que un conductor de **50 mm²** sería suficiente ya que posee una intensidad máxima admisible de **188 A**.

3. La línea del ejemplo de aplicación anterior alimenta a una instalación de alumbrado a **400 V** y con un factor de potencia de **0,9**. Dicha línea se inicia directamente en la salida de un transformador de distribución propio y posee una longitud de **100 m**. Con estos datos más los calculados anteriormente, determina la sección de los conductores teniendo ahora también en cuenta la caída de tensión máxima admisible.

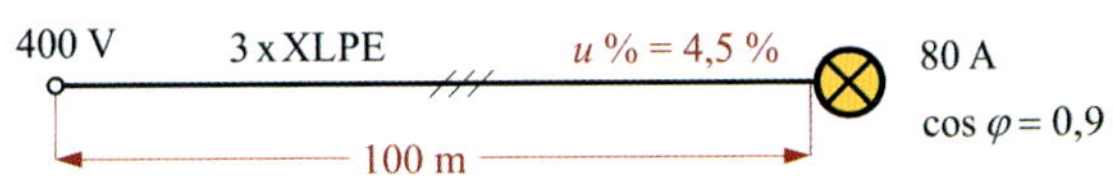

Solución: en el apartado 2.2.2 de esta ITC nos indican que la caída de tensión admisible para este tipo de instalación es del **4,5 %**.

La caída de tensión máxima en voltios es:

$$u = \frac{400}{100} \cdot 4{,}5 = 18 \text{ V}$$

Ahora calculamos la sección teniendo en cuenta esta caída de tensión. Dado que la temperatura admisible para cables aislados con XLPE es de **90 °C**, se tendrá en cuenta una conductividad de **44** para conductores de cobre.

$$S = \frac{\sqrt{3}\ L \cdot I \cdot \cos\varphi}{\gamma_{90°C} \cdot u} = \frac{\sqrt{3} \cdot 100 \cdot 80 \cdot 0{,}9}{44 \cdot 18} = 15{,}7 \text{ mm}^2$$

Dado que por este método de cálculo la sección es inferior a los **50 mm²** obtenidos por comprobación de la intensidad máxima admisible, la sección final del conductor sigue siendo **50 mm²**.

NOTA

Instalaciones enterradas según norma UNE-HD 60364-5-52 (instalaciones tipo D1 y D2)

Aunque las intensidades máximas admisibles para instalaciones enterradas se pueden consultar en la **ITC-BT-07** según la nueva norma **UNE 211435** edición de 2011, hemos creído conveniente incluir un resumen de lo indicado en la norma **UNE-HD 60364-5-52**.

La Tabla H, que se expone, a continuación, es de aplicación específica para instalaciones eléctricas enterradas de enlace e instalaciones eléctricas enterradas interiores o receptoras tipo D1 y D2 (consultar descripción de estos métodos de instalación en la Tabla B), excluyendo su aplicación para redes de distribución enterradas que se pueden consultar en la **ITC-BT-07**.

Tabla H. *Intensidades máximas admisibles (A) para instalaciones enterradas tipo* ***D1 y D2****. Temperatura del terreno de 25 °C. Resistividad térmica del terreno de* ***2,5 K·m/W****. Profundidad de la instalación:* ***0,7 m****.*
(Se corresponde con la Tabla C.52.2 bis de carácter informativo).

Sección mm²	Intensidad admisible (A)							
	Cobre				Aluminio			
	PVC 2	PVC 3	XLPE 2	XLPE 3	PVC 2	PVC 3	XLPE 2	XLPE 3
1,5	22	18	26	22	–	–	–	–
2,5	29	24	34	29	22	18,5	26	22
4	38	31	44	37	29	24	34	29
6	47	39	56	46	36	30	42	36
10	63	52	73	61	48	40	56	47
16	81	67	95	79	62	52	73	61
25	104	86	121	101	80	66	93	78
35	125	103	146	122	96	80	112	94
50	148	122	173	144	113	94	132	112
70	183	151	213	178	140	117	163	138
95	216	179	252	211	166	138	193	164
120	246	203	287	240	189	157	220	186
150	278	230	324	271	213	178	249	210
185	312	258	363	304	240	200	279	236
240	361	297	419	351	277	230	322	272
300	408	336	474	396	313	260	364	308

Aunque en la norma **UNE-HD 60364-5-52** aporta sus propios factores **de corrección**, son igualmente válidos los que aparecen en la **ITC-BT-07**. Estos factores de corrección tienen en cuenta: resistividades térmicas del terreno diferentes a 2,5 K·m/W, temperaturas del terreno diferentes a 25 °C, profundidades de soterramiento distintas a 0,70 m y factores de reducción por agrupaciones de cables y tubos.

En el apartado 3.1 de la ITC-BT-07 de este manual se pueden consultar varios ejemplos de cálculo de la sección de conductores en instalaciones de distribución de baja tensión soterradas.

2.2.4. Identificación de conductores

Los conductores de la instalación deben ser fácilmente identificables, especialmente por lo que respecta al conductor neutro y al conductor de protección. Esta identificación se realizará por los colores que presenten sus aislamientos.

Cuando exista **conductor neutro** en la instalación o se prevea para un conductor de fase su pase posterior a conductor neutro, se identificarán estos por **el color azul claro.**

Al **conductor de protección** se le identificará por el color **verde-amarillo.**

Todos **los conductores de fase,** o en su caso, aquellos para los que no se prevea su pase posterior a neutro se identificarán por los colores **marrón** o **negro.** Cuando se considere necesario identificar tres fases diferentes, se utilizará también el color **gris.**

GUÍA-BT-19

Tabla I. *Identificación de los conductores.*

Neutro	Protección	Fase		
Azul	Verde-amarillo	Marrón	Negro	Gris

Los cables unipolares de tensión asignada **0,6/1 kV** con aislamiento y cubierta no tienen aplicadas diferentes coloraciones; en este caso el instalador debe identificar los conductores mediante medios apropiados, por ejemplo mediante un señalizador o argolla, una etiqueta, etc., en cada extremo del cable.

En sistemas **TN-C** y **TN-C-S** descritos en la **ITC-BT-08,** se debe identificar a los conductores de protección y neutro (**CPN**) mediante el color verde-amarillo más una marca azul que podrá ser un señalizador o argolla, una etiqueta, etc., que identifique su propiedad **CPN.**

2.3. Conductores de protección

Se aplicará lo indicado en la norma **UNE 20460-5-54** en su apartado 543 (anulada y sustituida por UNE-HD 60364-5-54). Como ejemplo, para los conductores de protección que estén constituidos por el mismo metal que los conductores de fase o polares, tendrán una **sección mínima igual a la fijada en la Tabla 2,** en función de la sección de los conductores de fase o polares de la instalación; en caso de que sean de distinto material, la sección se determinará de forma que presente una conductividad equivalente a la que resulta de aplicar la Tabla 2.

Tabla 2. *Sección mínima del conductor de protección.*

Secciones de los conductores de fase o polares de la instalación (mm^2)	Secciones mínimas de los conductores de protección (mm^2)
$S \leq 16$	$S^{(*)}$
$16 < S \leq 35$	16
$S > 35$	$S/2$

Notas:

(*) Si los conductores de protección no forman parte de la canalización de alimentación, tendrán un mínimo de:

- **2,5 mm²** si tienen una protección mecánica.
- **4 mm²** si no tienen una protección mecánica.

Para otras condiciones se aplicará la norma **UNE 20460-5-54,** apartado 543 (anulada y sustituida por UNE-HD 60364-5-54).

En la instalación de los conductores de protección se tendrá en cuenta:

- Si se aplican diferentes sistemas de protección en instalaciones próximas, se empleará para cada uno de los sistemas un conductor de protección distinto. Los sistemas a utilizar estarán de acuerdo con los indicados en la norma **UNE 20460-3** (anulada y sustituida por UNE-HD 60364-1). En los pasos a través de paredes o techos estarán protegidos por un tubo de adecuada resistencia mecánica, según **ITC-BT-21** para canalizaciones empotradas.
- **No se utilizará un conductor de protección común para instalaciones de tensiones nominales diferentes.**
- Si los conductores activos van en el interior de una envolvente común, se recomienda incluir también dentro de ella el conductor de protección, en cuyo caso presentará el mismo aislamiento que los otros conductores. Cuando el conductor de protección se instale fuera de esta canalización, seguirá el curso de la misma.
- En una canalización móvil todos los conductores, incluyendo el conductor de protección, irán por la misma canalización.

- En el caso de canalizaciones que incluyan conductores con aislamiento mineral, la cubierta exterior de estos conductores podrá utilizarse como conductor de protección de los circuitos correspondientes, siempre que su continuidad quede perfectamente asegurada y su conductividad sea como mínimo igual a la que resulte de la aplicación de la norma **UNE 20460-5-54,** apartado 543.
- Cuando las canalizaciones estén constituidas por conductores aislados colocados bajo tubos de material ferromagnético, o por cables que contienen una armadura metálica, los conductores de protección se colocarán en los mismos tubos o formarán parte de los mismos cables que los conductores activos.
- Los conductores de protección estarán convenientemente protegidos contra los deterioros mecánicos y químicos, especialmente en los pasos a través de los elementos de la construcción.
- Las conexiones en estos conductores se realizarán por medio de uniones soldadas sin empleo de ácido o por piezas de conexión de apriete por rosca, debiendo ser accesibles para verificación y ensayo. Estas piezas serán de material inoxidable y los tornillos de apriete, si se usan, estarán previstos para evitar su desapriete. Se considera que los dispositivos que cumplan con la norma **UNE-EN 60998-2-1** cumplen con esta prescripción.
- Se tomarán las precauciones necesarias para evitar el deterioro causado por efectos electroquímicos cuando las conexiones sean entre metales diferentes (por ejemplo, cobre-aluminio).

2.4. Subdivisión de las instalaciones

Las instalaciones se subdividirán de forma que las perturbaciones originadas por averías que puedan producirse en un punto de ellas afecten solamente a ciertas partes de la instalación, por ejemplo a un sector del edificio, a un piso, a un solo local, etc., para lo cual los dispositivos de protección de cada circuito estarán adecuadamente coordinados y serán selectivos con los dispositivos generales de protección que les precedan.

Toda instalación se dividirá en varios circuitos, según las necesidades, a fin de:

- evitar las interrupciones innecesarias de todo el circuito y limitar las consecuencias de un fallo;
- facilitar las verificaciones, ensayos y mantenimientos;
- evitar los riesgos que podrían resultar del fallo de un solo circuito que pudiera dividirse, como por ejemplo si solo hay un circuito de alumbrado.

GUÍA-BT-19

Selectividad entre diferenciales

Para garantizar la selectividad total entre los diferenciales instalados en serie, se deben cumplir las siguientes condiciones:

1. El tiempo de no-actuación del diferencial instalado aguas arriba deberá ser superior al tiempo de total de operación del diferencial situado aguas abajo. Los **diferenciales tipo S** o los de tipo retardado de tiempo regulable cumplen con esta condición.
2. La intensidad diferencial-residual del diferencial instalado aguas arriba deberá ser superior a la del diferencial situado aguas abajo.

En el caso de **diferenciales para uso doméstico** o análogo (**UNE-EN 61008** y **UNE-EN 61009**) la intensidad diferencial residual nominal del diferencial instalado aguas arriba deberá ser como mínimo **tres veces superior** a la del diferencial situado aguas abajo. Los diferenciales instalados serán de tipo S según lo establecido en **ITC-BT-24** apartado 4.1.2.

2.5. Equilibrado de cargas

Para que se mantenga el mayor equilibrio posible en la carga de los conductores que forman parte de una instalación, se procurará que aquella quede repartida entre sus fases o conductores polares.

2.6. Posibilidad de separación de la alimentación

Se podrán desconectar de la fuente de alimentación de energía las siguientes instalaciones:

a) Toda instalación cuyo origen esté en una línea general de alimentación.

b) Toda instalación con origen en un cuadro de mando o de distribución.

Los dispositivos admitidos para esta desconexión, que garantizarán la separación omnipolar excepto en el neutro de las redes TN-C, son:

- Los cortacircuitos fusibles.
- Los seccionadores.
- Los interruptores con separación de contactos mayor de **3 mm** o con nivel de seguridad equivalente.
- Los bornes de conexión, solo en caso de derivación de un circuito.

Los dispositivos de desconexión se situarán y actuarán en un mismo punto de la instalación, y cuando esta condición resulte de difícil cumplimiento, se colocarán instrucciones o avisos aclaratorios. Los dispositivos deberán ser accesibles y estarán dispuestos de forma que permitan la fácil identificación de la parte de la instalación que separan.

2.7. Posibilidad de conectar y desconectar en carga

Se instalarán dispositivos apropiados que permitan conectar y desconectar en carga en una sola maniobra, en:

a) Toda instalación interior o receptora en su origen, circuitos principales y cuadros secundarios. Podrán exceptuarse de esta prescripción los circuitos destinados a relojes, a rectificadores para instalaciones telefónicas cuya potencia nominal no exceda de 500 VA y los circuitos de mando o control, siempre que su desconexión impida cumplir alguna función importante para la seguridad de la instalación. Estos circuitos podrán desconectarse mediante dispositivos independientes del general de la instalación.

b) Cualquier receptor.

c) Todo circuito auxiliar para mando o control, excepto los destinados a la tarificación de la energía.

d) Toda instalación de aparatos de elevación o transporte, en su conjunto.

e) Todo circuito de alimentación en baja tensión destinado a una instalación de tubos luminosos de descarga en alta tensión.

f) Toda instalación de locales que presente riesgo de incendio o de explosión.

g) Las instalaciones a la intemperie.

h) Los circuitos con origen en cuadros de distribución.

i) Las instalaciones de acumuladores.

j) Los circuitos de salida de generadores.

Los dispositivos admitidos para la conexión y desconexión en carga son:

- Los interruptores manuales.
- Los cortacircuitos fusibles de accionamiento manual, o cualquier otro sistema aislado que permita estas maniobras siempre que tengan poder de corte y de cierre adecuado e independiente del operador.
- Las clavijas de las tomas de corriente de intensidad nominal no superior a **16 A**.

Deberán ser de corte omnipolar los dispositivos siguientes:

- Los situados en el cuadro general y en los secundarios de toda la instalación interior o receptora.
- Los destinados a circuitos **excepto en sistemas de distribución TN-C, en los que el corte del conductor neutro está prohibido** y excepto en los TN-S en los que se pueda asegurar que el conductor neutro está al potencial de tierra.
- Los destinados a receptores cuya potencia sea superior a 1.000 W, salvo que prescripciones particulares admitan corte no omnipolar.
- Los situados en circuitos que alimenten a lámparas de descarga o autotransformadores.
- Los situados en circuitos que alimenten a instalaciones de tubos de descarga en alta tensión.

En los demás casos, los dispositivos podrán no ser de corte omnipolar.

El conductor neutro o compensador **no podrá ser interrumpido** salvo cuando el corte se establezca por interruptores omnipolares.

2.8. Medidas de protección contra contactos directos o indirectos

Las instalaciones eléctricas se establecerán de forma que no supongan riesgo para las personas y los animales domésticos tanto en servicio normal como cuando puedan presentarse averías previsibles.

En relación con estos riesgos, las instalaciones deberán proyectarse y ejecutarse aplicando las medidas de protección necesarias contra los contactos directos e indirectos.

Estas medidas de protección son las señaladas en la Instrucción **ITC-BT-24** y deberán cumplir lo indicado en la **UNE 20460,** parte 4-41 y parte 4-47 (anulada y sustituida por UNE-HD 60364).

2.9. Resistencia de aislamiento y rigidez dieléctrica

Las instalaciones deberán presentar una resistencia de aislamiento al menos igual a los valores indicados en la Tabla 3.

Tabla 3. *Resistencia mínima de aislamiento de las instalaciones.*

Tensión nominal de la instalación	Tensión de ensayo en corriente continua (V)	Resistencia de aislamiento (MΩ)
Muy Baja Tensión de Seguridad (MBTS). Muy Baja Tensión de protección (MBTP).	250	≥ 0,25
Inferior o igual a 500 V, excepto caso anterior.	500	≥ 0,5
Superior a 500 V.	1.000	≥ 1,0

Nota: Para instalaciones a **MBTS** y **MBTP**, *véase* la **ITC-BT-36.**

Este aislamiento se entiende para una instalación en la cual la longitud del conjunto de canalizaciones y cualquiera que sea el número de conductores que las componen **no exceda de 100 metros**. Cuando esta longitud exceda del valor anteriormente citado y pueda fraccionarse la instalación en partes de aproximadamente **100 metros** de longitud, bien por seccionamiento, desconexión, retirada de fusibles o apertura de interruptores, cada una de las partes en que la instalación ha sido fraccionada debe presentar la resistencia de aislamiento que corresponda.

Cuando no sea posible efectuar el fraccionamiento citado, se admite que el valor de la resistencia de aislamiento de toda la instalación sea, con relación al mínimo que le corresponda, inversamente proporcional a la longitud total, en hectómetros, de las canalizaciones.

El aislamiento se medirá con relación a tierra y entre conductores, mediante un generador de corriente continua capaz de suministrar las tensiones de ensayo especificadas en la Tabla 3 con una corriente de **1 mA** para una carga igual a la mínima resistencia de aislamiento especificada para cada tensión.

Durante la medida, los conductores, incluido el conductor neutro o compensador, estarán aislados de tierra, así como de la fuente de alimentación de energía a la cual están unidos habitualmente. Si las masas de los aparatos receptores están unidas al conductor neutro, se suprimirán estas conexiones durante la medida, restableciéndose una vez terminada esta.

Cuando la instalación tenga circuitos con dispositivos electrónicos, en dichos circuitos los conductores de fases y el neutro estarán unidos entre sí durante las medidas.

a) La medida de aislamiento con relación a tierra se efectuará uniendo a esta el polo positivo del generador y dejando, en principio, todos los receptores conectados y sus mandos en posición «paro», asegurándose que no existe falta de continuidad eléctrica en la parte de la instalación que se verifica; los dispositivos de interrupción se pondrán en posición de «cerrado» y los cortacircuitos instalados como en servicio normal. Todos los conductores se conectarán entre sí incluyendo el conductor neutro o compensador, en el origen de la instalación que se verifica y a este punto se conectará el polo negativo del generador.

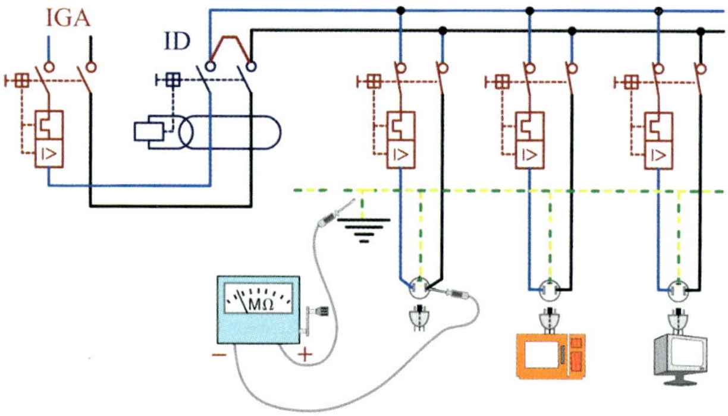

Figura B. *Medida de aislamiento con relación a tierra.*

Cuando la resistencia de aislamiento obtenida resultara inferior al valor mínimo que le corresponda, se admitirá que la **instalación es, no obstante correcta,** si se cumplen las siguientes condiciones:

- Cada aparato receptor presenta una resistencia de aislamiento por lo menos igual al valor señalado por la norma UNE que le concierna o en su defecto **0,5 MΩ**.
- Desconectados los aparatos receptores, la instalación presenta la resistencia de aislamiento que le corresponda.

b) La medida de la resistencia de aislamiento entre conductores polares se efectúa después de haber desconectado todos los receptores, quedando los interruptores y cortacircuitos en la misma posición que la señalada anteriormente para la medida del aislamiento con relación a tierra. La medida de la resistencia de aislamiento se efectuará sucesivamente entre los conductores tomados dos a dos, comprendiendo el conductor neutro o compensador.

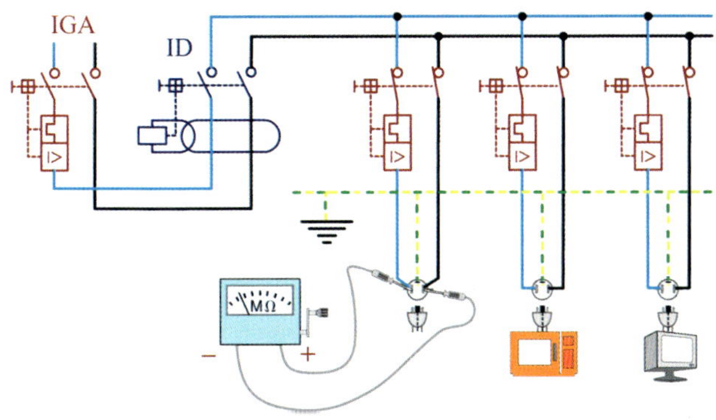

Figura C. *Medida de aislamiento entre conductores polares.*

c) Por lo que respecta a la **rigidez dieléctrica** de una instalación, ha de ser tal que, desconectados los aparatos de utilización (receptores), **resista durante 1 minuto una prueba de tensión de 2*U* + 1.000 voltios** a frecuencia industrial, siendo *U* la tensión máxima de servicio expresada en voltios y con un **mínimo de 1.500 voltios**. Este ensayo se realizará para cada uno de los conductores incluido el neutro o compensador, con relación a tierra y entre conductores, salvo para aquellos materiales en los que se justifique que haya sido realizado dicho ensayo previamente por el fabricante.

Durante este ensayo los dispositivos de interrupción se pondrán en la posición de «cerrado» y los cortacircuitos instalados como en servicio normal. Este ensayo no se realizará en instalaciones correspondientes a locales que presenten riesgo de incendio o explosión.

Las corrientes de fuga no serán superiores para el conjunto de la instalación o para cada uno de los circuitos en que esta pueda dividirse a efectos de su protección, a la sensibilidad que presenten los interruptores diferenciales instalados como protección contra los contactos indirectos.

2.10. Bases de toma de corriente

Las bases de toma de corriente utilizadas en las instalaciones interiores o receptoras serán del tipo indicado en las figuras C2a, C3a o ESB 25-5a de la norma **UNE 20315.** El tipo indicado en la Figura C3a queda reservado para instalaciones en las que se requiera distinguir la fase del neutro, o disponer de una red de tierras específica.

En instalaciones diferentes de las indicadas en la **ITC-BT-25** para viviendas, además, se admitirán las bases de toma de corriente indicadas en la serie de normas **UNE-EN 60309.**

Las bases móviles deberán ser del tipo indicado en las figuras ESC 10-1a, C2a o C3a de la norma **UNE 20315.** Las clavijas utilizadas en los cordones prolongadores deberán ser del tipo indicado en las figuras ESC 10-1b, C2b, C4, C6 o ESB 25-5b.

GUÍA-BT-19

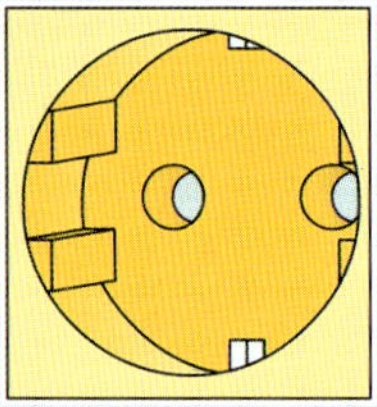

C2a: Base bipolar con contacto lateral de tierra **16 A 250 V**.

(Base de 16 A de uso general).

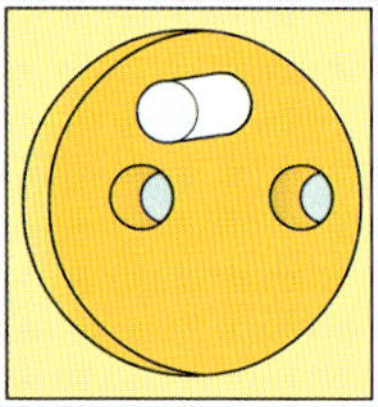

C3a: Base bipolar con espiga de contacto de tierra **16 A 250 V**.

(Base a utilizar cuando haya que distinguir entre fase/neutro).

En la nueva edición de la norma **UNE 20315:2004** las figuras C2a y C3a disponen de obturadores automáticos de los alvéolos.

En la nueva serie de normas UNE 20315:2004, se define una nueva base de toma de corriente denominada **ESB 32a.** Su uso está destinado a las encimeras eléctricas, cocinas u hornos que tengan una intensidad asignada superior a **25 A**. Esta base de toma de corriente es admisible para su instalación en el circuito C3 en viviendas, así como en instalaciones tales como bares, restaurantes, hoteles, etc.

La instalación de esta base de toma de corriente requiere la adecuación de la previsión de cargas en la instalación, que en el caso de viviendas será de al menos **7.360 W**, incluyendo la instalación del **PIA del circuito C3 de 32 A**, así como, en su caso, la adecuación de la sección de los conductores.

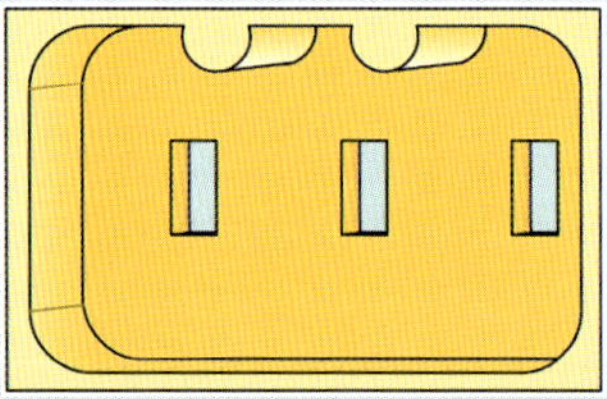

ESB 25-5a: Base bipolar con contacto de tierra **25 A 250 V**.

(Base de 25 A para cocina).

Base ESB 32a: Base bipolar con contacto de tierra **32 A 250 V**.

Las bases de toma de corriente del tipo indicado en las figuras C1a, las ejecuciones fijas de las figuras ESB 10-5a y ESC 10-1a, así como las clavijas de las figuras ESB 10-5b y C1b, recogidas en la norma **UNE 20315,** solo podrán comercializarse e instalarse para reposición de las existentes.

GUÍA-BT-19

Base C1a: Base bipolar sin contacto de tierra **10/16 A 250 V**.

Las bases de toma de corriente anteriores de uso exclusivo para reposición **no se podrán montar en instalaciones nuevas,** ampliaciones, modificaciones ni en reparaciones de importancia de las instalaciones existentes.

Los circuitos que alimenten estas bases de toma de corriente de clase 0 para reposición deben estar protegidos por diferenciales de alta sensibilidad por no disponer la base de toma de tierra.

2.11. Conexiones

En ningún caso se permitirá la unión de conductores mediante conexiones y/o derivaciones por simple retorcimiento o arrollamiento entre sí de los conductores, sino que deberá realizarse siempre utilizando bornes de conexión montados individualmente o constituyendo bloques o regletas de conexión; puede permitirse, asimismo, la utilización de bridas de conexión.

Siempre deberán realizarse en el interior de cajas de empalme y/o de derivación salvo en los casos indicados en el apartado 3.1 de la **ITC-BT-21.**

Si se trata de conductores de varios alambres cableados, las conexiones se realizarán de forma que la corriente se reparta por todos los alambres componentes y, si el sistema adoptado es de tornillo de apriete entre una arandela metálica bajo su cabeza y una superficie metálica, los conductores de sección superior a **6 mm²** deberán conectarse por medio de terminales adecuados, de forma que las conexiones no queden sometidas a esfuerzos mecánicos.

ANOTACIONES

ITC-BT-20

INSTALACIONES INTERIORES O RECEPTORAS. SISTEMAS DE INSTALACIÓN

Índice

1 Generalidades 342

2 Sistemas de instalación 342

2.1. Prescripciones generales 342
2.2. Condiciones particulares 344

3 Paso a través de elementos de la construcción 353

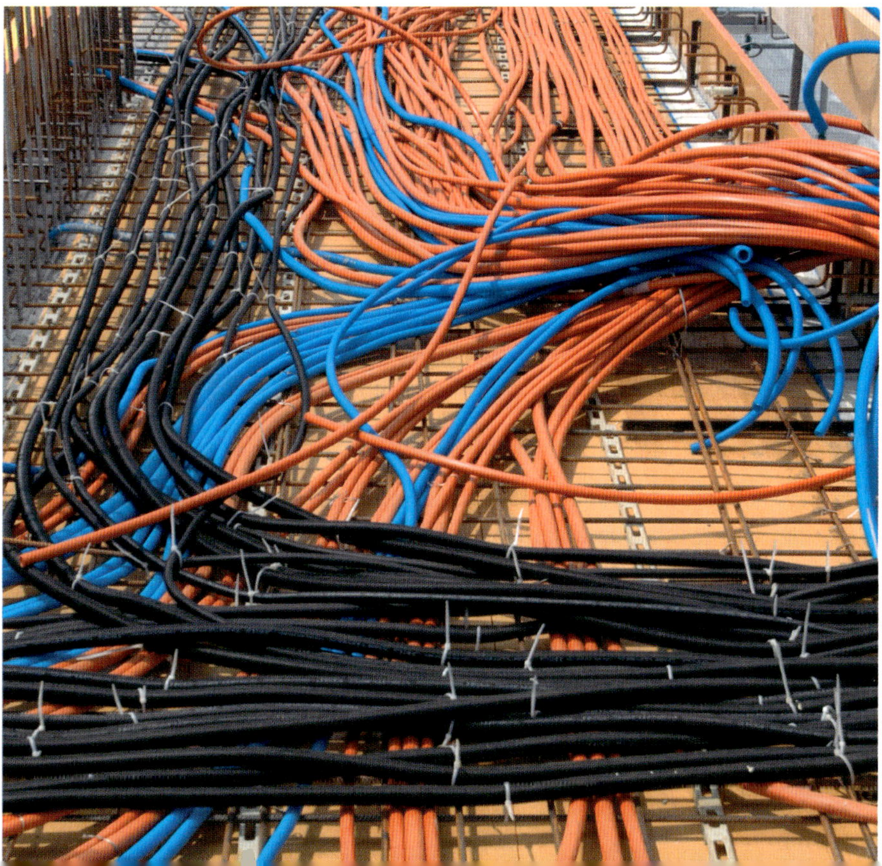

1. Generalidades

Los sistemas de instalación que se describen en esta Instrucción Técnica deberán tener en consideración los principios fundamentales de la norma **UNE 20460-5-52** (anulada y sustituida por UNE-HD 60364-5-52).

2. Sistemas de instalación

La selección del tipo de canalización en cada instalación particular se realizará escogiendo, en función de las influencias externas, el que se considere más adecuado de entre los descritos para conductores y cables en la norma **UNE 20460-5-52** (anulada y sustituida por UNE-HD 60364-5-52).

2.1. Prescripciones generales

Circuitos de potencia

Varios circuitos pueden encontrarse en el mismo tubo o en el mismo compartimento de canal si todos los conductores están aislados para la tensión asignada más elevada.

Separación de circuitos

No deben instalarse circuitos de potencia y circuitos de muy baja tensión de seguridad (MBTS o MBTP) **en las mismas canalizaciones,** a menos que cada cable esté aislado para la tensión más alta presente o se aplique una de las disposiciones siguientes:

a) que cada conductor de un cable de varios conductores esté aislado para la tensión más alta presente en el cable;

b) que los cables estén aislados para su tensión e instalados en un compartimento separado de un conducto o de una canal, si la separación garantiza el nivel de aislamiento requerido para la tensión más elevada.

2.1.1. Disposiciones

En caso de **proximidad de canalizaciones eléctricas con otras no eléctricas,** se dispondrán de forma que entre las superficies exteriores de ambas se mantenga una **distancia** mínima de **3 cm**. En caso de proximidad con conductos de calefacción, de aire caliente, vapor o humo, las canalizaciones eléctricas se establecerán de forma que no puedan alcanzar una temperatura peligrosa y, por consiguiente, se mantendrán separadas por una distancia conveniente o por medio de pantallas calorífugas.

Las canalizaciones eléctricas **no se situarán por debajo de otras canalizaciones** que puedan dar lugar a condensaciones, tales como las destinadas a conducción de **vapor, de agua, de gas, etc.,** a menos que se tomen las disposiciones necesarias para proteger las canalizaciones eléctricas contra los efectos de estas condensaciones.

Las **canalizaciones eléctricas y las no eléctricas** solo podrán ir dentro de un **mismo canal o hueco** en la construcción, cuando se cumplan simultáneamente las siguientes **condiciones:**

a) La protección contra contactos indirectos estará asegurada por alguno de los sistemas señalados en la Instrucción **ITC-BT-24,** considerando a las conducciones no eléctricas, cuando sean metálicas, como elementos conductores.

b) Las canalizaciones eléctricas estarán convenientemente protegidas contra los posibles peligros que pueda presentar su proximidad a canalizaciones, y especialmente se tendrá en cuenta:

- La elevación de la temperatura, debida a la proximidad con una conducción de fluido caliente.
- La condensación.
- La inundación, por avería en una conducción de líquidos; en este caso se tomarán todas las disposiciones convenientes para asegurar su evacuación.
- La corrosión, por avería en una conducción que contenga un fluido corrosivo.
- La explosión, por avería en una conducción que contenga un fluido inflamable.
- La intervención por mantenimiento o avería en una de las canalizaciones puede realizarse sin dañar al resto.

2.1.2. Accesibilidad

Las canalizaciones deberán estar dispuestas de forma que faciliten su maniobra, inspección y acceso a sus conexiones. Estas posibilidades no deben ser limitadas por el montaje de equipos en las envolventes o en los compartimentos.

2.1.3. Identificación

Las canalizaciones eléctricas se establecerán de forma que, mediante la conveniente identificación de sus circuitos y elementos, se pueda proceder en todo momento a reparaciones, transformaciones, etc. Por otra parte, el conductor neutro o compensador, cuando exista, estará claramente diferenciado de los demás conductores.

Las canalizaciones pueden considerarse suficientemente diferenciadas unas de otras, bien por la naturaleza o por el tipo de los conductores que la componen, o bien por sus dimensiones o por su trazado. Cuando la identificación pueda resultar difícil, debe establecerse un plano de la instalación que permita, en todo momento, esta identificación mediante etiquetas o señales de aviso indelebles y legibles.

2.2. Condiciones particulares

Los sistemas de instalación de las canalizaciones en función de los tipos de conductores o cables deben estar de acuerdo con la **Tabla 1**, siempre y cuando las influencias externas estén de acuerdo con las prescripciones de las normas de canalizaciones correspondientes. Los sistemas de instalación de las canalizaciones, en función de la situación. deben estar de acuerdo con la **Tabla 2.**

Tabla 1. *Elección de las canalizaciones.*

Conductores y cables		Sistemas de instalación							
		Sin fijación	Fijación directa	Tubos	Canales y molduras	Conductos de sección no circular	Bandejas de escalera Bandejas soportes	Sobre aisladores	Con fiador
Conductores desnudos		–	–	–	–	–	–	+	–
Conductores aislados		–	–	+	(*)	+	–	+	–
Cables con cubierta	Multipolares	+	+	+	+	+	+	0	+
	Unipolares	0	+	+	+	+	+	0	+

Notas:
+: Admitido.
–: No admitido.
0: No aplicable o no utilizado en la práctica.
(*): Se admiten conductores aislados si la tapa solo puede abrirse con un útil o con una acción manual importante y la canal es IP 4X o IP XXD.

Tabla 2. *Situación de las canalizaciones.*

Conductores y cables		Sistemas de instalación							
		Sin fijación	Fijación directa	Tubos	Canales y molduras	Conductos de sección no circular	Bandejas de escalera Bandejas soportes	Sobre aisladores	Con fiador
Huecos de la construcción	Accesibles	+	+	+	+	+	+	–	0
	No accesibles	+	0	+	0	+	0	–	–
Canal de obra		+	+	+	+	+	+	–	–
Enterrados		+	0	+	–	+	0	–	–
Empotrados en estructuras		+	+	+	+	+	0	–	–
En montaje superficial		–	+	+	+	+	+	+	–
Aéreo		–	–	(*)	+	–	+	+	+

Notas:
+: Admitido.
–: No admitido.
0: No aplicable o no utilizado en la práctica.
(*): No se utilizan en la práctica salvo en instalaciones cortas y destinadas a la alimentación de máquinas o elementos de movilidad restringida.

2.2.1. Conductores aislados bajo tubos protectores

Los cables utilizados serán de tensión nominal no inferior a **450/750 V** y los tubos cumplirán lo establecido en la **ITC-BT-21.**

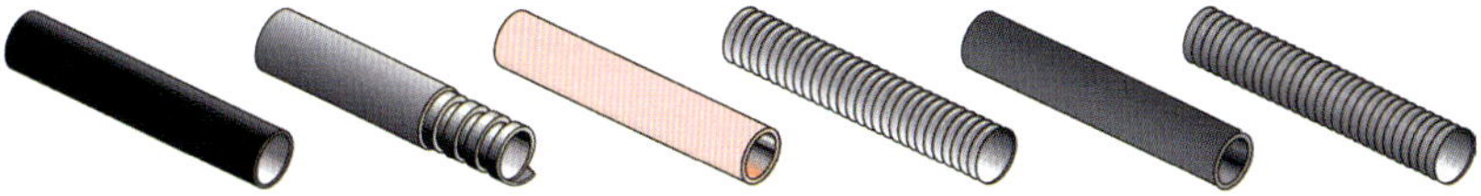

GUÍA-BT-20

Las características mínimas para los sistemas de conducción de cables son:

Producto	Designación s/norma	Norma de aplicación
Tubo rígido	4321 y no propagador de la llama.	UNE-EN 50086-2-1
Tubo curvable	2221 y no propagador de la llama.	UNE-EN 50086-2-2
Tubo flexible	4321 y no propagador de la llama.	UNE-EN 50086-2-3

2.2.2. Conductores aislados fijados directamente sobre las paredes

Estas instalaciones se establecerán con cables de tensiones nominales no inferiores a **0,6/1 kV**, provistos de aislamiento y cubierta (se incluyen cables armados o con aislamiento mineral). Estas instalaciones se realizarán de acuerdo a la norma **UNE 20460-5-52** (anulada y sustituida por UNE-HD 60364-5-52).

Para la ejecución de las canalizaciones se tendrán en cuenta las siguientes prescripciones:

- Se fijarán sobre las paredes por medio de bridas, abrazaderas o collares de forma que no perjudiquen las cubiertas de los mismos.
- Con el fin de que los cables no sean susceptibles de doblarse por efecto de su propio peso, los puntos de fijación de los mismos estarán suficientemente próximos. **La distancia entre dos puntos de fijación sucesivos no excederá de 0,40 m**.

- Cuando los cables deban disponer de **protección mecánica** por el lugar y condiciones de instalación en que se efectúe la misma, se utilizarán **cables armados.** En caso de no utilizar estos cables, se establecerá una protección mecánica complementaria sobre los mismos.
- **Se evitará curvar los cables** con un radio demasiado pequeño y, salvo prescripción en contra fijada en la norma UNE correspondiente al cable utilizado, este **radio no será inferior a 10 veces** el diámetro exterior del cable.
- **Los cruces** de los cables con canalizaciones no eléctricas se podrán efectuar por la parte anterior o posterior a estas, dejando una distancia mínima de **3 cm** entre la superficie exterior de la canalización no eléctrica y la cubierta de los cables cuando el cruce se efectúe por la parte anterior de aquella.
- Los puntos de fijación de los cables estarán suficientemente próximos para evitar que esta distancia pueda quedar disminuida. Cuando el cruce de los cables requiera su **empotramiento** para respetar la separación mínima de **3 cm**, se seguirá lo dispuesto en el **apartado 2.2.1** de la presente instrucción. Cuando el cruce se realice **bajo molduras,** se seguirá lo dispuesto en el **apartado 2.2.8** de la presente instrucción.
- Los extremos de los cables serán estancos cuando las características de los locales o emplazamientos así lo exijan, utilizándose a este fin cajas u otros dispositivos adecuados. La estanqueidad podrá quedar asegurada con la ayuda de prensaestopas.
- Los cables con aislamiento mineral, cuando lleven cubiertas metálicas, no deberán utilizarse en locales que puedan presentar riesgo de corrosión para las cubiertas metálicas de estos cables, salvo que esta cubierta esté protegida adecuadamente contra la corrosión.
- Los empalmes y conexiones se harán por medio de cajas o dispositivos equivalentes provistos de tapas desmontables que aseguren a la vez la continuidad de la protección mecánica establecida, el aislamiento y la inaccesibilidad de las conexiones y permitiendo su verificación en caso necesario.

2.2.3. Conductores aislados enterrados

Las condiciones para estas canalizaciones, en las que los conductores aislados deberán ir bajo tubo salvo que tengan cubierta y una tensión asignada **0,6/1 kV**, se establecerán de acuerdo con lo señalado en la Instrucciones **ITC-BT-07** e **ITC-BT-21.**

2.2.4. Conductores aislados directamente empotrados en estructuras

Para estas canalizaciones son necesarios **cables aislados con cubierta** (incluidos cables armados o con aislamiento mineral). La temperatura mínima y máxima de instalación y servicio será de **–5 °C y 90 °C** respectivamente (por ejemplo, con polietileno reticulado o etileno-propileno).

2.2.5. Conductores aéreos

Los cables aéreos no cubiertos en 2.2.2 cumplirán lo establecido en la **ITC-BT-06.**

2.2.6. Conductores aislados en el interior de huecos de la construcción

Estas canalizaciones están constituidas por cables colocados en el interior de huecos de la construcción según **UNE 20460-5-52** (anulada y sustituida por UNE-HD 60364-5-52). Los cables utilizados serán de tensión nominal no inferior a **450/750 V**.

Los cables o tubos podrán instalarse directamente en los huecos de la construcción con la condición de que sean **no propagadores de la llama.**

*Con la publicación del Reglamento Delegado 2016/364, que establece **las clases posibles de reacción al fuego de los cables eléctricos:** Podrán instalarse directamente en los huecos de la construcción los cables de clase de reacción al fuego mínima E_{ca} y los tubos que sean no propagadores de la llama.*

Los huecos en la construcción admisibles para estas canalizaciones podrán estar dispuestos en muros, paredes, vigas, forjados o techos, adoptando la forma de conductos continuos o bien estarán comprendidos entre dos superficies paralelas como en el caso de falsos techos o muros con cámaras de aire. En el caso de conductos continuos, estos no podrán destinarse simultáneamente a otro fin (ventilación, etc.).

La sección de los huecos será, como mínimo, igual **a cuatro veces la ocupada por los cables o tubos,** y su dimensión más pequeña no será inferior a dos veces el diámetro exterior de mayor sección de estos, con un **mínimo de 20 milímetros**.

Las paredes que separen un hueco que contenga canalizaciones eléctricas de los locales inmediatos tendrán suficiente solidez para proteger estas contra acciones previsibles.

Se evitarán, dentro de lo posible, las asperezas en el interior de los huecos y los cambios de dirección de los mismos en un número elevado o de pequeño radio de curvatura.

La canalización podrá ser reconocida y conservada sin que sea necesaria la destrucción parcial de las paredes, techos, etc., o sus guarnecidos y decoraciones. Los empalmes y derivaciones de los cables serán accesibles, disponiéndose para ellos las cajas de derivación adecuadas.

Normalmente, como los **cables** solamente podrán **fijarse** en puntos bastante alejados entre sí, puede considerarse que el esfuerzo resultante de un recorrido vertical libre **no superior a 3 metros** quede dentro de los límites admisibles. Se tendrá en cuenta al disponer de puntos de fijación que no debe quedar comprometida esta, cuando se suelten los bornes de conexión especialmente en recorridos verticales y se trate de bornes que están en su parte superior.

Se evitará que puedan producirse infiltraciones, fugas o condensaciones de agua que puedan penetrar en el interior del hueco, prestando especial atención a la impermeabilidad de sus muros exteriores, así como a la proximidad de tuberías de conducción de líquidos, penetración de agua al efectuar la limpieza de suelos, posibilidad de acumulación de aquella en partes bajas del hueco, etc.

Cuando no se tomen las medidas para evitar los riesgos anteriores, las canalizaciones cumplirán las prescripciones establecidas para las instalaciones en locales húmedos e incluso mojados que pudieran afectarles.

Según la Guía Técnica: *todos los cables normalizados son del tipo no propagadores de la llama ya que sus normas constructivas incluyen el ensayo de la norma* ***UNE-EN 50265*** *«Ensayo de resistencia a la propagación vertical de la llama». Cuando se instalen directamente cables en huecos de la construcción, deben tener aislamiento y cubierta y serán de tensión asignada* **0,6/1 kV**.

2.2.7. Conductores aislados bajo canales protectoras

La canal protectora es un material de instalación constituido por un perfil de paredes perforadas o no, destinado a alojar conductores o cables y cerrado por una tapa desmontable.

Las canales deberán satisfacer lo establecido en la **ITC-BT-21.**

En las canales protectoras de grado **IP 4X** o superior y clasificadas como «canales con tapa de acceso que solo puede abrirse con herramientas», según la norma **UNE-EN 50085-1,** se podrá:

a) Utilizar conductor aislado, de tensión asignada **450/750 V.**

b) **Colocar mecanismos** tales como interruptores, tomas de corrientes, dispositivos de mando y control, etc., en su interior, siempre que se fijen de acuerdo con las instrucciones del fabricante.

c) **Realizar empalmes** de conductores en su interior y conexiones a los mecanismos.

En las canales protectoras de grado de protección **inferior a IP 4X** o clasificadas como «canales con tapa de acceso que puede abrirse sin herramientas», según la norma **UNE EN 50085-1, solo podrá utilizarse conductor aislado bajo cubierta estanca,** de tensión asignada mínima **300/500 V**.

2.2.8. Conductores aislados bajo molduras

Estas canalizaciones están constituidas por cables alojados en ranuras bajo molduras. Podrán utilizarse **únicamente en locales** o emplazamientos clasificados como **secos, temporalmente húmedos o polvorientos.**

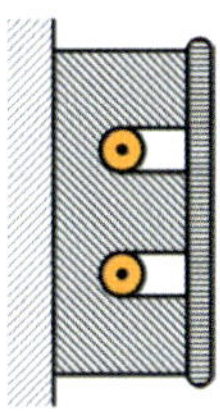

Los cables serán de tensión asignada no inferior a **450/750 V**.

Las molduras podrán ser reemplazadas por guarniciones de puertas, astrágalos o rodapiés ranurados, siempre que cumplan las condiciones impuestas para las primeras.

Las molduras cumplirán las siguientes **condiciones:**

- Las ranuras tendrán unas dimensiones tales que permitan instalar sin dificultad por ellas a los conductores o cables. En principio, no se colocará más de un conductor por ranura, admitiéndose, no obstante, colocar varios conductores siempre que pertenezcan al mismo circuito y la ranura presente dimensiones adecuadas para ello.
- La anchura de las ranuras destinadas a recibir **cables rígidos de sección igual o inferior a 6 mm²** serán, como mínimo, de **6 mm**.

Para la instalación de las molduras se tendrá en cuenta:

- Las molduras no presentarán discontinuidad alguna en toda la longitud donde contribuyen a la protección mecánica de los conductores. En los cambios de dirección, los ángulos de las ranuras serán obtusos.
- Las canalizaciones podrán colocarse al nivel del techo o inmediatamente encima de los rodapiés. En ausencia de estos, la parte inferior de la moldura estará, como **mínimo, a 10 cm por encima del suelo.**

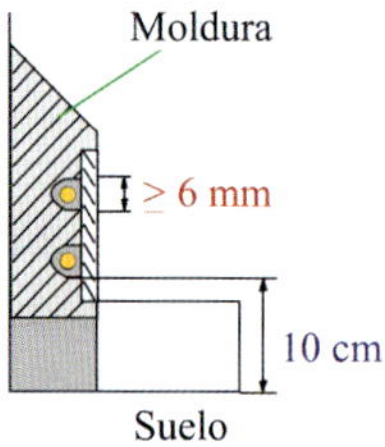

- En el caso de utilizarse **rodapiés ranurados,** el conductor aislado más bajo estará, como mínimo, a **1,5 cm por encima del suelo.**

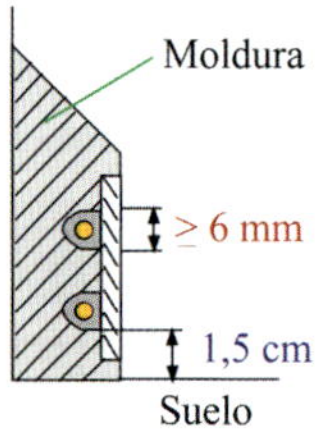

- Cuando no puedan evitarse cruces de estas canalizaciones con las destinadas a otro uso (agua, gas, etc.), se utilizará una moldura especialmente concebida para estos cruces o preferentemente un tubo rígido empotrado que sobresaldrá por una y otra parte del cruce. La separación entre dos canalizaciones que se crucen será, como mínimo de **1 cm** en el caso de utilizar molduras especiales para el cruce y **3 cm**, en el caso de utilizar tubos rígidos empotrados.
- Las conexiones y derivaciones de los conductores se hará mediante dispositivos de conexión con tornillo o sistemas equivalentes.

- Las molduras no estarán totalmente empotradas en la pared ni recubiertas por papeles, tapicerías o cualquier otro material, debiendo quedar su cubierta siempre al aire.
- Antes de colocar las molduras de madera sobre una pared, debe asegurarse que la pared está suficientemente seca; en caso contrario, las molduras se separarán de la pared por medio de un producto hidrófugo.

2.2.9. Conductores aislados en bandeja o soporte de bandejas

Solo se utilizarán cables aislados con cubierta (incluidos cables armados o con aislamiento mineral), unipolares o multipolares según norma **UNE 20460-5-52** (anulada y sustituida por UNE-HD 60364-5-52).

GUÍA-BT-20

Instalación de cables sobre bandejas de rejilla

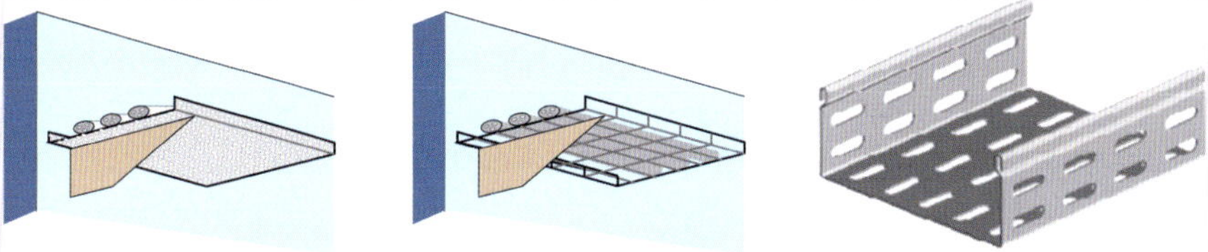

Pueden utilizarse también bandejas ciegas, perforadas o bandejas de escalera según **UNE-EN 61537.**

El cometido de las bandejas es el soporte y la conducción de los cables. Debido a que las bandejas no efectúan una función de protección, se recomienda la instalación de cables de tensión asignada **0,6/1 kV**.

Cabe la posibilidad de que las bandejas soporten cajas de empalme y/o derivación.

Las bandejas metálicas **deben conectarse a la red de tierra** quedando su continuidad eléctrica convenientemente asegurada.

2.2.10. Canalizaciones eléctricas prefabricadas

Deberán tener un grado de protección adecuado a las características del local por el que discurren.

Las canalizaciones prefabricadas para **iluminación** deberán ser conformes con las especificaciones de las normas de la serie **UNE-EN 60570.**

Las características de las canalizaciones de **uso general** deberán ser conformes con las especificaciones de la norma **UNE-EN 60439-2** (anulada y sustituida por UNE-EN 61439-6).

NOTA

Tipos de cables admitidos según el sistema de instalación de las canalizaciones

Tabla A. *Tipos de cables admitidos según el sistema de instalación de las canalizaciones.*

Sistemas de instalación		Tensión aislamiento	Tipo de cable admitido	
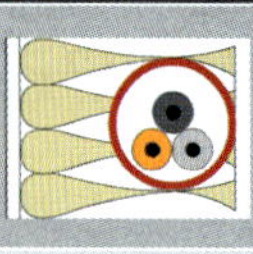	Conductores aislados bajo tubos protectores.	470/750 V	H07X-X ES07X-X (AS)	
	Conductores fijados directamente sobre la pared.	0,6/1 kV	VV-K RV-K RZ1-K (AS)	
	Conductores aislados bajo tubo y enterrados.	0,6/1 kV	RV XZ1	
	Conductores aislados directamente en estructuras.	450/750 V	RV-K	
	Conductores aislados en el interior de huecos de construcción.	450/750 V **Sin tubo** 06/1 kV	**Con tubo** H-07K ES07Z1-K(AS)	**Sin tubo** VV-K RV-K RZ1-K (AS)
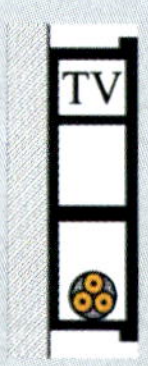	Conductores aislados bajo canales protectoras.	450/750 V	**Abertura con herramienta** H-07K ES07Z1-K(AS)	**Abertura sin herramienta** H05VV-F H05Z1Z1-F
	Conductores aislados bajo molduras.	450/750 V	H-07K ES07Z1-K(AS)	
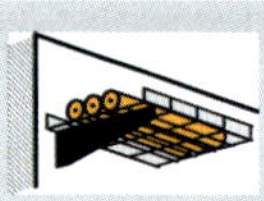	Conductores aislados en bandeja o soporte de bandejas.	0,6/1 kV	VV-K RV-K RZ1-K	

3. Paso a través de elementos de la construcción

El paso de las canalizaciones a través de elementos de la construcción, tales como muros, tabiques y techos, se realizará de acuerdo con las siguientes prescripciones:

- En toda la longitud de los pasos de canalizaciones no se dispondrán empalmes o derivaciones de cables.
- Las canalizaciones estarán suficientemente protegidas contra los deterioros mecánicos, las acciones químicas y los efectos de la humedad. Esta protección se exigirá de forma continua en toda la longitud del paso.
- Si se utilizan tubos no obturados para atravesar un elemento constructivo que separe dos locales de humedades marcadamente diferentes, se dispondrán de modo que se impida la entrada y acumulación de agua en el local menos húmedo, curvándolos convenientemente en su extremo hacia el local más húmedo. Cuando los pasos desemboquen al exterior, se instalará en el extremo del tubo una pipa de porcelana o vidrio, o de otro material aislante adecuado, dispuesta de modo que el paso exterior-interior de los conductores se efectúe en sentido ascendente.
- En el caso de que las canalizaciones sean de naturaleza distinta a uno y otro lado del paso, este se efectuará por la canalización utilizada en el local cuyas prescripciones de instalación sean más severas.
- Para la **protección mecánica de los cables en la longitud del paso,** se dispondrán estos en el interior de **tubos normales** cuando aquella longitud **no exceda de 20 cm** y, si excede, se dispondrán tubos conforme a la Tabla 3 de la **Instrucción ITC-BT-21.** Los extremos de los tubos metálicos sin aislamiento interior estarán provistos de boquillas aislantes de bordes redondeados o de dispositivo equivalente, o bien los bordes de los tubos estarán convenientemente redondeados, siendo suficiente para los tubos metálicos con aislamiento interior que este último sobresalga ligeramente del mismo. También podrán emplearse para proteger los conductores los tubos de vidrio o porcelana o de otro material aislante adecuado de suficiente resistencia mecánica. No necesitan protección suplementaria los cables provistos de una armadura metálica ni los cables con aislamiento mineral, siempre y cuando su cubierta no sea atacada por materiales de los elementos a atravesar.
- Si el elemento constructivo que debe atravesarse separa dos locales con las mismas características de humedad, pueden practicarse aberturas en el mismo que permitan el paso de los conductores respetando en cada caso las separaciones indicadas para el tipo de canalización de que se trate.

- **Los pasos con cables aislados bajo molduras no excederán de 20 cm**; en los demás casos el paso se efectuará por medio de tubos.
- En los pasos de techos por medio de tubo, este estará obturado mediante cierre estanco y su extremidad superior saldrá por encima del suelo una altura al menos igual a la de los rodapiés, si existen, o a **10 cm** en otro caso. Cuando el paso se efectúe por otro sistema, se obturará igualmente mediante material incombustible, de clase y resistencia al fuego, como mínimo, igual a la de los materiales de los elementos que atraviesa.

GUÍA-BT-20

Resumen normas UNE para sistemas de instalación

Producto	Designación s/norma	Norma
Tubo rígido.	4321 y no propagador de la llama.	UNE-EN 50086-2-1
Tubo curvable.	2221 y no propagador de la llama.	UNE-EN 50086-2-2
Tubo flexible.	4321 y no propagador de la llama.	UNE-EN 50086-2-3
Tubo enterrado.		UNE-EN 50086-2-4
Canal protectora.	No propagador de la llama.	UNE-EN 50085-1
Bandejas y bandejas de escalera.	No propagador de la llama.	UNE-EN 61537
Sistemas de alimentación eléctrica por carril para luminarias.		UNE-EN 60570
Conjunto de aparamenta. Canalizaciones prefabricadas.		UNE-EN 60439-2

ITC-BT-21

INSTALACIONES INTERIORES O RECEPTORAS. TUBOS Y CANALES PROTECTORAS

Índice

1 **Tubos protectores** 356

1.1. Generalidades 356
1.2. Características mínimas de los tubos, en función del tipo de instalación 357

2 **Instalación y colocación de los tubos** 365

2.1. Prescripciones generales 365
2.2. Montaje fijo en superficie 368
2.3. Montaje fijo empotrado 368
2.4. Montaje al aire 369

3 **Canales protectoras** 370

3.1. Generalidades 370
3.2. Características de las canales 371

4 **Instalación y colocación de las canales** 372

4.1. Prescripciones generales 372

1. Tubos protectores

1.1. Generalidades

Los tubos protectores pueden ser:

- Tubo y accesorios metálicos.
- Tubo y accesorios no metálicos.
- Tubo y accesorios compuestos (constituidos por materiales metálicos y no metálicos).

Los tubos se clasifican según lo dispuesto en las normas siguientes:

UNE-EN 50086-2-1: Sistemas de **tubos rígidos.**
UNE-EN 50086-2-2: Sistemas de **tubos curvables.**
UNE-EN 50086-2-3: Sistemas de **tubos flexibles.**
UNE-EN 50086-2-4: Sistemas de **tubos enterrados.**

GUÍA-BT-21

Los tubos rígidos son aquellos que requieren de técnicas especiales para su curvado. Están previstos para instalaciones superficiales y sus cambios de dirección se pueden realizar mediante accesorios específicos (curvas, derivaciones en T, etc.).

Los tubos curvables son aquellos que pueden curvarse manualmente y no están pensados para trabajar continuamente en movimiento, si bien tienen un cierto grado de flexibilidad.

Los tubos flexibles están diseñados para soportar, a lo largo de su vida útil, un número elevado de operaciones de flexión, como puede ser el caso de instalaciones en elementos con partes móviles, como máquinas.

Las características de protección de la unión entre el tubo y sus accesorios no deben ser inferiores a los declarados para el sistema de tubos.

La superficie interior de los tubos no deberá presentar en ningún punto aristas, asperezas o fisuras susceptibles de dañar los conductores o cables aislados o de causar heridas a instaladores o usuarios.

Las dimensiones de los tubos no enterrados y con unión roscada utilizados en las instalaciones eléctricas son las que se prescriben en la **UNE-EN 60423.** Para los tubos enterrados, las dimensiones se corresponden con las indicadas en la norma **UNE-EN 50086-2-4** (anulada y sustituida por UNE-EN 61386-24). Para el resto de los tubos, las dimensiones serán las establecidas en la norma correspondiente de las citadas anteriormente. La denominación se realizará en función del diámetro exterior.

El diámetro interior mínimo deberá ser declarado por el fabricante.

En lo relativo a la resistencia a los efectos del fuego considerados en la norma particular para cada tipo de tubo, se seguirá lo establecido por la aplicación de la Directiva de Productos de la Construcción (89/106/CEE).

1.2. Características mínimas de los tubos, en función del tipo de instalación

1.2.1. Tubos en canalizaciones fijas en superficie

En las canalizaciones superficiales, los tubos deberán ser **preferentemente rígidos** y en casos especiales podrán usarse tubos curvables. Sus **características mínimas** serán las indicadas en la **Tabla 1.**

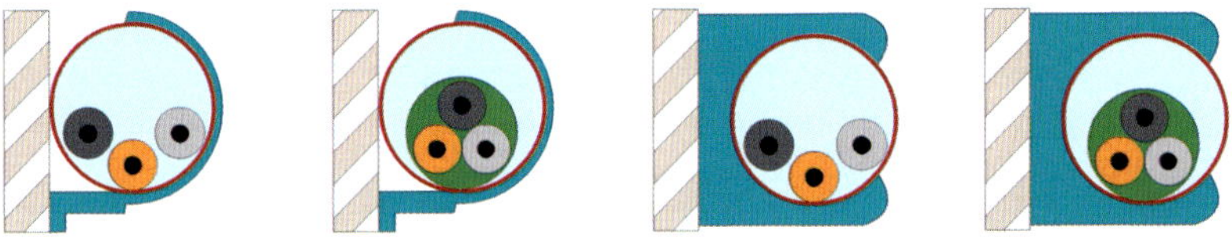

Figura A. *Tubos en canalizaciones fijas en superficie.*

Tabla 1. *Características mínimas para tubos en canalizaciones superficiales ordinarias fijas.*

Tubos en canalizaciones fijas en superficie		
Característica	**Código**	**Grado**
Resistencia a la compresión.	4	Fuerte.
Resistencia al impacto.	3	Media.
Temperatura mínima de instalación y servicio.	2	–5 °C.
Temperatura máxima de instalación y servicio.	1	+60 °C.
Resistencia al curvado.	1-2	Rígido/curvable.
Propiedades eléctricas.	1-2	Continuidad eléctrica/aislante.
Resistencia a la penetración de objetos sólidos.	4	Contra objetos *D* > 1 mm.
Resistencia a la penetración del agua.	2	Contra gotas de agua cayendo verticalmente cuando el sistema de tubos está inclinado 15°.
Resistencia a la corrosión de tubos metálicos y compuestos.	2	Protección interior y exterior media.
Resistencia a la tracción.	0	No declarada.
Resistencia a la propagación de la llama.	1	No propagador.
Resistencia a las cargas suspendidas.	0	No declarada.

El cumplimiento de estas características se realizará según los ensayos indicados en las normas **UNE-EN 50086-2-1** (anulada y sustituida por UNE-EN 61386-24), para tubos rígidos y **UNE-EN 50086-2-2** (anulada y sustituida por UNE-EN 61386-22), para tubos curvables.

Los tubos deberán tener un diámetro tal que permitan un fácil alojamiento y extracción de los cables o conductores aislados. En la **Tabla 2** figuran los **diámetros exteriores mínimos** de los tubos en función del número y la sección de los conductores o cables a conducir.

Tabla 2. *Diámetros exteriores mínimos de los tubos en función del número y la sección de los conductores o cables a conducir.*

Tubos en canalizaciones fijas en superficie					
Sección nominal de los conductores unipolares (mm^2)	Diámetro exterior de los tubos (mm)				
	Número de conductores				
	1	2	3	4	5
1,5	12	12	16	16	16
2,5	12	12	16	16	20
4	12	16	20	20	20
6	12	16	20	20	25
10	16	20	25	32	32
16	16	25	32	32	32
25	20	32	32	40	40
35	25	32	40	40	50
50	25	40	50	50	50
70	32	40	50	63	63
95	32	50	63	63	75
120	40	50	63	75	75
150	40	63	75	75	–
185	50	63	75	–	–
240	50	75	–	–	–

Para más de **5 conductores por tubo** o para conductores aislados o cables de **secciones diferentes** a instalar en el mismo tubo, su sección interior será, como mínimo, igual a **2,5 veces la sección** ocupada por los conductores.

1.2.2. Tubos en canalizaciones empotradas

En las **canalizaciones empotradas,** los tubos protectores podrán ser **rígidos, curvables o flexibles** y sus características mínimas se describen en la **Tabla 3** para tubos empotrados en obras de fábrica (paredes, techos y falsos techos), huecos de la construcción o canales protectoras de obra y en la **Tabla 4** para tubos empotrados embebidos en hormigón.

Las canalizaciones ordinarias **precableadas** destinadas a ser empotradas en ranuras realizadas en obra de fábrica (paredes, techos y falsos techos) serán **flexibles o curvables** y sus características mínimas para instalaciones ordinarias serán las indicadas en la Tabla 4.

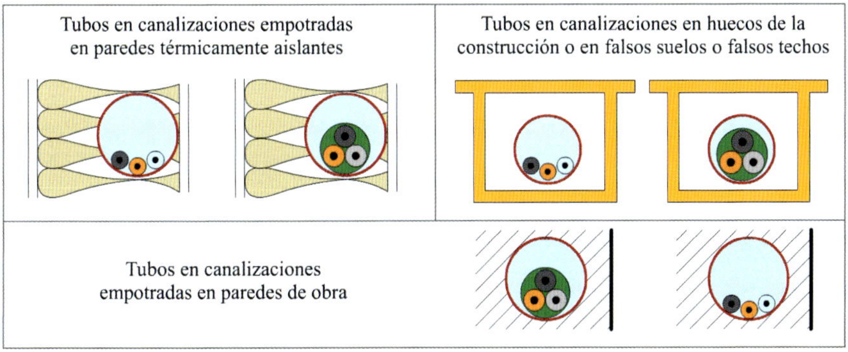

Figura B. *Tubos en canalizaciones empotradas.*

Tabla 3. *Características mínimas para tubos en canalizaciones empotradas ordinarias en obra de fábrica (paredes, techos y falsos techos), huecos de la construcción y canales protectoras de obra.*

Canalizaciones empotradas, huecos de la construcción y canales de obra		
Característica	**Código**	**Grado**
Resistencia a la compresión.	2	Ligera.
Resistencia al impacto.	2	Ligera.
Temperatura mínima de instalación y servicio.	2	−5 °C.
Temperatura máxima de instalación y servicio.	1	+60 °C.
Resistencia al curvado.	1-2-3-4	Cualquiera de las especificadas.
Propiedades eléctricas.	0	No declaradas.
Resistencia a la penetración de objetos sólidos.	4	Contra objetos $D > 1$ mm.
Resistencia a la penetración del agua.	2	Contra gotas de agua cayendo verticalmente cuando el sistema de tubos está inclinado 15°.

Canalizaciones empotradas, huecos de la construcción y canales de obra		
Característica	**Código**	**Grado**
Resistencia a la corrosión de tubos metálicos y compuestos.	2	Protección interior y exterior media.
Resistencia a la tracción.	0	No declarada.
Resistencia a la propagación de la llama.	1	No propagador.
Resistencia a las cargas suspendidas.	0	No declarada.

Tabla 4. *Características mínimas para tubos en canalizaciones empotradas ordinarias embebidas en hormigón y para canalizaciones precableadas.*

Canalizaciones empotradas embebidas en hormigón y para canalizaciones precableadas		
Característica	**Código**	**Grado**
Resistencia a la compresión.	3	Media.
Resistencia al impacto.	3	Media.
Temperatura mínima de instalación y servicio.	2	–5 °C.
Temperatura máxima de instalación y servicio.	2	+90 °C[1].
Resistencia al curvado.	1-2-3-4	Cualquiera de las especificadas.
Propiedades eléctricas.	0	No declaradas.
Resistencia a la penetración de objetos sólidos.	5	Protegido contra el polvo.
Resistencia a la penetración del agua.	3	Protegido contra el agua en forma de lluvia.
Resistencia a la corrosión de tubos metálicos y compuestos.	2	Protección interior y exterior media.
Resistencia a la tracción.	0	No declarada.
Resistencia a la propagación de la llama.	1	No propagador.
Resistencia a las cargas suspendidas.	0	No declarada.

Nota:

[1] Para canalizaciones precableadas ordinarias empotradas en obra de fábrica (paredes, techos y falsos techos) se acepta una temperatura máxima de instalación y servicio código 1; +60 °C.

El cumplimiento de las características indicadas en las tablas 3 y 4 se realizará según los ensayos indicados en las normas **UNE-EN 50086-2-1,** para tubos rígidos, **UNE-EN 50086-2-2,** para tubos curvables y **UNE-EN 50086-2-3,** para tubos flexibles (anuladas y sustituidas por UNE-EN 61386).

Los tubos deberán tener un diámetro tal que permitan un fácil alojamiento y extracción de los cables o conductores aislados. En la Tabla 5 figuran los diámetros exteriores mínimos de los tubos en función del número y la sección de los conductores o cables a conducir.

Tabla 5. *Diámetros exteriores mínimos de los tubos en función del número y la sección de los conductores o cables a conducir.*

Canalizaciones empotradas					
Sección nominal de los conductores unipolares (mm²)	Diámetro exterior de los tubos (mm)				
	Número de conductores				
	1	2	3	4	5
1,5	12	12	16	16	20
2,5	12	16	20	20	20
4	12	16	20	20	25
6	12	16	25	25	25
10	16	25	25	32	32
16	20	25	32	32	40
25	25	32	40	40	50
35	25	40	40	50	50
50	32	40	50	50	63
70	32	50	63	63	63
95	40	50	63	75	75
120	40	63	75	75	–
150	50	63	75	–	–
185	50	75	–	–	–
240	63	75	–	–	–

Para **más de 5 conductores por tubo** o para conductores o cables de **secciones diferentes** a instalar en el mismo tubo, su **sección interior** será, como mínimo, igual a **3 veces** la sección ocupada por los conductores.

1.2.3. Canalizaciones aéreas o con tubos al aire

En las canalizaciones al aire, destinadas a la alimentación de máquinas o elementos de movilidad restringida, los tubos serán **flexibles** y sus características mínimas para instalaciones ordinarias serán las indicadas en la **Tabla 6.**

Se recomienda **no utilizar** este tipo de instalación para secciones nominales de conductor superiores a **16 mm²**.

Tabla 6. *Características mínimas para canalizaciones de tubos al aire o aéreas.*

Canalizaciones aéreas con tubos al aire		
Característica	**Código**	**Grado**
Resistencia a la compresión.	4	Fuerte.
Resistencia al impacto.	3	Media.
Temperatura mínima de instalación y servicio.	2	–5 °C.
Temperatura máxima de instalación y servicio.	1	+60 °C.
Resistencia al curvado.	4	Flexible.
Propiedades eléctricas.	1/2	Continuidad/aislado.
Resistencia a la penetración de objetos sólidos.	4	Contra objetos $D > 1$ mm.
Resistencia a la penetración del agua.	2	Protegido contra las gotas de agua cayendo verticalmente cuando el sistema de tubos está inclinado 15°.
Resistencia a la corrosión de tubos metálicos y compuestos.	2	Protección interior mediana y exterior elevada.
Resistencia a la tracción.	2	Ligera.
Resistencia a la propagación de la llama.	1	No propagador.
Resistencia a las cargas suspendidas.	2	Ligera.

El cumplimiento de estas características se realizará según los ensayos indicados en la norma **UNE-EN 50086-2-3** (anulada y sustituida por UNE-EN 61386).

Los tubos deberán tener un diámetro tal que permitan un fácil alojamiento y extracción de los cables o conductores aislados. **En la Tabla 7** figuran los diámetros exteriores mínimos de los tubos en función del número y la sección de los conductores o cables a conducir.

Tabla 7. *Diámetros exteriores mínimos de los tubos en función del número y la sección de los conductores o cables a conducir.*

Canalizaciones aéreas con tubos al aire					
Sección nominal de los conductores (mm²)	**Diámetro exterior de los tubos (mm)**				
	Número de conductores				
	1	**2**	**3**	**4**	**5**
1,5	12	12	16	16	20
2,5	12	16	20	20	20
4	12	16	20	20	25
6	12	16	25	25	25

Canalizaciones aéreas con tubos al aire					
Sección nominal de los conductores (mm^2)	Diámetro exterior de los tubos (mm)				
	Número de conductores				
	1	2	3	4	5
10	16	25	25	32	32
16	20	25	32	32	40

Para **más de 5 conductores por tubo** o para conductores o cables de **secciones diferentes** a instalar en el mismo tubo, su **sección interior** será, como mínimo, igual a **4 veces** la sección ocupada por los conductores.

1.2.4. Tubos en canalizaciones enterradas

En las canalizaciones enterradas, los tubos protectores serán conformes a lo establecido en la norma **UNE-EN 50086 2-4** (anulada y sustituida por UNE-EN 61386) y sus características mínimas serán, para las instalaciones ordinarias, las indicadas en la **Tabla 8.**

Tabla 8. *Características mínimas para tubos en canalizaciones enterradas.*

Característica	Código	Grado
Resistencia a la compresión(*).	NA	250 N/450 N/750 N.
Resistencia al impacto.	NA	Ligero/Normal/Normal.
Temperatura mínima de instalación y servicio.	NA	NA.
Temperatura máxima de instalación y servicio.	NA	NA.
Resistencia al curvado.	1-2-3-4	Cualquiera de las especificadas.
Propiedades eléctricas.	0	No declaradas.
Resistencia a la penetración de objetos sólidos.	4	Protegido contra objetos $D > 1$ mm.
Resistencia a la penetración del agua.	3	Protegido contra el agua en forma de lluvia.
Resistencia a la corrosión de tubos metálicos y compuestos.	2	Protección interior y exterior media.
Resistencia a la tracción.	0	No declarada.
Resistencia a la propagación de la llama.	0	No declarada.
Resistencia a las cargas suspendidas.	0	No declarada.

Notas:
NA: No aplicable
(*) Para tubos embebidos en hormigón aplica 250 N y grado Ligero.
Para tubos en suelo ligero aplica 450 N y grado Normal.
Para tubos en suelos pesados aplica 750 N y grado Normal.

Se considera suelo ligero aquel suelo uniforme que no sea del tipo pedregoso y con cargas superiores ligeras como, por ejemplo, aceras, parques y jardines. Suelo pesado es aquel del tipo pedregoso y duro y con cargas superiores pesadas como, por ejemplo, calzadas y vías férreas.

GUÍA-BT-21

Se recomienda instalar los tubos enterrados a una profundidad mínima de **0,45 m** del pavimento o nivel del terreno en el caso de tubos bajo aceras, y de **0,60 m** en el resto de casos. Además, se recomienda un recubrimiento mínimo inferior de **0,03 m**, y un recubrimiento mínimo superior de **0,06 m**.

Se debe tener en cuenta que, cuando se coloca arena de relleno como recubrimiento de un tubo instalado en terreno pedregoso (resistencia a la compresión mínima de 750 N), este pasa a considerarse como instalación de tubo en recubrimiento de arena (resistencia a la compresión mínima de 450 N).

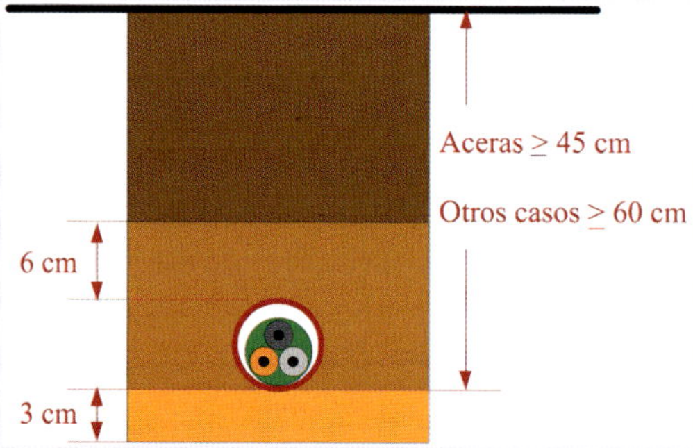

Figura C. *Instalación de tubos enterrados.*

El cumplimiento de estas características se realizará según los ensayos indicados en la norma **UNE-EN 50086-2-4** (anulada y sustituida por UNE-EN 61386).

Los tubos deberán tener un diámetro tal que permitan un fácil alojamiento y extracción de los cables o conductores aislados. En la **Tabla 9** figuran los diámetros exteriores mínimos de los tubos en función del número y la sección de los conductores o cables a conducir.

Tabla 9. *Diámetros exteriores mínimos de los tubos en función del número y la sección de los conductores o cables a conducir.*

Canalizaciones enterradas					
Sección nominal de los conductores unipolares (mm²)	Diámetro exterior de los tubos (mm)				
	Número de conductores				
	≤ 6	7	8	9	10
1,5	25	32	32	32	32
2,5	32	32	40	40	40
4	40	40	40	40	50
6	50	50	50	63	63
10	63	63	63	75	75
16	63	75	75	75	90
25	90	90	90	110	110
35	90	110	110	110	125
50	110	110	125	125	140
70	125	125	140	160	160
95	140	140	160	160	180
120	160	160	180	180	200
150	180	180	200	200	225
185	180	200	225	225	250
240	225	225	250	250	–

Para **más de 10 conductores por tubo** o para conductores o cables de **secciones diferentes** a instalar en el mismo tubo, su **sección** interior será, como mínimo, igual a **4 veces** la sección ocupada por los conductores.

2. Instalación y colocación de los tubos

La instalación y puesta en obra de los tubos de protección deberá cumplir lo indicado a continuación y en su defecto lo prescrito en la norma **UNE 20460-5-523** (anulada y sustituida por UNE-HD 60364-5-52) y en las **ITC-BT-19** e **ITC-BT-20.**

2.1. Prescripciones generales

Para la ejecución de las canalizaciones bajo tubos protectores, se tendrán en cuenta las prescripciones generales siguientes:

- El trazado de las canalizaciones se hará siguiendo líneas verticales y horizontales o paralelas a las aristas de las paredes que limitan el local donde se efectúa la instalación.
- Los tubos se unirán entre sí mediante accesorios adecuados a su clase que aseguren la continuidad de la protección que proporcionan a los conductores.
- Los tubos aislantes rígidos curvables en caliente podrán ser ensamblados entre sí en caliente, recubriendo el empalme con una cola especial cuando se precise una unión estanca.
- Las curvas practicadas en los tubos serán continuas y no originarán reducciones de sección inadmisibles. Los radios mínimos de curvatura para cada clase de tubo serán los especificados por el fabricante conforme a **UNE-EN 50086-2-2** (anulada y sustituida por UNE-EN 61386-22).
- Será posible la fácil introducción y retirada de los conductores en los tubos después de colocarlos y fijados estos y sus accesorios, disponiendo para ello los **registros** que se consideren convenientes, que **en tramos rectos** no estarán separados entre sí más de **15 metros**. El **número de curvas** en ángulo situadas **entre dos registros** consecutivos **no será superior a 3.** Los conductores se alojarán normalmente en los tubos después de colocados estos.
- Los registros podrán estar destinadas únicamente a facilitar la introducción y retirada de los conductores en los tubos o servir al mismo tiempo como cajas de empalme o derivación.
- Las conexiones entre conductores se realizarán en el interior de cajas apropiadas de material aislante y no propagador de la llama. Si son metálicas, estarán protegidas contra la corrosión. Las dimensiones de estas cajas serán tales que permitan alojar holgadamente todos los conductores que deban contener. **Su profundidad** será al menos **igual al diámetro del tubo mayor más un 50 %** del mismo, con un **mínimo de 40 mm**. Su diámetro o **lado interior mínimo será de 60 mm**. Cuando se quieran hacer estancas las entradas de los tubos en las cajas de conexión, deberán emplearse prensaestopas o racores adecuados.
- **En ningún caso se permitirá la unión de conductores como empalmes o derivaciones por simple retorcimiento o arrollamiento entre sí de los conductores,** sino que deberá realizarse siempre utilizando bornes de conexión montados individualmente o constituyendo bloques o regletas de conexión; puede permitirse, asimismo, la utilización de bridas de conexión. El retorcimiento o arrollamiento de conductores no se refiere a aquellos casos en los que se utilice cualquier dispositivo conector que asegure una correcta unión entre los conductores aunque se produzca un retorcimiento parcial de los mismos y con la posibilidad

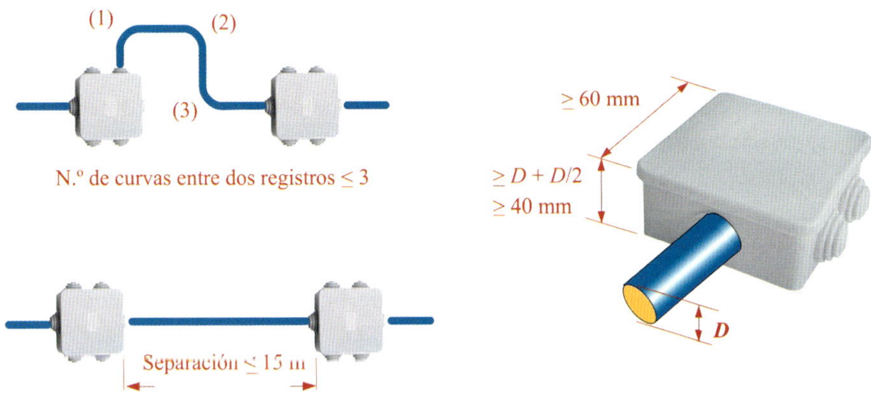

Figura D. *Instalación de tubos.*

de que puedan desmontarse fácilmente. Los bornes de conexión para uso doméstico o análogo serán conformes a lo establecido en la correspondiente parte de la norma **UNE-EN 60998.**

- Durante la instalación de los conductores para que su aislamiento no pueda ser dañado por su roce con los bordes libres de los tubos, los extremos de estos, cuando sean metálicos y penetren en una caja de conexión o aparato, estarán provistos de boquillas con bordes redondeados o dispositivos equivalentes, o bien los bordes estarán convenientemente redondeados.
- En los tubos metálicos sin aislamiento interior, se tendrá en cuenta las posibilidades de que se produzcan condensaciones de agua en su interior, para lo cual se elegirá convenientemente el trazado de su instalación, previendo la evacuación y estableciendo una ventilación apropiada en el interior de los tubos mediante el sistema adecuado, como puede ser, por ejemplo, el uso de una «T» de la que uno de los brazos no se emplea.
- Los **tubos metálicos** que sean accesibles deben **ponerse a tierra.** Su continuidad eléctrica deberá quedar convenientemente asegurada. En el caso de utilizar **tubos metálicos flexibles,** es necesario que la **distancia entre dos puestas a tierra** consecutivas de los tubos no exceda de **10 metros**.
- No podrán utilizarse los tubos metálicos como conductores de protección o de neutro.
- Para la colocación de los conductores se seguirá lo señalado en la **ITC-BT-20.**
- A fin de evitar los efectos del calor emitido por fuentes externas (distribuciones de agua caliente, aparatos y luminarias, procesos de fabricación, absorción del calor del medio circundante, etc.), las canalizaciones se protegerán utilizando los siguientes métodos eficaces:

— Pantallas de protección calorífuga.
— Alejamiento suficiente de las fuentes de calor.
— Elección de la canalización adecuada que soporte los efectos nocivos que se puedan producir.
— Modificación del material aislante a emplear.

2.2. Montaje fijo en superficie

Cuando los tubos se coloquen en montaje superficial se tendrán en cuenta, además, las siguientes prescripciones:

- Los tubos se fijarán a las paredes o techos por medio de **bridas o abrazaderas** protegidas contra la corrosión y sólidamente sujetas. La **distancia entre estas será, como máximo, de 0,50 metros**. Se dispondrán fijaciones de una y otra parte en los cambios de dirección, en los empalmes y en la proximidad inmediata de las entradas en cajas o aparatos.
- Los tubos se colocarán adaptándose a la superficie sobre la que se instalan, curvándose o usando los accesorios necesarios.
- En alineaciones rectas, las **desviaciones del eje** del tubo respecto a la línea que une los puntos extremos no serán superiores al **2 %**.
- Es conveniente disponer los tubos, siempre que sea posible, a una **altura mínima de 2,50 metros sobre el suelo,** con objeto de protegerlos de eventuales daños mecánicos.
- En los **cruces de tubos rígidos con juntas de dilatación de un edificio,** deberán interrumpirse los tubos, quedando los extremos del mismo separados entre sí **5 cm** aproximadamente, y empalmándose posteriormente mediante **manguitos deslizantes** que tengan una longitud mínima de **20 cm**.

2.3. Montaje fijo empotrado

Cuando los tubos se coloquen empotrados, se tendrán en cuenta las recomendaciones de la **Tabla 10** y las siguientes prescripciones:

- En la instalación de los tubos en el interior de los elementos de la construcción, las rozas no pondrán en peligro la seguridad de las paredes o techos en que se practiquen. Las dimensiones de las rozas serán suficientes para que los **tubos** queden **recubiertos** por una capa de **1 cm de espesor,** como mínimo. En los **ángulos,** el espesor de esta capa puede reducirse a **0,5 cm**.
- No se instalarán entre forjado y revestimiento tubos destinados a la instalación eléctrica de las plantas inferiores.

- Para la instalación correspondiente a la propia planta, únicamente podrán instalarse, entre forjado y revestimiento, tubos que deberán quedar recubiertos por una capa de hormigón o mortero de **1 centímetro** de espesor, como mínimo, además del revestimiento.
- En los cambios de dirección, los tubos estarán convenientemente curvados o bien provistos de codos o «T» apropiados, pero en este último caso solo se admitirán los provistos de tapas de registro.
- Las tapas de los registros y de las cajas de conexión quedarán accesibles y desmontables una vez finalizada la obra. Los registros y cajas quedarán enrasados con la superficie exterior del revestimiento de la pared o techo cuando no se instalen en el interior de un alojamiento cerrado y practicable.
- En el caso de utilizarse **tubos empotrados en paredes,** es conveniente disponer los **recorridos horizontales** a **50 cm** como máximo, **de suelo o techos** y los **verticales** a una distancia de los **ángulos de esquinas** no superior a **20 cm**.

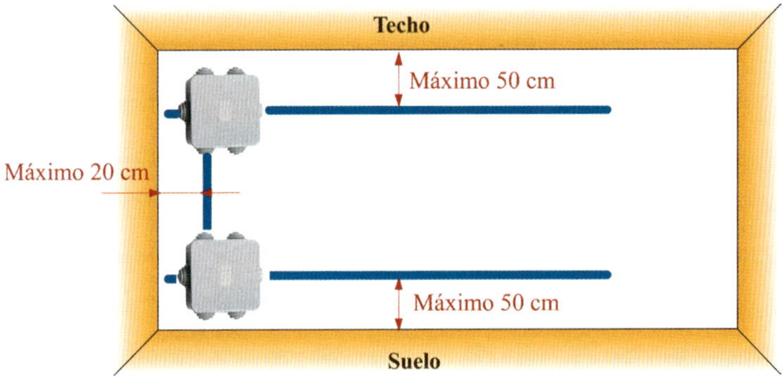

Figura E. *Instalación de tubos empotrados en paredes.*

2.4. Montaje al aire

Solamente está permitido su uso para la alimentación de máquinas o elementos de movilidad restringida desde canalizaciones prefabricadas y cajas de derivación fijadas al techo. Se tendrán en cuenta las siguientes prescripciones:

La longitud total de la conducción en el aire **no será superior a 4 m** y no empezará a **una altura inferior a 2 m**.

Se prestará especial atención para que las características de la instalación establecidas en la **Tabla 6** se conserven en todo el sistema especialmente en las conexiones.

Tabla 10. *Montaje fijo empotrado.*

	Elemento constructivo	Colocación del tubo antes de terminar la construcción y revestimiento [(*)]	Preparación de la roza o alojamiento durante la construcción	Ejecución de la roza después de la construcción y revestimiento	Observaciones
Muros de	Ladrillo macizo.	SÍ	X	SÍ	Únicamente en rozas verticales y en las horizontales situadas a una distancia del borde superior del muro inferior a 50 cm. La roza, en profundidad, solo interesará a un tabiquillo de hueco por ladrillo. La roza, en profundidad, solo interesará a un tabiquillo de hueco por ladrillo. No se colocarán los tubos en diagonal.
	Ladrillo hueco, siendo el n.° de huecos en sentido transversal:				
	— Uno.	SÍ	X	SÍ	
	— Dos o tres.	SÍ	X	SÍ	
	— Más de tres.	SÍ	X	SÍ	
	Bloques macizos de hormigón.	SÍ	X	X	
	Bloques huecos de hormigón.	SÍ	X	NO	
	Hormigón en masa.	SÍ	SÍ	X	
	Hormigón armado.	SÍ	SÍ	X	
Forjados	Placas de hormigón.	SÍ	SÍ	NO	[(**)] Es admisible practicar un orificio en la cara inferior del forjado para introducir los tubos en un hueco longitudinal del mismo.
	Forjados con nervios.	SÍ	SÍ	NO	
	Forjados con nervios y elementos de relleno.	SÍ	SÍ	NO [(**)]	
	Forjados con viguetas y bovedillas.	SÍ	SÍ	NO [(**)]	
	Forjados con viguetas y tableros y revoltón.	SÍ	SÍ	NO [(**)]	
	De rasilla.	SÍ	SÍ	NO	

Notas:

X: Difícilmente aplicable en la práctica.

[(*)] Tubos blindados únicamente.

3. Canales protectoras

3.1. Generalidades

La canal protectora es un material de instalación constituido por un perfil de paredes perforadas o no perforadas, destinado a alojar conductores o cables y cerrado por una tapa desmontable, según se indica en la **ITC-BT-01** «Terminología».

Las canales serán conformes a lo dispuesto en las normas de la serie **UNE-EN 50085** y se clasificarán según lo establecido en la misma.

Las características de protección deben mantenerse en todo el sistema. Para garantizar estas, la instalación debe realizarse siguiendo las instrucciones del fabricante.

En las canales protectoras de grado **IP 4X o superior** y clasificadas como «canales con tapa de acceso que solo puede abrirse con herramientas» según la norma **UNE-EN 50085-1, se podrá:**

a) Utilizar **cable aislado sin cubierta,** de tensión asignada **450/750 V.**

b) **Colocar mecanismos** tales como interruptores, tomas de corrientes, dispositivos de mando y control, etc., en su interior, siempre que se fijen de acuerdo con las instrucciones del fabricante.

c) Realizar **empalmes de conductores en su interior** y conexiones a los mecanismos.

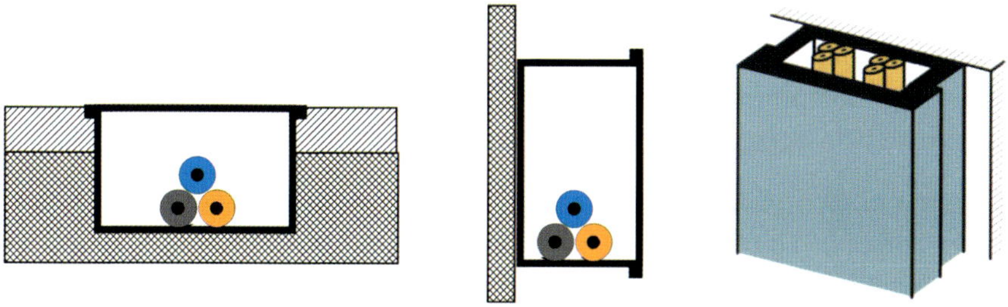

Figura F. *Ejemplo de instalación de conductores unipolares aislados en canal protectora.*

En las canales protectoras de grado de protección **inferior a IP 4X** o clasificadas como «canales con tapa de acceso que puede abrirse sin herramientas», según la norma **UNE-EN 50085-1,** solo podrá utilizarse **cable aislado bajo cubierta estanca,** de tensión asignada mínima **300/500 V.**

3.2. Características de las canales

En las canalizaciones para instalaciones superficiales ordinarias, las características mínimas de las canales serán las indicadas en la **Tabla 11.**

Tabla 11. *Características mínimas para canalizaciones superficiales ordinarias.*

Canales en instalación superficial		
Característica	**Grado**	
Dimensión del lado mayor de la sección transversal.	≤ 16 mm	> 16 mm
Resistencia al impacto.	Muy ligera.	Media.
Temperatura mínima de instalación y servicio.	+15 °C	−5 °C
Temperatura máxima de instalación y servicio.	+60 °C	+60 °C

Canales en instalación superficial		
Característica	**Grado**	
Propiedades eléctricas.	Aislante.	Continuidad eléctrica/aislante.
Resistencia a la penetración de objetos sólidos.	4	No inferior a 2.
Resistencia a la penetración de agua.	No declarada.	
Resistencia a la propagación de la llama.	No propagador.	

El cumplimiento de estas características se realizará según los ensayos indicados en las normas **UNE-EN 50085.**

El número máximo de conductores que pueden ser alojados en el interior de una canal será el compatible con un tendido fácilmente realizable y considerando la incorporación de accesorios en la misma canal.

Salvo otras prescripciones en instrucciones particulares, las canales protectoras para aplicaciones no ordinarias deberán tener unas características mínimas de resistencia al impacto, de temperatura mínima y máxima de instalación y servicio, de resistencia a la penetración de objetos sólidos y de resistencia a la penetración de agua, adecuadas a las condiciones del emplazamiento al que se destina; asimismo las canales serán no propagadoras de la llama. Dichas características serán conformes a las normas de la serie **UNE-EN 50085.**

4. Instalación y colocación de las canales

4.1. Prescripciones generales

- La instalación y puesta en obra de las canales protectoras deberá cumplir lo indicado en la norma **UNE 20460-5-52** (anulada y sustituida por UNE-HD 60364-5-52) y en las Instrucciones **ITC-BT-19** e **ITC-BT-20.**
- El trazado de las canalizaciones se hará siguiendo preferentemente líneas verticales y horizontales o paralelas a las aristas de las paredes que limitan al local donde se efectúa la instalación.
- **Las canales con conductividad eléctrica deben conectarse a la red de tierra; su continuidad eléctrica quedará convenientemente asegurada.**
- No se podrán utilizar las canales como conductores de protección o de neutro, salvo lo dispuesto en la Instrucción **ITC-BT-18** para canalizaciones prefabricadas.
- La tapa de las canales quedará siempre accesible.

ITC-BT-22

INSTALACIONES INTERIORES O RECEPTORAS. PROTECCIÓN CONTRA SOBREINTENSIDADES

Índice

1 Protección de las instalaciones 374

1.1. Protección contra sobreintensidades 374
1.2. Aplicación de las medidas de protección. 378

1. Protección de las instalaciones

1.1. Protección contra sobreintensidades

Todo circuito estará protegido contra los efectos de las sobreintensidades que puedan presentarse en el mismo, para lo cual la interrupción de este circuito se realizará en un tiempo conveniente o estará dimensionado para las sobreintensidades previsibles.

Las sobreintensidades pueden estar motivadas por:

- **Sobrecargas** debidas a los aparatos de utilización o defectos de aislamiento de gran impedancia.
- **Cortocircuitos.**
- **Descargas eléctricas atmosféricas.**

a) **Protección contra sobrecargas.** El límite de intensidad de corriente admisible en un conductor ha de quedar en todo caso garantizada por el dispositivo de protección utilizado.

El dispositivo de protección podrá estar constituido por:

— **Un interruptor automático de corte omnipolar** con curva térmica de corte, o por

— **cortacircuitos fusibles calibrados** de características de funcionamiento adecuadas.

b) **Protección contra cortocircuitos.** En el origen de todo circuito se establecerá un dispositivo de protección contra cortocircuitos cuya capacidad de corte estará de acuerdo con la intensidad de cortocircuito que pueda presentarse en el punto de su conexión. Se admite, no obstante, que cuando se trate de circuitos derivados de uno principal, cada uno de estos circuitos derivados disponga de protección contra sobrecargas, mientras que un solo dispositivo general pueda asegurar la protección contra cortocircuitos para todos los circuitos derivados.

Se admiten como dispositivos de protección contra cortocircuitos:

— Los **fusibles calibrados** de características de funcionamiento adecuadas y

— los **interruptores automáticos** con sistema de **corte omnipolar.**

GUÍA-BT-22

También se recomienda proteger todos los circuitos secundarios frente a los cortocircuitos, con el fin de garantizar la continuidad de servicio de aquellos circuitos no afectados por la falta. Esto exigirá también la coordinación y selectividad de las protecciones [**interruptores automáticos (IA)** o fusibles].

Para la protección contra sobreintensidades en **instalaciones domésticas,** únicamente se utilizan interruptores automáticos (magnetotérmicos) ya que protegen simultáneamente tanto contra cortocircuitos como contra sobrecargas.

Para la protección contra sobrecargas en **instalaciones industriales** se puede utilizar tanto relés térmicos o equivalentes asociados con **IA** como fusibles, aunque la protección proporcionada por el **IA** con relé térmico es más eficiente que la proporcionada por el fusible.

Por lo general, **el poder de corte** del dispositivo de protección deberá ser mayor o igual a la intensidad de cortocircuito máxima que pueda producirse en el punto de su instalación y que corresponde a un cortocircuito trifásico, en el lugar de colocación de los dispositivos de protección.

De acuerdo con la **ITC-BT-17,** apartado 1.3, el poder de corte del interruptor general automático será de **4.500 A** como mínimo.

Para **instalaciones análogas a las domésticas,** incluyendo las de los locales de pública concurrencia, y para aquellas instalaciones en las que, por razones de seguridad, no sea aconsejable el corte prolongado del suministro eléctrico, **se recomienda el uso de IA** en lugar de fusibles, garantizándose de esta forma la restauración del suministro eléctrico en el tiempo más breve posible.

La norma **UNE 20460-4-43** (anulada y sustituida por UNE-HD 60364-4-43) recoge en su articulado todos los aspectos requeridos para los dispositivos de protección en sus apartados:

432 - Naturaleza de los dispositivos de protección.

433 - Protección contra las corrientes de sobrecarga.

434 - Protección contra las corrientes de cortocircuito.

435 - Coordinación entre la protección contra las sobrecargas y la protección contra los cortocircuitos.

436 - Limitación de las sobreintensidades por las características de alimentación.

GUÍA-BT-22

Protección contra sobrecargas

Las características de funcionamiento de un dispositivo que protege un cable (o conductor) contra sobrecargas deben satisfacer las dos condiciones siguientes:

	1) $I_B \leq I_n \leq I_Z$ 2) $I_2 \leq 1{,}45\ I_Z$
I_B	Corriente para la que se ha diseñado el circuito según la previsión de cargas.
I_Z	Corriente máxima admisible del cable en función del sistema de instalación utilizado.
I_n	Corriente asignada del dispositivo de protección.
I_2	Corriente que asegura la actuación del dispositivo de protección para un tiempo largo.

El valor de I_2 se indica en la norma de producto o se puede leer en las instrucciones o especificaciones proporcionadas por el fabricante:

$I_2 = 1{,}45\ I_Z$ (para interruptores según UNE-EN 60898 o UNE-EN 61009).

$I_2 = 1{,}30\ I_Z$ (para interruptores según UNE-EN 60947-2).

En el caso de fusibles, la característica equivalente a la I_2 de los interruptores automáticos es la denominada ***I_f* *(intensidad de funcionamiento)*** que para los **fusibles del tipo gG** toma los valores siguientes:

$I_f = 1{,}60\ I_n$	si	$I_n \geq 16$ A
$I_f = 1{,}90\ I_n$	si	$4\text{ A} < I_n < 16$
$I_f = 2{,}10\ I_n$	si	$I_n \leq 4$ A

Protección contra cortocircuitos con interruptores automáticos (IA)

El funcionamiento de los IA se define mediante una curva en la que se observan dos tramos:

- **Disparo por sobrecarga:** característica térmica de tiempo inverso o de tiempo dependiente.
- **Disparo por cortocircuito:** sin retardo intencionado, caracterizados por la corriente de disparo instantáneo (**I_m**), también denominados de característica magnética o de tiempo independiente.

En Interruptores automáticos para instalaciones domésticas y análogas (IA modulares o magnetotérmicos) se definen tres clases de disparo magnético (**I_m**) según el múltiplo de la corriente asignada (**I_n**), cuyos valores normalizados son:

- Curva B: I_m = (3 a 5) I_n.
- Curva C: I_m = (5 a 10) I_n.
- Curva D: I_m = (10 a 20) I_n.

La curva B tiene su aplicación para la protección de circuitos en los que no se producen transitorios.

La curva D se utiliza cuando se prevén transitorios importantes (por ejemplo, arranque de motores).

La curva C se utiliza para protección de circuitos con carga mixta y habitualmente en las instalaciones de usos domésticos o análogos.

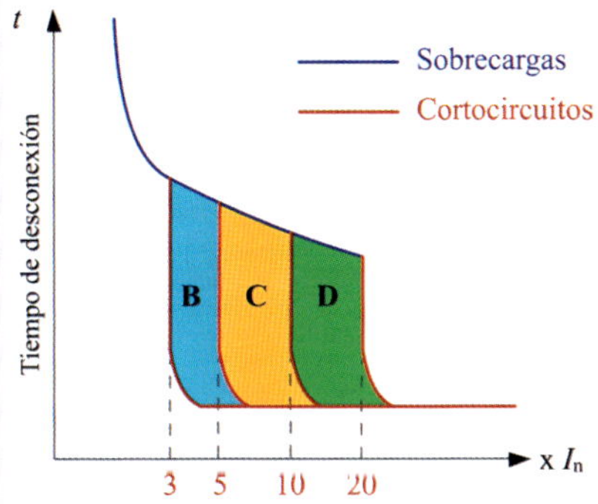

Figura A. *Curvas de disparo magnético de magnetotérmicos.*

Fusibles

Los fusibles se clasifican, según su curva de fusión, mediante dos letras:

- **La primera letra** indica la zona de corrientes previstas donde el poder de corte del fusible está garantizado.
- **La segunda letra** indica la categoría de empleo en función del tipo de receptor o circuito a proteger.

En la Tabla A se detalla la clasificación descrita.

Tabla A. *Clases de curvas de fusión de fusibles.*

Clases de curva de fusión de fusibles		
1.ª Letra	g	Cartucho fusible limitador de la corriente que es capaz de interrumpir todas las corrientes desde su intensidad asignada (I_n) hasta su poder de corte asignado. **Cortan intensidades de sobrecarga y de cortocircuito.**
	a	Cartucho fusible limitador de la corriente que es capaz de interrumpir las corrientes comprendidas entre el valor mínimo indicado en sus características tiempo-corriente ($k_2 I_n$) y su poder de corte asignado. **Cortan solo intensidades de cortocircuito.**
2.ª Letra	G	Cartuchos fusibles para uso general.
	M	Cartuchos fusibles para protección de motores.
	Tr	Cartuchos fusibles para protección de transformadores.
	B	Cartuchos fusibles para protección de líneas de gran longitud.
	R	Cartuchos fusibles para la protección de semiconductores.
	D	Cartuchos fusibles con tiempo de actuación retardado.

Fusibles tipo g: son capaces de proteger contra sobrecargas y cortocircuitos y tipo «a».

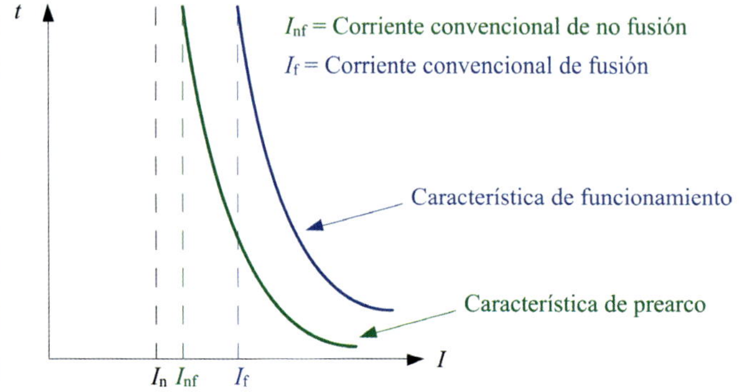

Figura B. *Características tiempo-corriente de un cartucho fusible tipo «g».*

Fusibles tipo a: son capaces de proteger solo contra cortocircuitos, por lo que deberán ir acompañados por un elemento de protección contra sobrecargas.

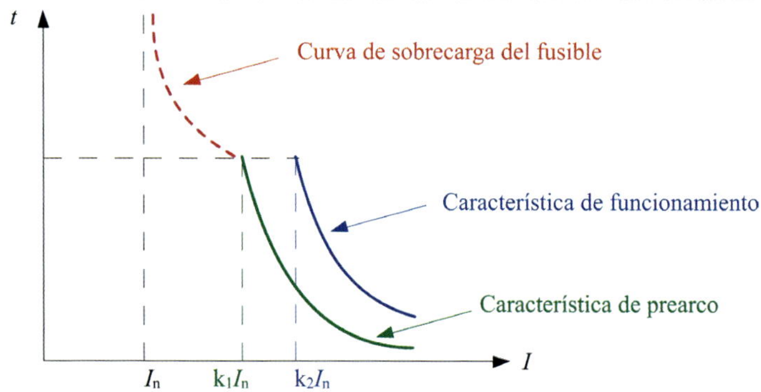

Figura C. *Características tiempo-corriente de un cartucho fusible tipo «a».*

1.2. Aplicación de las medidas de protección

La norma **UNE 20460-4-473** define la aplicación de las medidas de protección expuestas en la norma **UNE 20460-4-43** (anuladas ambas normas y sustituidas por UNE-HD 60364-4-43) según sea por causa de sobrecargas o cortocircuito, señalando en cada caso su emplazamiento u omisión, resumiendo los diferentes casos en la Tabla 1.

Tabla 1.

Circuitos	3 F + N								3 F			F + N		2 F	
	$S_N \geq S_F$				$S_N < S_F$										
Esquemas	F	F	F	N	F	F	F	N	F	F	F	F	N	F	F
TN – C	P	P	P	—	P	P	P	— (1)	P	P	P	P	—	P	P
TN – S	P	P	P	—	P	P	P	P (3)(5)	P	P	P	P	—	P	P
TT	P	P	P	—	P	P	P	P (3)(5)	P	P	P (2)(4)	P	—	P	P (2)
IT	P	P	P	P (3)(6)	P	P	P	P (3)(6)	P	P	P	P	P (6)(3)	P	P (2)

Notas:

P: significa que debe preverse un dispositivo de protección (detección) sobre el conductor correspondiente.

S_N: sección del conductor de neutro.

S_F: sección del conductor de fase.

(1) Admisible si el conductor de neutro está protegido contra los cortocircuitos por el dispositivo de protección de los conductores de fase y la intensidad máxima que recorre el conductor neutro en servicio normal es netamente inferior al valor de intensidad admisible en este conductor.

(2) Excepto cuando haya protección diferencial.

(3) En este caso el corte y la conexión del conductor de neutro debe ser tal que el conductor neutro no sea cortado antes que los conductores de fase y que se conecte al mismo tiempo o antes que los conductores de fase.

(4) En el esquema TT sobre los circuitos alimentados entre fases y en los que el conductor de neutro no es distribuido, la detección de sobreintensidad puede no estar prevista sobre uno de los conductores de fase, si existe sobre el mismo circuito aguas arriba una protección diferencial que corte todos los conductores de fase y si no existe distribución del conductor de neutro a partir de un punto neutro artificial en los circuitos situados aguas abajo del dispositivo de protección diferencial antes mencionado.

(5) Salvo que el conductor de neutro esté protegido contra los cortocircuitos por el dispositivo de protección de los conductores de fase y la intensidad máxima que recorre el conductor neutro en servicio normal sea netamente inferior al valor de intensidad admisible en este conductor.

(6) Salvo si el conductor neutro está efectivamente protegido contra los cortocircuitos o si existe aguas arriba una protección diferencial cuya corriente diferencial-residual nominal sea como máximo igual a 0,15 veces la corriente admisible en el conductor neutro correspondiente. Este dispositivo debe cortar todos los conductores activos del circuito correspondiente, incluido el conductor neutro.

MATERIAL WEB

En cuanto a la aplicación de las medidas de protección contra sobreintensidades en las instalaciones interiores, si se desea profundizar más en su estudio, en la **Guía-BT-22,** que se puede encontrar en el **MATERIAL WEB,** se hacen recomendaciones con relación a **la posición más adecuada de los dispositivos de protección contra sobrecargas y cortocircuitos.**

Además se añade un método gráfico para determinar si es necesario instalar o no una protección contra cortocircuitos en los circuitos derivados de una línea principal que ya cuenta en su inicio con protección.

GUÍA-BT-22

Producto	Norma
Interruptores automáticos para instalaciones domésticas y análogas para la protección contra sobreintensidades (IA modulares o magnetotérmicos).	UNE-EN 60898 (serie)
Interruptores automáticos (asociado a disparadores de sobrecarga y cortocircuito).	UNE-EN 60947-2
Interruptores diferenciales con dispositivo de protección contra sobreintensidades incorporado (uso doméstico o análogo).	UNE-EN 61009 (serie)
Fusibles.	UNE-EN 60269 (serie)

ANOTACIONES

ITC-BT-23

INSTALACIONES INTERIORES O RECEPTORAS PROTECCIÓN CONTRA SOBRETENSIONES

Índice

1 Objeto y campo de aplicación 382

2 Categorías de las sobretensiones 383

2.1. Objeto de las categorías 383
2.2. Descripción de las categorías de sobretensiones 384

3 Medidas para el control de las sobretensiones 385

3.1. Situación natural 385
3.2. Situación controlada 385

4 Selección de los materiales en la instalación 390

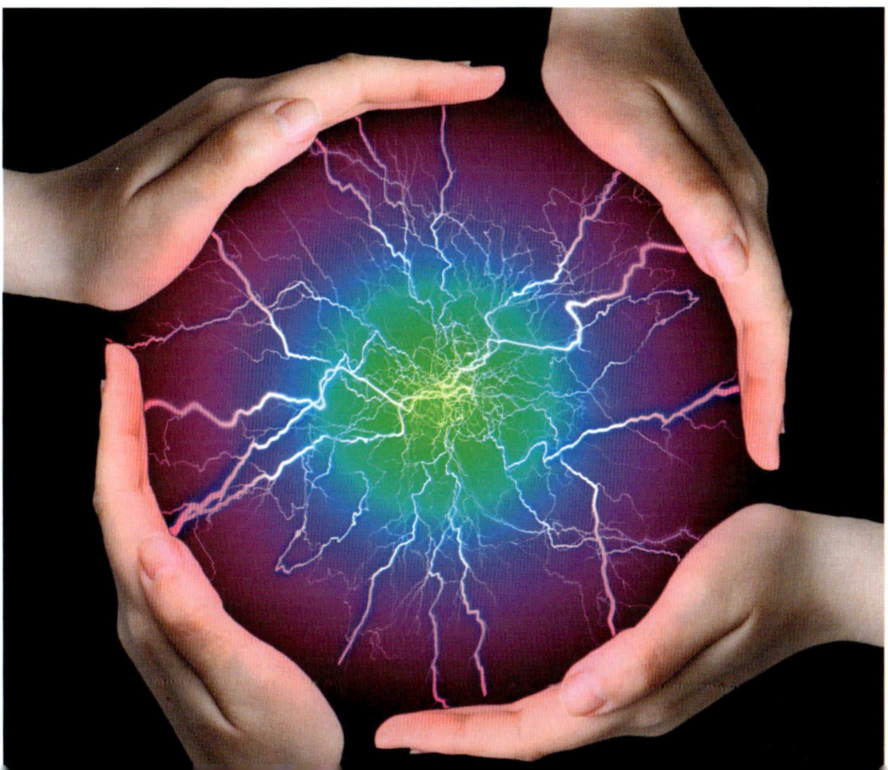

1. Objeto y campo de aplicación

Esta instrucción trata de la protección de las instalaciones eléctricas interiores **contra las sobretensiones transitorias** que se transmiten por las redes de distribución y que se originan, fundamentalmente, como consecuencia de las descargas atmosféricas, conmutaciones de redes y defectos en las mismas.

GUÍA-BT-23

Conforme al artículo 16.1 del Reglamento, dentro del concepto de instalación interior hay que incluir cualquier instalación receptora **aunque toda ella o alguna de sus partes esté situada a la intemperie,** por lo que las instalaciones receptoras para fines especiales tales como parques de caravanas, marinas, ferias y *stands,* instalaciones provisionales y de obra, instalaciones agrícolas, generadores eólicos, etc., se consideran incluidas en el campo de aplicación de esta instrucción, dado que pueden estar muy expuestas a las sobretensiones transitorias de origen atmosférico.

Las causas más frecuentes de aparición de sobretensiones transitorias de origen atmosférico son las siguientes:

- La **caída de un rayo** sobre la **línea de distribución** o en sus **proximidades.**
- **El funcionamiento de un sistema de protección externa contra descargas atmosféricas** (pararrayos, puntas Franklin, jaulas de Faraday, etc.), situado en el propio edificio o en sus proximidades.
- La incidencia directa de una **descarga atmosférica en el propio edificio,** tanto más probable cuanto más alto sea este, o en sus proximidades.

A estos efectos **se considera proximidad** una distancia igual o inferior a **50 m**.

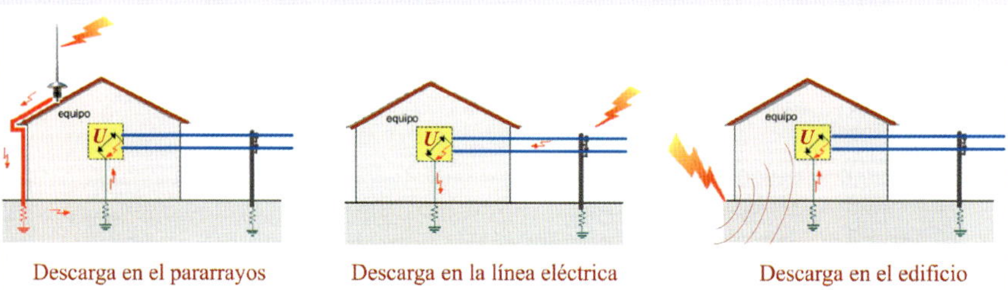

Figura A. *Causas más frecuentes de aparición de sobretensiones.*

El nivel de sobretensión que puede aparecer en la red es función del nivel isoceraúnico estimado, tipo de acometida aérea o subterránea, proximidad del transformador de MT/BT, etc. La incidencia que la sobretensión puede tener en la seguridad de las personas, instalaciones y equipos, así como su repercusión en la continuidad del servicio, es función de:

- La coordinación del aislamiento de los equipos.
- Las características de los dispositivos de protección contra sobretensiones, su instalación y su ubicación.
- La existencia de una adecuada red de tierras.

Esta instrucción contiene las indicaciones a considerar para cuando la protección contra sobretensiones está prescrita o recomendada **en las líneas de alimentación principal 230/400 V en corriente alterna,** no contemplándose en la misma otros casos como, por ejemplo, la protección de señales de medida, control y telecomunicación.

GUÍA-BT-23

En general, las **sobretensiones originadas por maniobras** en las redes son inferiores, en valor de cresta, a las atmosféricas y por ello generalmente los requisitos de protección contra sobretensiones atmosféricas garantizan la protección contra sobretensiones de maniobra.

Esta instrucción **no trata la protección** contra sobretensiones temporales, también denominadas permanentes o a frecuencia industrial, por ejemplo, debidas a la rotura o desconexión del neutro.

2. Categorías de las sobretensiones

2.1. Objeto de las categorías

Las categorías de sobretensiones permiten distinguir los diversos grados de tensión soportada a las sobretensiones en cada una de las partes de la instalación, equipos y receptores. Mediante una adecuada selección de la categoría, se puede lograr la coordinación del aislamiento necesario en el conjunto de la instalación, reduciendo el riesgo de fallo a un nivel aceptable y proporcionando una base para el control de la sobretensión.

Las categorías indican los valores de tensión soportada a la onda de choque de sobretensión que deben tener los equipos, determinando, a su vez, el valor límite máximo de tensión residual que deben permitir los diferentes dispositivos de protección de cada zona para evitar el posible daño de dichos equipos. La reducción de las sobretensiones de entrada a valores inferiores a los indicados en cada categoría se consigue con una estrategia de protección en cascada que integra tres niveles de protección: basta, media y fina, logrando de esta forma un nivel de tensión residual no peligroso para los equipos y una capacidad de derivación de energía que prolonga la vida y efectividad de los dispositivos de protección.

2.2. Descripción de las categorías de sobretensiones

En la **Tabla 1** *(apartado 4)* se distinguen **4 categorías** diferentes, indicando en cada caso **el nivel de tensión soportada a impulsos, en kV,** según la tensión nominal de la instalación.

Categoría I

Se aplica a los **equipos muy sensibles a las sobretensiones** y que están destinados a ser conectados a la instalación eléctrica fija. En este caso, las medidas de protección se toman fuera de los equipos a proteger, ya sea en la instalación fija o entre la instalación fija y los equipos, con objeto de limitar las sobretensiones a un nivel específico.

Ejemplo: ordenadores, equipos electrónicos muy sensibles, etc.

Categoría II

Se aplica a los **equipos destinados a conectarse a una instalación eléctrica fija.**

Ejemplo: electrodomésticos, herramientas portátiles y otros equipos similares.

Categoría III

Se aplica a los equipos y materiales que forman parte de la **instalación eléctrica fija y a otros equipos** para los cuales se requiere un **alto nivel de fiabilidad.**

Ejemplo: armarios de distribución, embarrados, aparamenta (interruptores, seccionadores, tomas de corriente...), canalizaciones y sus accesorios (cables, caja de derivación...), motores con conexión eléctrica fija (ascensores, máquinas industriales...), etc.

Categoría IV

Se aplica a los equipos y materiales que **se conectan en el origen o muy próximos al origen de la instalación,** aguas arriba del cuadro de distribución.

Ejemplo: contadores de energía, aparatos de telemedida, equipos principales de protección contra sobreintensidades, etc.

3. Medidas para el control de las sobretensiones

Es preciso distinguir dos tipos de sobretensiones:

- Las producidas como consecuencia de la descarga directa del rayo. Esta instrucción no trata este caso.
- **Las debidas a la influencia de la descarga lejana del rayo,** conmutaciones de la red, defectos de red, efectos inductivos, capacitivos, etc.

Se pueden presentar dos situaciones diferentes:

- **Situación natural:** cuando no es preciso la protección contra las sobretensiones transitorias.
- **Situación controlada:** cuando es preciso la protección contra las sobretensiones transitorias.

3.1. Situación natural

Cuando se prevé un **bajo riesgo de sobretensiones** en una instalación (debido a que está alimentada por una red subterránea en su totalidad), se considera suficiente la resistencia a las sobretensiones de los equipos que se indica en la **Tabla 1** *(apartado 4)* y **no se requiere ninguna protección suplementaria contra las sobretensiones transitorias.**

Una línea aérea constituida por conductores aislados con pantalla metálica unida a tierra en sus dos extremos se considera equivalente a una línea subterránea.

3.2. Situación controlada

Cuando una instalación se alimenta por, o incluye, una **línea aérea con conductores desnudos o aislados,** se considera necesaria una protección contra sobretensiones de origen atmosférico en el origen de la instalación.

El nivel de sobretensiones puede controlarse mediante dispositivos de protección contra las sobretensiones colocados en las líneas aéreas (siempre que estén suficientemente próximos al origen de la instalación) o en la instalación eléctrica del edificio.

También se considera situación controlada aquella situación natural en que es conveniente incluir dispositivos de protección para una mayor seguridad (por ejemplo, continuidad de servicio, valor económico de los equipos, pérdidas irreparables, etc.).

GUÍA-BT-23

En base a un análisis de riesgos contemplado en la norma **UNE-EN 62305-2,** se consideran situaciones controladas que deberán **disponer de protección** contra sobretensiones todas aquellas instalaciones en las que el fallo del suministro o de los equipos debido a **la sobretensión pudiera afectar a:**

- **La vida humana,** por ejemplo, servicios de seguridad, centros de emergencias, equipo médico en hospitales.
- **La vida de los animales,** por ejemplo, explotaciones ganaderas, piscifactorías, etc.
- **Los servicios públicos,** por ejemplo, pérdida de servicios para el público, centros informáticos, sistemas de telecomunicación.
- **Las instalaciones de los locales de pública concurrencia** cubiertos por la ITC-BT-28.
- **La actividad agrícola o industrial** en función del **impacto económico** que pudieran implicar las sobretensiones (continuidad del servicio, destrucción de equipos, etc.).

Por otro lado, la nueva ITC-BT-52 incluye la necesidad de protección contra sobretensiones en las instalaciones para la recarga de vehículos eléctricos.

Además, es recomendable tener en cuenta el coste y sensibilidad de los equipos, ya que cuanto más sensible sea un aparato y mayor coste tenga, mayor protección debería recibir. Este es el caso de los equipos informáticos en general, pantallas de plasma o LED, electrodomésticos de última generación, autómatas, equipos electrónicos de máquinas industriales, etc. Para estos casos la disposición de protecciones se realizará conforme a lo establecido en el capítulo A de esta Guía con dispositivos de protección contra sobretensiones transitorias de tipo 3.

Para instalaciones especialmente expuestas como las exteriores (ej.: alumbrado exterior, fotovoltaicas), la integración de un mayor número de equipos y elementos electrónicos precisa de la utilización de dispositivos de protección contra sobretensiones transitorias. Para estos casos la disposición de protecciones se realizará conforme a lo establecido en el capítulo A de esta Guía con dispositivos de protección contra sobretensiones transitorias de tipo 2. Las recomendaciones específicas para la protección contra sobretensiones de instalaciones fotovoltaicas se proporcionan en la Guía BT-40.

Asimismo, aunque la situación sea natural, la instalación de dispositivos de protección contra sobretensiones transitorias **es recomendable** en aquellas **provincias** con al menos **20 días de tormenta al año** y muy recomendable en aquellas con al menos 25 días, según el **mapa A.**

Cuando la instalación esté en un lugar elevado (sobre una montaña, colina o promontorio), se considerará como criterio de seguridad adecuado escoger el nivel inmediato superior al asignado a la provincia.

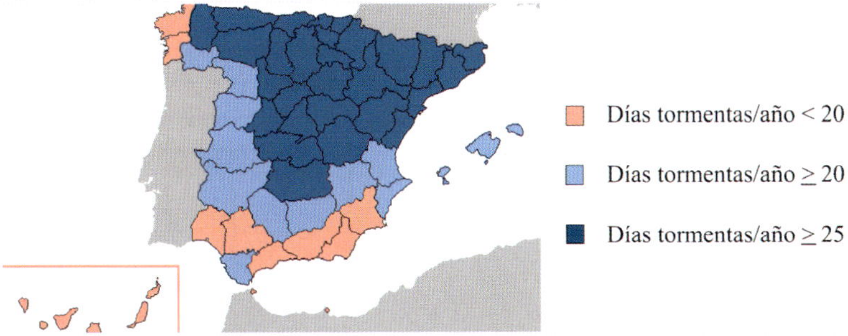

Mapa A. *Clasificación de las provincias de España en función del número medio anual de días de tormenta.*

En las instalaciones de edificios que tengan sistemas de protección externa contra el rayo (pararrayos, puntas Franklin, jaulas de Faraday, etc.), según lo establecido en el CTE, SUA 8, y anejo B.2, los conductores de los circuitos eléctricos sometidos a la tensión de alimentación de red y los conductores de los circuitos de telecomunicación deben ser protegidos mediante dispositivos de protección contra sobretensiones transitorias instalados en el origen de la instalación del edificio, estos deberán ser de Tipo 1. Cuando se utilice una protección de sobretensiones en cascada, la selección de dispositivos se realizará de acuerdo a lo establecido en el apartado A de la sección 4 de la presente Guía.

En las instalaciones ubicadas en un radio aproximadamente de **50 m** alrededor de un pararrayos (aunque no estén en el mismo edificio) se recomienda disponer de dispositivos de protección contra sobretensiones transitorias de tipo 1. Cuando se utilice una protección de sobretensiones en cascada, la selección de dispositivos se realizará de acuerdo a lo establecido en el apartado A de la sección 4 de la presente Guía.

Los dispositivos de protección contra sobretensiones de origen atmosférico deben seleccionarse de forma que su nivel de protección sea inferior a la tensión soportada a impulso de la categoría de los equipos y materiales que se prevé que se vayan a instalar.

En redes TT o IT, los descargadores se conectarán entre cada uno de los conductores, incluyendo el neutro o compensador y la tierra de la instalación.

En redes TN-S, los descargadores se conectarán entre cada uno de los conductores de fase y el conductor de protección.

En redes TN-C, los descargadores se conectarán entre cada uno de los conductores de fase y el neutro o compensador. No obstante se permiten otras formas de conexión, siempre que se demuestre su eficacia.

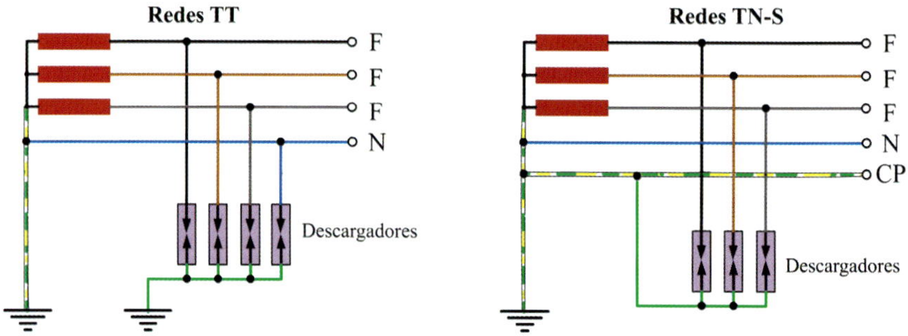

Figura B. *Ejemplos de conexión de los descargadores de sobretensión para redes de distribución.*

GUÍA-BT-23

En el esquema TT, el dispositivo de protección contra sobretensiones transitorias podrá instalarse tanto aguas arriba (entre el interruptor general y el propio diferencial) como aguas abajo del interruptor diferencial. **En caso de instalarse aguas abajo del diferencial, este deberá ser selectivo de tipo S (o retardado).**

Para instalaciones en viviendas con un único diferencial, con el fin de evitar disparos intempestivos del interruptor diferencial en caso de actuación del dispositivo de protección contra sobretensiones transitorias, dicho dispositivo debe **instalarse aguas arriba del interruptor diferencial** (entre el interruptor general y el propio interruptor diferencial).

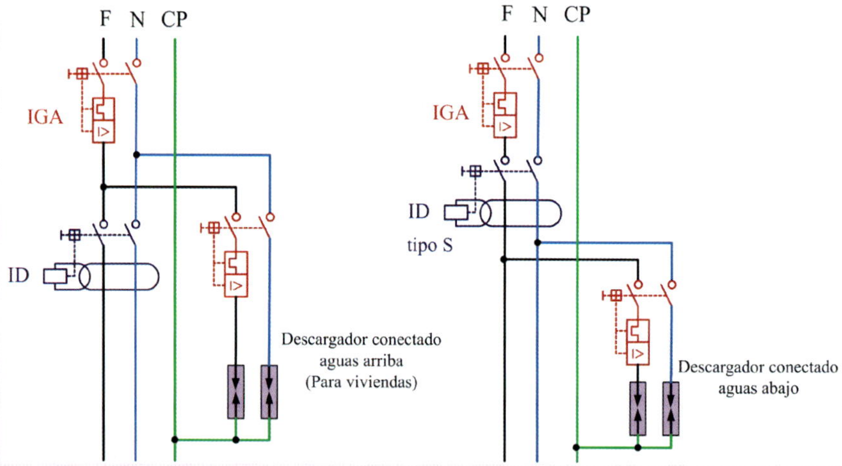

Figura C. *Instalación de dispositivos de protección contra sobretensiones en sistemas TT.*

Con el fin de optimizar la continuidad de servicio en caso de destrucción del dispositivo de protección contra sobretensiones transitorias a causa de una descarga de rayo superior a la máxima prevista, cuando el dispositivo de protección contra sobretensiones transitorias no lleve incorporada su propia protección, se debe instalar el dispositivo de protección recomendado por el fabricante, aguas arriba del dispositivo de protección contra sobretensiones transitorias, con objeto de mantener la continuidad de todo el sistema, evitando el disparo del interruptor general.

Ante la eventual necesidad de instalar varios dispositivos de protección contra sobretensiones en cascada (por ejemplo, uno general o de cabecera y otros en determinados circuitos de salida), se deberá consultar la información de utilización facilitada por el fabricante para conseguir la adecuada coordinación.

En las **Tablas A y B** se resumen las situaciones en las que es obligatorio y/o recomendable, respectivamente, el uso de dispositivos de protección contra sobretensiones transitorias. Cuando una instalación pueda estar considerada en ambas tablas, se aplicará la Tabla A.

Tabla A. *Situaciones en las que es obligatorio el uso de dispositivos de protección contra sobretensiones transitorias, sea cual sea el sistema de alimentación.*

Uso obligatorio	
Situaciones	**Ejemplos**
Línea de alimentación de baja tensión total o parcialmente aérea o cuando la instalación incluye líneas aéreas.	Todas las instalaciones, ya sean industriales, terciarias, viviendas, etc.
Riesgo de fallo afectando a la vida humana.	Los servicios de seguridad, centros de emergencias, equipo médico en hospitales.
Riesgo de fallo afectando a la vida de los animales.	Las explotaciones ganaderas, piscifactorías, etc.
Riesgo de fallo afectando a los servicios públicos.	La pérdida de servicios para el público, centros informáticos, sistemas de telecomunicación.
Riesgo de fallo afectando a actividades agrícolas o industriales no interrumpibles.	Industrias con hornos o, en general, procesos industriales continuos no interrumpibles.
Riesgo de fallo afectando a las instalaciones y equipos de los locales de pública concurrencia que tengan servicios de seguridad no autónomos.	Sistemas de alumbrado de emergencia no autónomos.
Instalaciones en edificios con sistemas de protección externa contra descargas atmosféricas o contra rayos tales como: pararrayos, puntas Franklin, jaulas de Faraday instalados en el mismo edificio.	Todas las instalaciones, ya sean industriales, terciarias, viviendas, etc.
Las instalaciones para la recarga de vehículos eléctricos cubiertas por la ITC- BT-52.	Instalaciones de recarga de vehículos eléctricos.

Tabla B. *Situaciones en las que es recomendable el uso de dispositivos de protección contra sobretensiones transitorias.*

Uso recomendado	
Situaciones	**Ejemplos**
Instalaciones en edificios con sistemas de protección externa contra descargas atmosféricas o contra rayos tales como pararrayos, puntas Franklin, jaulas de Faraday instalados en el mismo edificio o en un radio menor de **50 m**.	Todas las instalaciones, ya sean industriales, terciarias, viviendas, etc.
Viviendas (cuando no sea obligatorio según los casos anteriores).	— Con sistemas domóticos (ITC-BT-51). — Con sistemas de telecomunicaciones en azotea.
Instalaciones en zonas con más de **20 días** de tormenta al año.	Todas las instalaciones, ya sean industriales, terciarias, viviendas, etc.
Equipos especialmente sensibles y costosos.	Pantallas de plasma, ordenadores, etc.
Riesgo de fallo afectando a las instalaciones y equipos de los locales de pública concurrencia que no sean servicios de seguridad.	Los locales incluidos en la ITC-BT-28.
Actividades industriales y comerciales no incluidas en la Tabla A.	

4. Selección de los materiales en la instalación

Los equipos y materiales deben escogerse de manera que su tensión soportada a impulsos no sea inferior a la tensión soportada prescrita en la **Tabla 1,** según su categoría.

Los equipos y materiales que tengan una tensión soportada a impulsos inferior a la indicada en la Tabla 1 se pueden utilizar, no obstante:

- En situación natural, cuando el riesgo sea aceptable.
- En situación controlada, si la protección contra las sobretensiones es adecuada.

Tabla 1.

Tensión nominal de la instalación		Tensión soportada a impulsos 1,2/50			
Sistemas trifásicos	**Sistemas monofásicos**	**Categoría IV**	**Categoría III**	**Categoría II**	**Categoría I**
230/400 V	230 V	6 kV	4 kV	2,5 kV	1,5 kV
400/690 V 1.000 V	— —	8 kV	6 kV	4 kV	2,5 kV

GUÍA-BT-23

Selección del tipo de los dispositivos de protección contra sobretensiones transitorias

Los dispositivos de protección contra sobretensiones transitorias son dispositivos capaces de garantizar la protección contra sobretensiones de origen atmosférico, debidas a conmutaciones, etc., que se producen en la instalación. Estos dispositivos pueden ser descargadores a gas, varistores de óxido de cinc, diodos supresores, descargadores de arco, combinaciones de los anteriores, etc.

Se considera que cumplen con las prescripciones de esta instrucción los dispositivos de características equivalentes a los establecidos en la serie de normas **UNE-EN 61643.** Según la norma **UNE-EN 61643-11** existen 3 tipos de protectores de sobretensión transitoria denominados: Tipo 1, Tipo 2 y Tipo 3.

Los parámetros más significativos para cada uno de estos tipos son:

	Tipo 1	Tipo 2	Tipo 3
Capacidad de absorción de energía	Muy alta-Alta.	Media-Alta.	Baja.
Rapidez de respuesta	Baja-Media.	Media-Alta.	Muy alta.
Origen de la sobretensión	Impacto directo del rayo.	Sobretensiones de origen atmosférico y conmutaciones, conducidas o inducidas.	

El objetivo a conseguir es que la actuación del dispositivo de protección reduzca la sobretensión transitoria a un valor de tensión inferior a la soportada por el equipo protegido (de acuerdo con su categoría de sobretensión según se define en la Tabla 1). Para alcanzar este objetivo, puede ser necesario utilizar más de un dispositivo de protección.

En general, se puede lograr la protección de la instalación mediante un dispositivo **Tipo 2,** instalado lo más cerca posible del origen de la instalación interior, en el cuadro de distribución principal.

En función del dispositivo instalado en cabecera y de las distancias entre este y los equipos a proteger, puede ser necesario instalar dispositivos de protección adicionales para proteger equipos sensibles. Estos podrán ser de Tipo 2 o de Tipo 3.

Cuando el edificio disponga de sistemas de protección externa contra el rayo (pararrayos, puntas Franklin, jaulas de Faraday), además será necesario instalar en el origen de la instalación (antes de los contadores) un dispositivo de protección de Tipo 1.

Para garantizar la coordinación adecuada entre dispositivos, se seguirán las recomendaciones del fabricante.

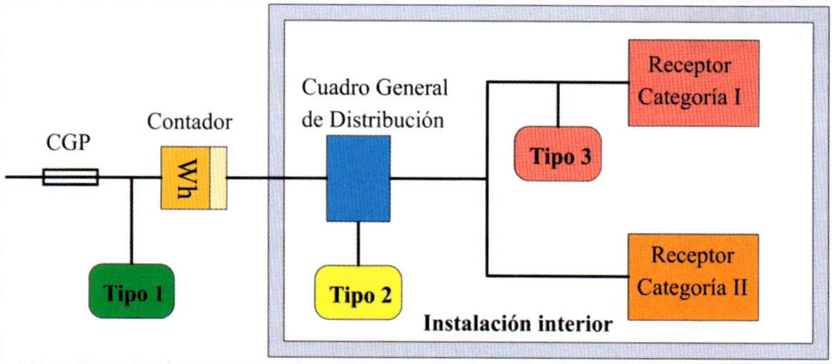

Figura D. *Ejemplo de instalación que incluye los tres tipos de dispositivos de protección contra sobretensiones transitorias.*

Selección de las características del dispositivo de protección contra sobretensiones transitorias

Para la correcta selección de los dispositivos de protección contra sobretensiones transitorias es necesario consultar al fabricante, ya que deben tenerse en cuenta varios factores, tales como:

- Nivel de protección o tensión limitada, en función de la categoría de los equipos a proteger.
- Tensión máxima de servicio permanente.
- Intensidad nominal de descarga e intensidad máxima de descarga, en función de las intensidades de descarga previstas.

Nivel de protección (*Up*): es el parámetro que caracteriza al funcionamiento del dispositivo de protección contra sobretensiones transitorias por limitación de la tensión entre sus bornes. Debe ser inferior a la categoría de sobretensión de la instalación o equipo a proteger **(Ver punto 2.2 y Tabla 1).** No obstante, si el protector está alejado de dicho punto, puede ser necesario utilizar protectores adicionales.

Ejemplo: instalación en la que los equipos más sensibles correspondan a la Categoría de sobretensión II, como electrodomésticos o herramientas portátiles, la *Up* del protector seleccionado debe ser **≤ 2,5 kV**.

Tensión máxima de servicio permanente (*Uc*): es el valor eficaz de tensión máximo que puede aplicarse permanentemente a los bornes del dispositivo de protección.

Ejemplo: en una red de distribución TT 230/400 V, la tensión máxima permanente se considerará un **10 %** superior al valor nominal **(230 × 1,1 = 253 V)**. Por tanto, la tensión máxima de servicio permanente *Uc* del protector seleccionado debe ser superior a **253 V**.

Corriente nominal de descarga (*In*): este parámetro caracteriza a los dispositivos de protección contra sobretensiones transitorias de Tipo 2. Es la corriente de cresta repetitiva que puede soportar el dispositivo de protección sin fallo. La forma de onda de la corriente aplicada está normalizada como **8/20 μs**.

La elección del dispositivo se puede realizar según lo establecido en la **UNE-HD 60364-5-534,** en donde la *In* no debe ser inferior a **5 kA 8/20 μs**, entre fase y neutro.

Corriente de impulso (I_{imp}): este parámetro caracteriza a los dispositivos de protección contra sobretensiones transitorias de Tipo 1. Es la corriente de cresta que puede soportar el dispositivo de protección sin fallo. Habitualmente se utiliza la forma de onda de la corriente aplicada normalizada como **10/350 μs**.

La elección del dispositivo se puede realizar según lo establecido en la **UNE-HD 60364-5-534,** en donde la I_{imp} no debe ser inferior a **12,5 kA**.

ANOTACIONES

ANOTACIONES

ITC-BT-24

INSTALACIONES INTERIORES O RECEPTORAS. PROTECCIÓN CONTRA LOS CONTACTOS DIRECTOS E INDIRECTOS

Índice

1 Introducción 396

2 Protección contra contactos directos e indirectos 396

3 Protección contra contactos directos 397

3.1. Protección por aislamiento de las partes activas 397
3.2. Protección por medio de barreras o envolventes 398
3.3. Protección por medio de obstáculos 399
3.4. Protección por puesta fuera de alcance por alejamiento 399
3.5. Protección complementaria por dispositivos de corriente diferencial-residual 401

4 Protección contra los contactos indirectos 401

4.1. Protección por corte automático de la alimentación 402
4.2. Protección por empleo de equipos de la clase II o por aislamiento equivalente 411
4.3. Protección en los locales o emplazamientos no conductores 412
4.4. Protección mediante conexiones equipotenciales locales no conectadas a tierra 414
4.5. Protección por separación eléctrica 414

1. Introducción

La presente instrucción describe las medidas destinadas a asegurar la protección de las personas y animales domésticos contra los choques eléctricos.

En la protección contra los choques eléctricos se aplicarán las medidas apropiadas:

- Para la protección contra los contactos directos e indirectos.
- Para la protección contra contactos directos.
- Para la protección contra contactos indirectos.

GUÍA-BT-24

La reciente publicación de la norma **UNE-HD 60364-4-41** sustituye a la **UNE 20460-4-41** usada como referencia por la ITC-BT-24. La norma UNE-HD 60364-4-41 define y enumera las medidas de protección frente a los riesgos asociados a los contactos directos e indirectos en las instalaciones eléctricas.

En esta norma, los conceptos de «protección contra los contactos directos» y «protección contra los contactos indirectos» han pasado a denominarse «protección principal» y «protección en caso de defecto», respectivamente.

La regla fundamental para la protección contra el choque eléctrico, tal como la define la norma **UNE-EN 61140,** es que las partes activas peligrosas no deben ser accesibles y que las partes conductoras accesibles no deben ser peligrosas, ni en condiciones normales ni en condiciones de defecto simple. La protección en condiciones normales la proporcionan las disposiciones para la protección contra los contactos directos (o de protección principal) y la protección en caso de defecto simple la proporcionan las disposiciones para la protección contra los contactos indirectos (o de protección en caso de defecto). Además, y con carácter alternativo, la protección contra los choques eléctricos se puede conseguir simultáneamente contra los contactos directos e indirectos, mediante una disposición de protección reforzada que garantiza la protección en condiciones normales y en condiciones de defecto simple.

2. Protección contra contactos directos e indirectos

La protección contra los choques eléctricos para contactos directos e indirectos a la vez se realiza mediante la utilización de muy baja tensión de seguridad **MBTS,** que debe cumplir las siguientes condiciones:

- Tensión nominal en el campo I de acuerdo a la norma **UNE 20481** y la **ITC-BT-36.**

- Fuente de alimentación de seguridad para **MBTS** de acuerdo con lo indicado en la norma **UNE 20460-4-41** (anulada y sustituida por UNE-HD 60364-4-41).
- Los circuitos de instalaciones para **MBTS** cumplirán lo que se indica en la norma **UNE 20460-4-41** (anulada y sustituida por UNE-HD 60364-4-41) y en la **ITC-BT-36.**

3. Protección contra contactos directos

Esta protección consiste en tomar las medidas destinadas a proteger a las personas contra los peligros que pueden derivarse de un contacto con las partes activas de los materiales eléctricos.

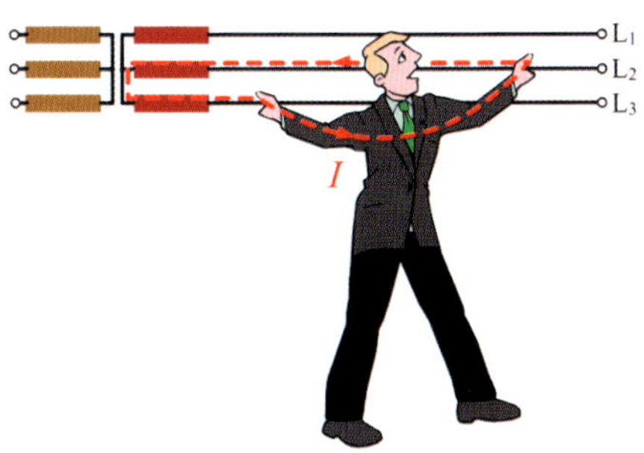

Contacto directo con dos conductores activos

Contacto directo entre una fase y tierra

Figura A. *Ejemplos de contactos directos.*

Salvo indicación contraria, los medios a utilizar vienen expuestos y definidos en la norma **UNE 20460-4-41** (anulada y sustituida por UNE-HD 60364-4-41), que son habitualmente:

- Protección por aislamiento de las partes activas.
- Protección por medio de barreras o envolventes.
- Protección por medio de obstáculos.
- Protección por puesta fuera de alcance por alejamiento.

Protección complementaria por dispositivos de corriente diferencial residual.

3.1. Protección por aislamiento de las partes activas

Las partes activas deberán estar recubiertas de un aislamiento que no pueda ser eliminado más que destruyéndolo.

Las pinturas, barnices, lacas y productos similares no se considera que constituyan un aislamiento suficiente en el marco de la protección contra los contactos directos.

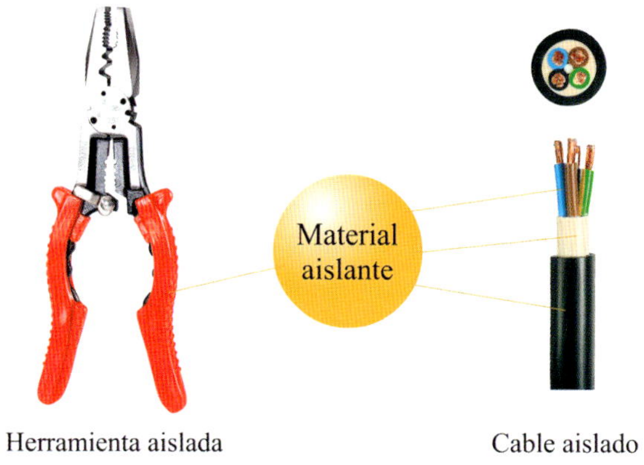

Figura B. *Ejemplos de aislamiento de las partes activas.*

3.2. Protección por medio de barreras o envolventes

Las partes activas deben estar situadas en el interior de las envolventes o detrás de barreras que posean, como mínimo, el grado de protección **IP XXB,** según **UNE 20324.** Si se necesitan aberturas mayores para la reparación de piezas o para el buen funcionamiento de los equipos, se adoptarán precauciones apropiadas para impedir que las personas o animales domésticos toquen las partes activas y se garantizará que las personas sean conscientes del hecho de que las partes activas no deben ser tocadas voluntariamente.

Las superficies superiores de las barreras o envolventes horizontales que son fácilmente accesibles deben responder como mínimo al grado de protección **IP 4X** o **IP XXD.**

Las barreras o envolventes deben fijarse de manera segura y ser de una robustez y durabilidad suficientes para mantener los grados de protección exigidos, con una separación suficiente de las partes activas en las condiciones normales de servicio, teniendo en cuenta las influencias externas.

Cuando sea necesario suprimir las barreras, abrir las envolventes o quitar partes de estas, esto no debe ser posible más que:

- bien con la ayuda de una llave o de una herramienta;
- o bien, después de quitar la tensión de las partes activas protegidas por estas barreras o estas envolventes, no pudiendo ser restablecida la tensión hasta después de volver a colocar las barreras o las envolventes;
- o bien, si hay interpuesta una segunda barrera que posee como mínimo el grado de protección **IP 2X** o **IP XXB,** que no pueda ser quitada más que con la ayuda de una llave o de una herramienta y que impida todo contacto con las partes activas.

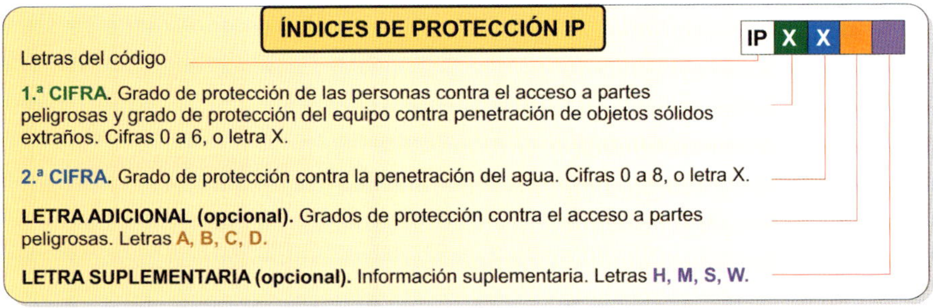

Figura C. *Grados de protección IP.*

*(En el **Anexo I** que se encuentra al final de este texto se explica con más detalle los significados de los grados **IP** e **IK**.)*

3.3. Protección por medio de obstáculos

Esta medida **no garantiza una protección completa** y su aplicación se limita, en la práctica, a los **locales de servicio eléctrico solo accesibles al personal autorizado.**

Los obstáculos están destinados a impedir los contactos fortuitos con las partes activas, pero no los contactos voluntarios por una tentativa deliberada de salvar el obstáculo.

Los obstáculos deben impedir:

- bien un acercamiento físico no intencionado a las partes activas;
- bien los contactos no intencionados con las partes activas en el caso de intervenciones en equipos bajo tensión durante el servicio.

Los obstáculos pueden ser desmontables sin la ayuda de una herramienta o de una llave; no obstante, deben estar fijados de manera que se impida todo desmontaje involuntario.

3.4. Protección por puesta fuera de alcance por alejamiento

Esta medida **no garantiza una protección completa** y su aplicación se limita, en la práctica, a los **locales de servicio eléctrico solo accesibles al personal autorizado.**

La puesta fuera de alcance por alejamiento está destinada solamente a impedir los contactos fortuitos con las partes activas.

Las partes accesibles simultáneamente, que se encuentran a tensiones diferentes, no deben encontrarse dentro del volumen de accesibilidad.

El **volumen de accesibilidad de las personas** se define como el situado alrededor de los emplazamientos en los que pueden permanecer o circular personas, y cuyos

límites no pueden ser alcanzados por una mano sin medios auxiliares. Por convenio, este volumen está limitado conforme a la **Figura 1,** entendiendo que la **altura** que limita el volumen es **2,5 m**.

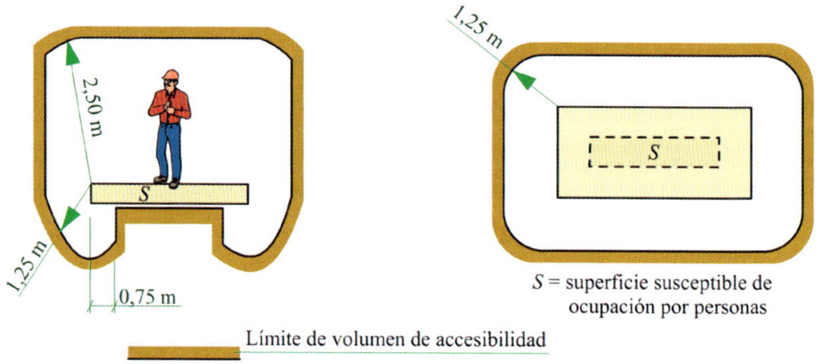

Figura 1. *Volumen de accesibilidad.*

GUÍA-BT-24

La norma **UNE 21302-826** define el volumen de accesibilidad al contacto o alcance del brazo como aquella zona que se extiende desde cualquier punto de una superficie en la que las personas permanecen y circulan habitualmente, y el límite que una persona puede alcanzar con la mano, en cualquier dirección y sin ayuda.

El concepto de volumen de accesibilidad, si bien se introduce en esta prescripción aplicado a la accesibilidad a partes con tensión, tiene un campo de aplicación mucho más amplio. En las diferentes ITC del REBT 2002 se utilizan en diversas ocasiones las mismas distancias para definir otros requisitos, por ejemplo:

- Altura mínima de los conductores posados sobre fachada **(ITC-BT-06).**
- Altura mínima de montaje de los equipos eléctricos de las luminarias para montaje exterior de instalaciones de alumbrado exterior **(ITC-BT-09).**
- Altura sobre el nivel del suelo hasta la que las canalizaciones para acometidas aéreas sobre fachada deben presentar unas características especiales de protección mecánica **(ITC-BT-11).**
- Recomendación de la altura mínima de tubos en montaje superficial para garantizar el requisito de protección mecánica **(ITC-BT-21).**
- Altura de los volúmenes de piscinas y fuentes **(ITC-BT-31).**
- Altura mínima de instalación de luminarias en lugares accesibles al público de ferias y *stands* **(ITC-BT-34).**
- Altura del alumbrado general de quirófanos por debajo de la cual deberá disponer de protección diferencial **(ITC-BT-38).**

Cuando el espacio en el que permanecen y circulan normalmente personas está limitado por un obstáculo (por ejemplo, listón de protección, barandillas, panel enrejado) que presenta un grado de protección inferior al **IP 2X** o **IP XXB,** según **UNE 20324,** el volumen de accesibilidad comienza a partir de este obstáculo.

En los emplazamientos en que se manipulen corrientemente objetos conductores de gran longitud o voluminosos, las distancias prescritas anteriormente deben aumentarse teniendo en cuenta las dimensiones de estos objetos.

3.5. Protección complementaria por dispositivos de corriente diferencial-residual

Esta medida de protección está destinada solamente a complementar otras medidas de protección contra los contactos directos.

El empleo de dispositivos de corriente **diferencial-residual,** cuyo valor de corriente diferencial asignada de funcionamiento sea **inferior o igual a 30 mA**, se reconoce como medida de protección complementaria en caso de fallo de otra medida de protección contra los contactos directos o en caso de imprudencia de los usuarios.

Cuando se prevea que las **corrientes diferenciales puedan ser no senoidales** (como, por ejemplo, en salas de radiología intervencionista), los **dispositivos de corriente diferencial-residual** utilizados serán de **clase A** que aseguran la desconexión para corrientes alternas senoidales, así como para corrientes continuas pulsantes.

La utilización de tales dispositivos no constituye por sí mismo una medida de protección completa y requiere el empleo de una de las medidas de protección enunciadas en los apartados 3.1 a 3.4 de la presente instrucción.

4. Protección contra los contactos indirectos

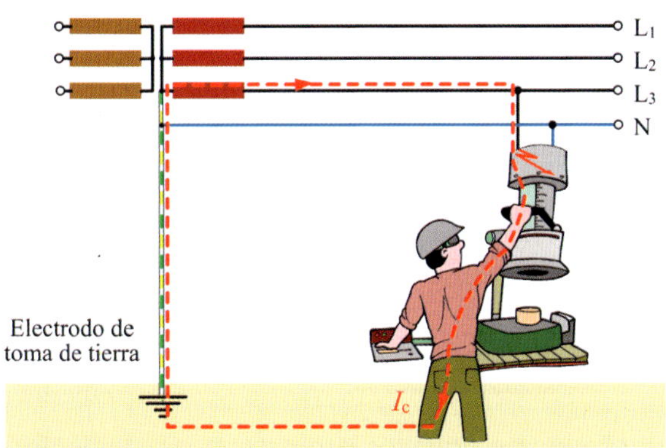

Figura D. *Ejemplo de contacto eléctrico indirecto.*

Esta protección se consigue mediante la aplicación de algunas de las medidas siguientes:

4.1. Protección por corte automático de la alimentación

El corte automático de la alimentación después de la aparición de un fallo está destinado a impedir que una tensión de contacto de valor suficiente se mantenga durante un tiempo tal que puede dar como resultado un riesgo.

Debe existir una adecuada coordinación entre el esquema de conexiones a tierra de la instalación utilizado de entre los descritos en la **ITC-BT-08** y las características de los dispositivos de protección.

El corte automático de la alimentación está prescrito cuando puede producirse un efecto peligroso en las personas o animales domésticos en caso de defecto, debido al valor y duración de la tensión de contacto. Se utilizará como referencia lo indicado en la norma **UNE 20572-1** (anulada y sustituida por UNE-IEC/TS 60479-1).

La tensión límite convencional es igual a 50 V, valor eficaz en corriente alterna, en condiciones normales. En **ciertas condiciones** pueden especificarse valores menos elevados, como por ejemplo, **24 V** para las instalaciones de alumbrado público contempladas en la **ITC-BT-09,** apartado 10.

GUÍA-BT-24

La tensión límite convencional de **24 V** es aplicable tanto a las instalaciones de alumbrado exterior como a los locales o emplazamientos que por sus características puedan hacer más vulnerable a personas y animales a los efectos de un choque eléctrico, por ejemplo, locales húmedos, mojados, instalaciones a la intemperie e instalaciones temporales y provisionales de obra.

De acuerdo con las correspondientes normas de producto, los valores normales de la corriente diferencial de funcionamiento asignada $I_{\Delta n}$ son:

- **UNE-EN 61008-1;** $I_{\Delta n}$ = (0,01 – 0,03 – 0,1 – 0,3 – 0,5 – 1) A
- **UNE-EN 61009-1;** $I_{\Delta n}$ = (0,01 – 0,03 – 0,1 – 0,3 – 0,5 – 1) A
- **UNE-EN 62423;** $I_{\Delta n}$ = (0,01 – 0,03 – 0,1 – 0,3 – 0,5 – 1) A
- **UNE-EN 60947-2;** $I_{\Delta n}$ = (0,006 – 0,01 – 0,03 – 0,1 – 0,3 – 0,5 – 1 – 3 – 10 – 30) A

Aunque se pueden encontrar diferenciales con valores diferentes.

Se describen a continuación aquellos aspectos más significativos que deben reunir los sistemas de protección en función de los distintos esquemas de conexión de la instalación, según la **ITC-BT-08** y que la norma **UNE 20460-4-41** (anulada y sustituida por UNE-HD 60364-4-41) define cada caso.

4.1.1. Esquemas TN. Características y prescripciones de los dispositivos de protección

Una puesta a tierra múltiple, en puntos repartidos con regularidad, puede ser necesaria para asegurarse de que el potencial del conductor de protección se mantiene, en caso de fallo, lo más próximo posible al de tierra. Por la misma razón, se recomienda conectar el conductor de protección a tierra en el punto de entrada de cada edificio o establecimiento.

Las características de los dispositivos de protección y las secciones de los conductores se eligen de manera que, si se produce en un lugar cualquiera un fallo, de impedancia despreciable, entre un conductor de fase y el conductor de protección o una masa, el corte automático se efectúe en un tiempo igual, como máximo, al valor especificado, y se cumpla la condición siguiente:

$Z_s \times I_a \leq U_0$	
Z_s	Impedancia del bucle de defecto, incluyendo la de la fuente, la del conductor activo hasta el punto de defecto y la del conductor de protección, desde el punto de defecto hasta la fuente.
I_a	Corriente que asegura el funcionamiento del dispositivo de corte automático en un tiempo como máximo igual al definido en la **Tabla 1** para tensión nominal igual a U_0. En caso de utilización de un dispositivo de corriente diferencial-residual, I_a es la corriente diferencial asignada.
U_0	Tensión nominal entre fase y tierra, valor eficaz en corriente alterna.

Tabla 1.

Tensión nominal de la instalación (U_0/U)	Tiempo de interrupción	
	Neutro no distribuido	Neutro distribuido
230/400 V	0,4 s	0,8 s
400/690 V	0,2 s	0,4 s
580/1.000 V	0,1 s	0,2 s

En la norma **UNE 20460-4-41** (anulada y sustituida por UNE-HD 60364-4-41) se indican las condiciones especiales que deben cumplirse para permitir tiempos de interrupción mayores o condiciones especiales de instalación.

GUÍA-BT-24

Se admite un tiempo de desconexión que no exceda de 5 s para los circuitos de distribución, y a efectos de selectividad, retardos de hasta 1 s, pueden asegurar suficientes niveles de selectividad para la mayoría de las instalaciones. En este caso es necesario comprobar que se cumplen todos los condicionantes de la norma **UNE-HD 60364-4-41.**

En el esquema TN pueden utilizarse los dispositivos de protección siguientes:

- Dispositivos de protección de máxima corriente, tales como fusibles, interruptores automáticos.
- Dispositivos de protección de corriente diferencial-residual.

Cuando el conductor neutro y el conductor de protección sean comunes (esquemas TN-C), no podrá utilizarse dispositivos de protección de corriente diferencial-residual.

Cuando se utilice un dispositivo de protección de corriente diferencial-residual en esquemas TN-C-S, no debe utilizarse un conductor CPN aguas abajo. La conexión del conductor de protección al conductor CPN debe efectuarse aguas arriba del dispositivo de protección de corriente diferencial-residual.

Con miras a la selectividad pueden instalarse dispositivos de corriente diferencial-residual temporizada (por ejemplo del tipo «S») en serie con dispositivos de protección diferencial-residual de tipo general.

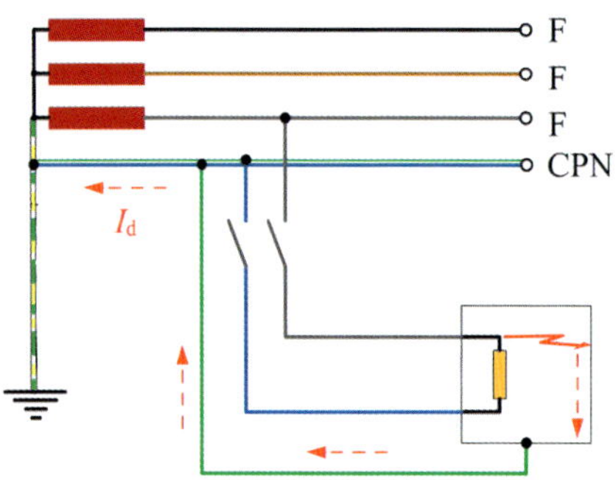

Figura 2. *Esquema TN-C.*

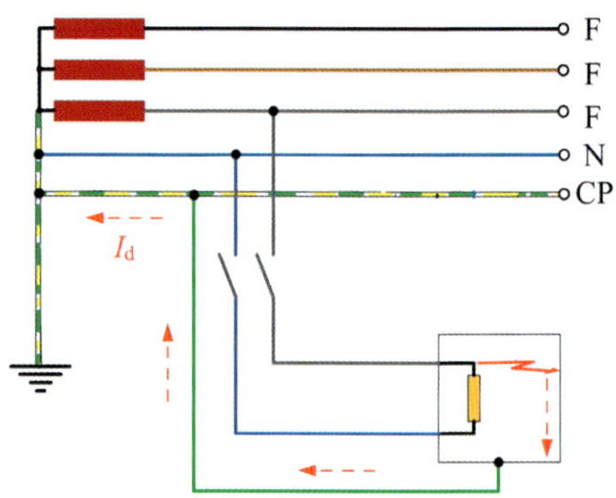

Figura 3. *Esquema TN-S.*

4.1.2. Esquemas TT. Características y prescripciones de los dispositivos de protección

Todas las masas de los equipos eléctricos protegidos por un mismo dispositivo de protección deben ser interconectadas y unidas por un conductor de protección a una misma toma de tierra. Si varios dispositivos de protección van montados en serie, esta prescripción se aplica por separado a las masas protegidas por cada dispositivo.

El punto neutro de cada generador o transformador, o si no existe, un conductor de fase de cada generador o transformador, debe ponerse a tierra.

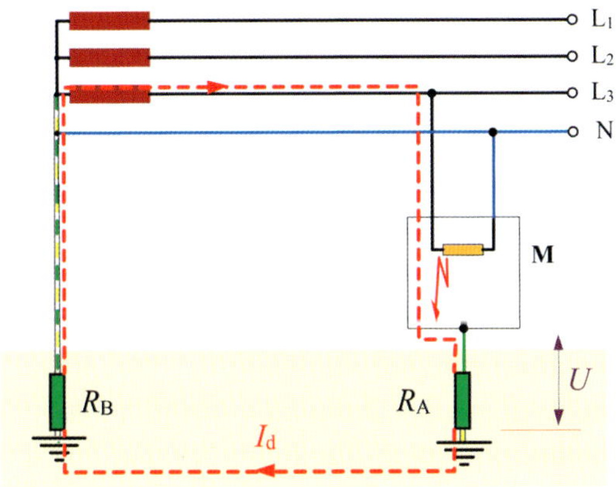

Figura 4. *Esquema TT.*

Se cumplirá la siguiente condición:

$R_A \times I_a \leq U$	
R_A	Suma de las resistencias de la toma de tierra y de los conductores de protección de masas.
I_a	Corriente que asegura el funcionamiento automático del dispositivo de protección. Cuando el dispositivo de protección es un dispositivo de corriente diferencial-residual, es la corriente diferencial-residual asignada.
U	Tensión de contacto límite convencional (**50**, **24 V** u otras, según los casos).

En el esquema TT, se utilizan los dispositivos de protección siguientes:

- Dispositivos de protección de corriente diferencial-residual.
- Dispositivos de protección de máxima corriente, tales como fusibles, interruptores automáticos. Estos dispositivos solamente son aplicables cuando la resistencia R_a tiene un valor muy bajo.

Según la Guía Técnica: *en la práctica,* ***los dispositivos de protección contra sobreintensidades no son de aplicación para la protección contra los contactos indirectos*** *ya que, para alcanzar, sin riesgo para las personas, una intensidad suficiente para provocar la desconexión del circuito con defecto, debería garantizarse, de forma fiable y permanente durante toda la vida de la instalación, una resistencia de puesta a tierra extremadamente pequeña que es muy difícil de conseguir.*

Cuando el dispositivo de protección es un dispositivo de protección contra las sobreintensidades, debe ser:

- bien un dispositivo que posea una característica de funcionamiento de tiempo inverso e I_a debe ser la corriente que asegure el funcionamiento automático en **5 s** como máximo;
- o bien un dispositivo que posea una característica de funcionamiento instantánea e I_a debe ser la corriente que asegura el funcionamiento instantáneo.

La utilización de dispositivos de protección de tensión de defecto no está excluida para aplicaciones especiales cuando no puedan utilizarse los dispositivos de protección antes señalados.

Con miras a la **selectividad** pueden instalarse **dispositivos de corriente diferencial-residual temporizada** (por ejemplo del tipo «S») en serie con dispositivos de protección diferencial-residual de tipo general, con un **tiempo de funcionamiento como máximo igual a 1 s**.

4.1.3. Esquemas IT. Características y prescripciones de los dispositivos de protección

En el esquema IT, la instalación debe estar aislada de tierra o conectada a tierra a través de una impedancia de valor suficientemente alto. Esta conexión se efectúa bien sea en el punto neutro de la instalación, si está montada en estrella, o en un punto neutro artificial. Cuando no exista ningún punto de neutro, un conductor de fase puede conectarse a tierra a través de una impedancia.

En caso de que exista un solo defecto a masa o a tierra, la corriente de fallo es de poca intensidad y no es imperativo el corte. Sin embargo, se deben tomar medidas para evitar cualquier peligro en caso de aparición de dos fallos simultáneos.

Ningún conductor activo debe conectarse directamente a tierra en la instalación.

Las masas deben conectarse a tierra, bien sea individualmente o por grupos.

Debe ser satisfecha la condición siguiente:

$R_A \times I_d \leq U_L$	
R_A	Suma de las resistencias de la toma de tierra y de los conductores de protección de masas.
I_d	Corriente de defecto en caso de un primer defecto franco de baja impedancia entre un conductor de fase y una masa. Este valor tiene en cuenta las corrientes de fuga y la impedancia global de puesta a tierra de la instalación eléctrica.
U_L	Tensión de contacto límite convencional (**50**, **24 V** u otras, según los casos).
$C_1; C_2; C_3$	Capacidad homopolar de los conductores respecto de tierra.

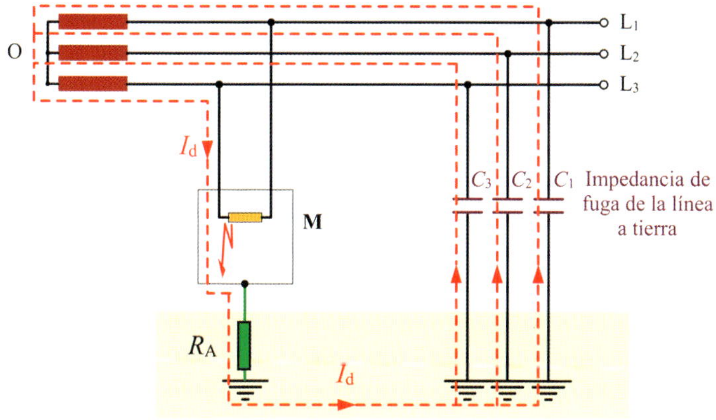

Figura 5. *Esquema IT aislado de tierra.*

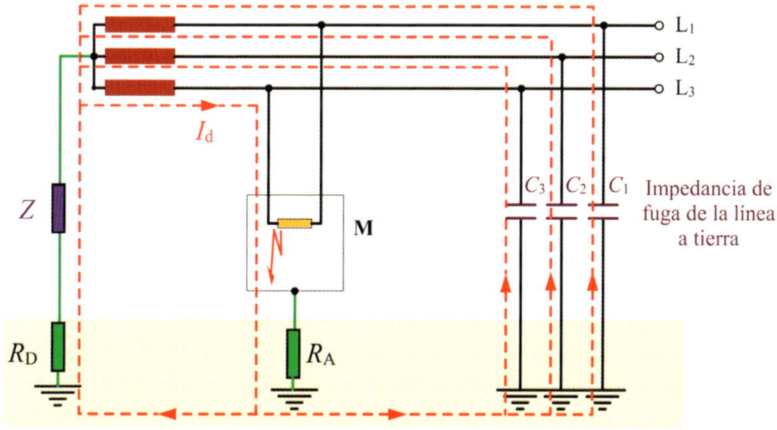

Figura 6. *Esquema IT unido a tierra por impedancia Z y con las puestas a tierra de la alimentación y de las masas separadas.*

En el esquema IT, se utilizan los dispositivos de protección siguientes:

- Controladores permanentes de aislamiento.
- Dispositivos de protección de corriente diferencial-residual.
- Dispositivos de protección de máxima corriente, tales como fusibles, interruptores automáticos.

Si se ha previsto un controlador permanente de primer defecto para indicar la aparición de un primer defecto de una parte activa a masa o a tierra, debe activar una señal acústica o visual.

Después de la aparición de un primer defecto, las condiciones de interrupción de la alimentación en un segundo defecto deben ser las siguientes:

- Cuando se pongan a tierra masas por grupos o individualmente, las condiciones de protección son las del esquema TT, salvo que el neutro no debe ponerse a tierra.
- Cuando las masas estén interconectadas mediante un conductor de protección, colectivamente a tierra, se aplican las condiciones del esquema TN, con protección mediante un dispositivo contra sobreintensidades de forma que se cumplan las condiciones siguientes:

Si el neutro no está distribuido: $2 \times Z_s \times I_a \leq U$	
Si el neutro está distribuido: $2 \times Z_s' \times I_a \leq U_0$	
Z_s	Impedancia del bucle de defecto constituido por el conductor de fase y el conductor de protección.
Z_s'	Impedancia del bucle de defecto constituido por el conductor neutro, el conductor de protección.
I_a	Corriente que garantiza el funcionamiento del dispositivo de protección de la instalación en un **tiempo *t*,** según la **Tabla 2,** o tiempos superiores, con **5 segundos** como máximo, para aquellos casos especiales contemplados en la norma **UNE 20460-4-41** (anulada y sustituida por UNE-HD 60364-4-41).
U	Tensión entre fases, valor eficaz en corriente alterna.
U_0	Tensión entre fase y neutro, valor eficaz en corriente alterna.

Tabla 2.

Tensión nominal de la instalación (U_0/U)	Tiempo de interrupción	
	Neutro no distribuido	Neutro distribuido
230/400 V	0,4 s	0,8 s
400/690 V	0,2 s	0,4 s
580/1.000 V	0,1 s	0,2 s

Si no es posible utilizar dispositivos de protección contra sobreintensidades de forma que se cumpla lo anterior, se utilizarán dispositivos de protección de corriente diferencial-residual para cada aparato de utilización o se realizará una conexión equipotencial complementaria según lo dispuesto en la norma **UNE 20 460-4-41** (anulada y sustituida por UNE-HD 60364-4-41).

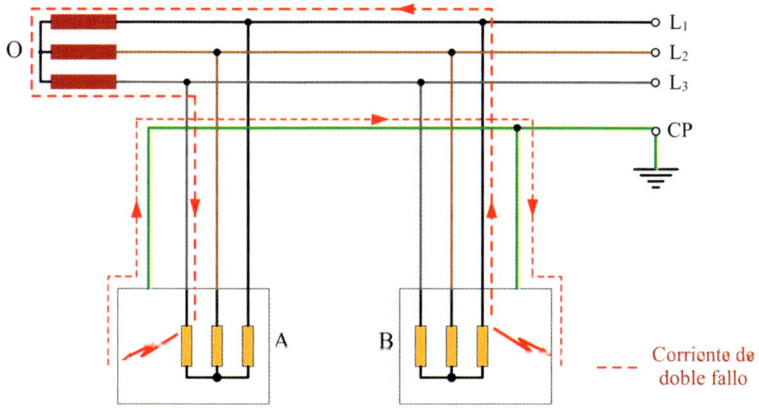

Figura 7. *Corriente de segundo defecto en el esquema IT con masa conectadas a la misma toma de tierra y neutro no distribuido.*

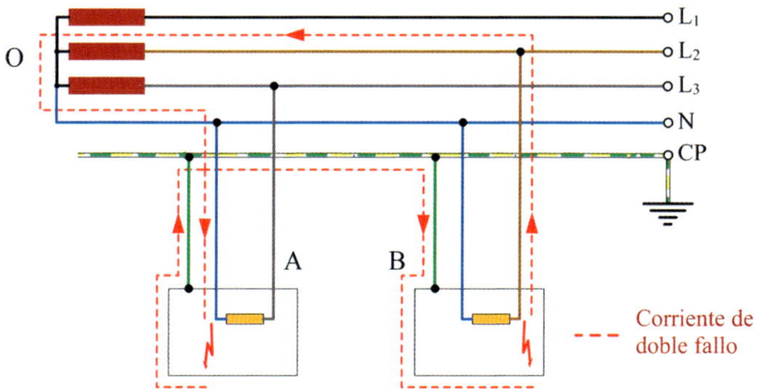

Figura 8. *Corriente de segundo defecto en el esquema IT con masa conectadas a la misma toma de tierra y neutro distribuido.*

NOTA

Aclaraciones del esquema de distribución IT

El esquema de distribución IT se caracteriza porque el neutro no está conectado a tierra en el transformador de distribución. En este caso, todas las masas eléctricas de los receptores se tienen que conectar a tierra a través del conductor de protección.

Este tipo de sistema se utiliza cuando se alimentan instalaciones eléctricas que requieren de un **servicio continuo de suministro de energía,** y en la que una interrupción de dicho suministro puede poner en peligro la salud de las personas (hospitales, quirófanos). También es de aplicación en circuitos de seguridad (iluminación) y en ciertas instalaciones industriales donde, por razones económicas, es muy importante la continuidad de la explotación.

Dadas las características de este tipo de esquema, cuando se produce un primer fallo de aislamiento, la tensión de defecto que aparece entre la masa y tierra es muy pequeña y no peligrosa. El sistema de protección debe estar preparado para avisar del fallo, pero no se produce una desconexión del suministro eléctrico.

Su utilización requiere de la presencia de personal cualificado in situ que pueda intervenir con rapidez en el caso de que aparezca el primer fallo de aislamiento y así poder garantizar la continuidad del suministro eléctrico antes de que se pudiese presentar un eventual segundo fallo, que sí provocaría la desconexión.

La protección de las personas queda asegurada por la interconexión y la puesta a tierra de las masas.

Necesita de un Controlador Permanente de Aislamiento (CPA) que se encargue de vigilar el primer fallo de aislamiento.

La desconexión al segundo fallo se produce por sistemas de protección contra sobreintensidades o por dispositivos diferenciales.

Además, para evitar el posible flujo de sobretensiones a tierra procedentes de la instalación de alta tensión, se requiere de la instalación de un limitador de sobretensión.

En el esquema IT con neutro totalmente aislado a tierra **(Figura 5)** hay que indicar que, a pesar de que la línea de distribución está totalmente separada de tierra, existe una especie de resistencia de fuga a tierra, ya que ningún aislante es perfecto. Además, de dicha resistencia óhmica, hay que contar con la presencia del efecto capacitivo que presentan los conductores de la línea de distribución respecto a tierra (C_1, C_2, C_3).

De forma aproximada, la impedancia natural de fuga a tierra de un cable trifásico, de **1 km** de longitud, se caracteriza por los valores típicos:

- $C = 1\ \mu F/km$.
- $R = 1\ M\Omega/km$.

Que a la frecuencia de **50 Hz** vienen a equivaler a una impedancia de 3.200 Ω.

Por lo que se puede concluir que, ante el primer fallo de aislamiento, la tensión de defecto que aparece entre la masa y tierra es muy pequeña y no peligrosa, pero sí suficiente como para que el controlador permanente de aislamiento detecte el fallo y emita una señal de alarma.

Ante el primer fallo aparece una pequeña corriente de defecto (I_d) que atraviesa la impedancia de fuga. Esta corriente suele ser suficiente para hacer funcionar el Controlador Permanente de Aislamiento.

Si se conecta el neutro del transformador de distribución a tierra a través de una impedancia *Z* en serie de unos **1.500 Ω** (*véase* **Figura 6**), se asegura que la corriente de fuga en caso de defecto sea lo suficientemente grande para hacer funcionar el Controlador Permanente de Aislamiento. Esto suele ser necesario en instalaciones en las que el transformador de distribución está muy cerca de la instalación eléctrica. Al ser muy corta la línea eléctrica, la impedancia natural de fuga a tierra se hace muy elevada. En caso de un primer fallo, la corriente de defecto sería tan pequeña que no podría hacer funcionar el CPA.

4.2. Protección por empleo de equipos de la clase II o por aislamiento equivalente

Se asegura esta protección por:

- Utilización de equipos con un aislamiento doble o reforzado **(clase II*).**
- Conjuntos de aparamenta construidos en fábrica y que posean aislamiento equivalente (doble o reforzado).
- Aislamientos suplementarios montados en el curso de la instalación eléctrica y que aíslen equipos eléctricos que posean únicamente un aislamiento principal.
- Aislamientos reforzados montados en el curso de la instalación eléctrica y que aíslen las partes activas descubiertas, cuando por construcción no sea posible la utilización de un doble aislamiento.

La norma **UNE 20460-4-41** (anulada y sustituida por UNE-HD 60364-4-41) describe el resto de características y revestimiento que deben cumplir las envolventes de estos equipos.

NOTA

Para la clase II se excluye la conexión a tierra de las masas de los aparatos, eliminando así la posibilidad de que aparezcan tensiones peligrosas respecto al suelo en la masa de este tipo de receptores por un defecto de aislamiento. Como contrapartida se dota a los mismos de un doble aislamiento que evita la posibilidad de que los usuarios de los receptores queden en contacto con la posible tensión de defecto.

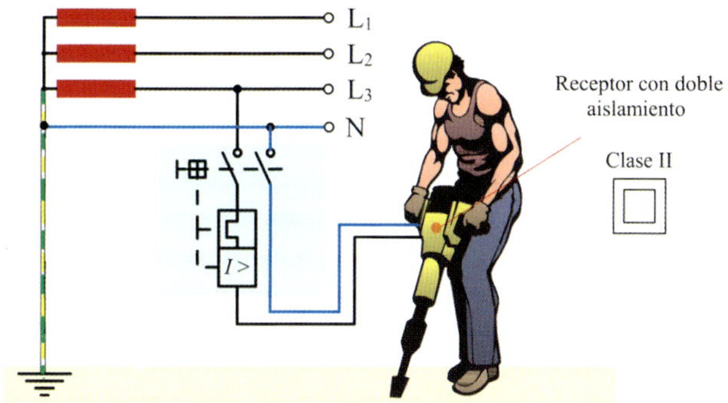

Figura E. *Protección mediante empleo de material de clase II*

* **Nota:** *En la **ITC-BT-43** apartado 2.2, se puede consultar en la Tabla 1 la clasificación de los receptores en función de su clase o grado de protección contra los choques eléctricos.*

4.3. Protección en los locales o emplazamientos no conductores

La norma **UNE 20460-4-41** (anulada y sustituida por UNE-HD 60364-4-41) indica las características de las protecciones y medios para estos casos.

Esta medida de protección está destinada a impedir, en caso de fallo del aislamiento principal de las partes activas, el contacto simultáneo con partes que pueden ser puestas a tensiones diferentes. **Se admite** la utilización de materiales de la **clase 0** condición que se respete el conjunto de las condiciones siguientes:

- Las masas deben estar dispuestas de manera que, en condiciones normales, **las personas no hagan contacto simultáneo:** bien con dos masas, bien con una masa y cualquier elemento conductor, si estos elementos pueden encontrarse a tensiones diferentes en caso de un fallo del aislamiento principal de las partes activas.
- En estos locales (o emplazamientos), no debe estar previsto ningún conductor de protección.

Las prescripciones del apartado anterior se consideran satisfechas si el **emplazamiento posee paredes aislantes** y si se cumplen una o varias de las **condiciones siguientes:**

a) Alejamiento respectivo de las masas y de los elementos conductores, así como de las masas entre sí. Este alejamiento se considera suficiente si la distancia entre dos elementos es de **2 m** como mínimo, pudiendo ser reducida esta distancia a **1,25 m** por fuera del volumen de accesibilidad.

b) Interposición de obstáculos eficaces entre las masas o entre las masas y los elementos conductores. Estos obstáculos son considerados como suficientemente eficaces si dejan la distancia a franquear en los valores indicados en el punto a). No deben conectarse ni a tierra ni a las masas y, en la medida de lo posible, deben ser de material aislante.

b) Aislamiento o disposición aislada de los elementos conductores. El aislamiento debe tener una rigidez mecánica suficiente y poder soportar una tensión de ensayo de un mínimo de **2.000 V**. La corriente de fuga no debe ser superior a **1 mA** en las condiciones normales de empleo.

Las figuras siguientes contienen ejemplos explicativos de las disposiciones anteriores.

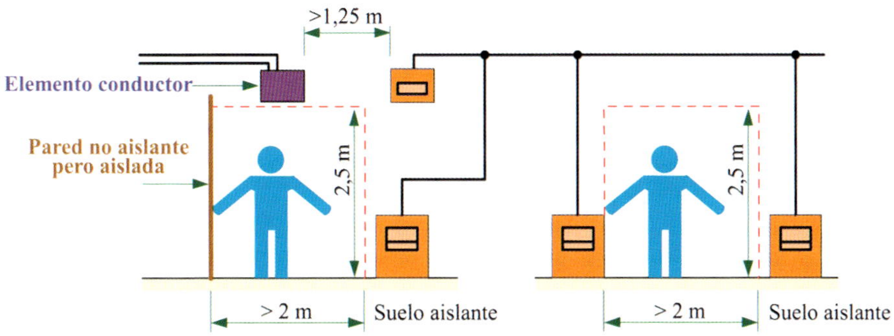

Figura 9.

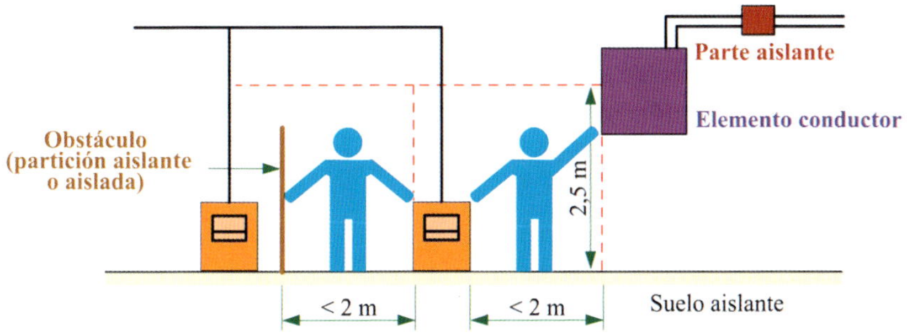

Figura 10.

Las paredes y suelos aislantes deben presentar una resistencia no inferior a:

- **50 kΩ**, si la tensión nominal de la instalación **no es superior a 500 V**; y
- **100 kΩ**, si la tensión nominal de la instalación **es superior a 500 V**.

Si la resistencia no es superior o igual, en todo punto, al valor prescrito, estas paredes y suelos se considerarán como elementos conductores desde el punto de vista de la protección contra las descargas eléctricas.

Las disposiciones adoptadas deben ser duraderas y no deben poder inutilizarse. Igualmente deben garantizar la protección de los equipos móviles cuando esté prevista la utilización de estos.

Deberá evitarse la colocación posterior, en las instalaciones eléctricas no vigiladas continuamente, de otras partes (por ejemplo, materiales móviles de la **clase I** o elementos conductores, tales como conductos de agua metálicos), que puedan anular la conformidad con el apartado anterior.

Deberá evitarse que la humedad pueda comprometer el aislamiento de las paredes y de los suelos.

Deben adoptarse medidas adecuadas para evitar que los elementos conductores puedan transferir tensiones fuera del emplazamiento considerado.

4.4. Protección mediante conexiones equipotenciales locales no conectadas a tierra

Los conductores de equipotencialidad deben conectar todas las masas y todos los elementos conductores que sean simultáneamente accesibles.

La conexión equipotencial local así realizada no debe estar conectada a tierra, ni directamente ni a través de masas o de elementos conductores.

Deben adoptarse disposiciones para asegurar el acceso de personas al emplazamiento considerado sin que estas puedan ser sometidas a una diferencia de potencial peligrosa. Esto se aplica concretamente en el caso en que un suelo conductor, aunque aislado del terreno, está conectado a la conexión equipotencial local.

4.5. Protección por separación eléctrica

El circuito debe alimentarse a través de una fuente de separación, es decir:

- un transformador de aislamiento,
- una fuente que asegure un grado de seguridad equivalente al transformador de aislamiento anterior, por ejemplo, un grupo motor generador que posea una separación equivalente.

La norma **UNE 20460-4-41** (anulada y sustituida por UNE-HD 60364-4-41) enuncia el conjunto de prescripciones que debe garantizar esta protección.

En el caso de que el circuito separado no alimente más que un solo aparato, las masas del circuito no deben ser conectadas a un conductor de protección.

En el caso de un circuito separado que alimente muchos aparatos, se satisfarán las siguientes prescripciones:

a) Las masas del circuito separado deben conectarse entre sí mediante conductores de equipotencialidad aislados, no conectados a tierra. Tales conductores no deben conectarse ni a conductores de protección ni a masas de otros circuitos ni a elementos conductores.

b) Todas las bases de tomas de corriente deben estar previstas de un contacto de tierra que debe estar conectado al conductor de equipotencialidad descrito en el apartado anterior.

c) Todos los cables flexibles de equipos que no sean de clase II deben tener un conductor de protección utilizado como conductor de equipotencialidad.

d) En el caso de dos fallos francos que afecten a dos masas y alimentados por dos conductores de polaridad diferente, debe existir un dispositivo de protección que garantice el corte en un tiempo como máximo igual al indicado en la Tabla 1 incluida en el apartado 4.1.1, para esquemas TN.

NOTA

Con la protección por separación eléctrica solo quedamos protegidos ante el primer defecto que se produzca en una masa ya que si se produjese otro defecto en una masa próxima y a su vez esta segunda masa se pusiese en contacto con un conductor activo diferente a la primera masa, aparecería entre las dos masas toda la tensión de la alimentación. Si en estas condiciones una persona toca simultáneamente las dos masas, existe un riesgo elevado de electrocución con una tensión de contacto igual a la de alimentación, tal como se muestra en la Figura F.

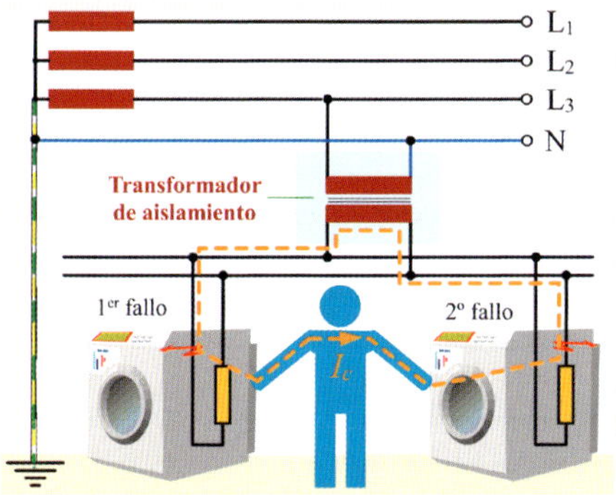

Figura F. *Riesgo de electrocución en la protección por separación de defectos simultáneos.*

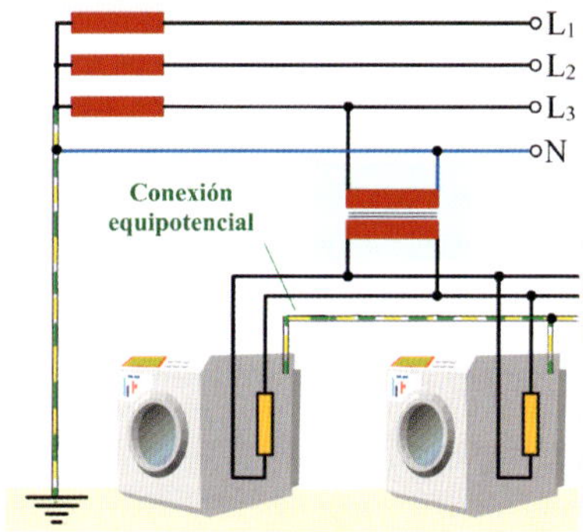

Figura G. *Conexión equipotencial para evitar el peligro de defectos simultáneos.*

Para evitar este peligro, se deben conectar las masas de la red de utilización mediante conductores de equipotencialidad no conectados a tierra (Figura G). De esta manera, si de forma fortuita se produjese un fallo de aislamiento simultáneo en dos masas de la misma instalación, el conductor de equipotencialidad cortocircuitaría cualquier tensión que pudiera aparecer entre las masas, siendo los interruptores automáticos o fusibles los que corten la alimentación.

ANOTACIONES

ITC-BT-25

INSTALACIONES INTERIORES EN VIVIENDAS. NÚMERO DE CIRCUITOS Y CARACTERÍSTICAS

Índice

1 Grado de electrificación básico 418

2 Circuitos interiores 418

2.1. Protección general 418
2.2. Previsión para instalaciones de sistemas de automatización, gestión técnica de la energía y seguridad 420
2.3. Derivaciones 420

3 Determinación del número de circuitos, sección de los conductores y de las caídas de tensión 425

4 Puntos de utilización 427

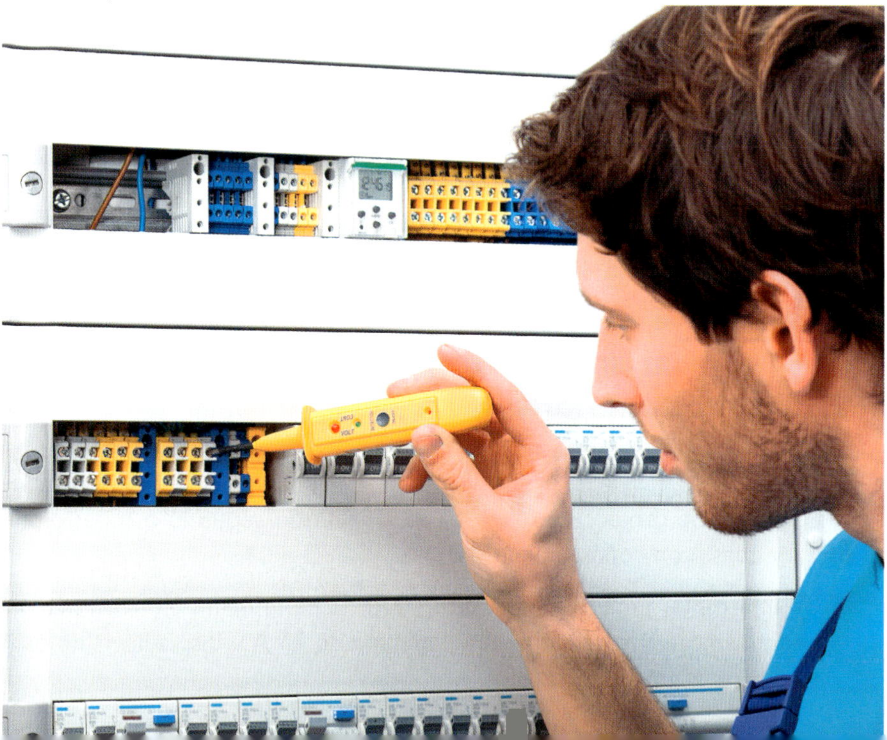

1. Grado de electrificación básico

El grado de electrificación básico se plantea como el sistema mínimo, a los efectos de uso, de la instalación interior de las viviendas en edificios nuevos tal como se indica en la **ITC-BT-10.** Su objeto es **permitir la utilización de los aparatos electrodomésticos de uso básico** sin necesidad de obras posteriores de adecuación. La capacidad de instalación se corresponderá como mínimo al valor de la intensidad asignada determinada para el interruptor general automático. Igualmente se cumplirá esta condición para la derivación individual.

GUÍA-BT-25

Grado de electrificación elevado

Los capítulos siguientes de esta ITC-BT aplican tanto al grado de **electrificación básico** **($P \geq$ 5.750 W)** como al **elevado** **($P \geq$ 9.200 W)**.

El grado de electrificación de una vivienda será «electrificación elevada» cuando se cumpla alguna de las siguientes condiciones:

- **Superficie útil** de la vivienda superior a **160 m^2**.
- Si está prevista la instalación de **aire acondicionado.**
- Si está prevista la instalación de **calefacción eléctrica.**
- Si está prevista la instalación de **sistemas de automatización.**
- Si está prevista la instalación de una **secadora.**
- Si el número de puntos de utilización de **alumbrado es superior a 30**.
- Si el número de puntos de utilización de **tomas de corriente de uso general es superior a 20**.
- Si el número de puntos de utilización de **tomas de corriente de los cuartos de baño y auxiliares de cocina es superior a 6**.
- En otras condiciones específicas indicadas en el punto 2.3 de esta ITC-BT-25.

2. Circuitos interiores

2.1. Protección general

Los circuitos de protección privados se ejecutarán según lo dispuesto en la **ITC-BT-17** y constarán como mínimo de:

- Un **interruptor general automático (IGA)** de corte omnipolar con accionamiento manual, de intensidad nominal **mínima de 25 A** y dispositivos de protección contra sobrecargas y cortocircuitos. El interruptor general es independiente del interruptor para el control de potencia (ICP) y no puede ser sustituido por este.

- **Uno o varios interruptores diferenciales** que garanticen la protección contra contactos indirectos de todos los circuitos, con una intensidad diferencial-residual máxima de **30 mA** e intensidad asignada superior o igual que la del interruptor general. Cuando se usen interruptores diferenciales en serie, habrá que garantizar que todos los circuitos quedan protegidos frente a intensidades diferenciales-residuales de **30 mA** como máximo, pudiéndose instalar otros diferenciales de intensidad superior a **30 mA** en serie, siempre que se cumpla lo anterior. Para instalaciones de viviendas alimentadas con redes diferentes a las de tipo TT, que eventualmente pudieran autorizarse, la protección contra contactos indirectos se realizará según se indica en el apartado 4.1 de la **ITC-BT-24.**
- **Dispositivos de protección contra sobretensiones,** si fuese necesario, conforme a la **ITC-BT-23.**

GUÍA-BT-25

Interruptor general automático

Tabla A. *Escalones de potencia prevista en suministros monofásicos.*

Electrificación	Potencia	Calibre interruptor general automático
Básica	5.750 W	25 A
	7.360 W	32 A
Elevada	9.200 W	40 A
	11.500 W	50 A
	14.490 W	63 A

Interruptor diferencial

La utilización de un único interruptor diferencial para varios circuitos puede provocar que su actuación desconecte ciertos aparatos, tales como equipos informáticos, frigoríficos y congeladores, cuya desconexión debe ser evitada. Para este tipo de circuitos es conveniente prever una protección diferencial individual.

Para garantizar la selectividad total entre los diferenciales instalados en serie, se deben cumplir las siguientes condiciones:

1. **El tiempo de no-actuación del diferencial** instalado aguas arriba deberá ser superior al tiempo total de operación del diferencial situado aguas abajo. **Los diferenciales tipo S** o los de tipo retardado de tiempo regulable cumplen con esta condición.

2. **La intensidad diferencial-residual del diferencial** instalado aguas arriba deberá ser superior a la del diferencial situado aguas abajo.

Dispositivo de protección contra sobretensiones

Para evitar disparos intempestivos de los interruptores diferenciales en caso de actuación **del dispositivo de protección contra sobretensiones,** dicho dispositivo debe instalarse aguas arriba del interruptor diferencial (entre el Interruptor General y el propio interruptor diferencial), salvo si el interruptor diferencial es selectivo *S*.

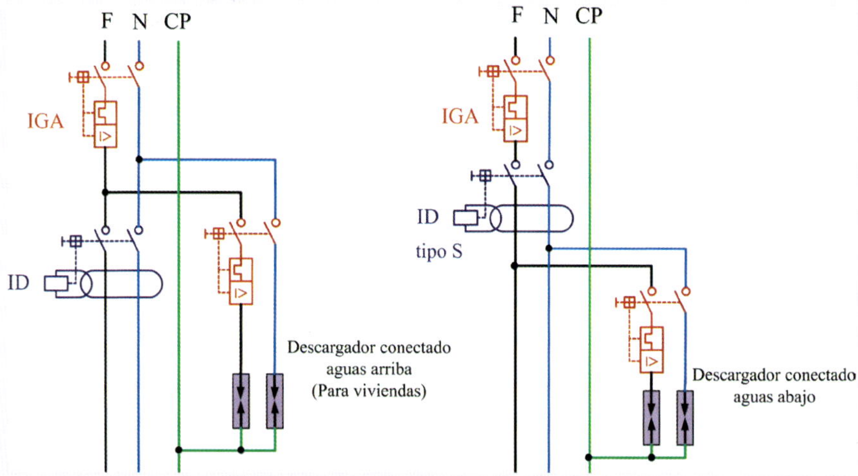

Figura A1. *Instalación de dispositivos de protección contra sobretensiones en sistemas TT.*

2.2. Previsión para instalaciones de sistemas de automatización, gestión técnica de la energía y seguridad

En el caso de instalaciones de sistemas de automatización, gestión técnica de la energía y de seguridad, que se desarrolla en la **ITC-BT-51,** la alimentación a los dispositivos de control y mando centralizado de los sistemas electrónicos se hará mediante un interruptor automático de corte omnipolar con dispositivo de protección contra sobrecargas y cortocircuitos que se podrá situar aguas arriba de cualquier interruptor diferencial, siempre que su alimentación se realice a través de una fuente de **MBTS** o **MBTP, según ITC-BT-36.**

2.3. Derivaciones

Los tipos de **circuitos independientes** serán los que se indican a continuación y estarán **protegidos cada uno de ellos por un interruptor automático** de corte omnipolar con accionamiento manual y dispositivos de protección contra sobrecargas y cortocircuitos con una intensidad asignada según su aplicación e indicada en el apartado 3.

2.3.1. Electrificación básica

Circuitos independientes:

C_1	Circuito de distribución interna, destinado a alimentar los puntos de iluminación.
C_2	Circuito de distribución interna, destinado a tomas de corriente de uso general y frigorífico.
C_3	Circuito de distribución interna, destinado a alimentar la cocina y horno.
C_4	Circuito de distribución interna, destinado a alimentar la lavadora, lavavajillas y termo eléctrico.
C_5	Circuito de distribución interna, destinado a alimentar tomas de corriente de los cuartos de baño, así como las bases auxiliares del cuarto de cocina.

GUÍA-BT-25

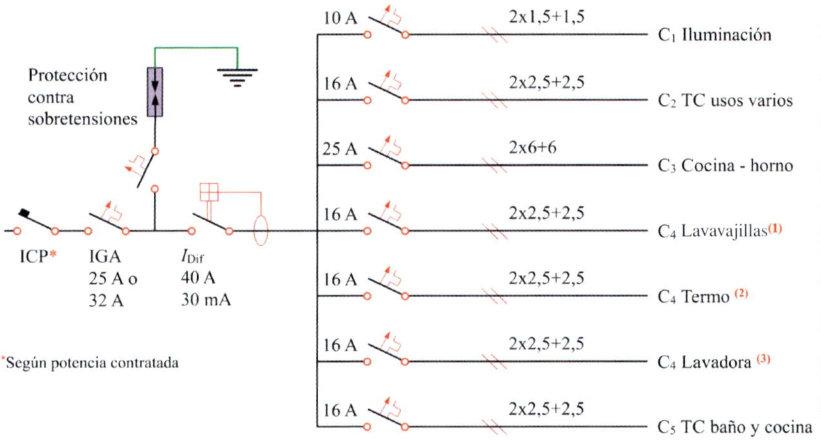

Figura A. *Ejemplo de esquema unifilar en vivienda con electrificación básica.*

En el circuito C_4 **(lavadora, lavavajillas y termo eléctrico)** se recomienda el uso de dos o tres circuitos independientes, sin que esto suponga el paso a electrificación elevada ni la necesidad de disponer de un diferencial adicional. Aunque no esté prevista la instalación de un termo eléctrico, se instalará su toma de corriente, quedando disponible para otros usos, por ejemplo, alimentación de caldera de gas.

Se considera perteneciente al circuito C_1 si se prevé la instalación de una **base de toma de corriente para la conexión de aparatos de iluminación,** que esté comandada por un interruptor (p. ej. lámparas de mesilla de noche o vestíbulo o de pie).

La eventual toma para la instalación de **una bañera de hidromasaje** será del circuito C_5 y su instalación debe cumplir los requisitos establecidos en la ITC-BT-27.

La toma del **horno microondas** se considera perteneciente al circuito C_5.

En el caso del desdoblamiento de los circuitos C_1, C_2 o C_5 cuando no se supera el número máximo de puntos de utilización establecido en la **Tabla 1** de esta ITC-BT (por ejemplo, **22 puntos** de luz en dos circuitos de **11 puntos** cada uno):

- Se debe mantener la sección mínima de los conductores y el calibre de los interruptores automáticos reflejados en la Tabla 1 para dicho circuito.
- Se debe instalar un interruptor diferencial adicional si el número total de circuitos es superior a **5**.
- No supondrá el paso a electrificación elevada si se mantiene el mismo interruptor general que corresponda a la previsión de cargas inicial.

2.3.2. Electrificación elevada

Es el caso de viviendas con una previsión importante de aparatos electrodomésticos que obligue a instalar más de un circuito de cualquiera de los tipos descritos anteriormente, así como con previsión de sistemas de calefacción eléctrica, acondicionamiento de aire, automatización, gestión técnica de la energía y seguridad, para la recarga de vehículos eléctricos en viviendas unifamiliares o con superficies útiles de las viviendas superiores a **160 m²**. En este caso se instalará, además de los correspondientes a la electrificación básica, los siguientes circuitos:

C_6	Circuito adicional del tipo C_1, por cada **30** puntos de luz.
C_7	Circuito adicional del tipo C_2, por cada 20 tomas de corriente de uso general o si la superficie útil de la vivienda es mayor de **160 m²**.
C_8	Circuito de distribución interna, destinado a la instalación de calefacción eléctrica, cuando existe previsión de esta.
C_9	Circuito de distribución interna, destinado a la instalación de aire acondicionado, cuando existe previsión de este.
C_{10}	Circuito de distribución interna, destinado a la instalación de una secadora independiente.
C_{11}	Circuito de distribución interna, destinado a la alimentación del sistema de automatización, gestión técnica de la energía y de seguridad, cuando exista previsión de este.
C_{12}	Circuitos adicionales de cualquiera de los tipos C_3 o C_4, cuando se prevean, o circuito adicional del tipo C_5, cuando su número de tomas de corriente exceda de **6**.
C_{13}	Circuito adicional para la infraestructura de recarga de vehículos eléctricos, cuando esté prevista una o más plazas o espacios para el estacionamiento de vehículos eléctricos.

Tanto para la electrificación básica como para la elevada, se colocará, como mínimo, **un interruptor diferencial** de las características indicadas en el apartado 2.1 **por cada cinco circuitos instalados.**

En el circuito C_{13}, se colocará un interruptor diferencial exclusivo para éste con las características especificadas en la **ITC-BT-52**. En aparcamientos o estacionamientos colectivos en edificios o conjuntos inmobiliarios en régimen de propiedad horizontal, el circuito C_{13} quedará sustituido por los esquemas de conexión correspondientes instalados en las zonas comunes según establece la **ITC-BT-52**.

GUÍA-BT-25

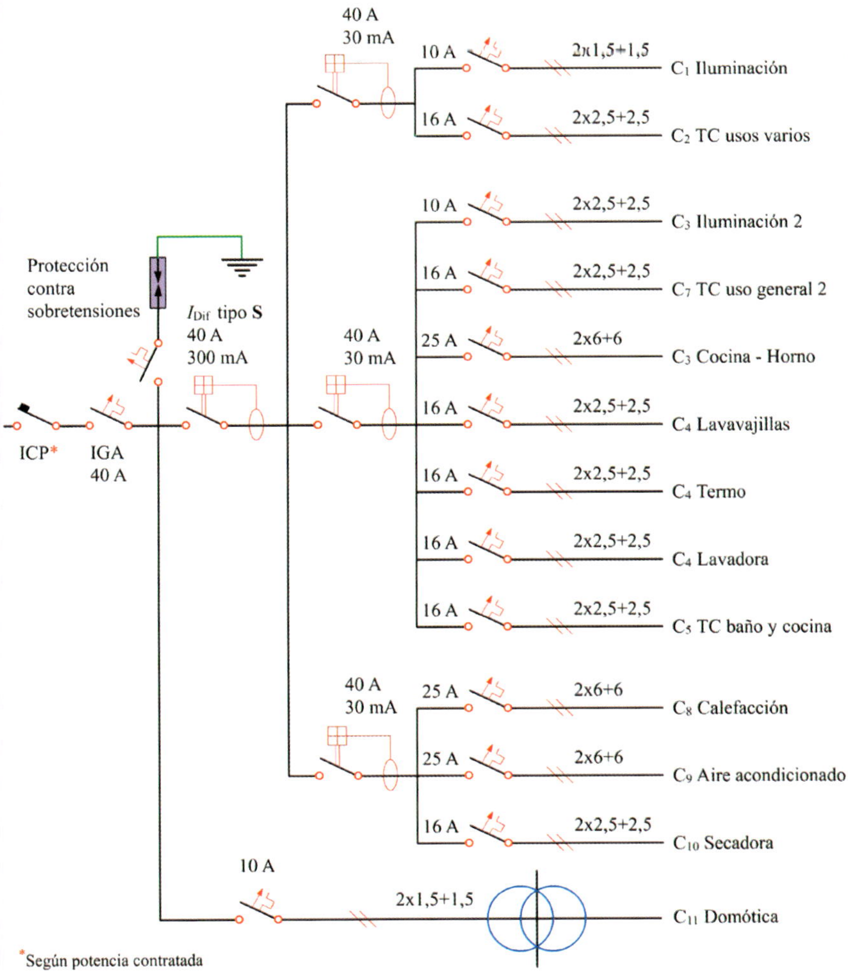

Figura B. *Ejemplo de esquema unifilar en vivienda con electrificación elevada (previsión de carga 9.200 W).*

Medidas para evitar disparos intempestivos frecuentes de los diferenciales

En caso de disparos intempestivos frecuentes de los diferenciales en instalaciones existentes, después de comprobar que no se debe a fallos de aislamiento o desajuste del diferencial, en cuyo caso este se debería sustituir por uno nuevo, se recomienda seguir una de las siguientes opciones:

a) Separar del resto el circuito C_3 de la cocina y horno o el circuito C_9 del aire acondicionado o ambos, protegiendo cada uno mediante un diferencial (que será de tipo A según el punto 3.5 de la ITC-BT-24).

b) Sustituir el diferencial que dispara intempestivamente por uno de tipo rearmable, según norma EN 50557.

Para el caso de disparos intempestivos provocados por el funcionamiento de filtros y protectores de sobretensiones instalados aguas abajo del diferencial (internos y/o externos a los receptores), se recomienda instalar protectores contra sobretensiones transitorias aguas arriba del mismo. La selección de su Tipo y características se realizará según lo indicado en la última edición de la GUÍA-BT-23; normalmente serán de Tipo 2 y se instalarán entre el interruptor general y el diferencial.

Para evitar problemas de disparos intempestivos frecuentes en instalaciones nuevas, es conveniente seguir todos los criterios anteriores al realizar la instalación.

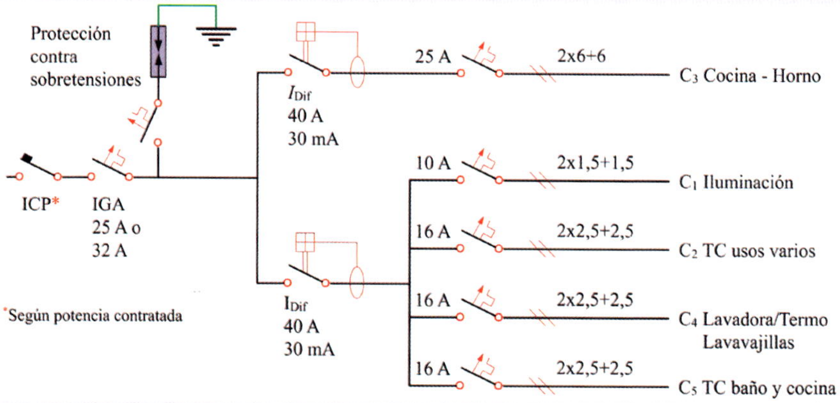

Figura C. *Ejemplo de esquema unifilar en vivienda con electrificación básica, con separación del circuito* C_3.

3. Determinación del número de circuitos, sección de los conductores y de las caídas de tensión

En la **Tabla 1** se relacionan los circuitos mínimos previstos con sus características eléctricas.

La sección mínima indicada por circuito está calculada para un número limitado de puntos de utilización. De aumentarse el número de puntos de utilización, será necesaria la instalación de circuitos adicionales correspondientes.

Cada accesorio o elemento del circuito en cuestión tendrá una corriente asignada, no inferior al valor de la intensidad prevista del receptor o receptores a conectar.

El valor de la intensidad de corriente prevista en cada circuito se calculará de acuerdo con la fórmula:

$I = n \times I_a \times Fs \times Fu$	
n	N.° de tomas o receptores.
I_a	Intensidad prevista por toma o receptor.
***Fs* (factor de simultaneidad)**	Relación de receptores conectados simultáneamente sobre el total.
***Fu* (factor de utilización)**	Factor medio de utilización de la potencia máxima del receptor.

Los dispositivos automáticos de protección tanto para el valor de la intensidad asignada como para la Intensidad máxima de cortocircuito se corresponderá con la intensidad admisible del circuito y la de cortocircuito en ese punto, respectivamente.

Los conductores serán de cobre y su sección de los conductores será como mínimo la indicada en la Tabla 1, y además estará condicionada a que **la caída de tensión** sea como máximo el **3 %**. Esta caída de tensión se calculará para una intensidad de funcionamiento del circuito igual a la intensidad nominal del interruptor automático de dicho circuito y para una distancia correspondiente a la del punto de utilización más alejado del origen de la instalación interior. El valor de la caída de tensión podrá compensarse entre la de la instalación interior y la de las derivaciones individuales, de forma que la caída de tensión total sea inferior a la suma de los valores límite especificados para ambas, según el tipo de esquema utilizado.

Tabla 1. *Características eléctricas de los circuitos* [1].

Circuito de utilización	Potencia prevista por toma *(W)*	Factor simultaneidad *Fs*	Factor utilización *Fu*	Tipo de toma[7]	Interruptor Automático *(A)*	Máximo n.º de puntos de utilización o tomas por circuito	Conductores sección mínima mm^2 [5]	Tubo o conducto Diámetro mm [3]
C_1 Iluminación	200	0,75	0,5	Punto de luz[9]	10	30	1,5	16
C_2 Tomas de uso general	3.450	0,2	0,25	Base 16 A 2 p + T	16	20	2,5	20
C_3 Cocina y horno	5.400	0,5	0,75	Base 25 A 2 p + T	25	2	6	25
C_4 Lavadora, lavavajillas y termo eléctrico	3.450	0,66	0,75	Base 16 A 2 p + T combinadas con fusibles o interruptores automáticos de 16 A[8]	20	3	4[6]	20
C_5 Baño, cuarto de cocina	3.450	0,4	0,5	Base 16 A 2 p + T	16	6	2,5	20
C_8 Calefacción	[2]	–	–	–	25	–	6	25
C_9 Aire acondicionado	[2]	–	–	–	25	–	6	25
C_{10} Secadora	3.450	1	0,75	Base 16 A 2 p + T	16	1	2,5	20
C_{11} Automatización	[4]	–	–	–	10	–	1,5	16
C_{13} Recarga del vehículo eléctrico	[10]	1	1	[10]	[10]	3	2,5	20

Notas:

[1] La tensión considerada es de **230 V** entre fase y neutro.
[2] La potencia máxima permisible por circuito será de **5.750 W**.
[3] Diámetros externos según ITC-BT-19.
[4] La potencia máxima permisible por circuito será de **2.300 W**.
[5] Este valor corresponde a una instalación de dos conductores y tierra de PVC bajo tubo empotrado en obra, según Tabla 1 de ITC-BT-19. Otras secciones pueden ser requeridas para otros tipos de cable o condiciones de instalación.
[6] En este circuito exclusivamente cada toma individual puede conectarse mediante un conductor de sección **2,5 mm^2** que parta de una caja de derivación del circuito de **4 mm^2**.
[7] Las bases de toma de corriente de **16 A 2 p + T** serán fijas del tipo indicado en la Figura C2a y las de **25 A 2 p + T** serán del tipo indicado en la Figura ESB 25-5A, ambas de la norma UNE 20315.
[8] Los fusibles o interruptores automáticos no son necesarios si se dispone de circuitos independientes para cada aparato, con interruptor automático de **16 A** en cada circuito.
[9] El punto de luz incluirá conductor de protección.
[10] La potencia prevista por toma, los tipos de bases de toma de corriente y la intensidad asignada del interruptor automático para el circuito C_{13} se especifican en la ITC-BT-52.

4. Puntos de utilización

En cada estancia se utilizará como mínimo los siguientes puntos de utilización:

Tabla 2.

Estancia	Circuito	Mecanismo	N.° mínimo	Superf./Longitud
Acceso	C_1	Pulsador timbre	1	
Vestíbulo	C_1	Punto de luz	1	—
		Interruptor 10 A	1	—
	C_2	Base 16 A 2 p + T	1	—
Sala de estar o Salón	C_1	Punto de luz	1	Hasta 10 m^2 (dos si $S > 10$ m^2).
		Interruptor 10 A	1	Uno por cada punto de luz.
	C_2	Base 16 A 2 p + T	3[1]	Una por cada 6 m^2, redondeado al entero superior.
	C_8	Toma de calefacción	1	Hasta 10 m^2 (dos si $S > 10$ m^2).
	C_9	Toma de aire acondicionado	1	Hasta 10 m^2 (dos si $S > 10$ m^2).
Dormitorios	C_1	Puntos de luz	1	Hasta 10 m^2 (dos si $S > 10$ m^2).
		Interruptor 10 A	1	Uno por cada punto de luz.
	C_2	Base 16 A 2 p + T	3[1]	Una por cada 6 m^2, redondeado al entero superior.
	C_8	Toma de calefacción	1	—
	C_9	Toma de aire acondicionado	1	—
			1	—
Baños	C_1	Puntos de luz Interruptor 10 A	1	—
	C_5	Base 16 A 2 p + T	1	—
	C_8	Toma de calefacción	1	—

Estancia	Circuito	Mecanismo	N.º mínimo	Superf./Longitud
Pasillos o distribuidores	C_1	Puntos de luz Interruptor/ Conmutador 10 A	1 1	Uno cada 5 m de longitud. Uno en cada acceso.
	C_2	Base 16 A 2p + T	1	Hasta 5 m (dos si $L > 5$ m).
	C_8	Toma de calefacción	1	—
Cocina	C_1	Puntos de luz Interruptor 10 A	1 1	Hasta 10 m² (dos si $S > 10$ m²). Uno por cada punto de luz.
	C_2	Base 16 A 2 p + T	2	Extractor y frigorífico.
	C_3	Base 25 A 2 p + T	1	Cocina/horno.
	C_4	Base 16 A 2 p + T	3	Lavadora, lavavajillas y termo.
	C_5	Base 16 A 2 p + T	3[(2)]	Encima del plano de trabajo.
	C_8	Toma de calefacción	1	—
	C_{10}	Base 16 A 2 p + T	1	Secadora.
Terrazas y Vestidores	C_1	Puntos de luz Interruptor 10 A	1 1	Hasta 10 m² (dos si $S > 10$ m²). Uno por cada punto de luz.
Garajes unifamiliares y otros	C_1	Puntos de luz Interruptor 10 A	1 1	Hasta 10 m² (dos si $S > 10$ m²). Uno por cada punto de luz.
	C_2	Base 16 A 2 p + T	1	Hasta 10 m² (dos si $S > 10$ m²).
	C_{13}	Base de toma de corriente[(3)]	1	—

Notas:

[(1)] En donde se prevea la instalación de una toma para el receptor de TV, la base correspondiente deberá ser múltiple, y en este caso se considerará como una sola base a los efectos del número de puntos de utilización de la Tabla 1.

[(2)] Se colocarán fuera de un volumen delimitado por los planos verticales situados a 0,5 m del fregadero y de la encimera de cocción o cocina.

[(3)] La potencia prevista por toma, los tipos de bases de toma de corriente y la intensidad asignada del interruptor automático para el circuito C_{13} se especifican en la ITC-BT-52.

ITC-BT-26

INSTALACIONES INTERIORES EN VIVIENDAS. PRESCRIPCIONES GENERALES DE INSTALACIÓN

Índice

1 Ámbito de aplicación 430

2 Tensiones de utilización y esquema de conexión 430

3 Tomas de tierra 430

3.1. Instalación . . . 430
3.2. Elementos a conectar a tierra . . . 433
3.3. Puntos de puesta a tierra . . . 433
3.4. Líneas principales de tierra. Derivaciones . . . 434
3.5. Conductores de protección . . . 435

4 Protección contra contactos indirectos 435

5 Cuadro general de distribución 435

6 Conductores 436

6.1. Naturaleza y secciones . . . 436
6.2. Identificación de los conductores . . . 436
6.3. Conexiones . . . 437

7 Ejecución de las instalaciones 437

7.1. Sistema de instalación . . . 437
7.2. Condiciones generales . . . 438

1. Ámbito de aplicación

Las prescripciones objeto de esta Instrucción son complementarias de las expuestas en la **ITC-BT-19** y aplicables a las instalaciones interiores de las viviendas, así como, en la medida que pueda afectarles, a las de locales comerciales, de oficinas y a las de cualquier otro local destinado a fines análogos.

2. Tensiones de utilización y esquema de conexión

Las instalaciones de las viviendas se consideran que están alimentadas por una red de distribución pública de baja tensión según el **esquema de distribución «TT» (ITC-BT-08)** y a una tensión de **230 V** en alimentación monofásica y **230/400 V** en alimentación trifásica.

3. Tomas de tierra

3.1. Instalación

En toda nueva edificación se establecerá una toma de tierra de protección, según el siguiente sistema:

Instalando en el fondo de las zanjas de cimentación de los edificios, y antes de empezar esta, un cable rígido de cobre desnudo de una sección mínima según se indica en la **ITC-BT-18,** formando un anillo cerrado que interese a todo el perímetro del edificio. A este anillo deberán conectarse electrodos verticalmente hincados en el terreno cuando se prevea la necesidad de disminuir la resistencia de tierra que pueda presentar el conductor en anillo. Cuando se trate de construcciones que comprendan varios edificios próximos, se procurará unir entre sí los anillos que forman la toma de tierra de cada uno de ellos, con objeto de formar una malla de la mayor extensión posible.

En rehabilitación o reforma de edificios existentes, la toma de tierra se podrá realizar también situando en patios de luces o en jardines particulares del edificio uno o varios electrodos de características adecuadas.

Al conductor en anillo, o bien a los electrodos, se conectarán, en su caso, la estructura metálica del edificio o, cuando la cimentación del mismo se haga con zapatas de hormigón armado, un cierto número de hierros de los considerados principales y como mínimo uno por zapata.

Estas conexiones se establecerán de manera fiable y segura, mediante **soldadura aluminotérmica o autógena.**

Las líneas de enlace con tierra se establecerán de acuerdo con la situación y número previsto de puntos de puesta a tierra. La naturaleza y sección de estos conductores estará de acuerdo con lo indicado para ellos en la Instrucción **ITC-BT-18.**

GUÍA-BT-26

Los conductores de cobre desnudos utilizados como electrodos serán de construcción y resistencia eléctrica según la clase 2 de la norma UNE 21 022 (conductor formado por varios alambres rígidos cableados entre sí) con una sección mínima de **35 mm²**.

La **profundidad mínima de enterramiento** del conductor recomendada es de **0,8 m**.

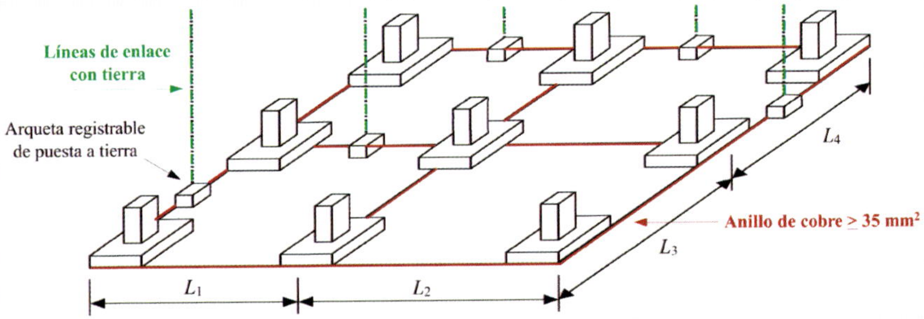

Figura A. *Ejemplo de anillo enterrado de puesta a tierra.*

Cuando se deba **mejorar la eficacia de la puesta a tierra** de la conducción enterrada, se añadirá el número de picas necesarias que se repartirán proporcionalmente a lo largo del anillo enterrado, conectadas a esta y separadas una distancia no inferior a 2 veces su longitud.

Mediante la **Tabla A** puede determinarse el número orientativo de electrodos verticales en función de las características del terreno, la longitud del anillo y según la presencia o no de pararrayos en el edificio.

La resistencia a tierra obtenida con la aplicación de los valores de esta tabla debería ser, en la práctica, **inferior a 15 Ω para edificios con pararrayos y de 37 Ω para edificios sin pararrayos.**

Tabla A. *Número de electrodos en función de las características del terreno y la longitud del anillo.*

Longitud del anillo en metros								
Terrenos orgánicos, arcillas y margas		Arenas arcillosas y graveras, rocas sedimentarias y metamórficas		Calizas agrietadas y rocas eruptivas		Grava y arena silícea		N.º de picas de 2 m de longitud
Sin pararrayos	Con pararrayos	Sin pararrayos	Con pararrayos	Sin pararrayos	Con pararrayos	Sin pararrayos	Con pararrayos	
25[*]	34	28	67	54	134	162	400	0
+	30	**25[*]**	63	50	130	158	396	1
	26[*]	**+**	59	46	126	154	392	2
	+		55	42	122	150	388	3
			51	38	118	146	384	4
			47	34	114	142	380	5
			43	**30[*]**	110	138	376	6
			39	**+**	106	134	372	7
			35[*]		105	130	368	8
			+		98	126	364	9
					94	122	360	10
					74[*]	102	340	15
					+	**82[*]**	320	20
						+	280	30
							240	40
							200[*]	50
							+	

Notas:

[*] Longitud mínima del anillo enterrado.

\+ Aumentar la longitud de los conductores enterrados del anillo.

La longitud en planta de este anillo es: $L = 3\,L_1 + 3\,L_2 + 3\,L_3 + 3\,L_4$.

Ejemplos de aplicación

1. Determina el número de picas necesario para un edificio sin pararrayos, en terreno de arena silícea y con una longitud en planta de conducción enterrada de **150 m**.

Solución: consultando en la Tabla A, para un edificio de estas características se necesitan instalar **3 picas**.

2. Determina el número de picas necesario para un edificio con pararrayos, en terreno de arena arcillosa y con una longitud en planta de conducción enterrada de **33 m**.

Solución: según la Tabla A, para estas condiciones, la longitud mínima de la conducción enterrada debe ser de **35 m**, por lo que debemos ampliar la conducción con **2 m** más. Además, para **35 m** de conducción enterrada, se necesitaría colocar **8 picas**.

3.2. Elementos a conectar a tierra

A la toma de tierra establecida se conectará toda masa metálica importante, existente en la zona de la instalación, y las masas metálicas accesibles de los aparatos receptores, cuando su clase de aislamiento o condiciones de instalación así lo exijan.

A esta misma toma de tierra deberán conectarse las partes metálicas de los depósitos de gasóleo, de las instalaciones de calefacción general, de las instalaciones de agua, de las instalaciones de gas canalizado y de las antenas de radio y televisión.

3.3. Puntos de puesta a tierra

Los puntos de puesta a tierra se situarán:

a) En los **patios de luces** destinados a cocinas y cuartos de aseo, etc., en rehabilitación o reforma de edificios existentes.

b) En el local o lugar de la centralización de **contadores,** si la hubiere.

c) En la base de las estructuras metálicas de los **ascensores** y montacargas, si los hubiere.

d) En el punto de ubicación de la **caja general de protección.**

e) En cualquier local donde se prevea la instalación de elementos destinados a servicios generales o especiales y que, por su clase de aislamiento o condiciones de instalación, deban ponerse a tierra.

GUÍA-BT-26

En edificios de viviendas existen cinco posibles puntos o bornes de puesta a tierra, pudiendo coexistir varios a la vez, en cuyo caso se considera borne principal el situado en la centralización de contadores.

En nuevas instalaciones los puntos de conexión o bornes de puesta a tierra deberán situarse en las **ubicaciones b), c)** y **d)** y, si procede, la **e)**.

En la rehabilitación y reforma de edificios existentes la ubicación indicada en **a)** se considera orientativa ya que depende de las características particulares de cada edificio y, si es posible, deben situarse en el resto de puntos indicados.

El punto de puesta a tierra ubicado en la Caja General de Protección deberá estar situado junto a la misma, a efectos de ser utilizada como punto para mediciones, o durante la ejecución, mantenimiento o reparación de la red de distribución.

3.4. Líneas principales de tierra. Derivaciones

Las líneas principales y sus derivaciones se establecerán en las mismas canalizaciones que las de las líneas generales de alimentación y derivaciones individuales.

Únicamente es admitida la entrada directa de las derivaciones de la línea principal de tierra en cocinas y cuartos de aseo, cuando, por la fecha de construcción del edificio, no se hubiese previsto la instalación de conductores de protección. En este caso, las masas de los aparatos receptores, cuando sus condiciones de instalación lo exijan, podrán ser conectadas a la derivación de la línea principal de tierra directamente, o bien a través de tomas de corriente que dispongan de contacto de puesta a tierra. Al punto o puntos de puesta a tierra indicados como a) en el apartado 3.3 se conectarán las líneas principales de tierra. Estas líneas podrán instalarse por los patios de luces o por canalizaciones interiores, con el fin de establecer a la altura de cada planta del edificio su derivación hasta el borne de conexión de los conductores de protección de cada local o vivienda.

Las líneas principales de tierra estarán constituidas por **conductores de cobre de igual sección** que la fijada para los conductores de protección en la Instrucción **ITC-BT-19,** con **un mínimo de 16 m^2**. Pueden estar formadas por barras planas o redondas, por conductores desnudos o aislados, debiendo disponerse una protección mecánica en la parte en que estos conductores sean accesibles, así como en los pasos de techos, paredes, etc.

La sección de los conductores que constituyen las derivaciones de la línea principal de tierra será la señalada en la Instrucción **ITC-BT-19** *(Tabla 2 – apartado 2.3)* para los conductores de protección.

No podrán utilizarse como conductores de tierra las tuberías de agua, gas, calefacción, desagües, conductos de evacuación de humos o basuras, ni las cubiertas metálicas de los cables, tanto de la instalación eléctrica como de teléfonos o de cualquier otro servicio similar, ni las partes conductoras de los sistemas de conducción de los cables, tubos, canales y bandejas.

Las conexiones en los conductores de tierra serán realizadas mediante dispositivos, con tornillos de apriete u otros similares, que garanticen una continua y perfecta conexión entre aquellos.

3.5. Conductores de protección

Se instalarán conductores de protección acompañando a los conductores activos en todos los circuitos de la vivienda hasta los puntos de utilización.

4. Protección contra contactos indirectos

La protección contra contactos indirectos se realizará mediante la puesta a tierra de las masas y empleo de los dispositivos descritos en el apartado 2.1 de la **ITC-BT-25.**

5. Cuadro general de distribución

El cuadro general de distribución estará de acuerdo con lo indicado en la **ITC-BT-17.** En este mismo cuadro se dispondrán los bornes o pletinas para la conexión de los conductores de protección de la instalación interior con la derivación de la línea principal de tierra.

El instalador fijará de forma permanente sobre el cuadro de distribución una **placa, impresa** con caracteres indelebles, en la que conste su nombre o marca comercial, fecha en que se realizó la instalación, así como la intensidad asignada del interruptor general automático que, de acuerdo con lo señalado en las Instrucciones **ITC-BT-10** e **ITC-BT-25,** corresponda a la vivienda.

6. Conductores

6.1. Naturaleza y secciones

6.1.1. Conductores activos

Los conductores activos serán de **cobre,** aislados y con una tensión asignada de **450/750 V**, como mínimo.

Los circuitos y las secciones utilizadas serán los indicados en la **ITC-BT-25.**

GUÍA-BT-26

Los conductores aislados, según norma **UNE 21031-3,** comúnmente utilizados corresponden a los tipos:

Tipo	Producto
H07V-U	Conductor unipolar aislado de tensión asignada **450/750 V**, con conductor de cobre clase 1 (–U) y, aislamiento de policloruro de vinilo (V).
H07V-R	Conductor unipolar aislado unipolar de tensión asignada **450/750 V**, con conductor de cobre clase 2 (–R) y, aislamiento de policloruro de vinilo (V).
H07V-K	Conductor unipolar aislado unipolar de tensión asignada **450/750 V**, con conductor de cobre clase 5 (–K) y, aislamiento de policloruro de vinilo (V).

Notas:

Las clases definidas y el símbolo utilizado en la designación del cable son:

Clase 1: conductor rígido de un solo alambre (símbolo **–U**).
Clase 2: conductor rígido de varios alambres cableados (símbolo **–R**).
Clase 5: conductor flexible de varios alambres finos, no apto para usos móviles (símbolo **–K**).

6.1.2. Conductores de protección

Los conductores de protección serán de **cobre** y presentarán el mismo aislamiento que los conductores activos. Se instalarán por la misma canalización que estos y su sección será la indicada en la Instrucción **ITC-BT-19** *(Tabla 2 – apartado 2.3).*

6.2. Identificación de los conductores

Los conductores de la instalación deben ser fácilmente identificados, especialmente por lo que respecta al conductor neutro y de protección. Esta identificación se realizará por los colores que presenten sus aislamientos. Cuando exista conductor neutro en la instalación o se prevea para un conductor de fase su pase posterior **a conductor neutro,** se identificarán estos por el **color azul claro.** Al **conductor de protección** se le identificará por el **doble color amarillo-verde.** Todos los **conductores**

de fase o, en su caso, aquellos para los que no se prevea su pase posterior a neutro se identificarán por los colores **marrón** o **negro.** Cuando se considere necesario identificar tres fases diferentes, podrá utilizarse el color **gris.**

Tabla I. *Identificación de los conductores.*

Neutro	Protección	Fase		
Azul	Verde-amarillo	Marrón	Negro	Gris

6.3. Conexiones

Se realizarán conforme a lo establecido en el apartado 2.11 de la **ITC-BT-19.**

Se admitirá, no obstante, las **conexiones en paralelo entre bases de toma de corriente** cuando estas estén juntas y dispongan de bornes de conexión previstos para la conexión de varios conductores.

7. Ejecución de las instalaciones

7.1. Sistema de instalación

Las instalaciones se realizarán mediante algunos de los siguientes sistemas:

Instalaciones empotradas:

a) Cables aislados bajo tubo flexible.

b) Cables aislados bajo tubo curvable.

Instalaciones superficiales:

a) Cables aislados bajo tubo curvable.

b) Cables aislados bajo tubo rígido.

c) Cables aislados bajo canal protectora cerrada.

d) Canalizaciones prefabricadas.

Las instalaciones deberán cumplir lo indicado en las **ITC-BT-20** e **ITC-BT-21.**

7.2. Condiciones generales

En la ejecución de las instalaciones interiores de las viviendas se deberá tener en cuenta:

1. **No se utilizará un mismo conductor neutro para varios circuitos.**
2. Todo conductor debe poder seccionarse en cualquier punto de la instalación en el que se realice una derivación del mismo, utilizando un dispositivo apropiado, tal como un borne de conexión, de forma que permita la separación completa de cada parte del circuito del resto de la instalación.
3. Las tomas de corriente en una misma habitación deben estar conectadas a la misma fase.
4. Las cubiertas, tapas o envolventes, mandos y pulsadores de maniobra de aparatos tales como mecanismos, interruptores, bases, reguladores, etc., instalados en cocinas, cuartos de baño, secaderos y, en general, en los locales húmedos o mojados, así como en aquellos en que las paredes y suelos sean conductores, serán de material aislante.
5. La instalación empotrada de estos aparatos se realizará utilizando cajas especiales para su empotramiento. Cuando estas cajas sean metálicas, estarán aisladas interiormente o puestas a tierra.
6. La instalación de estos aparatos en marcos metálicos podrá realizarse siempre que los aparatos utilizados estén concebidos de forma que no permitan la posible puesta bajo tensión del marco metálico, conectándose este al sistema de tierras.
7. La utilización de estos aparatos empotrados en bastidores o tabiques de madera u otro material aislante cumplirá lo indicado en la **ITC-BT-49.**

ITC-BT-27

INSTALACIONES INTERIORES EN VIVIENDAS. LOCALES QUE TIENEN UNA BAÑERA O DUCHA

Índice

1 Campo de aplicación 440

2 Ejecución de las instalaciones 440

2.1. Clasificación de los volúmenes 440
2.2. Protección para garantizar la seguridad 442
2.3. Elección e instalación de los materiales eléctricos 443

3 Requisitos particulares para la instalación de bañeras de hidromasaje, cabinas de ducha con circuitos eléctricos y aparatos análogos 445

4 Figuras de la clasificación de los volúmenes 446

1. Campo de aplicación

Las prescripciones objeto de esta Instrucción son aplicables a las instalaciones interiores de viviendas, así como, en la medida que pueda afectarles, a las de locales comerciales, de oficinas y a las de cualquier otro local destinado a fines análogos que contengan una bañera o una ducha o una ducha prefabricada o una bañera de hidromasaje o aparato para uso análogo.

Para lugares que contengan baños o duchas para tratamiento médico o para minusválidos, pueden ser necesarios requisitos adicionales.

Para duchas de emergencia en zonas industriales, son de aplicación las reglas generales.

2. Ejecución de las instalaciones

2.1. Clasificación de los volúmenes

Para las instalaciones de estos locales se tendrán en cuenta los cuatro volúmenes 0, 1, 2 y 3 que se definen a continuación. En el apartado 5 de la presente instrucción se presentan figuras aclaratorias para la clasificación de los volúmenes, teniendo en cuenta la influencia de las paredes y del tipo de baño o ducha. Los falsos techos y las mamparas no se consideran barreras a los efectos de la separación de volúmenes.

2.1.1. Volumen 0

Comprende el interior de la bañera o ducha.

En un lugar que contenga una **ducha sin plato,** el volumen 0 está delimitado por el suelo y por un plano horizontal situado a **0,05 m** por encima del suelo. En este caso:

a) **Si el difusor de la ducha puede desplazarse** durante su uso, el volumen 0 está limitado por el plano generatriz vertical situado a un radio de **1,2 m** alrededor de la toma de agua de la pared o el plano vertical que encierra el área prevista para ser ocupada por la persona que se ducha; o

b) Si el difusor de la ducha es fijo, el volumen 0 está limitado por el plano generatriz vertical situado a un radio de **0,6 m** alrededor del difusor.

2.1.2. Volumen 1

Está limitado por:

a) El plano horizontal superior al volumen 0 y el plano horizontal situado a **2,25 m** por encima del suelo, y

b) El plano vertical alrededor de la bañera o ducha y que incluye el espacio por debajo de los mismos, cuanto este espacio es accesible sin el uso de una herramienta; o

- **Para una ducha sin plato con un difusor que puede desplazarse durante su uso,** el volumen 1 está limitado por el plano generatriz vertical situado a un radio de **1,2 m** desde la toma de agua de la pared o el plano vertical que encierra el área prevista para ser ocupada por la persona que se ducha; o
- **Para una ducha sin plato y con un rociador fijo,** el volumen 1 está delimitado por la superficie generatriz vertical situada a un radio de **0,6 m** alrededor del rociador.

2.1.3. Volumen 2

Está limitado por:

a) El plano vertical exterior al volumen 1 y el plano vertical paralelo situado a una distancia de **0,6 m**; y

b) El suelo y plano horizontal situado a **2,25 m** por encima del suelo.

Además, cuando la altura del techo exceda los **2,25 m** por encima del suelo, el espacio comprendido entre el volumen 1 y el techo o hasta una altura de **3 m** por encima del suelo, cualquiera que sea el valor menor, se considera volumen 2.

2.1.4. Volumen 3

Está limitado por:

a) El plano vertical límite exterior del volumen 2 y el plano vertical paralelo situado a una distancia de este de **2,4 m**; y

b) El suelo y el plano horizontal situado a **2,25 m** por encima del suelo.

Además, cuando la altura del techo exceda los **2,25 m** por encima del suelo, el espacio comprendido entre el volumen 2 y el techo o hasta una altura de **3 m** por encima del suelo, cualquiera que sea el valor menor, se considera volumen 3.

El volumen 3 comprende cualquier espacio por debajo de la bañera o ducha que sea accesible solo mediante el uso de una herramienta siempre que el cierre de dicho volumen garantice una protección como mínimo **IP X4.** Esta clasificación no es aplicable al espacio situado por debajo de las bañeras de hidromasaje y cabinas.

2.2. Protección para garantizar la seguridad

Cuando se utiliza **MBTS,** cualquiera que sea su tensión asignada, la protección contra contactos directos debe estar proporcionada por:

- barreras o envolventes con un grado de protección mínimo **IP 2X** o **IP XXB,** según **UNE 20324** o
- aislamiento capaz de soportar una tensión de ensayo de **500 V** en valor eficaz en alterna durante **1 minuto**.

Una **conexión equipotencial local suplementaria** debe unir el conductor de protección asociado con las partes conductoras accesibles de los equipos de clase I en los volúmenes 1, 2 y 3, incluidas las tomas de corriente y las siguientes partes conductoras externas de los volúmenes 0, 1, 2 y 3:

- Canalizaciones metálicas de los servicios de suministro y desagües (por ejemplo, agua, gas).
- Canalizaciones metálicas de calefacciones centralizadas y sistemas de aire acondicionado.
- Partes metálicas accesibles de la estructura del edificio. Los marcos metálicos de puertas, ventanas y similares no se consideran partes externas accesibles, a no ser que estén conectadas a la estructura metálica del edificio.
- Otras partes conductoras externas, por ejemplo, partes que son susceptibles de transferir tensiones.

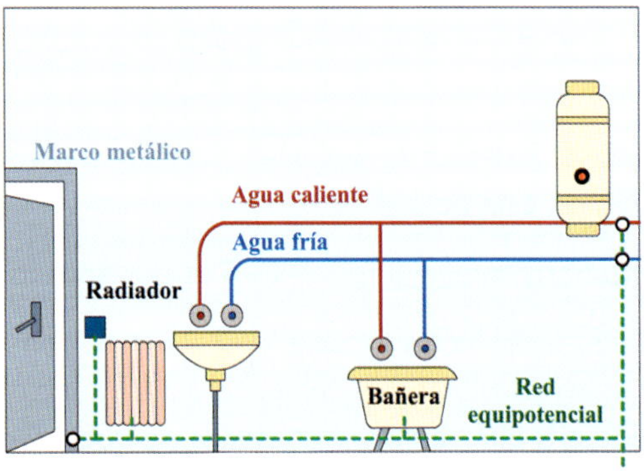

Figura A. *Detalle de conexión equipotencial local suplementaria.*

Estos requisitos no se aplican al volumen 3, en recintos en los que haya una cabina de ducha prefabricada con sus propios sistemas de drenaje, distintos de un cuarto de baño, por ejemplo, un dormitorio.

Las bañeras y duchas metálicas deben considerarse partes conductoras externas susceptibles de transferir tensiones, a menos que se instalen de forma que queden aisladas de la estructura y de otras partes metálicas del edificio. Las bañeras y duchas metálicas pueden considerarse aisladas del edificio, si la resistencia de aislamiento entre el área de los baños y duchas y la estructura del edificio, medido de acuerdo con la norma **UNE 20460-6-61** (anulada y sustituida por UNE-HD 60364-6), anexo A, es de como mínimo **100 kΩ**.

2.3. Elección e instalación de los materiales eléctricos

Tabla 1.

	Grado de Protección	Cableado	Mecanismos[2]	Otros aparatos fijos[3]
Vol. 0	**IP X7**.	Limitado al necesario para alimentar los aparatos eléctricos fijos situados en este volumen.	No permitida.	Aparatos que únicamente pueden ser instalados en el volumen 0 y deben ser adecuados a las condiciones de este volumen.
Vol. 1	**IP X4**. **IP X2**, por encima del nivel más alto de un difusor fijo. **IP X5**, en equipo eléctrico de bañeras de hidromasaje y en los baños comunes en los que se puedan producir chorros de agua durante la limpieza de los mismos[1].	Limitado al necesario para alimentar los aparatos eléctricos fijos situados en los volúmenes 0 y 1.	No permitida, con la excepción de interruptores de circuitos **MBTS** alimentados a una tensión nominal de **12 V** de valor eficaz en alterna o de **30 V** en continua, estando la fuente de alimentación instalada fuera de los volúmenes 0, 1 y 2.	Aparatos alimentados a **MBTS** no superior a **12 V** c.a. o **30 V** c.c. Calentadores de agua, bombas de ducha y equipo eléctrico para bañeras de hidromasaje que cumplan con su norma aplicable, si su alimentación está protegida adicionalmente con un dispositivo de protección de corriente diferencial de valor no superior a los **30 mA**, según la norma **UNE 20460-4-41** (anulada y sustituida por UNE-HD 60364-4-41).

	Grado de Protección	Cableado	Mecanismos[2]	Otros aparatos fijos[3]
Vol. 2	**IP X4**. **IP X2,** por encima del nivel más alto de un difusor fijo. **IP X5,** en los baños comunes en los que se puedan producir chorros de agua durante la limpieza de los mismos[1].	Limitado al necesario para alimentar los aparatos eléctricos fijos situados en los volúmenes 0, 1 y 2, y la parte del volumen 3 situado por debajo de la bañera o ducha.	No permitida, con la excepción de interruptores o bases de circuitos **MBTS** cuya fuente de alimentación esté instalada fuera de los volúmenes 0, 1 y 2. Se permiten también la instalación de bloques de alimentación de afeitadoras que cumplan con la **UNE-EN 60742 o UNE-EN 61558-2-5.**	Todos los permitidos para el volumen 1. Luminarias, ventiladores, calefactores, y unidades móviles para bañeras de hidromasaje que cumplan con su norma aplicable, si su alimentación está protegida adicionalmente con un dispositivo de protección de corriente diferencial de valor no superior a los **30 mA**, según la norma **UNE 20460-4-41** (anulada y sustituida por UNE-HD 60364-4-41).
Vol. 3	**IP X5,** en los baños comunes, cuando se puedan producir chorros de agua durante la limpieza de los mismos.	Limitado al necesario para alimentar los aparatos eléctricos fijos situados en los volúmenes 0, 1, 2 y 3.	Se permiten las bases solo si están protegidas bien por un transformador de aislamiento; o por **MBTS;** o por un interruptor automático de la alimentación con un dispositivo de protección por corriente diferencial de valor no superior a los **30 mA**, todos ellos según los requisitos de la norma **UNE 20460-4-41.**	Se permiten los aparatos solo si están protegidos bien por un transformador de aislamiento; o por **MBTS;** o por un dispositivo de protección de corriente diferencial de valor no superior a los **30 mA**, todos ellos según los requisitos de la norma **UNE 20460-4-41** (anulada y sustituida por UNE-HD 60364-4-41).

Notas:

[1] Los baños comunes comprenden los baños que se encuentran en escuelas, fábricas, centros deportivos, etc., e incluyen todos los utilizados por el público en general.

[2] Los cordones aislantes de interruptores de tirador están permitidos en los volúmenes 1 y 2, siempre que cumplan con los requisitos de la norma **UNE-EN 60669-1.**

[3] Los calefactores bajo suelo pueden instalarse bajo cualquier volumen siempre y cuando debajo de estos volúmenes estén cubiertos por una malla metálica puesta a tierra o por una cubierta metálica conectada a una conexión equipotencial local suplementaria según el apartado 2.2.

3. Requisitos particulares para la instalación de bañeras de hidromasaje, cabinas de ducha con circuitos eléctricos y aparatos análogos

El hecho de que en estos aparatos, en los espacios comprendidos entre la bañera y el suelo y las paredes y el techo de las cabinas y las paredes y techos del local donde se instalan, coexista equipo eléctrico tanto de baja tensión como de Muy Baja Tensión de Seguridad (MBTS) con tuberías o depósitos de agua u otros líquidos hace necesario que se requieran condiciones especiales de instalación.

En general todo equipo eléctrico, electrónico, telefónico o de telecomunicación incorporado en la cabina o bañera, incluyendo los alimentados a MBTS, deberán cumplir los requisitos de la norma **UNE-EN 60335-2-60.**

La conexión de las bañeras y cabinas se efectuará con cable con cubierta de características no menores que el de designación **H05VV-F** o mediante cable bajo tubo aislante con conductores aislados de tensión asignada **450/750 V**. Debe garantizarse que, una vez instalado el cable o tubo en la caja de conexiones de la bañera o cabina, el grado de protección mínimo que se obtiene sea **IP X5.**

Todas las cajas de conexión localizadas en paredes y suelo del local bajo la bañera o plato de ducha, o en las paredes o techos del local, situadas detrás de paredes o techos de una cabina por donde discurren tubos o depósitos de agua, vapor u otros líquidos, deben garantizar, junto con su unión a los cables o tubos de la instalación eléctrica, un grado de protección mínimo **IP X5.** Para su apertura será necesario el uso de una herramienta.

No se admiten empalmes en los cables y canalizaciones que discurran por los volúmenes determinados por dichas superficies salvo si estos se realizan con cajas que cumplan el requisito anterior.

4. Figuras de la clasificación de los volúmenes

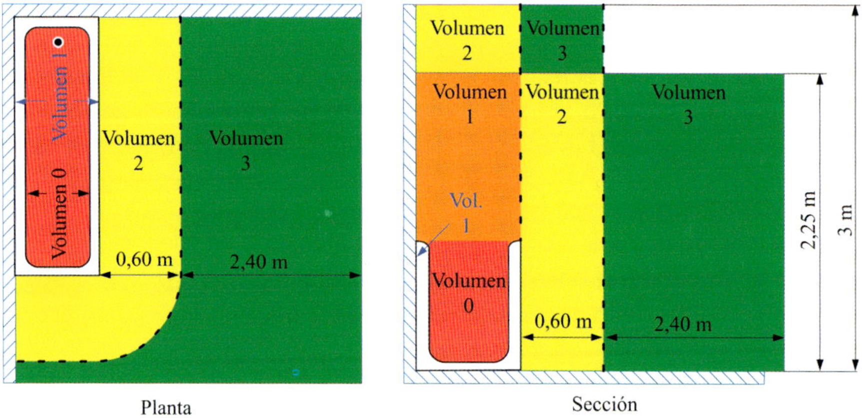

Figura 1. *Bañera.*

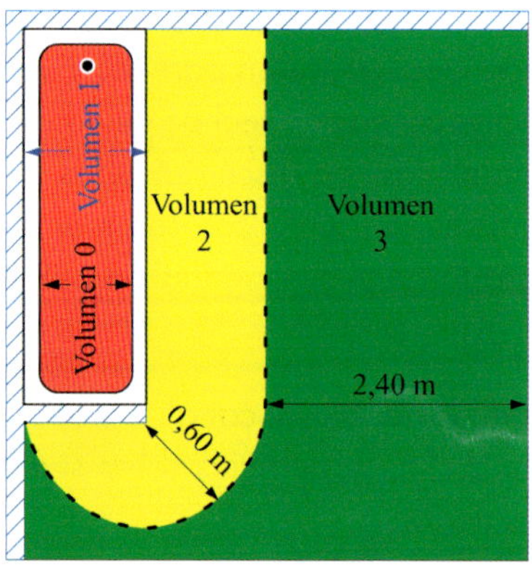

Figura 2. *Bañera con pared fija.*

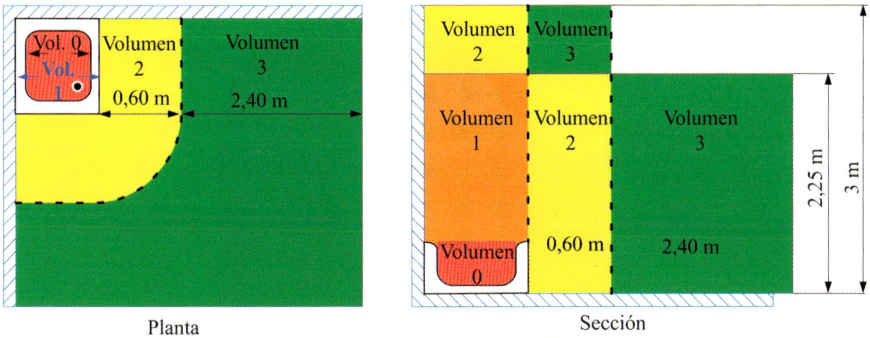

Figura 3. *Ducha.*

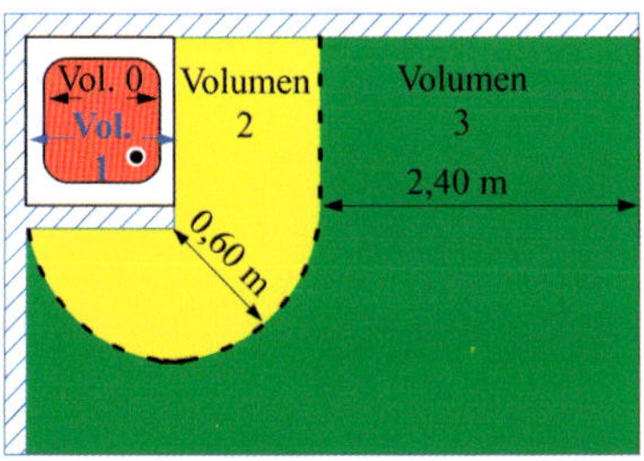

Figura 4. *Ducha con pared fija.*

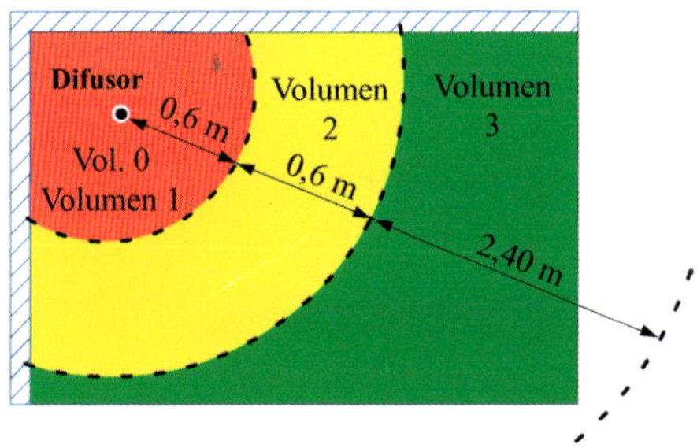

Figura 5. *Ducha sin plato.*

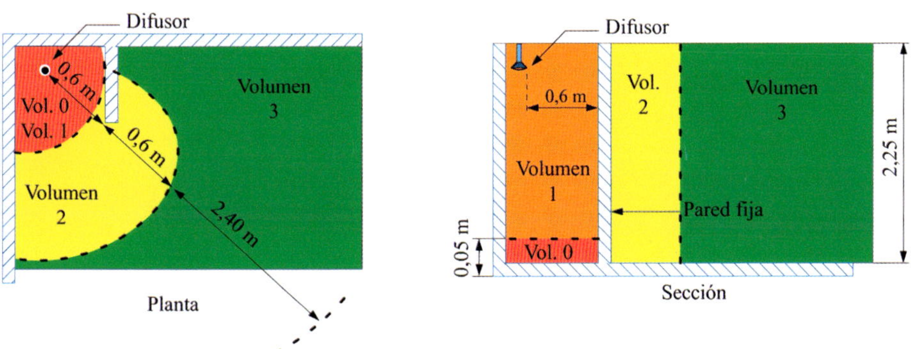

Figura 6. *Ducha sin plato pero con pared fija. Difusor fijo.*

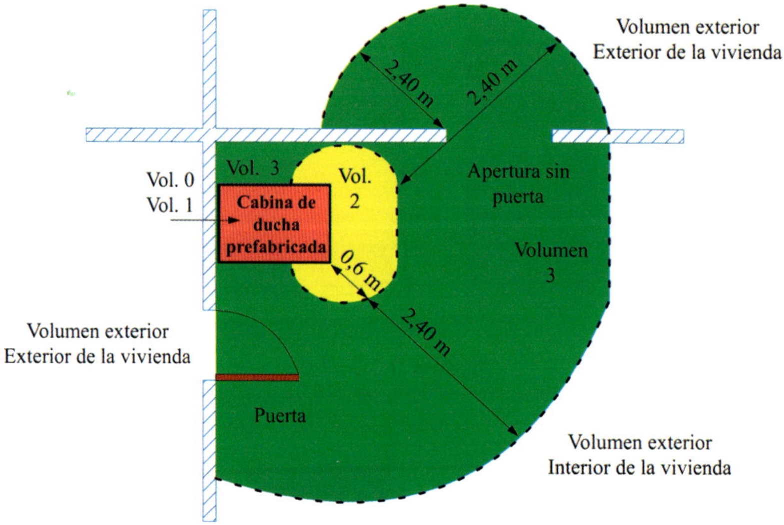

Figura 7. *Cabina de ducha prefabricada.*

ANOTACIONES

ITC-BT-28

INSTALACIONES EN LOCALES DE PÚBLICA CONCURRENCIA

Índice

1 Campo de aplicación 450

2 Alimentación de los servicios de seguridad 452

2.1. Generalidades y fuentes de alimentación 452
2.2. Fuentes propias de energía 454
2.3. Suministros complementarios o de seguridad 454

3 Alumbrados de emergencia 456

3.1. Alumbrado de seguridad 456
3.2. Alumbrado de reemplazamiento 457
3.3. Lugares en que deberán instalarse alumbrados de emergencia 458
3.4. Prescripciones de los aparatos para alumbrado de emergencia 460

4 Prescripciones de carácter general 462

5 Prescripciones complementarias para locales de espectáculos y actividades recreativas 464

6 Prescripciones complementarias para locales de reunión y trabajo 466

1. Campo de aplicación

La presente instrucción se aplica a locales de pública concurrencia como:

Locales de espectáculos y actividades recreativas

Cualquiera que sea su capacidad de ocupación como, por ejemplo, cines, teatros, auditorios, estadios, pabellones deportivos, plazas de toros, hipódromos, parques de atracciones y ferias fijas, salas de fiesta, discotecas, salas de juegos de azar.

Locales de reunión, trabajo y usos sanitarios

- **Cualquiera que sea su ocupación, los siguientes:** Templos, museos, salas de conferencias y congresos, casinos, hoteles, hostales, bares, cafeterías, restaurantes o similares, zonas comunes en agrupaciones de establecimientos comerciales, aeropuertos, estaciones de viajeros, estacionamientos cerrados y cubiertos para más de 5 vehículos, hospitales, ambulatorios y sanatorios, asilos y guarderías.
- **Si la ocupación prevista es de más de 50 personas:** bibliotecas, centros de enseñanza, consultorios médicos, establecimientos comerciales, oficinas con presencia de público, residencias de estudiantes, gimnasios, salas de exposiciones, centros culturales, clubes sociales y deportivos.

La ocupación prevista de los locales se calculará como **1 persona por cada 0,8 m^2** de superficie útil, a excepción de pasillos, repartidores, vestíbulos y servicios.

Para instalaciones en quirófanos y salas de intervención se establecen requisitos particulares en la **ITC-BT-38.**

Igualmente se aplican a aquellos locales clasificados en condiciones **BD2, BD3 y BD4,** según la norma **UNE 20460-3** (anulada y sustituida por UNE-HD 60364-1) y a todos aquellos locales no contemplados en los apartados anteriores, cuando tengan una capacidad de **ocupación de más de 100 personas.**

Esta instrucción tiene por objeto garantizar la correcta instalación y funcionamiento de las instalaciones y servicios de seguridad, en especial aquellas dedicadas a alumbrado que faciliten la evacuación segura de las personas o la iluminación de puntos vitales de los edificios.

GUÍA-BT-28

Resumen de tipos de locales de pública concurrencia

Tipos de local		Ejemplos	Local púb. con.
1. Espectáculos y actividades recreativas		Cines, teatros, auditorios, estadios, pabellones de deportes, plazas de toros, hipódromos, parques de atracciones, ferias, salas de fiesta, discotecas, salas de juegos de azar.	Siempre.
2. Locales de reunión, trabajo y usos sanitarios	**2.1.** Locales de reunión	Templos, salas de conferencias y congresos, bares, cafeterías, restaurantes, museos, casinos, hoteles, hostales, zonas comunes de centros comerciales, aeropuertos, estaciones de viajeros, parking de uso público cerrado de más de 5 vehículos, asilos, guarderías.	Siempre.
		Centros de enseñanza, bibliotecas, establecimientos comerciales, residencias de estudiantes, gimnasios, salas de exposiciones, centros culturales, clubes sociales y deportivos.	Ocupación > 50 personas ajenas al local.
	2.2. Locales de trabajo	Oficinas con presencia de público.	Ocupación > 50 personas ajenas al local.
	2.3. Locales de uso sanitario	Hospitales, ambulatorios, sanatorios.	Siempre.
		Consultorios médicos, clínicas.	Ocupación > 50 personas ajenas al local.
3. Según dificultad de evacuación de cualquier local	**3.1. BD2** (baja densidad de ocupación, difícil evacuación)	Edificios de gran altura, sótanos.	Siempre.
	3.2. BD3 (alta densidad de ocupación, fácil evacuación)	Locales abiertos al público: grandes almacenes.	
	3.4. BD4 (alta densidad de ocupación, difícil evacuación)	Edificios de gran altura abiertos al público. Locales en sótanos, abiertos al público.	
4. Otros locales		Cualquier local no incluido en los otros epígrafes con **capacidad superior a 100 personas ajenas al local.**	Siempre.

Nota 1: Cuando un local pueda estar considerado bajo dos epígrafes, uno de ellos «siempre obligatorio» y el otro «dependa de la ocupación», se tomará la condición de «siempre obligatorio».

Nota 2: Cuando en un local sea difícil evaluar el número de personas ajenas al mismo o la dificultad de evacuación en caso de emergencia, se considerará el local como de pública concurrencia.

2. Alimentación de los servicios de seguridad

En el presente apartado se definen las características de la alimentación de los servicios de seguridad tales como alumbrados de emergencia, sistemas contra incendios, ascensores u otros servicios urgentes indispensables que están fijados por las reglamentaciones específicas de las diferentes Autoridades competentes en materia de seguridad.

La alimentación para los servicios de seguridad, en función de lo que establezcan las reglamentaciones específicas, puede ser **automática o no automática.**

En una alimentación automática la puesta en servicio de la alimentación no depende de la intervención de un operador.

Salvo indicaciones en contra, la alimentación de los servicios de seguridad puede ser no automática.

Una alimentación automática se clasifica, según la su duración de conmutación, en las siguientes categorías:

- **Sin corte:** alimentación automática que puede estar asegurada de forma continua en las condiciones especificadas durante el período de transición, por ejemplo, en lo que se refiere a las variaciones de tensión y frecuencia.
- **Con corte muy breve:** alimentación automática disponible en **0,15 segundos** como máximo.
- **Con corte breve:** alimentación automática disponible en **0,5 segundos** como máximo.
- **Con corte mediano:** alimentación automática disponible en **15 segundos** como máximo.
- **Con corte largo:** alimentación automática disponible en más de **15 segundos**.

La clasificación y tiempo de conmutación se especifican en la norma **UNE 20460/3** (anulada y sustituida por UNE-HD 60364-1).

2.1. Generalidades y fuentes de alimentación

Para los servicios de seguridad la fuente de energía debe ser elegida de forma que la alimentación esté asegurada durante un tiempo apropiado.

Para que los servicios de seguridad funcionen en caso de incendio, los equipos y materiales utilizados deben presentar, por construcción o por instalación, una resistencia al fuego de duración apropiada.

Se elegirán preferentemente medidas de protección contra los contactos indirectos sin corte automático al primer defecto. **En el esquema IT debe preverse un controlador permanente de aislamiento que al primer defecto emita una señal acústica o visual*.**

* ***Nota de la Guía Técnica:*** *en caso de fallo de la alimentación normal se recomienda utilizar un esquema IT para la alimentación de los servicios de seguridad que no sean autónomos. Solamente cuando se emplee el esquema IT, la protección contra contactos indirectos deberá ser sin corte al primer defecto.*

Los equipos y materiales deberán disponerse de forma que se facilite su verificación periódica, ensayos y mantenimiento.

Se pueden utilizar las siguientes fuentes de alimentación:

- **Baterías de acumuladores.** Generalmente las baterías de arranque de los vehículos no satisfacen las prescripciones de alimentación para los servicios de seguridad.
- **Generadores independientes.**
- **Derivaciones separadas de la red de distribución,** efectivamente independientes de la alimentación normal.

Las fuentes para servicios complementarios o de seguridad deben estar instaladas en lugar fijo y de forma que no puedan ser afectadas por el fallo de la fuente normal. Además, con excepción de los equipos autónomos, deberán cumplir las siguientes condiciones:

- Se instalarán en emplazamiento apropiado, accesible solamente a las personas cualificadas o expertas.
- El emplazamiento estará convenientemente ventilado, de forma que los gases y los humos que produzcan no puedan propagarse en los locales accesibles a las personas.
- No se admiten derivaciones separadas, independientes y alimentadas por una red de distribución pública, salvo si se asegura que las dos derivaciones no puedan fallar simultáneamente.
- Cuando exista una sola fuente para los servicios de seguridad, esta no debe ser utilizada para otros usos. Sin embargo, cuando se dispone de varias fuentes, pueden utilizarse igualmente como fuentes de reemplazamiento, con la condición de que, en caso de fallo de una de ellas, la potencia todavía disponible

sea suficiente para garantizar la puesta en funcionamiento de todos los servicios de seguridad, siendo necesario generalmente el corte automático de los equipos no concernientes a la seguridad.

2.2. Fuentes propias de energía

Fuente propia de energía es la que está constituida por baterías de acumuladores, aparatos autónomos o grupos electrógenos.

La puesta en funcionamiento se realizará al producirse la falta de tensión en los circuitos alimentados por los diferentes suministros procedentes de la Empresa o Empresas distribuidoras de energía eléctrica, o cuando aquella tensión descienda por debajo del 70 % de su valor nominal.

La capacidad mínima de una fuente propia de energía será, como norma general, la precisa para proveer al alumbrado de seguridad en las condiciones señaladas en el apartado 3.1 de esta instrucción.

2.3. Suministros complementarios o de seguridad

Todos los locales de pública concurrencia deberán disponer de **alumbrado de emergencia.**

Deberán disponer de **suministro de socorro *(15 % de la potencia contratada)*** los locales de espectáculos y actividades recreativas cualquiera que sea su ocupación y los locales de reunión, trabajo y usos sanitarios con una ocupación prevista de **más de 300 personas.**

Deberán disponer de **suministro de reserva *(25 % de la potencia contratada):***

- Hospitales, clínicas, sanatorios, ambulatorios y centros de salud.
- Estaciones de viajeros y aeropuertos.
- Estacionamientos subterráneos para más de 100 vehículos.
- Establecimientos comerciales o agrupaciones de estos en centros comerciales de más de 2.000 m^2 de superficie.
- Estadios y pabellones deportivos.

Cuando un local se pueda considerar tanto en el grupo de locales que requieren suministro de socorro como en el grupo que requieren suministro de reserva, se instalará suministro de reserva.

En aquellos **locales singulares,** tales como los establecimientos sanitarios, grandes hoteles de más de 300 habitaciones, locales de espectáculos con capacidad para más de 1.000 espectadores, estaciones de viajeros, estacionamientos subterráneos con más de 100 plazas, aeropuertos y establecimientos comerciales o agrupaciones de estos en centros comerciales de más de 2.000 m^2 de superficie, las fuentes propias de energía deberán poder suministrar, con independencia de los alumbrados especiales, la potencia necesaria para atender servicios urgentes indispensables cuando sean requeridos por la autoridad competente.

GUÍA-BT-28

Resumen de suministros de seguridad

Los suministros complementarios se clasifican según el artículo 10 del REBT en tres tipos:

Suministro de socorro: con una potencia mínima del **15 %** del total contratado.

Suministro de reserva: con una potencia mínima del **25 %** del total contratado.

Suministro duplicado: capaz de mantener un servicio mayor del **50 %** de la potencia total contratada.

La conmutación del suministro normal al de seguridad en caso de fallo del primero se debe realizar de forma que se impida el acoplamiento entre ambos suministros. Esta conmutación se puede realizar mediante interruptores automáticos motorizados con enclavamiento mecánico y eléctrico o conmutadores motorizados.

Alumbrado emergencia	Grupos de locales	Suministro socorro	Locales específicos	Suministro reserva
Siempre.	Espectáculos.	Siempre.	Estadios y pabellones deportivos.	Siempre.
	Actividades recreativas.		—	—
	Reunión.	Ocupación mayor de 300 personas ajenas al centro.	Estaciones-aeropuertos.	Siempre.
			Estacionamientos subterráneos de uso público.	Más de 100 vehículos.
			Comercios y centros comerciales.	Más de 2.000 m^2.
	Trabajo.		—	—
	Uso sanitario.		Hospitales, clínicas, sanatorios y centros de salud.	Siempre.

Nota: Cuando se requiere suministro de socorro y de reserva, se instalará el de reserva únicamente.

3. Alumbrados de emergencia

Las instalaciones destinadas a alumbrado de emergencias especiales tienen por objeto asegurar, en caso de fallo de la alimentación al alumbrado normal, la iluminación en los locales y accesos hasta las salidas, para una eventual evacuación del público o iluminar otros puntos que señalen la iluminación cuando falla el alumbrado normal.

La alimentación del alumbrado de emergencia será automática con corte breve.

Se incluyen dentro de este alumbrado el alumbrado de seguridad y el alumbrado de reemplazamiento.

3.1. Alumbrado de seguridad

Es el alumbrado de emergencia previsto para garantizar la seguridad de las personas que evacuen una zona o que tienen que terminar un trabajo potencialmente peligroso antes de abandonar la zona.

El alumbrado estará previsto para entrar en funcionamiento automáticamente cuando se produce el fallo del alumbrado general o cuando la **tensión** de **este baje a menos del 70 %** de su valor nominal.

La instalación de este alumbrado será fija y estará provista de fuentes propias de energía. Solo se podrá utilizar el suministro exterior para proceder a su carga, cuando la fuente propia de energía esté constituida por baterías de acumuladores o aparatos autónomos automáticos.

3.1.1. Alumbrado de evacuación

Es la parte del alumbrado de evacuación de seguridad previsto para garantizar el reconocimiento y la utilización de los medios o rutas de evacuación cuando los locales estén o puedan estar ocupados.

En **rutas de evacuación,** el alumbrado de evacuación debe proporcionar, a nivel del suelo, y en el eje de los pasos principales, una iluminancia mínima de **1 lux**.

En los puntos en los que estén situados los equipos de las instalaciones de **protección contra incendios** que exijan utilización manual y en los **cuadros de distribución del alumbrado,** la iluminancia mínima será de **5 lux**.

La relación entre la iluminancia máxima y la mínima en el eje de los pasos principales será menor de **40**.

El alumbrado de evacuación deberá poder funcionar, cuando se produzca el fallo de la alimentación normal, como mínimo **durante 1 hora,** proporcionando la iluminancia prevista.

3.1.2. Alumbrado ambiente o antipánico

Es la parte del alumbrado de seguridad previsto para evitar todo riesgo de pánico y proporcionar una iluminación ambiente adecuada que permita a los ocupantes identificar y acceder a las rutas de evacuación e identificar obstáculos.

El alumbrado ambiente o antipánico debe proporcionar una iluminancia horizontal mínima de **0,5 lux** en todo el espacio considerado, desde el suelo hasta una **altura** de **1 m**.

La relación entre la iluminancia máxima y la mínima en todo el espacio considerado será menor de **40**.

El alumbrado ambiente o antipánico deberá poder funcionar, cuando se produzca el fallo de la alimentación normal, como mínimo **durante 1 hora,** proporcionando la iluminancia prevista.

3.1.3. Alumbrado de zonas de alto riesgo

Es la parte del alumbrado de evacuación de seguridad previsto para garantizar la seguridad de las personas ocupadas en actividades potencialmente peligrosas o que trabajan en un entorno peligroso. Permite la interrupción de los trabajos con seguridad para el operador y para los otros ocupantes del local.

El alumbrado de las zonas de alto riesgo debe proporcionar una iluminancia mínima de **15 lux** o el **10 % de la iluminancia normal**, tomando siempre el mayor de los valores.

La relación entre la iluminancia máxima y la mínima en todo el espacio considerado será menor de **10.**

El alumbrado de las zonas de alto riesgo deberá poder funcionar, cuando se produzca el fallo de la alimentación normal, como mínimo, el tiempo necesario para abandonar la actividad o zona de alto riesgo.

3.2. Alumbrado de reemplazamiento

Parte del alumbrado de emergencia que permite la continuidad de las actividades normales.

Cuando el alumbrado de reemplazamiento proporcione una iluminancia inferior al alumbrado normal, se usará únicamente para terminar el trabajo con seguridad.

GUÍA-BT-28

Cuadro resumen alumbrado de emergencia

<table>
<tr><td colspan="4">ALUMBRADO DE EMERGENCIA
Previsto para entrar en funcionamiento cuando se produce un fallo en la alimentación del alumbrado normal.</td></tr>
<tr><td colspan="3">ALUMBRADO DE SEGURIDAD
▪ Garantiza la iluminación durante la evacuación de una zona.
▪ Entra en funcionamiento a tensión inferior al 70 % de la nominal.</td><td rowspan="2">ALUMBRADO DE REEMPLAZAMIENTO
▪ Su duración no siempre está determinada; debe permitir finalizar los trabajos con seguridad si la iluminación es inferior a la normal.
▪ Permite la continuación de las actividades normales (en salas de intervención, de tratamiento intensivo, de curas, paritorios y urgencias, se prescribe una duración mínima de 2 h).</td></tr>
<tr><td>DE EVACUACIÓN
▪ Antes llamado de señalización.
▪ Permite reconocer y utilizar las rutas de evacuación.
▪ Proporcionará 1 lux en el suelo, en el eje de los pasos principales.
▪ Permite identificar los puntos de los servicios contra incendios y cuadros de distribución (5 lux).
▪ Tiempo mínimo de funcionamiento 1 h.</td><td>AMBIENTE O ANTIPÁNICO
▪ Antes llamado alumbrado de emergencia.
▪ Permite la identificación y acceso a las rutas de evacuación.
▪ Proporciona 0,5 lux en todo el espacio hasta 1 m de altura.
▪ Tiempo mínimo de funcionamiento 1 h.</td><td>DE ZONAS DE ALTO RIESGO
Duración mínima: la necesaria para interrumpir las actividades.
▪ Permite la interrupción de los trabajos peligrosos con seguridad.
▪ Iluminación mínima: 15 lux o 10 % de la iluminación normal.</td></tr>
</table>

3.3. Lugares en que deberán instalarse alumbrados de emergencia

3.3.1. Con alumbrado de seguridad

Es **obligatorio** situar el alumbrado de emergencia de evacuación de seguridad en las siguientes zonas de los locales de pública concurrencia:

a) En todos los recintos cuya ocupación sea mayor de **100 personas**.

b) Los recorridos generales de evacuación de zonas destinadas a usos residencial u hospitalario y los de zonas destinadas a cualquier otro uso que estén previstos para la evacuación de más de **100 personas**.

c) En los aseos generales de planta en edificios de acceso público.

d) En los aparcamientos cerrados y cubiertos para más de **5 vehículos**, incluidos los pasillos y las escaleras que conduzcan desde aquellos hasta el exterior o hasta las zonas generales del edificio.

e) En los locales que alberguen equipos generales de las instalaciones de protección.

f) En las salidas de emergencia y en las señales de seguridad reglamentarias.

g) En todo cambio de dirección de la ruta de evacuación.

h) En toda intersección de pasillos con las rutas de evacuación.

i) En el exterior del edificio, en la vecindad inmediata a la salida.

j) Cerca[1] de las escaleras, de manera que cada tramo de escaleras reciba una iluminación directa.

k) Cerca[1] de cada cambio de nivel.

l) Cerca[1] de cada puesto de primeros auxilios.

m) Cerca[1] de cada equipo manual destinado a la prevención y extinción de incendios.

n) En los cuadros de distribución de la instalación de alumbrado de las zonas indicadas anteriormente.

En las zonas incluidas en los apartados **m)** y **n),** el alumbrado de seguridad proporcionará una iluminancia mínima de **5 lux** a nivel al nivel de operación.

Solo se instalará alumbrado de seguridad para zonas de alto riesgo en las zonas que así lo requieran, según lo establecido en 3.1.3.

También será necesario instalar alumbrado de evacuación, aunque no sea un local de pública concurrencia, en todas las escaleras de incendios, en particular toda escalera de evacuación de edificios para uso de viviendas excepto las unifamiliares, así como toda zona clasificada como de riesgo especial en el Artículo 19 de la Norma Básica de Edificación CTE-DB-SI.

[1] Cerca significa a una distancia inferior a **2 metros**, medida horizontalmente.

3.3.2. Con alumbrado de reemplazamiento

En las zonas de hospitalización, y tratamiento intensivo, la instalación de **alumbrado de emergencia** proporcionará una iluminancia no inferior de **5 lux** y durante **2 horas** como mínimo. Las salas de intervención, las destinadas a tratamiento intensivo, las salas de curas, paritorios, urgencias dispondrán de un **alumbrado de reemplazamiento** que proporcionará un nivel **de iluminancia igual al del alumbrado** normal durante **2 horas** como mínimo.

3.4. Prescripciones de los aparatos para alumbrado de emergencia

3.4.1. Aparatos autónomos para alumbrado de emergencia

Luminaria que proporciona alumbrado de emergencia de tipo permanente o no permanente en la que todos los elementos, tales como la batería, la lámpara, el conjunto de mando y los dispositivos de verificación y control, si existen, están contenidos dentro de la luminaria o junto a ella a una distancia inferior a **1 m** de ella.

Los aparatos autónomos destinados a alumbrado de emergencia deberán cumplir las normas **UNE-EN 60598-2-22** y la norma **UNE 20392** o **UNE 20062,** según sea la luminaria para lámparas fluorescentes o incandescentes, respectivamente.

GUÍA-BT-28

Tipos de luminarias para alumbrado de emergencia

	Con tensión de red	Con fallo de red
PERMANENTE Las lámparas para alumbrado de emergencia están alimentadas permanentemente, ya se requiera el alumbrado normal o el de emergencia.		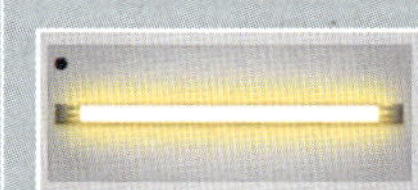
NO PERMANENTE Las lámparas para alumbrado de emergencia están en funcionamiento únicamente cuando falla la alimentación del alumbrado normal.		

		Con tensión de red	Con fallo de red
COMBINADO Contiene 2 o más lámparas, de las que al menos una está alimentada a partir de la alimentación de alumbrado de emergencia y las otras a partir de la alimentación de alumbrado normal.	PERMANENTE		
	NO PERMANENTE		

GUÍA-BT-28

Marcado de los aparatos de emergencia

En función de la construcción de la luminaria el marcado que debe aparecer sobre el aparato se indica de la siguiente forma:

1.ª CIFRA	2.ª CIFRA	3.ª CIFRA	4.ª CIFRA

1. Tipo de luminaria	2. Modo de funcionamiento
X aparato autónomo Z aparato alimentado por fuente central	0 No permanente 1 Permanente 2 Combinado no permanente 3 Combinado permanente 4 Compuesto no permanente 5 Compuesto permanente 6 Satélite
3. Dispositivos	**4. Duración en minutos**
A dispositivo de verificación incorporado B con puesta en estado de reposo a distancia C con puesta en estado de neutralización D luminaria para zonas de alto riesgo	(Solo en aparatos autónomos) 60 120 180

Ejemplo de aplicación

X2B60

Significaría: (X) Aparato autónomo, (2) Combinado no permanente, (B) Con puesta en estado de reposo a distancia y 60 minutos de duración.

3.4.2. Luminaria alimentada por fuente central

Luminaria que proporciona alumbrado de emergencia de tipo permanente o no permanente y Luminaria para funcionamiento permanente o no permanente que está alimentada a partir de un sistema de alimentación de emergencia central, es decir, no incorporado a la luminaria.

Las luminarias que actúan como aparatos de emergencia alimentados por fuente central deberán cumplir lo expuesto en las norma **UNE-EN 60598-2-22.**

Los distintos aparatos de control, mando y protección generales para las instalaciones del alumbrado de emergencia por fuente central entre los que figurará un voltímetro de clase 2,5 por lo menos se dispondrán en un cuadro único, situado fuera de la posible intervención del público.

Las líneas que alimentan directamente los circuitos individuales de los alumbrados de emergencia alimentados por fuente central estarán protegidas por **interruptores automáticos** con una intensidad nominal de **10 A** como máximo. **Una misma línea no podrá alimentar más de 12 puntos de luz o,** si en la dependencia o local considerado existiesen varios puntos de luz para alumbrado de emergencia, estos deberán ser repartidos, al menos, **entre dos líneas diferentes,** aunque su número sea inferior a doce.

Las canalizaciones que alimenten los alumbrados de emergencia alimentados por fuente central se dispondrán, cuando se instalen sobre paredes o empotradas en ellas, a **5 cm** como mínimo, de otras canalizaciones eléctricas y, cuando se instalen en huecos de la construcción, estarán separadas de estas por tabiques incombustibles no metálicos.

4. Prescripciones de carácter general

Las instalaciones en los locales de pública concurrencia cumplirán las condiciones de carácter general que a continuación se señalan:

a) El cuadro general de distribución deberá colocarse en el punto más próximo posible a la entrada de la acometida o derivación individual y se colocará junto o sobre él los dispositivos de mando y protección establecidos en la instrucción **ITC-BT-17.** Cuando no sea posible la instalación del cuadro general en este punto, se instalará en dicho punto un dispositivo de mando y protección.

Del citado cuadro general saldrán las líneas que alimentan directamente los aparatos receptores o bien las líneas generales de distribución a las que se conectará mediante cajas o a través de cuadros secundarios de distribución los distintos circuitos alimentadores. Los aparatos receptores que consuman **más de 16 amperios** se alimentarán directamente desde el cuadro general o desde los secundarios.

b) El cuadro general de distribución e, igualmente, los cuadros secundarios se instalarán en locales, lugares o recintos a los que no tenga acceso el público y que estarán separados de los locales donde exista un peligro acusado de incendio o de pánico (cabinas de proyección, escenarios, salas de público, escaparates, etc.), por medio de elementos a prueba de incendios y puertas no propagadoras del fuego. Los contadores podrán instalarse en otro lugar, de acuerdo con la empresa distribuidora de energía eléctrica, y siempre antes del cuadro general.

c) En el cuadro general de distribución o en los secundarios se dispondrán dispositivos de mando y protección contra sobreintensidades, cortocircuitos y contactos indirectos para cada una de las líneas generales de distribución, y las de alimentación directa a receptores. Cerca de cada uno de los interruptores del cuadro se colocará una placa indicadora del circuito al que pertenecen.

d) En las instalaciones para alumbrado de locales o dependencias donde se reúna público, el número de líneas secundarias y su disposición en relación con el total de lámparas a alimentar deberá ser tal que el corte de corriente en una cualquiera de ellas no afecte a más de la tercera parte del total de lámparas instaladas en los locales o dependencias que se iluminan alimentadas por dichas líneas. Cada una de estas líneas estarán protegidas en su origen contra sobrecargas, cortocircuitos y, si procede, contra contactos indirectos.

e) Las canalizaciones deben realizarse según lo dispuesto en las **ITC-BT-19** e **ITC-BT-20** y estarán constituidas por:

- Conductores aislados, de tensión nominal no inferior a **450/750 V**, colocados bajo tubos o canales protectores, preferentemente empotrados en especial en las zonas accesibles al público.
- Conductores aislados, de tensión nominal no inferior a **450/750 V**, con cubierta de protección, colocados en huecos de la construcción, totalmente construidos en materiales incombustibles de grado de resistencia al fuego incendio **RF-120,** como mínimo.
- Conductores rígidos, aislados, de tensión nominal no inferior a **0,6/1 kV**, armados, colocados directamente sobre las paredes.

f) Los cables y sistemas de conducción de cables deben instalarse de manera que no se reduzcan las características de la estructura del edificio en la seguridad contra incendios.

Con la publicación del Reglamento Delegado 2016/364, que establece ***las clases posibles de reacción al fuego de los cables eléctricos:*** *Los cables serán de la clase de reacción al fuego mínima* ***C_{ca}–s1b, d1, a1.***

Los cables eléctricos a utilizar en las instalaciones de tipo general y en el conexionado interior de cuadros eléctricos en este tipo de locales serán no propagadores del incendio y con emisión de humos y opacidad reducida. Los cables con características equivalentes a las de la norma **UNE 21123** parte 4 o 5, o a la norma **UNE 211002** (según la tensión asignada del cable), cumplen con esta prescripción.

Los elementos de conducción de cables con características equivalentes a los clasificados como «no propagadores de la llama» de acuerdo con las normas **UNE-EN 50085-1** y **UNE-EN 50086-1** cumplen con esta prescripción.

Los cables eléctricos destinados a circuitos de servicios de seguridad no autónomos o a circuitos de servicios con fuentes autónomas centralizadas **deben mantener el servicio durante y después del incendio,** siendo conformes a las especificaciones de la norma **UNE-EN 50200** y tendrán emisión de humos y gases tóxicos de muy opacidad reducida. Los cables con características equivalentes a la norma **UNE 21123,** apartado 3.4.6, cumplen con esta prescripción de emisión de humos y opacidad reducida.

g) Las fuentes propias de energía de corriente alterna a 50 Hz no podrán dar tensión de retorno a la acometida o acometidas de la red de Baja Tensión pública que alimenten al local de pública concurrencia.

5. Prescripciones complementarias para locales de espectáculos y actividades recreativas

Además de las prescripciones generales señaladas en el capítulo anterior, se cumplirán en los locales de espectáculos las siguientes prescripciones complementarias:

a) A partir del cuadro general de distribución se instalarán líneas distribuidoras generales, accionadas por medio de interruptores omnipolares con la debida protección, al menos, para cada uno de los siguientes grupos de dependencias o locales:

- Sala de público.
- Vestíbulo, escaleras y pasillos de acceso a la sala desde la calle, y dependencias anexas a ellos.

— Escenario y dependencias anexas a él, tales como camerinos, pasillos de acceso a estos, almacenes, etc.

— Cabinas cinematográficas o de proyectores para alumbrado.

Cada uno de los grupos señalados dispondrá de su correspondiente cuadro secundario de distribución, que deberá contener todos los dispositivos de protección. En otros cuadros se ubicarán los interruptores, conmutadores, combinadores, etc., que sean precisos para las distintas líneas, baterías, combinaciones de luz y demás efectos obtenidos en escena.

b) En las cabinas cinematográficas y en los escenarios, así como en los almacenes y talleres anexos a estos, se utilizarán únicamente canalizaciones constituidas por conductores aislados, de tensión nominal no inferior a **450/750 V**, colocados bajo tubos o canales protectores de tipo no propagador de la llama, preferentemente empotrados. Los dispositivos de protección contra sobreintensidades estarán constituidos siempre por interruptores automáticos, magnetotérmicos de sensibilidad adecuada; las canalizaciones móviles estarán constituidas por conductores con aislamiento del tipo de doble o reforzado, y los receptores portátiles tendrán un aislamiento de la **clase II.**

c) Los cuadros secundarios de distribución deberán estar colocados en locales independientes o en el interior de un recinto construido con material no combustible.

d) Será posible cortar, mediante interruptores omnipolares, cada una de las instalaciones eléctricas correspondientes a:

— Camerinos.

— Almacenes.

— Talleres.

— Otros locales con peligro de incendio.

— Los reóstatos, resistencias y receptores móviles del equipo escénico.

e) Las resistencias empleadas para efectos o juegos de luz o para otros usos estarán montadas a suficiente distancia de los telones, bambalinas y demás material del decorado y protegidas suficientemente para que una anomalía en su funcionamiento no pueda producir daños. Estas precauciones se hacen extensivas a cuantos dispositivos eléctricos se utilicen y especialmente a las linternas de proyección y a las lámparas de arco de las mismas.

f) El alumbrado general deberá ser completado por un alumbrado de evacuación, conforme a las disposiciones del capítulo apartado 3.1.1, el cual funcionará constantemente permanentemente durante el espectáculo y hasta que el local sea evacuado por el público.

g) Se instalará **iluminación de balizamiento** en cada uno de los peldaños o **rampas con una inclinación** superior al **8 %** del local con la suficiente intensidad para que puedan iluminar la huella. En el caso de pilotos de balizado, se instalará a razón de **1 por cada metro lineal** de la anchura o fracción.

La instalación de balizamiento debe estar construida de forma que el paso de alerta al de funcionamiento de emergencia se produzca cuando el valor de la tensión de alimentación descienda por debajo del **70 %** de su valor nominal.

6. Prescripciones complementarias para locales de reunión y trabajo

Además de las prescripciones generales señaladas en el capítulo 4, se cumplirán en los locales de reunión las siguientes prescripciones complementarias:

A partir del cuadro general de distribución se instalarán líneas distribuidoras generales, accionadas por medio de interruptores omnipolares, al menos, para cada uno de los siguientes grupos de dependencias o locales:

- Salas de venta o reunión, por planta del edificio.
- Escaparates.
- Almacenes.
- Talleres.
- Pasillos, escaleras y vestíbulos.

ANOTACIONES

ITC-BT-29

PRESCRIPCIONES PARTICULARES PARA LAS INSTALACIONES ELÉCTRICAS DE LOS LOCALES CON RIESGO DE INCENDIO O EXPLOSIÓN

Índice

1 Campo de aplicación 468

2 Terminología 469

3 Fundamentos para alcanzar la seguridad 471

4 Clasificación de emplazamientos 472

4.1. Clases de emplazamientos 473
4.2. Ejemplos de emplazamientos peligrosos 475

5 Requisitos de los equipos 477

6 Prescripciones generales 477

6.1. Condiciones generales 477
6.2. Documentación 478
6.3. Mantenimiento y reparación 479

7 Emplazamientos de clase I 479

7.1. Generalidades 479
7.2. Selección de equipos eléctricos (excluidos cables y conductos) 479
7.3. Reglas de instalación de equipos eléctricos 480

8 Emplazamientos de clase II 480

8.1. Generalidades 480
8.2. Selección de equipos eléctricos (excluidos cables y conductos) 481
8.3. Reglas de instalación de equipos eléctricos 481

9 Sistemas de cableado 482

9.1. Generalidades 482
9.2. Requisitos de los cables 483
9.3. Requisitos de los conductos 487

1. Campo de aplicación[1]

La presente Instrucción tiene por objeto especificar las reglas esenciales para el diseño, ejecución, explotación, mantenimiento y reparación de las instalaciones eléctricas en emplazamientos en los que existe riesgo de explosión o de incendio debido a la presencia de sustancias inflamables para que dichas instalaciones y sus equipos no puedan ser, dentro de límites razonables, la causa de inflamación de dichas sustancias.

Dentro del concepto de **atmósferas potencialmente explosivas** se consideran aquellos emplazamientos en los que se fabriquen, procesen, manipulen, traten, utilicen o almacenen sustancias sólidas, líquidas o gaseosas, susceptibles de inflamarse, deflagrar o explosionar, siendo sostenida la reacción por el aporte de oxígeno procedente del aire ambiente en que se encuentran.

Debido a que son objeto de normativas específicas no se consideran incluidas en esta Instrucción las instalaciones eléctricas siguientes:

- Las instalaciones correspondientes a los equipos excluidos del campo de aplicación del RD 400/1996, de 1 de marzo, por el que se dictan las disposiciones de aplicación de la Directiva del Parlamento Europeo y del Consejo 94/9/CE, relativa a los aparatos y sistemas de protección para uso en atmósferas potencialmente explosivas.
- Cualquier otro entorno que disponga de una reglamentación particular.

MATERIAL WEB

Si se desea una aclaración mayor sobre a qué **instalaciones y equipos eléctricos no se aplica** esta Instrucción Técnica, conviene consultar la Guía Técnica en su última edición de 2012 **(GUÍA-BT-29)**, que se puede encontrar en el **MATERIAL WEB.**

En el ámbito de esta instrucción se entienden los conceptos de «aparato» y «equipo» como sinónimos.

[1] El alcance de esta instrucción, en el marco del Reglamento Electrotécnico para Baja Tensión, limita a los equipos e instalaciones eléctricas de baja tensión, en atmósferas potencialmente explosivas. Se llama la atención sobre el hecho de que el **RD 400/1996,** por el que se dictan las disposiciones de aplicación de la **Directiva 94/9/CE,** sobre los aparatos y sistemas de protección para uso en atmósferas potencialmente explosivas, afecta a todo tipo de instalaciones en atmósferas potencialmente explosivas, incluyendo aquellas manifestaciones energéticas de origen no eléctrico.

En esta Instrucción solo se consideran los riesgos asociados a la coexistencia en el espacio y tiempo de equipos e instalaciones eléctricas con atmósferas explosivas; para otras eventuales fuentes de ignición se aplicará lo dispuesto en las reglamentaciones pertinentes.

Las instalaciones y equipos eléctricos en emplazamientos en los que hay riesgo simultáneo por sustancias inflamables de tipo gaseoso y pulverulento cumplirán los requisitos particulares de cada caso.

Además de la situación anterior, así como en atmósferas enriquecidas en oxígeno, se pueden requerir medidas especiales en relación con lo aquí prescrito; estas medidas se justificarán en el Proyecto de la instalación.

2. Terminología

A los efectos de la presente Instrucción se entenderá:

Modo de protección: conjunto de medidas específicas aplicadas a un equipo eléctrico para impedir la inflamación de una atmósfera explosiva que lo circunde.

Envolvente antideflagrante «d»: modo de protección en el que las partes que pueden inflamar una atmósfera explosiva están situadas dentro de una envolvente que puede soportar los efectos de la presión derivada de una explosión interna de la mezcla y que impide la transmisión de la explosión a la atmósfera explosiva circundante. Las reglas de este modo de protección se definen en la norma **UNE-EN 50018** (anulada y sustituida por UNE-EN 60079-1).

Inmersión en aceite «o»: modo de protección en el que el equipo eléctrico o partes de este se sumergen en un líquido de protección de modo que la atmósfera explosiva que pueda encontrarse sobre la superficie del líquido o en el entorno de la envolvente no resulta inflamado. Las reglas de este modo de protección se definen en la norma **UNE-EN 50015** (anulada y sustituida por UNE-EN 60079-6).

Seguridad intrínseca «i»: modo de protección que, aplicado a un circuito o a los circuitos de un equipo, hace que cualquier chispa o cualquier efecto térmico producido en condiciones normalizadas, lo que incluye funcionamiento normal y funcionamiento en condiciones de fallo especificadas, no sea capaz de provocar la inflamación de una determinada atmósfera explosiva. Las reglas de este modo de protección se definen en la norma **UNE-EN 50020** (anulada y sustituida por UNE-EN 60079-11).

Sistema de seguridad intrínseca: conjunto de materiales y equipos eléctricos interconectados entre sí, descritos en un documento, en el que los circuitos o partes de circuitos destinados a ser empleados en atmósferas con riesgo de explosión son de seguridad intrínseca. Las reglas a que deben someterse estos sistemas se encuentran en la norma **UNE-EN 50039** (anulada y sustituida por UNE-EN 60079-25).

Según la Guía Técnica: *además de estos modos de protección existen otros específicos para utilizar en atmósferas (zonas 0, 1 y 2) y en atmósferas de polvo (zonas 20, 21 y 22), que se citan más adelante.*

*La situación actual normativa supone un cambio con la adopción de las normas de la serie **UNE-EN 60079-x,** tanto para los modos de protección de gases y polvos como las correspondientes a instalaciones (véanse Anexos I y II).*

Categoría de aparatos: clasificación de los equipos eléctricos o no eléctricos establecida por la Directiva 94/9/CE en función de la peligrosidad del emplazamiento en que se van a utilizar. Dentro del Grupo II[2] de aparatos se distinguen:

Categoría 1: aparatos diseñados para que puedan funcionar dentro de los parámetros operativos determinados por el fabricante y asegurar un nivel de protección **muy alto.**

Categoría 2: aparatos diseñados para poder funcionar en las condiciones prácticas fijadas por el fabricante y asegurar un **alto** nivel de protección.

Categoría 3: aparatos diseñados para poder funcionar en las condiciones prácticas fijadas por el fabricante y asegurar un nivel **normal** de protección.

GUÍA-BT-29

Los modos de protección típicos que proporcionan estas categorías son:

Categoría 1:

- Aparatos y sistemas de seguridad intrínseca con nivel de protección **«ia»** para gases y polvos.
- Encapsulado **«ma»** (gases y polvos).
- Protección por envolvente **«ta»** (polvo).
- Equipos con doble modo de protección conformes con la norma UNE-EN 60079-26.
- Cabezas de sensores de gases antideflagrantes **«da».**

[2] No se consideran las categorías del Grupo I por pertenecer a un entorno reglamentario —minas— distinto a este.

Categoría 2:

- Envolvente antideflagrante «**db**» (polvos).
- Sobrepresión interna «**pxb**» o «**pyb**» (gases y polvos).
- Relleno pulverulento «**qb**» (gases).
- Inmersión en aceite «**ob**» (gases).
- Seguridad aumentada «**eb**» (gases).
- Encapsulado «**mb**» (gases y polvos).
- Aparatos y sistemas de seguridad intrínseca con nivel de protección «**ib**» (gases y polvos).
- Protección por envolvente «**tb**» (polvos).

Categoría 3:

- Envolvente antideflagrante «**dc**» (gases).
- Sobrepresión interna «**pzc**» (gases y polvos).
- Seguridad aumentada «**ec**» (gases).
- Encapsulado «**mc**» (gases y polvos).
- Aparatos y sistemas de seguridad intrínseca con nivel de protección «**i**» (gases y polvos).
- Protección por envolvente «**tc**» (polvos).

Declaración CE de conformidad: documento emitido por el fabricante, o por su representante legal, por el que se afirma que un determinado aparato, sistema o componente cumple todas las prescripciones de la directiva o directivas aplicables.

3. Fundamentos para alcanzar la seguridad

El procedimiento para alcanzar un nivel de seguridad aceptable se fundamenta en el empleo de equipamiento construido y seleccionado de acuerdo a ciertas reglas, así como en la adopción de medidas de seguridad especiales de instalación, inspección, mantenimiento y reparación, en relación con la acotación del riesgo de presencia de atmósfera explosiva mediante una clasificación de los emplazamientos en los que se pueden producir atmósferas explosivas.

Según la clasificación en que se incluye el emplazamiento, es necesario recurrir a un tipo determinado de medidas constructivas de los equipos, de instalación, supervisión o intervención, como se detalla en la presente Instrucción y normas que en ella se citan.

Adicionalmente, es preciso llevar a cabo la explotación, conservación y mantenimiento de la instalación y sus componentes, dentro de unos límites estrictos, para que las condiciones de seguridad no se vean comprometidas durante su vida útil.

4. Clasificación de emplazamientos

Para establecer los requisitos que han de satisfacer los distintos elementos constitutivos de la instalación eléctrica en emplazamientos con atmósferas potencialmente explosivas, estos emplazamientos se agrupan en dos clases según la naturaleza de la sustancia inflamable, denominadas como:

- **Clase I** si el riesgo es debido a gases, vapores o nieblas, y como
- **Clase II** si el riesgo es debido a polvo.

En las anteriores clases se establece una subdivisión en zonas según la probabilidad de presencia de la atmósfera potencialmente explosiva.

GUÍA-BT-29

Si como análisis previo, según establece el **RD 681/2003,** se determina que el riesgo de explosión en la instalación persiste, se debe entonces clasificar el emplazamiento con la finalidad de delimitarlo y poder tomar las acciones necesarias de prevención y protección.

La clasificación de emplazamientos se realizará considerando la instalación en funcionamiento normal, es decir, no se consideran los escapes que se originen en situaciones catastróficas como la rotura de una tubería o recipiente.

El objetivo de la clasificación por zonas es doble:

- Precisar las categorías del equipo utilizado y su instalación en las zonas indicadas, a condición de que estas estén adaptadas a los gases, vapores o niebla y/o polvo.
- Señalar las limitaciones de acceso, de la ejecución de trabajos y selección de materiales con fuente de ignición no cubiertos por esta instrucción.

La clasificación de un entorno requiere, como mínimo, la realización de:

- Lista de sustancias y sus características relacionadas con la explosión.
- Lista de fuentes de escape indicando sus parámetros.
- Plano de áreas peligrosas.

La clasificación de emplazamientos se llevará a cabo por un técnico competente que justificará los criterios y procedimientos aplicados. Esta decisión tendrá preferencia sobre las interpretaciones literales o ejemplos que figuran en los textos y figuras de los documentos de referencia que se citan para establecer esta clasificación.

4.1. Clases de emplazamientos

Los emplazamientos se agrupan como sigue:

Clase I: comprende los emplazamientos en los que hay o puede haber gases, vapores o nieblas en cantidad suficiente para producir atmósferas explosivas o inflamables; se incluyen en esta clase los lugares en los que hay o puede haber líquidos inflamables.

Clase II: comprende los emplazamientos en los que hay o puede haber polvo inflamable.

GUÍA-BT-29

Clase I:

Los datos relevantes de las sustancias de la clase I se enumeran en la norma **UNE-EN 60079-10-1,** y entre estos datos se requiere conocer:

- Estado físico de la sustancia.
- Si el sistema de contención es abierto o cerrado.
- Punto de inflamación y de ebullición.
- Densidad relativa del gas o vapor.
- Temperatura de ignición.
- Límites de explosión, inferior y superior.
- Presión de vapor.
- Subgrupo (IIA, IIB o IIC).
- Ventilación: tipo, grado y disponibilidad.

Los datos de las sustancias más comunes pueden encontrarse en la norma **UNE-EN 60079-201,** aunque es válida cualquier otra fuente de información y, en su caso, determinación por ensayo.

Clase II:

La clase II incluye polvos y fibras inflamables, en general sustancias sólidas que pueden ponerse en suspensión y que se depositan por su propio peso. Bajo esta definición cabe considerar tamaños de partículas inferiores a **1 mm**.

Es necesario recopilar los datos de las sustancias del entorno particular, tales como:

- Granulometría.
- Humedad.
- Temperatura de inflamación (en capa y en nube).
- Conductividad eléctrica.
- Concentración mínima explosiva.
- Energía mínima de inflamación.
- Presión máxima de explosión y velocidad máxima de aumento de presión $(K_{máx})$.

A diferencia de la clase I, los datos de estas sustancias dependen mucho de las características particulares del proceso y de la propia sustancia (distribución granulométrica, humedad, etc.). Aunque existen datos de muchas sustancias, se recomienda la determinación experimental de las características explosivas.

Se establecen tres subgrupos para las sustancias de clase II:

- **IIIA** fibras.
- **IIIB** polvos no conductores.
- **IIIC** polvos conductores.

4.1.1. Zonas de emplazamientos clase I

Se distinguen:

Zona 0: emplazamiento en el que la atmósfera explosiva constituida por una mezcla de aire de sustancias inflamables en forma de gas, vapor o niebla está presente de modo permanente, o por un espacio de tiempo prolongado, o frecuentemente.

Zona 1: emplazamiento en el que cabe contar, en condiciones normales de funcionamiento, con la formación ocasional de atmósfera explosiva constituida por una mezcla con aire de sustancias inflamables en forma de gas, vapor o niebla.

Zona 2: emplazamiento en el que no cabe contar, en condiciones normales de funcionamiento, con la formación de atmósfera explosiva constituida por una mezcla con aire de sustancias inflamables en forma de gas, vapor o niebla o, en la que, en caso de formarse, dicha atmósfera explosiva solo subsiste por espacios de tiempo muy breves.

En la **norma UNE-EN 60079-10-1** se recogen reglas precisas para establecer zonas en emplazamientos de **clase I.**

4.1.2. Zonas de emplazamiento clase II

Se distinguen:

Zona 20: emplazamiento en el que la atmósfera explosiva en forma de nube de polvo inflamable en el aire está presente de forma permanente, o por un espacio de tiempo prolongado, o frecuentemente.

Las capas en sí mismas no constituyen una zona 20. En general estas condiciones se dan en el interior de conducciones, recipientes, etc. Los emplazamientos en los que hay capas de polvo, pero no hay nubes de forma continua o durante largos períodos de tiempo, no entran en este concepto.

Zona 21: emplazamientos en los que cabe contar con la formación ocasional, en condiciones normales de funcionamiento, de una atmósfera explosiva, en forma de nube de polvo inflamable en el aire.

Esta zona puede incluir, entre otros, los emplazamientos en la inmediata vecindad de, por ejemplo, lugares de vaciado o llenado de polvo.

Zona 22: emplazamientos en el que no cabe contar, en condiciones normales de funcionamiento, con la formación de una atmósfera explosiva peligrosa en forma de nube de polvo inflamable en el aire o en la que, en caso de formarse dicha atmósfera explosiva, solo subsiste por breve espacio de tiempo.

Esta zona puede incluir, entre otros, entornos próximos de sistemas conteniendo polvo de los que puede haber fugas y formar depósitos de polvo.

En la norma **CEI 61241-3*** se recogen reglas para establecer zonas en emplazamientos de **clase II.**

* ***Según Guía Técnica:*** *para la clasificación de emplazamientos de clase II deberá seguirse la norma* ***UNE-EN 60079-10-2*** *(véase anexo I de la Guía-BT-19).*

4.2. Ejemplos de emplazamientos peligrosos

A título orientativo, sin que esta lista sea exhaustiva, y salvo que el proyectista pueda justificar que no existe el correspondiente riesgo, son ejemplos de emplazamientos peligrosos:

De clase I:

- Lugares donde se transvasen líquidos volátiles inflamables de un recipiente a otro.

- Garajes y talleres de reparación de vehículos. Se excluyen los garajes de uso privado para estacionamiento de 5 vehículos o menos *(véase Anexo II de la Guía-BT-29)*.
- Interior de cabinas de pintura donde se usen sistemas de pulverización y su entorno cercano cuando se utilicen disolventes.
- Secaderos de material con disolventes inflamables.
- Locales de extracción de grasas y aceites que utilicen disolventes inflamables.
- Locales con depósitos de líquidos inflamables abiertos o que se puedan abrir.
- Zonas de lavanderías y tintorerías en las que se empleen líquidos inflamables.
- Salas de gasógenos.
- Instalaciones donde se produzcan, manipulen, almacenen o consuman gases inflamables.
- Salas de bombas y/o de compresores de líquidos y gases inflamables.
- Interiores de refrigeradores y congeladores en los que se almacenen materias inflamables en recipientes abiertos, fácilmente perforables o con cierres poco consistentes.

De clase II:

- Zonas de trabajo, manipulación y almacenamiento de la industria alimentaria que maneja granos y derivados.
- Zonas de trabajo y manipulación de industrias químicas y farmacéuticas en las que se produce polvo.
- Emplazamientos de pulverización de carbón y de su utilización subsiguiente.
- Plantas de coquización.
- Plantas de producción y manipulación de azufre.
- Zonas en las que se producen, procesan, manipulan o empaquetan polvos metálicos de materiales ligeros (Al, Mg, etc.).
- Almacenes y muelles de expedición donde los materiales pulverulentos se almacenan o manipulan en sacos y contenedores.
- Zonas de tratamiento de textiles como algodón, etc.
- Plantas de fabricación y procesado de fibras.
- Plantas desmotadoras de algodón.
- Plantas de procesado de lino.
- Talleres de confección.
- Industria de procesado de madera tales como carpinterías, etc.

5. Requisitos de los equipos

Los equipos eléctricos y los sistemas de protección y sus componentes destinados a su empleo en emplazamientos comprendidos en el ámbito de esta Instrucción deberán cumplir las condiciones que se establecen en el **RD 400/1996 de 1 de marzo.**

Para aquellos elementos que no entran en el ámbito del mencionado RD 400/1996 y para los que se estipule el cumplimiento de una norma, se considerarán conformes con las prescripciones de la presente Instrucción aquellos que estén amparados por las correspondientes certificaciones de conformidad otorgadas por Organismos de control autorizados según lo dispuesto en el **RD 2200/1995, de 28 de diciembre.**

GUÍA-BT-29

Los reglamentos son obligatorios desde la fecha que se indica en las correspondientes disposiciones que los aprueban. Habitualmente, carecen de efectos retroactivos.

Con carácter general, esta ITC establece que se utilicen en las instalaciones productos conformes con el Real Decreto 400/1996, el cual fue obligatorio a partir del 30 de junio de 2003 para los nuevos productos fabricados en los Estados miembros de la Unión Europea y para los nuevos y usados introducidos en la Unión Europea desde terceros países.

Otros equipos, instalados o almacenados en las instalaciones del usuario final, adquiridos con anterioridad a la fecha indicada y que no cumplan los requisitos de dicho Real Decreto (aunque amparados por la legislación vigente en el momento de su adquisición, basados en modos de protección adecuados), solamente podrán usarse en las instalaciones realizadas de acuerdo a esta ITC siempre que se justifique en la documentación técnica de la instalación su seguridad y su adecuada instalación de acuerdo a lo previsto en el artículo 23.1.b) del Reglamento (aplicación de técnicas de seguridad equivalentes).

6. Prescripciones generales

En todo lo que aquí no se indique explícitamente son de aplicación, en lo que corresponda, las demás Instrucciones de este Reglamento; caso de conflicto, predominará la interpretación correspondiente a esta Instrucción.

6.1. Condiciones generales

En la medida de lo posible, **los equipos eléctricos se ubicarán en áreas no peligrosas.** Si esto no es posible, la instalación se llevará a cabo donde exista menor riesgo.

Los equipos eléctricos se instalarán de acuerdo con las condiciones de su documentación particular; se pondrá especial cuidado en asegurar que las partes recambiables, tales como lámparas, sean del tipo y características asignadas correctas. Las inspecciones de las instalaciones objeto de esta Instrucción se realizarán según lo establecido en la norma **UNE-EN 60079-17.**

En el caso de **circunstancias excepcionales** como, por ejemplo, ciertas tareas de reparación que precisan soldadura, trabajos de investigación y desarrollo (operación en plantas piloto, realización de trabajos experimentales, etc.), no será necesario que se reúnan todos los requisitos de los capítulos 6, 7 y 8 siguientes, supuesto que la instalación va a estar en operación solo durante un período limitado, está bajo la supervisión de personal especialmente formado, y se reúnen las siguientes condiciones:

- Se han tomado medidas para prevenir la aparición de atmósferas explosivas peligrosas.
- Se han tomado medidas para asegurar que el equipo eléctrico se desconecta en caso de formación de una atmósfera peligrosa.
- Se han tomado medidas para asegurar que las personas no van a resultar dañadas por incendios o explosiones.

Y, adicionalmente, estas medidas se han comunicado por escrito a personal que está familiarizado con los requisitos de esta Instrucción y con las normas que tratan de equipos e instalaciones en lugares con riesgo de explosión y tienen acceso a toda la información necesaria para llevar a cabo la actuación.

Para llevar a cabo estas operaciones, será necesaria la previa elaboración de un permiso especial de trabajo autorizado por el responsable de la planta o instalación.

6.2. Documentación

Para instalaciones nuevas o ampliaciones de las existentes, en el ámbito de aplicación de la presente ITC, se incluirá la siguiente información (según corresponda) en el proyecto* de la instalación:

- Clasificación de emplazamientos y plano representativo.
- Adecuación de la categoría de los equipos a los diferentes emplazamientos y zonas.
- Instrucciones de implantación, instalación y conexión de los aparatos y equipos.
- Condiciones especiales de instalación y utilización.

** **Según Guía Técnica:** además del proyecto se debe realizar el «documento de protección contra explosiones -DCPE-» indicado en el art. 8 del RD 681/2003.*

El propietario deberá conservar:

- Copia del proyecto en su forma definitiva.
- Manual de instrucciones de los equipos.
- Declaraciones de Conformidad de los equipos.
- Documentos descriptivos del sistema para los de seguridad intrínseca.
- Todo documento que pueda ser relevante para las condiciones de seguridad.

6.3. Mantenimiento y reparación

Las instalaciones objeto de esta instrucción se someterán a un mantenimiento que garantice la conservación de las condiciones de seguridad. Como criterio al respecto, se seguirá lo establecido en la norma **UNE-EN 60079-17** *(**según Guía Técnica**, también lo establecido en la norma **UNE-EN 60079-19**)*.

La reparación de equipos y sistemas de protección deberán ser llevados a cabo de forma que no comprometan la seguridad. Como criterio técnico se seguirá lo establecido en la norma **CEI 60079-19.**

7. Emplazamientos de clase I

7.1. Generalidades

Estas instalaciones eléctricas se ejecutarán de acuerdo a lo especificado en la norma **UNE-EN 60079-14,** salvo que se contradiga con lo indicado en la presente Instrucción, la cual prevalecerá sobre la norma.

7.2. Selección de equipos eléctricos (excluidos cables y conductos)

Para seleccionar un equipo eléctrico, el procedimiento a seguir comprende las siguientes fases:

1. Caracterizar la sustancia o sustancias implicadas en el proceso.
2. Clasificar el emplazamiento en el que se va a instalar el equipo.
3. Seleccionar los equipos eléctricos de tal manera que la categoría esté de acuerdo a las limitaciones de la **Tabla 1** y que estos cumplan con los requisitos que les sea de aplicación, establecidos en la norma **UNE-EN 60079-14.** Si la temperatura ambiente prevista no está en el rango comprendido entre **–20 °C** y

+40 °C, el equipo deberá estar marcado para trabajar en el rango de temperatura correspondiente.

4. Instalar el equipo de acuerdo con las instrucciones del fabricante.

Tabla 1. *Categorías de equipos admisibles para atmósfera de gases y vapores.*

Categoría del equipo	Zonas en que se admiten
Categoría 1	0, 1 y 2
Categoría 2	1 y 2
Categoría 3	2

7.3. Reglas de instalación de equipos eléctricos

La instalación de los equipos eléctricos se realizará de acuerdo a lo especificado en la norma **UNE-EN 60079-14.**

Adicionalmente se tendrá en cuenta que la utilización de equipos con modo de protección por inmersión en aceite **«o»** queda restringida a equipos de instalación fija y que no tengan elementos generadores de arco en el seno del líquido de protección. Para la instalación de sistemas de seguridad intrínseca, se tendrá en cuenta también lo indicado en la norma **UNE-EN 50039** (anulada y sustituida por UNE-EN 60079-25).

GUÍA-BT-29

Las normas para los sistemas de seguridad intrínseca son actualmente **UNE-EN 60079-25** y **UNE-EN 60079-27** y se recogen parcialmente en la norma general de instalaciones eléctricas para atmósferas explosivas **UNE-EN 60079-14.** Tal como se indica en el apartado 6.2 de la presente instrucción, los sistemas de seguridad intrínseca deberán ser evaluados reflejando los resultados de tal evaluación en el denominado «documento descriptivo del sistema de seguridad intrínseca». Este documento formará parte del «documento de protección contra explosiones».

El documento del sistema es, en general, realizado por el instalador y mantenido por la propiedad.

8. Emplazamientos de clase II

8.1. Generalidades

Estas instalaciones se ejecutarán de acuerdo a lo especificado en la norma **EN 50281-1-2*** (anulada y sustituida por UNE-EN 61241-14 y 17), salvo que contradiga con lo indicado en la presente Instrucción, la cual prevalecerá sobre la norma.

* ***Según Guía Técnica:*** *la norma existente a la fecha de esta guía para instalaciones en emplazamiento de clase II es la* ***UNE-EN 60079-14*** *en sustitución de la mencionada* ***EN 50281-1-2.*** *(Para la relación de normas relacionadas, véase el Anexo II de esta Guía-BT.)*

8.2. Selección de equipos eléctricos (excluidos cables y conductos)

Para seleccionar un equipo eléctrico, el procedimiento a seguir comprende las siguientes fases:

1. Caracterizar la sustancia o sustancias implicadas en el proceso.
2. Clasificar el emplazamiento en el que se va a instalar el equipo.
3. Seleccionar los equipos eléctricos de tal manera que la categoría esté de acuerdo a las limitaciones de la Tabla 2 y que estos cumplan con los requisitos que les sea de aplicación, establecidos en la norma **EN 50281-1-2** (anulada y sustituida por UNE-EN 60079-25).
4. Instalar el equipo de acuerdo con las instrucciones del fabricante.

Tabla 2. *Categorías de equipos admisibles para atmósferas con polvo explosivo.*

Categoría del equipo	Zonas en que se admiten
Categoría 1	20, 21 y 22
Categoría 2	21 y 22
Categoría 3	22*

* ***Según Guía Técnica:*** *cuando el polvo inflamable sea conductor de la electricidad, los requisitos de los equipos en zona 22 serán los de la Tabla 1 de la UNE-EN 60079-14.*

8.3. Reglas de instalación de equipos eléctricos

La instalación de los equipos eléctricos destinados a emplazamientos de **clase II** se hará de acuerdo con lo especificado en la norma **EN 50281-1-2** (anulada y sustituida por UNE-EN 61241-14 y 17).

Es necesario tener presente que, si un equipo eléctrico dispone de un modo de protección para gases, no garantiza que su protección sea adecuada contra el riesgo de inflamación de polvo.

* ***Según Guía Técnica:*** *la norma actual para instalaciones en emplazamiento de clase II es* ***UNE-EN 60079-14*** *en sustitución de la mencionada EN 50281-1-2. (Para la relación de normas relacionadas, véase el Anexo II de esta Guía-BT.)*

Los equipos para clase I (gases) pueden usarse en clase II (polvos inflamables), siempre y cuando adicionalmente estén debidamente evaluados de acuerdo a los requisitos particulares de esta clase II. Por ejemplo, una envolvente antideflagrante será adecuada para polvos inflamables si dispone, adicionalmente, de un modo de protección por envolvente ***«t»****.*

9. Sistemas de cableado

9.1. Generalidades

Para instalaciones de seguridad intrínseca, los sistemas de cableado cumplirán los requisitos de la norma **UNE-EN 60079-14** y de la norma **UNE-EN 50039.**

GUÍA-BT-29

Instalaciones de seguridad intrínseca

La norma UNE-EN 50039 ha sido reemplazada por la **UNE-EN 60079-25.**

Los circuitos eléctricos que integran los sistemas de cableado podrán ser utilizados en Zona 0 y 20 si están de acuerdo con los requisitos establecidos por las normas UNE-EN 60079-14 y UNE-EN 60079-25 siempre que correspondan a circuitos de seguridad intrínseca de categoría 1.

No obstante, en un circuito de seguridad intrínseca en el que se combinen o puedan combinarse (por cableado) más de dos aparatos de categoría 1, el resultado global por defecto es categoría 2 para todos ellos. Solo un análisis detallado por un experto podría justificar el mantenimiento de la categoría.

Se llama la atención a las disposiciones especiales para la conexión y puesta a tierra, así como a la instalación de dispositivos de descarga de sobretensiones.

El resto de exigencias incluidas en el apartado 9 de esta Guía-BT y sus subapartados no son de aplicación a instalaciones de seguridad intrínseca.

Los cables para el resto de las instalaciones tendrán una tensión mínima asignada de **450/750 V**.

Las entradas de los cables y de los tubos a los aparatos eléctricos se realizarán de acuerdo con el modo de protección previsto. Los orificios de los equipos eléctricos para entradas de cables o tubos que no se utilicen deberán cerrarse mediante piezas acordes con el modo de protección de que vayan dotados dichos equipos.

Para las canalizaciones para equipos móviles se tendrá en cuenta lo establecido en la Instrucción **ITC-BT-21.**

La **intensidad admisible** en los conductores **deberá disminuirse en un 15 %** respecto al valor correspondiente a una instalación convencional.

Además todos los cables de longitud igual o superior a **5 m** estarán protegidos contra sobrecargas y cortocircuitos; para la protección de sobrecargas se tendrá en cuenta la intensidad de carga resultante fijada en el párrafo anterior y para la protección de cortocircuitos se tendrá en cuenta el valor máximo para un defecto en el comienzo del cable y el valor mínimo correspondiente a un defecto bifásico y franco al final del cable.

En el punto de transición de una canalización eléctrica de una zona a otra, o de un emplazamiento peligroso a otro no peligroso, se deberá impedir el paso de gases, vapores o líquidos inflamables. Eso puede precisar del sellado de zanjas, tubos, bandejas, etc., una ventilación adecuada o el relleno de zanjas con arena.

9.2. Requisitos de los cables

Los cables a emplear en los sistemas de cableado en los emplazamientos de **clase I** y **clase II** serán:

a) En instalaciones fijas:

- Cables de tensión asignada mínima **450/750 V**, aislados con mezclas termoplásticas o termoestables, instalados bajo tubo (según 9.3) metálico rígido o flexible conforme a norma **UNE-EN 50086-1** (sustituida por UNE-EN 61386-1).
- Cables construidos de modo que dispongan de una protección mecánica; se consideran como tales:
  - Los cables con aislamiento mineral y cubierta metálica, según **UNE 21157-1** (sustituida por **UNE-EN 60702-1**).
  - Los cables armados con alambre de acero galvanizado y con cubierta externa no metálica, según la serie **UNE 21123.**
- Los cables a utilizar en las instalaciones fijas deben cumplir, respecto a la reacción al fuego, lo indicado en la norma **UNE 50266-2.**

Con la publicación del Reglamento Delegado 2016/364, que establece ***las clases posibles de reacción al fuego de los cables eléctricos:*** *Los cables a utilizar en las instalaciones fijas deben cumplir, respecto a la reacción al fuego, como mínimo la clase* ***C_{ca}–s1b, d1, a1***

GUÍA-BT-29

Tabla A. *Características mínimas para los cables y los sistemas de conducción de cables para instalaciones fijas en superficie (zonas 1, 21, 2 y 22).*

<table>
<tr><th colspan="3">Sistema de conducción por cable (prescripción mínima)</th><th>Cable</th></tr>
<tr><td>Tubos. Serie UNE-EN 61386</td><td colspan="2">Compresión Fuerte[4].
Impacto Fuerte[4].
Temperatura mínima de instalación y servicio **–5 °C**[2].
Temperatura máxima de instalación y servicio **+60 °C**[1].
Resistencia al curvado Rígido/curvable[1-2].
Propiedades eléctricas: Continuidad eléctrica/Aislante[2].
Resistencia a la penetración de objetos sólidos: Contra objetos ***D* = 1 mm**.
Resistencia a la penetración del agua: Contra gotas de agua cayendo verticalmente cuando el sistema de tubos está inclinado **15°**.
Resistencia a la corrosión de tubos metálicos y compuestos.
Protección interior y exterior media Resistencia a la tracción: No declarada.
No propagador de la llama.
Resistencia a las cargas suspendidas: No declarada.</td><td rowspan="2">**450/750 V**
H07Z1-K (AS)</td></tr>
<tr><td rowspan="2">Canales. UNE-EN 50085</td><td rowspan="2">Impacto: Fuerte (6J).
Temperatura mínima de instalación y servicio (*véase* tabla 4).
Temperatura máxima de instalación y servicio (*véase* tabla 4).
Propiedades eléctricas: Continuidad eléctrica/Aislante[2].
Resistencia a la penetración de objetos sólidos (*véase* tabla 4).
No propagadora de la llama.</td><td>IP 4X o IP XXD o superior y que solo puede abrirse con útil.</td></tr>
<tr><td>IP menor que IP 4X o IP XXD o que puede abrirse sin útil.</td><td rowspan="2">**0,6/1 kV**
RZ1-K (AS)</td></tr>
<tr><td rowspan="2">Bandejas UNE-EN 61537</td><td rowspan="2">Impacto: 5 julios.
Temperatura mínima de instalación y servicio **–5 °C**.
Temperatura máxima de instalación y servicio **+60 °C**.
Propiedades eléctricas: Continuidad eléctrica/Aislante[2].
No propagadora de la llama.
Resistencia a la corrosión grado 2.</td><td>Sin riesgo mecánico[1].</td></tr>
<tr><td>Con riesgo mecánico[1].</td><td rowspan="2">**0,6/1 kV**
RZ1MZ1-K (AS)</td></tr>
<tr><td colspan="3">Cables colocados directamente sobre las paredes.</td></tr>
</table>

Nota 1: El proyectista deberá considerar la posibilidad de riesgo mecánico en el lugar de la instalación. Como riesgo mecánico se considerará cualquier causa que pueda dañar el aislamiento tal como el impacto, compresión, roedores, etc. *Véase* el apartado 9.3.7 de la norma **UNE-EN 60079-14.**

Nota 2: Consideraciones sobre el uso de canalizaciones eléctricas no metálicas (cables, sistemas de conducción de cables y elementos de fijación):

Además de los requisitos de resistencia mecánica expuestos en la tabla A, para las canalizaciones deberán tenerse en cuenta los riesgos electrostáticos que de ellas puedan derivarse. La minimización de tales riesgos podrá conseguirse cumpliendo uno de los siguientes requisitos:

a) Empleo de materiales con una resistencia eléctrica superficial no mayor de **1 GΩ** (de acuerdo a lo indicado en el apartado 7.3.2 de **UNE-EN 60079-0:2005**). Se garantizará una unión equipotencial a tierra con una resistencia no mayor de 1MΩ.

b) Si la resistencia eléctrica superficial es mayor de **1 GΩ**, se establecerán las siguientes limitaciones:

- No se deberán utilizar nunca en zonas 0 o 20.
- La instalación en otras zonas (1, 21, 2 y 22) deberá reducirse a ubicaciones no accesibles al personal u objetos. Las condiciones de no accesibilidad de las canalizaciones deberán definirse en el proyecto de la instalación de acuerdo con las condiciones de utilización de la misma. En ausencia de tales justificaciones en el proyecto, en general el cumplimiento con esta prescripción se considera cubierto instalando las canalizaciones a una altura de **2,5 m** cuando están instaladas sobre pared o a **4 m** en el resto de los casos.
- Durante la colocación y mantenimiento deberán tomarse medidas adicionales tales como la verificación de que no existe una atmósfera explosiva presente.
- Las inserciones metálicas, tales como tornillos o remaches, no deberán presentar una capacidad a tierra que supere **5 pF**. En caso contrario, deberán estar conectadas a tierra con una resistencia no mayor de **1 MΩ**.
- Deberán incluirse etiquetas claramente visibles de aviso del riesgo electrostático.
- Las operaciones de limpieza deberán ser realizadas con paños húmedos y utilizando ropa y calzado antiestáticos.

En cualquier caso los materiales utilizados serán no propagadores de la llama.

b) En alimentación de equipos portátiles o móviles:

Se utilizarán cables con cubierta de policloropreno según **UNE 21027** parte 4 o **UNE 21150,** que sean aptos para servicios móviles, de tensión asignada mínima **450/750 V**, flexibles y de sección mínima **1,5 mm^2**. La utilización de estos cables flexibles se restringirá a lo estrictamente necesario y como máximo a una longitud de **30 m**.

GUÍA-BT-29

La limitación de 30 m solo se aplica a herramientas portátiles que no formen parte de la instalación. Cuando los equipos portátiles o móviles formen parte de la instalación permanente (por ejemplo, puentes grúa), no se aplicará la limitación de 30 m si el cable no está expuesto a daños mecánicos y se justifica en el proyecto.

Los cables de instalación habitual con estas características son:

Cable H07RN-F (norma UNE-EN 50525-2-21)	Cable de tensión asignada 450/750 V, con conductor de cobre clase 5 apto para servicios móviles (–F), aislamiento de compuesto de goma (R) y cubierta de policloropreno (N)
Cable H07ZZ-F (AS) (norma UNE-EN 50525-3-21)	Cable no propagador del incendio, de tensión asignada 450/750 V, con conductor de cobre clase 5 apto para servicios móviles (–F), aislamiento y cubierta de compuesto reticulado (Z)

Los equipos eléctricos portátiles o transportables deben estar equipados con cables de una cubierta robusta de policloropreno, o una cubierta elastómera sintética equivalente, con cables que tengan una cubierta reforzada de caucho, o con cables que tengan una construcción igualmente robusta. Los conductores deben tener una sección transversal mínima de **1,0 mm²**.

Si es necesario el uso de un conductor de protección, este debería estar aislado separadamente de una forma similar a los demás conductores y debería estar incorporado dentro de la cubierta del cable de alimentación.

Los equipos eléctricos portátiles con tensión nominal no mayor de **250 V** respecto de tierra y con corriente asignada no mayor de **6 A** se pueden conectar con cables con cubiertas de policloropreno ordinario, o con cualquier otro elastómero sintético equivalente, con cables con cubierta de goma de resistencia normal, o con cables de construcción equivalente en robustez.

No son admisibles estos cables para equipos eléctricos portátiles o transportables expuestos a esfuerzos mecánicos intensos como, por ejemplo, lámparas de mano, interruptores de pedal, bombas para trasvase, etc.

Si, en los equipos eléctricos portátiles o transportables, se incorpora a los cables una armadura metálica flexible o una vaina metálica, esta no deberá utilizarse como único conductor de protección.

Cables flexibles

Los cables flexibles para áreas peligrosas se deben seleccionar de la lista siguiente:

- Cables flexibles recubiertos con caucho normal.
- Cables flexibles recubiertos con policloropreno normal.
- Cables flexibles recubiertos con goma resistente reforzada.
- Cables flexibles recubiertos con policloropreno reforzado.
- Cables con aislamiento de plástico con una construcción de robustez equivalente a la de los cables flexibles con recubrimiento de goma de resistencia reforzada.

9.3. Requisitos de los conductos

Cuando el cableado de las instalaciones fijas se realice mediante tubo o canal protector, estos serán conformes a las especificaciones dadas en las tablas siguientes:

Tabla 3. *Características mínimas para tubos.*

Tubos		
Característica	**Código**	**Grado**
Resistencia a la compresión.	4	Fuerte.
Resistencia al impacto.	4	Fuerte.
Temperatura mínima de instalación y servicio.	2	–5 °C.
Temperatura máxima de instalación y servicio.	1	+60 °C.
Resistencia al curvado.	1-2	Rígido/curvable.
Propiedades eléctricas.	1	Continuidad eléctrica.
Resistencia a la penetración de objetos sólidos.	4	Contra objetos D = 1 mm.
Resistencia a la penetración del agua.	2	Contra gotas de agua cayendo verticalmente cuando el sistema de tubos está inclinado 15°.
Resistencia a la corrosión de tubos metálicos y compuestos.	2	Protección interior y exterior media.
Resistencia a la tracción.	0	No declarada.
Resistencia a la propagación de la llama.	1	No propagador.
Resistencia a las cargas suspendidas.	0	No declarada.

GUÍA-BT-29

El cumplimiento de estas características se realizará según los ensayos indicados en la norma **UNE-EN 61386.** Esta norma sustituye a la norma EN 50086.

Para facilitar la entrada del cable al equipo eléctrico y, en el caso de que eso no fuera posible mediante el empleo de tubos rígidos, podrán utilizarse tubos curvables o flexibles, de material resistente a la corrosión y nivel de protección mecánica igual al exigido a los tubos rígidos.

Estos tubos curvables o flexibles tendrán la mínima longitud posible.

Excepcionalmente la entrada del cable al equipo eléctrico podría realizarse mediante cable sin protección mecánica. En este caso, la zona libre (desprotegida) del cable entre la canalización y la entrada al equipo eléctrico tendrá la mínima longitud posible. El proyectista deberá justificar que no existe ningún tipo de riesgo mecánico sobre este cable.

Usando estos tubos protectores, la entrada a aparatos con modo de protección será por prensaestopas (tanto para soluciones fijas como para móviles) que dispongan de un modo de protección compatible con el modo de protección del aparato en cuestión o, en zonas 2 y 22, a través de accesorios adecuados al modo de protección.

Nota: Una clavija de toma de corriente tiene la misma consideración que un equipo eléctrico.

Tabla 4. *Características mínimas para canales protectoras.*

Canales		
Característica	**Grado**	
Dimensión del lado mayor de la sección transversal.	≤ 160 mm.	> 160 mm.
Resistencia al impacto.	Fuerte.	Fuerte.
Temperatura mínima de instalación y servicio.	+15 °C.	–5 °C.
Temperatura máxima de instalación y servicio.	+60 °C.	+60 °C.
Propiedades eléctricas.	Aislante.	Continuidad eléctrica/ aislante.
Resistencia a la penetración de objetos sólidos.	4	No inferior a 2.
Resistencia a la penetración de agua.	No declarada.	
Resistencia a la propagación de la llama.	No propagador.	

GUÍA-BT-29

Usando estas canales protectoras, la entrada a aparatos con modo de protección será siempre por prensaestopas (tanto para soluciones fijas como para móviles) que dispongan de un modo de protección compatible con el modo de protección del aparato en cuestión.

Las canales protectoras metálicas deben ponerse a tierra siguiendo las prescripciones de la **ITC-BT-18.**

Bandejas portacables

Cuando el cableado de las instalaciones fijas se realice mediante bandeja portacables, estas serán conformes a las especificaciones dadas en la Tabla B:

Tabla B. *Características mínimas de las bandejas.*

Bandejas portacables	
Característica	**Grado**
Resistencia al impacto.	5 julios.
Temperatura mínima de instalación y servicio.	–5 °C.
Temperatura máxima de instalación y servicio.	+60 °C.
Propiedades eléctricas.	Continuidad eléctrica/Aislante.
Resistencia a la propagación de la llama.	No propagador.
Resistencia a la corrosión.	2

Puesto que la bandeja no representa una protección mecánica sobre los cables, salvo que el proyectista justifique la ausencia de riesgo mecánico, deberá instalarse cable armado (*véase* **Tabla A**).

El cumplimiento de estas características se realizará según los ensayos indicados en la norma **UNE-EN 61537.**

Las bandejas portacables metálicas deben ponerse a tierra siguiendo las prescripciones de la **ITC-BT-18.**

Las características mínimas para tubos expresadas en la Tabla 3 no son aplicables en el caso de canalizaciones bajo tubo que se conecten a aparatos eléctricos con modo de protección antideflagrante provistos de cortafuegos, en donde el tubo resistirá una presión interna mínima de **3 MPa durante 1 minuto** y será, o bien de acero sin soldadura, galvanizado interior y exteriormente, conforme a la norma **UNE 36582,** o bien conforme a la norma **UNE-EN 50086,** con el grado de resistencia de la Tabla 5:

Tabla 5. *Características mínimas para tubos que se conectan a aparatos eléctricos con modo de protección antideflagrante provistos de cortafuegos.*

Tubos provistos de cortafuegos		
Característica	**Código**	**Grado**
Resistencia a la compresión.	5	Muy Fuerte.
Resistencia al impacto.	5	Muy Fuerte.
Temperatura mínima de instalación y servicio.	3	–15 °C.
Temperatura máxima de instalación y servicio.	2	+90 °C.

Tubos provistos de cortafuegos		
Característica	**Código**	**Grado**
Resistencia al curvado.	1	Rígido.
Propiedades eléctricas.	1	Continuidad eléctrica.
Resistencia a la penetración de objetos sólidos.	5	Contra el polvo.
Resistencia a la penetración del agua.	2	Contra gotas de agua cayendo verticalmente cuando el sistema de tubos está inclinado 15°.
Resistencia a la corrosión de tubos metálicos y compuestos.	4	Protección interior y exterior elevada.
Resistencia a la tracción.	2	Ligero.
Resistencia a la propagación de la llama.	1	No propagador.
Resistencia a las cargas suspendidas.	2	Ligero.

Cuando, por exigencias de la instalación, se precisen tubos flexibles (p. ej.: por existir vibraciones en la conexión del cableado bajo tubo), estos serán metálicos corrugados de material resistente a la oxidación y características semejantes a los rígidos.

Según la Guía Técnica: *normalmente estos tubos flexibles se usan para entrada de cables a aparatos en modo de protección antideflagrante, los cuales por su instalación y/o características en condiciones normales de uso tienen vibraciones, por lo que estos tubos flexibles deben disponer de un adecuado certificado de acuerdo al modo de protección antideflagrante según lo establecido en la norma* ***UNE-EN 60079-1.***

Los tubos con conductividad eléctrica deben conectarse a la red de tierra; su continuidad eléctrica quedará convenientemente asegurada. En el caso de utilizar tubos metálicos flexibles, es necesario que la distancia entre dos puesta a tierra consecutivas de los tubos **no exceda de 10 metros**.

Anexo I

Relación no exhaustiva de normas relacionadas con equipos eléctricos para atmósferas explosivas y en relación con la directiva 2014/34/UE (RD 144/2016).

Gases		
Modo de protección	**Símbolo**	**UNE-EN 60079-x**
Reglas generales.	—	60079-0
Envolvente antideflagrante.	d	60079-1
Presurización interna.	p	60079-2
Relleno pulverulento.	q	60079-5
Inmersión en aceite.	o	60079-6
Seguridad aumentada.	e	60079-7
Seguridad intrínseca.	i	60079-11
Simplificado.	n	60079-15
Encapsulado.	m	60079-18
(Radiación óptica)	op	60079-28

Polvos		
Modo de protección	**Símbolo**	**UNE-EN 60079-x**
Reglas generales.	—	60079-0
Protección por envolvente.	t	60079-31
Presurización interna.	p	60079-2
Seguridad intrínseca.	i	60079-11
Encapsulado.	m	60079-18
Radiación óptica	op	60079-28

Otras			
Modo de protección	Símbolo	UNE-EN 500xx	UNE-EN 60079-x
Cintas calefactoras.	e	–	60079-30-1
Equipos de categoría 1.	–	50284	60079-26
Dispositivos ópticos.	op	–	60079-28

Anexo II

Relación no exhaustiva de normas relacionadas con instalaciones eléctricas para atmósferas explosivas y en relación con la directiva 1999/92/CE (RD 681/2003).

Gases		
Título	UNE-EN 6xxx-x	UNE-EN 60079-x
Clasificación de zonas.	60079-10	60079-10-1
Instalaciones eléctricas.	60079-14	60079-14
Inspección y mantenimiento.	60079-17	60079-17
Reparación.	60079-19	60079-19
Sistemas de seguridad intrínseca.	60079-25	60079-25
Buses de campo (FISCO/FNICO).	60079-27	60079-11
Instalación de cintas calefactoras.	–	60079-30-2

Polvos	
Título	UNE-EN 60079-x
Clasificación de zonas.	60079-10-2
Instalaciones eléctricas.	60079-14
Inspección y mantenimiento.	60079-17
Reparación.	60079-19
Sistemas de seguridad intrínseca.	60079-25

Otras	
Título	**Documento**
Presurización de edificios y salas.	IEC/TR 60079-13
Riesgos de explosión por electricidad estática.	CLC/TR 60079-32-1
Riesgos de explosión por radiofrecuencia.	CLC/TR 50427
Atmósferas explosivas: Conceptos básicos y metodología.	UNE-EN 1127-1

Anexo III
INSTALACIONES ELÉCTRICAS EN GARAJES

III.1. Introducción

A efectos de este documento se entiende que los garajes afectados son aquellos locales destinados a garaje de vehículos excepto aquellos al aire libre.

Los garajes son susceptibles de estar afectados por varias ITC debido a las especiales condiciones que les aplican. Entre estas ITC particulares podemos destacar la **ITC-BT-29,** Prescripciones particulares para las instalaciones eléctricas de los locales con riesgo de incendio o explosión, y la **ITC-BT-28,** Instalaciones en locales de Pública concurrencia, además de lo descrito en la **ITC-BT-20,** Sistemas de instalación, aplicando los principios de selección de la canalización eléctrica en función de las influencias externas según la norma **UNE 204605-52.**

De modo paralelo se incluyen prescripciones aplicables a los garajes según las condiciones de seguridad en caso de incendio al ser también relevantes en lo que se refiere a las condiciones que afectan a la instalación eléctrica.

III.2. Prescripciones generales

Al tratarse los garajes de zonas de especial riesgo de impactos mecánicos, deberán considerarse las siguientes prescripciones ya que en general no existe una separación física entre las zonas de rodadura de los vehículos (incluyendo los bienes transportados) o de estacionamiento de los mismos y las paredes o techos por las que discurren las canalizaciones superficiales. Además, en muchos casos se consideran Locales de Pública Concurrencia por lo que debe prestarse especial atención a la protección de la instalación eléctrica.

En las instalaciones donde puedan producirse choques mecánicos, puede asegurarse la protección mediante uno de los medios siguientes:

1. Las características mecánicas de las canalizaciones.
2. El emplazamiento elegido.
3. La disposición de una protección mecánica complementaria, local o general.
4. La combinación de estas medidas.

En general se considera adecuada una altura de instalación mínima de **2,5 m** o una distancia de separación lateral de **1,25 m**. El proyectista podrá definir distancias diferentes en función de las influencias externas previsibles.

En la medida de lo posible no se dispondrán canalizaciones eléctricas o aparatos (aparamenta eléctrica) por debajo de **1 m** respecto de la superficie del suelo en su punto más alto de la planta.

Tabla III. *Características mínimas para los cables y los sistemas de conducción de cables instalados en superficie en zonas desclasificadas de garajes.*

<table>
<tr><th>Altura de instalación (h)[1]</th><th colspan="3">Sistema de conducción de cable (prescripción mínima)</th><th>Cables</th></tr>
<tr><td rowspan="6">$h \geq 2,5$ m</td><td>Tubos. Serie UNE-EN 61386</td><td colspan="2">Compresión Fuerte[4].
Impacto Medio[3].
Propiedades eléctricas: Continuidad eléctrica/Aislante. No propagador de la llama.</td><td rowspan="2">450/750 V
H07V-K;
H07Z1-K (AS)</td></tr>
<tr><td rowspan="2">Canales. UNE-EN 50085</td><td rowspan="2">Impacto Medio (2 J).
Propiedades eléctricas: Continuidad eléctrica/Aislante. No propagadora de la llama.</td><td>IP 4X o IP XXD o superior y que solo puede abrirse con útil.</td></tr>
<tr><td>IP menor que IP 4X o IP XXD o que puede abrirse sin útil.</td><td rowspan="2">0,6/1 kV
RV
RZ1-K (AS)</td></tr>
<tr><td rowspan="2">Bandejas y bandejas de escalera. UNE-EN 61537</td><td rowspan="2">Impacto 2 julios.
Propiedades eléctricas: Continuidad eléctrica/Aislante.</td><td>No Locales de Pública Concurrencia.</td></tr>
<tr><td>Locales de Pública Concurrencia.</td><td>0,6/1 kV
RZ1-K (AS)</td></tr>
<tr><td colspan="3">Cables fijados directamente sobre las paredes.</td><td>0,6/1 kV
RVMV-K
RZ1MZ1-K (AS)</td></tr>
</table>

Altura de instalación (h)[1]	Sistema de conducción de cable (prescripción mínima)			Cables
1,5 m ≤ *h* < 2,5 m	Tubos. Serie UNE-EN 61386[3]	Compresión Fuerte[4]. Impacto Medio[3]. Propiedades eléctricas: Continuidad eléctrica/Aislante. No propagador de la llama.		**450/750 V** **H07V-K** **H07Z1-K (AS)**
	Canales. UNE-EN 50085	Impacto Medio (2 J). Propiedades eléctricas. Continuidad eléctrica/ Aislante. No propagadora de la llama.	**IP 4X** o **IP XXD** o superior y que solo puede abrirse con útil.	
			IP menor que **IP 4X** o **IP XXD** o que puede abrirse sin útil.	**0,6/1 kV** **RV** **RZ1-K (AS)**
	Bandejas y bandejas de escalera. UNE-EN 61537	Impacto 2 julios. Propiedades eléctricas: Continuidad eléctrica/Aislante. No propagadora de la llama.		**0,6/1 kV** **RVMV-K** **RZ1MZ1-K (AS)**
	Cables fijados directamente sobre las paredes.			
h < 1,5 m [2]	Tubos. Serie UNE-EN 61386	Compresión Fuerte[4]. Impacto Muy Fuerte[5]. Propiedades eléctricas: Continuidad eléctrica/Aislante. No propagador de la llama.		**450/750 V** **H07V-K** **H07Z1-K (AS)**
	Canales. UNE-EN 50085	Impacto: Muy Fuerte (20 J). Propiedades eléctricas: Continuidad eléctrica/Aislante. No propagadora de la llama.	**IP 4X** o **IP XXD** o superior y que solo puede abrirse con útil.	
			IP menor que **IP 4X** o **IP XXD** o que puede abrirse sin útil.	**0,6/1 kV** **RV** **RZ1-K (AS)**
	Bandejas y bandejas de escalera. UNE-EN 61537	Impacto: 20 julios. Propiedades eléctricas: Continuidad eléctrica/Aislante. No propagadora de la llama.		**0,6/1 kV** **RVMV-K** **RZ1MZ1-K (AS)**
	Cables fijados directamente sobre las paredes.			

Nota (1): Medida desde el nivel del suelo en el punto de instalación.

Nota (2): En la medida de lo posible no se dispondrán canalizaciones eléctricas o aparatos (aparamenta eléctrica) por debajo de 1 m respecto de la superficie del suelo en su punto más alto de la planta a fin de evitar el efecto de la posible presencia de gases combustibles.

Nota (3): Cuando los garajes tengan la consideración de locales de pública concurrencia, solamente podrán instalarse cables de reacción al fuego mínima Cca-s1b, d1, a1.

Las características mínimas para los sistemas de conducción de cables para las instalaciones eléctricas de extracción, suministros complementarios y las acometidas a cuadros de sistemas de seguridad contra incendios y sus accionamientos de seguridad, cualquiera que sea su altura de instalación, serán las indicadas en la Tabla III-2.

Tabla III-2. *Características mínimas para los sistemas de conducción de cables para las instalaciones eléctricas de extracción, suministros complementarios y las acometidas a cuadros de sistemas de seguridad contra incendios y sus accionamientos de seguridad instalados en superficie en zonas desclasificadas de garajes.*

Sistema de conducción de cable (prescripción mínima)		
Tubos. Serie UNE-EN 61386	Compresión Fuerte[4]. Impacto Muy Fuerte[5]. Propiedades eléctricas: Continuidad eléctrica/Aislante. No propagador de la llama.	
Canales. UNE-EN 50085	Impacto: Muy Fuerte (20 J). Propiedades eléctricas: Continuidad eléctrica/Aislante. No propagadora de la llama.	**IP 4X** o **IP XXD** o superior y que solo puede abrirse con útil.
		IP menor que **IP 4X** o **IP XXD** o que puede abrirse sin útil.
Bandejas y bandejas de escalera. UNE-EN 61537	Impacto: 20 julios. Propiedades eléctricas: Continuidad eléctrica/Aislante. No propagadora de la llama.	
Cables armados fijados directamente sobre las paredes.		

Nota: Los suministros complementarios se refieren a aquellos definidos en la **ITC-BT-28** apartado 2.3.

Los cables instalados serán adecuados a la altura de instalación según la Tabla III-1. Los cables adecuados para este tipo de circuitos se distinguen en el mercado por las siglas (AS+) y corresponden a la norma **UNE 211025** «Cables con una resistencia intrínseca al fuego destinados a circuitos de seguridad».

Tipo constructivo	Designación
Cables sin pantalla	SZ1-K 300/500 V PH 90 (AS+)
	SZ1-K 0,6/1 kV PH 90 (AS+)

Nota 1: La norma UNE 211025 también incluye las variantes de cables armados y apantallados que puede ser conveniente utilizar en instalaciones particulares.
Nota 2: Los cables de tensión asignada 300/500 V se pueden utilizar en circuitos auxiliares de control.

III.3. Prescripciones particulares

III.3.1. *Garajes según la ITC-BT-29*

En la **ITC-BT-29** se establecen las condiciones para la realización de instalaciones eléctricas en locales con riesgo de incendio o explosión.

En función de la afectación por este riesgo se pueden distinguir dos tipologías:

Garajes clasificados: son aquellos en los que no se han determinado medidas especiales para su desclasificación, y puede existir el riesgo de una atmósfera explosiva, siendo de aplicación expresa la **ITC-BT-29** y su guía técnica. Se deberá tener en cuenta adicionalmente lo dispuesto en este documento en lo referente a las medidas a aplicar por los requisitos de otras ITC del REBT o bien por las condiciones de protección contra incendios respecto a la instalación eléctrica del apartado 4.

Garajes desclasificados: son aquellos en los que se han determinado medidas específicas de desclasificación de la atmósfera explosiva. Las instalaciones se realizarán de acuerdo a lo expuesto en este anexo III, así como las ITC del REBT que el proyectista considere aplicables.

III.3.2. *Método de desclasificación de garajes*

Se detalla a continuación un caso muy concreto, pero que por su controversia se considera de gran importancia, en el que se indican una serie de prescripciones a seguir para el caso de los garajes en edificios o construcciones similares para vehículos ligeros que en general no superen los 3.500 kg. Para el caso de aparcamientos o garajes que puedan albergar vehículos de características diferentes (por ejemplo, autobuses, camiones o grandes furgonetas), los considerandos siguientes puede que no se cumplan, por lo que será necesario realizar un estudio en detalle en función de los volúmenes reales ocupados por cada plaza, la distribución de vehículos por la naturaleza de su combustible, las tasas de escape esperadas, etc.

1.° Puesto que los vehículos por sí mismos poseen fuentes de ignición no controladas, en la medida de lo posible, se debe dotar a los garajes de la suficiente ventilación permanente que permita desclasificarlos frente al riesgo de presencia de atmósferas explosivas.

2.° Existe la siguiente distribución de riesgos en función del tipo de combustible que utilizan los vehículos del parque automovilista actual de vehículos ligeros, que no superan los 3.500 kg.

- Vehículos de **Gasoil ≈ 54 %** del parque automovilístico actual.
  Punto de inflamación del **Gasoil > 55 °C**.
- Vehículos de Gasolina ≈ 45 % del parque automovilístico actual, de los que el 75 % son posteriores a 1992.
  Punto de inflamación de la **Gasolina < 20 °C**.
- Vehículos de **GLP y GN ≈ 1 %** del parque automovilístico actual.
  Punto de inflamación de los **GLP << 0 °C**.
- Vehículos eléctricos de carretera.

3.º En función de esta distribución deberán tenerse en cuenta las siguientes medidas:

- **Gasoil:** si la temperatura del combustible almacenado en los depósitos de los vehículos de gasoil existentes en un garaje no alcanza este valor en condiciones normales, no se alcanza el LIE (límite inferior de explosividad) del gasoil y no es necesario clasificar las zonas teniendo en cuenta este combustible.
- **Gasolina:** en condiciones ambientales normales se supera la temperatura de su punto de inflamación y, por tanto, en el entorno próximo a la fuente de emisión se alcanza la concentración del LIE de la gasolina. A efectos de la clasificación de zonas se deberá tomar en cuenta este combustible.
- **GLP y GN:** en condiciones ambientales normales se supera la temperatura de su punto de inflamación y, por tanto, en el entorno próximo a la fuente de emisión se alcanza la concentración del LIE del GLP y GN. A efectos de la clasificación de zonas se deberá tomar en cuenta este combustible.
- **Baterías de vehículos eléctricos de carretera:** no son necesarios requisitos especiales de clasificación de áreas para los vehículos eléctricos cuyas baterías sean de Li-ION o de Ni-MH.

III.3.3. *Garajes según la ITC-BT-28*

Los garajes de pública concurrencia, además de lo indicado en este anexo, cumplirán con **ITC-BT-28** y el CTE.

Se consideran garajes de pública concurrencia los siguientes:

1. Los garajes considerados de uso público.
2. Los garajes que forman parte de un edificio considerado como Local de Pública Concurrencia (LPC).
3. Los garajes vinculados a una actividad sujeta a horarios y con una superficie mayor de **1.500 m^2**, y
4. Los estacionamientos de uso público, cerrados y cubiertos para más de 5 vehículos para cualquier ocupación.

III.4. Otras consideraciones relativas al riesgo de incendio

En general respecto a las condiciones de seguridad contra incendios se aplicará lo dispuesto en el CTE DB-SI.

Los elementos de la instalación eléctrica del sistema de extracción de humos del garaje deberán cumplir los requisitos del **CTE DB-SI3 apdo. 8.**

ITC-BT-30

INSTALACIONES EN LOCALES DE CARACTERÍSTICAS ESPECIALES

Índice

1 Instalaciones en locales húmedos 500

1.1. Canalizaciones eléctricas 500
1.2. Aparamenta 502
1.3. Receptores de alumbrado y aparatos portátiles de alumbrado 502

2 Instalaciones en locales mojados 503

2.1. Canalizaciones 503
2.2. Aparamenta 504
2.3. Dispositivos de protección 504
2.4. Aparatos móviles o portátiles 504
2.5. Receptores de alumbrado 504

3 Instalaciones en locales con riesgo de corrosión 504

4 Instalaciones en locales polvorientos sin riesgo de incendio o explosión 505

5 Instalaciones en locales a temperatura elevada 505

6 Instalaciones en locales a muy baja temperatura 506

7 Instalaciones en locales en que existan baterías de acumuladores 506

8 Instalaciones en locales afectos a un servicio eléctrico 507

9 Instalaciones en otros locales de características especiales 508

9.1. Clasificación de las influencias externas 508

1. Instalaciones en locales húmedos

Locales o emplazamientos húmedos son aquellos cuyas condiciones ambientales se manifiestan momentánea o permanentemente bajo la forma de condensación en el techo y paredes, manchas salinas o moho aun cuando no aparezcan gotas, ni el techo o paredes estén impregnados de agua.

En estos locales o emplazamientos el material eléctrico, cuando no se utilicen muy bajas tensiones de seguridad **(MBTS)**, cumplirá con las siguientes condiciones:

1.1. Canalizaciones eléctricas

Las canalizaciones serán estancas, utilizándose, para terminales, empalmes y conexiones de las mismas, sistemas o dispositivos que presenten el grado de protección correspondiente a la caída vertical de gotas de agua **(IP X1)**. Este requisito lo deberán cumplir las canalizaciones prefabricadas.

1.1.1. Instalación de conductores y cables aislados en el interior de tubos

Los conductores tendrán una tensión asignada de **450/750 V** y discurrirán por el interior de tubos:

- **Empotrados:** según lo especificado en la Instrucción **ITC-BT-21.**
- **En superficie:** según lo especificado en la **ITC-BT-21,** pero que dispondrán de **un grado de resistencia a la corrosión 3.**

GUÍA-BT-30

Los cables de instalación habitual con estas características son:

Tipo de cable		Norma
H07V-K	Conductor unipolar aislado de tensión asignada **450/750 V**, con conductor de cobre clase 5 (–K) y aislamiento de policloruro de vinilo (V).	UNE 21031-3
H07Z1-K (AS)	Conductor no propagador del incendio, unipolar aislado de tensión asignada **450/750 V**, conductor de cobre clase 5 (–K), aislamiento de compuesto termoplástico a base de poliolefina con baja emisión de humos y gases corrosivos (Z1).	UNE 211002

1.1.2. Instalación de cables aislados con cubierta en el interior de canales aislantes

Se instalarán en superficie y las conexiones, empalmes y derivaciones se realizarán en el interior de cajas.

GUÍA-BT-30

Los cables de instalación habitual son:

Tipo de cable		Norma
H07RN-F	Cable de tensión asignada **450/750 V**, con conductor de cobre clase 5 apto para servicios móviles (−F), aislamiento de compuesto de goma (R) y cubierta de policloropreno (N).	UNE 21027-4
RZ1MZ1-K (AS)	Cable no propagador del incendio, de tensión asignada **450/750 V**, con conductor de cobre clase 5 apto para servicios móviles (−F), aislamiento y cubierta de compuesto reticulado con baja emisión de humos y gases corrosivos (Z).	UNE 21027-13
RV-K	Cable de tensión asignada **0,6/1 kV**, con conductor de cobre clase 5 (−K), aislamiento de polietileno reticulado (R) y cubierta policloruro de vinilo (V).	UNE 21123-2
RZ1-K (AS)	Cable no propagador del incendio, de tensión asignada **0,6/1 kV** con conductor de cobre clase 5 (−K), aislamiento de polietileno reticulado (R) y cubierta de compuesto termoplástico a base de poliolefina con baja emisión de humos y gases corrosivos (Z1).	UNE 21123-4

1.1.3. Instalación de cables aislados y armados con alambres galvanizados sin tubo protector

Los conductores tendrán una tensión asignada de **0,6/1 kV** y discurrirán por:

- En el interior de huecos de la construcción.
- Fijados en superficie mediante dispositivos hidrófugos y aislantes.

GUÍA-BT-30

Los cables de instalación habitual son:

Tipo de cable		Norma
RVMV-K	Cable de tensión asignada **0,6/1 kV**, con aislamiento de polietileno reticulado (R), cubierta interna de PVC (V), armadura de alambres de acero galvanizado (M) y cubierta externa de PVC (V), con conductor de cobre flexible clase 5 (–K).	UNE 21123
RZ1MZ1-K (AS)	Cable no propagador del incendio, de tensión asignada **0,6/1 kV**, con aislamiento de polietileno reticulado (R), cubierta interna libre de halógenos (Z1), armadura de alambres de acero galvanizado (M) y cubierta externa libre de halógenos (Z1) y conductor de cobre flexible clase 5 (–K).	UNE 21123
RV-K	Cable de tensión asignada **0,6/1 kV**, con conductor de cobre clase 5 (–K), aislamiento de polietileno reticulado (R) y cubierta policloruro de vinilo (V).	UNE 21123-2
RZ1-K (AS)	Cable no propagador del incendio, de tensión asignada **0,6/1 kV** con conductor de cobre clase 5 (–K), aislamiento de polietileno reticulado (R) y cubierta de compuesto termoplástico a base de poliolefina con baja emisión de humos y gases corrosivos (Z1).	UNE 21123-4

Nota: Para cables unipolares, la armadura es de aluminio en lugar de acero galvanizado.

Con posterioridad a la publicación del REBT se publicó la norma UNE-EN 61537 **«Sistemas de bandejas y bandejas de escalera para conducción de cables»,** el cual, como sistema de instalación, ya se encuentra definido en la **ITC-BT-20** apto. 2.2.9.

1.2. Aparamenta

Las cajas de conexión, interruptores, tomas de corriente y, en general, toda la aparamenta utilizada deberán presentar el grado de protección correspondiente a la caída vertical de gotas de agua, **IP X1**. Sus cubiertas y las partes accesibles de los órganos de accionamiento **no serán metálicas.**

1.3. Receptores de alumbrado y aparatos portátiles de alumbrado

Los receptores de alumbrado estarán protegidos contra la caída vertical de agua, **IP X1** y **no serán de clase 0.**

Los aparatos de alumbrado portátiles serán de la **Clase II,** según la Instrucción **ITC-BT-43.**

2. Instalaciones en locales mojados

Locales o emplazamientos mojados son aquellos en que los suelos, techos y paredes estén o puedan estar impregnados de humedad y donde se vean aparecer, aunque solo sea temporalmente, lodo o gotas gruesas de agua debido a la condensación o bien estar cubiertos con vaho durante largos períodos.

Se considerarán como locales o emplazamientos mojados los lavaderos públicos, las fábricas de apresto, tintorerías, etc., así como las **instalaciones a la intemperie.**

En estos locales o emplazamientos se cumplirán, además de las condiciones para locales húmedos del apartado 1, las siguientes:

2.1. Canalizaciones

Las canalizaciones serán estancas, utilizándose para terminales, empalmes y conexiones de los mismos sistemas y dispositivos que presenten el grado de protección correspondiente a las proyecciones de agua, IP X4. Las canalizaciones prefabricadas tendrán el mismo grado de protección IP X4.

2.1.1. Instalación de conductores y cables aislados en el interior de tubos

Los conductores tendrán una tensión asignada de **450/750 V** y discurrirán por el interior de tubos:

- **Empotrados:** según lo especificado en la **ITC-BT-21.**
- **En superficie:** según lo especificado en **la ITC-BT-21,** pero que dispondrán de un **grado de resistencia a la corrosión 4.**

2.1.2. Instalación de cables aislados con cubierta en el interior de canales aislantes

Los conductores* tendrán una tensión asignada de **450/750 V** y discurrirán por el interior de canales que se instalarán en superficie y las conexiones, empalmes y derivaciones se realizarán en el interior de cajas.

* ***Según la Guía Técnica:*** *los cables habitualmente utilizados en este tipo de instalación son los mismos que los indicados en el apartado 1.1.1.*

2.2. Aparamenta

Se instalarán los aparatos de mando y protección y tomas de corriente fuera de estos locales. Cuando esto no se pueda cumplir, los citados aparatos serán del tipo protegido contra las proyecciones de agua, IP X4, o bien se instalarán en el interior de cajas que les proporcionen un grado de protección equivalente.

2.3. Dispositivos de protección

De acuerdo con lo establecido en la **ITC-BT-22,** se instalará, en cualquier caso, un dispositivo de protección en el origen de cada circuito derivado de otro que penetre en el local mojado.

2.4. Aparatos móviles o portátiles

Queda prohibida en estos locales la utilización de aparatos móviles o portátiles, excepto cuando se utilice como sistema de protección la separación de circuitos o el empleo de muy bajas tensiones de seguridad, **MBTS** según la Instrucción **ITC-BT-36.**

2.5. Receptores de alumbrado

Los receptores de alumbrado estarán protegidos contra las proyecciones de agua, IP X4. **No serán de clase 0.**

3. Instalaciones en locales con riesgo de corrosión

Locales o emplazamientos con riesgo de corrosión son aquellos en los que existan gases o vapores que puedan atacar a los materiales eléctricos utilizados en la instalación.

Se considerarán como locales con riesgo de corrosión las fábricas de productos químicos, depósitos de estos, etc.

En estos locales o emplazamientos se cumplirán las prescripciones señaladas para las instalaciones en locales mojados, debiendo protegerse, además, la parte exterior de los aparatos y canalizaciones con un revestimiento inalterable a la acción de dichos gases o vapores.

4. Instalaciones en locales polvorientos sin riesgo de incendio o explosión

Los locales o emplazamientos polvorientos son aquellos en que los equipos eléctricos están expuestos al contacto con el polvo en cantidad suficiente como para producir su deterioro o un defecto de aislamiento.

En estos locales o emplazamientos se cumplirán las siguientes condiciones:

- Las canalizaciones eléctricas prefabricadas o no, tendrán un grado de protección mínimo IP 5X (considerando la envolvente como categoría 1 según la norma **UNE 20324**), salvo que las características del local exijan uno más elevado.
- Los equipos o aparamenta utilizados tendrán un grado de protección mínimo IP 5X (considerando la envolvente como categoría 1 según la norma **UNE 20324**) o estarán en el interior de una envolvente que proporcione el mismo grado de protección IP 5X, salvo que las características del local exijan uno más elevado.

5. Instalaciones en locales a temperatura elevada

Locales o emplazamientos a temperatura elevada son aquellos donde la temperatura del aire ambiente es susceptible de sobrepasar **frecuentemente** los 40 °C, o bien se mantiene **permanentemente** por encima de los 35 °C.

En estos locales o emplazamientos se cumplirán las siguientes condiciones:

- Los cables aislados con materias plásticas o elastómeras podrán utilizarse para una temperatura ambiente de hasta 50 °C aplicando el factor de reducción, para los valores de la intensidad máxima admisible, señalados en la norma **UNE 20460-5-523** (anulada y sustituida por UNE-HD 60364-5-52).

  Para temperaturas ambientes superiores a 50 °C se utilizarán cables especiales con un aislamiento que presente una mayor estabilidad térmica.
- En estos locales son admisibles las canalizaciones con conductores desnudos sobre soportes aislantes. Los soportes estarán construidos con un material cuyas propiedades y estabilidad queden garantizadas a la temperatura de utilización.
- Los aparatos utilizados deberán poder soportar los esfuerzos resultantes a que se verán sometidos debido a las condiciones ambientales. Su temperatura de funcionamiento a plena carga no deberá sobrepasar el valor máximo fijado en la especificación del material.

GUÍA-BT-30

Tipos de cable que cumplen con la característica de tener una mayor estabilidad térmica son:

Tipo de cable		Norma
H07V2-K	Conductor unipolar aislado de tensión asignada 450/750 V, con conductor de cobre clase 5 (–K) y aislamiento de compuesto de policloruro de vinilo (V2) (temperatura máxima del conductor 90 °C).	UNE 21031-7
H07G-K	Conductor unipolar aislado de tensión asignada 450/750 V, con conductor de cobre clase 5 (–K) y aislamiento de goma resistente al calor (G).	UNE 21027-7

6. Instalaciones en locales a muy baja temperatura

Locales o emplazamientos a muy baja temperatura son aquellos donde pueden presentarse y mantenerse temperaturas ambientales inferiores a –20 °C.

Se considerarán como locales a temperatura muy baja las cámaras de congelación de las plantas frigoríficas.

En estos locales o emplazamientos se cumplirán las siguientes condiciones:

- El aislamiento y demás elementos de protección del material eléctrico utilizado deberá ser tal que no sufra deterioro alguno a la temperatura de utilización.
- Los aparatos eléctricos deberán poder soportar los esfuerzos resultantes a que se verán sometidos debido a las condiciones ambientales.

7. Instalaciones en locales en que existan baterías de acumuladores

Los locales en que deban disponerse baterías de acumuladores con posibilidad de desprendimiento de gases **se considerarán como locales o emplazamientos con riesgo de corrosión** debiendo cumplir, además de las prescripciones señaladas para estos locales, las siguientes:

- El equipo eléctrico utilizado estará protegido contra los efectos de vapores y gases desprendidos por el electrolito.
- Los locales deberán estar provistos de una ventilación natural o forzada que garantice una renovación perfecta y rápida del aire. Los vapores evacuados no deben penetrar en locales contiguos.

- La iluminación artificial se realizará únicamente mediante lámparas eléctricas de incandescencia o de descarga.
- Las luminarias serán de material apropiado para soportar el ambiente corrosivo y evitar la penetración de gases en su interior.
- Los acumuladores que no aseguren por sí mismos y permanentemente un aislamiento suficiente entre partes en tensión y tierra deberán ser instalados con un aislamiento suplementario. Este aislamiento no podrá ser afectado por la humedad.
- Los acumuladores estarán dispuestos de manera que pueda realizarse fácilmente la sustitución y el mantenimiento de cada elemento. **Los pasillos** de servicio tendrán una anchura mínima de **0,75 m**.
- Si la tensión de servicio en corriente continua es **superior a 75 voltios** con relación a tierra y existen partes desnudas bajo tensión que puedan tocarse inadvertidamente, el **suelo** de los pasillos de servicio será eléctricamente **aislante.**
- Las **piezas desnudas bajo tensión,** cuando entre estas existan tensiones superiores a **75 voltios** en corriente continua, deberán instalarse de manera que sea **imposible tocarlas simultánea** e inadvertidamente.

8. Instalaciones en locales afectos a un servicio eléctrico

Locales o emplazamientos afectos a un servicio eléctrico son aquellos que se destinan a la explotación de instalaciones eléctricas y, en general, solo tienen acceso a los mismos personas cualificadas para ello. Se considerarán como locales o emplazamientos afectos a un servicio eléctrico los laboratorios de ensayos, las salas de mando y distribución instaladas en locales independientes de las salas de máquinas de centrales, centros de transformación, etc.

En estos locales se cumplirán las siguientes condiciones:

- Estarán obligatoriamente **cerrados con llave** cuando no haya en ellos personal de servicio.
- El acceso a estos locales deberá tener al menos una altura libre de **2 m** y una anchura mínima de **0,7 m**. Las puertas se abrirán hacia el exterior.
- Si la instalación contiene instrumentos de medida que deban ser observados o aparatos que haya que manipular constante o habitualmente, tendrá un pasillo de servicio de una anchura mínima de **1,10 m**. No obstante, ciertas partes del local o de la instalación que no estén bajo tensión podrán sobresalir en el pasillo de servicio, siempre que su anchura no quede reducida en esos lugares a menos de **0,80 m**. Cuando existan a los lados del pasillo de servicio piezas

desnudas bajo tensión, no protegidas, aparatos a manipular o instrumentos a observar, la distancia entre equipos eléctricos instalados enfrente unos de otros será, como mínimo, de **1,30 m**.

- El pasillo de servicio tendrá una altura de **1,90 m**, como mínimo. Si existen en su parte superior piezas no protegidas bajo tensión, la altura libre hasta esas piezas no será inferior a **2,30 m**.
- Solo se permitirá colocar en el pasillo de servicio los objetos necesarios para el empleo de aparatos instalados.
- Los locales que tengan personal de servicio permanente estarán dotados de un **alumbrado de seguridad.**
- Los locales que estén bajo rasante deberán disponer de un **sumidero.**

9. Instalaciones en otros locales de características especiales

Cuando en los locales o emplazamientos donde se tengan que establecer instalaciones eléctricas concurran circunstancias especiales no especificadas en estas Instrucciones y que puedan originar peligro para las personas o cosas, se tendrá en cuenta lo siguiente:

- Los equipos eléctricos deberán seleccionarse e instalarse en función de las influencias externas definidas en la norma **UNE 20460-3** (anulada y sustituida por UNE-HD 60364-1), a las que dichos materiales pueden estar sometidos de forma que garanticen su funcionamiento y la fiabilidad de las medidas de protección.
- Cuando un equipo no posea, por su construcción, las características correspondientes a las influencias externas del local (o las derivadas de su ubicación), podrá utilizarse a condición de que se le proporcione, durante la realización de la instalación, una protección complementaria adecuada. Esta protección no deberá perjudicar las condiciones de funcionamiento del material así protegido.
- Cuando se produzcan simultáneamente diferentes influencias externas, sus efectos podrán ser independientes o influirse mutuamente, y los grados de protección deberán seleccionarse en consecuencia.

9.1. Clasificación de las influencias externas

La norma **UNE 20460-3** (anulada y sustituida por UNE-HD 60364-1) establece una clasificación y una codificación de las influencias que deben ser tenidas en cuenta para el proyecto y la ejecución de las instalaciones eléctricas.

Esta codificación no está prevista para su utilización el marcado de los equipos.

ITC-BT-31

INSTALACIONES CON FINES ESPECIALES. PISCINAS Y FUENTES

Índice

1 **Campo de aplicación** 510

2 **Piscinas y pediluvios** 510

2.1. Clasificación de los volúmenes 510
2.2. Prescripciones generales 511

3 **Fuentes** 515

3.1. Requisitos del volumen 0 y 1 de las fuentes 515
3.2. Conexión equipotencial suplementaria 516
3.3. Protección contra la penetración del agua en los equipos eléctricos 516
3.4. Canalizaciones 516

4 **Prescripciones particulares de equipos eléctricos de baja tensión instalados en el volumen 1 de las piscinas y otros baños** 516

1. Campo de aplicación

Esta ITC trata de las prescripciones de las instalaciones eléctricas de las piscinas, pediluvios y fuentes ornamentales.

2. Piscinas y pediluvios

2.1. Clasificación de los volúmenes

Se definen los volúmenes sobre los cuales se indican las medidas de protección que se enumeran en los apartados siguientes, como:

a) **Volumen 0:** este volumen comprende el interior de los recipientes, incluyendo cualquier canal en las paredes o suelos, y los pediluvios o el interior de los inyectores de agua o cascadas.

b) **Volumen 1:** este volumen está limitado por:

- — Volumen 0.
- — Un plano vertical a **2 m** del borde del recipiente.
- — El suelo o la superficie susceptible de ser ocupada por personas.
- — El plano horizontal a **2,5 m** por encima del suelo o la superficie.

Cuando la piscina contiene trampolines, bloques de salida de competición, toboganes u otros componentes susceptibles de ser ocupados por personas, el volumen 1 comprende la zona limitada por:

- — Un plano vertical situado a **1,5 m** alrededor de los trampolines, bloques de salida de competición, toboganes y otros componentes tales como esculturas, recipientes decorativos.
- — El plano horizontal situado **2,5 m** por encima de la superficie más alta destinada a ser ocupada por personas.

c) **Volumen 2:** este volumen está limitada por:

- — El plano vertical externo al volumen 1 y el plano paralelo a **1,5 m** del anterior.
- — El suelo o superficie destinada a ser ocupada por personas y el plano horizontal situado a **2,5 m** por encima del suelo o superficie.

No existe volumen 2 para fuentes. Ejemplos de estos volúmenes se indican en las Figuras 1, 2, 3, 4 y 5.

En las Figuras 3 y 4 se presentan dos ejemplos de cómo los paramentos o muros aislantes modifican los volúmenes definidos en las Figuras 1 y 2.

Los cuartos de máquinas, definidos como aquellos locales que tengan como mínimo un equipo eléctrico para el uso de la piscina, podrán estar ubicados en cualquier lugar, siempre y cuando sean **inaccesibles para todas las personas no autorizadas.**

Dichos locales cumplirán lo indicado en la **ITC-BT-30** para locales húmedos o mojados, según corresponda.

2.2. Prescripciones generales

Los equipos eléctricos (incluyendo canalizaciones, empalmes, conexiones, etc.) presentarán el grado de protección siguiente, de acuerdo con la **UNE 20324:**

Volumen 0	**IP X8**	
Volumen 1	**IP X5**	
	IP X4	Para piscinas en el interior de edificios que normalmente no se limpian con chorros de agua.
Volumen 2	**IP X2**	Para ubicaciones interiores.
	IP X4	Para ubicaciones en el exterior.
	IP X5	En aquellas localizaciones que puedan ser alcanzadas por los chorros de agua durante las operaciones de limpieza.

Cuando se usa **MBTS,** cualquiera que sea su tensión asignada, la protección contra los contactos directos debe proporcionarse mediante:

- Barreras o cubiertas que proporcionen un grado de protección mínimo **IP 2X** o **IP XXB,** según **UNE 20324,** o
- Un aislamiento capaz de soportar una tensión de ensayo de **500 V** en corriente alterna, durante **1 minuto**.

Las medidas de protección contra los contactos directos por medio de obstáculos o por puesta fuera de alcance por alejamiento no son admisibles.

No se admitirán las medidas de protección contra contactos indirectos mediante locales no conductores ni por conexiones equipotenciales no conectadas a tierra.

Todos los elementos conductores de los volúmenes 0, 1 y 2 y los conductores de protección de todos los equipos con partes conductoras accesibles situados en estos volúmenes deben conectarse a una **conexión equipotencial suplementaria local.** Las partes conductoras incluyen los suelos no aislados.

Con la excepción de las fuentes mencionadas en el capítulo siguiente, en los volúmenes 0 y 1, solo se admite protección mediante **MBTS** a tensiones asignadas no superiores a **12 V** en corriente alterna o **30 V** en corriente continua. La fuente de alimentación de seguridad se instalará fuera de los volúmenes 0, 1 y 2.

En el volumen 2 y los equipos para uso en el interior de recipientes que solo estén destinados a funcionar cuando las personas están fuera del volumen 0, deben alimentarse por circuitos protegidos:

- Bien por **MBTS,** con la fuente de alimentación de seguridad instalada fuera de los volúmenes 0,1 y 2, o
- Bien por desconexión automática de la alimentación, mediante un interruptor diferencial de corriente máxima **30 mA**, o
- Por separación eléctrica cuya fuente de separación alimente un único elemento del equipo y que esté instalada fuera del volumen 0, 1 y 2.

Las tomas de corriente de los circuitos que alimentan los equipos para uso en el interior de recipientes que solo estén destinados a funcionar cuando las personas están fuera de el volumen 0, así como el dispositivo de control de dichos equipos, deben incorporar una **señal de advertencia al usuario** de que dicho equipo solo debe usarse cuando la piscina no está ocupada por personas.

NOTA

Tabla A. *Cuadro resumen de sistemas de protección para piscinas.*

Volumen 0	**MBTS (12 V AC/ 30 V CC)**	Fuente de alimentación fuera de los volúmenes 0, 1 y 2.
Volumen 1		
Volumen 2 (una opción)	**MBTS (50 V AC/ 75 V CC)**	Fuente de alimentación fuera de los volúmenes 0, 1 y 2.
	Interruptor diferencial	$I_{dif.} \leq 30$ mA.
	Separación eléctrica	Alimenta a un único elemento y fuente de alimentación fuera de los volúmenes 0, 1 y 2.

2.2.1. Canalizaciones

En el volumen 0 **ninguna canalización se encontrará en el interior de la piscina al alcance de los bañistas. No** se instalarán **líneas aéreas** por encima de los volúmenes 0, 1 y 2 o de cualquier estructura comprendida dentro de dichos volúmenes.

En los volúmenes 0, 1 y 2, las canalizaciones no tendrán cubiertas metálicas accesibles. Las cubiertas metálicas no accesibles estarán unidas a una línea equipotencial suplementaria.

Los cables y su instalación en los volúmenes 0, 1 y 2 serán de las características indicadas en la **ITC-BT-30,** para los **locales mojados.**

2.2.2. Cajas de conexión

En los volúmenes 0 y 1 no se admitirán cajas de conexión, salvo que en el volumen 1 se admitirán cajas para muy baja tensión de seguridad **(MBTS)** que deberán poseer un grado de protección **IP X5** y ser de material aislante. Para su apertura será necesario el empleo de un útil o herramienta; su unión con los tubos de las canalizaciones debe conservar el grado de protección **IP X5.**

2.2.3. Luminarias

Las luminarias para uso en el agua o en contacto con el agua deben cumplir con la norma **UNE-EN 60598-2-18.**

Las luminarias colocadas bajo el agua en hornacinas o huecos detrás de una mirilla estanca y cuyo acceso solo sea posible por detrás deberán cumplir con la parte correspondiente de norma **UNE-EN 60598** y se instalarán de manera que no pueda haber ningún contacto intencionado o no entre partes conductoras accesibles de la mirilla y partes metálicas de la luminaria, incluyendo su fijación.

2.2.4. Aparamenta y otros equipos

Elementos tales como interruptores, programadores y bases de toma de corriente **no deben instalarse en los volúmenes 0 y 1.**

No obstante, **para las piscinas pequeñas,** en las que la instalación de bases de toma de corriente fuera del volumen 1 no sea posible, se admitirán bases de toma de corriente, preferentemente no metálicas, si se instalan fuera del alcance de la mano (al menos **1,25 m**) a partir del límite del volumen 0 y al menos **0,3 metros** por encima del suelo, estando protegidas, además, por una de las medidas siguientes:

- Protegidas por **MBTS,** de tensión nominal no superior a **25 V** en corriente alterna o **60 V** en corriente continua, estando instalada la fuente de seguridad fuera de los volúmenes 0 y 1.
- Protegidas por corte automático de la alimentación mediante un dispositivo de protección por corte **diferencial**-residual de corriente nominal como máximo igual a **30 mA**.
- **Alimentación individual por separación eléctrica,** estando la fuente de separación fuera de los volúmenes 0 y 1.

En el volumen 2 se podrán instalar base de toma de corriente e interruptores siempre que estén protegidos por una de las siguientes medidas:

- **MBTS,** con la fuente de seguridad instalada fuera de los volúmenes 0, 1 y 2 protegidas por corte automático de la alimentación mediante un dispositivo de protección por corte **diferencial**-residual de corriente nominal como máximo igual a **30 mA**.
- **Alimentación individual por separación eléctrica,** estando la fuente de separación fuera de los volúmenes 0, 1 y 2.

En los **volúmenes 0 y 1** solo se podrán instalar equipos de uso específico en piscinas, si cumplen las prescripciones del **capítulo 3** siguiente.

Los equipos destinados a utilizarse únicamente cuando las personas están fuera del volumen 0 se podrán colocar en cualquier volumen si se alimentan por circuitos protegidos por una de las siguientes formas:

- Bien por **MBTS,** con la fuente de alimentación de seguridad instalada fuera de los volúmenes 0,1 y 2, o
- Bien por desconexión automática de la alimentación, mediante un interruptor **diferencial** de corriente máxima **30 mA**, o
- Por **separación eléctrica** cuya fuente de separación alimente un único elemento del equipo y que esté instalada fuera del volumen 0, 1 y 2.

Las bombas eléctricas deberán cumplir lo indicado en **UNE-EN 60335-2-41.**

Los eventuales elementos **calefactores eléctricos** instalados debajo del suelo de la piscina se admiten si cumplen una de las siguientes condiciones:

- Estén protegidos por **MBTS,** estando la fuente de seguridad instalada fuera de los volúmenes 0, 1 y 2, o
- Están **blindados por una malla o cubierta metálica puesta a tierra o unida a la línea equipotencial** suplementaria mencionada en el apartado 2.2.1 y que sus circuitos de alimentación estén protegidos por un dispositivo de corriente **diferencial**-residual de corriente nominal como máximo de **30 mA**.

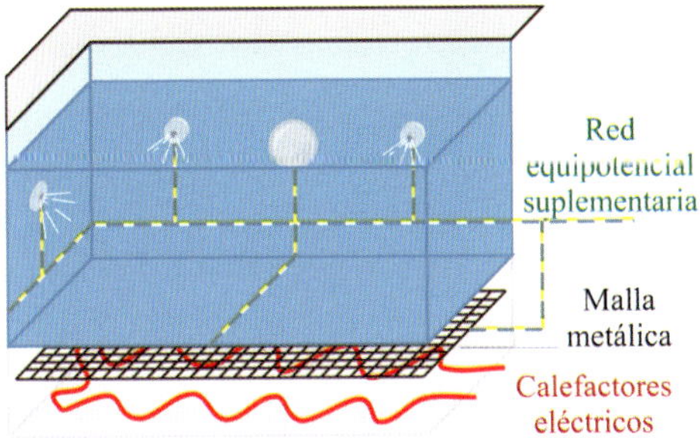

3. Fuentes

En las fuentes se diferencian solo dos volúmenes 0 y 1 tal como se describe en la Figura 5.

3.1. Requisitos del volumen 0 y 1 de las fuentes

Se deberán emplear una de las siguientes medidas de protección:

- Protección mediante **(MBTS)** muy baja tensión de seguridad hasta un valor de **12 V** en corriente alterna o **30 V** en corriente continua. La protección contra el contacto directo debe estar asegurada.
- Corte automático mediante dispositivo de protección por corriente **diferencial**-residual asignada no superior a **30 mA**.
- **Separación eléctrica** mediante fuente situada fuera del volumen 0.

Para poder cumplir las medidas de protección anteriores, se requiere además que:

- **El equipo eléctrico sea inaccesible,** por ejemplo, por rejillas que solo puedan retirarse mediante herramientas apropiadas.
- Se utilicen solo **equipos de Clase I o III** o especialmente diseñados para fuentes.
- Las **luminarias** cumplan lo indicado en la norma **UNE-EN 60598-2-18.**
- Las **bases de enchufe no están permitidas** en estos volúmenes.
- Las **bombas eléctricas** cumplan lo indicado en la norma **UNE-EN 60335-2-41.**

3.2. Conexión equipotencial suplementaria

En los volúmenes 0 y 1 debe instalarse una conexión equipotencial suplementaria local. Todas las partes conductoras accesibles de tamaño apreciable, por ejemplo, surtidores, elementos metálicos y sistemas de tuberías metálicas, deberán estar interconectadas conductivamente por un conductor de conexión equipotencial.

3.3. Protección contra la penetración del agua en los equipos eléctricos

Los equipos eléctricos deberán tener un grado de protección mínimo contra la penetración del agua, según:

- **Volumen 0:** IP X8.
- **Volumen 1:** IP X5.

3.4. Canalizaciones

Los cables resistirán permanentemente los efectos ambientales en el lugar de la instalación.

En los volúmenes 0 y 1 solo se permiten aquellos cables necesarios para alimentar al equipo receptor permanentemente instalado en estas zonas.

Los cables para el equipo eléctrico en el volumen 0 deben instalarse lo más lejos posible del borde de la pileta.

En los volúmenes 0 y 1 los cables y su instalación serán de las características indicadas en la **ITC-BT-30,** para **locales mojados** y los cables deberán colocarse mecánicamente protegidos en el interior de **canalizaciones** que cumplan la **resistencia al impacto, código 5,** según **UNE-EN 50086-1.**

4. Prescripciones particulares de equipos eléctricos de baja tensión instalados en el volumen 1 de las piscinas y otros baños

Los equipos eléctricos fijos especialmente destinados a ser utilizados en las piscinas y otros baños (por ejemplo, equipo de filtrado, contracorrientes, etc.) alimentados en baja tensión, que no sea **MBTS,** limitada a 12 V en corriente alterna o 30 V en corriente continua, se admiten en el volumen 1, siempre que cumplan los siguientes requisitos:

a) Los equipos eléctricos deberán estar situados en un recinto cuyo aislamiento sea equivalente a un aislamiento suplementario y con una **protección mecánica AG2** (choques medios), según **UNE 20460-3** (anulada y sustituida por UNE-HD 60364-1).

b) Los equipos eléctricos no deben ser accesibles más que por un registro (o puerta), por medio de una llave o un útil. La apertura del registro (o de la puerta) debe cortar todos los conductores activos de los equipos. La instalación del dispositivo de seccionamiento y la entrada del cable debe ser de **Clase II** o tener una protección equivalente.

c) Cuando el registro (o puerta) esté abierta, el grado de protección para los equipos eléctricos debe ser al menos **IPX XB** según **UNE 20324.**

d) La alimentación de estos equipos estará protegida:

— Bien por **MBTS** con una tensión asignada no superior a **25 V** en corriente alterna o **60 V** en corriente continua, siempre que la fuente de alimentación de seguridad esté situada fuera de los volúmenes 0, 1 y 2, o

— Bien por un dispositivo de corte **diferencial** como máximo de **30 mA**, o

— Por **separación eléctrica,** cuya fuente de separación esté instalada fuera de los volúmenes 0, 1 y 2.

Para las piscinas pequeñas donde no es posible instalar luminarias fuera del volumen 1, su instalación se admite a **1,25 m** a partir del borde del volumen 0 y estarán protegidas:

- Bien por **MBTS,** o
- Bien por un dispositivo de corte **diferencial** como máximo de **30 mA**, o
- Bien por **separación eléctrica,** cuya fuente de separación esté instalada fuera de los volúmenes 0 y 1.

Además las **luminarias** deben poseer una envolvente con un aislamiento de **Clase II** o similar y **protección a los choques AG2** (choques medios) según **UNE 20460-3** (anulada y sustituida por UNE-HD 60364-1).

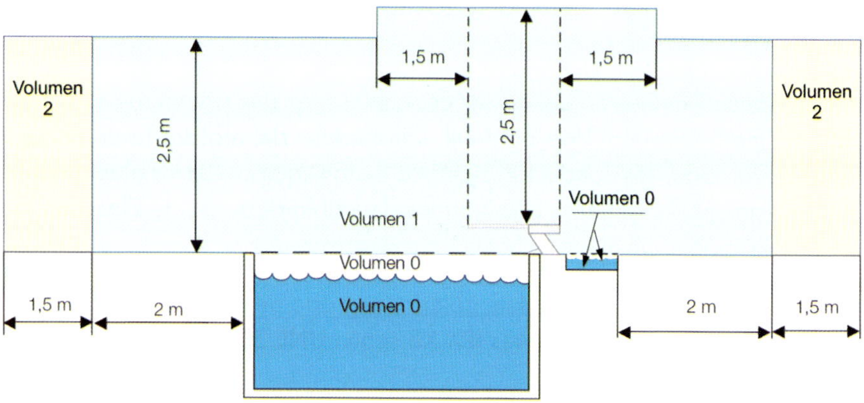

Figura 1. *Dimensiones de los volúmenes para depósitos de piscinas y pediluvios.*

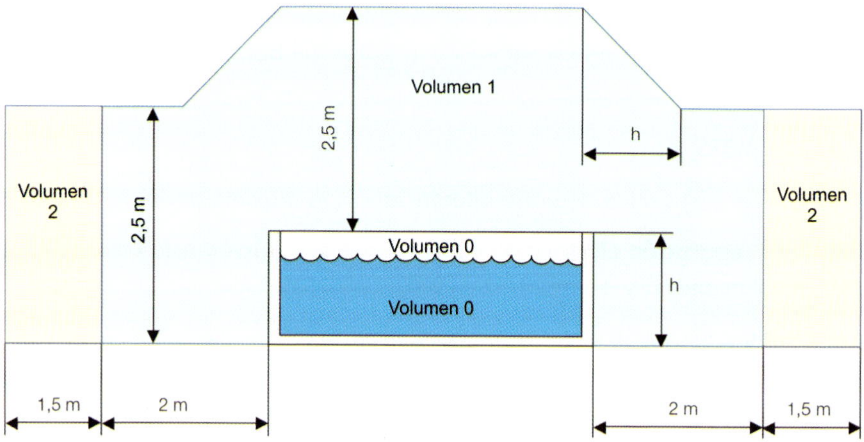

Figura 2. *Dimensiones de los volúmenes para depósitos por encima del suelo.*

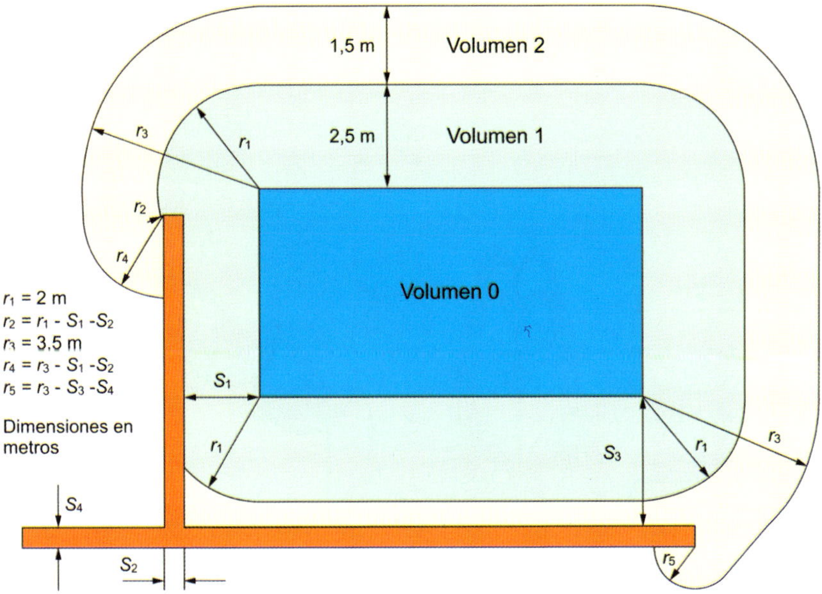

Figura 3. *Dimensiones de protección en piscinas con paredes de altura mínima 2,5 m.*

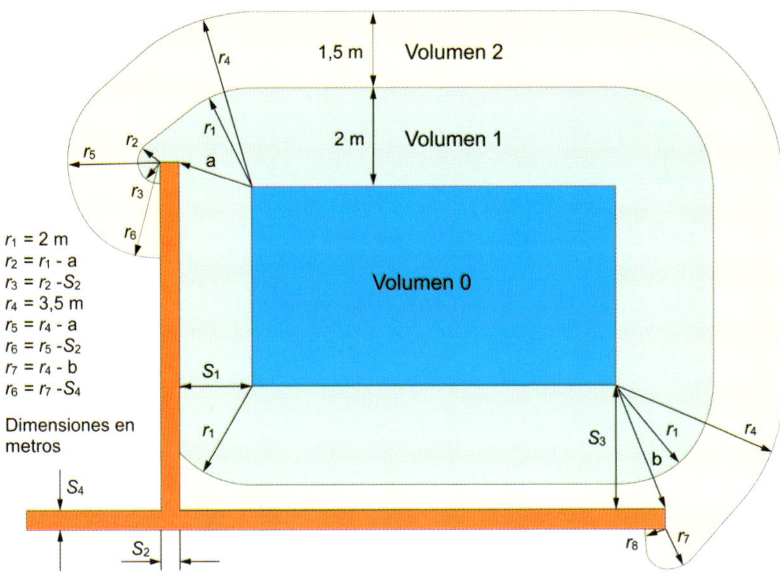

Figura 4. *Volúmenes de protección en piscinas con paredes.*

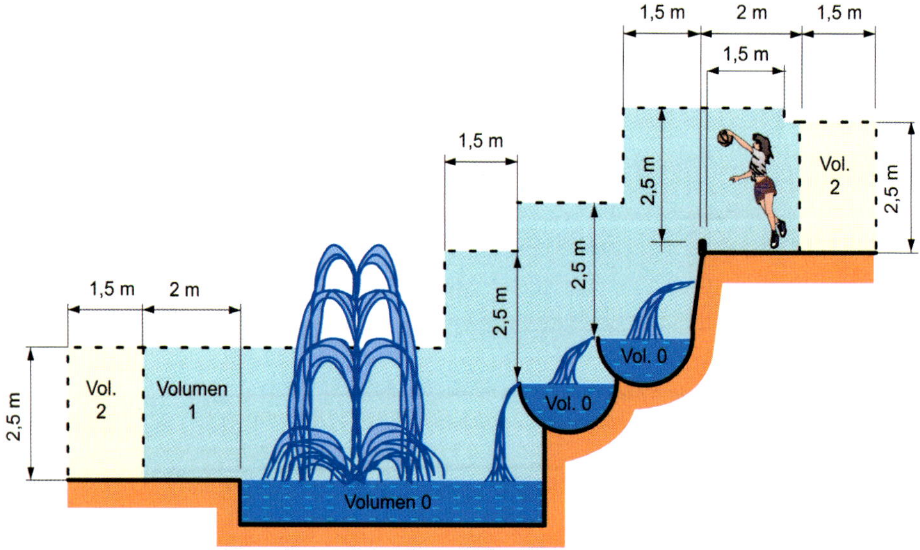

Figura 5. *Volúmenes de protección en fuentes.*

ANOTACIONES

ITC-BT-32

INSTALACIONES CON FINES ESPECIALES. MÁQUINAS DE ELEVACIÓN Y TRANSPORTE

Índice

1 Ámbito de aplicación 522

2 Requisitos generales 522

3 Protección para garantizar la seguridad 523

3.1. Protección contra los contactos directos . . . 523

3.2. Protección contra sobreintensidades . . . 524

4 Seccionamiento y corte 524

4.1. Corte por mantenimiento mecánico . . . 524

4.2. Corte y parada de emergencia . . . 525

5 Aparamenta 526

5.1. Interruptores . . . 526

5.2. Interruptores en el lado de la alimentación de la instalación . . . 526

6 Disposición de la toma de tierra y conductores de protección 527

1. Ámbito de aplicación

Esta instrucción trata de los requisitos particulares de los sistemas de instalación del equipo eléctrico de grúas, aparatos de elevación y transporte y otros equipos similares tales como escaleras mecánicas, cintas transportadoras, puentes rodantes, cabrestantes, andamios eléctricos, etc.

2. Requisitos generales

La instalación en su conjunto se podrá poner fuera de servicio mediante un **interruptor omnipolar general de accionamiento manual,** colocado en el circuito principal. Este interruptor deberá estar situado en lugares fácilmente accesibles desde el suelo, **en el mismo local o recinto** en el que esté situado el equipo eléctrico de accionamiento y será fácilmente identificable mediante un rótulo indeleble.

Las canalizaciones que vayan desde el dispositivo general de protección al equipo eléctrico de elevación o de accionamiento deberán estar dimensionadas de manera que el arranque del motor no provoque una **caída de tensión superior** al **5 %**.

Únicamente en el caso de que las máquinas destinadas exclusivamente al **transporte de mercancías** no dispongan de jaulas para el transporte se permitirá la instalación de interruptores suspendidos de la extremidad de la canalización móvil.

Las **canalizaciones móviles de mando y señalización** se podrán colocar bajo la misma envolvente protectora de las demás líneas móviles, incluso si pertenecen a circuitos diferentes, siempre que cumplan las condiciones establecidas en la Instrucción **ITC-BT-20.**

En las instalaciones en el exterior para servicios móviles se utilizarán cables flexibles con cubierta de policloropeno o similar según **UNE 21027** o **UNE 21150.**

Los ascensores, las estructuras de todos los motores, máquinas elevadoras, combinadores y cubiertas metálicas de todos los dispositivos eléctricos en el interior de las cajas o sobre ellas y en el hueco **se conectarán a tierra.**

Se considerarán conectados a tierra los equipos montados sobre elementos de estructura metálica del edificio si dicha estructura ha sido conectada previamente a tierra y satisface las siguientes prescripciones:

- Su continuidad eléctrica está asegurada, ya sea por construcción, ya sea por medio de conexiones apropiadas, de manera que estén protegidas contra deterioros mecánicos, químicos o electroquímicos.
- Su conductibilidad debe ser adecuada a este uso.
- Solo podrá ser desmontada si se han previsto medidas compensatorias.
- Ha sido estudiada y adaptada para este uso.

La estructura metálica de la caja soportada por los cables elevadores metálicos que pasen por poleas o tambores de la máquina elevadora se considerará conectada a tierra con la condición de ofrecer toda garantía en las conexiones eléctricas entre ellos y tierra. Si esto no se cumpliera, se instalará un conductor especial de protección.

Las **vías de rodadura** de toda grúa de taller estarán unidas a un conductor de protección.

Los **locales,** recintos, etc., **en los que esté instalado el equipo eléctrico** de accionamiento **solo** deberán ser **accesibles a personas cualificadas.** Cuando sus dimensiones permitan penetrar en él, deberán adoptarse las disposiciones relativas a las instalaciones en locales afectos a un servicio eléctrico según lo establecido en la **ITC-BT-30.** En estos lugares se colocará un esquema eléctrico de la instalación.

3. Protección para garantizar la seguridad

3.1. Protección contra los contactos directos

En los sistemas colectores y conjunto de anillos colectores, los cables y barras colectoras, así como los montajes de las vías de rodadura, deben estar encerrados o alejados, de forma que cualquiera que tenga acceso a las zonas correspondientes de la instalación, por ejemplo, los pasillos de las guías de deslizamiento o los pasillos de la viga portagrúa, incluyendo los puntos de acceso, tenga protección frente al contacto directo con las partes en tensión, de acuerdo con el apartado 2 de la **ITC-BT-24.**

En las áreas donde solo se admite el acceso de personas con formación específica, debe existir una protección por puesta fuera de alcance por alejamiento, para el caso de los cables o barras colectoras, de acuerdo con el apartado 2.4 de la **ITC-BT-24.** En este caso, el límite del volumen de accesibilidad inferior a la superficie susceptible de ocupación por personas finaliza en los límites de dicha superficie.

La protección mediante la colocación fuera del alcance está pensada únicamente para evitar el contacto accidental con las partes en tensión.

Los cables y barras colectoras deben estar dispuestos o protegidos de forma que incluso con una carga oscilante no puedan entrar en contacto con el aparejo de izar ni con ningún cable de control, cadenas de accionamiento, elementos similares que sean conductores eléctricos.

3.2. Protección contra sobreintensidades

El equipo eléctrico se protegerá mediante uno o más dispositivos automáticos de protección que actúen en caso de una sobreintensidad provocada por sobrecarga o cortocircuito. Este requisito no es aplicable a equipos diseñados para resistir sobreintensidades por sí mismos.

El funcionamiento de los dispositivos de protección contra sobreintensidades para los accionadores de los frenos mecánicos producirá la desconexión simultánea de los accionadores del movimiento correspondiente.

Los dispositivos protectores contra temperatura excesiva que incluyen elementos sensibles a la temperatura (por ejemplo, resistencias dependientes de la temperatura o contactos bimetálicos) y que están montados en o sobre los devanados del motor en combinación con un contactor no pueden considerarse como una protección suficiente contra una corriente de cortocircuito.

4. Seccionamiento y corte

4.1. Corte por mantenimiento mecánico

Los interruptores deben ser de corte omnipolar y deberán tener los medios necesarios para impedir toda puesta en tensión de las instalaciones de forma imprevista.

En el lado de la alimentación de los anillos colectores o barras, debe instalarse un interruptor que permita el aislamiento y desconexión de todos los conductores de línea de la instalación y el conductor neutro.

Las instalaciones eléctricas de grúas y aparatos de elevación y transporte deben estar equipadas con un interruptor de desconexión que permita que la instalación eléctrica quede desconectada durante el mantenimiento y reparación.

Los conjuntos de aparamenta deben ser capaces de quedar desconectados. Esta desconexión debe incluir circuitos de potencia y control.

Los medios de corte deben estar situados en las proximidades de los conjuntos de aparamenta.

Las partes activas de los conjuntos de aparamenta que, por **motivos de seguridad** o mantenimiento deben permanecer en servicio después de la apertura, deben estar **marcadas con una etiqueta** que indique que están con tensión y protegidas contra un contacto directo no intencionado.

Si los circuitos después de los interruptores de desconexión pasan a través de los anillos o barras colectoras, estos deben estar protegidos contra el contacto directo con un grado de protección de al menos **IP 2X.**

Puede prescindirse de los interruptores de desconexión de mantenimiento si los interruptores de emergencia especificados en el apartado 4.2 están conectados a la entrada de la alimentación de la instalación.

En el caso de una única grúa puede prescindirse del interruptor de desconexión al cumplir esta función el interruptor situado en la alimentación de la instalación de la grúa.

4.2. Corte y parada de emergencia

Cada grúa, aparato de elevación o transporte debe tener uno o más mecanismos de parada de emergencia, en todos los puestos de mando de movimiento. Cuando existen varios circuitos, los mecanismos de parada de emergencia deben ser tales que, con una sola acción, provoquen el corte de toda alimentación apropiada.

Los medios de corte de emergencia deben actuar lo más directamente posible sobre los conductores de alimentación apropiados.

Debe evitarse la reconexión del suministro después del corte de emergencia mediante enclavamientos mecánicos o eléctricos. La reconexión solamente puede ser posible desde el dispositivo de control desde el cual se realizó el corte de emergencia.

Cada grúa debe tener un dispositivo para la parada de emergencia accionado desde el suelo.

Cuando la parada de emergencia así lo permita, el corte de emergencia puede realizarse mediante el accionamiento de un interruptor situado en el punto de alimentación de la instalación, si es de corte en carga y está situado en una posición donde quede fácilmente accesible.

Las grúas controladas desde el suelo y los aparatos de elevación **deben pararse automáticamente** cuando esté desconectado el mecanismo de control de funcionamiento.

5. Aparamenta

5.1. Interruptores

Los interruptores deberán cumplir la **UNE-EN 60947-2** e instalarse en posiciones que permitan que los ensayos funcionales se realicen sin peligro.

Están también **permitidos los contactores como interruptores.** Los contactores no deben utilizarse para seccionamiento.

5.2. Interruptores en el lado de la alimentación de la instalación

Debe ser posible aislar los anillos del colector y las barras o cables del suministro principal antes del punto de conexión de la grúa, mediante interruptores en el lado del suministro de la instalación para reparaciones y mantenimientos.

Los conectores y tomas de corriente conformes a **UNE-EN 60309-1** pueden usarse para este fin.

Cuando un anillo colector o barra está alimentado a través de varios interruptores en paralelo por el lado de la alimentación de la instalación, estos deben estar enclavados de manera que se desconecten todos simultáneamente aun cuando solamente uno de ellos esté funcionando.

Solamente debe ser posible poner en servicio un anillo colector accesible o barra desde un lugar tal que el anillo colector o barra quede a la vista.

Los interruptores en el lado de la alimentación de la instalación o sus mecanismos de control deben tener un dispositivo de protección contra el **cierre intempestivo o no autorizado.**

En el caso de grúas y aparatos de elevación en lugares de edificación, el interruptor principal de la máquina puede ser utilizado como interruptor del lado de la alimentación de la instalación. El requisito de que este interruptor pueda tener protección contra el cierre intempestivo o no autorizado se considera como satisfecho si hay otras medidas que prevengan la puesta en servicio del aparato de elevación, **p. ej. bloqueo por llave o candado.**

6. Disposición de la toma de tierra y conductores de protección

Cuando la alimentación se suministra a través de cables colectores, barras colectoras o conjuntos de anillos colectores, el conductor de protección debe tener un anillo colector individual o una barra colectora, cuyos soportes sean claramente visibles y distinguibles de aquellos de los anillos o barras colectoras activos.

En lugares donde haya gases corrosivos, humedad o polvo, deben tomarse medidas especiales en los anillos, barras o carriles colectores utilizados como conductores de protección.

Los conductores de protección no deben transportar ninguna corriente cuando funcionen normalmente. No tienen que instalarse mediante soportes deslizantes sobre aislantes.

Los aparatos de elevación deben conectarse a los conductores de protección no admitiéndose ruedas o rodillos para su conexión. Los colectores para conductores de protección no serán intercambiables con los demás colectores.

NOTA

Medidas preventivas ante el riesgo eléctrico en máquinas de elevación y transporte

Aparte de lo indicado en esta Instrucción Técnica, seguidamente se indican una serie de recomendaciones a tener en cuenta con el fin de evitar averías y accidentes en la manipulación de máquinas de elevación y trasporte con equipos eléctricos.

Grúas-torre

Contactos eléctricos directos

- La zona de trabajo estará debidamente señalizada y el personal informado del riesgo.
- Se tomarán las medidas necesarias, para que en ningún momento cualquier parte de la grúa, así como las cargas suspendidas, pueda entrar en contacto con líneas eléctricas.
- Si existen líneas de alta tensión, existirá siempre un espacio de seguridad de 5 m mínimo, medido en su proyección vertical (Figura A).
- Se utilizarán protecciones o apantallamientos sólidos y robustos para preservar las líneas eléctricas que se encuentren en el área de influencia de la grúa.
- En la medida en que sea posible, se soterrarán las líneas eléctricas presentes en la obra.
- Nunca se manejará la grúa desde el cuadro eléctrico, permaneciendo siempre cerrado con llave.
- No existirán cables desnudos con tensión.

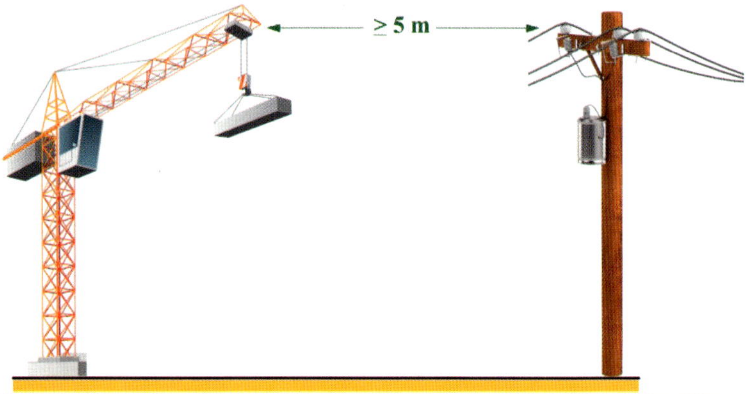

Figura A. *Distancia de seguridad de la grúa con línea de alta tensión.*

Contactos eléctricos indirectos

- Se comprobará que la instalación general de la obra está realizada con el preceptivo proyecto eléctrico y posterior dirección técnica de un Ingeniero Técnico competente, necesario para la conexión de un aparato elevador como es la grúa torre, según el Reglamento Electrotécnico para Baja Tensión y sus ITC-BT-04 y BT-32.
- Una puesta a tierra sola se puede considerar válida y eficaz si se ha procedido a medirla con un telurómetro y sus valores son los exigidos por la normativa vigente.
- El gruista comprobará dentro de sus verificaciones diarias el estado correcto de la puesta a tierra de la vía, la correcta continuidad entre las uniones de los raíles sea atornillada o soldada, el cable de alimentación eléctrica al cuadro de la grúa y el correcto estado del cable de puesta a tierra de la estructura y el cuadro.
- El interruptor diferencial se comprobará una vez al mes, por lo menos el correcto funcionamiento del mismo pulsando el botón de prueba, comprobando si dispara.

MATERIAL WEB

Notas Técnicas de Prevención (NTP) para máquinas de elevación y transporte

El Instituto Nacional de Seguridad e Higiene en el Trabajo ha elaborado una colección de Notas Técnicas de Prevención (NTP) con el fin de facilitar a los agentes sociales y a los profesionales de la Prevención en Riesgos Laborales herramientas técnicas de consulta. Éstas no son ***nunca vinculantes, ni de obligado cumplimiento***.

En el **MATERIAL WEB** elaborado para este Reglamento se pueden consultar las Notas Técnicas de Prevención relacionadas con las máquinas de elevación y transporte.

ITC-BT-33

INSTALACIONES CON FINES ESPECIALES. INSTALACIONES PROVISIONALES Y TEMPORALES DE OBRAS

Índice

1 Campo de aplicación 530

2 Características generales 531

2.1. Alimentación 531

3 Instalaciones de seguridad 532

3.1. Alumbrado de seguridad 533
3.2. Otros circuitos de seguridad 533

4 Protección contra los choques eléctricos 533

4.1. Medidas de protección contra los contactos directos 533
4.2. Medidas de protección contra los contactos indirectos 534

5 Elección e instalación de los equipos 535

5.1. Reglas comunes 535
5.2. Canalizaciones 537
5.3. Cables eléctricos 538

6 Aparamenta 539

6.1. Aparamenta de mando y seccionamiento 539

1. Campo de aplicación

Las prescripciones particulares de esta instrucción se aplican a las instalaciones temporales destinadas:

- a la construcción de nuevos edificios,
- a trabajos de reparación, modificación, extensión o demolición de edificios existentes,
- a trabajos públicos,
- a trabajos de excavación, y
- a trabajos similares.

Las partes de edificios que sufran transformaciones tales como ampliaciones, reparaciones importantes o demoliciones serán consideradas como obras durante el tiempo que duren los trabajos correspondientes, en la medida en que esos trabajos necesitan la realización de una instalación eléctrica temporal.

En los locales de servicios de las obras (oficinas, vestuarios, salas de reunión, restaurantes, dormitorios, locales sanitarios, etc.) serán aplicables las prescripciones técnicas recogidas en la **ITC-BT-24.**

GUÍA-BT-33

Para los locales de servicios de las obras serán aplicables, además de la ITC-BT-24, el articulado del REBT y todas las demás Instrucciones Técnicas Complementarias de carácter general y, en especial:

- **ITC-BT-18** Instalaciones de puesta a tierra.
- **ITC-BT-19** Instalaciones interiores o receptoras. Prescripciones generales.
- **ITC-BT-20** Instalaciones interiores o receptoras. Sistemas de instalación.
- **ITC-BT-21** Instalaciones interiores o receptoras. Tubos y canales protectoras.
- **ITC-BT-22** Instalaciones interiores o receptoras. Protección contra sobreintensidades.
- **ITC-BT-23** Instalaciones interiores o receptoras. Protección contra sobretensiones.
- **Otras** Requisitos para instalaciones concretas, p. ej., locales que contienen duchas.

Además de lo indicado anteriormente, la maquinaria y equipos de trabajo que puedan ser alcanzados por rayos durante su utilización deberán estar protegidos mediante un sistema de protección externa contra el rayo y una red de tierra adecuada.

En las instalaciones de obras, **las instalaciones fijas** están limitadas al conjunto que comprende el cuadro general de mando y los dispositivos de protección principales.

GUÍA-BT-33

Según lo especificado en la norma **UNE-EN 60439-4,** así como en el Informe Técnico **UNE 201008 IN,** se distinguen dos tipos de **conjuntos para obras (CO):**

- **Conjunto transportable (o semifijo): CO** previsto para utilizarse en un lugar dado, sin fijación definitiva, pudiendo variar este lugar dentro de una misma obra. Cuando el equipo se ha de mover a otro sitio, debe primero desconectarse de la alimentación.
- **Conjunto móvil: CO** que puede desplazarse conforme va avanzando la construcción y sin necesidad de desconectarlo de la alimentación.

El cuadro general de mando y protección se encontraría dentro del primer grupo, ya que su movilidad dentro de la obra solo se realiza por causas excepcionales por lo que se puede considerar como parte fija de la instalación.

Un mismo **CO** puede ejercer la función de «cuadro general» o «subcuadro de distribución».

2. Características generales

2.1. Alimentación

Toda instalación deberá estar **identificada** según la fuente que la alimente y solo debe incluir elementos alimentados por ella, excepto circuitos de alimentación complementaria de señalización o control.

GUÍA-BT-33

Para la correcta identificación de la alimentación se deben especificar los siguientes datos que deberán estar reflejados como mínimo en la documentación técnica de la instalación:

- Tensión asignada (y la frecuencia en caso de corriente alterna).
- Corriente máxima admisible.
- Tipo de red (TT, TN, etc.).
- Tipo y naturaleza del elemento de protección aguas arriba.

Estos datos deberán estar accesibles para los responsables de la obra.

Una misma obra puede ser alimentada a partir de varias fuentes de alimentación incluidos los generadores fijos o móviles.

Las distintas alimentaciones deben ser conectadas mediante dispositivos diseñados de modo que **impidan la interconexión entre ellas.**

GUÍA-BT-33

Como dispositivos diseñados de modo que impidan la interconexión se pueden usar:

Dispositivo	Norma
Interruptores automáticos con enclavamiento mecánico.	UNE-EN 60947-2
Conmutadores manuales o automáticos.	UNE-EN 60947-3

3. Instalaciones de seguridad

Cuando, debido al posible fallo de la alimentación normal de un circuito o aparato, existan riesgos para la seguridad de las personas, deberán preverse instalaciones de seguridad.

GUÍA-BT-33

Deben tomarse precauciones ya que la falta de tensión y su restablecimiento pueden ocasionar peligro para las personas o para los bienes. De igual manera se deben tomar las precauciones adecuadas cuando una parte de la instalación o algún receptor puedan averiarse por una bajada de tensión.

No se exige dispositivo de protección contra las bajadas de tensión, si los perjuicios sufridos por la instalación o por el receptor se consideran un riesgo aceptable siempre y cuando no se cause peligro a las personas.

Cuando el rearme de un dispositivo de protección puede originar situaciones peligrosas, el rearme no debe ser automático.

Las medidas de protección contra bajadas de tensión pueden elegirse de la siguiente forma:

- Relés de mínima tensión directos.
- Relés de mínima tensión indirectos.
- Cierre automático cuando la tensión se restablece con o sin prevención de cierre.

Deben elegirse los dispositivos adecuados para las operaciones de conexión y desconexión.

3.1. Alumbrado de seguridad

Según el tipo de obra o la reglamentación existente, el alumbrado de seguridad permitirá, en caso de fallo del alumbrado normal, la evacuación del personal y la puesta en marcha de las medidas de seguridad previstas.

GUÍA-BT-33

La alimentación del alumbrado de seguridad **será automática con corte breve** (disponible en **0,5** segundos como máximo).

La conmutación del suministro normal al de seguridad en caso de fallo del primero se debe realizar de forma que se impida el acoplamiento entre ambos suministros. Esta conmutación se puede realizar mediante interruptores automáticos motorizados con enclavamientos mecánicos y eléctricos o conmutadores motorizados. Para más información, *véase* la **ITC-BT-28,** apartado 2, y su Guía de aplicación.

3.2. Otros circuitos de seguridad

Otros circuitos como los que alimentan bombas de elevación, ventiladores y elevadores o montacargas para personas, cuya continuidad de servicio sea esencial, deberán preverse de tal forma que **la protección contra los contactos indirectos quede asegurada sin corte automático de la alimentación.** Dichos circuitos estarán alimentados por un sistema automático con corte breve que podrá ser de uno de los tipos siguientes:

- Grupos generadores con motores térmicos, o
- Baterías de acumuladores asociadas a un rectificador o un ondulador.

4. Protección contra los choques eléctricos

Las medidas generales para la protección contra los choques eléctricos serán las indicadas en la **ITC-BT-24,** teniendo en cuenta lo indicado a continuación:

4.1. Medidas de protección contra los contactos directos

Las medidas de protección contra los contactos directos serán preferentemente:

- Protección por aislamiento de partes activas.
- Protección por medio de barreras o envolventes.

GUÍA-BT-33

La norma **UNE-HD 60364-7-704:2009,** cláusula 704.410.3.5, no admite las medidas de protección por medio de obstáculos ni por puesta fuera de alcance. Por tanto, estas dos medidas mencionadas en la **ITC-BT-24** (Protección por medio de obstáculos y Protección por puesta fuera de alcance por alejamiento) no son aplicables en instalaciones temporales de obra, ni siquiera cuando se utilice como medida complementaria la instalación de un dispositivo de corriente diferencial inferior a **30 mA**; su aplicación se limita en la práctica a locales de servicio eléctrico, solo accesible a personal autorizado.

Como **medida complementaria,** en caso de fallo de alguna de las medidas preferentes de protección contra los contactos directos, pueden utilizarse dispositivos de corriente **diferencial** residual cuyo valor de corriente diferencial asignada de funcionamiento sea inferior o igual a **30 mA**, de acuerdo al apartado 3.5 de la **ITC-BT-24.**

Como dispositivos para la **protección contra contactos directos** se pueden usar:

Dispositivo	Norma
Envolventes.	UNE-EN 62208
Conjuntos.	UNE-EN 60439-4
Interruptores diferenciales (uso doméstico o análogo).	UNE-EN 61008 (serie)
Interruptores diferenciales con dispositivo de protección contra sobreintensidades incorporado (uso doméstico o análogo).	UNE-EN 61009 (serie)
Interruptores diferenciales (uso industrial u otras aplicaciones).	UNE-EN 60947-2

4.2. Medidas de protección contra los contactos indirectos

Además de las medidas generales señaladas en la **ITC-BT-24,** serán aplicables las siguientes:

a) Cuando la protección de las personas contra los contactos indirectos está asegurada por corte automático de la alimentación, según esquema de alimentación **TT,** la tensión límite convencional no debe ser superior a **24 V** de valor eficaz en corriente alterna, o **60 V** en corriente continua.

b) Cada base o grupo de **bases de toma de corriente** deben estar protegidas por dispositivos diferenciales de corriente **diferencial** residual asignada igual como máximo a **30 mA**; o bien alimentadas a muy baja tensión de seguridad **MBTS;** o bien protegidas por **separación eléctrica** de los circuitos mediante un transformador individual.

GUÍA-BT-33

Los circuitos de salida de conjunto de obra pueden realizarse mediante bases de toma de corriente o mediante bloques de conexión. Para los circuitos conectados mediante bloques de conexión se recomienda que estén protegidos por dispositivos diferenciales de corriente **diferencial** residual asignada máxima de **300 mA**.

Atendiendo a las especificaciones del **RD 806/2003** por el que se aprueba una nueva **ITC MIEAEM-2** del Reglamento de aparatos de elevación y manutención, referente a grúas torre para obras u otras aplicaciones, **los circuitos que alimentan exclusivamente grúas o aparatos de elevación** (tanto mediante tomas de corriente, de corriente asignada superior a **32 A**, como de forma fija) deben estar protegidos por dispositivos diferenciales de corriente **diferencial** residual asignada máxima de **300 mA**. Estos circuitos deben estar claramente identificados en el Conjunto para Obras.

Como dispositivos para la **protección contra los contactos indirectos** se pueden usar:

Dispositivo	Norma
Interruptores diferenciales (uso doméstico o análogo).	UNE-EN 61008 (serie)
Interruptores diferenciales con dispositivo de protección contra sobreintensidades incorporado (uso doméstico o análogo).	UNE-EN 61009 (serie)
Interruptores diferenciales (uso industrial u otras aplicaciones).	UNE-EN 60947-2
Fusibles.	UNE-EN 60269 (serie)
Transformadores de aislamiento.	UNE-EN 61558-2-1
Bloques de conexión.	UNE-EN 60947-7-1

5. Elección e instalación de los equipos

5.1. Reglas comunes

Todos los conjuntos de aparamenta empleados en las instalaciones de obras deben cumplir las prescripciones de la norma **UNE-EN 60439-4.**

GUÍA-BT-33

Complementariamente a la norma **UNE-EN 60439-4** deben tenerse en consideración el Informe Técnico **UNE 201008 IN:** «Requisitos constructivos de los conjuntos para obras» y la norma **UNE-HD 60364-7-704:** Instalaciones eléctricas de baja tensión. «Requisitos para instalaciones o emplazamientos Especiales. Instalaciones en obras y demoliciones».

Debe tenerse en cuenta que la actual serie de normas **UNE-EN 60439** será sustituida paulatinamente por la nueva serie de normas **UNE-EN 61439.**

Las envolventes, aparamenta, las tomas de corriente y los elementos de la instalación que estén a la **intemperie** deberán tener como mínimo un grado de protección **IP 45,** según **UNE 20324.**

El resto de los equipos tendrán los grados de protección adecuados, según las influencias externas determinadas por las condiciones de instalación.

GUÍA-BT-33

Se entiende a la intemperie aquello que se encuentre situado directamente a cielo abierto, lo situado bajo tejadillos, lo situado dentro de la estructura de la edificación sin haber cerrado en su totalidad los paramentos horizontales o lo situado bajo cualquier protección que no garantice por sí misma un grado de protección **IP 45** o superior.

Las envolventes y conjuntos se deben construir con materiales capaces de soportar los esfuerzos mecánicos, eléctricos y térmicos, así como los efectos de la humedad, que sean susceptibles de presentarse en servicio normal. Todas las envolventes y tabiques, así como los dispositivos de cierre de puertas, las partes desenchufables, etc., deben tener una resistencia mecánica suficiente para soportar los esfuerzos a los que puedan estar sometidos en servicio normal.

El capítulo 6 del Informe Técnico **UNE 201008 IN** describe los elementos constitutivos mínimos que debe integrar un CO (Conjunto de Obra) de modo que se garantice el correcto funcionamiento del CO y se garantice la seguridad de la instalación y de los usuarios de la misma.

Los elementos de conexión de las unidades de salida de un CO podrán ser bases de toma de corriente o mediante bornas de conexión directa. Las bases de toma de corriente deberán ser conformes a las normas **UNE-EN 60309-1, UNE-EN 60309-2.** Adicionalmente podrán utilizarse tomas de corriente de intensidad asignada de **16 A** según la norma **UNE 20315,** 2 P + T lateral (denominada tipo Schuko). De esta Norma se ha publicado recientemente la parte 2-11: requisitos particulares para grado de protección **IP 65/I P67,** donde la Figura 7a garantiza el grado de protección IP mínimo especificado para los CO.

Como elementos de conexión de las unidades de salida se pueden usar:

Dispositivo	Norma
Bornas.	UNE-EN 60947-7-1
Bases de toma de corriente de uso industrial.	UNE-EN 60309-1 UNE-EN 60309-2
Bases de toma de corriente de uso doméstico y análogos.	UNE 20315-1-1 UNE 20315-1-2 UNE 20315-2-11

5.2. Canalizaciones

Las canalizaciones deben estar dispuestas de manera que no se ejerza ningún esfuerzo sobre las conexiones de los cables, a menos que estén previstas especialmente a este efecto.

Con el fin de evitar el deterioro de los cables, estos no deben estar tendidos en pasos para peatones o vehículos. Si tal tendido es necesario, debe disponerse protección especial contra los daños mecánicos y contra contactos con elementos de la construcción.

GUÍA-BT-33

Como canalizaciones se pueden usar:

Dispositivo	Norma
Tubos.	UNE-EN 50086 UNE-EN 61386
Canales.	UNE-EN 50085
Bandejas.	UNE-EN 61537

En caso de **cables enterrados** su instalación será conforme a lo indicado en **ITC-BT-20** e **ITC-BT-21.**

El grado de protección mínimo suministrado por las canalizaciones será el siguiente:

Para tubos, según **UNE-EN 50086-1:**

- Resistencia a la compresión «Muy Fuerte».
- Resistencia al impacto «Muy Fuerte».

Para otros tipos de canalización:

- Resistencia a la compresión y Resistencia al Impacto, equivalentes a las definidas para tubos.

5.3. Cables eléctricos

Los cables a emplear en acometidas e **instalaciones exteriores** serán de tensión asignada mínima **450/750 V**, con cubierta de policloropreno o similar, según **UNE 21027** o **UNE 21150** y aptos para servicios móviles.

GUÍA-BT-33

La serie de normas UNE 21027 ha sido sustituida por la **UNE-EN 50525.**

Los cables habituales para **instalaciones exteriores** son:

Tipo de cable		Norma
H07RN-F	Cable de tensión asignada **450/750 V**, con conductor de cobre clase 5 apto para servicios móviles (–F), aislamiento de compuesto de goma (R) y cubierta de policloropreno (N).	UNE-EN 50525-2-21
H07ZZ-F (AS)	Cable no propagador del incendio, de tensión asignada **450/750 V**, con conductor de cobre clase 5 apto para servicios móviles (–F), aislamiento y cubierta de compuesto reticulado (Z).	UNE-EN 50525-3-21
DN-F	Cable de tensión asignada **0,6/1 kV**, con conductor de cobre clase 5 apto para servicios móviles (–F), aislamiento de compuesto de etileno propileno (D) y cubierta de policloropreno (N).	UNE 21150

Para **instalaciones interiores** los cables serán de tensión asignada mínima **300/500V**, según **UNE 21027** o **UNE 21031,** y aptos para servicios móviles.

GUÍA-BT-33

Las series de normas UNE 21027 y UNE 21031 han sido sustituidas por la **UNE-EN 50525.**

Los cables habituales para **instalaciones interiores** son:

Tipo de cable		Norma
H05VV-F	Cable de tensión asignada **300/500 V**, con conductor de cobre clase 5 apto para servicios móviles (–F), aislamiento de compuesto de PVC (V) y cubierta de compuesto de PVC (V).	EN 50525-2-11
H07RN-F	Cable de tensión asignada **450/750 V**, con conductor de cobre clase 5 apto para servicios móviles (–F), aislamiento de compuesto de goma (R) y cubierta de policloropreno (N).	UNE-EN 50525-2-21
H07ZZ-F (AS)	Cable no propagador del incendio, de tensión asignada **450/750 V**, con conductor de cobre clase 5 apto para servicios móviles (–F), aislamiento y cubierta de compuesto reticulado (Z).	UNE-EN 50525-3-21

6. Aparamenta

6.1. Aparamenta de mando y seccionamiento

En el origen de cada instalación debe existir un conjunto que incluya el cuadro general de mando y los dispositivos de protección principales.

En la alimentación de cada sector de distribución debe existir uno o varios dispositivos que aseguren las funciones de seccionamiento y de corte omnipolar en carga.

En la alimentación de todos los aparatos de utilización deben existir medios de seccionamiento y corte omnipolar en carga.

Los dispositivos de seccionamiento y de protección de los circuitos de distribución pueden estar incluidos en el cuadro principal o en cuadros distintos del principal.

Los dispositivos de seccionamiento de las alimentaciones de cada sector deben **poder ser bloqueados** en posición abierta (por ejemplo, por enclavamiento o ubicación en el interior de una envolvente cerrada con llave).

La alimentación de los aparatos de utilización debe realizarse a partir de cuadros de distribución, en los que se integren:

- Dispositivos de protección contra las sobreintensidades.
- Dispositivos de protección contra los contactos indirectos.
- Bases de toma de corriente.

GUÍA-BT-33

Además de los dispositivos indicados y conforme a lo indicado en la GUÍA-BT-23, deben incluirse:

- Dispositivos de **protección contra sobretensiones transitorias** según la norma **UNE-EN 61643-11.**
- Dispositivos de **protección contra sobretensiones temporales** según la norma **UNE-EN 50550.**

Según el Informe Técnico **UNE 201008,** todas las salidas deberán estar protegidas contra sobretensiones asegurándose que aguas arriba siempre existe una protección adecuada que evite que una sobretensión de cualquier tipo que pueda destruir los equipos o máquinas unidos a dichas salidas o provocar cualquier otro tipo de accidente.

Las protecciones serán de los tipos:

- Protecciones contra sobretensiones transitorias tipo 1 para descargas tipo rayo o descargas provenientes de red.
- Protecciones contra sobretensiones transitorias tipo 2 para descargas de conmutación y arranque de grandes cargas (elevadores, grúas, hormigoneras, etc.). Dado que estas protecciones nunca podrán descargar sobretensiones de alta energía, deben siempre coordinarse con protecciones tipo 1.
- Protecciones contra sobretensiones permanentes, recomendables debido a fallos de neutro y otras contingencias imprevistas que se originan en la red.

Como aparamenta de mando y seccionamiento se pueden usar:

Dispositivo	Norma
Interruptores-Seccionadores.	UNE-EN 60947-3
Cortacircuitos seccionables.	UNE-EN 60269-2
Protectores contra sobretensiones transitorias.	UNE-EN 61643-11
Protectores contra sobretensiones permanentes.	EN 50550

ITC-BT-34

INSTALACIONES CON FINES ESPECIALES. FERIAS Y *STANDS*

Índice

1 Campo de aplicación 542

2 Características generales 542

2.1. Alimentación 542
2.2. Influencias externas 542

3 Protección para garantizar la seguridad 543

3.1. Protección contra contactos directos e indirectos 543
3.2. Medidas de protección en función de las influencias externas 543
3.3. Medidas de protección contra sobreintensidades 544

4 Protección contra el fuego 544

5 Protección contra altas temperaturas 544

6 Aparamenta y montaje de equipos 544

6.1. Reglas comunes 544
6.2. Cables eléctricos 545
6.3. Canalizaciones 545
6.4. Otros equipos 545
6.5. Conexiones a tierra 546
6.6. Conductores de protección 546
6.7. Cajas, cuadros y armarios de control 546

1. Campo de aplicación

Las prescripciones de la presente instrucción se aplican a las **instalaciones eléctricas temporales** de ferias, exposiciones, muestras, *stands,* alumbrados festivos de calles, verbenas y manifestaciones análogas.

Para los efectos de esta instrucción se aplican las siguientes definiciones:

Exposición: es un acontecimiento destinado a la exposición o venta de productos que puede tener lugar en un emplazamiento adecuado, ya sea edificio, estructura temporal o bien al aire libre.

Muestra: es una presentación o espectáculo realizado en cualquier emplazamiento apropiado ya sea una estancia, edificio, estructura temporal o al aire libre.

Stand: es un área o estructura temporal utilizada para presentación, *marketing,* ventas, ocio, etc.

Parque de atracciones: es un lugar o área en el que se incluyen tiovivos, barracas de feria, casetas, atracciones, etc., que tienen la finalidad específica de la diversión del público.

Estructura temporal: es una unidad o parte de ella situada en interior o exterior diseñada o concebida para su fácil instalación, retiro y transporte. Se incluyen las unidades móviles y portátiles.

Instalación eléctrica temporal: es una instalación eléctrica destinada a ser montada y desmontada al mismo tiempo que la exposición, muestra, *stand,* etc., con la que está asociada.

Origen de una instalación eléctrica temporal: es el punto de la instalación permanente o de otra fuente de suministro desde la que se alimenta a las instalaciones eléctricas temporales.

2. Características generales

2.1. Alimentación

La tensión nominal de las instalaciones eléctricas temporales en exposiciones, muestras, *stands* y parques de atracciones **no será superior** a **230/400 V** en corriente alterna.

2.2. Influencias externas

Las condiciones de influencias externas son las de los emplazamientos particulares, donde se realizan estas instalaciones, por ejemplo, choques mecánicos, agua, temperaturas extremas, etc.

3. Protección para garantizar la seguridad

3.1. Protección contra contactos directos e indirectos

No se aceptan las medidas protectoras contra el **contacto directo** por medio de obstáculos ni por su colocación fuera del alcance.

No se aceptan medidas protectoras contra el **contacto indirecto** mediante un emplazamiento no conductivo ni mediante uniones equipotenciales sin conexión a tierra. Cualquiera que sea el esquema de distribución utilizado, la protección de las instalaciones de los equipos eléctricos accesibles al público debe asegurarse mediante dispositivos diferenciales de corriente diferencial-residual asignada máxima de **30 mA**.

Cuando se utilice una **MBTS,** la protección contra contactos directos debe ser asegurada cualquiera que sea la tensión nominal asignada, mediante un **aislamiento** capaz de resistir un ensayo dieléctrico de **500 V** durante un minuto.

3.2. Medidas de protección en función de las influencias externas

Es recomendable que el corte automático de cables destinados a alimentar instalaciones temporales se realice mediante dispositivo **diferencial** cuya corriente diferencial residual asignada no supere **500 mA**.

Estos dispositivos serán **selectivos** con los dispositivos diferenciales de los circuitos terminales.

Todos los circuitos de **alumbrado**, además de las luminarias de emergencia **y las tomas de corriente de valor asignado inferior a 32 A**, deberán ser protegidos por un dispositivo diferencial cuya corriente asignada no supere los **30 mA**.

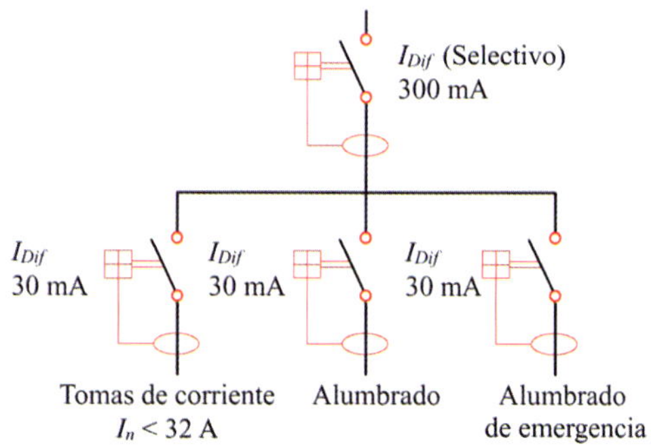

Figura A. *Ejemplo de protección con interruptores diferenciales.*

3.3. Medidas de protección contra sobreintensidades

Todos los circuitos deben estar protegidos contra sobreintensidades mediante un dispositivo de protección apropiado, situado en el origen del circuito.

4. Protección contra el fuego

El riesgo de incendio es superior debido a la naturaleza temporal de las instalaciones y a la presencia de público. Esto debe tenerse en cuanta cuando se valoren las influencias externas, de acuerdo con la «naturaleza del material procesado o almacenado».

El equipo eléctrico debe seleccionarse y construirse de forma que el aumento de su temperatura normal y el aumento de temperatura previsible, en el caso de que se produzca un posible fallo, no den lugar a una situación peligrosa.

5. Protección contra altas temperaturas

Los equipos de iluminación como, por ejemplo, las lámparas incandescentes, focos, pequeños proyectores y otros aparatos o dispositivos con superficies que alcanzan altas temperaturas, además de protegerse adecuadamente, deben disponerse suficientemente **apartados de los materiales combustibles.**

Los escaparates y los rótulos con iluminación interna se construirán con materiales que tengan una resistencia al calor apropiada, sean mecánicamente resistentes y tengan aislamiento eléctrico, al tiempo que contarán con una **ventilación** adecuada.

A menos que los artículos expuestos sean de naturaleza incombustible, los escaparates se iluminarán solamente desde el exterior, o con lámparas de poca emisión de calor, en su funcionamiento.

Los *stands* que contengan una concentración de aparatos eléctricos, accesorios de iluminación o lámparas, propensos a generar un calor superior al normal, tendrán una cubierta bien ventilada, construida con materiales incombustibles.

6. Aparamenta y montaje de equipos

6.1. Reglas comunes

La aparamenta de mando y protección deberá estar situada en **envolventes cerradas** que no puedan abrirse más que con la ayuda de un útil o una llave, a excepción de aquellas partes concebidas para ser manejadas manualmente. Los grados de protección para las canalizaciones y envolventes serán **IP 4X** para instalaciones de interior e **IP 45** para instalaciones de exterior, según **UNE 20324.**

6.2. Cables eléctricos

Para instalaciones interiores los cables serán de tensión asignada mínima **300/500 V** según **UNE 21027** o **UNE 21031** y aptos para servicios móviles.

En instalaciones exteriores los cables serán de tensión asignada mínima **450/750 V con cubierta de policloropeno (–N)** o similar, según **UNE 21027** o **UNE 21150** y aptos para servicios móviles.

Para alumbrados festivos se utilizan cables flexibles de características constructivas según **UNE 21027** o **UNE 21031.**

La longitud de los cables de conexión flexibles o cordones no sobrepasará los **2 m**.

6.3. Canalizaciones

Las canalizaciones se realizarán mediante tubos o canales según lo dispuesto en la **ITC-BT-20** y **21.**

Las canalizaciones metálicas o no metálicas deberán tener un grado de protección **IP 4X** según **UNE 20324.**

6.4. Otros equipos

6.4.1. Luminarias

Las **luminarias fijas** situadas a menos de **2,5 m** del suelo o en lugares accesibles a las personas deberán estar firmemente fijadas y situadas de forma que se impida todo riesgo de peligro para las personas o inflamación de materiales. El acceso al interior de las luminarias solo podrá realizarse mediante el empleo de una herramienta.

6.4.2. Alumbrado de emergencia

Se instalará alumbrado de seguridad siguiendo lo estipulado en la **ITC-BT-28** en aquellas instalaciones temporales interiores que puedan albergar **más de 100 personas.**

6.4.3. Interruptores de emergencia

Un circuito independiente alimentará a las luminarias, alumbrado de vitrinas, etc., los cuales deberán ser controlados por un interruptor de emergencia.

6.4.4. Bases y tomas de corriente

Un número apropiado de tomas de corriente deberán ser instaladas a fin de permitir a los usuarios cumplir las reglas de seguridad.

Las **tomas de corriente instaladas en el suelo** irán dentro de envolventes protegidas contra la penetración del agua. Adicionalmente a los grados de protección indicados en 6.1, deberán tener un grado de protección contra el impacto **IK 10,** según **UNE-EN 50102.**

- Un solo cable o cordón debe ser unido a una toma.
- No se deben utilizar adaptadores multivía.
- No se deben utilizar las bases múltiples, excepto las bases múltiples móviles, que se alimentarán desde una base fija con un cable de longitud máxima **2 m**.

6.5. Conexiones a tierra

Cuando se instale un generador para suministrar alimentación a una instalación temporal, utilizando un sistema TN, TT o IT, debe tenerse cuidado para garantizar que la instalación está correctamente conectada a tierra.

El conductor neutro o punto neutro del generador debe conectarse a las partes conductoras accesibles del generador.

6.6. Conductores de protección

Los conductores de protección tendrán una sección de acuerdo con el apartado 2.3 de la **ITC-BT-19.**

6.7. Cajas, cuadros y armarios de control

Las cajas destinadas a las conexiones eléctricas, cuadros y armarios deberán tener un grado de protección mínimo igual al indicado en el apartado 6.1 *(**IP 45** para instalaciones exteriores; **IP 4X** para interiores).*

ANOTACIONES

ITC-BT-35

INSTALACIONES CON FINES ESPECIALES. ESTABLECIMIENTOS AGRÍCOLAS Y HORTÍCOLAS

Índice

1 Campo de aplicación 548
2 Requisitos generales 548

1. Campo de aplicación

La presente instrucción se aplica a las instalaciones fijas de los establecimientos agrícolas y hortícolas en los cuales se hallan los animales (tales como cuadras, establos, gallineros, porquerizas, locales para la preparación de piensos de animales, graneros, granjas para el heno, la paja y los fertilizantes) o que estén situados al exterior, estando excluidos los locales habitables.

2. Requisitos generales

Las prescripciones particulares para este tipo de establecimientos quedan recogidas en la norma UNE **20460-7-705** (anulada y sustituida por UNE-HD 60364-7-705).

Para aquellos apartados que en esta citada norma se encuentran en estudio, se aplicará lo dispuesto para estos apartados en la instrucción **ITC-BT-33.**

ANOTACIONES

ITC-BT-36

INSTALACIONES A MUY BAJA TENSIÓN

Índice

1 Generalidades 550

2 Requisitos generales para las instalaciones a Muy Baja Tensión de Seguridad (MBTS) y Muy Baja Tensión de Protección (MBTP) 550

2.1. Fuentes de alimentación ... 550

2.2. Condiciones de instalación de los circuitos ... 552

3 Requisitos particulares para las instalaciones a Muy Baja Tensión de Seguridad (MBTS) 553

4 Requisitos particulares para las instalaciones a Muy Baja Tensión de Protección (MBTP) 554

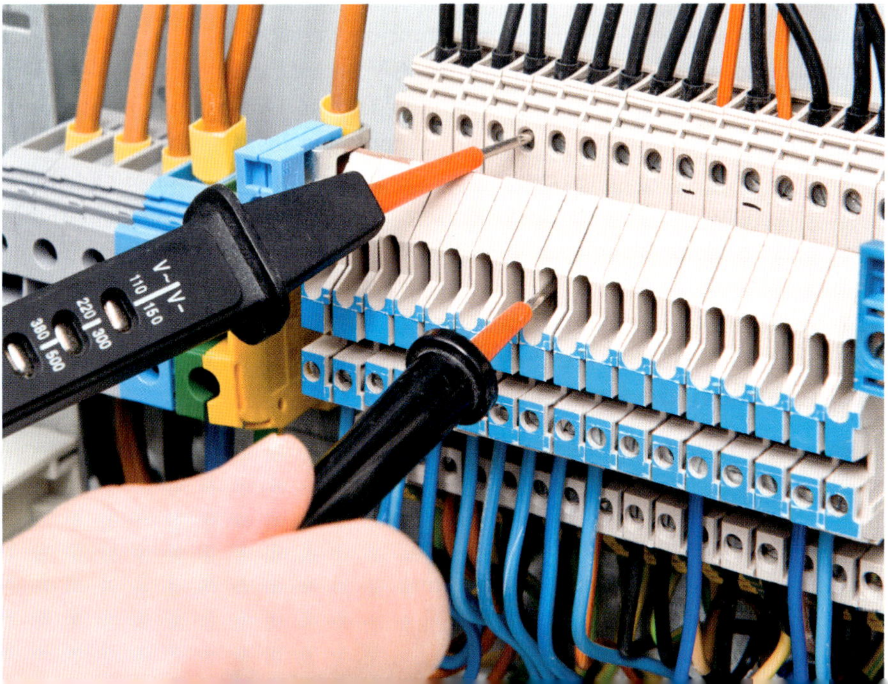

1. Generalidades

A los efectos de la presente instrucción se consideran tres tipos de instalaciones a muy baja tensión:

- Muy Baja Tensión de Seguridad **(MBTS);**
- Muy Baja Tensión de Protección **(MBTP)** y
- Muy Baja Tensión Funcional **(MBTF).**

Las instalaciones a **Muy Baja Tensión de Seguridad** comprenden aquellas cuya tensión nominal no excede de **50 V** en c.a. o **75 V** en c.c., alimentadas mediante una fuente con aislamiento de protección, tales como un transformador de seguridad conforme a la norma **UNE-EN 60742** o **UNE-EN 61558-2-4** o fuentes equivalentes, cuyos circuitos **disponen de aislamiento de protección** y no están conectados a tierra. **Las masas no deben estar conectadas intencionadamente a tierra o a un conductor de protección.**

Las instalaciones a **Muy Baja Tensión de Protección** comprenden aquellas cuya tensión nominal no excede de **50 V** en c.a. o **75 V** en c.c., alimentadas mediante una fuente con aislamiento de protección, tales como un transformador de seguridad conforme a la norma **UNE-EN 60742** o **UNE-EN 61558-2-4** o fuentes equivalentes, cuyos circuitos **disponen de aislamiento de protección** y, por razones funcionales, **los circuitos y/o las masas están conectados a tierra o a un conductor de protección.** La puesta a tierra de los circuitos puede ser realizada por una conexión adecuada al conductor de protección del circuito primario de la instalación.

Las instalaciones a **Muy Baja Tensión Funcional** comprenden aquellas cuya tensión nominal no excede de **50 V** en c.a. o **75 V** en c.c., y que no cumplen los requisitos de MBTS ni de MBTP. Este tipo de instalaciones, bien **están alimentadas por una fuente sin aislamiento de protección,** tal como fuentes con aislamiento principal, o bien sus circuitos **no tienen aislamiento de protección** frente a otros circuitos. La protección contra los choques eléctricos de este tipo de instalaciones deberá realizarse conforme a lo establecido en la **ITC-BT-24,** para circuitos distintos de MBTS o MBTP.

2. Requisitos generales para las instalaciones a Muy Baja Tensión de Seguridad (MBTS) y Muy Baja Tensión de Protección (MBTP)

2.1. Fuentes de alimentación

Estas instalaciones deben estar alimentadas mediante una fuente que incorpore:

a) **Un transformador de aislamiento de seguridad** conforme a la **UNE-EN 60742.** Para el caso de la MBTP, el transformador puede ser con aislamiento principal con pantalla de separación entre primario y secundario puesta a tierra, siempre que exista un sistema de protección en el circuito primario por corte automático de la alimentación o

b) **una fuente corriente que asegure un grado de protección equivalente** al del transformador de seguridad anterior (por ejemplo, un motor-generador con devanados con separación equivalente) o

c) **una fuente electroquímica** (pilas o acumuladores), que no dependa o que esté separada con aislamiento de protección de circuitos a MBTF o de circuitos de tensión más elevada, o

d) **otras fuentes que no dependan de la MBTF** o circuitos de tensión más elevada, por ejemplo, grupo electrógeno.

e) Determinados **dispositivos electrónicos** en los cuales se han adoptado medidas para que, en caso de primer defecto, la tensión de salida no supere los valores correspondientes a Muy Baja Tensión.

Tabla A. *Ejemplo de fuentes de alimentación para MBTS y MBTP.*

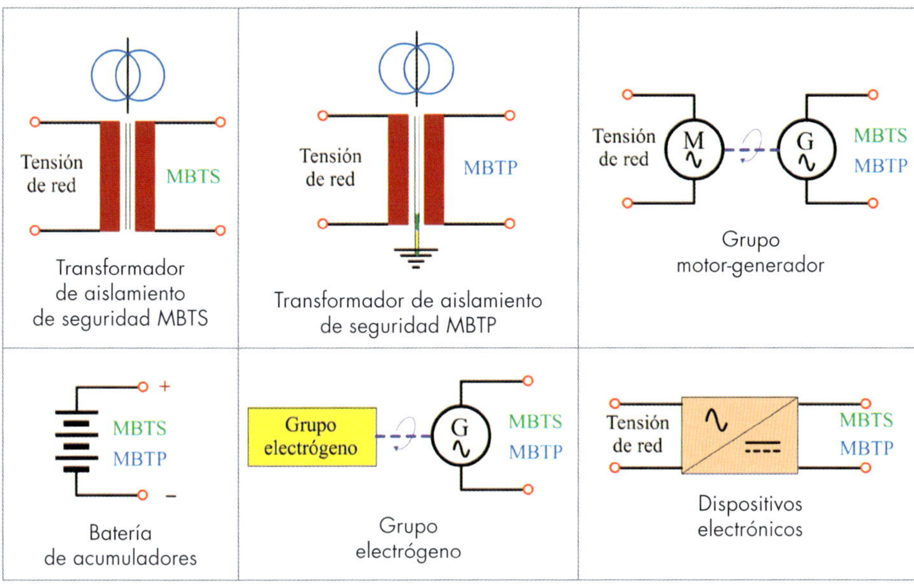

Cuando la intensidad de cortocircuito en los bornes del circuito de utilización de la fuente de energía sea inferior a la intensidad admisible en los conductores que forman este circuito, no será necesario instalar en su origen dispositivos de protección contra sobreintensidades.

2.2. Condiciones de instalación de los circuitos

La separación de protección entre los conductores de cada circuito MBTS o MBTP y los de cualquier otro circuito, incluidos los de MBTF, debe ser realizada por una de las disposiciones siguientes:

- La separación física de los conductores.
- Los conductores de los circuitos de muy baja tensión MBTS o MBTP deben estar provistos, además, de su aislamiento principal, de una cubierta no metálica.
- Los conductores de los circuitos a tensiones diferentes deben estar separados entre sí por una pantalla metálica conectada a tierra o por una vaina metálica conectada a tierra.
- Un cable multiconductor o un agrupamiento de conductores pueden contener circuitos a tensiones diferentes, siempre que los conductores de los circuitos MBTS o MBTP estén aislados, individual o colectivamente, para la tensión más alta que tienen que soportar.

Las tomas de corriente de los circuitos de MBTS y MBTP deben satisfacer las prescripciones siguientes:

- Los conectores no deben poder entrar en las bases de toma de corriente alimentadas por otras tensiones.
- Las bases deben impedir la introducción de conectores concebidos para otras tensiones.
- Las bases de enchufe de los circuitos MBTS no deben llevar contacto de protección; las de los circuitos MBTP sí pueden llevarlo.
- Los conectores de los circuitos MBTS no deben poder entrar en las bases de enchufe MBTP.
- Los conectores de los circuitos MBTP no deben poder entrar en las bases de enchufe MBTS.

A todos los efectos, un circuito MBTF se considera siempre como circuito de tensión diferente.

No es necesario en este tipo de instalaciones seguir las prescripciones fijadas en la instrucción **ITC-BT-19** para **identificación de los conductores ni seguir las prescripciones** de la instrucción **ITC-BT-06** para los requisitos de distancia de conductores al suelo y la separación mínima entre ellos.

Los cables enterrados se situarán entre dos **capas de arena** o de tierra fina cribada, de **10 a 15 cm** de espesor.

Cuando los cables no presenten una resistencia mecánica suficiente, se colocarán en el interior de conductos que los protejan convenientemente.

Para las **instalaciones de alumbrado,** la **caída de tensión** entre la fuente de energía y los puntos de utilización no será superior al **5 %**.

3. Requisitos particulares para las instalaciones a Muy Baja Tensión de Seguridad (MBTS)

Las partes activas de los circuitos de MBTS **no deben ser conectadas eléctricamente a tierra,** ni a partes activas, ni a conductores de protección que pertenezcan a circuitos diferentes.

Las masas no deben conectarse intencionadamente ni a tierra, ni a conductores de protección o masas de circuitos diferentes, ni a elementos conductores. No obstante, para los equipos que, por su disposición, tengan conexiones francas a elementos conductores, la presente medida sigue siendo válida si puede asegurarse que estas partes no pueden conectarse a un potencial superior a **50 V** en corriente alterna o **75 V** en corriente continua.

Por otro lado, si hay masas de circuitos MBTS que son **susceptibles de ponerse en contacto con masas de otros circuitos,** la protección contra los choques eléctricos ya no se basa en la medida exclusiva de protección para MBTS, sino en las medidas de protección correspondientes a estas últimas masas.

Cuando la tensión nominal del circuito es superior a **25 V** en corriente alterna o **60 V** en corriente continua sin ondulación, debe asegurarse la **protección contra los contactos directos** mediante uno de los métodos siguientes:

- Por barreras o envolventes que presenten como mínimo un grado de protección **IP 2X;** o **IP XXB** según **UNE 20324.**
- Por un aislamiento que pueda soportar una tensión de **500 voltios** durante un minuto.

Para tensiones inferiores a las anteriores **no se requiere protección** alguna contra contactos directos, salvo para determinadas condiciones de influencias externas.

La corriente continua sin ondulación es aquella en la que el porcentaje de ondulación no supera el **10 %** del valor eficaz.

4. Requisitos particulares para las instalaciones a Muy Baja Tensión de Protección (MBTP)

La protección contra los contactos directos debe quedar garantizada:

- Por barreras o envolventes que presenten como mínimo un grado de protección **IP 2X;** o **IP XXB** según **UNE 20324.**
- Por un **aislamiento** que pueda soportar una tensión de **500 voltios** durante un minuto.

No obstante, **no se requiere protección contra los contactos directos** para equipos situados en el interior de un edificio en el cual las masas y los elementos conductores, simultáneamente accesibles, estén conectados a la misma toma de tierra y si la tensión nominal no es superior a:

- **25 V** eficaces en corriente alterna o **60 V** en corriente continua sin ondulación, siempre y cuando el equipo se utilice únicamente en emplazamientos secos, y no se prevean contactos francos entre partes activas y el cuerpo humano o de un animal.
- **6 V** eficaces en corriente alterna o **15 V** en corriente continua sin ondulación, en los demás casos.

ANOTACIONES

ITC-BT-37

INSTALACIONES A TENSIONES ESPECIALES

Índice

1 Prescripciones particulares 556

1. Prescripciones particulares

Las instalaciones a tensiones especiales son aquellas en las que la tensión nominal es superior a

- **500 V** de valor eficaz en corriente alterna o
- **750 V** de valor medio aritmético en corriente continua, dentro del campo de aplicación del presente reglamento.

Estas instalaciones, además de cumplir con las prescripciones establecidas para las instalaciones a tensiones usuales y las prescripciones complementarias según su emplazamiento, cumplirán las siguientes:

- Se aplicará obligatoriamente uno de los sistemas de protección para **contactos indirectos** indicado en la **ITC-BT-24,** tanto a las envolventes conductoras de las canalizaciones como a las masas de los aparatos que no posean aislamiento reforzado o doble aislamiento.
- Los **cables** empleados serán siempre de tensión nominal no inferior a **1.000 V**. Cuando estos cables se instalen sobre soportes aislantes, deberán poseer una envolvente que los proteja contra el deterioro mecánico.
- La presencia de piezas desnudas bajo tensión que no estén completamente protegidas contra los contactos directos, de acuerdo a lo establecido en la instrucción **ITC-BT-24,** se permitirá únicamente en locales afectos a un servicio eléctrico, siempre que solo personal cualificado tenga acceso al mismo.
- Las **canalizaciones** deberán ser fácilmente **identificables,** sobre todo cuando existan en sus proximidades otras canalizaciones a tensiones usuales o pequeñas tensiones.
- La instalación a tensión usual, a partir de sus aparatos de protección, estará aislada igual que la instalación a tensión especial en el caso excepcional de empleo de un autotransformador para la elevación de la tensión usual a la tensión especial.

ITC-BT-38

INSTALACIONES CON FINES ESPECIALES. REQUISITOS PARTICULARES PARA LA INSTALACIÓN ELÉCTRICA EN QUIRÓFANOS Y SALAS DE INTERVENCIÓN

Índice

1 Objeto y campo de aplicación 558

2 Condiciones generales de seguridad e instalación 558

2.1. Medidas de protección 558
2.2. Suministros complementarios 560
2.3. Medidas contra el riesgo de incendio o explosión 560
2.4. Control y mantenimiento 562

3 Condiciones especiales de instalación de receptores en quirófanos y salas de intervención 563

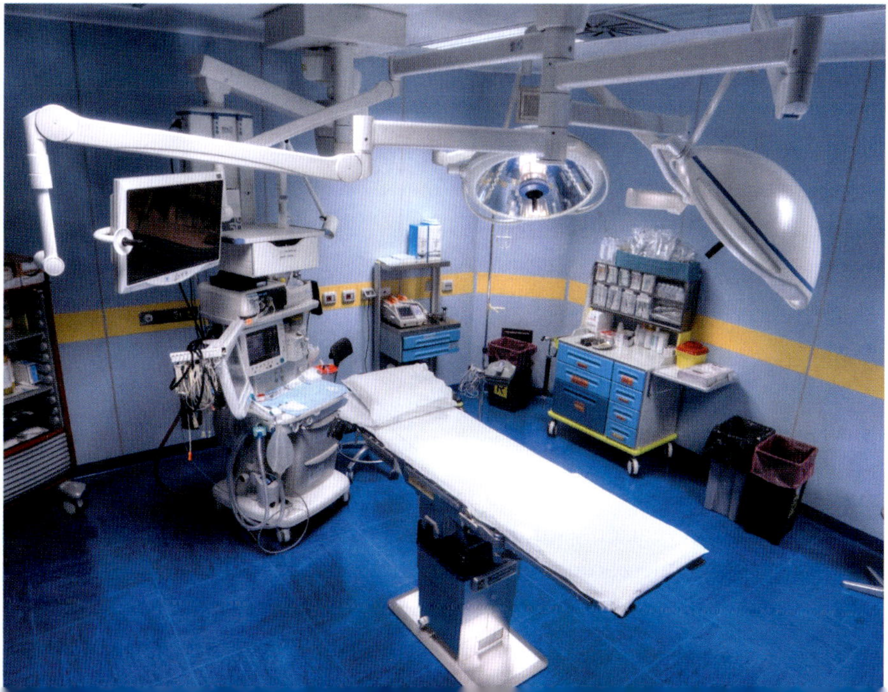

1. Objeto y campo de aplicación

El objeto de la presente instrucción es determinar los requisitos particulares para las instalaciones eléctricas en quirófanos y salas de intervención, así como las condiciones de instalación de los receptores utilizados en ellas.

Los receptores objeto de esta instrucción cumplirán los requisitos de las directivas europeas aplicables conforme a lo establecido en el artículo 6 del Reglamento Electrotécnico para Baja Tensión.

Además de las prescripciones generales para locales de usos sanitarios señaladas en la **ITC-BT-28,** se cumplirán las prescripciones particulares incluidas en la presente instrucción.

2. Condiciones generales de seguridad e instalación

Las **salas de anestesia** y demás dependencias donde puedan utilizarse anestésicos u otros productos inflamables serán consideradas como **locales con riesgo de incendio o explosión clase I, zona 1,** salvo indicación en contra, y como tales las instalaciones deberán satisfacer las indicaciones para ellas establecidas en la **ITC-BT-29.**

Las bases de toma de corriente para diferentes tensiones tendrán separaciones o formas distintas para las espigas de las clavijas correspondientes.

Cuando la **instalación de alumbrado** general se sitúe a una altura del suelo inferior a **2,5 m**, o cuando sus interruptores presenten partes metálicas accesibles, deberá ser protegida contra los contactos indirectos mediante un **dispositivo diferencial,** conforme a lo establecido en la **ITC-BT-24.**

Las características de aislamiento de los **conductores** responderán a lo dispuesto en la **ITC-BT-19** y, en su caso, la **ITC-BT-29.**

2.1. Medidas de protección

2.1.1. Puesta a tierra de protección

La instalación eléctrica de los edificios con locales para la práctica médica y en concreto para quirófanos o salas de intervención deberá disponer de un **suministro trifásico con neutro y conductor de protección.** Tanto el neutro como el conductor de protección serán conductores de **cobre,** tipo aislado, a lo largo de toda la instalación.

La **impedancia** entre el embarrado común de puesta a tierra de cada quirófano o sala de intervención y las conexiones a masa, o los contactos de tierra de las bases de toma de corriente, no deberá exceder de **0,2 ohmios**.

2.1.2. Conexión de equipotencialidad

Todas las partes metálicas accesibles han de estar unidas al embarrado de equipotencialidad (EE en la Figura 1), mediante conductores de **cobre** aislados e independientes. La **impedancia** entre estas partes y el embarrado (EE) no deberá exceder **de 0,1 ohmios.**

Se deberá emplear la identificación **verde-amarillo** para los conductores de equipotencialidad y para los de protección.

El embarrado de equipotencialidad (EE) estará unido al de puesta a tierra de protección (PT en la Figura 1) por un conductor aislado con la identificación verde-amarillo, y de sección no inferior a **16 mm²** de **cobre.**

La **diferencia de potencial** entre las partes metálicas accesibles y el embarrado de equipotencialidad (EE) no deberá exceder de **10 mV** eficaces en condiciones normales.

2.1.3. Suministro a través de un transformador de aislamiento

Es obligatorio el empleo de transformadores de aislamiento o de separación de circuitos, como mínimo, **uno por cada quirófano** o sala de intervención, para aumentar la fiabilidad de la alimentación eléctrica a aquellos equipos en los que una interrupción del suministro puede poner en peligro, directa o indirectamente, al paciente o al personal implicado y para limitar las corrientes de fuga que pudieran producirse (*véase* Figura 1).

Se realizará una adecuada protección contra sobreintensidades del propio transformador y de los circuitos por él alimentados. Se concede importancia muy especial a la coordinación de las protecciones contra sobreintensidades de todos los circuitos y equipos alimentados a través de un transformador de aislamiento, con objeto de evitar que una falta en uno de los circuitos pueda dejar fuera de servicio la totalidad de los sistemas alimentados a través del citado transformador.

El transformador de aislamiento y el dispositivo de vigilancia del nivel de aislamiento cumplirán la norma **UNE 20615** (anulada y sustituida por UNE-EN 61558-2-15).

Se dispondrá de un cuadro de mando y protección por quirófano o sala de intervención, situado fuera del mismo, fácilmente accesible y en sus inmediaciones. Este deberá incluir la protección contra sobreintensidades, el transformador de aislamiento y el **dispositivo de vigilancia del nivel de aislamiento.**

Es muy importante que, en el cuadro de mando y panel indicador del estado del aislamiento, todos los mandos queden perfectamente identificados y sean de fácil acceso. **El cuadro de alarma del dispositivo de vigilancia del nivel de aislamiento** deberá estar en el interior del quirófano o sala de intervención y ser fácilmente visible y accesible, con posibilidad de sustitución fácil de sus elementos.

2.1.4. Protección diferencial y contra sobreintensidades

Se emplearán dispositivos de protección **diferencial de alta sensibilidad** (≤ 30 mA) y de **clase A,** para la protección individual de aquellos equipos que no estén alimentados a través de un transformador de aislamiento, aunque el empleo de los mismos no exime de la necesidad de puesta a tierra y equipotencialidad.

Se dispondrán las correspondientes protecciones contra sobreintensidades.

Los dispositivos alimentados a través de un transformador de aislamiento no deben protegerse con diferenciales en el primario ni en el secundario del transformador.

2.1.5. Empleo de muy baja tensión de seguridad

Las instalaciones con Muy Baja Tensión de Seguridad (MBTS) tendrán una tensión asignada no superior a 24 V en corriente alterna y 50 V en corriente continua y cumplirá lo establecido en la **ITC-BT-36.**

2.2. Suministros complementarios

Además del **suministro complementario de reserva** requerido en la **ITC-BT-28,** será **obligatorio** disponer de un **suministro especial complementario,** por ejemplo, con baterías, para hacer frente a las necesidades de la lámpara de quirófano o sala de intervención y equipos de asistencia vital, debiendo **entrar en servicio automáticamente en menos de 0,5 segundos** (corte breve) y con una **autonomía no inferior a 2 horas.**

La lámpara de quirófano o sala de intervención siempre estará alimentada a través de un transformador de aislamiento (*véase* Figura 1).

Todo el sistema de protección deberá funcionar con idéntica fiabilidad tanto si la alimentación es realizada por el suministro normal como por el complementario.

2.3. Medidas contra el riesgo de incendio o explosión

Para los quirófanos o salas de intervención en los que se empleen mezclas anestésicas gaseosas o agentes desinfectantes inflamables, la **Figura 2** muestra las **zonas G y M,** que deberán ser consideradas como **zonas de la clase I; zona 1** y **clase I; zona 2,** respectivamente, conforme a lo establecido en la **ITC-BT-29.**

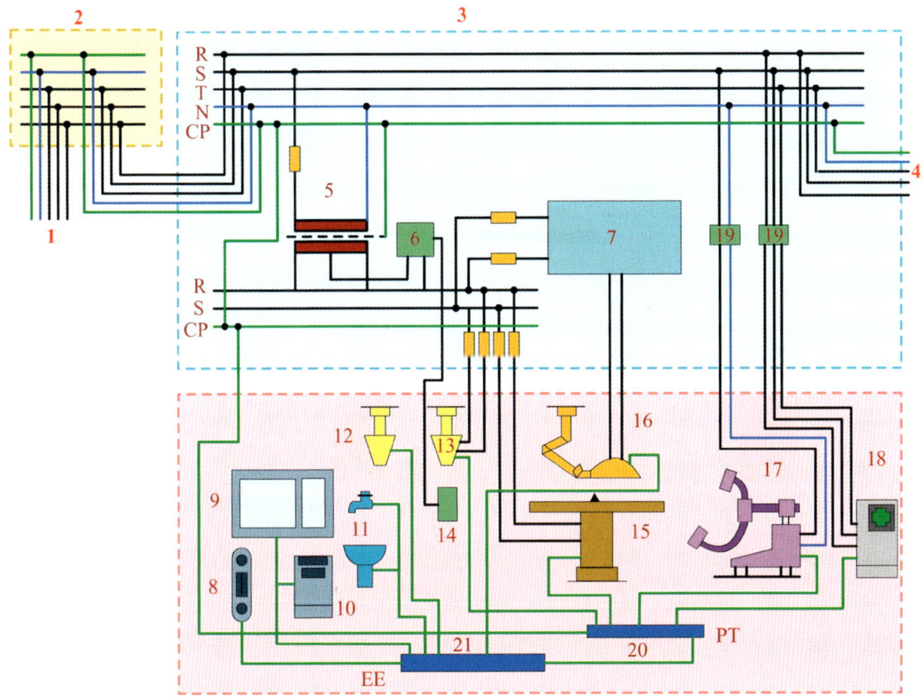

1. Alimentación general o línea general de alimentación.	**11.** Partes metálicas de lavabos y suministro de agua.
2. Distribución en la planta o derivación individual.	**12.** Torreta aérea de tomas de suministro de gas.
3. Cuadro de distribución en la sala de operaciones.	**13.** Torreta aérea de tomas de corriente (con terminales para conexión equipotencial envolvente conectada al embarrado conductor de protección).
4. Suministro complementario.	**14.** Cuadro de alarmas del dispositivo de vigilancia de aislamiento.
5. Transformador de aislamiento tipo médico.	**15.** Mesa de operaciones (de mando eléctrico).
6. Dispositivo de vigilancia de aislamiento o monitor de detección de fugas.	**16.** Lámpara de quirófano.
7. Suministro normal y especial complementario para alumbrado de lámpara de quirófano.	**17.** Equipos de rayos X.
8. Radiadores de calefacción central.	**18.** Esterilizador.
9. Marco metálico de ventanas.	**19.** Interruptor de protección diferencial.
10. Armario metálico para instrumentos.	**20.** Embarrado de puesta a tierra.
	21. Embarrado de equipotencialidad.

Figura 1. *Ejemplo de un esquema general de la instalación eléctrica de un quirófano.*

La **zona M,** situada debajo de la mesa de operaciones (*véase* Figura 2), podrá considerarse como zona sin riesgo de incendio o explosión cuando se asegure una **ventilación de 15 renovaciones de aire/hora.**

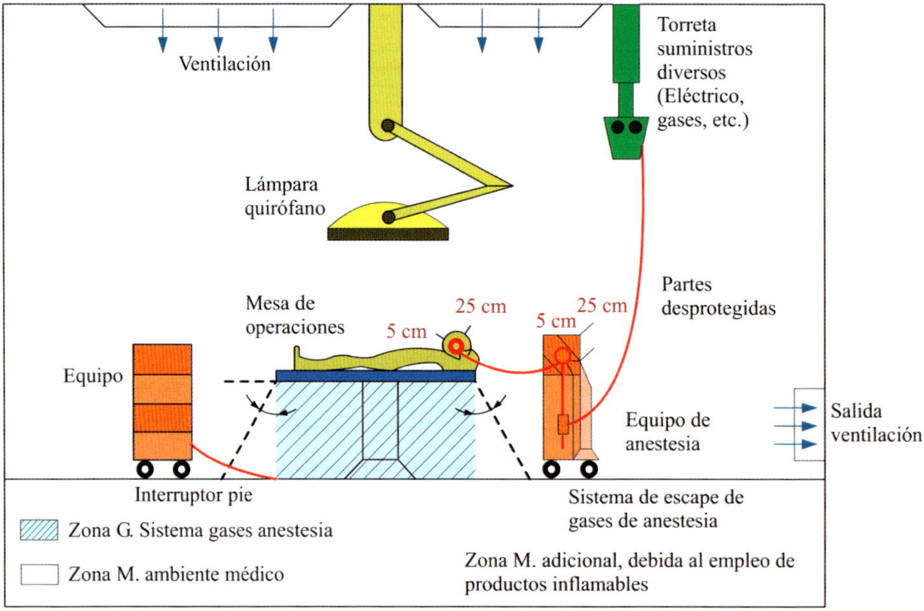

Figura 2. *Zonas con riesgo de incendio y explosión en el quirófano, cuando se empleen mezclas anestésicas gaseosas o agentes desinfectantes inflamables.*

Los **suelos** de los quirófanos o salas de intervención serán del tipo **antielectrostático** y su **resistencia de aislamiento** no deberá exceder de 1 MΩ, salvo que se asegure que un valor superior, pero siempre **inferior a** 100 MΩ, no favorezca la acumulación de cargas electrostáticas peligrosas.

En general, se prescribe un sistema de ventilación adecuado que evite las concentraciones de los gases empleados para la anestesia y desinfección.

2.4. Control y mantenimiento

2.4.1. Antes de la puesta en servicio de la instalación

La empresa instaladora autorizada deberá proporcionar un **informe escrito** sobre los resultados de los controles realizados al término de la ejecución de la instalación, que comprenderá, al menos:

- El funcionamiento de las medidas de protección.
- La continuidad de los conductores activos y de los conductores de protección y puesta a tierra.

- La resistencia de las conexiones de los conductores de protección y de las conexiones de equipotencialidad.
- La resistencia de aislamiento entre conductores activos y tierra en cada circuito.
- La resistencia de puesta a tierra.
- La resistencia de aislamiento de suelos antielectrostáticos.
- El funcionamiento de todos los suministros complementarios.

2.4.2. Después de su puesta en servicio

Se realizará un **control,** al menos **semanal,** del correcto funcionamiento del **dispositivo de vigilancia de aislamiento y de los dispositivos de protección.**

Asimismo, se realizarán **medidas de continuidad y de resistencia de aislamiento** de los diversos circuitos en el interior de los quirófanos o salas de intervención, como mínimo **mensualmente.**

El mantenimiento de los diversos equipos deberá efectuarse de acuerdo con las instrucciones de sus fabricantes. La revisión periódica de las instalaciones, en general, deberá realizarse conforme a lo establecido en la **ITC-BT-05,** incluyendo, en cualquier caso, las verificaciones indicadas en el apartado 2.4.1.

Además de las inspecciones periódicas establecidas en la ITC-BT-05, se realizará una **revisión anual de la instalación por una empresa instaladora autorizada,** incluyendo, en ambos casos, las verificaciones indicadas en 2.4.1 anterior.

2.4.3. Libro de Mantenimiento

Todos los controles realizados serán recogidos en un «Libro de Mantenimiento» de cada quirófano o sala de intervención, en el que se expresen los resultados obtenidos y las fechas en que se efectuaron, con firma del técnico que los realizó. En el mismo, deberán reflejarse con detalle las anomalías observadas, para disponer de antecedentes que puedan servir de base a la corrección de deficiencias.

3. Condiciones especiales de instalación de receptores en quirófanos y salas de intervención

Todas las masas metálicas de los **receptores invasivos eléctricamente** deben conectarse a través de un conductor de protección a un embarrado común de puesta a tierra de protección (PT en Figura 1) y este, a su vez, a la puesta a tierra general del edificio.

Se entiende por receptor invasivo eléctricamente aquel que desde el punto de vista eléctrico penetra parcial o completamente en el interior del cuerpo bien por un orificio corporal o bien a través de la superficie corporal. Esto es, aquellos productos que por su utilización endocavitaria pudieran presentar riesgo de microchoque sobre el paciente. A título de ejemplo pueden citarse electrobisturíes, equipos radiológicos de aplicación cardiovascular de intervención, ciertos equipos de monitorización, etc. **Los receptores invasivos deberán conectarse a la red de alimentación a través de un transformador de aislamiento.**

La instalación de receptores no invasivos eléctricamente, tales como resonancia magnética, ultrasonidos, equipos analíticos, equipos radiológicos no de intervención, se atendrán a las reglas generales de instalación de receptores indicadas en la **ITC-BT-43.**

ANOTACIONES

ITC-BT-39

INSTALACIONES PARA FINES ESPECIALES. CERCAS ELÉCTRICAS PARA GANADO

Índice

1 Objeto y campo de aplicación 566

2 Alimentación 566

3 Prescripciones particulares 566

1. Objeto y campo de aplicación

El objeto de la presente Instrucción es determinar los requisitos particulares de las cercas eléctricas para ganado, su alimentador y su instalación.

Se entiende por **cerca eléctrica para ganado** a una barrera para animales que comprende uno o varios conductores formados por hilos metálicos, barrotes o alambradas.

Se entiende por **alimentador de cerca eléctrica** al aparato destinado a suministrar regularmente impulsos de tensión a la cerca a la que está conectado.

2. Alimentación

El alimentador de cerca eléctrica puede estar alimentado a su vez mediante una de las siguientes formas:

- Conectado a una **red de distribución** de energía eléctrica.
- Conectado a **baterías o acumuladores** cuya **carga** se realiza mediante una **red de distribución** de energía eléctrica.
- Conectado a **baterías o acumuladores autónomos,** es decir, que no están destinados a ser conectados a una red de distribución de energía eléctrica.

3. Prescripciones particulares

Los alimentadores de cercas eléctricas conectados a una red de distribución de energía eléctrica deberán cumplir la norma **UNE-EN 60335-2-76** y su circuito de alimentación, las prescripciones de las **ITC-BT-22, ITC-BT-23 e ITC-BT-24.**

Los alimentadores se colocarán en lugares donde no puedan quedar cubiertos por paja, heno, etc., y estarán próximos a la cerca que alimentan.

Los conductores de la cerca estarán separados de cualquier objeto metálico no perteneciente a la misma, de manera que no haya riesgo de contacto entre ellos.

Los conductores de la cerca y los de conexión de esta a su alimentador no se sujetarán en apoyos correspondientes a otra canalización, sea de alta o baja tensión, de telecomunicación, etc.

Los elementos de maniobra de las puertas de la cerca estarán aislados convenientemente de los conductores de la misma y su **maniobra tendrá por efecto la puesta fuera de tensión de los conductores comprendidos entre los soportes laterales de la puerta.**

Entre cercas que no estén alimentadas por un mismo alimentador, se tomarán medidas convenientes para **evitar que una persona o animal pueda tocarlas simultáneamente.** Normalmente se considera suficiente una separación de **2 m**, entre los conductores de unas y otras cercas.

Se colocarán **carteles de aviso** cuando las cercas puedan estar al alcance de personas no prevenidas de su presencia y, en todo caso, cuando estén junto a una vía pública.

El mínimo de carteles será de uno por cada alineación recta de la cerca y, en todo caso, a distancias máximas de **50 metros**.

Los carteles se colocarán en lugares bien visibles y preferentemente sujetos al conductor superior de la cerca si la altura de este sobre el suelo asegura esa visibilidad; en caso contrario, se colocarán sobre los apoyos de los conductores, de manera que sean visibles tanto desde el exterior como desde el interior del cercado.

Los carteles llevarán la indicación **«CERCA ELÉCTRICA»** escrito sobre un triángulo equilátero de base horizontal con letras negras sobre fondo amarillo. El cartel tendrá unas dimensiones mínimas **de 105 × 210 milímetros y las letras 25 milímetros de altura.**

La toma de tierra del alimentador de la cerca tendrá las características de «tierra separada» de cualquier otra, incluso de la tierra de masa del mismo aparato.

Cuando una cerca eléctrica esté situada en una zona particularmente **expuesta a los efectos de descargas atmosféricas,** el alimentador estará situado en el exterior de los edificios o en un local destinado expresamente a él y se tomarán las medidas de protección apropiadas.

NOTA

Notas a la norma UNE-EN 60335-2-76

Una cerca eléctrica para el ganado, también conocida por el nombre «pastor eléctrico», constituye una barrera psicológica que mantiene controlados a los animales dentro del recinto cercado.

La cerca eléctrica consta de un **electrificador** (dispositivo electrónico) que, al conectarse entre los conductores de la cerca y tierra, envía un pulso no mayor de **10.000 V**, con una frecuencia de repetición inferior a **1 Hz** (un impulso por segundo). La duración del impulso, considerando una carga normalizada del cercado de 500 ohmios, no debería exceder los **10 ms**, y la energía aportada no debería ser mayor a **5 julios**, concluyendo que su funcionamiento no debe causar riesgos eléctricos a personas, animales o sus alrededores.

En la Figura A se muestra el esquema de una cerca eléctrica. Cuando un animal toca la línea de la cerca, mientras pisa el suelo, cierra el circuito y recibe un pequeño choque eléctrico que le disuade de volver a acercarse a la misma.

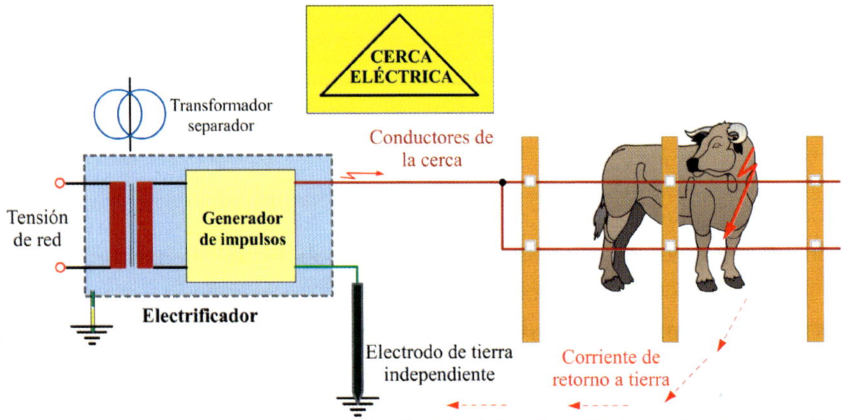

Figura A. *Funcionamiento de una cerca eléctrica.*

Para asegurar el buen funcionamiento de la cerca eléctrica, el electrificador debe disponer de un **electrodo de tierra,** independiente de la toma tierra de la red eléctrica, que penetre en el terreno a una profundidad de al menos **1 metro**. Si la cerca fuese muy larga, para asegurar su correcto funcionamiento, será necesario instalar más electrodos de tierra a lo largo del terreno.

Se mantendrá una distancia de al menos **10 m** entre el electrodo de tierra del electrificador y cualquier otro sistema de tierra tal como la tierra de protección del sistema de generación de potencia o la tierra del sistema de telecomunicación.

En el caso de que los conductores de conexión y los cables de cercas eléctricas se instalen en las proximidades de una línea de alta tensión, las distancias en el aire no deben ser inferiores a las que figuran en la Tabla A.

Tabla A. *Distancias en el aire mínimas a líneas de alta tensión*

Tensión de la línea (V)	Distancia en el aire (m)
≤ 1.000 V	3 m
> 1.000 V ≤ 33.000 V	4 m
> 33.000 V	8 m

ITC-BT-40

INSTALACIONES GENERADORAS DE BAJA TENSIÓN

Índice

1 Objeto y campo de aplicación 570

2 Clasificación 571

3 Condiciones generales 572

4 Condiciones para la conexión 573

4.1. Instalaciones generadoras aisladas . . . 576
4.2. Instalaciones generadoras asistidas . . . 578
4.3. Instalaciones generadoras interconectadas . . . 580

5 Cables de conexión 601

6 Forma de la onda 601

7 Protecciones 605

8 Instalaciones de puesta a tierra 613

8.1. Generalidades . . . 613
8.2. Características de la puesta a tierra según el funcionamiento de la instalación generadora respecto a la Red de Distribución Pública . . . 614
8.3. Generadores eólicos . . . 617

9 Puesta en marcha 617

10 Otras disposiciones 617

Anexo I

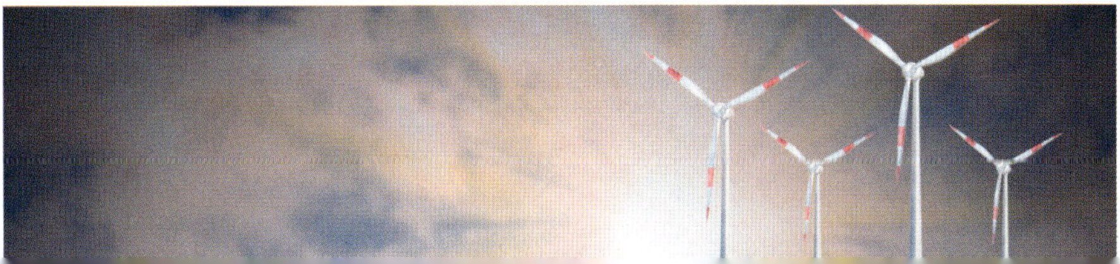

1. Objeto y campo de aplicación

La presente instrucción se aplica a las instalaciones generadoras, entendiendo como tales las destinadas a transformar cualquier tipo de energía no eléctrica en energía eléctrica.

A los efectos de esta Instrucción se entiende por «Redes de Distribución Pública» a las redes eléctricas que pertenecen o son explotadas por empresas cuyo fin principal es la distribución de energía eléctrica para su venta a terceros. Asimismo, se entiende por «Autogenerador» a la empresa que, subsidiariamente a sus actividades principales, produce, individualmente o en común, la energía eléctrica destinada en su totalidad o en parte a sus necesidades propias.

GUÍA-BT-40

Aunque el objetivo de la presente instrucción es dar normas generales que se apliquen a todas las instalaciones generadoras de energía eléctrica, debido al **auge de las energías renovables** en los últimos años, y **en particular al de la energía solar fotovoltaica,** con una gran penetración principalmente en las redes de media y baja tensión, se ha creído conveniente particularizar en algunos aspectos la aplicación de esta Guía a este tipo de instalaciones, sobre todo habida cuenta de sus grandes perspectivas de futuro en el *mix* de generación.

Por lo tanto, se pretenden establecer una serie de recomendaciones para la conexión a red de esta generación distribuida, siendo necesario definir los ensayos y recomendaciones normativas que deben cumplir las partes integrantes de estos sistemas, y no dar lugar a situaciones no contempladas en el diseño de este tipo de generación y su forma de acoplarse a la red a través de convertidores alterna continua, teniendo siempre en cuenta aquellos posibles problemas que pudieran afectar a la seguridad de las personas y de los equipos eléctricos.

No obstante la aplicación de esta guía afecta al resto de tecnologías de generación, dado que están cubiertas por la presente ITC.

El presente documento se aplica a todas las instalaciones generadoras de baja tensión, tales como:

- Motores de combustión.
- Turbinas.
- Generadores fotovoltaicos (FV).
- Generadores eólicos de BT.
- Acumuladores mecánicos o electroquímicos.
- Células de combustible.
- Otras fuentes de energía en BT.

En lo relativo a la definición de autogenerador debe entenderse que la referencia a «empresa» incluye «persona física o jurídica».

2. Clasificación

Las Instalaciones Generadoras se clasifican, atendiendo a su funcionamiento respecto a la Red de Distribución Pública, en:

a) **Instalaciones generadoras aisladas:** aquellas en las que no puede existir conexión eléctrica alguna con la Red de Distribución Pública.

b) **Instalaciones generadoras asistidas:** aquellas en las que existe una conexión con la Red de Distribución Pública, pero sin que los generadores puedan estar trabajando en paralelo con ella. La fuente preferente de suministro podrá ser tanto los grupos generadores como la Red de Distribución Pública, quedando la otra fuente como socorro o apoyo. Para impedir la conexión simultánea de ambas, se deben instalar los correspondientes sistemas de conmutación. Será posible, no obstante, la realización de maniobras de transferencia de carga sin corte, siempre que se cumplan los requisitos técnicos descritos en el apartado 4.2.

c) **Instalaciones generadoras interconectadas:** las que están, normalmente, trabajando en paralelo con la Red de Distribución Pública.

Las instalaciones generadoras interconectadas para autoconsumo podrán pertenecer a las modalidades de suministro con autoconsumo sin excedentes o modalidades de suministro con autoconsumo con excedentes definidas en el artículo 9 de la Ley 24/2013, de 26 de diciembre, y en el artículo 4 del Real Decreto 244/2019, de 5 de abril, por el que se regulan las condiciones administrativas, técnicas y económicas del autoconsumo de energía eléctrica.

GUÍA-BT-40

Instalaciones generadoras interconectadas

C1) **Las instalaciones generadoras con punto de conexión en la red de distribución de baja tensión** en las que hay otros circuitos e instalaciones de baja tensión conectados a ella, independientemente de que la finalidad de la instalación sea tanto vender energía como alimentar cargas, en paralelo con la red.

C2) **Las instalaciones generadoras con punto de conexión en la red de alta tensión** mediante un transformador elevador de tensión, que no tiene otras redes de distribución de baja tensión que alimentan cargas ajenas, conectadas a él. Este esquema está igualmente incluido en las condiciones del REBT, aunque por su consideración de instalación generadora conectada directamente a la red de AT requiere condiciones especiales de conexión, atendiendo a las reglamentaciones vigentes sobre protecciones y condiciones de conexión en alta tensión.

En las instalaciones-generadoras interconectadas cuando la red de distribución se desconecta, se pueden alimentar cargas propias siempre que se cumplan las condiciones de desconexión y conexión de la instalación generadora a la red de distribución, requeridas en el capítulo 4 de la **ITC-BT-40.**

Nota: Sin perjuicio de lo establecido en las definiciones de punto de conexión en otras reglamentaciones, a los efectos de esta guía se entiende por punto de conexión el punto de la red pública de distribución o transporte en el que se conecta la instalación del titular de la instalación generadora. El punto de conexión no necesariamente coincide con el punto en el que se realiza la medida de energía, pero sí es el punto en el que se instala el primer elemento (visto desde la red) de las protecciones generales requeridas en la instalación del titular.

3. Condiciones generales

Los generadores y las instalaciones complementarias de las instalaciones generadoras, como los depósitos de combustibles, canalizaciones de líquidos o gases, etc., deberán cumplir, además, las disposiciones que establecen los Reglamentos y Directivas específicos que les sean aplicables.

Según la Guía Técnica: *las instalaciones eléctricas de alimentación fotovoltaicas se ejecutarán preferentemente según lo establecido en la norma* ***UNE 20460-7-712*** *en aquello que no colisione con los requisitos de las legislaciones aplicables.*

Cuando las instalaciones generadoras estén alojadas en edificios o establecimientos industriales, sus locales, que serán de uso exclusivo, cumplirán con las disposiciones reguladoras de protección contra incendios correspondientes.

Los locales donde estén instalados los motores térmicos, cualquiera que sea su potencia, deberán estar suficientemente ventilados.

Los conductos de salida de los gases de combustión serán de material incombustible y evacuarán directamente al exterior o a través de un sistema de aprovechamiento energético.

Según la Guía Técnica: *en el caso de células de combustible y de acumuladores electroquímicos también deberán considerarse los requisitos de ventilación y los relativos a los conductos de salida de los gases.*

Toda instalación generadora deberá ser comunicada a la compañía distribuidora. Será responsabilidad del titular de la instalación generadora la correcta actuación de las protecciones, la vigilancia de las condiciones de seguridad y de conexión a la red.

4. Condiciones para la conexión

GUÍA-BT-40

4.0. Clasificación de los esquemas de conexión

En los apartados 4.1, 4.2 y 4.3 se clasifican los esquemas de conexión en tablas. En esas tablas se incluye en columnas la información relativa a:

Número de esquema, que más adelante se incluye en el texto.

El **titular de la instalación,** tipificado como:

- Suministro asociado.
- Solo generación.

Punto de conexión de la instalación de generación, tipificado como:

- Instalación interior.
- Instalación interior (LGA).
- Instalación interior (DI).
- Instalación interior (Centralización de contador).
- Instalación interior a DGMP o CMP.
- Instalación interior BT.
- Red de distribución.

El **modo de funcionamiento,** de acuerdo a la clasificación establecida en esta guía, tipificado como:

- Modo aislado.
- Modo asistido.
- Modo interconectado.
  - Modo separado.
  - Modo independiente.

La **ubicación** de la instalación generadora, tipificada como:

- Instalación interior.
- Acometida de único usuario.
- Centralización de contadores.
- Centro de transformación único.
- Centros de transformación separados.

El **tipo de contador** utilizado, tipificado como:

- Sin contador.
- Solo generación.
- Doble: generación/Consumo.
- Único Bidireccional.

Nota: El significado y alcance de cada uno de los conceptos en la anterior clasificación se establece en los apartados correspondientes a los esquemas de instalación (apartados 4.1, 4,2 y 4.3).

En la Figura A se muestra el **esquema general de las instalaciones,** haciendo referencia a los números de esquema (E-x) que más adelante se presentan e indicando los apartados del texto en que se incluyen:

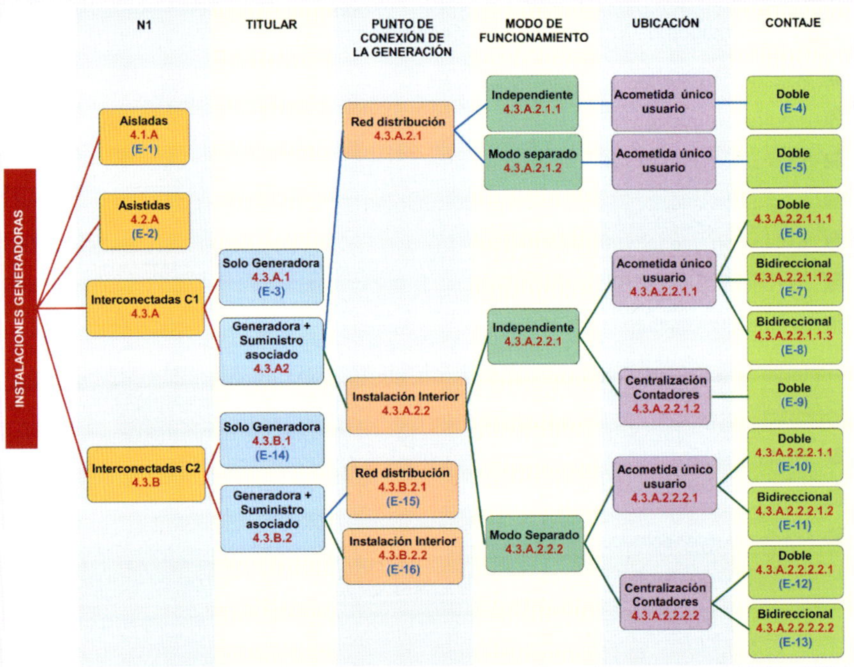

Figura A. *Esquema general de las instalaciones.*

A continuación se describen las **partes que componen las instalaciones generadoras** a las que se refiere esta Instrucción Técnica, relacionándolas con las instalaciones de enlace descritas en la **ITC-BT-12.**

Los **esquemas de conexión** que se representan en este capítulo muestran diferentes topologías de conexión de los generadores con los elementos característicos de la instalación, lo que no exime de la necesidad de colocar otros elementos no representados cuando la dimensión de los circuitos u otros parámetros así lo requieran para cumplir todos los requisitos del REBT.

Para aquellas instalaciones que incorporen un equipo que impide la entrega de energía a la red, este deberá cumplir la norma que le corresponda.

En lo relativo a la posibilidad de suministrar energía a la red y a la utilización del contador u otros elementos de control reflejados en los esquemas para este fin, su inclusión o no vendrá determinada por otra legislación. En lo que respecta a esta guía, los diferentes esquemas reflejan la ubicación de dichos elementos pero no su obligatoriedad en todos los casos.

4.A. Instalaciones de conexión para instalaciones generadoras de tipo C1

4.A.1. Definiciones

A efectos del presente capítulo, se considerará que las instalaciones de conexión de una instalación generadora tipo **C1** a la red comienzan en la caja general de protección y terminan en los dispositivos generales de mando y protección del equipo generador.

4.A.2. Partes que constituyen las instalaciones de conexión

Estructuralmente, serán las mismas que constituyen las instalaciones de enlace **(ITCBT-12)**, y que llamaremos:

- Caja General de Protección (CGP).
- Línea General de conexión (LGC).
- Interruptor general de maniobra (IGM).
- Equipo de medida de generación (EMG).
- Línea Individual del generador (LIG).
- Interruptor de Control de Potencia (ICP).
- Dispositivos de Protección Interiores (DPI).
- Equipo generador (GEN).

Dependiendo del punto físico de conexión del equipo generador, algunas de las partes de la instalación generadora citadas podrán ser comunes con las propias de la instalación eléctrica para consumo de cargas. En cualquier caso no debe sobrepasarse la previsión de cargas de la instalación aguas arriba de los elementos comunes.

Las protecciones correspondientes al generador en los esquemas que se incluyen a continuación podrán estar integradas en el mismo, cumpliendo las especificaciones correspondientes.

Para generadores que no compartan equipo de medida con la instalación de consumo, no es preceptiva la instalación de la caja para ICP.

4.A.3. Equivalencia entre las partes que constituyen las instalaciones receptoras y las generadoras

Las siguientes leyendas se aplican genéricamente a los esquemas incluidos en los siguientes apartados. En cada esquema particular se añade información complementaria particular cuando es relevante.

Leyenda para instalaciones receptoras	Leyenda para instalaciones generadoras
1 Red de distribución.	1 Red de distribución.
2 Acometida.	2 Acometida.
3 Caja general de protección (CGP).	3 Caja General de Protección (CGP).
4 Línea general de alimentación (LGA).	4 Línea General de conexión (LGC).
5 Interruptor general de maniobra (IGM).	5 Interruptor general de maniobra (IGM).
6 Caja de derivación.	6 Caja de derivación.
7 Centralización de contadores (CC).	7 Centralización de contadores (CC).
8 Derivación individual (DI).	8 Línea Individual del generador (LIG).
9 Fusible de seguridad.	9 Fusible de seguridad.
10 Contador.	10 Contador.
11 Caja para interruptor de control de potencia (ICP).	11 Caja para interruptor de control de potencia (ICP).
12 Dispositivos generales de mando y protección (DGMP).	12 Dispositivos de mando y protección Interiores (DPI).
13 Instalación interior.	13 Equipo generador-inversor (GEN).
14 Conjunto de protección y medida (CPM).	14 Conjunto de protección y medida (CPM).
	15 Conmutador de conexión red/ generador con sistema de sincronismo.
	16 Tramo de la conexión privada (TCP).

Los números reflejan funciones que pueden estar integradas en uno o en varios aparatos. Asimismo, si hay más de una función en un mismo número, puede realizarse con varios aparatos.

4.1. Instalaciones generadoras aisladas

La conexión a los receptores, en las instalaciones donde no pueda darse la posibilidad del acoplamiento con la Red de Distribución Pública o con otro generador, precisará la instalación de un dispositivo que permita conectar y desconectar la carga en los circuitos de salida del generador.

Cuando existan más de un generador y su conexión exija la sincronización, se deberá disponer de un equipo manual o automático para realizar dicha operación.

Según la Guía Técnica: *existen equipos, como algunos inversores, en los que no es necesario realizar tal sincronización de forma externa debido a que ya incorporan dicha función internamente. En estos casos, no será necesaria la instalación de equipos adicionales para este fin.*

Los generadores portátiles deberán incorporar las protecciones generales contra sobreintensidades y contactos directos e indirectos necesarios para la instalación que alimenten.

GUÍA-BT-40

Las protecciones incorporadas en los generadores portátiles deben ser conformes a:

Producto	Norma
Interruptores automáticos con capacidad de seccionamiento (uso industrial).	UNE-EN 60947-2
Interruptores diferenciales (uso industrial).	UNE-EN 60947-2
Fusibles.	UNE-EN 60269-3
Dispositivos de protección contra sobretensiones transitorias.	UNE-EN 61643-11
Dispositivos de protección contra sobretensiones temporales para uso doméstico y análogo.	UNE-EN 50550

En el caso de las instalaciones generadoras aisladas, las instalaciones de conexión contienen solamente los elementos de conexión a la instalación de consumo, ya que los de conexión a la red no existen ni para la instalación generadora, ni para la receptora o de consumo, tal como puede verse en el Esquema 1.

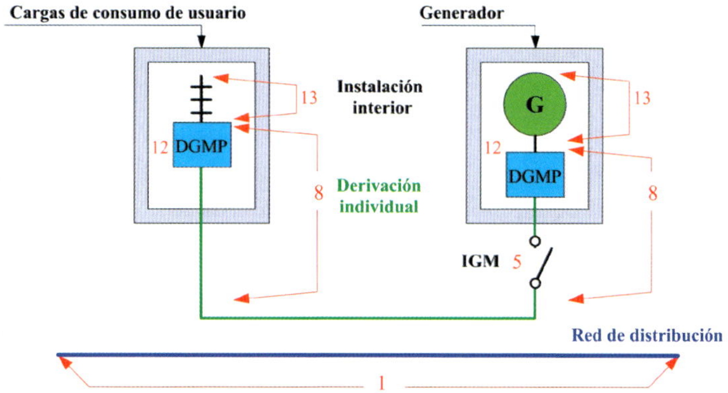

Esquema 1.

4.1.A. Esquemas de instalaciones aisladas

	Titular	Conexión generación	Funcionamiento	Ubicación	Medida
Aisladas Esq. 1	Suministro asociado.	Instalación interior.	Modo aislado.	Instalación interior.	Ninguno.

El hecho de que esta instalación esté conectada permanentemente al generador no implica que puedan utilizarse las protecciones del generador como protección de los circuitos de las cargas de manera que las protecciones serán:

Del lado Generador:

12: Puede integrar dispositivos tales como interruptor automático, diferencial, dispositivo de detección de aislamiento, protección contra tensión fuera de rango según el capítulo 7 y protección contra sobretensiones según se establece en la **ITCBT-23.** Las protecciones contra el choque eléctrico se elegirán conforme a lo indicado en la **ITC-BT-24** teniendo en cuenta el régimen de puesta a tierra del neutro de la instalación.

Del lado Cargas:

12: Protecciones según la **ITC-BT-17,** la **25** y la **23** y sus guías de aplicación.

4.2. Instalaciones generadoras asistidas

En la instalación interior la alimentación alternativa (red o generador) podrá hacerse en varios puntos que irán provistos de un sistema de conmutación para todos los conductores activos y el neutro, que impida el acoplamiento simultáneo a ambas fuentes de alimentación.

Según la Guía Técnica: *esta conmutación puede realizarse manualmente, normalmente con enclavamiento mecánico o interruptores de leva, o mediante conmutación automática, normalmente con enclavamiento eléctrico.*

En el caso en el que esté previsto realizar maniobras de transferencia de carga sin corte, la conexión de la instalación generadora asistida con la Red de Distribución Pública se hará en un punto único y deberán cumplirse los siguientes requisitos:

- Solo podrán realizar maniobras de transferencia de carga sin corte los generadores de potencia superior a **100 kVA**.
- En el momento de interconexión entre el generador y la red de distribución pública, **se desconectará el neutro del generador de tierra.**
- El sistema de conmutación deberá instalarse junto a los aparatos de medida de la Red de Distribución pública, con accesibilidad para la empresa distribuidora.

- Deberá incluirse un sistema de protección que imposibilite el envío de potencia del generador a la red.
- Deberán incluirse sistemas de protección por tensión del generador fuera de límites, frecuencia fuera de límites, sobrecarga y cortocircuito, enclavamiento para no poder energizar la línea sin tensión y protección por fuera de sincronismo.
- Dispondrá de un equipo de sincronización y no se podrá mantener la interconexión más de 5 segundos.

Según la Guía Técnica: *para evitar los efectos de sobretensión debidas a las conmutaciones, podrá ser necesario instalar protectores contra sobretensiones transitorias, adecuados a la instalación que alimenten.*

El conmutador llevará un contacto auxiliar que permita conectar a una tierra propia el neutro de la generación, en los casos que se prevea la transferencia de carga sin corte.

Los elementos de protección y sus conexiones al conmutador serán precintables o se garantizará mediante método alternativo que no se pueden modificar los parámetros de conmutación iniciales y la empresa distribuidora de energía eléctrica deberá poder acceder de forma permanente a dicho elemento, en los casos en que se prevea la transferencia de carga sin corte. El dispositivo de maniobra del conmutador será accesible al Autogenerador.

GUÍA-BT-40

Las protecciones que se incorporen en la instalación generadora y sus elementos deben ser conformes a:

Producto	Norma
Interruptores automáticos con capacidad de seccionamiento.	UNE-EN 60947-2
Interruptores seccionadores.	UNE-EN 60947-3
Contactores.	UNE-EN 60947-4-1
Elementos de conmutación para circuitos de mando.	UNE-EN 60947-5-1
Interruptores diferenciales.	UNE-EN 60947-2
Fusibles.	UNE-EN 60269-3
Dispositivos de protección contra sobretensiones transitorias.	UNE-EN 61643-11
Dispositivos de detección del aislamiento.	UNE-EN 61557-8
Dispositivos de reconexión automática para uso doméstico y análogo.	UNE-EN 50557

En el caso de las instalaciones generadoras asistidas, las instalaciones de conexión contienen solamente los elementos de conexión a la instalación de consumo, ya que los elementos de conexión a la red son los de la receptora o de consumo, no existiendo como tales en la instalación generadora, tal como puede verse en el Esquema 2.

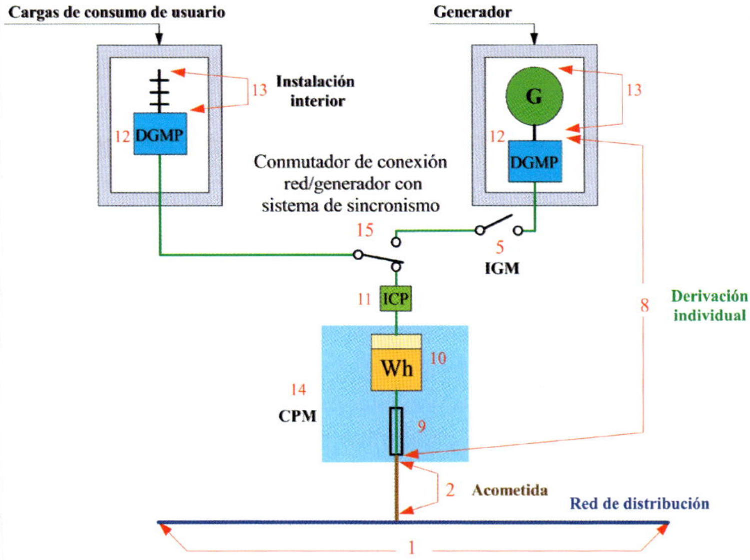

Esquema 2.

4.2.A. Esquemas de instalaciones asistidas

	Titular	Conexión generación	Funcionamiento	Ubicación	Medida
Aisladas Esq. 2	Suministro asociado.	Instalación interior.	Modo aislado.	Instalación interior.	Ninguno.

El conmutador de conexión red/generador **(bloque 15)** podrá sustituir al interruptor general de maniobra (IGM), siempre que el conmutador cumpla al menos las mismas condiciones técnicas y de ubicación exigidas a dicho interruptor, según la **ITC-BT-16** e **ITC-BT-40,** apartado 4.3.3.

4.3. Instalaciones generadoras interconectadas

La potencia máxima de las centrales interconectadas a una Red de Distribución Pública estará condicionada por las características de esta tensión de servicio, potencia de cortocircuito, capacidad de transporte de línea, potencia consumida en la red de baja tensión, etc.

GUÍA-BT-40

La conexión de la instalación generadora no deberá afectar al funcionamiento normal de la red ni a la calidad del suministro de los clientes conectados a ella. Tampoco deberá producir cambios en la filosofía de explotación, protección y desarrollo de la misma. El punto de conexión debe tener elementos que cumplan las funciones de corte y aislamiento de la red, accesibles, en todo momento, a la empresa distribuidora, a efectos de poder desconectar la instalación generadora.

En el caso de las **instalaciones de tipo C2,** el punto de conexión consistirá en un seccionador frontera entre las instalaciones del autogenerador y las de la empresa de distribución pública, en las condiciones establecidas en la **ITC 19 del MIE-RAT** (y, en caso de conexión a la red de transporte, el P.O. 12.2), con su correspondiente equipo de medida (cuando proceda) y protecciones según lo que se indica más adelante.

Se contemplan aquí una serie de escenarios, en función del punto de conexión del generador, y la posibilidad o no de alimentación de un consumo asociado al productor de la instalación de generación, y manteniendo siempre la simetría con las instalaciones de enlace de la **ITC-BT-12** y su Guía de aplicación correspondiente.

Los escenarios que se contemplan se refieren a aspectos de seguridad y no necesariamente son admisibles para las condiciones que otro tipo de legislación establezca (por ejemplo, las relativas al régimen económico).

Se define en el contexto del apartado 4.3 el **funcionamiento en modo separado** como aquel en el que el generador funciona normalmente en modo interconectado y, cuando se dan condiciones de falta de red, puede alimentar a la instalación. En los escenarios en los que se hace referencia a funcionamiento en modo separado, la transferencia de carga se hace con corte.

En caso de tener la posibilidad de funcionamiento en modo separado y ante la eventualidad de la desconexión de la red, el control del generador deberá garantizar que primero se desconecta el generador de la red y después se pone en modo de funcionamiento separado, antes de conectarse a las cargas.

Para la reconexión a la red, el generador deberá primero desconectar las cargas, ponerse en modo de funcionamiento interconectado y sincronizarse con la red antes de conectarse a esta.

4.3.A. Esquemas de instalaciones interconectadas (C1)

Se hace una clasificación inicial de los esquemas separando las configuraciones que no permiten funcionar en modo separado de aquellas que sí lo hacen. La Tabla 1 establece las diferentes opciones contempladas para cada caso.

Tabla 1.

	Titular	Conexión generación	Funcionamiento	Ubicación	Medida
Esq. 3	Solo generación (G).	Red distribución (R).	Independiente (I).	Acometida (U) único usuario.	Solo generación (G).
Esq. 4	Suministro asociado (A).	Red distribución (R).	Independiente (I).	Acometida (U) único usuario.	Doble (D) generación/ consumo.
Esq. 5	Suministro asociado (A).	Red distribución (R).	Modo separado (S).	Acometida (U) único usuario.	Doble (D) generación/ consumo.
Esq. 6	Suministro asociado (A).	Instalación interior (P) LGA.	Independiente (I).	Acometida (U) único usuario.	Doble (D) generación/ consumo.
Esq. 7	Suministro asociado (A).	Instalación interior (P) DI.	Independiente (I).	Acometida (U) único usuario.	Único bidireccional (B).
Esq. 8	Suministro asociado (A).	Instalación interior (P) a DGMP o CPM.	Independiente (I).	Acometida (U) único usuario.	Único bidireccional (B).
Esq. 9	Suministro asociado (A).	Instalación interior centralización.	Independiente (I).	Centralización contadores (C).	Doble (D) generación/ consumo.
Esq. 10	Suministro asociado (A).	Instalación interior (P) LGA.	Modo separado (S).	Acometida (U) único usuario.	Doble (D) generación/ consumo.
Esq. 11	Suministro asociado (A).	Instalación interior (P) DI.	Modo separado (S).	Acometida (U) único usuario.	Único bidireccional (B).
Esq. 12	Suministro asociado (A).	Instalación interior centralización.	Modo separado (S).	Centralización contadores (C).	Doble (D) generación/ consumo.
Esq. 13	Suministro asociado (A).	Instalación interior (P) DI.	Modo separado (S).	Centralización contadores (C).	Único bidireccional (B).

Para instalaciones generadoras que funcionan en modo separado con configuración equivalente a los tipos **IT, TN o TT** se requiere que estas dispongan del correspondiente sistema de protección contra los choques eléctricos establecido en la **ITC-BT-24.** En particular los dispositivos de protección contra el choque eléctrico instalados en la instalación fija deben garantizar su funcionamiento para cualquier combinación posible de fuentes de alimentación.

En caso de que el funcionamiento en modo separado suponga el paso a una configuración equivalente al modo IT:

- Los interruptores diferenciales conformes con las normas **UNE-EN 61008** o **UNE-EN 61009** son apropiados para su uso en sistemas IT si se satisfacen los requisitos de instalación incluidos en la **ITC-BT-24.**

- Los interruptores automáticos conformes con la normas **UNE-EN 60898** son apropiados para su uso en sistemas IT si se satisfacen los requisitos de instalación incluidos en la **ITC-BT-22** e **ITC-BT-24.**

- Para la detección de un primer defecto de aislamiento es necesaria la instalación de equipos de detección de aislamiento conformes con la norma **UNE-EN 61557-8.**

4.3.A.1. Generador conectado directamente a la red de BT. Solo generador, sin instalación de consumo asociado

Es el caso común de un generador de conexión simple y directa a la red de BT, con el fin exclusivo de suministrar energía a la red.

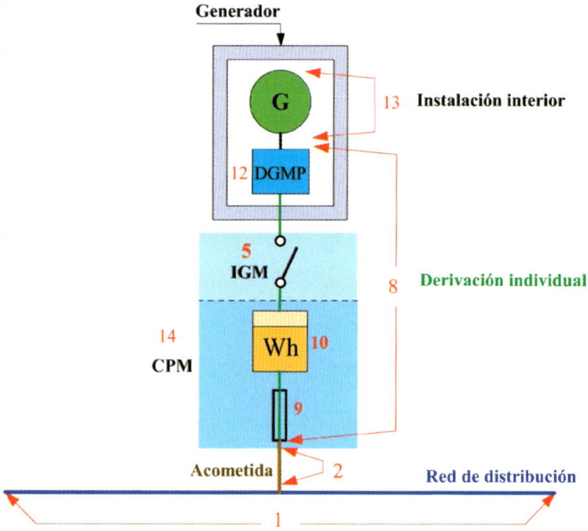

Esquema 3.

Lado Generador:

12: Puede integrar dispositivos tales como interruptor automático, diferencial, dispositivo de detección de aislamiento, protección contra tensión fuera de rango según el capítulo 7 y protección contra sobretensiones según se establece en el **ITCBT-23.**

Las protecciones contra el choque eléctrico se elegirán conforme a lo indicado en la **ITC-BT-24** teniendo en cuenta el régimen de puesta a tierra del neutro de la instalación.

5: Podrá estar integrado en el contador cuando haya sistemas de telegestión.

Lado de red:

Según la **ITC-BT-13** punto 2, la caja general de protección que incluye el contador, sus fusibles de protección y, en su caso, reloj para discriminación horaria se denomina caja de protección y medida (CPM).

4.3.A.2. Instalaciones generadoras con suministro asociado

4.3.A.2.1. Instalación generadora conectada a la red de distribución y suministro asociado

4.3.A.2.1.1. Modo de funcionamiento independiente con acometida de único usuario y método de medida doble

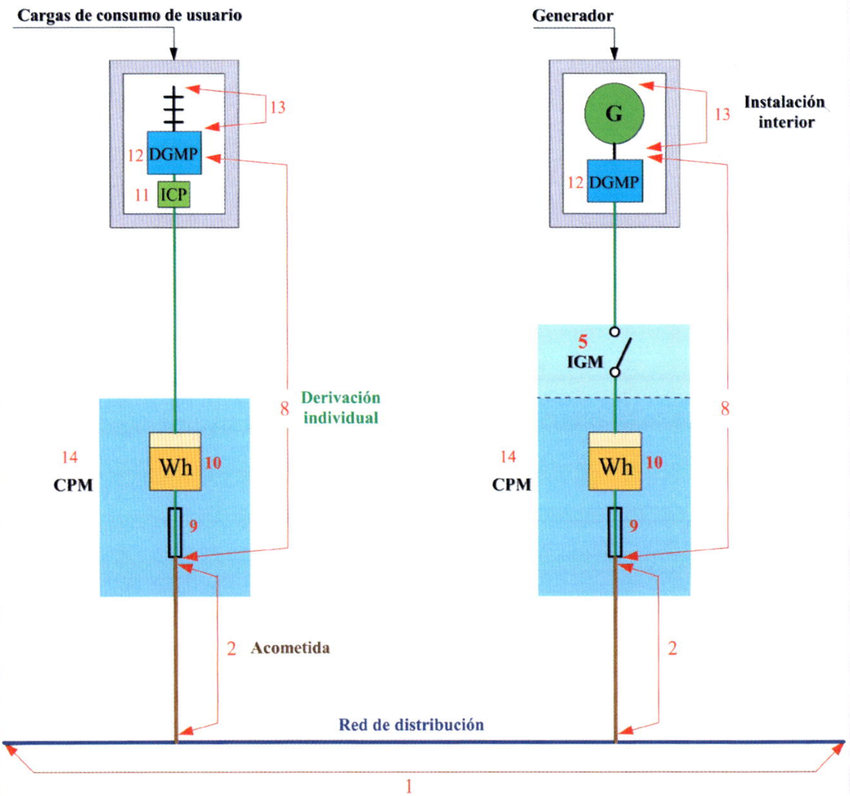

Esquema 4.

4.3.A.2.1.2. Modo de funcionamiento separado con acometida de único usuario y método de medida doble

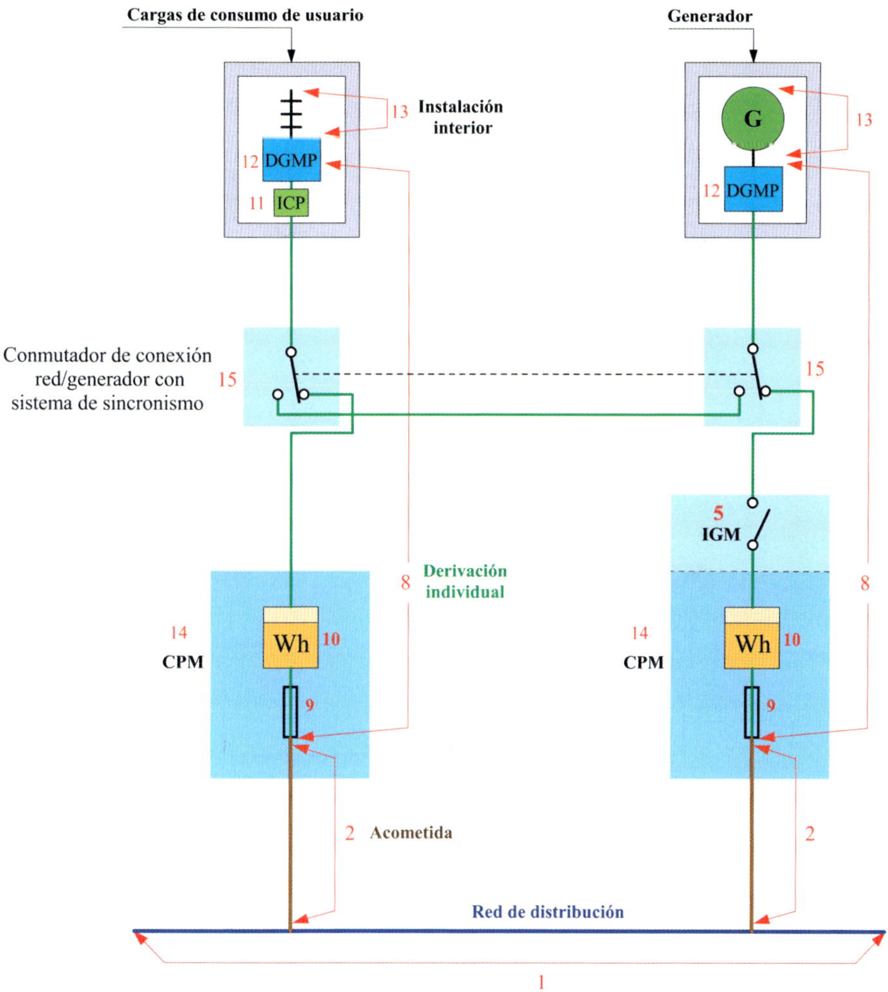

Esquema 5.

4.3.A.2.2. Instalación generadora conectada a la red interior y suministro asociado

4.3.A.2.2.1. Modo de funcionamiento independiente

4.3.A.2.2.1.1. Acometida de único usuario

4.3.A.2.2.1.1.1. Método de medida doble. Conexión a la LGA

Generador compartiendo la instalación de conexión con otra de consumo asociado al productor en el que no existe la posibilidad de funcionamiento en modo separado.

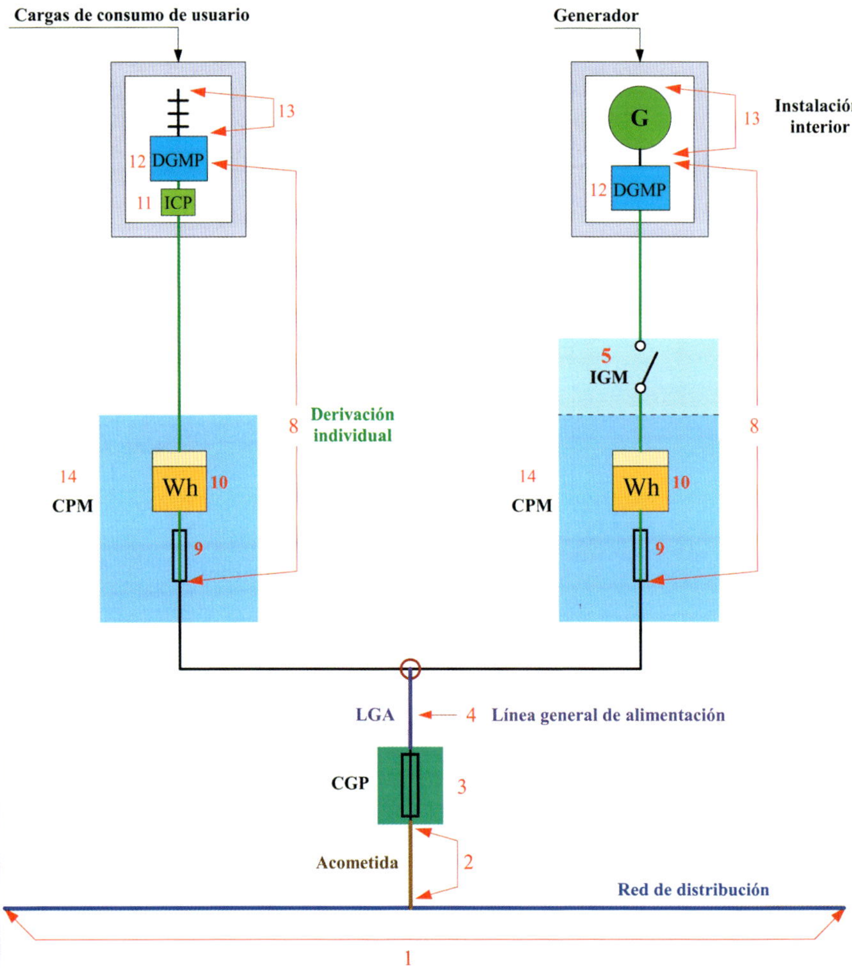

Esquema 6.

4.3.A.2.2.1.1.2. Método de medida bidireccional. Conexión en la DI

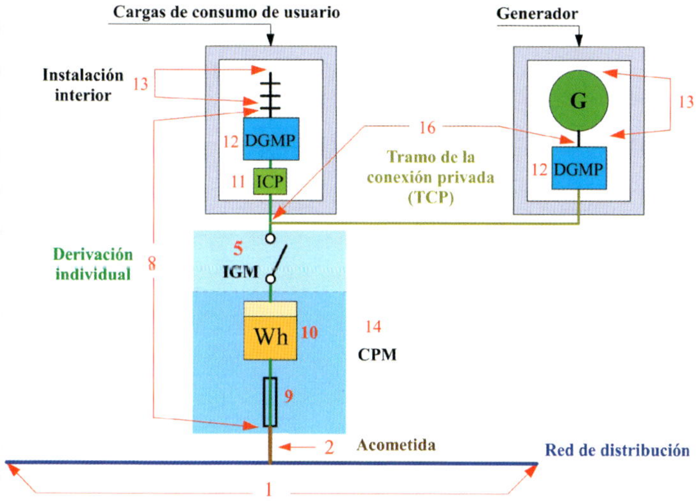

Esquema 7.

4.3.A.2.2.1.1.3. Método de medida bidireccional. Conexión al DGMP o CPM

El generador y la instalación de consumo pueden estar en el mismo o distinto local.

El generador debe estar conectado en un circuito dedicado e independiente del resto de circuitos. Por tanto no debe compartir circuito con ninguna otra carga de la instalación.

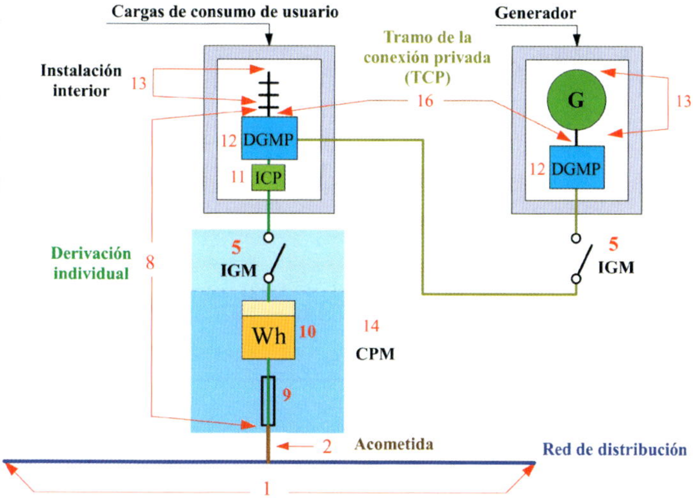

Esquema 8.

4.3.A.2.2.1.2. Acometida en centralización de contadores. Método de medida doble

Este esquema es el típico en conjuntos de edificación vertical u horizontal, destinados principalmente a viviendas, edificios comerciales, de oficinas o destinados a una concentración de industrias.

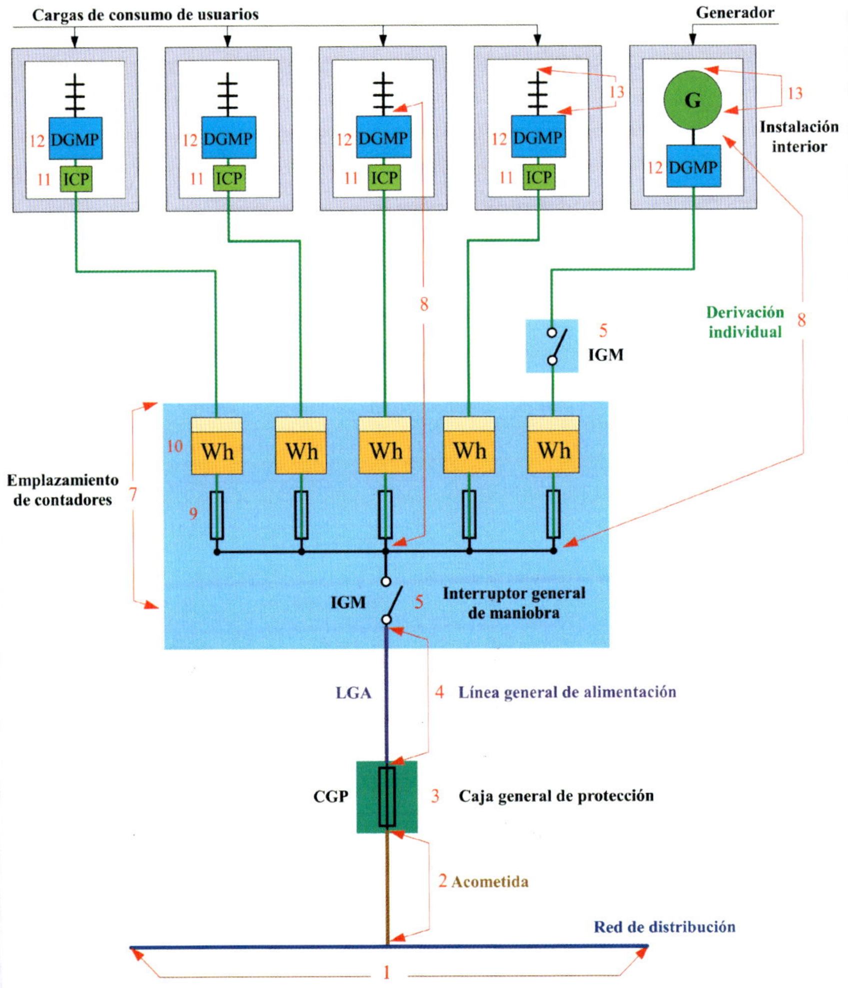

Esquema 9.

4.3.A.2.2.2. Funcionamiento en modo separado

4.3.A.2.2.2.1. Acometida de único usuario

4.3.A.2.2.2.1.1. Método de medida doble

Este tipo de esquema es típico de chalés, de forma que se instalan dos cajas de protección y medida empotradas en el mismo nicho, o bien una caja doble que agrupe los contadores y fusibles de protección del generador y los del consumo.

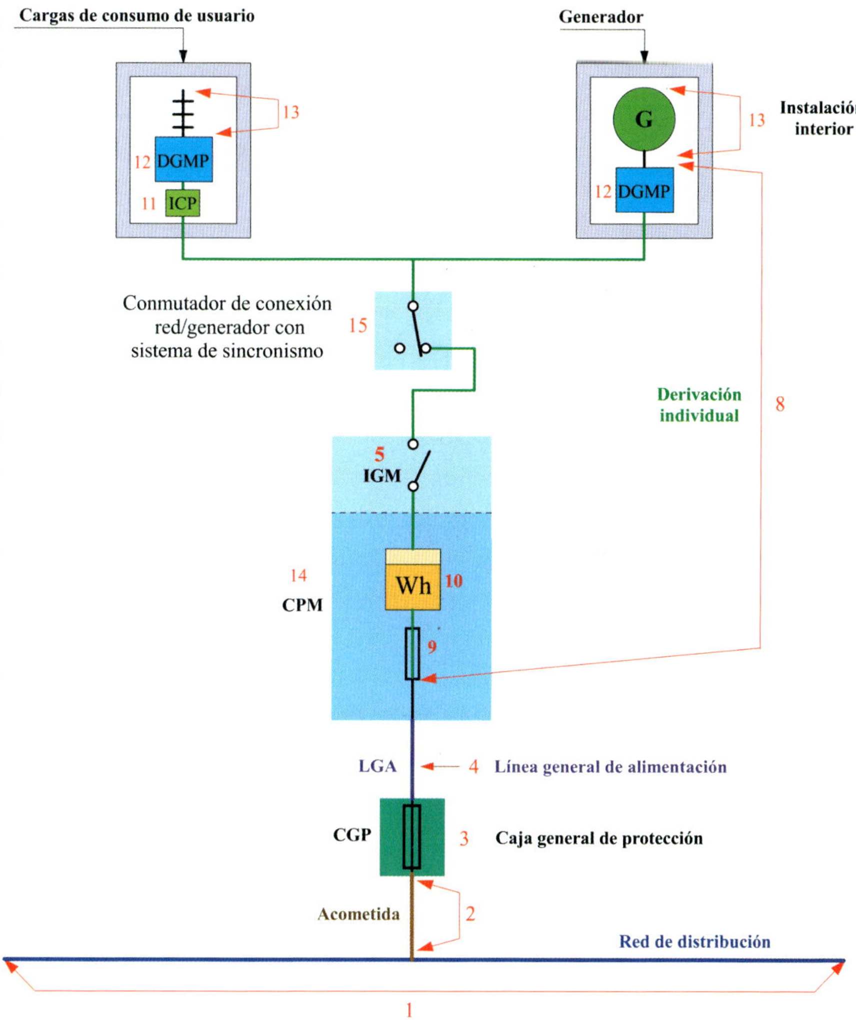

Esquema 10.

4.3.A.2.2.2.1.2. Método de medida bidireccional

Con respecto al esquema anterior, los dos contadores pueden sustituirse por uno bidireccional o por varios en cascada si se admite en la legislación aplicable para cada tipo de generación.

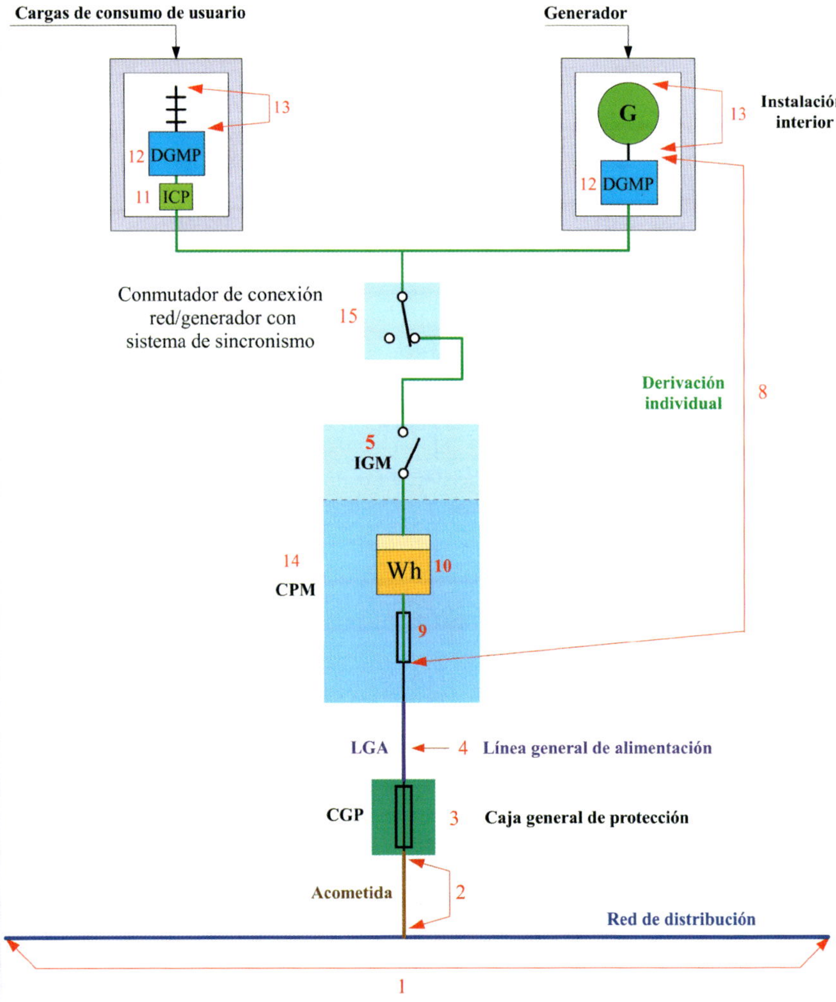

Esquema 11.

4.3.A.2.2.2.2. Acometida en centralización de contadores

4.3.A.2.2.2.2.1. Método de medida doble

Este esquema es el típico en conjuntos de edificación vertical u horizontal, destinados principalmente a viviendas, edificios comerciales, de oficinas o destinados a una concentración de industrias.

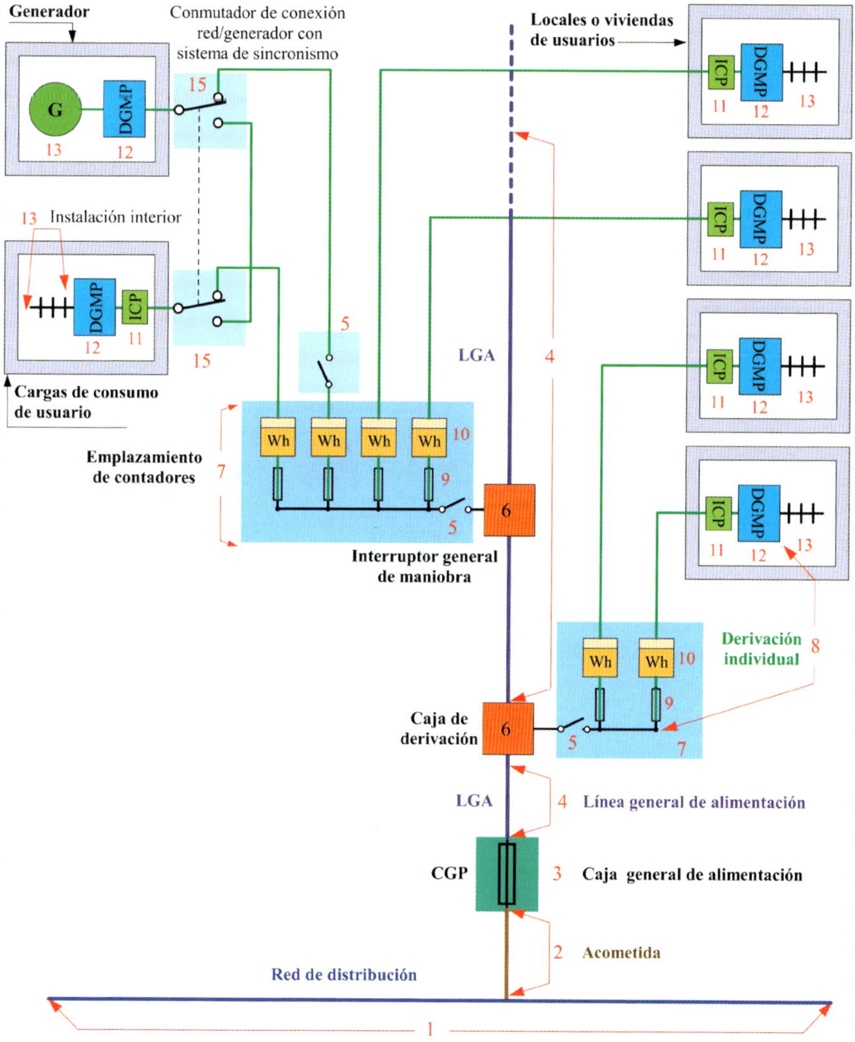

Esquema 12.

4.3.A.2.2.2.2.2. Método de medida bidireccional

Este esquema solo es posible cuando generador y consumo son del mismo propietario (persona o comunidad de vecinos con servicios generales).

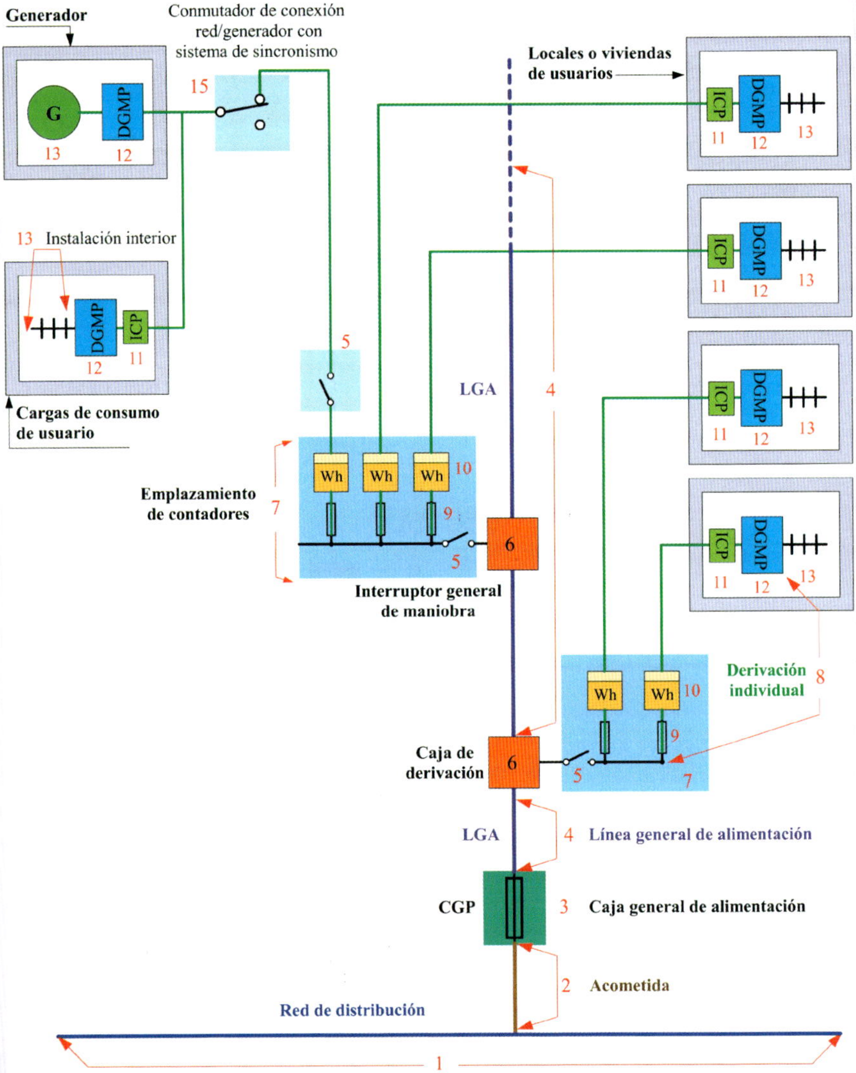

Esquema 13.

4.3.B. Instalaciones interconectadas de tipo C2

Pueden darse los siguientes escenarios en función de la existencia o no de asociados y su punto de conexión, que a su vez dependerá de ubicaciones respectivas, etc.

Esquemas de instalaciones interconectadas (C2)

	Titular	Conexión generación	Funcionamiento	Ubicación	Medida
Esq. 14	Solo generación (G).	Red distribución (R).	Independiente (I).	CT único (U).	Solo generación (G).
Esq. 15	Suministro asociado (A).	Red distribución (R).	Independiente (I).	CT separados (C).	Doble (D) generac./ consumo.
Esq. 16	Suministro asociado (A).	Instalación interior (P) BT.	Modo separado (S).	CT único (U).	Único bidireccional en MT (B) y/o doble (D) generac./ consumo en BT.

4.3.B.1. Instalación generadora con conexión directa a la Red de distribución AT sin suministro asociado

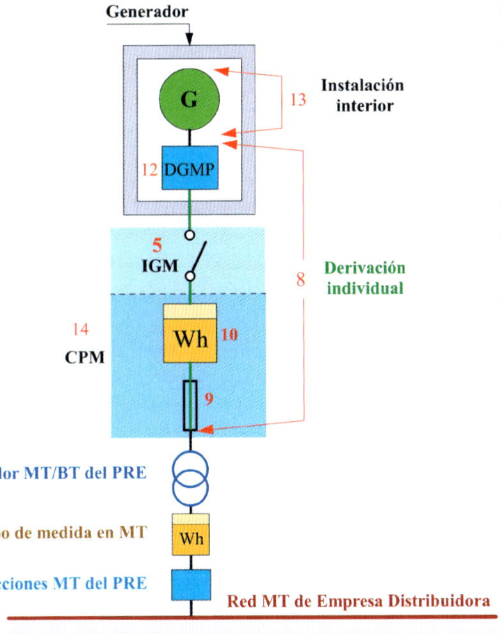

Esquema 14.

Los bloques 5 y 9 son necesarios únicamente si se conecta un contador (bloque 10) en baja tensión.

4.3.B.2. Instalación generadora y suministro asociado

4.3.B.2.1. Conexiones independientes a la red de distribución de AT del generador y el suministro asociado

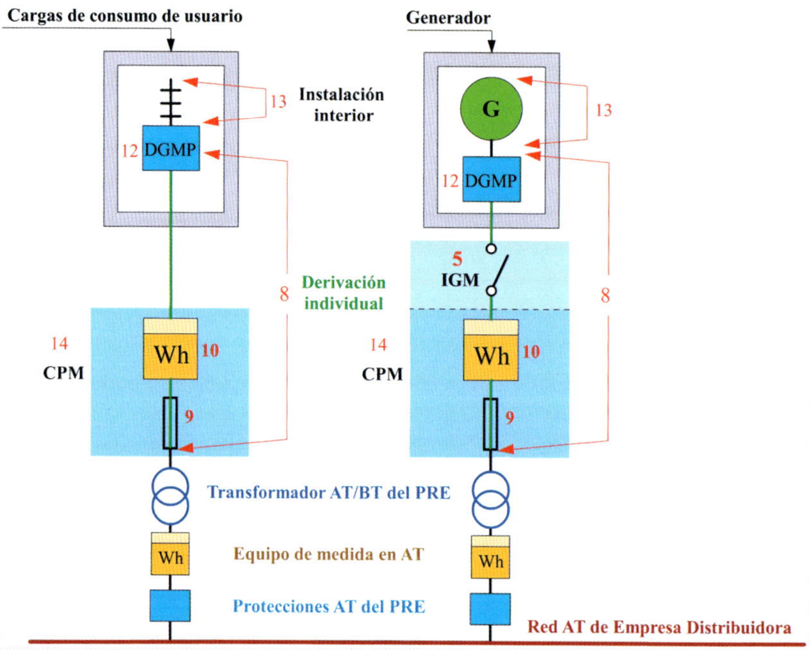

Esquema 15.

Cuando exista equipo de medida en AT, el de BT, si está en serie, será opcional. Las protecciones serán las que se indican en el apartado correspondiente de esta Guía.

4.3.B.2.2. Con la instalación de conexión a la Red de distribución AT compartida por generador y consumo asociado

Para este tipo de conexión la parte de baja tensión podrá hacerse según los esquemas 3, 4, 5, 7, 9, 10, 11. En el esquema 16 se muestra en el lado de baja tensión, como ejemplo, el esquema 3.

Los elementos representados en el lado de alta tensión del transformador y los detalles de conexión deberán cumplir con lo establecido en los reglamentos aplicables. El equipo de medida en BT correspondiente a las cargas de consumo podrá no ser necesario dependiendo de lo establecido en las legislaciones aplicables.

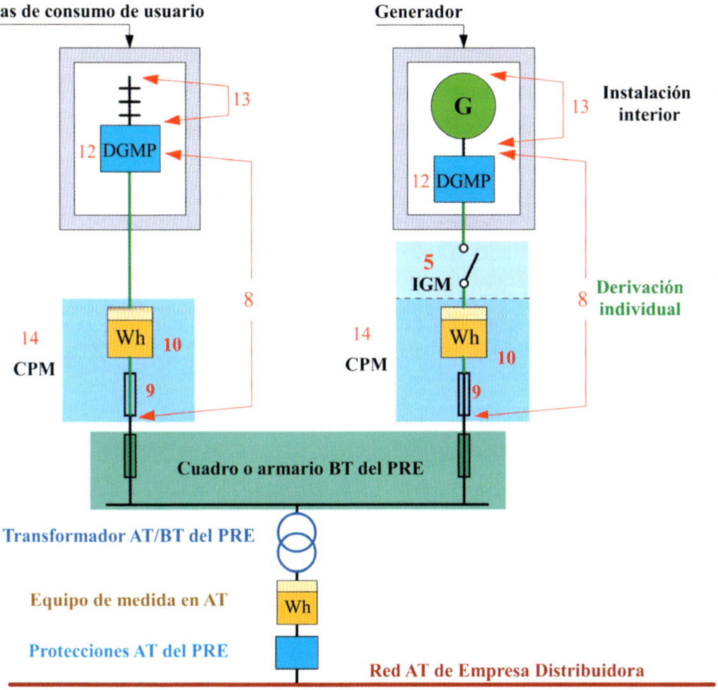

Esquema 16.

Las prescripciones de la ITC-BT-40 son aplicables a todas **instalaciones de autoconsumo interconectadas,** sea cual sea su potencia. Todas las instalaciones de generación interconectadas a la red de distribución en baja tensión deben disponer de dispositivos que limiten la inyección de corriente continua y la generación de sobretensiones, así como impedir el funcionamiento en isla de dicha red de distribución, de forma que la conexión de la instalación de generación no afecte al funcionamiento normal de la red ni a la calidad del suministro de los clientes conectados a ella.

Las **instalaciones de autoconsumo sin excedentes,** independientemente de que se conecten a la red de baja tensión o a la de alta tensión, con generación y regulación en baja tensión, deberán disponer de un sistema que evite el vertido de energía a la red de distribución que cumpla los requisitos y ensayos del **nuevo anexo I** de la ITC-BT-40. A las instalaciones de autoconsumo sin excedentes no les son de aplicación los apartados 4.3.1, 4.3.4 y ninguno de los requisitos relacionados con la empresa distribuidora del apartado 9.

No obstante, estas instalaciones se ajustarán a lo establecido en la **ITC-BT-04** en cuanto a su **documentación y puesta en servicio,** e independientemente de su potencia y modo de conexión, dispondrán de la documentación requerida para la evaluación de la conformidad según anexo I, apartado I.4 de la ITC-BT-40. Esta documentación será entregada por el instalador junto con el certificado de la instalación.

Cuando la conexión a la instalación eléctrica de un generador para autoconsumo sin excedentes no se realice a través de un circuito independiente y, por tanto, no se requiera modificar la instalación interior existente, la obligación de entregar dicha documentación recaerá en el fabricante, el importador, o en el responsable de la comercialización del kit generador, quien entregará la documentación directamente al usuario.

En todas las instalaciones de producción próximas a las de consumo, definidas en el Real Decreto 244/2019, de 5 de abril, por el que se regulan las condiciones administrativas, técnicas y económicas del autoconsumo de energía eléctrica, la conexión se realizará a través de un **cuadro de mando y protección** que incluya las protecciones diferenciales tipo A necesarias para garantizar que la tensión de contacto no resulte peligrosa para las personas.

Cuando dichas instalaciones generadoras sean accesibles al público general o estén ubicadas en zonas residenciales, o análogas, la **protección diferencial** de los circuitos de generación será de **30 mA.**

La **conexión de la instalación de producción** podrá realizarse en el embarrado general de la centralización de contadores de los consumos, en la caja general de protección de la que parten los consumos o mediante una caja general de protección independiente que se conecte a la red de distribución.

En los casos de **autoconsumo colectivo en edificios** en régimen de propiedad horizontal, la instalación de producción no podrá conectarse directamente a la instalación interior de ninguno de los consumidores asociados a la instalación de autoconsumo colectivo.

Todos los generadores para suministro con autoconsumo con excedentes independientemente de su potencia y los generadores para suministro con autoconsumo sin excedentes de potencia instalada superior a **800 VA,** que se conecten a instalaciones interiores o receptoras de usuario, lo harán a través de un **circuito independiente** y dedicado desde un cuadro de mando y protección que incluya protección diferencial tipo A, que será de **30 mA** en instalaciones de viviendas, o instalaciones accesibles al público general en zonas residenciales, o análogas.

Los generadores destinados a su instalación en viviendas, que no se conecten a la instalación a través de circuito dedicado, o a través de un transformador de aislamiento, tendrán una corriente de fuga a tierra igual o inferior a **10 mA.**

4.3.1. Potencias máximas de las centrales interconectadas en baja tensión

Con carácter general la interconexión de centrales generadoras a las redes de baja tensión de **3 × 400/230 V** será admisible cuando la suma de las potencias nominales de los generadores no exceda de **100 kVA**, ni de la mitad de la capacidad de la salida del centro de transformación correspondiente a la línea de la Red de Distribución Pública a la que se conecte la central.

En redes trifásicas a **3 × 220/127 V**, se podrán conectar centrales de potencia total no superior a **60 kVA** ni de la mitad de la capacidad de la salida del centro de transformación correspondiente a la línea de la Red de Distribución Pública a la que se conecte la central. En estos casos toda la instalación deberá estar preparada para un funcionamiento futuro a **3 × 400/230 V.**

En los **generadores eólicos,** para evitar fluctuaciones en la red, la potencia de los generadores no será superior al **5 %** de la potencia de cortocircuito en el punto de conexión a la Red de Distribución Pública.

GUÍA-BT-40

En aquellas instalaciones cubiertas por el **RD 1699/2011** se establece que, para determinar la potencia nominal máxima disponible de conexión, se atenderá a los siguientes criterios:

Para las instalaciones que pretendan conectarse en un punto de la red de tensión igual o inferior a **1 kV** bien directamente o a través de la instalación de una red interior:

a) La potencia nominal máxima disponible en el punto de conexión de una línea se calculará como la mitad de la capacidad de transporte de la línea en dicho punto, definida como capacidad térmica de diseño de la línea en el punto, menos la suma de las potencias de las instalaciones de producción conectadas o con punto de conexión vigente en dicha línea.

b) En el caso de que el punto de conexión sea en un centro de transformación, la potencia nominal máxima disponible en dicho punto se calculará como la mitad de la capacidad de transformación instalada para ese nivel de tensión menos la suma de las potencias de las instalaciones de producción conectadas o con punto de conexión vigente a ese centro.

Debe tenerse en cuenta que para el dimensionamiento de los cables de la red de distribución pública el **factor de simultaneidad es 1** para la generación, pero la línea de la red de distribución de baja tensión puede estar dimensionada con factores de simultaneidad inferiores, de acuerdo a **la ITC-BT-10.**

Adicionalmente a estos requisitos, el **RD 1699/2011** establece que la contribución de los generadores al incremento de tensión en las líneas de distribución no debe ser superior al **2,5 %,** según se especifica en el punto 3 del artículo 12 de dicho Real Decreto.

4.3.2. Condiciones específicas para el arranque y acoplamiento de la instalación generadora a la Red de Distribución Pública

4.3.2.1. *Generadores asíncronos*

La **caída de tensión** que puede producirse en la conexión de los generadores no será superior al **3 %** de la tensión asignada de la red.

En el caso de **generadores eólicos** la frecuencia de las conexiones será como máximo de **3 por minuto**, siendo el límite de la caída de tensión del **2 %** de la tensión asignada durante **1 segundo**.

Para limitar la intensidad en el momento de la conexión y las caídas de tensión a los valores anteriormente indicados, se emplearán dispositivos adecuados.

La **conexión** de un generador asíncrono a la red no se realizará hasta que, accionados por la turbina o el motor, este haya adquirido una velocidad entre el **90 % y el 100 % de la velocidad de sincronismo.**

4.3.2.2. *Generadores síncronos*

La utilización de generadores síncronos en instalaciones que deben interconectarse a Redes de Distribución Pública deberá ser acordada con la empresa distribuidora de energía eléctrica, atendiendo a la necesidad de funcionamiento independiente de la red y a las condiciones de explotación de esta.

La central deberá poseer un equipo de sincronización, automático o manual.

Podrá prescindirse de este equipo si la conexión pudiera efectuarse como generador asíncrono. En este caso las características del arranque deberán cumplir lo indicado para este tipo de generadores.

La conexión de la central a la red de distribución pública deberá efectuarse cuando en la operación de sincronización las diferencias entre las magnitudes eléctricas del generador y la red no sean superiores a las siguientes:

- Diferencia de **tensiones ± 8 %**.
- Diferencia de **frecuencia ± 0,1 Hz**.
- Diferencia de **fase ± 10°**.

Los puntos donde no exista equipo de sincronismo y sea posible la puesta en paralelo, entre la generación y la Red de Distribución Pública, dispondrán de un enclavamiento que impida la puesta en paralelo.

Según la Guía Técnica: *siempre que se mencionan los límites de variación de tensión durante la conexión y desconexión, se refieren al transitorio en el momento de la maniobra y no a la variación de tensión durante el régimen permanente de funcionamiento de la instalación generadora. Los límites de variación durante el régimen permanente están relacionados con el cumplimiento de lo que indica en el* ***RD 1955/2000*** *por el que se regulan las actividades de transporte, distribución de energía eléctrica.*

4.3.3. Equipos de maniobra y medida a disponer en el punto de interconexión

En el origen de la instalación interior y en un punto único y accesible de forma permanente a la empresa distribuidora de energía eléctrica, se instalará un interruptor automático sobre el que actuarán un conjunto de protecciones. Estas deben garantizar que las faltas internas de la instalación no perturben el correcto funcionamiento de las redes a las que estén conectadas y, en caso de defecto de estas, debe desconectar el interruptor de la interconexión que no podrá reponerse hasta que exista tensión estable en la Red de Distribución Pública.

Según la Guía Técnica: *las protecciones de las instalaciones de baja tensión a las que se refiere este párrafo pueden estar incorporadas en el propio interruptor automático o en otros dispositivos externos (por ejemplo, relés) que actúan sobre el interruptor automático dándole la orden de desconexión del circuito.*

Además, en aquellas instalaciones cubiertas por el ***RD 1699/2011,*** *las protecciones también pueden estar incorporadas en el equipo generador o el inversor en las condiciones establecidas en el capítulo 7.*

Las protecciones y el conexionado del interruptor serán precintables y el dispositivo de maniobra será accesible al Autogenerador.

El interruptor de acoplamiento llevará un contacto auxiliar que permita desconectar el neutro de la red de distribución pública y conectar a tierra el neutro de la generación cuando esta deba trabajar independiente de aquella.

Cuando se prevea la entrega de energía de la instalación generadora a la Red de Distribución Pública, se dispondrá, al final de la instalación de enlace, un equipo de medida que registre la energía suministrada por el Autogenerador. Este equipo de medida podrá tener elementos comunes con el equipo que registre la energía aportada por la Red de Distribución Pública, siempre que los registros de la energía en ambos sentidos se contabilicen de forma independiente.

Los elementos a disponer en el equipo de medida serán los que correspondan al tipo de discriminación horaria que se establezca.

En las instalaciones generadoras con generadores asíncronos se dispondrá siempre un contador que registre la energía reactiva absorbida por este.

Cuando deba verificarse el cumplimiento de programas de entrega de energía, tendrán que disponerse los elementos de medida o registro necesarios.

4.3.4. Control de la energía reactiva

En las instalaciones con **generadores asíncronos,** el **factor de potencia** de la instalación no será inferior a **0,86** a la potencia nominal y para ello, cuando sea necesario, se instalarán las baterías de condensadores precisas.

Las instalaciones anteriores dispondrán de dispositivos de protección adecuados que aseguren la **desconexión en un tiempo inferior a 1 segundo** cuando se produzca una interrupción en la Red de Distribución Pública.

La empresa distribuidora de energía eléctrica podrá eximir de la compensación del factor de potencia en el caso de que pueda suministrar la energía reactiva.

Los **generadores síncronos** deberán tener una capacidad de generación de energía reactiva suficiente para mantener el **factor de potencia entre 0,8 y 1** en adelanto o retraso. Con objeto de mantener estable la energía reactiva suministrada, se instalará un control de la excitación que permita regular la misma.

GUÍA-BT-40

En aquellas instalaciones cubiertas por el **RD 1699/2011** el **factor de potencia** de la energía suministrada a la red de la empresa distribuidora debe ser lo más próximo posible a la unidad y, en todo caso, superior a **0,98** cuando la instalación trabaje a potencias superiores al **25 %** de su potencia nominal.

Consecuentemente en estas instalaciones, cuando la regulación de generación no lo permita, se montarán equipos de compensación de potencia reactiva (por ejemplo, baterías de condensadores según **UNE-EN 60143-1**) para lograr dicho factor de potencia.

Las instalaciones de generación de régimen especial fuera del ámbito del **RD 1699/2011** además se regirán a los efectos del control de energía reactiva por el **RD 661/2007** (artículo 29 y anexo V) modificado posteriormente en el artículo 1.° del **RD 1565/2010** (modificaciones 8 y 20).

5. Cables de conexión

Los cables de conexión deberán estar dimensionados para una **intensidad no inferior al 125 %** de la máxima intensidad del generador y la **caída de tensión** entre el generador y el punto de interconexión a la Red de Distribución Pública o a la instalación interior no será superior al **1,5 %**, para la intensidad nominal.

6. Forma de la onda

La tensión generada será prácticamente senoidal, con una tasa máxima de armónicos, en cualquier condición de funcionamiento de:

Armónicos de orden par: **4/*n***.

Armónicos de orden 3: **5**.

Armónicos de orden impar (≥ 5): **25/*n***.

La **tasa de armónicos** es la relación, en %, entre el valor eficaz del armónico de orden ***n*** y el valor eficaz del fundamental.

GUÍA-BT-40

Los anteriores límites de distorsión en tensión son adicionales a los necesarios para el cumplimiento de la Directiva Europea de Compatibilidad Electromagnética establecidos en las normas:

- **UNE-EN 61000-3-2.** Límites para las emisiones de corriente armónica. Equipos con corriente de entrada ≤**16** A por fase.
- **UNE-EN 61000-3-12.** Límites para las corrientes armónicas producidas por los equipos conectados a las redes públicas de baja tensión con corriente de entrada **>16** A y ≤**75** A por fase.

Dichas normas establecen límites de la corriente emitida por los equipos, mientras que los límites del presente capítulo se refieren a la tensión.

Adicionalmente también son aplicables las normas siguientes:

- **UNE-EN 61000-6-3.** Norma de emisión para entorno residencial, comercial e industria ligera.
- **UNE-EN 61000-6-4.** Norma de emisión para entorno industrial.

El RD 1699/2011 Artículo 11.1 Condiciones técnicas de carácter general establece que el funcionamiento de las instalaciones no deberá provocar en la red averías, disminuciones de las condiciones de seguridad ni alteraciones superiores a las admitidas por la normativa que resulte aplicable.

Por otro lado el artículo 10.4 del citado decreto establece que, en el caso excepcional en el que se evidencie que la instalación suponga un riesgo inminente para las personas, o cause daños o impida el funcionamiento de equipos de terceros, la distribuidora podrá desconectar inmediatamente la instalación, debiendo comunicar y justificar detalladamente dicha actuación excepcional al órgano de la Administración competente en materia de energía y al interesado, en un plazo máximo de veinticuatro horas.

Con el objetivo de cumplir estos requisitos, se considera necesario evitar la inyección de corriente continua y las sobretensiones que el funcionamiento de estos generadores puedan producir en diferentes situaciones.

Para evaluar esto, se establecen los **dos ensayos siguientes:**

Inyección de corriente continua a la red

El generador deberá garantizar que la corriente continua inyectada a red **no supere el 0,5 % de la corriente nominal,** de acuerdo con la Nota de interpretación técnica de la equivalencia de la separación galvánica de la conexión de instalaciones generadoras en baja tensión.

Los generadores con transformador de baja frecuencia garantizan la no inyección de corriente continua a la red, por lo que no necesitan realizar ningún ensayo para demostrar que cumplen con este requerimiento.

Si el generador utilizado es con transformador de alta frecuencia o sin transformador, se deberá demostrar que la corriente continua inyectada a red por el generador no supera el **0,5 %** de la corriente nominal. Para ello se realizará el siguiente ensayo:

1. Conectar el generador a una red cuya componente de tensión continua sea despreciable a los efectos de la medida, por ejemplo, separando otras cargas de la red con un transformador separador.
2. Ajustar la potencia de salida del generador a una potencia de salida comprendida entre el **25 %** y el **100 %** de su potencia nominal.
3. Esperar el tiempo necesario hasta que la temperatura interna del generador alcance el régimen estacionario (variación de temperatura inferior a **2 °C** en **15 minutos**).
4. Medir el valor de la componente continua inyectada por el equipo a la red.

La prueba se determina como válida si la componente de continua, medida en una ventana de al menos **10 segundos,** es menor al **0,5 %** del valor eficaz de la corriente nominal de salida del generador.

Generación de sobretensiones

Se establecen dos grupos de generadores:

1) **Grupo 1:** son los generadores de las instalaciones de tipo C1.

a) **Generador con transformador de baja frecuencia (50 Hz).** Dicho transformador estará colocado en la parte de alterna, interno o externo a la etapa de conversión.

b) **Generador con transformador de alta frecuencia.** Se trata de generadores que incorporan en su etapa de conversión una etapa de conversión CC/CC con transformador de alta frecuencia.

c) **Generador sin transformador.** Se trata de generadores que no incorporan ningún tipo de transformador en la etapa de conversión.

2) **Grupo 2:** son los generadores para instalaciones de tipo C2.

El generador no debe generar sobretensiones en su conexión de alterna, cumpliendo con los límites establecidos en las Tablas B y C.

Tabla B. *Sobretensiones máximas admisibles para generadores del grupo 1.*

Duración, *t*, de la sobretensión (s)	Valor admisible de la sobretensión instantánea (% $U_{n\ pico}$)
0,0002	280
0,0006	218
0,002	178
0,006	145
0,02	129
0,06	120
0,2	120
0,6	120

Tabla C. *Sobretensiones máximas admisibles para generadores del grupo 2.*

Duración, *t*, de la sobretensión	Valor admisible de la sobretensión instantánea (%$U_{n\ pico}$)
$0 < t < 1$ ms	200
1 ms $\leq t < 3$ ms	140
3 ms $\leq t < 500$ ms	120
$t \geq 500$ ms	110

Ensayo a realizar:

1. Conectar el generador de acuerdo al circuito de ensayo mostrado en la Figura 1 para generadores del grupo 1, o en la Figura 2 para generadores del grupo 2, con una tensión de red entre el **±5 %** de su valor nominal.

2. Abrir el interruptor y registrar las tensiones en bornas del generador o transformador, en el caso de generadores del grupo 2, a partir del momento de la desconexión con una frecuencia de muestreo de al menos **10 kHz**.

3. El ensayo se realizará para una potencia superior al **50 %** de la potencia asignada.

Repetir el ensayo tres veces.

A partir del registro de tensión obtenido tras la apertura del interruptor, determinar la curva tensión-duración de la sobretensión. Para ello, para cada tensión, con escalones máximos de **10 V**, se cuenta el número de muestras en las que la tensión ha sido superior a este valor. Este número de muestras se multiplica por el tiempo de muestreo para obtener la duración para dicha tensión. La curva final es el lugar geométrico de todos los puntos derivados de este proceso.

Ensayo para generadores del grupo 1

El diagrama de la Figura 1 ilustra el circuito de ensayo para generadores del grupo 1.

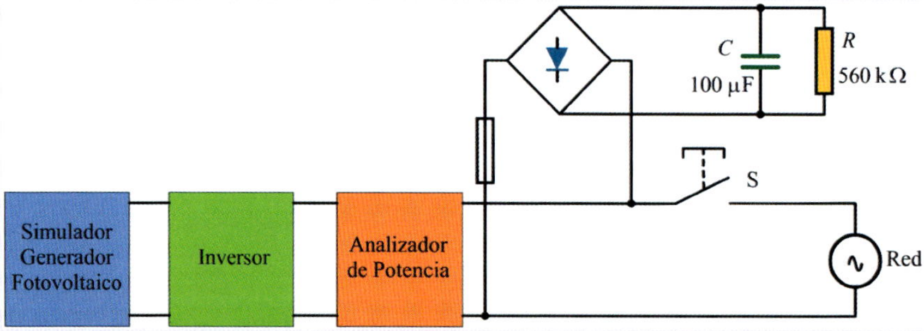

Figura 1. *Circuito de ensayo para generadores del grupo 1.*

El generador se considera que cumple con la prueba de tensión límite transitorio si la tensión derivada de duración curva se encuentra por debajo de la curva adecuada de la Tabla del grupo 1 en todos los puntos.

Ensayo para generadores del grupo 2

Los generadores del grupo 2 se conectan a la red de distribución pública en AT siempre a través de un transformador elevador. Por esa razón, siempre y cuando el fabricante lo solicite, el circuito de ensayo será el indicado en la Figura 2.

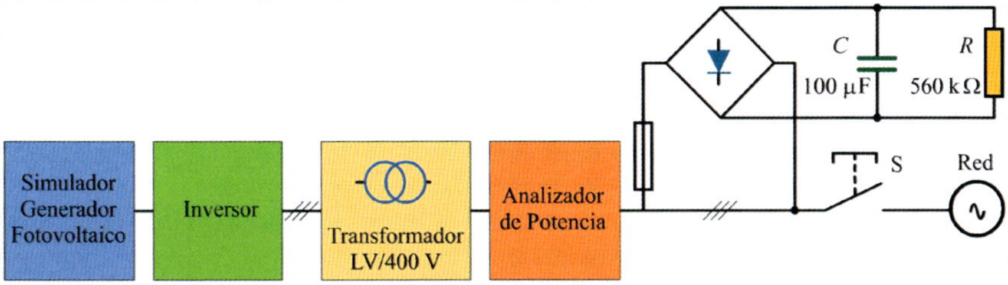

Figura 2. *Circuito de ensayo para generadores del grupo 2.*

La carga podrá ser puramente resistiva o contener condensadores en paralelo a una resistencia, siempre y cuando la capacidad total de los condensadores no supere los **500 μF**. El valor de la carga resistiva no podrá superar el **0,1 %** de la potencia máxima CA del generador. Por ejemplo, si la potencia máxima del generador es **500 kW**, entonces la carga trifásica del ensayo no podrá superar los **500 W**, lo que equivale a una resistencia mínima de **0,5 kΩ**.

El ensayo se considera como válido si en cualquier momento la tensión generada por el generador en el punto de medida no supera ninguno de los límites especificados en la tabla del grupo 2.

7. Protecciones

La máquina motriz y los generadores dispondrán de las protecciones específicas que el fabricante aconseje para reducir los daños como consecuencia de defectos internos o externos a ellos.

Los circuitos de salida de los generadores se dotarán de las protecciones establecidas en las correspondientes ITC que les sean aplicables.

GUÍA-BT-40

La instalación debe estar protegida contra sobretensiones transitorias según lo establecido en la **ITC-BT-23** como instalación fija de categoría III o IV en función de su ubicación. Es recomendable seguir los criterios indicados en la **GUÍA-BT-23** para la instalación de dispositivos de protección contra sobretensiones transitorias y también contra sobretensiones temporales.

En todas aquellas instalaciones ubicadas en la intemperie no cubiertas por el Código Técnico de la Edificación (por ejemplo, huertos solares, parques eólicos, etc.) deberá considerarse la necesidad de instalar sistemas de protección externos contra el rayo.

Para la protección contra contactos indirectos se montará una protección diferencial que se puede integrar en un sistema de supervisión de la instalación (contactos auxiliares, gestión de planta, etc.).

Se recomienda la instalación de sistemas que eviten la falta de producción por un disparo intempestivo.

Estos sistemas pueden ser, por ejemplo, sistemas de reconexión automática, o utilización de protecciones diferenciales adecuadas para evitar los disparos intempestivos previsibles.

En las instalaciones de generación que puedan estar interconectadas con la Red de Distribución Pública, se dispondrá un conjunto de protecciones que actúen sobre el interruptor de interconexión, situadas en el origen de la instalación interior. Estas corresponderán a un modelo homologado y deberán estar debidamente verificadas y precintadas por un Laboratorio reconocido.

GUÍA-BT-40

A los efectos de las protecciones requeridas en el **RD 1699/2011** se entiende que las únicas protecciones que es admisible integrar en el generador son las de máxima y mínima frecuencia y máxima y mínima tensión entre fases (apartado 14.1.d).

Por tanto se entiende que la protección contra sobrecorrientes y contra contactos indirectos del conjunto de la instalación generadora será convencional según lo establecido en las ITC correspondientes del REBT. No obstante, el generador, en función de su topología, puede requerir incorporar a su vez protección adicional contra sobrecorrientes, contra contactos indirectos o contra fallos de aislamiento. Ejemplos de esto son los llamados sistemas de detección de corrientes de defecto en algunos generadores fotovoltaicos, o los dispositivos de detección de aislamiento, entre otros.

Para las protecciones no convencionales, la verificación de las características funcionales aplicables (por ejemplo, curvas de actuación) será conforme a los requisitos equivalentes de las normas armonizadas de aplicación a la citada protección. Además se tendrá en cuenta el análisis del efecto que sobre la protección puedan tener los posibles fallos eléctricos o electrónicos, tanto del equipo como de la instalación a la que se conecta, la influencia de los fenómenos de perturbación electromagnética esperables en el entorno en el que está ubicada la instalación generadora, e incluso la influencia que sobre las características de protección pudiesen tener los errores en el *software* del equipo, cuando proceda.

A estos efectos se tendrán en cuenta las normas armonizadas aplicables por la DBT correspondientes a las protecciones relevantes que cubran las verificaciones citadas, o en su defecto se considerarán las normas de seguridad y de requisitos funcionales aplicables a equipos análogos al del objeto de análisis y que incorporen verificaciones que cubran los aspectos citados en el párrafo anterior.

Cuando no exista una norma armonizada para las protecciones correspondientes no convencionales, se utilizará la **EN 60730-1.**

Respecto a las condiciones de verificación y precintado del REBT y respecto a las del artículo 14.3 del **RD 1699/2011** (*«Las protecciones deberán ser precintadas por la empresa distribuidora, tras las verificaciones necesarias sobre el sistema de conmutación y sobre la integración en el equipo generador de las funciones de protección»*).

Se entiende que para equipos que incorporen protecciones no convencionales, la verificación de las condiciones de protección se realizará mediante informe de laboratorio acreditado, de los aspectos de:

- Características funcionales aplicables.
- Protección contra posibles fallos eléctricos o electrónicos.
- Protección contra los fenómenos de perturbación electromagnética.
- Protección contra los fallos y/o errores en el *software* del equipo.

Como ejemplos de protecciones que deben considerarse para la verificación están:

a) Sincronización entre múltiples fuentes de corriente alterna.

b) Paradas de operación de emergencia (incluyendo secuencia de parada).

c) Sistema de conmutación (conexión/desconexión entre fuentes) y enclavamientos de seguridad (rango válido de tensión y frecuencia). Un ejemplo es el sistema de conmutación referido en el apartado 14.3 del **RD 1699/2011,** que se corresponde con el elemento identificado como «15 Conmutador de conexión red/generador con sistema de sincronismo» en los esquemas del capítulo 4 de esta guía, que puede estar integrado en el generador o ser un elemento externo.

d) Funciones de dispositivos de corriente residual para protección de la propia instalación generadora.

e) Protección de sobrecorriente para protección de la propia instalación generadora.

En lo relativo al precintado se debe entender que se refiere a la imposibilidad de modificación de los parámetros de protección, bien mediante la inaccesibilidad del *software* que la ejecuta, o la imposibilidad de acceso a los elementos de regulación electrónica incorporados en el equipo generador por parte de la empresa instaladora u operador de la instalación. Esta característica deberá ser evaluada en el informe del laboratorio acreditado, mencionado anteriormente.

Las **protecciones mínimas** a disponer serán las siguientes, con independencia de que estos ajustes podrían verse modificados por la normativa del sector eléctrico en función del generador al que aplique:

- De **sobreintensidad,** mediante relés directos **magnetotérmicos** o solución equivalente.
- De **mínima tensión** instantáneos, conectados entre las tres fases y neutro y que actuarán, en un tiempo inferior a **0,5 segundos**, a partir de que la **tensión** llegue al **85 %** de su valor asignado.
- De **sobretensión,** conectado entre una fase y neutro, y cuya actuación debe producirse en un tiempo inferior a **0,5 segundos**, a partir de que la tensión llegue al **110 %** de su valor asignado.
- De **máxima y mínima frecuencia,** conectado entre fases, y cuya actuación debe producirse cuando la frecuencia sea inferior a **49 Hz o superior a 51 Hz** durante más de **5 períodos.**

GUÍA-BT-40

De acuerdo al **RD 1699/2011** el sistema de protecciones deberá cumplir, en lo no previsto en dicho real decreto, el **RD 661/2007,** y los procedimientos de operación correspondientes, así como en lo no previsto en los anteriores, las exigencias previstas en la reglamentación vigente, en particular, el **REBT (RD 842/2002),** el Reglamento sobre condiciones técnicas y garantías de seguridad en centrales eléctricas, subestaciones y centros de transformación **(RD 3275/1982),** y el Reglamento sobre condiciones técnicas y garantías de seguridad en líneas eléctricas de alta tensión **(RD 223/2008).**

En este contexto debe considerarse que el Art. 14.D) del **RD 1699/2011** establece que las protecciones contra sobretensiones y máxima y mínima frecuencia cumplirán con:

«Protecciones de la conexión máxima y mínima frecuencia (50,5 Hz y 48 Hz con una temporización máxima de 0,5 y de 3 segundos, respectivamente) y máxima y mínima tensión entre fases (1,15 Un y 0,85 Un) como se recoge en la Tabla 2, donde lo propuesto para baja tensión se generaliza para todos los demás niveles. En los sistemas eléctricos insulares y extrapeninsulares, los valores anteriores serán los recogidos en los procedimientos de operación correspondientes. La tensión para la medida de estas magnitudes se deberá tomar en el lado red del interruptor automático general para las instalaciones en alta tensión o de los interruptores principales de los generadores en redes en baja tensión. En caso de actuación de la protección de máxima frecuencia, la reconexión solo se realizará cuando la frecuencia alcance un valor menor o igual a 50 Hz.»

Tabla 2.

Parámetro	Umbral de protección	Tiempo máximo de actuación
Sobretensión-fase 1.	*Un* +10 %	1,5 s
Sobretensión-fase 2.	*Un* +15 %	0,2 s
Tensión mínima.	*Un* –15 %	1,5 s
Frecuencia máxima.	50,5 Hz	0,5 s
Frecuencia mínima.	48 Hz	3 s

Nota: En el RD 661/2007 (aplicable a cualquier instalación generadora del régimen especial, independientemente de la potencia) en el anexo XI, punto 10, establece que la temporización de 3 s de mínima frecuencia se refiere al tiempo mínimo a soportar para garantizar la operación del sistema eléctrico y no al tiempo máximo como indica la Tabla 1 del RD 1699/2011 para la protección anti-isla de la instalación generadora. Por otro lado el P.O. 12.3 establece, para algunos tipos de generadores y potencias, la capacidad para soportar huecos de tensión que implica tiempos mínimos de actuación de dichas protecciones. Para cumplir con todas las condiciones anteriores, se recomienda ajustar los tiempos de actuación a los valores exactos indicados en la tabla.

El sistema de protecciones de las instalaciones que no entren en el ámbito de aplicación del **RD 1699/2011** deberá cumplir con lo dispuesto en el **RD 661/2007** y en el procedimiento de operación P.O.1.6 (este último es aplicable, a los efectos de los planes de deslastres de carga por mínima frecuencia y planes de desconexión de generación por máxima frecuencia, a todas las instalaciones de generación acopladas al Sistema Eléctrico Peninsular con independencia de su potencia o punto de conexión).

Según el **RD 661/2007** y su modificación **RD 1565/2010** se obliga al cumplimiento del P.O.12.3 referente a huecos de tensión a las instalaciones o agrupaciones de instalaciones fotovoltaicas de más de **2 MW** y a todas las instalaciones eólicas.

En las instalaciones a las que les sean de aplicación procedimientos de operación relativos a requisitos técnicos de conexión (p. ej. P.O.12.2 y P.O.12.3) los ajustes de las protecciones de tensión no impedirán el cumplimiento de dichos procedimientos.

Las instalaciones bajo el ámbito de aplicación del **RD 1699/2011** deben disponer de los siguientes elementos:

a) Un **elemento de corte general** para proporcionar aislamiento sobre disposiciones mínimas para la protección de la salud y seguridad de los trabajadores frente al riesgo eléctrico. Este podría ser el mismo interruptor automático que se menciona en el capítulo 4.3.3 de esta ITC siempre y cuando tenga características de seccionamiento que proporcionen el aislamiento exigible en la legislación sobre Riesgo Eléctrico. El interruptor estará ubicado conforme a lo indicado en los diferentes esquemas del capítulo 4.

b) Un **Interruptor automático diferencial,** con el fin de proteger a las personas en el caso de derivación de algún elemento a tierra.

En las instalaciones generadoras el diferencial de la instalación deberá funcionar correctamente en presencia de ciertos niveles de corriente continua de defecto, por lo que los de tipo AC no son aptos para esta aplicación salvo cuando la instalación está aislada de la red mediante transformador separador.

Cuando no se utilice un transformador separador en instalaciones generadoras que compartan circuitos con instalaciones de consumo, el diferencial de la instalación de consumo tampoco podrá ser de tipo AC. En este caso la elección del tipo de diferencial (A o B) se corresponderá con la componente continua máxima de la corriente de fuga previsible en dichas instalaciones. Esta información puede obtenerse de los valores aportados por el fabricante del generador o por mediciones realizadas sobre la instalación generadora.

Se ubicará en la instalación del productor conforme a lo indicado en diferentes esquemas del capítulo 4 dentro del elemento identificado como «Dispositivos de mando y protección interiores (DPI)». En particular, la protección diferencial en instalaciones en viviendas cumplirá lo indicado en la **ITC-BT-25,** por lo que su intensidad diferencial-residual máxima será de **30 mA**.

En otro tipo de instalaciones que no estén conectadas a redes con régimen de neutro en TT, se podrá sustituir el interruptor diferencial por otras protecciones contra contactos indirectos descritas en la **ITC-BT-24,** cuando estas den una seguridad equivalente.

c) Interruptor automático de la conexión, para la desconexión-conexión automática de la instalación en caso de anomalía de tensión o frecuencia de la red, junto a un relé de enclavamiento.

De acuerdo a la **ITC-BT-01,** un interruptor automático es aquel capaz de establecer, mantener e interrumpir las intensidades de corriente de servicio, o de establecer e interrumpir automáticamente, en condiciones predeterminadas, intensidades de corriente anormalmente elevadas, tales como las corrientes de cortocircuito.

Por otro lado, el **RD 1699/2011** establece que la función de este interruptor es la desconexión del generador en caso de actuación de las protecciones voltimétricas de la instalación.

En consecuencia, se entiende que estas funciones pueden ser también cubiertas por dos elementos separados:

- **Un interruptor automático de la instalación** conforme a lo indicado en los diferentes esquemas del capítulo 4 dentro del elemento identificado como «Dispositivos de mando y protección interiores (DPI)» o el elemento de corte general referido en el apartado a), con protección contra sobreintensidades y capacidad de corte de cortocircuitos, de acuerdo a la **ITC-BT-22.**
- **Un elemento de corte del generador,** con capacidad de corte en carga, sobre el que actúen las protecciones voltimétricas y los automatismos de conexión y desconexión y que puede estar integrado o no en el generador.

Los elementos de los apartados b) y c) anteriores deben ser accesibles para el productor. A este respecto, se considerará que la instalación interior se refiere a la vivienda o local privativo de la instalación, que puede ser diferente a la ubicación de los contadores.

Los generadores deben conectarse de tal forma que la protección contra los contactos indirectos por interruptores diferenciales se mantiene efectiva para cada combinación de fuentes de alimentación prevista. Estas protecciones contra contactos indirectos se dimensionarán de manera que se tengan en cuenta los diferentes valores de la impedancia de defecto para las distintas puestas a tierra (red o generador) que puedan darse según el modo de funcionamiento (*véanse* apartados 8.2.2 y 8.2.3 de esta guía).

Adicionalmente algunos generadores podrán requerir protecciones específicas relacionadas con su tecnología propia. Un ejemplo es la protección de inversión de potencia en generadores síncronos. Este tipo de protecciones debe instalarse lo más cerca posible de los terminales del generador.

Conforme a la Directiva de Baja Tensión, las normas aplicables a los dispositivos de protección convencionales son:

Producto	Norma
Interruptores automáticos con capacidad de seccionamiento (A estos dispositivos se les puede añadir funciones adicionales como relés de disparo).	UNE-EN 60947-2
Interruptores automáticos (uso doméstico y análogo).	UNE-EN 60898
Fusibles.	UNE-EN 60269-2 UNE-EN 60269-3
Dispositivos de protección contra sobretensiones transitorias.	UNE-EN 61643-11
Dispositivos de protección contra sobretensiones transitorias para uso en aplicaciones fotovoltaicas.	EN 50539-11
Dispositivos de protección contra sobretensiones temporales (uso doméstico y análogo).	UNE-EN 50550
Interruptores diferenciales.	UNE-EN 60947-2
Interruptores diferenciales (uso doméstico y análogo).	UNE-EN 61008
Interruptores diferenciales con dispositivo de protección contra sobreintensidades incorporado (uso doméstico y análogo).	UNE-EN 61009
Interruptores seccionadores y combinados fusibles.	UNE-EN 60947-3
Dispositivos de detección del aislamiento.	UNE-EN 61557-8
Dispositivos de rearme automático para interruptores automáticos, AD e ID de uso doméstico y análogo.	UNE-EN 50557

Reconexión automática después de una pérdida de red

La reconexión a red del generador se podrá producir únicamente después de que la tensión y frecuencia de la red estén dentro de los márgenes normales durante al menos tres minutos según el artículo 9.2.1 de la **OM de 5 de septiembre de 1985** por la que se establecen normas administrativas y técnicas para el funcionamiento y conexión a las redes eléctricas de centrales hidroeléctricas de hasta **5.000 kVA** y centrales de autogeneración eléctrica.

Detección de funcionamiento en isla

Según el **RD 1699/2011,** apartado 12.1 los esquemas de conexión deben responder al principio de minimizar pérdidas en el sistema, favoreciendo el mantenimiento de la seguridad y calidad de suministro y posibilitando el trabajo en isla, sobre sus propios consumos, nunca alimentando a otros usuarios de la red.

Además se verificará el correcto funcionamiento del sistema de detección de funcionamiento en isla cuando múltiples inversores trabajan en paralelo. La verificación se realiza con el ensayo especificado a continuación, teniendo en cuenta las siguientes definiciones:

ESE: equipo sometido a ensayo.

IA (inversor de apoyo): equipo asimilado-inversor idéntico al ESE que se usa en el ensayo. Tiene que ser el mismo modelo que el equipo sometido a ensayo.

Procedimiento de evaluación

Los inversores que incorporen sistemas de detección de funcionamiento en isla cumplirán con la norma **EN 62116.** La detección de funcionamiento en isla se debe verificar según lo establecido en esta norma, con factor de calidad **Q = 1 + 0,05** que detecte el funcionamiento en isla en menos de **2 s**. Para realizar el ensayo, se deben utilizar los límites de tensión y frecuencia establecidos en la legislación vigente.

Además de los ensayos establecidos en la norma **EN 62116,** se debe verificar el correcto funcionamiento del sistema de detección de funcionamiento en isla cuando haya dos generadores trabajando en paralelo. Para ello se debe utilizar el montaje mostrado en la **Figura 1** basado en el ensayo de protección de pérdida de red de la norma **UNE-EN 50438,** donde se deben utilizar dos unidades de generación similares: el equipo sometido a ensayo y el inversor de apoyo, el cual tiene que ser el mismo modelo que el equipo sometido a ensayo.

Los ensayos para la verificación de la detección del efecto isla de inversores conectados en paralelo son:

1. El equipo sometido a ensayo y el IA con el efecto isla activado deben suministrar, cada uno de ellos, el 50 % de la potencia de ensayo. El ensayo se repetirá a tres niveles de potencia: 25-33 %, 50-66 % y >90 % de la potencia nominal del ESE.
2. El equipo sometido a ensayo con el efecto isla activado. ESE y el IA con el efecto isla desactivado, cada uno de ellos, debe suministrar el 50 % de la potencia de ensayo.

El ensayo se repetirá a tres niveles de potencia: 25-33 %, 50-66 % y >90 %.

Todos los ensayos se deben realizar en las condiciones fijadas por la norma **EN 62116.** El montaje de ensayos se presenta en la Figura 3.

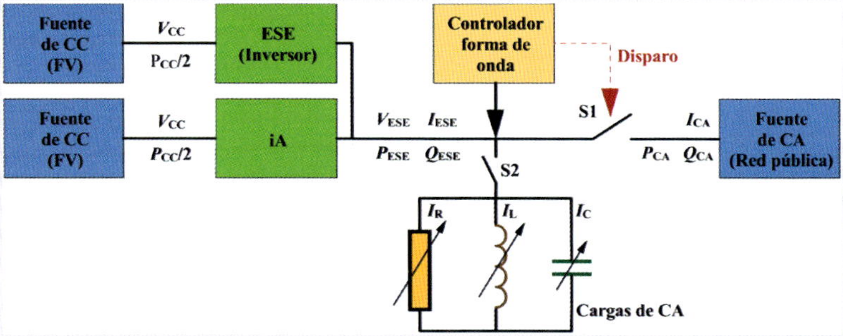

Figura 3. *Montaje para realizar los ensayos.*

Leyenda

V_{cc} Tensión de corriente continua suministrada por la fuente de corriente continua.

V_{ese} Tensión medida del ESE.

I_{ese} Corriente medida del ESE.

P_{ese} Potencia activa medida del ESE.

Q_{ese} Potencia reactiva medida del ESE.

I_{ca} Corriente medida de corriente alterna.

P_{ca} Potencia activa medida de corriente alterna.

Q_{ca} Potencia reactiva medida de corriente alterna.

La conformidad se verifica si el ESE se desconecta en menos de **2 s** en las dos situaciones y en los niveles de potencia nominal fijados.

Diseño del generador

Los generadores deberán está construidos y diseñados conforme a lo establecido en la Directiva de Baja Tensión. Cuando existan generadores configurados como unión de diferentes partes físicamente separadas, la instalación del cableado y elementos de interconexión y protección se hará conforme a las normas aplicables al generador, si existen, o a los requisitos esenciales de seguridad de la DBT.

En concreto, para generadores fotovoltaicos la norma de aplicación es la **UNE 20460-7-712** que cubre las reglas para instalaciones y emplazamientos especiales: sistemas de alimentación solar fotovoltaica. Para estas instalaciones también es recomendable considerar lo establecido en la especificación técnica de **CENELEC TS 50539-12** para la protección contra sobretensiones.

Para los generadores eólicos pequeños la norma de aplicación es la **UNE-EN 61400-2.**

Para la protección contra la caída de rayos la norma de aplicación es la **UNE-EN 61400-24.**

8. Instalaciones de puesta a tierra

8.1. Generalidades

Las centrales de instalaciones generadoras deberán estar provistas de sistemas de puesta a tierra que, en todo momento, aseguren que las tensiones que se puedan presentar en las masas metálicas de la instalación no superen los valores establecidos en la **MIE-RAT 13** del Reglamento sobre Condiciones Técnicas y Garantías de Seguridad en Centrales Eléctricas, Subestaciones y Centros de Transformación.

Los sistemas de puesta a tierra de las centrales de instalaciones generadoras deberán tener las condiciones técnicas adecuadas para que no se produzcan transferencias de defectos a la Red de Distribución Pública ni a las instalaciones privadas, cualquiera que sea su funcionamiento respecto a esta: aisladas, asistidas o interconectadas.

8.2. Características de la puesta a tierra según el funcionamiento de la instalación generadora respecto a la Red de Distribución Pública

8.2.1. Instalaciones generadoras aisladas conectadas a instalaciones receptoras que son alimentadas de forma exclusiva por dichos grupos

La **red de tierras** de la instalación conectada a la generación será **independiente** de cualquier otra red de tierras. Se considerará que las redes de tierra son independientes cuando el paso de la corriente máxima de defecto por una de ellas no provoca en la otra diferencias de tensión, respecto a la tierra de referencia, superiores a **50 V**.

En las instalaciones de este tipo se realizará la **puesta a tierra del neutro** del generador y de las masas de la instalación conforme a uno de los sistemas recogidos en la **ITC-BT-08.**

Cuando el generador no tenga el neutro accesible, se podrá poner a tierra el sistema mediante un transformador trifásico en estrella, utilizable para otras funciones auxiliares.

En el caso de que trabajen varios generadores en paralelo, se deberá conectar a tierra, en un solo punto, la unión de los neutros de los generadores.

8.2.2. Instalaciones generadoras asistidas, conectadas a instalaciones receptoras que pueden ser alimentadas, de forma independiente, por dichos grupos o por la Red de Distribución Pública

Cuando la Red de Distribución Pública tenga el neutro puesto a tierra, el **esquema de puesta a tierra será el TT** y se conectarán las masas de la instalación y receptores a una tierra independiente de la del neutro de la Red de Distribución Pública.

En caso de imposibilidad técnica de realizar una tierra independiente para el neutro del generador, y previa autorización específica del Órgano Competente de la Comunidad Autónoma, se podrá utilizar la misma tierra para el neutro y las masas.

Para alimentar la instalación desde la generación propia en los casos en que se prevea transferencia de carga sin corte, se dispondrá, en el conmutador de interconexión, un polo auxiliar que cuando pase a alimentar la instalación desde la generación propia conecte a tierra el neutro de la generación.

8.2.3. Instalaciones generadoras interconectadas, conectadas a instalaciones receptoras que pueden ser alimentadas, de forma simultánea o independiente, por dichos grupos o por la Red de Distribución Pública

Cuando la instalación receptora esté acoplada a una Red de Distribución Pública que tenga el neutro puesto a tierra, el esquema de puesta a tierra será el **TT** y se conectarán las masas de la instalación y receptores a una tierra independiente de la del neutro de la Red de Distribución pública.

Cuando la instalación receptora no esté acoplada a la Red de Distribución Pública y se alimente de forma exclusiva desde la instalación generadora, existirá en el interruptor automático de interconexión un polo auxiliar que desconectará el neutro de la Red de Distribución Pública y conectará a tierra el neutro de la generación.

Para la protección de las instalaciones generadoras se establecerá un **dispositivo de detección de la corriente que circula por la conexión de los neutros de los generadores** al neutro de la Red de Distribución Pública, que desconectará la instalación si se sobrepasa el **50 %** de la intensidad nominal.

GUÍA-BT-40

Donde la legislación vigente establezca que la instalación deberá disponer de una separación galvánica entre la red y las instalaciones generadoras, bien sea por medio de un transformador de aislamiento o cualquier otro medio que cumpla las mismas funciones, con base en el desarrollo tecnológico, se entenderá que las funciones que se persiguen utilizando un transformador de aislamiento de baja frecuencia son:

1. Aislar la instalación generadora para evitar la transferencia de defectos entre la red y la instalación.
2. Proporcionar seguridad personal.
3. Evitar la inyección de corriente continua en la red.

En instalaciones generadoras en las que la transmisión de energía a la red se haga mediante convertidores electrónicos, podrán utilizarse transformadores de separación, o no, siempre que se cumplan las funciones anteriores.

La transferencia de defectos entre la red y la instalación generadora se considera resuelta, independientemente del convertidor utilizado, siempre que se cumpla el esquema de la Figura 4 aplicado por separado a las distintas partes de la instalación, básicamente convertidor y elementos del generador (por ejemplo, en el caso de generación fotovoltaica, inversores y cada uno de los paneles fotovoltaicos), a menos que estén juntas.

Con el fin de **proporcionar seguridad personal,** la instalación deberá cumplir lo que establece la **ITC-BT-24.**

Para **evitar la inyección de corriente continua,** se deberá aplicar lo que se establece en el apartado 6.

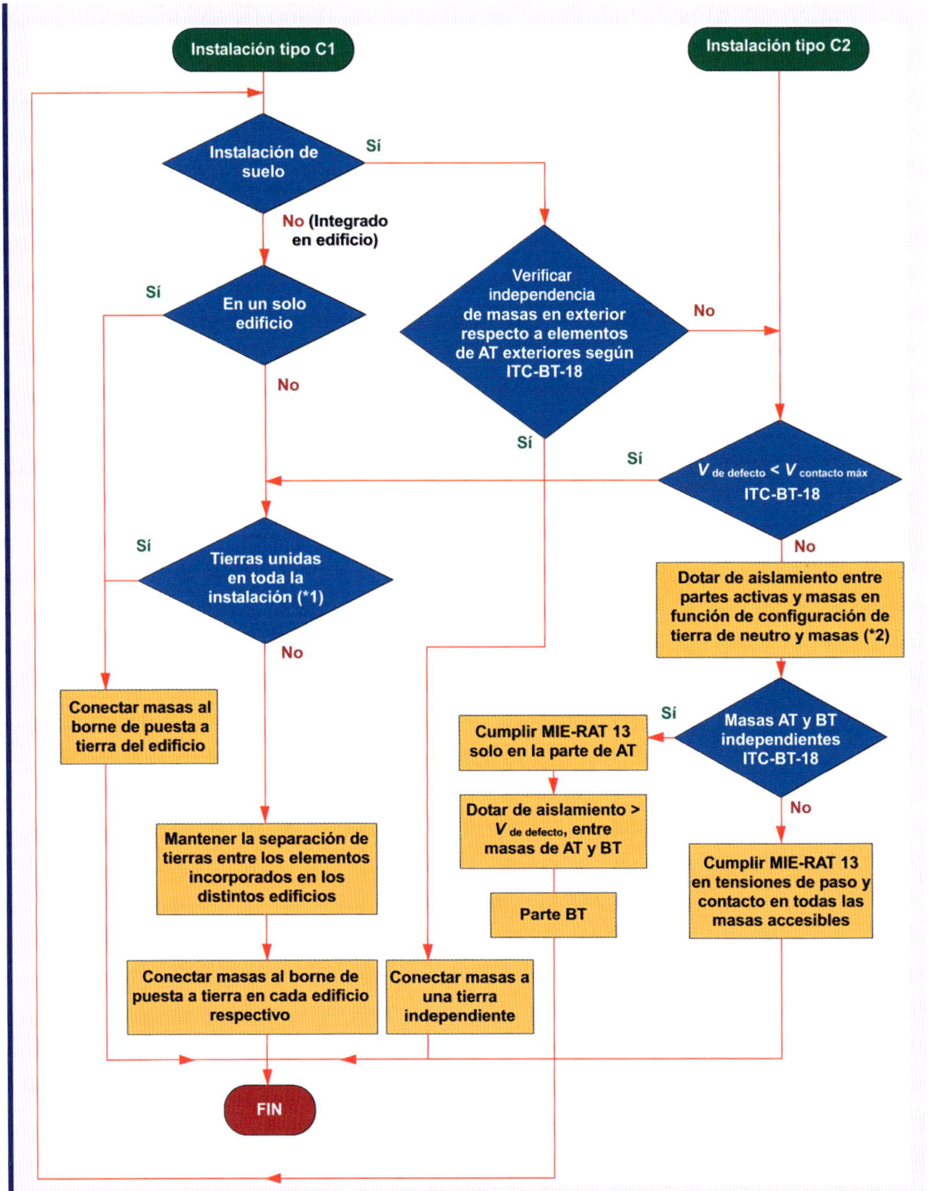

Figura 4.

*(*1) La unión equipotencial entre tierras de diferentes edificios está contemplada en el reglamento en la **ITC-BT-26,** apartado 3.1.*

*(*2) En caso de poner protectores de sobretensión entre fases y tierra, su tensión de funcionamiento continuo será mayor que la tensión asignada al aislamiento.*

8.3. Generadores eólicos

La puesta a tierra de protección de la torre y del equipo en ella montado contra descargas atmosféricas será independiente del resto de las tierras de la instalación.

9. Puesta en marcha

Para la puesta en marcha de las instalaciones generadoras asistidas o interconectadas, además de los trámites y gestiones que corresponda realizar, de acuerdo con la legislación vigente ante los Organismos Competentes se deberá presentar el oportuno proyecto a la empresa distribuidora de energía eléctrica de aquellas partes que afecten a las condiciones de acoplamiento y seguridad del suministro eléctrico. Esta podrá verificar, antes de realizar la puesta en servicio, que las instalaciones de interconexión y demás elementos que afecten a la regularidad del suministro están realizadas de acuerdo con los reglamentos en vigor. En caso de desacuerdo se comunicará a los órganos competentes de la Administración, para su resolución.

Este trámite ante la empresa distribuidora de energía eléctrica no será preciso en las instalaciones generadoras aisladas.

Según la Guía Técnica: *el titular de la instalación solicitará a la empresa distribuidora la suscripción del contrato técnico de acceso a la red para lo que será necesaria la presentación del certificado de superación de las pruebas de la instalación y que se haya producido la aceptación de las condiciones técnicas y económicas de conexión.*

El certificado de superación de pruebas de la instalación además debe incluir, según el artículo 4 del ***RD 1699/2011,*** *el esquema unifilar, una descripción de las características técnicas de la instalación, los informes completos de laboratorio acreditado en lo referente a lo establecido en los artículos 6 y 7 de la presente guía, referentes a calidad de onda y a las protecciones y el sistema de conmutación.*

10. Otras disposiciones

Todas las actuaciones relacionadas con la fijación del punto de conexión, el proyecto, la puesta en marcha y explotación de las instalaciones generadoras seguirán los criterios que establece la legislación en vigor.

La empresa distribuidora de energía eléctrica podrá, cuando detecte riesgo inmediato para las personas, animales y bienes, desconectar las instalaciones generadoras interconectadas, comunicándolo posteriormente al órgano competente de la Administración.

ANEXO I

Sistemas para evitar el vertido de energía a la red

Los sistemas para evitar el vertido de energía a la red pueden basarse en dos principios de funcionamiento distintos:

1. Evitar el vertido a la red mediante un elemento de corte o de limitación de corriente. La opción de corte permite utilizar sistemas de generación sin capacidad de regulación de la energía generada solo en el caso de instalaciones generadoras que no sean fotovoltaicas.

   Para evitar el vertido de energía a la red, deben disponer de sistemas de medida de la potencia intercambiada con esta, situados aguas arriba de la instalación generadora y de las cargas, que habiliten la desconexión de la generación de la red o la regulación de los sistemas de generación.

2. Regulación del intercambio de potencia actuando sobre el sistema generación-consumo.

Este tipo de sistemas se basa en un elemento de control que ajuste el balance generación-consumo, evitando el vertido de energía en la red. Esto puede realizarse mediante control de las cargas, de la generación, o por almacenamiento de energía, u otros medios.

A efectos de fijar los requisitos de los sistemas para evitar el vertido deben tenerse en cuenta **dos tipos de sistemas de generación:**

- Instalaciones de producción basadas en **generadores síncronos** conectados directamente a la red.
- **Instalaciones eólicas, fotovoltaicas** y, en general, todas aquellas instalaciones de producción cuya tecnología no emplee un generador síncrono conectado directamente a red.

I.1. Definiciones

Punto de conexión a red: punto de la red de distribución pública al que se conecta la instalación.

Punto de interconexión entre generación y consumo: punto de la red interior del consumidor en el que se conecta la generación con las cargas.

I.2. Requisitos

Se plantean dos tipos de instalaciones. Uno en el que se mide el intercambio de energía con la red **(Figuras 1 y 2)** y otro en el que se mide el consumo de la totalidad de las cargas o parte de ellas **(Figuras 3 y 4).** Para cada uno de ellos se definen los parámetros máximos aceptables.

I.2.1. Instalaciones con equipo de medida de intercambio de energía con la red

En las **Figuras 1 y 2** se muestran los esquemas de este tipo de instalaciones según estén conectadas a las redes de baja o alta tensión, respectivamente.

La potencia en el punto de conexión a red debe mantenerse con saldo consumidor, siempre que exista un consumo interno superior al valor de tolerancia del sistema de medida, calculada como la suma de la clase de exactitud del equipo de medida de potencia y la clase de los transformadores o sondas de medida de corriente.

Cualquier valor que incumpla el requisito anterior deberá ser corregido en un tiempo inferior a **2 segundos,** mediante la limitación de la generación, o su disparo.

Adicionalmente, puede existir un equipo o conjunto de equipos que realizan las funciones de regulación, aunque no está representado en las figuras. El elemento de regulación puede ser independiente o integrado en otros dispositivos de la instalación, como el equipo de medida de potencia o el generador.

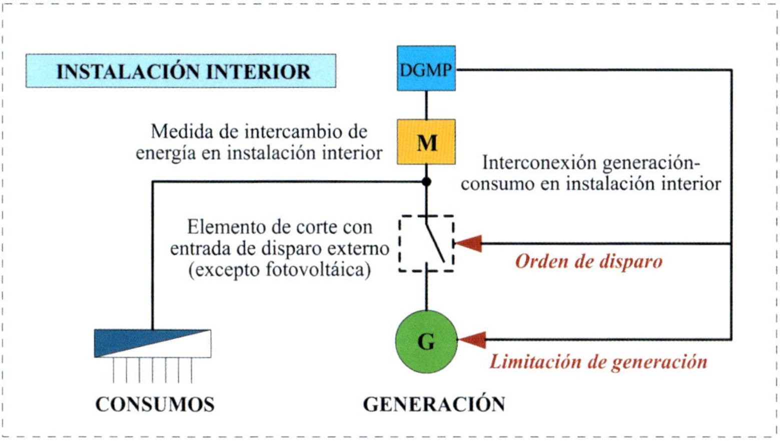

Figura 1. *Esquema con equipo de medida de intercambio de energía con la red en instalaciones conectadas a redes de baja tensión.*

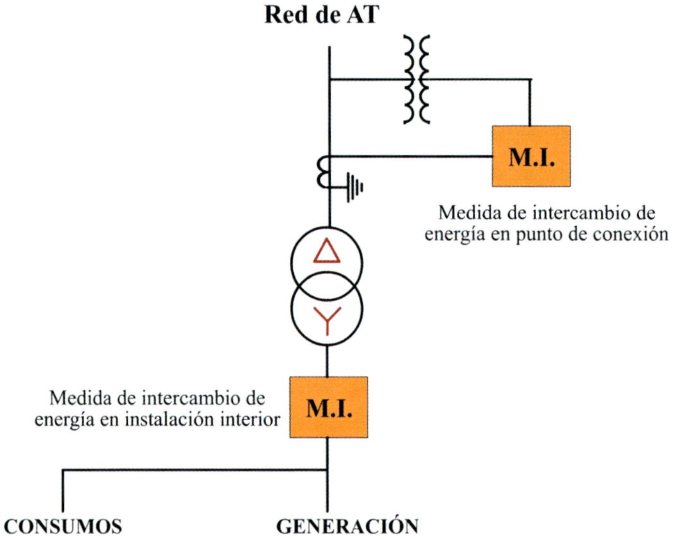

Figura 2. *Esquema con equipo de medida de intercambio de energía con la red en instalaciones conectadas a redes de alta tensión. Ubicaciones posibles del punto de medida de energía.*

I.2.2. Instalaciones con equipo de medida de consumo

En las **Figuras 3 y 4** se muestran los esquemas de este tipo de instalaciones según estén conectadas a las redes de baja o alta tensión, respectivamente. La medida de consumos puede corresponder al consumo total de la instalación o a parte del consumo de la misma. El elemento de control puede ser independiente o estar incluido en otros dispositivos de la instalación, tales como el equipo de medida de potencia, el generador, o las cargas.

En todo momento, la potencia medida en el punto de consumo debe ser superior a la potencia generada. El margen de diferencia entre consumo y generación debe superar el valor de tolerancia del sistema de medida, calculado como la suma de las clases de exactitud de los equipos de medida de potencia y de las clases de los transformadores o sondas de medida de corriente, tanto en la carga como en la generación.

Cualquier valor que incumpla el requisito anterior deberá de ser corregido en un tiempo inferior a **2 segundos** mediante el control de las cargas, de la generación, por almacenamiento de energía, o por otros medios.

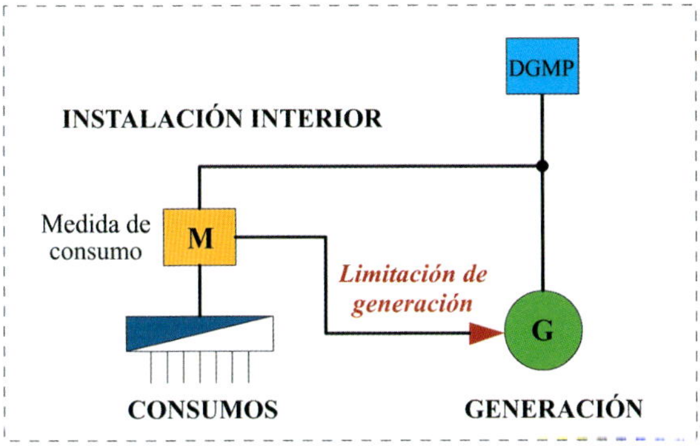

Figura 3. *Esquema de medida del consumo de energía en instalaciones conectadas a redes de baja tensión.*

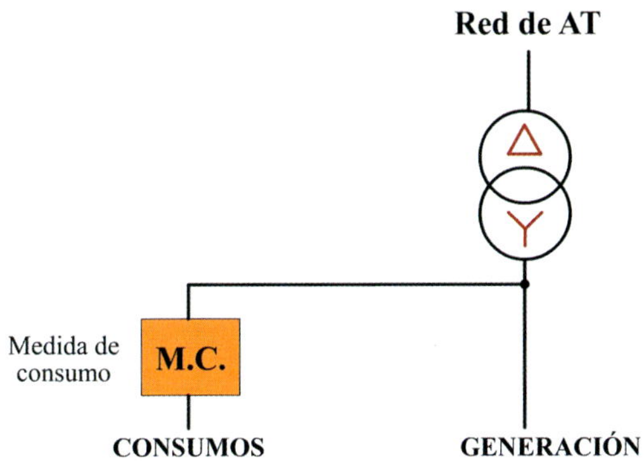

Figura 4. *Esquema de medida del consumo de energía en instalaciones conectadas a redes de alta tensión.*

I.3. Ensayos

Los ensayos a realizar para evaluar la conformidad del sistema que evita el vertido de energía a la red son los siguientes:

I.3.1. Tolerancia en régimen permanente

El sistema de limitación de potencia deberá garantizar que en régimen permanente la producción de energía cumple con los requisitos del apartado I.2 en función del tipo de instalación ensayada.

La prueba se debe repetir con los diferentes generadores tipo que vayan a evaluarse para el sistema, pudiéndose probar cada uno de ellos por separado.

Para verificar esta condición se realiza el ensayo con la secuencia de operaciones siguiente:

1. Conectar el generador a ensayar a una fuente de energía que alimente el generador y que sea capaz de suministrar una potencia igual o superior a la potencia del generador a ensayar.
2. Conectar el generador a la red a ensayar.
3. Establecer el valor de carga de acuerdo a los valores indicados en la **Tabla 1.**
4. Esperar un tiempo de al menos dos segundos antes de comenzar la medida.
5. Medir la potencia intercambiada en el punto de ensayo, con una incertidumbre mejor o igual al 0,5 %, realizando medidas cada 50 ms.

Tabla 1. *Definición de cargas. Valores en porcentaje sobre la potencia nominal del generador a ensayar.*

Régimen de conexión	Fase R	Fase S	Fase T
Monofásico	90/100 %		
	10/20 %		
	0		
Trifásico	90/100 %	90/100 %	90/100 %
	10/20 %	10/20 %	10/20 %
	0	0	0
	90/100 %	60/70 %	60/70 %
	60/70 %	60/70 %	60/70 %
	30/40 %	60/70 %	60/70 %
	0	60/70 %	60/70 %

La prueba se da por válida si en un ensayo de 2 minutos, los valores de la potencia inyectada medida cada 50 ms aguas arriba del punto de interconexión entre generación y consumo, en cada una de las fases, cumplen con los requisitos indicados en los puntos I.2.1 o I.2.2, según corresponda.

I.3.2. Respuesta ante desconexiones de carga

El sistema de limitación de potencia deberá garantizar que, ante una desconexión de carga, el generador reajusta su producción llegando de nuevo al régimen permanente en menos de 2 segundos.

La prueba se debe repetir con los diferentes generadores tipo que vayan a evaluarse para el sistema, pudiéndose probar cada uno de ellos por separado.

Para verificar esta condición se realiza el ensayo con la secuencia de operaciones siguiente:

1. Conectar el generador a ensayar a una fuente de energía que alimente el generador y que sea capaz de suministrar una potencia igual o superior a la potencia del generador a ensayar.
2. Conectar el generador a la red a ensayar.
3. Realizar las desconexiones de carga propuestas en la **Tabla 2.**
4. Medir la potencia intercambiada con la red, con una precisión de al menos el 0,5 %, realizando medidas cada 50 ms en una ventana de tiempo de 2 minutos que comprenda al menos un minuto antes y después de la desconexión de carga.

Tabla 2. *Definición de desconexión de cargas. Valores en % sobre la potencia nominal del generador a ensayar.*

Prueba	Carga inicial	Carga final
1	90/100 %	60/70 %
2	90/100 %	30/40 %
3	90/100 %	0
4	60/70 %	30/40 %
5	60/70 %	0
6	30/40 %	0

Repetir cada una de las pruebas tres veces.

La prueba se da por válida si para cada uno de los escalones de carga el generador reajusta la potencia producida, llegando al régimen permanente, de modo que la energía inyectada aguas arriba del punto de interconexión entre generación y consumo cumpla los requisitos indicados en los puntos I.2.1 o I.2.2, según corresponda. Esta condición deberá ser verificada para los valores de potencia intercambiada con la red medidos cada 50 ms durante los 2 minutos de la prueba.

I.3.3. Respuesta ante incrementos de potencia de generación

El sistema de limitación de potencia deberá garantizar que, ante un incremento de potencia en la fuente de energía primaria, por ejemplo, una subida de irradiancia en una instalación fotovoltaica, que lleve a una situación en la que haya más energía disponible que consumo, el generador reajusta su producción llegando de nuevo al régimen permanente en menos de 2 segundos.

La prueba se debe repetir con los diferentes generadores tipo que vayan a homologarse para el sistema, pudiéndose probar cada uno de ellos por separado.

Para verificar esta condición se realiza el ensayo con la secuencia de operaciones siguiente:

1. Conectar el generador a ensayar a una fuente de energía que alimente el generador y que sea capaz de suministrar entre un 40 % y un 50 % de la potencia del generador a ensayar.
2. Conectar el generador a la red a ensayar.
3. Conectar una carga que consuma entre el 60 % y el 70 % de la potencia del generador a ensayar.
4. Aumentar mediante un escalón la potencia disponible en la fuente de energía por encima del 90 % de la potencia nominal del generador a ensayar.
5. Medir la potencia intercambiada con la red, con una precisión de al menos el 0,5 %, realizando medidas cada 50 ms en una ventana de tiempo de 2 minutos que comprenda al menos un minuto antes y después del incremento de la potencia del generador.

Repetir cada una de las pruebas tres veces.

La prueba se da por válida si para cada uno de los escalones el generador reajusta la potencia producida llegando al régimen permanente, de modo que la energía inyectada aguas arriba del punto de interconexión entre generación y consumo cumpla los requisitos indicados en los puntos I.2.1 o I.2.2, según corresponda. Esta condición deberá ser verificada para los valores de potencia intercambiada con la red medidos cada 50 ms durante los 2 minutos de la prueba.

I.3.4. Actuación en caso de pérdida de comunicaciones

El generador debe dejar de generar en caso de pérdida de la comunicación entre los diferentes elementos del sistema en un tiempo inferior a 2 segundos. En caso de que el elemento de control esté integrado en uno de los dispositivos requeridos (equipo de medida de potencia o generador) no será preciso comprobar la comunicación entre los elementos integrados en un mismo dispositivo.

Para verificar esta condición se realiza el ensayo con la secuencia de operaciones siguiente:

1. Conectar el generador a ensayar a una fuente de energía que alimente el generador y que sea capaz de suministrar una potencia igual o superior a la potencia del generador a ensayar.
2. Conectar el generador a la red interior a ensayar.

3. Establecer una carga del 60 % y el 70 % de la potencia nominal del generador.
4. Cortar la comunicación entre el elemento de control y el equipo de medida de potencia.
5. Medir el tiempo transcurrido entre el corte de la comunicación y la desconexión del generador o limitación total de potencia del generador (0 %).
6. Medir la potencia generada por el generador, con una precisión de al menos el 0,5 %, realizando medidas cada 50 ms.

La prueba se repetirá 3 veces.

La prueba se da por válida si el generador se desconecta o reduce hasta cero la potencia generada en menos de 2 segundos.

Repetir la prueba cortando la comunicación entre el elemento de control y el generador.

I.3.5. Determinación del número máximo de generadores

En caso de que el sistema de reducción de potencia pueda utilizarse con más de un generador, se repetirán los siguientes ensayos con dos generadores trabajando en paralelo, aportando cada uno de ellos entre el 40 % y el 60 % de la potencia total de las cargas, de manera que entre ambos cubran el 100 % del consumo:

1. Tolerancia en régimen permanente.
2. Respuesta ante desconexiones de carga.

En este caso se medirán los tiempos de respuesta del sistema y se compararán con los tiempos obtenidos en caso de un único generador. La diferencia de tiempos resultante permitirá determinar el número máximo de generadores que se podrán conectar en la instalación de acuerdo a:

$$t_1 + t_r \cdot (N - 1) \leq 2 \text{ segundos}$$

$$N \leq \frac{2 - t_1}{t_r} + 1$$

Siendo:

N: Número máximo de generadores que es posible incluir en el sistema.

t_1: Tiempo de respuesta con un único generador. Se tomará el tiempo de respuesta máximo obtenido.

t_r: Diferencia entre el tiempo de respuesta máximo con uno y dos generadores.

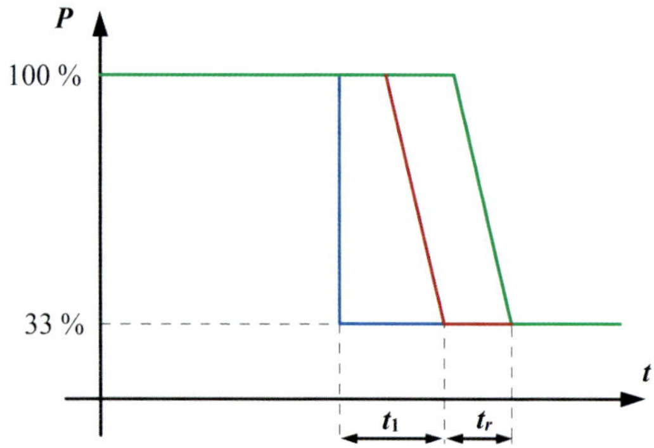

Figura 5. *Ejemplo de tiempos de respuesta del sistema ante una desconexión de carga del 100 % al 33 % con uno o dos generadores (Azul-Potencia consumida por la carga, Rojo-Potencia producida en instalación con un generador, Verde-Potencia producida en instalaciones con dos generadores).*

I.4. Evaluación de la conformidad

La evaluación de la conformidad con los requisitos del presente anexo de los sistemas para evitar el vertido de energía a la red, tanto si están integrados en el generador como si son externos, se realizará mediante la documentación siguiente:

1. Esquema básico del sistema, incluyendo la forma de conexión del generador, las protecciones que deben existir o colocar en la instalación y las precauciones aplicables sobre la potencia de las cargas y tipos de receptores que puedan conectarse en los circuitos alimentados simultáneamente por la red y el generador, dependiendo de su conexión a la instalación de autoconsumo.
2. Equipo de medida de potencia y clase de los transformadores de medida para medida de potencia.
3. Elemento de control. En caso de que vaya incluido en alguno de los dispositivos del sistema, por ejemplo, en el equipo de medida de potencia o en el generador, deberá quedar reflejado.
4. Tipo de comunicaciones empleado entre los diferentes elementos.
5. Generadores tipo para los que el sistema es válido.
6. Potencia del generador tipo ensayado y generadores/equipos de medida asimilables.
7. Algoritmo de control.
8. Características eléctricas del generador.
9. Número máximo de generadores a conectar.
10. Informe de ensayos de las pruebas especificadas en el apartado I.3 realizado por un laboratorio de ensayos acreditado según UNE-EN ISO/IEC 17025.

ITC-BT-41

INSTALACIONES ELÉCTRICAS EN CARAVANAS Y PARQUES DE CARAVANAS

Índice

1 Objeto y campo de aplicación 628

2 Condiciones generales de instalación 628

1. Objeto y campo de aplicación

El objeto de la presente instrucción es determinar los requisitos de instalación de las caravanas y los parques de caravanas.

Los receptores que se utilicen en dichas instalaciones cumplirán los requisitos de las directivas europeas aplicables conforme a lo establecido en el **artículo 6** del Reglamento Electrotécnico para Baja Tensión.

2. Condiciones generales de instalación

Las prescripciones particulares para este tipo de establecimientos o instalaciones son las establecidas en la norma **UNE 20460-7-708** (anulada y sustituida por UNE-HD 60364-7-708).

ANOTACIONES

ITC-BT-42

INSTALACIONES ELÉCTRICAS EN PUERTOS Y MARINAS PARA BARCOS DE RECREO

Índice

1 Objeto y campo de aplicación 630

2 Características generales 630

3 Protecciones de seguridad 630

3.1. Protección por Muy Baja Tensión de Seguridad (MBTS) 630
3.2. Protección por corte automático de la alimentación 630
3.3. Aplicación de las medidas de protección contra los choques eléctricos 631

4 Selección e instalación de equipos eléctricos 631

4.1. Generalidades 631
4.2. Canalizaciones 631
4.3. Aparamenta 632

1. Objeto y campo de aplicación

Las prescripciones de la presente instrucción se aplicarán a las instalaciones eléctricas de puertos y marinas, para la **alimentación de los barcos de recreo.**

Los receptores que se utilicen en dichas instalaciones cumplirán los requisitos de las directivas europeas aplicables conforme a lo establecido en el artículo 6 del Reglamento Electrotécnico para Baja Tensión.

Se excluyen de este campo de aplicación aquellas embarcaciones afectadas por la Directiva 94/25/CEE.

A los efectos de la presente instrucción se entiende como:

Barco de recreo: toda unidad flotante utilizada exclusivamente para los deportes y el ocio, tales como barcos, yates, casas flotantes, etc.

Puerto marino: todo aquel malecón escollera o pontón flotante apropiado para el fondeo o amarre de barcos de recreo.

2. Características generales

Las instalaciones eléctricas de puertos y barcos de recreo deben estar dispuestas y los materiales seleccionados de manera que ninguna persona pueda estar expuesta a peligros y que no exista riesgo de incendio ni explosión.

Con carácter general, la tensión asignada de las instalaciones que alimentan a los barcos de recreo no debe ser superior a **230 V** en corriente alterna monofásica. Excepcionalmente se podrán alimentar con corriente alterna trifásica a **400 V** aquellos barcos o yates de gran consumo eléctrico.

3. Protecciones de seguridad

Las protecciones contra contactos directos e indirectos serán conformes a lo establecido en la **ITC-BT-24,** con las siguientes consideraciones:

3.1. Protección por Muy Baja Tensión de Seguridad (MBTS)

Cuando se utilice Muy Baja Tensión de Seguridad (MBTS), la protección contra los contactos directos debe estar asegurada, cualquiera que sea la tensión asignada, por un aislamiento que pueda soportar un ensayo dieléctrico de 500 V durante un minuto.

3.2. Protección por corte automático de la alimentación

Cualquiera que sea el esquema utilizado, la protección debe estar asegurada por un dispositivo de corte diferencial-residual. En el caso de un esquema TN, se utilizará solo la variante TN-S.

3.3. Aplicación de las medidas de protección contra los choques eléctricos

3.3.1. Protección por obstáculos

No se admiten las medidas de protección por obstáculos ni por puesta fuera del alcance.

3.3.2. Protección contra contactos indirectos

Contra los contactos indirectos en locales no conductores no son admitidas las conexiones equipotenciales no unidas a tierra.

4. Selección e instalación de equipos eléctricos

4.1. Generalidades

Los equipos eléctricos deberán poseer, al menos, el grado de protección **IP X6,** según **UNE 20324,** salvo si están encerrados en un armario que tenga este grado de protección y no pueda abrirse sin el empleo de herramientas o útiles específicos.

4.2. Canalizaciones

En los puertos y marinas deben utilizarse alguna de las canalizaciones siguientes:

a) Cables con conductores de cobre con aislamiento y cubierta dentro de:

- Conductos flexibles no metálicos.
- Conductos no metálicos rígidos de resistencia elevada.
- Conductos galvanizados de resistencia media o elevada.

b) Cables con aislamiento mineral y cubierta de protección en PVC.

c) Cables con armadura y cubierta de material termoplástico o elastómero.

d) Otros cables y materiales, con protecciones mecánicas superiores a los citados.

No se utilizará ningún tipo de línea aérea para la alimentación de las instalaciones flotantes o escolleras.

En canalizaciones que se prevea que puedan estar en contacto con el agua, los cables a utilizar serán conformes a la norma **UNE 21166** o **UNE 21027-16** (anulada y sustituida por UNE-EN 50525-2-21), según la tensión asignada del cable.

NOTA

El cable de instalación habitual con estas características es:

Cable H07RN8-F UNE 21027-16	Cable de tensión asignada 450/750 V, con conductor de cobre clase 5 apto para servicios móviles (–F), aislamiento de compuesto de goma (R) y cubierta de policloropreno resistente al agua (N8). Apto para ser sumergido en agua natural hasta 10 m de profundidad.

4.3. Aparamenta

4.3.1. Cuadros de distribución

Los cuadros de distribución de los puertos y marinas estarán situados **lo más cerca posible de los amarres** a alimentar.

Los cuadros de distribución y las bases de toma de corriente asociadas colocadas sobre las instalaciones flotantes o escolleras (pantalanes) estarán fijados a **1 metro** por encima de las aceras o pasarelas. Esta distancia puede ser reducida a **0,3 m** si se toman medidas complementarias de protección.

Los cuadros de distribución deberán incorporar, para cada punto de amarre, una base de toma de corriente.

4.3.2. Bases de toma de corriente

Salvo para los casos excepcionales referidos en el apartado 2, las bases de toma de corriente deberán ser de uno de los tipos establecidos en la norma **UNE-EN 60309,** con las características siguientes:

- Tensión asignada: **230 V**.
- Intensidad asignada: **16 A**.
- Número de polos: **2 y toma tierra**.
- Grado de protección: **IP X6**.

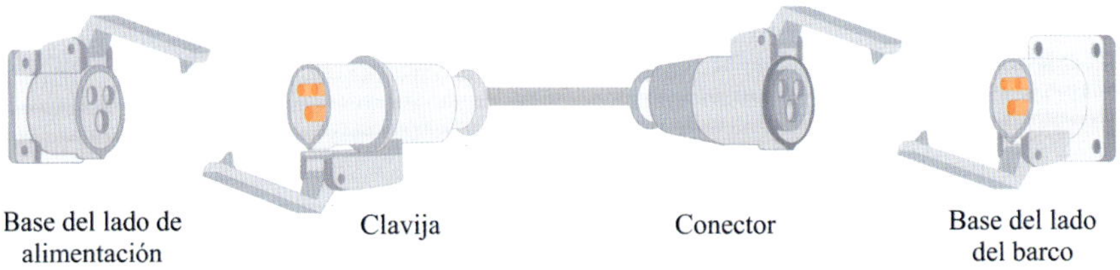

Figura A. *Clavija y conector UNE-EN 60309.*

Cada base de toma de corriente debe estar protegida con un dispositivo individual contra sobreintensidades mayores o igual a **16 A**.

Las bases de toma de corriente deberán estar protegidas por un dispositivo de corriente **diferencial**-residual no mayor a **30 mA**. Un mismo dispositivo no debe proteger más de una base de toma de corriente.

Las tomas de corriente dispuestas sobre la misma escollera o pantalán deberán estar realizadas sobre la misma fase, a menos que estén alimentadas por medio de transformadores de separación.

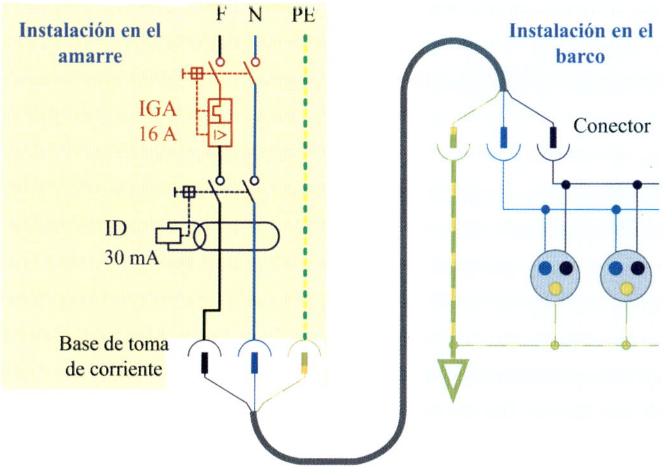

Figura B. *Protección de bases de toma de corriente.*

NOTA

En el caso de la alimentación de las bases de toma de corriente en un mismo pantalán o línea de barcos adyacente, existe la posibilidad de que los cascos puedan ser accesibles a una misma persona. Por eso es importante alimentar a dicha línea de barcos una única fase con el fin de evitar que aparezcan fugas de corriente entre dos fases diferentes.

Estas fugas podrían conectar de forma involuntaria a una persona y provocar un choque eléctrico. Además, si las fugas de corriente se establecen a través de las puestas a tierra de los cascos de los barcos, se podría iniciar un proceso de corrosión por electrólisis.

En el caso de alimentar las bases de las tomas de corriente de los barcos a través de transformadores de separación, la alimentación de un mismo pantalán se podría realizar con diferentes fases. En estos casos, debemos tener en cuenta que la red equipotencial del barco debe conectarse a uno de los bornes de alimentación del secundario del transformador.

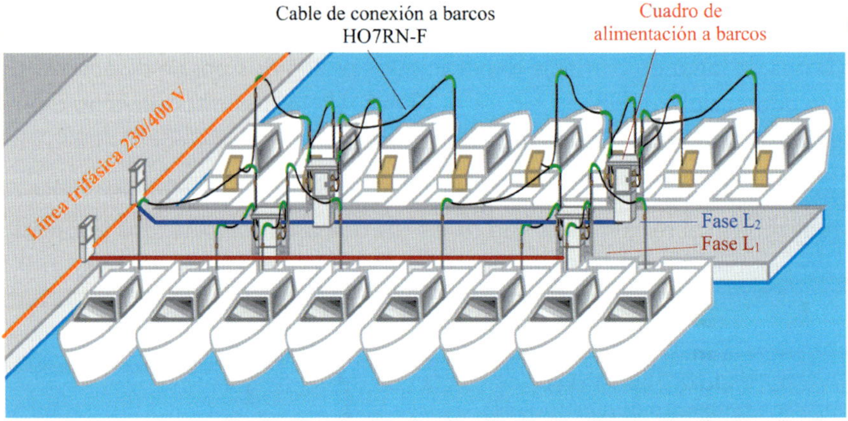

Figura C. *Conexión de las bases de toma de corriente de un mismo pantalán a una misma fase.*

4.3.3. Conexión a los barcos de recreo

El dispositivo de conexión a los barcos de recreo estará compuesto por:

- Una clavija con contacto unido al conductor de protección y de acuerdo con las características indicadas en el apartado 4.3.2.
- Un cable flexible tipo **H07RN-F,** unido de manera estable al barco de recreo mediante un conector, de acuerdo con las características indicadas en el apartado 4.3.2.

La longitud de los cables no debe ser superior a **25 m**. El cable no debe tener ninguna conexión intermedia o empalme en toda su longitud.

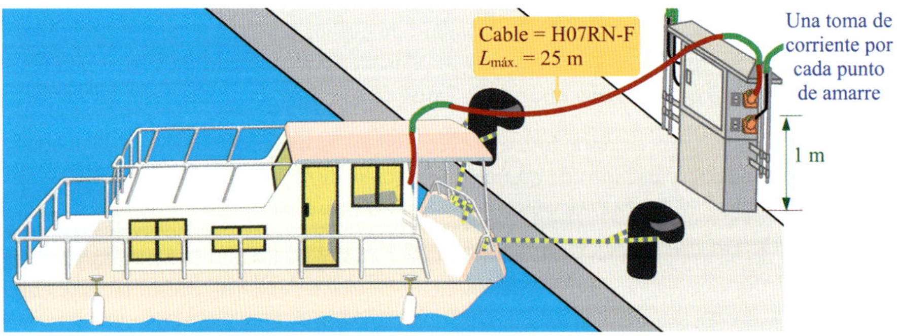

Figura D. *Detalle de conexión de los barcos de recreo.*

ITC-BT-43

INSTALACIÓN DE RECEPTORES. PRESCRIPCIONES GENERALES

Índice

1 Introducción 636

2 Generalidades 636

2.1. Condiciones generales de instalación 636
2.2. Clasificación de los receptores 636
2.3. Condiciones de utilización 637
2.4. Tensiones de alimentación 638
2.5. Conexión de receptores 638
2.6. Utilización de receptores que desequilibren las fases o produzcan fuertes oscilaciones de la potencia absorbida 639
2.7. Compensación del factor de potencia 640

1. Introducción

La presente instrucción establece los requisitos generales de instalación de receptores dependiendo de su clasificación y utilización, que estén destinados a ser alimentados por una red de suministro exterior con tensiones que no excedan de **440 V** en valor eficaz entre fases (**254 V** en valor eficaz entre fase y tierra).

De acuerdo al Artículo 6 del Reglamento Electrotécnico para Baja Tensión, los requisitos de todas las instrucciones relativas a receptores no sustituyen ni eximen el cumplimiento de lo establecido en la Directiva de Baja Tensión (73/23/CEE) y en la Directiva de Compatibilidad Electromagnética (89/336/CEE) para dichos receptores y sus elementos constitutivos, aun cuando los receptores no se suministren totalmente montados y el montaje final se realice durante la instalación como, por ejemplo, algunos tipos de luminarias o equipos eléctricos de máquinas industriales, etc.

2. Generalidades

2.1. Condiciones generales de instalación

Los receptores se instalarán de acuerdo con su destino (clase de local, emplazamiento, utilización, etc.), teniendo en cuenta los esfuerzos mecánicos previsibles y las condiciones de ventilación, necesarias para que en funcionamiento no pueda producirse ninguna temperatura peligrosa, tanto para la propia instalación como para objetos próximos. Soportarán la influencia de los agentes exteriores a que estén sometidos en servicio, por ejemplo, polvo, humedad, gases y vapores.

Los circuitos que formen parte de los receptores, salvo las excepciones que para cada caso puedan señalar las prescripciones de carácter particular, deberán estar protegidos contra sobreintensidades, siendo de aplicación, para ello, lo dispuesto en la Instrucción **ITC-BT-22.** Se adoptarán las características intensidad-tiempo de los dispositivos, de acuerdo con las características y condiciones de utilización de los receptores a proteger.

2.2. Clasificación de los receptores

La clasificación de los receptores en lo relativo a la protección contra los choques eléctricos es la siguiente:

Tabla 1. *Clasificación de los receptores.*

	Clase 0	Clase I	Clase II	Clase III
Características principales de los aparatos	Sin medios de protección por puesta a tierra.	Previstos medios de conexión a tierra.	Aislamiento suplementario pero sin medios de protección por puesta a tierra.	Previstos para ser alimentados con baja tensión de seguridad (MBTS).
Precauciones de seguridad	Entorno aislado de tierra.	Conexión a la toma de tierra de protección.	No es necesaria ninguna protección.	Conexión a muy baja tensión de seguridad.
Indicaciones en la placa de características	**Clase 0** *o sin indicación.*	**Clase 1** *o el símbolo de puesta a tierra.* ⏚	**Clase II** *o el símbolo:* ⧈	**Clase III** *o valor de la tensión nominal (ej.: 24 V).* ◇24

Esta clasificación no implica que los receptores puedan ser de cualquiera de los tipos descritos anteriormente. Las condiciones de seguridad del receptor tanto en su uso como en su instalación, de conformidad a lo requerido en la Directiva de Baja Tensión, pueden imponer restricciones al uso de receptores de alguno de los tipos anteriores.

El empleo de aparatos previstos para ser alimentados a muy baja tensión de seguridad (MBTS según **ITC-BT-36**), pero que incorporan circuitos que funcionan a una tensión superior a esta, **no se considerarán de clase III** a menos que las disposiciones constructivas aseguren entre los circuitos a distintas tensiones un aislamiento equivalente al correspondiente a un transformador de seguridad según **UNE-EN 60742** o **UNE-EN 61558-2-4.**

2.3. Condiciones de utilización

Las condiciones de utilización de los receptores dependerán de su clase y de las características de los locales donde sean instalados. A este respecto se tendrá en cuenta lo dispuesto en la **ITC-BT-24.**

Los receptores de la **clase II** y los de la **clase III** se podrán utilizar sin tomar medida de protección adicional contra los contactos indirectos.

2.4. Tensiones de alimentación

Los receptores no deberán, en general, conectarse a instalaciones cuya tensión asignada sea diferente a la indicada en el mismo. Sobre estos podrá señalarse una única tensión asignada o una gama de tensiones que señale con sus límites inferior o superior las tensiones para su funcionamiento asignadas por el fabricante del aparato.

Los receptores de tensión asignada única podrán funcionar en relación con esta **dentro de los límites de variación de tensión** admitidos por el Reglamento por el que se regulan las actividades de transporte, distribución, comercialización, suministro y procedimientos de autorización de instalaciones de energía eléctrica.

Los receptores podrán estar previstos para el cambio de su tensión asignada de alimentación, y cuando este cambio se realice por medio de dispositivos conmutadores, estarán dispuestos de manera que no pueda producirse una modificación accidental de los mismos.

2.5. Conexión de receptores

Todo receptor será accionado por un dispositivo que puede ir incorporado al mismo o a la instalación alimentadora. Para este accionamiento se utilizará alguno de los dispositivos indicados en la **ITC-BT-19.**

Se admitirá, cuando las prescripciones particulares no señalen lo contrario, que el accionamiento afecte a un conjunto de receptores.

Los receptores podrán conectarse a las canalizaciones directamente o por intermedio de un cable apto para usos móviles, que podrá incorporar una clavija de toma de corriente. Cuando esta conexión se efectúe directamente a una canalización fija, los receptores se situarán de manera que se pueda verificar su funcionamiento, proceder a su mantenimiento y controlar esta conexión. Si la conexión se efectúa por intermedio de un cable movible, este incluirá el número de conductores necesarios y, si procede, el conductor de protección.

En cualquier caso, los cables en la entrada al aparato estarán protegidos contra los riesgos de tracción, torsión, cizallamiento, abrasión, plegados excesivos, etc., por medio de dispositivos apropiados constituidos por materiales aislantes. No se permitirá anudar los cables o atarlos al receptor.

Los conductores de protección tendrán una longitud tal que, **en caso de fallar el dispositivo impeditivo de tracción,** queden únicamente sometidos a esta después de que la hayan soportado los conductores de alimentación.

En los receptores que produzcan calor, si las partes del mismo que puedan tocar a su cable de alimentación alcanzan **más de 85 grados centígrados de temperatura,** los aislamientos y cubierta del cable no serán de material termoplástico.

La conexión de los cables aptos para **usos móviles** a la instalación alimentadora se realizará utilizando:

- Clavija y Toma de corriente.
- Cajas de conexión.
- Trole para el caso de vehículos a tracción eléctrica o aparatos movibles.

La conexión de cables aptos para usos móviles a los aparatos destinados a usos domésticos o análogos se realizará utilizando:

- Cable flexible, con cubierta de protección, fijado permanentemente al aparato.
- Cable flexible, con cubierta de protección, fijado al aparato por medio de un conector, de manera que las partes activas del mismo no sean accesibles cuando estén bajo tensión.

La tensión asignada de los cables utilizados será como mínimo la tensión de alimentación y nunca inferior a **300/300 V**. Sus secciones no serán inferiores a **0,5 mm^2**. Las características del cable a emplear serán coherentes con su utilización prevista.

Las clavijas utilizadas para la conexión de los receptores a la base de toma de corriente de la instalación de alimentación serán de los tipos indicados en las figuras ESC 10-1b, C2b, C4, C6 o ESB 25-5b, de la norma **UNE 20315** o clavija conforme a la norma **UNE-EN 50075.** Adicionalmente, los receptores no destinados a uso en viviendas podrán incorporar clavijas conforme a la serie de normas **UNE-EN 60309.**

2.6. Utilización de receptores que desequilibren las fases o produzcan fuertes oscilaciones de la potencia absorbida

No se podrán instalar sin consentimiento expreso de la Empresa que suministra la energía aparatos **receptores que produzcan desequilibrios** importantes en las distribuciones polifásicas.

En los motores que accionan máquinas de par resistente muy variable y en otros receptores como hornos, aparatos de soldadura y similares, que puedan producir fuertes oscilaciones por la potencia por ellos absorbida, se tomarán medidas oportunas para que la misma no pueda ser mayor del **200 %** de la potencia asignada del receptor.

Cuando se compruebe que tales receptores no cumplen la condición indicada, o que producen perturbaciones en la red de distribución de energía de la Empresa distribuidora, esta podrá, previa autorización del Organismo competente, negar el suministro a tales receptores y solicitar que se instalen los sistemas de corrección apropiados.

2.7. Compensación del factor de potencia

Las instalaciones que suministren energía a receptores de los que resulte un **factor de potencia inferior a 1** podrán ser compensadas, pero sin que en ningún momento la energía absorbida por la red pueda ser capacitiva.

La compensación del factor de potencia podrá hacerse de una de las dos formas siguientes:

- **Por cada receptor o grupo de receptores** que funcionen simultáneamente y se conecten por medio de un solo interruptor. En este caso el interruptor debe cortar la alimentación simultáneamente al receptor o grupo de receptores y al condensador.
- **Para la totalidad de la instalación.** En este caso, la instalación de compensación ha de estar dispuesta para que, de forma automática, asegure que la variación del factor de potencia no sea mayor de un **±10 %** del valor medio obtenido durante un prolongado período de funcionamiento.

Cuando se instalen condensadores y la conexión de estos con los receptores pueda ser cortada por medio de interruptores, los condensadores irán provistos de **resistencias o reactancias de descarga a tierra.**

Los condensadores utilizados para la mejora del factor de potencia en los motores asíncronos se instalarán de forma que, al cortar la alimentación de energía eléctrica al motor, queden simultáneamente desconectados los indicados condensadores.

Las características de los condensadores y su instalación deberán ser conformes a lo establecido en la norma **UNE-EN 60831-1** y **UNE-EN 60831-2.**

ITC-BT-44

INSTALACIÓN DE RECEPTORES. RECEPTORES PARA ALUMBRADO

Índice

1 Objeto y campo de aplicación 642

2 Condiciones particulares para los receptores para alumbrado y sus componentes 642

2.1. Luminarias 642
2.2. Lámparas 643
2.3. Portalámparas 643

3 Condiciones de instalación de los receptores para alumbrado 644

3.1. Condiciones generales 644
3.2. Condiciones específicas 646

4 Utilización de muy bajas tensiones para alumbrado 646

5 Rótulos luminosos 646

1. Objeto y campo de aplicación

La presente instrucción se aplica a las instalaciones de receptores para alumbrado (luminarias). Se entiende como receptor para alumbrado el equipo o dispositivo que utiliza la energía eléctrica para la iluminación de espacios interiores o exteriores.

En esta instrucción no se incluyen prescripciones relativas al alumbrado exterior recogido en la **ITC-BT-09** ni al alumbrado de emergencia en locales de pública concurrencia recogido en la **ITC-BT-28.**

2. Condiciones particulares para los receptores para alumbrado y sus componentes

2.1. Luminarias

Las luminarias serán conformes a los requisitos establecidos en las normas de la serie **UNE-EN 60598.**

2.1.1. Suspensiones y dispositivos de regulación

La masa de las luminarias suspendidas excepcionalmente de cables flexibles no debe exceder de **5 kg**.

Los conductores, que deben ser capaces de soportar este peso, no deben presentar empalmes intermedios y el esfuerzo deberá realizarse sobre un elemento distinto del borne de conexión. La sección nominal total de los conductores de los que la luminaria está suspendida será tal que la tracción máxima a la que estén sometidos los conductores sea inferior a **15 N/mm²**.

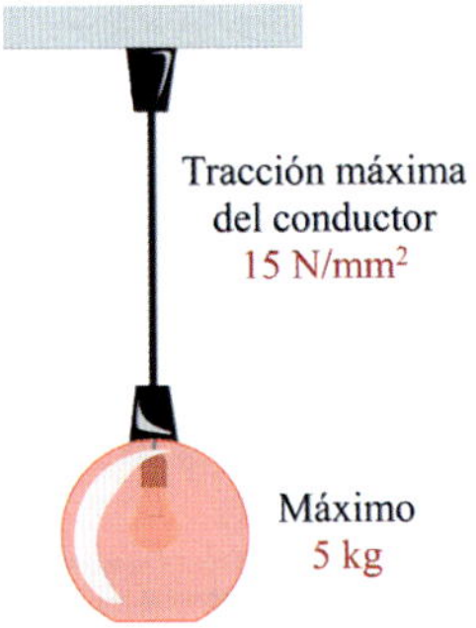

2.1.2. Cableado interno

La tensión asignada de los cables utilizados será como mínimo la tensión de alimentación y nunca inferior a **300/300 V**.

Además los cables serán de características adecuadas a la utilización prevista, siendo capaces de soportar la temperatura a la que puedan estar sometidas.

2.1.3. Cableado externo

Cuando la luminaria tiene la conexión a la red en su interior, es necesario que el cableado externo que penetra en ella tenga el adecuado aislamiento eléctrico y térmico.

2.1.4. Puesta a tierra

Las **partes metálicas** accesibles de las luminarias que **no sean** de **clase II** o **clase III** deberán tener un elemento de conexión para su **puesta a tierra.** Se entiende como accesibles aquellas partes incluidas dentro del volumen de accesibilidad definido en la **ITC-BT-24.**

2.2. Lámparas

Queda **prohibido** el uso de lámparas de gases con descargas a alta tensión (como, por ejemplo, neón) en el interior de las viviendas.

En el interior de locales comerciales y en el interior de edificios, se permitirá su instalación cuando su ubicación esté fuera del volumen de accesibilidad o cuando se instalen barreras o envolventes separadoras, tal como se define en la **ITC-BT-24.**

2.3. Portalámparas

Deberán ser de alguno de los tipos, formas y dimensiones especificados en la norma **UNE-EN 60061-2.**

Cuando en la misma instalación existan lámparas que han de ser alimentadas a distintas tensiones, se recomienda que los portalámparas respectivos sean **diferentes entre sí,** según el circuito al que deban ser conectados.

Cuando se empleen portalámparas con contacto central, debe conectarse a este el conductor de fase o polar, y el neutro al contacto correspondiente a la parte exterior.

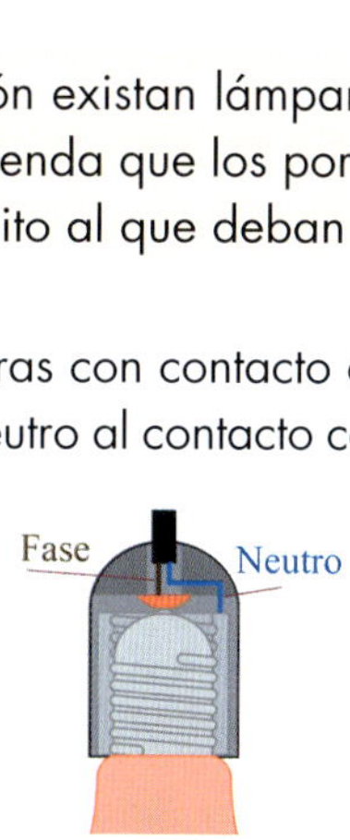

3. Condiciones de instalación de los receptores para alumbrado

3.1. Condiciones generales

En instalaciones de iluminación con lámparas de descarga realizadas en locales en los que funcionen **máquinas con movimiento alternativo o rotatorio rápido,** se deberán tomar las medidas necesarias para evitar la posibilidad de accidentes causados por ilusión óptica originada por el **efecto estroboscópico.**

NOTA

Efecto estroboscópico

Es un efecto visual que se produce al observar un cuerpo en movimiento y que da la sensación de que está como detenido. Este efecto se produce cuando utilizamos como fuente de luz lámparas de descarga (como por ejemplo las fluorescentes) que se apagan y se encienden a la frecuencia de la red eléctrica, y que coincide con la velocidad de rotación del cuerpo.

Este efecto se puede observar, por ejemplo, en las aspas de un ventilador cuando es iluminado por una lámpara fluorescente, que da la sensación de que están paradas o que giran a una velocidad muy lenta. El efecto estroboscópico se puede convertir en peligroso en talleres donde se trabaja con máquinas herramientas, ya que a los operarios les podría producir la falsa sensación de que ciertos elementos están parados, cuando en realidad están en movimiento.

La corrección de este efecto en la iluminación con lámparas de descarga se puede conseguir conectando de forma alternativa las luminarias en las distintas fases de una red trifásica (las lámparas quedan desfasadas una de otra 120°) (Figura A). En el caso de no disponer de red trifásica, es posible corregir dicho efecto conectando un condensador en serie con las lámparas de forma alternativa (las lámparas quedan desfasadas una de otra 90°) (Figura B).

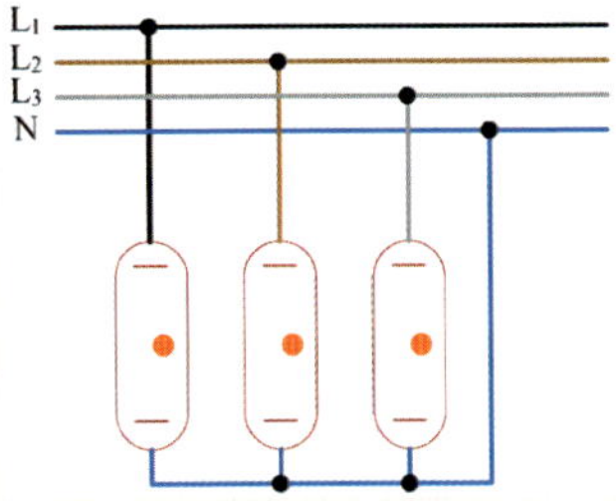

Figura A.

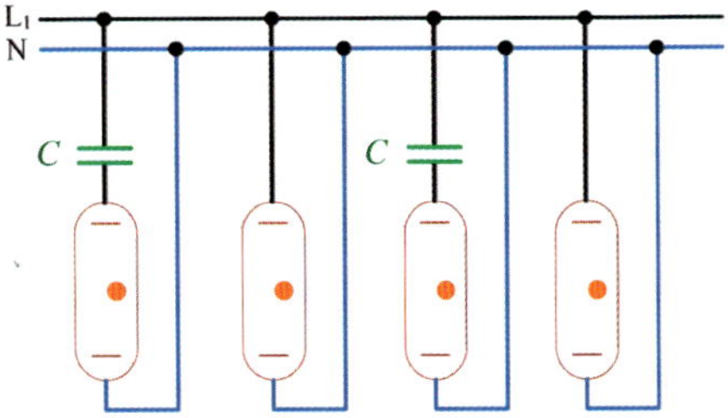

Figura B.

Las **partes metálicas** accesibles de los receptores de alumbrado que **no sean de clase II o clase III** deberán conectarse de manera fiable y permanente **al conductor de protección** del circuito. Se entiende como accesibles aquellas partes incluidas dentro del volumen de accesibilidad definido en la **ITC-BT-24.**

Los circuitos de alimentación estarán previstos para transportar la carga debida a los propios receptores, a sus elementos asociados y a sus corrientes armónicas y de arranque.

Para receptores con lámparas de descarga, la carga mínima prevista en voltiamperios (VA) será de **1,8 veces** la potencia en vatios de las lámparas.

En el caso de distribuciones monofásicas, el conductor neutro tendrá la misma sección que los de fase. Será aceptable un coeficiente diferente para el cálculo de la sección de los conductores, siempre y cuando el factor de potencia de cada receptor sea mayor o igual a 0,9 y si se conoce la carga que supone cada uno de los elementos asociados a las lámparas y las corrientes de arranque, que tanto estas como aquellos puedan producir. En este caso, el coeficiente será el que resulte.

EJEMPLO DE APLICACIÓN

Se desea calcular la potencia aparente prevista en VA de una instalación monofásica de alumbrado, que consta de 50 lámparas fluorescentes de 40 W/230 V, con un factor de potencia de 0,9, corregido de forma individual mediante un condensador en cada lámpara. Calcula también la potencia activa total en W y la intensidad de corriente prevista.

Solución: la potencia aparente prevista en VA será:

$$S_T = 1{,}8 \cdot P_T = 1{,}8 \cdot (50 \cdot 40) = 3.600 \text{ VA}$$

La potencia activa en W y la intensidad es:

$$P_T = S \cdot \cos\varphi = 3.600 \cdot 0{,}9 = 3.240 \text{ W}$$

$$I_T = \frac{P}{U \cdot \cos\varphi} = \frac{3.240}{230 \cdot 0{,}9} = 15{,}7 \text{ A}$$

En el caso de receptores con lámparas de descarga **será obligatoria la compensación del factor de potencia hasta un valor mínimo de 0,9,** y no se admitirá compensación en conjunto de un grupo de receptores en una instalación de régimen de carga variable, salvo que dispongan de un sistema de compensación automático con variación de su capacidad siguiendo el régimen de carga.

3.2. Condiciones específicas

Para instalaciones que alimenten **tubos luminosos** de descarga con tensiones asignadas de salida en vacío comprendidas entre **1 kV** y **10 kV**, se aplicará lo dispuesto en la **UNE-EN 50107.** No obstante, se considerarán como instalaciones de baja tensión las destinadas a lámparas o tubos de descarga, cualesquiera que sean las tensiones de funcionamiento de estas, siempre que constituyan un conjunto o unidad con los transformadores de alimentación y demás elementos, no presenten al exterior más que conductores de conexión en baja tensión y dispongan de barreras o envolventes con sistemas de enclavamiento adecuados, que impidan alcanzar partes interiores del conjunto sin que sea cortada automáticamente la tensión de alimentación al mismo.

La protección contra contactos directos e indirectos se realizará, en su caso, según los requisitos indicados en la instrucción **ITC-BT-24.**

La instalación irá provista de un interruptor de corte omnipolar, situado en la parte de baja tensión. Queda prohibido colocar interruptor, conmutador, seccionador o cortacircuito en la parte de instalación comprendida entre las lámparas y su dispositivo de alimentación.

Todos los condensadores que formen parte del equipo auxiliar eléctrico de las lámparas de descarga para corregir el factor de potencia de los balastos deberán llevar conectada una resistencia que asegure que la tensión en bornes del condensador no sea mayor de **50 V** transcurridos **60 s** desde la desconexión del receptor.

4. Utilización de muy bajas tensiones para alumbrado

En las caldererías, grandes depósitos metálicos, cascos navales, etc. y, en general, en lugares análogos, los aparatos de iluminación portátiles serán alimentados con una tensión de seguridad no superior a **24 V**, excepto si son alimentados por medio de transformadores de separación.

En instalaciones con lámparas de muy baja tensión (p. ej. 12 V) debe preverse la utilización de transformadores adecuados, para asegurar una adecuada protección térmica, contra cortocircuitos y sobrecargas y contra los choques eléctricos.

5. Rótulos luminosos

Para los rótulos luminosos y para instalaciones que los alimentan con tensiones asignadas de salida en vacío comprendidas entre **1** y **10 kV**, se aplicará lo dispuesto en la norma **UNE-EN 50107.**

ITC-BT-45

INSTALACIÓN DE RECEPTORES. APARATOS DE CALDEO

Índice

1 Objeto y campo de aplicación 648

2 Aparatos para usos doméstico y comercial 648

2.1. Aparatos para el calentamiento de líquidos 648
2.2. Aparatos para el calentamiento de locales 648
2.3. Cocinas, hornos, hornillos y encimeras 649

3 Aparatos para usos industriales 649

3.1. Aparatos de calentamiento de líquidos 649
3.2. Aparatos de cocción y hornos industriales 651
3.3. Aparatos para soldadura eléctrica por arco 651

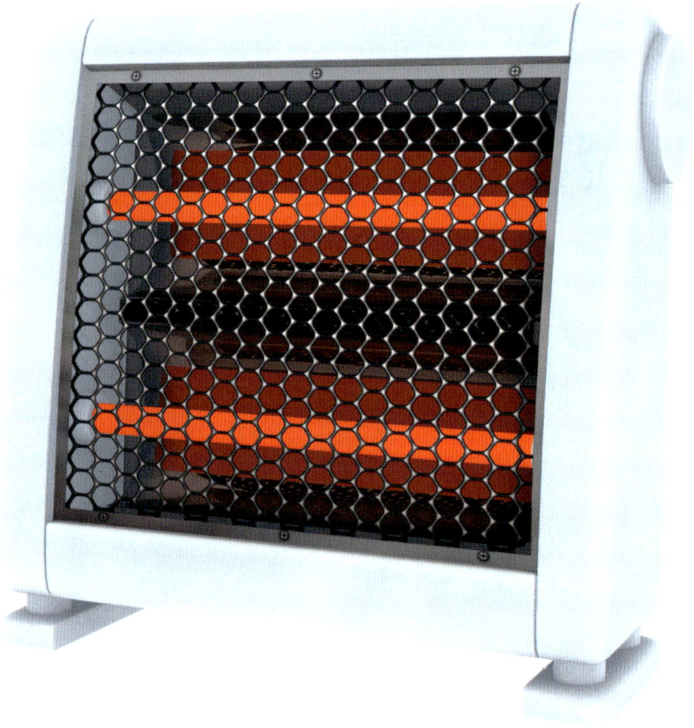

1. Objeto y campo de aplicación

El objeto de la presente instrucción es determinar los requisitos de instalación de los aparatos eléctricos de caldeo, entendiendo como tales aquellos que transforman la energía eléctrica en calor.

Los aparatos de caldeo objeto de esta instrucción cumplirán los requisitos de las directivas europeas aplicables conforme a lo establecido en el artículo 6 del Reglamento Electrotécnico para Baja Tensión.

2. Aparatos para usos doméstico y comercial

2.1. Aparatos para el calentamiento de líquidos

Queda **prohibido** el empleo para usos domésticos de aparatos provistos de elementos de caldeo desnudos sumergidos en agua, así como aquellos en los que esta forme parte del circuito eléctrico.

2.2. Aparatos para el calentamiento de locales

No deberán instalarse en nichos o cajas construidas o revestidas de materiales combustibles.

Deberán instalarse de acuerdo a las instrucciones del fabricante en lo relativo a la distancia mínima a las paredes, suelos u otras superficies u objetos combustibles.

Figura A. *Distancias de las partes anteriores de elementos calefactores a paredes.*

En ausencia de tales instrucciones deberán instalarse manteniendo una distancia mínima de **8 cm** a las partes anteriores, salvo en el caso de aparatos de calefacción con elementos calefactores luminosos colocados detrás de aberturas o rejillas, en los cuales la distancia entre dichas aberturas y elementos combustibles será como mínimo de **50 cm** (Figura A).

2.3. Cocinas, hornos, hornillos y encimeras

Estos aparatos estarán conectados a su fuente de alimentación por medio de interruptores de corte omnipolar, tomas de corriente u otro dispositivo de igual característica destinados únicamente a los mismos.

Los aparatos de cocción y hornos que incorporen elementos incandescentes no cerrados no se instalarán en locales que presenten riesgo de explosión.

3. Aparatos para usos industriales

Los aparatos de caldeo industrial destinados a estar en contacto con materias combustibles o inflamables estarán provistos de un **limitador de temperatura** que interrumpa o reduzca el caldeo antes de que se alcance una temperatura peligrosa incluso en condiciones de avería o mal uso.

3.1. Aparatos de calentamiento de líquidos

Los aparatos de calentamiento o recalentamiento de líquidos combustibles o inflamables deberán estar dotados de un **limitador de temperaturas** que interrumpa o reduzca el calentamiento antes de que se pueda alcanzar una temperatura peligrosa incluso en condiciones de avería o mal uso.

3.1.1. Calentadores de agua en los que esta forma parte del circuito eléctrico

Los calentadores de agua, en los que esta forma parte del circuito eléctrico, no serán utilizados en instalaciones para uso doméstico ni cuando hayan de ser utilizados por personal no especializado.

Para la instalación de estos aparatos, se tendrán en cuenta las siguientes prescripciones:

a) Estos aparatos se alimentarán solamente con corriente alterna a frecuencia igual o superior a **50 hertzios**.

b) La alimentación estará controlada por medio de un interruptor automático construido e instalado de acuerdo con las siguientes condiciones:

— Será de corte omnipolar simultáneo.

— Estará provisto de dispositivos de protección contra sobrecargas en cada conductor que conecte con un electrodo.

— Estará colocado de manera que pueda ser accionado fácilmente desde el mismo emplazamiento donde se instale, bien directamente o bien por medio de un dispositivo de mando a distancia. En este caso se instalarán lámparas de señalización que indiquen la posición de abierto o cerrado del interruptor.

c) La cuba o caldera metálica se pondrá a tierra y, a la vez, se conectará a la cubierta y armadura metálica, si existen, del cable de alimentación. La sección del conductor de puesta a tierra de la cuba no será inferior a la del conductor de mayor sección de la alimentación, con un mínimo de **4 mm²**.

d) Según el tipo de aparato se satisfarán, además, los requisitos siguientes:

- Si los electrodos están conectados directamente a una **instalación trifásica a más de 440 voltios**, debe instalarse un interruptor **diferencial** que desconecte la alimentación a los electrodos cuando se produzca una corriente de fuga a tierra superior al **10 %** de la intensidad nominal de la caldera en condiciones normales de funcionamiento. Podrá admitirse hasta un **15 %** en dicho valor si en algún caso fuera necesario para asegurar la estabilidad del funcionamiento de la misma. El dispositivo mencionado debe actuar con retardo para evitar su funcionamiento innecesario en el caso de un desequilibrio de corta duración (Figura B).

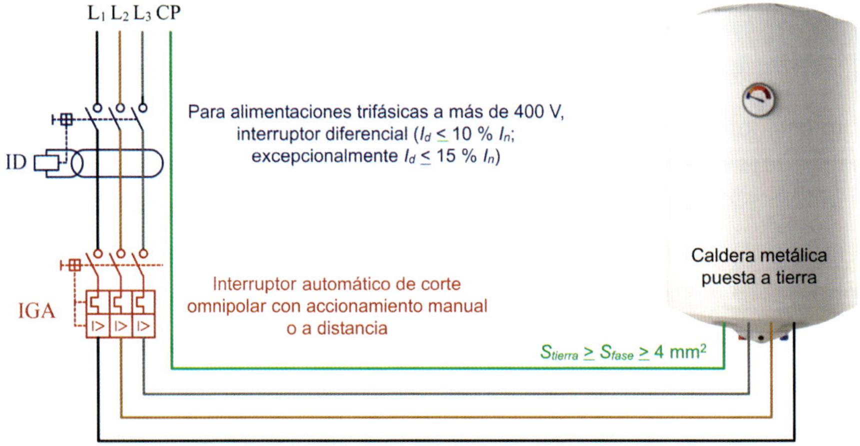

Figura B.

- Si los electrodos están conectados a una alimentación con tensiones de **50 a 440 voltios**, **la cuba de la caldera estará conectada al neutro de la alimentación y a tierra.** La capacidad nominal del conductor neutro no debe ser inferior a la del mayor conductor de alimentación (Figura C).

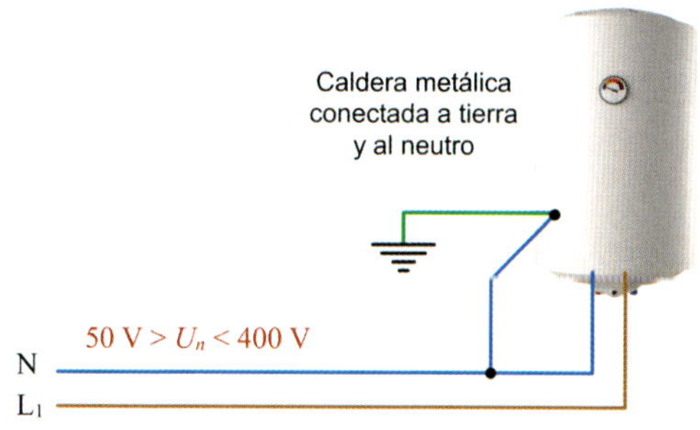

Figura C.

3.1.2. Calentadores provistos de elementos de caldeo desnudos sumergidos en el agua

Se admiten en instalaciones industriales siempre que no pueda existir una diferencia de potencial superior a **24 voltios** entre el agua accesible o partes metálicas accesibles en contacto con ella y los elementos conductores situados en su proximidad, que no conste que estén aislados de tierra.

3.2. Aparatos de cocción y hornos industriales

Las partes accesibles de los hornos que pueden alcanzar una temperatura peligrosa deben estar dotadas de un dispositivo de protección o de visibles señales de atención con una inscripción.

Cuando los hornos presenten corrientes de fuga importantes, como en los hornos de resistencias, deberán ser alimentados según esquema **TN-C.**

Los aparatos de cocción y los hornos que incorporen elementos incandescentes no cerrados no se instalarán en locales que presenten riesgos de explosión.

3.3. Aparatos para soldadura eléctrica por arco

Los aparatos destinados a la soldadura eléctrica cumplirán en su instalación y utilización las siguientes prescripciones:

a) Las **masas** de estos aparatos estarán **puestas a tierra.** Será admisible la conexión de uno de los polos del circuito de soldadura a estas masas, cuando, por su puesta a tierra, no se provoquen corrientes vagabundas de intensidad peligrosa. En caso contrario, el circuito de soldadura estará puesto a tierra únicamente en el lugar de trabajo.

b) Los bornes de conexión para los circuitos de alimentación de los aparatos manuales de soldar estarán cuidadosamente aislados.

c) Cuando existan en los aparatos ranuras de ventilación estarán dispuestas de forma que no se pueda alcanzar partes bajo tensión en su interior.

d) Cada aparato llevará incorporado un **interruptor de corte omnipolar** que interrumpa el circuito de alimentación, así como un dispositivo de **protección contra sobrecargas,** regulado, como máximo, al **200 %** de la intensidad nominal de su alimentación, excepto en aquellos casos en que los conductores de este circuito estén protegidos en la instalación por un dispositivo igualmente contra sobrecargas, regulado a la misma intensidad.

e) Las superficies exteriores de los porta-electrodos a mano, y en todo lo posible sus mandíbulas, estarán completamente aisladas. Estos porta-electrodos estarán provistos de discos o pantallas que protejan la mano de los operarios contra el calor proporcionado por los arcos.

f) Las personas que utilicen estos aparatos recibirán las consignas apropiadas para:

- Hacer inaccesibles las partes bajo tensión de los porta-electrodos cuando no sean utilizados.
- Evitar que los porta-electrodos entren en contacto con objetos metálicos.
- Unir al conductor de retorno del circuito de soldadura las piezas metálicas que se encuentren en su proximidad inmediata.

Cuando los trabajos de soldadura se efectúen en locales muy conductores, se recomienda la utilización de pequeñas tensiones. En otro caso, la tensión en vacío entre el electrodo y la pieza a soldar no será superior a **90 V**, valor eficaz para corriente alterna, y **150 V** en corriente continua.

ITC-BT-46

INSTALACIÓN DE RECEPTORES. CABLES Y FOLIOS RADIANTES EN VIVIENDAS

Índice

1 Objeto y campo de aplicación 654

2 Limitaciones de empleo 654

3 Instalación 655

3.1. Circuito de alimentación 655
3.2. Instalación eléctrica 655
3.3. Colocación de los cables calefactores 656
3.4. Fijación de los cables calefactores 656
3.5. Relación con otras instalaciones 656

4 Particularidades para instalaciones en el suelo de los cables calefactores 657

4.1. Colocación 657

5 Particularidades para instalaciones de cables calefactores en el techo 658

5.1. Colocación 658

6 Control 658

1. Objeto y campo de aplicación

La presente instrucción se aplica a las instalaciones de cables eléctricos y folios radiantes calefactores a tensiones nominales de 300/500 V, empotrados en los suelos forjados y techos.

La norma **UNE 21155-1** indica las clases de cables calefactores que se pueden utilizar. En cualquier caso tanto estos como los folios radiantes deberán ser conformes a los requisitos de las Directivas aplicables conforme a lo establecido en el artículo 6 del Reglamento Electrotécnico para Baja Tensión.

2. Limitaciones de empleo

Estas instalaciones **no deben realizarse** dentro de los **volúmenes de prohibición** de los cuartos de baño y las uniones frías no deberán encontrarse en el volumen de prohibición ni en el de **protección*** *(véase Nota)*.

El elemento calefactor **no podrá instalarse** por debajo de ninguna unión de las tuberías de distribución de agua o desagües.

NOTA

Los términos volumen de prohibición y de protección provienen del antiguo reglamento de 1973, y no coinciden exactamente con los volúmenes 0, 1, 2 y 3 de la ITC-BT-27 del actual REBT. En la Figura A se muestra el espacio ocupado por dichos volúmenes.

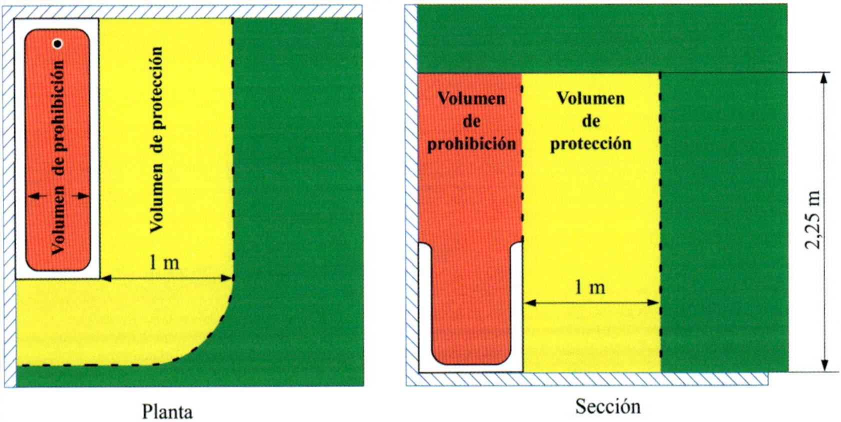

Figura A. *Volúmenes de prohibición y de protección.*

3. Instalación

3.1. Circuito de alimentación

El circuito de alimentación debe responder a las prescripciones que se establecen en el presente Reglamento, especialmente las concernientes a:

- Canalizaciones y secciones mínimas de conductores.
- Protección contra sobreintensidades, contactos indirectos y sobretensiones.

Además, los dispositivos de mando y maniobra deben ser de corte omnipolar aunque se permite que los dispositivos de control, como termostatos, no lo sean.

3.2. Instalación eléctrica

El circuito de calefacción se subdividirá en circuitos según los criterios de **ITC-BT-25,** en función de la simultaneidad de uso, distancia y otros criterios de seguridad, etc., con un máximo de 25 A por fase y circuito. Cada circuito estará protegido por un **interruptor automático** de corte omnipolar.

Es obligatoria una protección **diferencial** de alta sensibilidad (30 mA) para cada circuito de calefacción por cables calefactores o folio radiante.

Cuando el cable calefactor tenga una armadura o cuando el termostato tenga una envoltura metálica, ambas **deberán conectarse a tierra** mediante un conductor de protección de sección igual al conductor de fase.

El cable de alimentación al termostato (la fase) tendrá la misma sección que el de la unión fría y se alojará en un tubo de diámetro adecuado.

Antes de cubrir el elemento calefactor, se comprobará la continuidad del circuito. Una vez cubierto el cable, y con anterioridad a la colocación del pavimento, se comprobará el aislamiento eléctrico respecto a tierra que deberá ser igual o superior a 250.000 ohmios.

3.2.1. Uniones frías

Las conexiones de los cables calefactores o de los paneles de folio radiante con las uniones frías se deberán realizar y disponer de manera que la transmisión del calor producido por aquellos a las citadas uniones, y al cable de alimentación, permanezca dentro de límites compatibles con las temperaturas máximas admisibles en servicio continuo, fijadas en la norma **UNE 20460-5-523** (anulada y sustituida por UNE-HD 60364-5-52); para ello, y salvo en caso de avería, las uniones frías deberán venir realizadas de fábrica, no autorizándose su ejecución en obra.

Las secciones de las uniones frías estarán determinadas por las intensidades de corriente máximas admisibles fijadas para servicio permanente en la **ITC-BT-19.**

La canalización o tubo deberá terminar a **0,20 m** como mínimo de la conexión con el cable calefactor, debiendo estar esta unión completamente embebida dentro de la masa de hormigón.

3.3. Colocación de los cables calefactores

En la colocación de un elemento o unidad de cable calefactor en el techo o en el suelo, se recomienda que las espiras estén dispuestas paralelamente a la pared que tenga mayores pérdidas.

De esta manera, podrá reforzarse la franja de **0,5 m** a **0,6 m** de panel más cercano al cerramiento exterior disminuyendo el paso entre espiras cuidando que no se supere la temperatura máxima admisible por cable.

Se recomienda, cuando sea posible, alejar el cable calefactor, particularmente los del suelo, **0,6 m** de las paredes interiores donde pueda preverse la instalación de muebles.

El cable calefactor deberá estar recubierto en toda su extensión por un material que sea un conductor térmico relativamente bueno como yeso, hormigón, cal, etc., para favorecer la transmisión del calor.

3.4. Fijación de los cables calefactores

El cable calefactor se fijará por medio de distanciadores no metálicos, colocados en las extremidades donde el cable cambia de dirección.

El distanciador será de material resistente a la corrosión y que no pueda producir daños al aislamiento del cable.

El radio de curvatura de los cables no deberá ser inferior a **6 veces el diámetro** exterior de los mismos, cuando estos no tengan armadura, y a **10 veces** cuando tengan armadura.

3.5. Relación con otras instalaciones

El elemento calefactor deberá instalarse lo más lejos posible de los cables eléctricos de distribución para fuerza y alumbrado, para que estos no reciban calor. En otro caso debe calcularse la temperatura de servicio de los circuitos de fuerza y alumbrado teniendo en cuenta el calor emitido por los elementos calefactores, y adoptar la sección adecuada en función del tipo de cable y de lo indicado en la **UNE 20460-5-523** (anulada y sustituida por UNE-HD 60364-5-52).

4. Particularidades para instalaciones en el suelo de los cables calefactores

La temperatura de los cables calefactores no deberá ser superior, en las condiciones de utilización previstas, a los límites fijados en las normas del cable aislado de que se trate **UNE 21155-1.**

La capacidad térmica de los materiales situados en la superficie del aislamiento térmico y la superficie emisora será inferior a **120 kJ/m² K** (29 kcal/m² °C).

4.1. Colocación

Los cables colocados en el suelo estarán embebidos en el mortero u hormigón. De existir una primera capa de hormigón, esta podrá ser del tipo aislante. La segunda capa de hormigón, de tipo no aislante, deberá tener un espesor mínimo de **30 mm** y será en la que se empotrarán los cables calefactores.

El fraguado del hormigón no podrá acelerarse con el elemento calefactor, aunque sí su secado.

Además del material aislante que se instale sobre el forjado, deberá colocarse, en todo el perímetro del local, un zócalo aislante de espesor igual o superior a **1 cm**, con una altura igual a la capa de mortero u hormigón en la que esté embebido el elemento calefactor.

En caso de posible humedad, el material aislante deberá ir provisto de una barrera contra la humedad en su parte inferior; si existiese peligro de condensaciones, también de una barrera antivapor.

El contorno de los cables estará situado a una distancia mínima de **0,2 m** de todas las paredes exteriores del local.

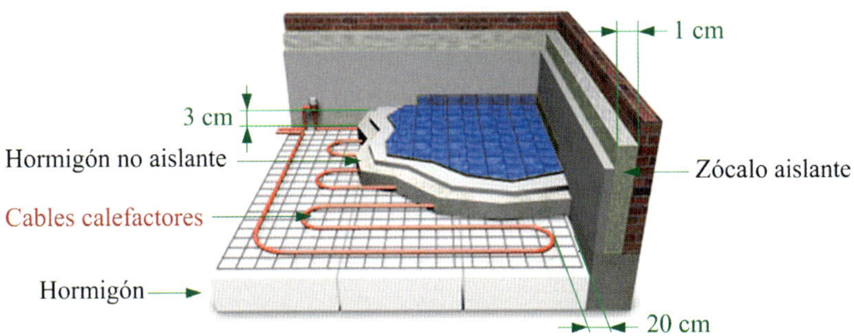

Figura B. *Detalle de colocación de cables calefactores en suelos.*

5. Particularidades para instalaciones de cables calefactores en el techo

Tratándose de sistemas de calefacción directa, es necesario reducir la masa de materiales de construcción calentada por el cable.

La capacidad térmica de los materiales situados entre la superficie del aislamiento térmico y la superficie emisora será inferior a **180 kJ/m^2 K** (43 kcal/m^2 °C).

5.1. Colocación

La altura mínima de los locales acondicionados por este sistema será de **3,5 m**.

El contorno de los cables calefactores instalados en el techo tendrá una distancia mínima de **0,4 m** respecto a las paredes exteriores y de **0,2 m** respecto a las paredes interiores.

Los eventuales puntos de luz en el techo, incluida la luminaria si es encastrable, deberá tener a su alrededor un espacio libre de **0,1 m** por lo menos.

Los elementos colocados en el techo estarán embebidos en la capa de recubrimiento que será como mínimo de **15 a 20 mm** de espesor, y se aplicará en sentido paralelo a los cables. Se cuidará mucho que no se formen bolsas de aire en el recubrimiento en contacto con el cable.

6. Control

El termostato de control de las condiciones ambientales se situará preferentemente sobre una pared interior, a **1,5 m** del suelo y no deberá estar expuesto a la radiación bien sea solar, de lámparas, de electrodomésticos, etc., ni a corriente de aire procedentes de puertas, ventanas o ventiladores. El diferencial de temperatura del termostato no deberá ser superior a **1,5 K**.

Si la intensidad de corriente del elemento calefactor fuera superior al poder de corte del termostato o si el circuito fuera trifásico, el termostato actuará sobre la bobina de un contactor de poder de corte suficiente situado en el cuadro de distribución aguas abajo del interruptor automático.

En locales de grandes dimensiones el proyectista justificará la colocación de más de un termostato tratando, en cualquier caso, de optimizar el consumo energético.

ITC-BT-47

INSTALACIÓN DE RECEPTORES. MOTORES

Índice

1 Objeto y campo de aplicación 660

2 Condiciones generales de instalación 660

3 Conductores de conexión 660

3.1. Un solo motor 660
3.2. Varios motores 660
3.3. Carga combinada 661

4 Protección contra sobreintensidades 661

5 Protección contra la falta de tensión 662

6 Sobreintensidad de arranque 662

7 Instalación de reóstatos y resistencias 663

8 Herramientas portátiles 664

1. Objeto y campo de aplicación

El objeto de la presente Instrucción es determinar los requisitos de instalación de los motores y herramientas portátiles de uso exclusivamente profesionales.

Los receptores objeto de esta Instrucción cumplirán los requisitos de las Directivas europeas aplicables conforme a lo establecido en el artículo 6 del Reglamento Electrotécnico para Baja Tensión.

2. Condiciones generales de instalación

La instalación de los motores debe ser conforme a las prescripciones de la norma **UNE 20460** (anulada y sustituida por UNE-HD 60364-5-52) y las especificaciones aplicables a los locales (o emplazamientos) donde hayan de ser instalados.

Los motores deben instalarse de manera que la aproximación a sus partes en movimiento no pueda ser causa de accidente.

Los motores no deben estar en contacto con materias fácilmente combustibles y se situarán de manera que no puedan provocar la ignición de estas.

3. Conductores de conexión

Las secciones mínimas que deben tener los conductores de conexión con objeto de que no se produzca en ellos un calentamiento excesivo, deben ser las siguientes:

3.1. Un solo motor

Los conductores de conexión que alimentan a un solo motor deben estar dimensionados para una intensidad del 125 % de la intensidad a plena carga del motor. En los motores de rotor devanado, los conductores que conectan el rotor con el dispositivo de arranque —conductores secundarios— deben estar dimensionados, asimismo, para el 125 % de la intensidad a plena carga del rotor.

Si el motor es para servicio intermitente, los conductores secundarios pueden ser de menor sección según el tiempo de funcionamiento continuado, pero en ningún caso tendrán una sección inferior a la que corresponde al 85 % de la intensidad a plena carga en el rotor.

3.2. Varios motores

Los conductores de conexión que alimentan a varios motores, deben estar dimensionados para una intensidad no inferior a la suma del 125 % de la intensidad a plena carga **del motor de mayor potencia,** más la intensidad a plena carga de todos los demás.

EJEMPLO DE APLICACIÓN

1. Calcula la intensidad de corriente a tener en cuenta para el dimensionamiento de la sección de los conductores que alimentan a un solo motor asíncrono trifásico de 5 kW a 400 V y factor de potencia 0,86.

Solución: la corriente nominal del motor a plena carga es:

$$I_n = \frac{P}{\sqrt{3} \cdot U \cdot \cos\varphi} = \frac{5.000}{\sqrt{3} \cdot 400 \cdot 0,86} = 8,4 \text{ A}$$

Teniendo en cuenta esta ITC, para un solo motor aumentamos la intensidad en un 125 %:

$$I_{\text{conductor}} = 1,25 \cdot 8,4 = 10,5 \text{ A}$$

2. Calcula ahora la intensidad de corriente a tener en cuenta para el dimensionamiento de la sección de los conductores que alimentan a tres motores iguales con una intensidad nominal de 10 A cada uno, más otro motor con una intensidad nominal de 15 A.

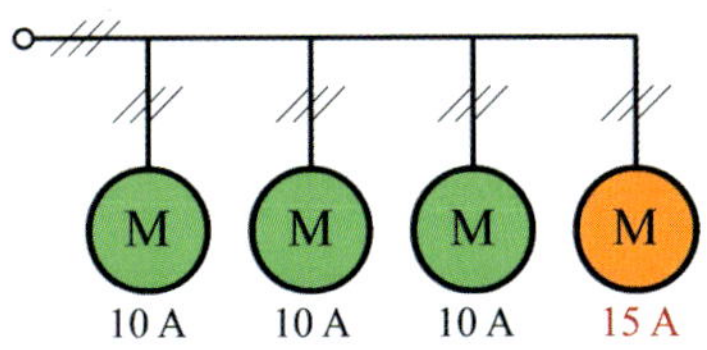

Solución: en este caso, solo se sobredimensiona la corriente del motor de mayor potencia:

$$I_{\text{conductor}} = 1,25 \cdot 15 + 10 + 10 + 10 = 48,75 \text{ A}$$

3.3. Carga combinada

Los conductores de conexión que alimentan a motores y otros receptores, deben estar previstos para la intensidad total requerida por los receptores, más la requerida por los motores, calculada como antes se ha indicado.

4. Protección contra sobreintensidades

Los motores deben estar protegidos contra cortocircuitos y contra sobrecargas en todas sus fases, debiendo esta última protección ser de tal naturaleza que cubra, **en los motores trifásicos,** el **riesgo de la falta de tensión en una de sus fases.**

En el caso de motores con arrancador estrella-triángulo, se asegurará la protección, tanto para la conexión en estrella como en triángulo. Las características de los dispositivos de protección deben estar de acuerdo con las de los motores a proteger y con las condiciones de servicio previstas para estos, debiendo seguirse las indicaciones dadas por el fabricante de los mismos.

5. Protección contra la falta de tensión

Los motores deben estar protegidos contra la falta de tensión por un dispositivo de corte automático de la alimentación, cuando el arranque espontáneo del motor, como consecuencia del restablecimiento de la tensión, pueda provocar accidentes, o perjudicar el motor, de acuerdo con la norma **UNE 20460-4-45.**

Dicho dispositivo puede formar parte del de protección contra las sobrecargas o del de arranque, y puede proteger a más de un motor si se da una de las circunstancias siguientes:

a) Los motores a proteger estén instalados en un mismo local y la suma de potencias absorbidas no es superior a **10 kW**.

b) Los motores a proteger estén instalados en un mismo local y cada uno de ellos queda automáticamente en el estado inicial de arranque después de una falta de tensión.

Cuando el motor arranque automáticamente en condiciones preestablecidas, no se exigirá el dispositivo de protección contra la falta de tensión, pero debe quedar excluida la posibilidad de un accidente en caso de arranque espontáneo. Si el motor tuviera que llevar dispositivos limitadores de la potencia absorbida en el arranque, es obligatorio, para quedar incluidos en la anterior excepción, que los dispositivos de arranque vuelvan automáticamente a la posición inicial al originarse una falta de tensión y parada del motor.

6. Sobreintensidad de arranque

Los motores deben tener limitada la intensidad absorbida en el arranque, cuando se pudieran producir efectos que perjudicasen a la instalación u ocasionasen perturbaciones inaceptables al funcionamiento de otros receptores o instalaciones.

Cuando los motores vayan a ser alimentados por una red de distribución pública, se necesitará la conformidad de la Empresa distribuidora respecto a la utilización de los mismos, cuando se trate de:

- Motores de gran inercia.
- Motores de arranque lento en carga.
- Motores de arranque o aumentos de carga repetida o frecuente.
- Motores para frenado.
- Motores con inversión de marcha.

En general, los motores de potencia superior a **0,75 kW** deben estar provistos de reóstatos de arranque o dispositivos equivalentes que no permitan que la relación de corriente entre el período de arranque y el de marcha normal que corresponda a su plena carga, según las características del motor que debe indicar su placa, sea superior a la señalada en el cuadro siguiente:

Tabla 1.

Motores de corriente continua		Motores de corriente alterna	
Potencia nominal del motor	Constante máxima de proporcionalidad entre la intensidad de la corriente de arranque y la de plena carga	Potencia nominal del motor	Constante máxima de proporcionalidad entre la intensidad de la corriente de arranque y de la de plena carga
De 0,75 kW a 1,5 kW	2,5	De 0,75 kW a 1,5 kW	4,5
De 1,5 kW a 5,0 kW	2,0	De 1,5 kW a 5,0 kW	3,0
De más de 5,0 kW	1,5	De 5,0 kW a 15,0 kW	2,0
		De más de 15,0 kW	1,5

En los motores de **ascensores, grúas y aparatos de elevación en general,** tanto de corriente continua como de alterna, se computará como intensidad normal a plena carga, a los efectos de las constantes señaladas en los cuadros anteriores, la necesaria para elevar las cargas fijadas como normales a la velocidad de régimen una vez pasado el período de arranque, multiplicada por el **coeficiente 1,3**.

No obstante lo expuesto, y en casos particulares, podrán las empresas prescindir de las limitaciones impuestas, cuando las corrientes de arranque no perturben el funcionamiento de sus redes de distribución.

7. Instalación de reóstatos y resistencias

Los reóstatos de arranque y regulación de velocidad y las resistencias adicionales de los motores, se colocarán de modo que estén separados de los muros **5 cm** como mínimo.

Deben estar dispuestos de manera que no puedan causar deterioros como consecuencia de la radiación térmica o por acumulación de polvo, tanto en servicio normal como en caso de avería. Se montarán de manera que no puedan quemar las partes combustibles del edificio ni otros objetos combustibles; si esto no fuera posible los elementos combustibles llevarán un revestimiento ignífugo.

Los reóstatos y las resistencias deberán poder ser separadas de la instalación por dispositivos de corte omnipolar, que podrán ser los interruptores generales del receptor correspondiente.

8. Herramientas portátiles

Las herramientas portátiles utilizadas en obras de construcción de edificios, canteras y, en general, en el exterior, deberán ser de **clase II** o de **clase III.** Las herramientas de **clase I** pueden ser utilizadas en los emplazamientos citados, debiendo, en este caso, ser alimentadas por intermedio de un transformador de separación de circuitos.

Cuando estas herramientas se utilicen en obras o emplazamientos muy conductores, tales como en trabajos de hormigonado, en el interior de calderas o de tuberías metálicas u otros análogos, las herramientas portátiles a mano deben ser de **clase III.**

ANOTACIONES

ITC-BT-48

INSTALACIÓN DE RECEPTORES. TRANSFORMADORES Y AUTOTRANSFORMADORES. REACTANCIAS Y RECTIFICADORES. CONDENSADORES

Índice

1 Objeto y campo de aplicación 666

2 Condiciones generales de instalación 666

2.1. Transformadores y autotransformadores 666
2.2. Reactancias y rectificadores 667
2.3. Condensadores 667

3 Protección de los transformadores contra sobreintensidad 668

1. Objeto y campo de aplicación

El objeto de la presente Instrucción es determinar los requisitos de instalación de los transformadores, autotransformadores, reactancias, rectificadores y condensadores.

Los receptores objeto de esta Instrucción cumplirán los requisitos de las Directivas europeas aplicables conforme a lo establecido en el artículo 6 del Reglamento Electrotécnico para Baja Tensión.

2. Condiciones generales de instalación

La instalación de los receptores incluidos en la presente Instrucción satisfarán, según los casos, las especificaciones aplicables a los locales (o emplazamientos) donde hayan de ser instalados.

Las conexiones de estos receptores se realizarán con los elementos de conexión adecuados a los materiales a unir, es decir, en el caso de bobinados de aluminio, con piezas de conexión bimetálicas.

Estos receptores serán instalados de forma que dispongan de ventilación suficiente para su refrigeración correcta.

2.1. Transformadores y autotransformadores

Los transformadores que puedan estar al alcance de personas no especializadas estarán construidos o situados de manera que sus arrollamientos y elementos bajo tensión, si esta es superior a **50 V**, sean inaccesibles.

Los transformadores en instalación fija no se montarán directamente sobre partes combustibles de un edificio, y cuando sea necesario instalarlos próximos a los mismos, se emplearán pantallas incombustibles como elemento de separación.

La separación entre los transformadores y estas pantallas será de **1 cm** cuando la potencia del transformador sea inferior o igual a **3.000 VA**. Esta distancia se aumentará proporcionalmente a la potencia cuando esta sea mayor. Los transformadores en instalación fija, cuando su potencia no exceda de **3.000 VA**, provistos de un limitador de temperatura apropiado, podrán montarse directamente sobre partes combustibles.

El empleo de autotransformadores **no será admitido** si los dos circuitos conectados a ellos no tienen un aislamiento previsto para la tensión mayor.

En la conexión de un autotransformador a una fuente de alimentación con conductor neutro, el borne del extremo del arrollamiento común al primario y al secundario se unirá al conductor neutro.

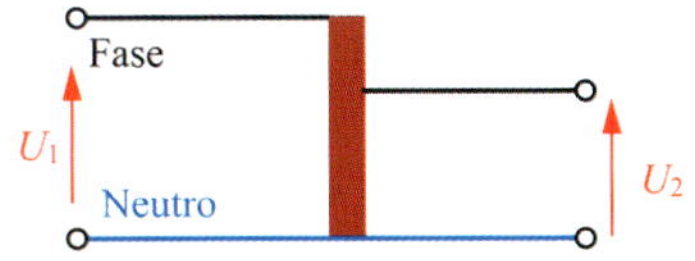

2.2. Reactancias y rectificadores

La instalación de reactancias y rectificadores responderá a los mismos requisitos generales que los señalados para los transformadores.

En relación con los rectificadores, se tendrá en cuenta, además:

- Cuando los rectificadores no se opongan, de por sí, al paso accidental de la corriente alterna al circuito que alimentan en corriente continua o al retorno de esta al circuito de corriente alterna, se instalarán asociados a un dispositivo adecuado que impida esta eventualidad.
- Las canalizaciones correspondientes a las corrientes de diferente naturaleza serán distintas y estarán convenientemente señalizadas o separadas entre sí.
- Los circuitos correspondientes a la corriente continua se instalarán siguiendo las prescripciones que correspondan a su tensión asignada.

2.3. Condensadores

Los condensadores que no lleven alguna indicación de temperatura máxima admisible no se podrán utilizar en lugares donde la temperatura ambiente sea **50 °C** o mayor.

Si la carga residual de los condensadores pudiera poner en peligro a las personas, llevarán **un dispositivo automático de descarga** o se colocará una inscripción que advierta este peligro. Los condensadores con dieléctrico líquido combustible cumplirán los mismos requisitos que los reóstatos y reactancias.

Para la utilización de condensadores por encima de los **2.000 m** de altitud sobre el nivel del mar, deberán tomarse precauciones de acuerdo con el fabricante, según especifica la norma **UNE-EN 60831-1.**

Los condensadores deberán estar adecuadamente protegidos, cuando se vayan a utilizar con sobreintensidades superiores a **1,3 veces la intensidad** correspondiente a la tensión asignada a frecuencia de red, excluidos los transitorios.

Los aparatos de mando y protección de los condensadores deberán soportar en régimen permanente, de **1,5 a 1,8 veces**, la intensidad nominal asignada del condensador, a fin de tener en cuenta los armónicos y las tolerancias sobre las capacidades.

EJEMPLO DE APLICACIÓN

Calcula la intensidad que se ha de tener en cuenta para el dimensionamiento de los dispositivos de mando (K1B) y protección (F1F) de una batería trifásica de condensadores de 2 kVAR de potencia reactiva conectada a una red de 400 V entre fases.

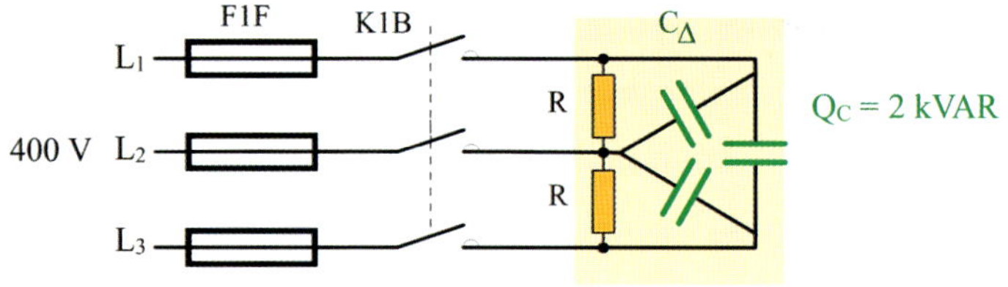

Solución: primero calculamos la intensidad nominal de línea de los condensadores:

$$I_n = \frac{Q}{\sqrt{3} \cdot U_L} = \frac{2.000}{\sqrt{3} \cdot 400} = 2,89 \text{ A}$$

La intensidad que habrá que tener en cuenta para dimensionar F1F y K1B será:

$$I = 1,8 I_n = 1,8 \cdot 2,89 = 5,2 \text{ A}$$

3. Protección de los transformadores contra sobreintensidad

Todo transformador estará protegido por un dispositivo de corte por sobreintensidad u otro sistema equivalente. Este dispositivo estará de acuerdo con las características que figuran en la placa del transformador, y con la utilización de dicho transformador.

ITC-BT-49

INSTALACIONES ELÉCTRICAS EN MUEBLES

Índice

1 Objeto y campo de aplicación 670

2 Muebles no destinados a instalarse en cuartos de baño 670

2.1. Aspectos generales 670
2.2. Canalizaciones 671
2.3. Sección de los conductores 671
2.4. Protección mecánica de los cables 671
2.5. Conexiones 672

3 Muebles en cuarto de baño 672

1. Objeto y campo de aplicación

El objeto de la presente Instrucción es determinar los requisitos de las instalaciones eléctricas en los muebles y elementos de mobiliario.

Las prescripciones de esta Instrucción son aplicables a:

- Muebles de toda clase, incluidos los muebles de despacho, mostradores, expositores, paneles fijos o móviles y análogos.
- Muebles, espejos y elementos de cuarto de baño en locales que contengan una bañera o ducha.

Los receptores que se utilicen en dichas instalaciones cumplirán los requisitos de las Directivas europeas aplicables conforme a lo establecido en el artículo 6 del Reglamento Electrotécnico para Baja Tensión. A estos efectos cualquier mueble comercializado con un equipo eléctrico montado en él (por ejemplo, luminaria, interruptor, base de toma de corriente, etc.) se considerará como un receptor.

2. Muebles no destinados a instalarse en cuartos de baño

Se incluyen en este apartado las mesas, camas, armarios, aparadores, muebles de televisión, muebles de cocina, paneles de despacho (incluidos los tabiques movibles y amovibles) y, en general, muebles no situados en cuartos de baño o locales que contengan una bañera o ducha en los cuales se colocan equipos eléctricos, tales como luminarias, bases de toma de corriente, dispositivos de mando, interruptores, etc.

2.1. Aspectos generales

Los equipos y accesorios eléctricos que se coloquen en los elementos de mobiliario, estarán situados teniendo en cuenta las solicitaciones mecánicas y térmicas a las que puedan estar sometidos, así como a los riesgos de incendio que puedan provocar. En particular las luminarias para instalaciones en superficies inflamables (madera, tela, etc.) **deben estar marcadas con el símbolo F**, según la norma **UNE-EN 60598-1.**

Cuando la potencia disipada por los equipos eléctricos pueda producir temperaturas excesivas en un espacio cerrado, deberá instalarse un interruptor accionado por el cierre de la puerta de tal manera que los equipos queden fuera de servicio cuando la puerta esté cerrada (por ejemplo, las luminarias instaladas en las camas plegables).

2.2. Canalizaciones

Los cables se podrán colocar en tubos, canales protectoras o bien conducidos dentro de un canal realizado durante la construcción del elemento de mobiliario. La instalación de tubos y canales tiene que ser conforme a lo indicado en la **ITC-BT-21.**

Los cables a instalar dentro de un mueble y hasta su conexión con la instalación interior del local o vivienda serán:

- Cables flexibles aislados con goma (equivalente, como mínimo, al tipo **H05RR-F**).
- Cables flexibles aislados con policloruro de vinilo (PVC) (equivalentes como mínimo, al tipo **H05VV-F**).

Según la Guía Técnica: *para las canalizaciones en tubos o en canales protectoras pueden utilizarse conductores unipolares aislados* ***(tipo H07V)*** *con conductor rígido o flexible.*

2.3. Sección de los conductores

La mínima sección de los conductores será de:

- **0,75 mm^2** de cobre para instalación de alumbrado exclusivamente y con conductores flexibles si la longitud entre la conexión en la instalación fija del local o vivienda y el aparato más alejado contenido en el mueble no es superior a **10 m** y si este no lleva ninguna base de toma de corriente.
- **1,5 mm^2** de cobre, flexible o rígido, en los demás casos si no hay bases de toma de corriente.
- **2,5 mm^2** de cobre, flexible o rígido, en cualquier caso, si hay bases de toma de corriente.

Según la Guía Técnica: *solo se podrán instalar conductores rígidos (de clase 1 o de clase 2) cuando estén alojados en el interior de tubos o canales protectores.*

2.4. Protección mecánica de los cables

Los cables deben estar convenientemente protegidos contra todo daño y en especial contra la tracción y torsión, para lo cual se colocarán **dispositivos antitracción** en los puntos de penetración de los aparatos y próximos a las conexiones.

Los cables estarán fijados a las paredes de los muebles y en los extremos de los vanos existentes.

2.5. Conexiones

Las conexiones deben efectuarse mediante tomas de corriente o bornes situados en cajas con grado de protección mínimo **IP 3X** y cuya tapa solo pueda ser abierta con la ayuda de una llave o de un útil.

Las cajas deben estar colocadas de tal manera que estén protegidas contra todo daño mecánico.

3. Muebles en cuarto de baño

Para las instalaciones de muebles con equipo eléctrico en cuartos de baño o aseo o locales que contengan una bañera o ducha, se tendrán en cuenta los volúmenes y prescripciones definidas en la **ITC-BT-27.**

Para la conexión a la instalación fija, los muebles deben llevar una caja de conexión con bornes fija, independientemente de cuál sea su equipo eléctrico. Los dispositivos de conexión de los conductores exteriores de la instalación de la edificación no deberán usarse para la conexión de conductores internos. Dicha caja de conexión con bornes debe ser accesible únicamente después de retirar una tapa o cubierta con la ayuda de una herramienta.

El **borne de tierra,** si existe, estará **identificado** con su símbolo normalizado correspondiente y se conectará a la instalación de tierra del edificio.

Los muebles con equipo eléctrico para instalarse en cuartos de baño o aseo deberán ser fijos.

ANOTACIONES

ITC-BT-50

INSTALACIONES ELÉCTRICAS EN LOCALES QUE CONTIENEN RADIADORES PARA SAUNAS

Índice

1 Objeto y campo de aplicación 674

2 Condiciones generales de instalación 674

1. Objeto y campo de aplicación

El objeto de la presente Instrucción es determinar los requisitos de instalación de los equipos eléctricos en locales que contienen radiadores para saunas.

2. Condiciones generales de instalación

Las prescripciones particulares para la instalación de los equipos eléctricos en locales que contienen radiadores para saunas son las establecidas en la norma **UNE 20460-7-703.**

NOTA

Notas a la norma UNE 204060-7-703

1. **Canalizaciones:** deben tener un aislamiento de clase II o similar y en ningún caso tendrán revestimiento metálico.
2. **Materiales eléctricos:** deben poseer como mínimo el grado de protección **IP 24.**
3. **Aparamenta:** las aparamentas no incorporadas al radiador deben estar situadas fuera del local. **No debe ser instalada ninguna base de toma de corriente.**
4. **Zonas de protección:** se definen cuatro zonas.
   - **Zona 1:** solamente se admiten los materiales pertenecientes a los radiadores para saunas.
   - **Zona 2:** no es necesaria ninguna prescripción especial desde el punto de vista de la resistencia al calor del material.
   - **Zona 3:** los materiales tienen que poder soportar una temperatura de 125 °C.
   - **Zona 4:** solo se admite la instalación de luminarias que no se sobrecalienten ni a sí mismas ni a su cableado ni a los dispositivos de mando de los radiadores de saunas ni a sus canalizaciones. La resistencia al calor debe ser de 125 °C.

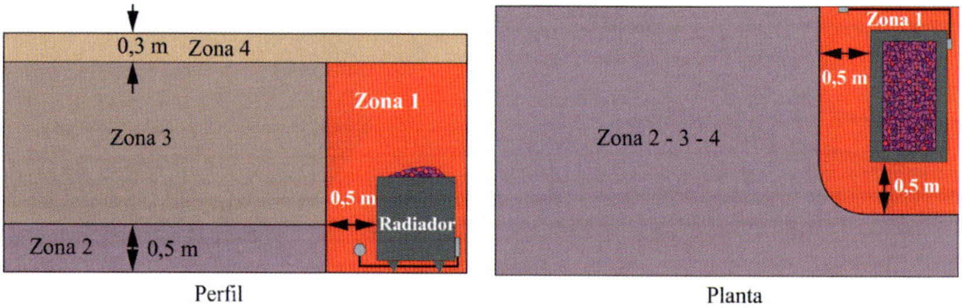

Figura 1. *Zonas de protección.*

ITC-BT-51

INSTALACIONES DE SISTEMAS DE AUTOMATIZACIÓN, GESTIÓN TÉCNICA DE LA ENERGÍA Y SEGURIDAD PARA VIVIENDAS Y EDIFICIOS

Índice

1 Objeto y campo de aplicación 676

2 Terminología 677

3 Tipos de sistemas 677

4 Requisitos generales de la instalación 678

5 Condiciones particulares de instalación 679

5.1. Requisitos para sistemas que usan señales que se acoplan y transmiten por la instalación eléctrica de baja tensión 679

5.2. Requisitos para sistemas que usan señales transmitidas por cables específicos para dicha función 679

5.3. Requisitos para sistemas que usan señales radiadas 679

1. Objeto y campo de aplicación

Esta Instrucción establece los requisitos específicos de la instalación de los sistemas de automatización, gestión técnica de la energía y seguridad para viviendas y edificios, también conocidos como sistemas domóticos.

El campo de aplicación comprende las instalaciones de aquellos sistemas que realizan una función de automatización para diversos fines, como gestión de la energía, control y accionamiento de receptores de forma centralizada o remota, sistemas de emergencia y seguridad en edificios, entre otros, **con excepción de aquellos sistemas independientes** e instalados como tales, que puedan ser considerados en su conjunto como aparatos, por ejemplo, los sistemas automáticos de elevación de puertas, persianas, toldos, cierres comerciales, sistemas de regulación de climatización, redes privadas independientes para transmisión de datos exclusivamente y otros aparatos, que tienen requisitos específicos recogidos en las Directivas europeas aplicables conforme a lo establecido en el artículo 6 del Reglamento Electrotécnico para Baja Tensión.

Quedan excluidas también las instalaciones de redes comunes de telecomunicaciones en el interior de los edificios y la instalación de equipos y sistemas de telecomunicaciones a los que se refiere el Reglamento de Infraestructura Común de Telecomunicaciones (ICT), aprobado por el RD 346/2011.

Igualmente están excluidos los sistemas de seguridad reglamentados por el Ministerio del Interior y Sistemas de Protección contra Incendios, reglamentados por el Ministerio de Fomento (CTE-DB-SI) y el Ministerio de Industria y Energía (RIPCI).

No obstante, a las instalaciones excluidas anteriormente, cuando formen parte de un sistema más complejo de automatización, gestión de la energía o seguridad de viviendas o edificios, se les aplicarán los requisitos de la presente Instrucción además de los requisitos específicos reglamentarios correspondientes.

GUÍA-BT-51

Los sistemas de automatización, gestión técnica de la energía y seguridad para viviendas y edificios se conocen internacionalmente como HBES (Home and Building Electronic Systems —sistemas electrónicos para viviendas y edificios). Actualmente la norma que define los requisitos técnicos generales de estos sistemas es la **UNE-EN 50090-2-2.**

La red de control del sistema domótico deberá integrarse con la red de energía eléctrica y coordinarse con el resto de redes con las que tenga relación.

2. Terminología

Sistemas de automatización, gestión de la energía y seguridad para viviendas y edificios: son aquellos sistemas centralizados o descentralizados, capaces de recoger información proveniente de unas entradas (sensores o mandos), procesarla y emitir órdenes a unos actuadores o salidas, con el objeto de conseguir confort, gestión de la energía o la protección de personas animales y bienes.

Estos sistemas pueden tener la posibilidad de accesos a redes exteriores de comunicación, información o servicios como, por ejemplo, red telefónica conmutada, servicios Internet, etc.

Nodo: cada una de las unidades del sistema capaces de recibir y procesar información comunicando, cuando proceda con otras unidades o nodos, dentro del mismo sistema.

Actuador: es el dispositivo encargado de realizar el control de algún elemento del Sistema como, por ejemplo, electroválvulas (suministro de agua, gas, etc.), motores (persianas, puertas, etc.), sirenas de alarma, reguladores de luz, etc.

Dispositivo de entrada: sensor, mando a distancia, teclado u otro dispositivo que envía información al nodo. Los elementos definidos anteriormente pueden ser independientes o estar combinados en una o varias unidades distribuidas.

Sistemas centralizados: sistema en el cual todos los componentes se unen a un nodo central que dispone de funciones de control y mando.

Sistema descentralizado: sistema en que todos sus componentes comparten la misma línea de comunicación, disponiendo cada uno de ellos de funciones de control y mando.

3. Tipos de sistemas

Los sistemas de Automatización, Gestión de la energía y Seguridad considerados en la presente instrucción se clasifican en los siguientes grupos:

- Sistemas que usan en todo o en parte señales que se acoplan y **transmiten por la instalación eléctrica** de Baja Tensión, tales como sistemas de corrientes portadoras.
- Sistemas que usan en todo o en parte señales transmitidas por **cables específicos** para dicha función, tales como cables de pares trenzados, paralelo, coaxial, fibra óptica.

- Sistemas que usan **señales radiadas,** tales como ondas de infrarrojo, radiofrecuencia, ultrasonidos o sistemas que se conectan a la red de telecomunicaciones.

Un sistema domótico puede combinar varios de los sistemas anteriores, debiendo cumplir los requisitos aplicables en cada parte del sistema. La topología de la instalación puede ser de distintos tipos, tales como anillo, árbol, bus o lineal, estrella o combinaciones de estas.

4. Requisitos generales de la instalación

Todos los nodos, actuadores y dispositivos de entrada deben cumplir, una vez instalados, los requisitos de Seguridad y Compatibilidad Electromagnética que le sean de aplicación, conforme a lo establecido en la legislación nacional que desarrolla la Directiva de Baja Tensión (73/23/CEE) y la Directiva de Compatibilidad Electromagnética (89/336/CEE – *Anulada y sustituida actualmente por la 2004/108/CE*). En el caso de que estén incorporados en otros aparatos se atendrán, en lo que sea aplicable, a los requisitos establecidos para el producto o productos en los que vayan a ser integrados.

Todos los nodos, actuadores y dispositivos de entrada que se instalen en el sistema deberán incorporar instrucciones o referencias a las condiciones de instalación y uso que deban cumplirse para garantizar la seguridad y compatibilidad electromagnética de la instalación como, por ejemplo, tipos de cable a utilizar, aislamiento mínimo, apantallamientos, filtros y otras informaciones relevantes para realizar la instalación. En el caso de que no se requieran condiciones especiales de instalación, esta circunstancia deberá indicarse expresamente en las instrucciones.

Dichas instrucciones se incorporarán en el proyecto o memoria técnica de diseño, según lo establecido en la **ITC-BT-04.**

Toda instalación nueva, modificada o ampliada de un sistema de automatización, gestión de la energía y seguridad deberá realizarse conforme a lo establecido en la presente Instrucción y lo especificado en las instrucciones del fabricante, anteriormente citadas.

En lo relativo a la Compatibilidad Electromagnética, las emisiones voluntarias de señal, conducidas o radiadas, producidas por las instalaciones domóticas para su funcionamiento, serán conformes a las normas armonizadas aplicables y, en ausencia de tales normas, las señales voluntarias emitidas en ningún caso superarán los niveles de inmunidad establecidos en las normas aplicables a los aparatos que se prevea puedan ser instalados en el entorno del sistema, según el ambiente electromagnético previsto.

Cuando el sistema domótico esté alimentado por muy baja tensión o la interconexión entre nodos y dispositivos de entrada esté realizada en muy baja tensión, las instalaciones e interconexiones entre dichos elementos seguirán lo indicado en la **ITC-BT-36.**

Para el resto de los casos, se seguirán los requisitos de instalación aplicables a las tensiones ordinarias.

5. Condiciones particulares de instalación

Además de las condiciones generales establecidas en el apartado anterior, se establecen los siguientes requisitos particulares.

5.1. Requisitos para sistemas que usan señales que se acoplan y transmiten por la instalación eléctrica de baja tensión

Los nodos que inyectan en la instalación de baja tensión señales de **3 kHz** hasta **148,5 kHz** cumplirán lo establecido en la norma **UNE-EN 50065-1** en lo relativo a compatibilidad electromagnética. Para el resto de frecuencias se aplicará la norma armonizada en vigor y, en su defecto, se aplicará lo establecido en el apartado 4.

5.2. Requisitos para sistemas que usan señales transmitidas por cables específicos para dicha función

Sin perjuicio de los requisitos que los fabricantes de nodos, actuadores o dispositivos de entrada establezcan para la instalación, cuando el circuito que transmite la señal transcurra por la misma canalización que otro de baja tensión, el nivel de aislamiento de los cables del circuito de señal será equivalente a la de los cables del circuito de baja tensión adyacente, bien en un único o en varios aislamientos.

Los **cables coaxiales** y los pares trenzados usados en la instalación deberán cumplir con las normas de la serie **EN 61196 y CEI 60189-2.**

5.3. Requisitos para sistemas que usan señales radiadas

Adicionalmente, los emisores de los sistemas que usan señales de radiofrecuencia o señales de telecomunicación deberán cumplir la legislación nacional vigente del «Cuadro Nacional de Atribución de Frecuencias de Ordenación de las Telecomunicaciones».

GUÍA-BT-51

Recomendaciones para la instalación de los sistemas domóticos

En los proyectos de obra nueva en los que no se contemple la instalación de sistemas domóticos se recomienda, con objeto de evitar costosas obras de instalación posteriores, realizar una preinstalación que facilite la adecuación del sistema domótico a las necesidades del usuario, así como a sus futuras demandas en este campo.

Los elementos y características de la **preinstalación recomendada** son los siguientes:

Canalización desde punto de acceso de usuario a las instalaciones de telecomunicación (PAU) hasta la caja de distribución.

Caja de distribución: el nodo junto con su fuente de alimentación y protecciones se podrá instalar en el cuadro general de distribución previsto para los dispositivos generales de mando y protección de la instalación eléctrica o en una caja de distribución independiente. Se recomienda que se instale una caja de 24 módulos DIN por cada 100 m^2 o por planta, si se trata de viviendas de más de una planta.

Cajas de registro: se instalará una junto a cada caja de empalme y derivación de la instalación eléctrica, o bien la caja de empalme y derivación se ampliará en superficie al menos un 50 %, para poder ubicar los dispositivos del sistema domótico.

Canalizaciones: se instalará una canalización independiente (de sección equivalente a la de un tubo de diámetro 20 mm) entre las cajas de registro específicas para la instalación domótica o, en caso de utilizarse las cajas de empalme y derivación eléctricas para la instalación domótica, se aumentará la sección de la canalización, como mínimo en 200 mm^2.

Cajas de mecanismos domóticos: se instalarán cajas para alojar los componentes domóticos de la instalación (accionamientos, detectores, alarmas, etc.), junto con sus correspondientes canalizaciones, hasta la caja de registro.

En la Figura 1 se muestra un ejemplo de trazado de preinstalación del sistema domótico para el salón de una vivienda, con el número mínimo de elementos de cada tipo a preinstalar.

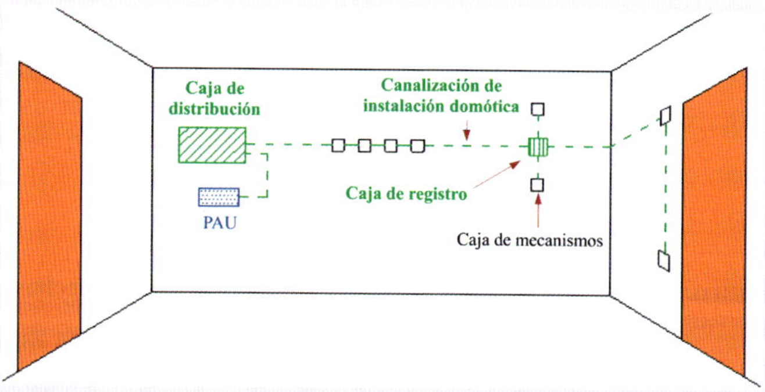

Figura 1. *Ejemplo de preinstalación del sistema domótico para el salón de una vivienda.*

Grados de automatización

En esta guía y con el fin de clasificar las prestaciones de los sistemas domóticos que actualmente se utilizan, se distinguen los grados de automatización, básico y normal, con el fin de satisfacer dos niveles de servicios y confort para los usuarios.

Grado de automatización básico		
Funcionalidad	**Aplicación**	**Dispositivos**
Seguridad.	Intrusión.	Dos detectores de presencia.
	Alarmas técnicas.	Detección de inundación en zonas húmedas (baños, cocina, lavadero, garaje…) asociada a electroválvula de agua.
		Detección de concentraciones de gas butano o natural (si hay suministro de gas), asociada a electroválvula de gas.
		Detección de incendios en cocina.
Confort y ahorro energético.	Control de climatización.	Un crono-termostato o equivalente en salón-comedor.
	Control de iluminación.	Detector de presencia para control de la iluminación en zonas de paso.
	Control de persianas.	Motorización y control de persianas en el salón y dormitorio principal.

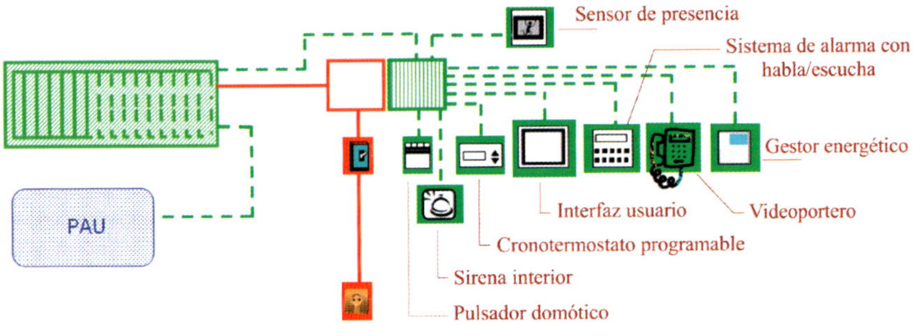

Figura 2. *Ejemplo de sistema domótico de grado normal para el vestíbulo de una vivienda.*

Grado de automatización normal		
Funcionalidad	**Aplicación**	**Dispositivos**
Seguridad.	Intrusión.	Un detector de presencia por estancia.
		Contactos magnéticos en las ventanas.
		Detectores de impactos en las ventanas.
	Alarmas técnicas.	Detección de inundación en zonas húmedas (baños, cocina, lavadero, garaje...) asociada a electroválvula de agua.
		Detección de concentraciones de gas butano o natural (si hay suministro de gas), asociada a electroválvula de gas.
		Detectores de humo en todas las estancias.
	Simulación de presencia.	Sistema programable de encendido y apagado de luces.
Confort y ahorro energético.	Control de climatización.	Varios crono-termostatos (o equivalente) zonificado la vivienda por estancias.
	Control de iluminación.	Detector de presencia para control de la iluminación en zonas de paso.
		Regulación luminosa en salas de estar con elección de ambientes de iluminación predefinidos.
		Control de los puntos de luz y tomas de corriente más significativas de la vivienda (mínimo 80 % de los puntos de luz y el 20 % de las tomas de corriente).
	Control de persianas.	Motorización y control de las persianas.
	Programación.	Posibilidad de realizar programaciones horarias sobre los equipos controlados (mínimo 12 temporizadores).
		Sistemas de gestión de energía.
	Control de iluminación exterior.	En viviendas con jardín o grandes terrazas se instalará un detector crepuscular o un interruptor horario astronómico para el control de la iluminación exterior.

ITC-BT-52

INSTALACIONES CON FINES ESPECIALES. INFRAESTRUCTURA PARA LA RECARGA DE VEHÍCULOS ELÉCTRICOS

Índice

1 Objeto y campo de aplicación 684

2 Términos y definiciones 684

3 Esquemas de instalación para la recarga de vehículos eléctricos 690

3.1. Instalación en aparcamientos de viviendas unifamiliares 699
3.2. Instalación en aparcamientos o estacionamientos colectivos en edificios o conjuntos inmobiliarios en régimen de propiedad horizontal 701
3.3. Otras instalaciones de carga 704

4 Previsión de cargas según el esquema de la instalación 704

4.1. Esquema colectivo con un contador principal común (esquemas 1a, 1b y 1c) 705
4.2. Esquema individual (esquemas 2, 3a y 3b) 707
4.3. Esquema 4 (esquemas 4a y 4b) 708

5 Requisitos generales de la instalación 709

5.1. Alimentación 712
5.2. Sistemas de conexión del neutro 712
5.3. Canalizaciones 712
5.4. Punto de conexión 713
5.5. Contador secundario de medida de energía 715

6 Protección para garantizar la seguridad 715

6.1. Medidas de protección contra contactos directos e indirectos 715
6.2. Medidas de protección en función de las influencias externas 717
6.3. Medidas de protección contra sobreintensidades 719
6.4. Medidas de protección contra sobretensiones 720

7 Condiciones particulares de instalación 721

7.1. Red de tierra para plazas de aparcamiento en el exterior 721

1. Objeto y campo de aplicación

1. Constituye el objeto de esta Instrucción el establecimiento de las prescripciones aplicables a las instalaciones para la recarga de vehículos eléctricos.

2. Las disposiciones de esta Instrucción se aplicarán a las instalaciones eléctricas incluidas en el ámbito del Reglamento electrotécnico para baja tensión con independencia de si su titularidad es individual, colectiva o corresponde a un gestor de cargas, necesarias para la recarga de los vehículos eléctricos en lugares públicos o privados, tales como:

a) Aparcamientos de viviendas unifamiliares o de una sola propiedad.

b) Aparcamientos o estacionamientos colectivos en edificios o conjuntos inmobiliarios de régimen de propiedad horizontal.

c) Aparcamientos o estacionamientos de flotas privadas, cooperativas o de empresa, o los de oficinas, para su propio personal o asociados, los de talleres, de concesionarios de automóviles o depósitos municipales de vehículos eléctricos y similares.

d) Aparcamientos o estacionamientos públicos, gratuitos o de pago, sean de titularidad pública o privada.

e) Vías de dominio público destinadas a la circulación de vehículos eléctricos, situadas en zonas urbanas y en áreas de servicio de las carreteras de titularidad del Estado previstas en el artículo 28 de la Ley 25/1988, de 29 de julio, de Carreteras.

3. Esta instrucción no es aplicable a los sistemas de recarga por inducción, ni a las instalaciones para la recarga de baterías que produzcan desprendimiento de gases durante su recarga.

2. Términos y definiciones

A los efectos de esta instrucción se entenderá por:

Circuito de recarga colectivo: circuito interior de la instalación receptora que partiendo de una centralización de contadores o de un cuadro de mando y protección, está previsto para alimentar dos o más estaciones de recarga del vehículo eléctrico.

Circuito de recarga individual: circuito interior de la instalación receptora que partiendo de la centralización de contadores está previsto para alimentar una estación de recarga del vehículo eléctrico, o circuito de una vivienda que partiendo del cuadro general de mando y protección está destinado a alimentar una estación de recarga del vehículo eléctrico (circuito C_{13}).

Contador eléctrico principal: contador de energía eléctrica destinado a la medida de energía consumida por una o varias estaciones de recarga. Estos contadores cumplirán con la reglamentación de metrología legal aplicable y con el reglamento unificado de puntos de medida.

GUÍA-BT-52

Los contratos de acceso a la red se realizan siempre sobre un contador principal. Para los garajes en régimen de condominio, si se utilizan los esquemas colectivos (1a, 1b, 1c y 4b) el titular del contrato será la comunidad de vecinos y si se utilizan los esquemas individuales (2, 3a y 3b) cada vecino individual. Las empresas distribuidoras son las encargadas de la lectura de estos contadores, pero no de los contadores secundarios.

Contador secundario: sistema de medida individual asociado a una estación de recarga, que permite la repercusión de los costes y la gestión de los consumos. Estos sistemas de medida individuales cumplirán la reglamentación de metrología legal aplicable, pero no están sujetos al reglamento unificado de puntos de medida al no tratarse de puntos frontera del sistema eléctrico.

GUÍA-BT-52

La reglamentación de metrología aplicable es la siguiente:

- **RD 244/2016** para contadores de activa de clases A, B, y C para uso residencial, comercial o de industria ligera, en la fase de evaluación de la conformidad.
- **ITC 3022/2007** para los contadores estáticos combinados activa, clases A, B y C y reactiva de clases 2 y 3 hasta 15 kW con discriminación horaria y telegestión hasta una potencia de 15 kW en activa en las fases de evaluación de la conformidad, verificación después de reparación o modificación y de verificación periódica.
- **ITC 3747** para contadores estáticos de activa de clases A, B, y C para uso residencial, comercial o de industria ligera, en las fases de verificación después de reparación o modificación y de verificación periódica.

A los contadores secundarios no les resultan aplicables los requisitos de telegestión, ya que las empresas distribuidoras no son las encargadas de su lectura.

Estación de movilidad eléctrica: infraestructura de recarga que cuenta con, al menos, dos estaciones de recarga, que permitan la recarga simultánea de vehículo eléctrico con categoría hasta M1 (Vehículo eléctrico de ocho plazas como máximo —excluida la del conductor— diseñados y fabricados para el transporte de pasajeros) y N1 (Vehículo eléctrico cuya masa máxima no supere las 3,5 toneladas diseñados y fabricados para el transporte de mercancías), según la Directiva 2007/46/CE. Ha de posibilitar la recarga en corriente alterna (monofásica o trifásica) o en corriente continua.

Estación de recarga: conjunto de elementos necesarios para efectuar la conexión del vehículo eléctrico a la instalación eléctrica fija necesaria para su recarga. Las estaciones de recarga se clasifican como:

1. Punto de recarga simple, compuesto por las protecciones necesarias, una o varias bases de toma de corriente no específicas para el vehículo eléctrico y, en su caso, la envolvente.

2. Punto de recarga tipo SAVE (Sistema de alimentación específico del vehículo eléctrico).

Función de control piloto: cualquier medio, ya sea electrónico o mecánico, que asegure que se satisfacen las condiciones relacionadas con la seguridad y con la transmisión de datos requeridas según el modo recarga utilizado.

GUÍA-BT-52

Gestor de cargas: sociedades mercantiles que, siendo consumidores, están habilitados para la reventa de energía eléctrica para servicios de recarga energética. Los gestores de carga del sistema son los únicos sujetos con carácter de cliente mayorista en los términos previstos en la normativa comunitaria de aplicación. (Definición según el artículo 6 de la Ley 24/2013 del sector eléctrico).

Infraestructura de recarga de vehículos eléctricos (IVEHÍCULO ELÉCTRICO): conjunto de dispositivos físicos y lógicos, destinados a la recarga de vehículos eléctricos que cumplan los requisitos de seguridad y disponibilidad previstos para cada caso, con capacidad para prestar servicio de recarga de forma completa e integral. Una IVEHÍCULO ELÉCTRICO incluye las estaciones de recarga, el sistema de control, canalizaciones eléctricas, los cuadros eléctricos de mando y protección y los equipos de medida, cuando éstos sean exclusivos para la recarga del vehículo eléctrico.

Modo de carga 1: conexión del vehículo eléctrico a la red de alimentación de corriente alterna mediante tomas de corriente normalizadas, con una intensidad no superior a los 16 A y tensión asignada en el lado de la alimentación no superior a 250 V de corriente alterna en monofásico o 480 V de corriente alterna en trifásico y utilizando los conductores activos y de protección.

Modo de carga 2: conexión del vehículo eléctrico a la red de alimentación de corriente alterna no excediendo de 32 A y 250 V en corriente alterna monofásica o 480 V en trifásico, utilizando tomas de corriente normalizadas monofásicas o trifásicas y usando los conductores activos y de protección junto con una función de control piloto y un sistema de protección para las personas, contra el choque eléctrico (dispositivo de corriente diferencial), entre el vehículo eléctrico y la clavija o como parte de la caja de control situada en el cable.

Modo de carga 3: conexión directa del vehículo eléctrico a la red de alimentación de corriente alterna usando un SAVE, dónde la función de control piloto se amplía al sistema de control del SAVE, estando éste conectado permanentemente a la instalación de alimentación fija.

Modo de carga 4: Conexión indirecta del vehículo eléctrico a la red de alimentación de corriente alterna usando un SAVE que incorpora un cargador externo en que la función de control piloto se extiende al equipo conectado permanentemente a la instalación de alimentación fija.

Punto de conexión: punto en el que el vehículo eléctrico se conecta a la instalación eléctrica fija necesaria para su recarga, ya sea a una toma de corriente o a un conector.

Sistema de alimentación específico de vehículo eléctrico (SAVE): conjunto de equipos montados con el fin de suministrar energía eléctrica para la recarga de un vehículo eléctrico, incluyendo protecciones de la estación de recarga, el cable de conexión, (con conductores de fase, neutro y protección) y la base de toma de corriente o el conector. Este sistema permitirá en su caso la comunicación entre el vehículo eléctrico y la instalación fija. En el modo de carga 4 el SAVE incluye también un convertidor alterna-continua.

NOTA

Las definiciones de la función de control piloto, de los modos de carga y del sistema de alimentación específico del vehículo eléctrico (SAVE) están basadas en las normas internacionales aplicables.

Sistema de protección de la línea general de alimentación (SPL): sistema de protección de la línea general de alimentación contra sobrecargas, que evita el fallo de suministro para el conjunto del edificio debido a la actuación de los fusibles de la caja general de protección, mediante la disminución momentánea de la potencia destinada a la recarga del vehículo eléctrico. Este sistema puede actuar desconectando cargas, o regulando la intensidad de recarga cuando se utilicen los modos 3 o 4. La orden de desconexión y reconexión podrá actuar sobre un contactor o sistema equivalente.

GUÍA-BT-52

Con posterioridad a la publicación del RD 1053/2014 que aprueba la ITC-BT-52 se ha aprobado la especificación **UNE 0048** «*Infraestructura para la recarga de vehículos eléctricos.* Sistema de protección de la línea general de alimentación (SPL)» que facilita directrices e información con respecto de las funcionalidades y requisitos de seguridad mínimos de un SPL y es aplicable a todas aquellas soluciones que pretenden realizar la función de SPL. Un SPL puede presentarse como un producto único, un conjunto de productos y medidas, soluciones de *hardware* o *software* o sistemas domóticos o inmóticos.

Vehículo eléctrico (VEHÍCULO ELÉCTRICO): vehículo eléctrico cuya energía de propulsión procede, total o parcialmente, de la electricidad de sus baterías utilizando para su recarga la energía de una fuente exterior al vehículo eléctrico, por ejemplo, la red eléctrica.

Tipos de conexión entre la estación de recarga y el vehículo eléctrico: la conexión entre la estación de recarga y el vehículo eléctrico se podrá realizar según los casos A, B y C descritos en las Figuras 1, 2 y 3. Nótese que las Figuras 1, 2 y 3 no presuponen ningún diseño específico.

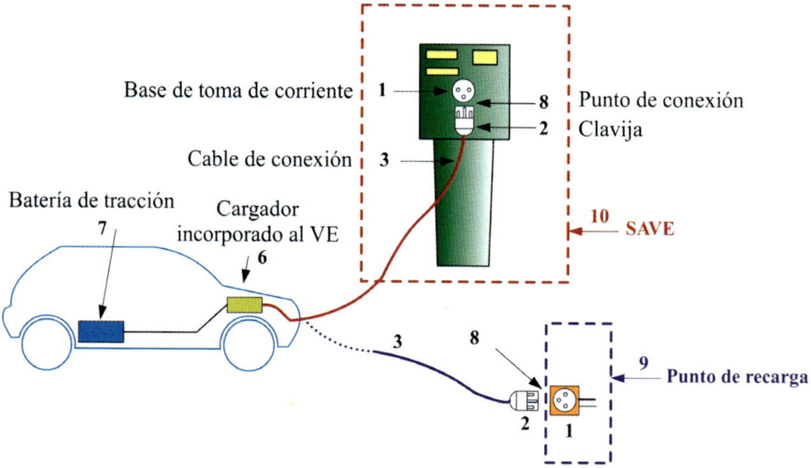

Figura 1. ***Caso A.*** *Conexión del VEHÍCULO ELÉCTRICO a la estación de recarga mediante un cable terminado en una clavija con el cable solidario al VEHÍCULO ELÉCTRICO.*

Caso A1: conexión a un punto de recarga simple mediante una toma de corriente para usos domésticos y análogos.

Caso A2: conexión a un punto de recarga tipo SAVE.

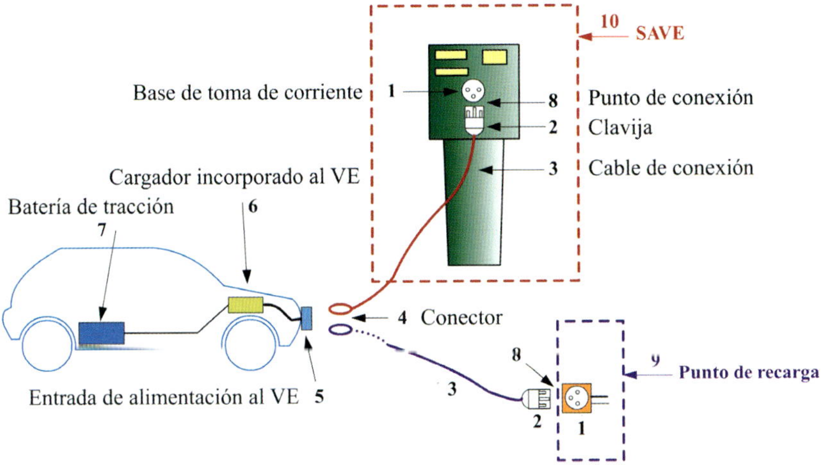

Figura 2. *Caso B. Conexión del VEHÍCULO ELÉCTRICO a la estación de recarga mediante un cable terminado por un extremo en una clavija y por el otro en un conector, donde el cable es un accesorio del VEHÍCULO ELÉCTRICO.*

Caso B1: conexión a un punto de recarga simple mediante una toma de corriente para usos domésticos y análogos.

Caso B2: conexión a un punto de recarga tipo SAVE.

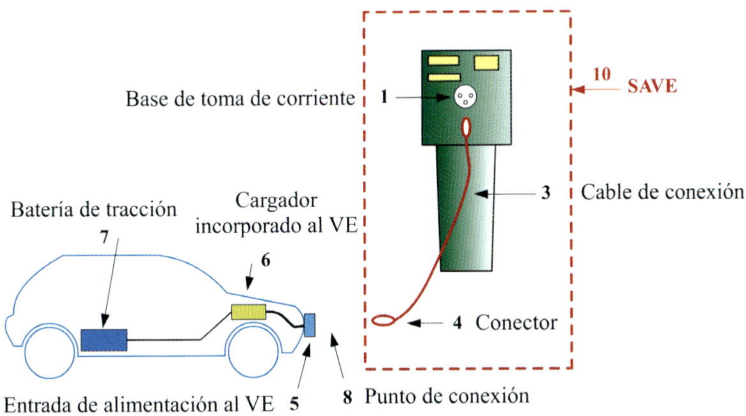

Figura 3. *Caso C. Conexión del VEHÍCULO ELÉCTRICO a la estación de recarga mediante un cable terminado en un conector: el cable forma parte de la instalación fija.*

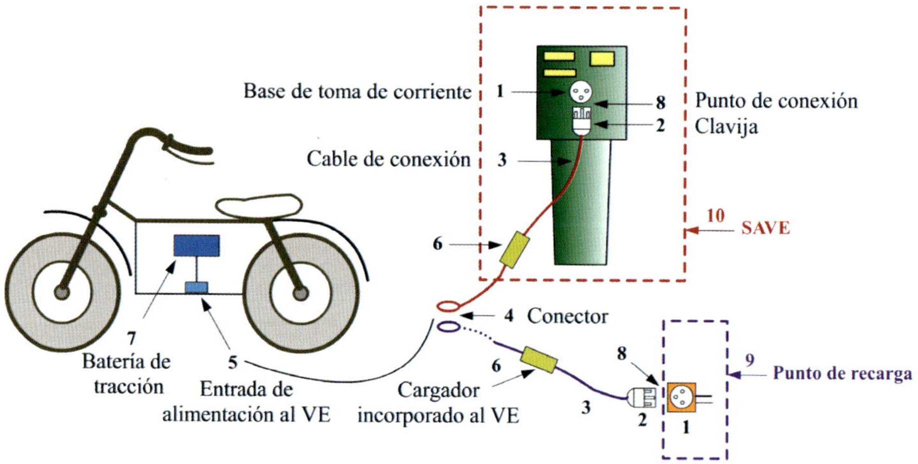

Figura 4. *Caso D. Conexión de un VEHÍCULO ELÉCTRICO ligero a la estación de recarga mediante un cable terminado en un conector: el cable incorpora el cargador.*

3. Esquemas de instalación para la recarga de vehículos eléctricos

Las instalaciones nuevas para la alimentación de las estaciones de recarga, así como la modificación de instalaciones ya existentes, que se alimenten de la red de distribución de energía eléctrica, se realizarán según los esquemas de conexión descritos en este apartado. En cualquier caso, antes de la ejecución de la instalación, el instalador o en su caso el proyectista, deben preparar una documentación técnica en la forma de memoria técnica de diseño o de proyecto, según proceda en aplicación de la **ITC-BT-04,** en la que se indique el esquema de conexión a utilizar. Los posibles esquemas serán los siguientes:

1. Esquema colectivo o troncal con un contador principal en el origen de la instalación.
2. Esquema individual con un contador común para la vivienda y la estación de recarga.
3. Esquema individual con un contador para cada estación de recarga.
4. Esquema con circuito o circuitos adicionales para la recarga del vehículo eléctrico.

GUÍA-BT-52

Independientemente del esquema utilizado, las instalaciones serán realizadas por un instalador de la categoría que corresponda según el tipo de instalación, por ejemplo, en el caso de proyectarse la instalación en locales con riesgo de incendio o explosión según la **ITC-BT-29,** el instalador deberá ser de la categoría especialista.

Debido al alto grado de electrónica de potencia a instalar y a la gran variedad de fabricantes de vehículos y tecnologías de recarga que se pueden llegar a conectar a la red de distribución, así como para facilitar la futura instalación de sistemas SPL que permitan incrementar el número de vehículos a recargar sin que sea preciso modificar las instalaciones de enlace, en las centralizaciones de contadores de las nuevas instalaciones se recomienda reservar espacio suficiente para que las empresas distribuidoras puedan instalar en caso necesario **filtros PLC,** que eviten que el ruido en el rango de frecuencias PLC (procedentes de los distintos sistemas de recarga o de los propios vehículos) afecte a la telegestión del resto de contadores conectados a la misma red baja tensión y para poder instalar igualmente elementos para la gestión de cargas desde el SPL o, en general, para el correcto funcionamiento de los distintos esquemas de conexión, tales como contactores.

Con tal fin, las empresas distribuidoras de energía eléctrica podrán disponer de especificaciones particulares donde establezcan las características sobre la construcción y montaje de las centralizaciones de contadores preparadas para la conexión del vehículo eléctrico. Según se establece en el artículo 14 del RD 842/2002 dichas especificaciones deberán ser aprobadas por la administración competente.

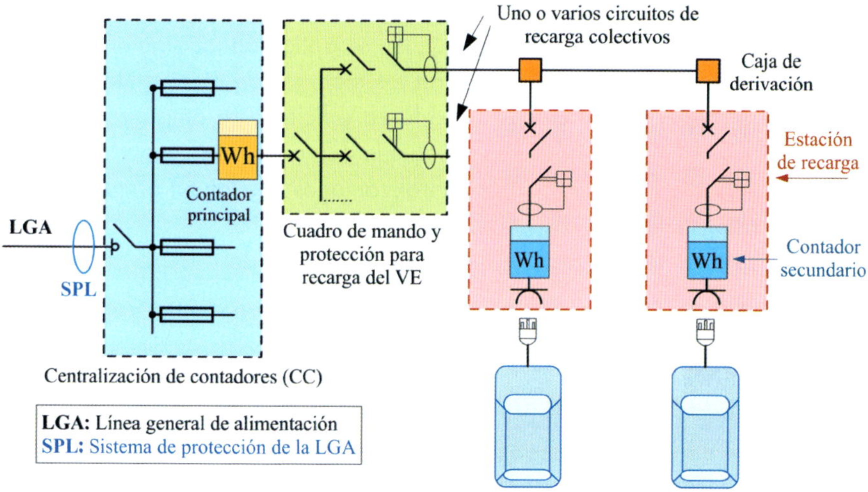

Figura 5. ***Esquema 1a:*** *instalación colectiva troncal con contador principal en el origen de la instalación y contadores secundarios en las estaciones de recarga.*

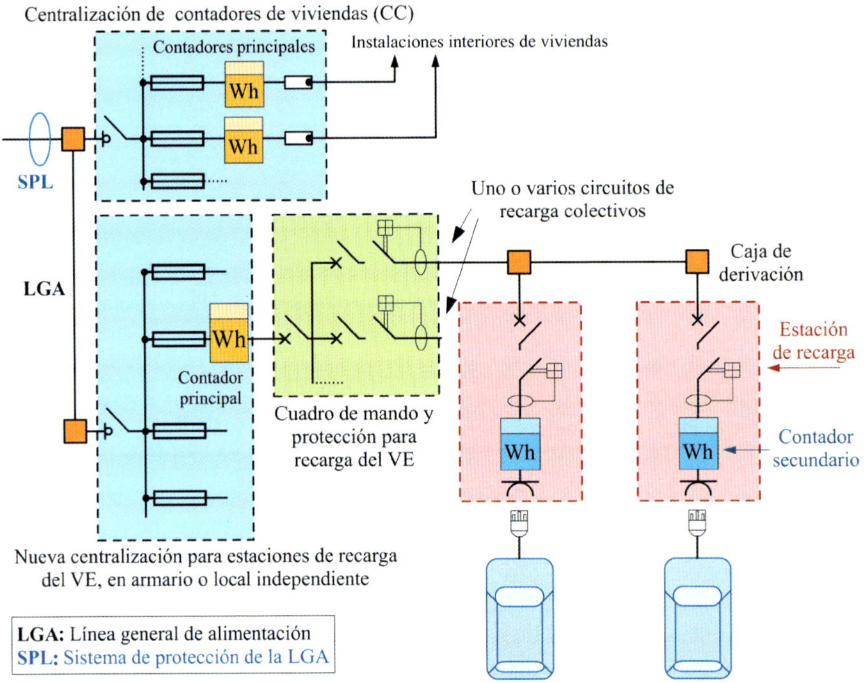

Figura 6. ***Esquema 1b:*** *instalación colectiva troncal con contador principal en origen de la instalación y contadores secundarios en las estaciones de recarga (con nueva centralización de contadores para recarga VEHÍCULO ELÉCTRICO).*

Para la selección entre los esquemas 1a y 1b, se aplicarán los siguientes criterios de prioridad, en primer lugar se utilizarán los módulos de reserva de la centralización existente (esquema 1a), si ello no fuera suficiente se ampliará la centralización existente utilizando también el esquema 1a, en último caso y por falta de espacio, se dispondrán una o varias centralizaciones nuevas en armarios o locales (esquema 1b).

GUÍA-BT-52

Para la selección entre los esquemas 1a y 1b se tendrá en cuenta que la centralización de contadores disponga de espacio suficiente la instalación de filtros PLC que bloqueen el ruido en el rango de frecuencias PLC, así como para los elementos necesarios para la gestión de cargas desde el SPL o para el funcionamiento correcto de los distintos esquemas de conexión, tales como contactores.

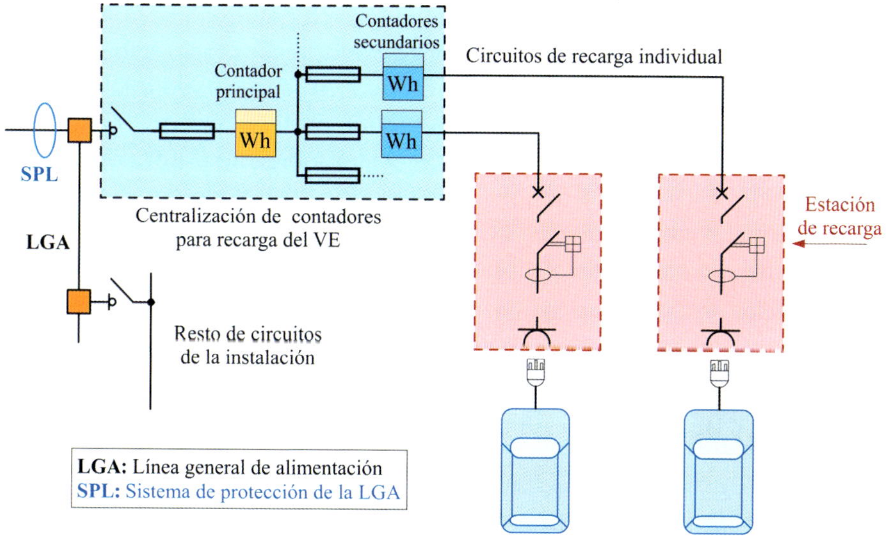

Figura 7. ***Esquema 1c:*** *instalación colectiva con un contador principal y contadores secundarios individuales para cada estación de recarga.*

La protección de los circuitos de recarga se puede realizar con fusibles o con interruptores automáticos. La centralización de contadores para recarga del vehículo eléctrico puede formar parte de la centralización existente o disponerse en una o varias centralizaciones nuevas en armarios o locales.

GUÍA-BT-52

Para la instalación de los circuitos de recarga colectivos según los esquemas 1a, 1b, 1c, o 4b, se utilizarán **cajas de derivación** de las que partirán las derivaciones que alimentan a cada estación de recarga. Estas cajas de derivación serán responsabilidad de la comunidad de vecinos, ya que en general afectarán a varios vecinos. A continuación, se recomiendan algunas características de estas cajas:

- Se recomienda su montaje en un **paramento vertical** (columna o pared), a una altura superior a **1,8 metros** sobre la cota del suelo del garaje.
- Cada caja debe tener la posibilidad de **conectar 3 o 6 derivaciones** a estaciones de carga (múltiplos de tres para facilitar el equilibrado de cargas).
- En instalaciones nuevas las cajas deben instalarse a lo largo de todo su recorrido, de forma que ninguna plaza de garaje quede a más de **20 metros** de una caja.
- Las cajas podrán albergar pequeños **interruptores automáticos** cuando sean necesarios para proteger la derivación frente a cortocircuitos.
- Las cajas dispondrán de un sistema de cierre a fin de evitar manipulaciones indebidas de sus conexiones.

Para el esquema 2 en el proyecto o memoria técnica de diseño se justificará que el fusible de la centralización protege contra cortocircuitos tanto a la derivación individual, como al circuito de recarga individual, en especial para la intensidad mínima de cortocircuito, incrementando la sección obtenida por aplicación de los criterios de caída de tensión y de protección contra sobrecargas para este circuito, si fuera necesario. La función de control de potencia contratada por el cliente será realizada por el contador principal, sin necesidad de instalar un ICP independiente. En caso de actuación de la función de control de potencia, su rearme se realizará directamente desde la vivienda.

GUÍA-BT-52

La función de control de potencia contratada por el cliente será realizada por el contador principal para potencias inferiores a **15 kW,** sin necesidad en este caso de instalar un ICP independiente.

El citado rearme puede conseguirse mediante diversas soluciones, por ejemplo:

- Soluciones que requieren la utilización de uno o dos conductores de mando desde la vivienda hasta un contactor instalado en la centralización de contadores, en el circuito de recarga individual o en la propia estación de recarga. Como ejemplos de tales soluciones se incluyen las **Figuras A1 y A2.** Para el hilo de mando se recomienda **color rojo** y una sección mínima de **1,5 mm^2.** El contactor se podrá ubicar en la propia estación de carga, o en la centralización de contadores justo en el origen del circuito de recarga. Si se ubica en la centralización de contadores, la ventaja es que la longitud del hilo de mando será menor, aunque para instalaciones existentes y por falta de espacio puede ser más sencillo ubicarlo en la estación de carga.

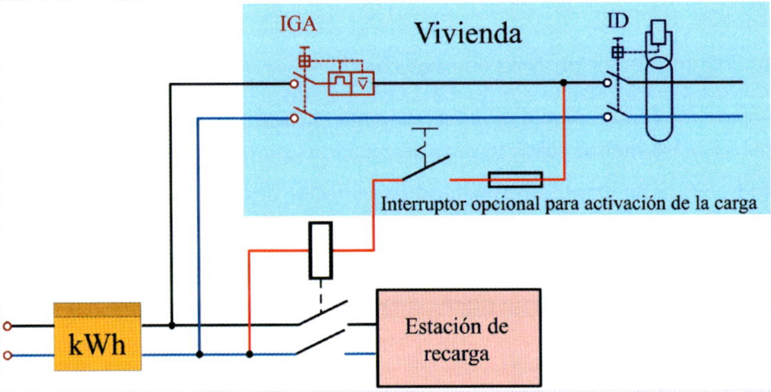

Figura A1. *Ejemplo de rearme manual con un conductor de mando único.*

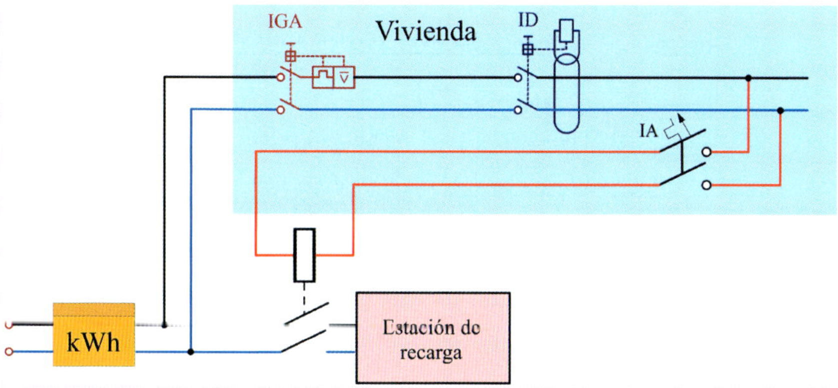

Figura A2. *Ejemplo de rearme manual con dos conductores de mando.*

- Soluciones que utilizan dispositivos adicionales para el rearme del contactor y no requieren de conductores auxiliares desde la vivienda hasta el contactor. Dichos dispositivos pueden estar instalados en la centralización de contadores, en el circuito de recarga individual o en la propia estación de recarga. Como ejemplo de tales soluciones se incluye la **Figura A3.** Una vez interrumpido el circuito de recarga el contador debe apreciar una impedancia infinita que permita su rearme desde la vivienda.
- Cualquier otro método que tecnológicamente pueda realizar esta función de rearme.

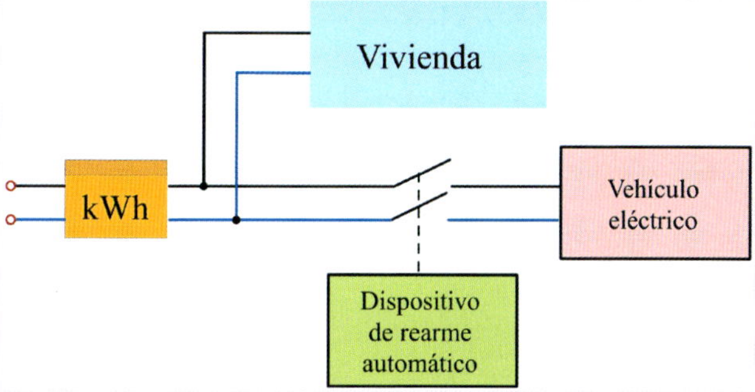

Figura A3. *Ejemplo de rearme automático con contactor normalmente abierto.*

Con el objetivo de mantener el nivel de seguridad, cuando con motivo de la instalación de los nuevos circuitos para la recarga de vehículos eléctricos se realice una modificación en la instalación interior de la vivienda (por ejemplo, en el cuadro de mando y protección), se recomienda realizar una revisión de la instalación existente, según la **UNE 202008 IN.**

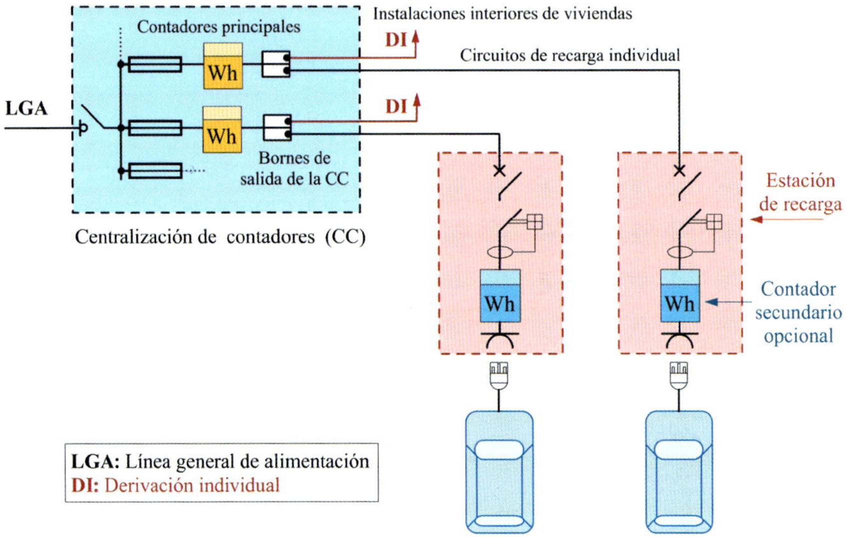

Figura 8. ***Esquema 2:*** *instalación individual con un contador principal común para la vivienda y para la estación de recarga.*

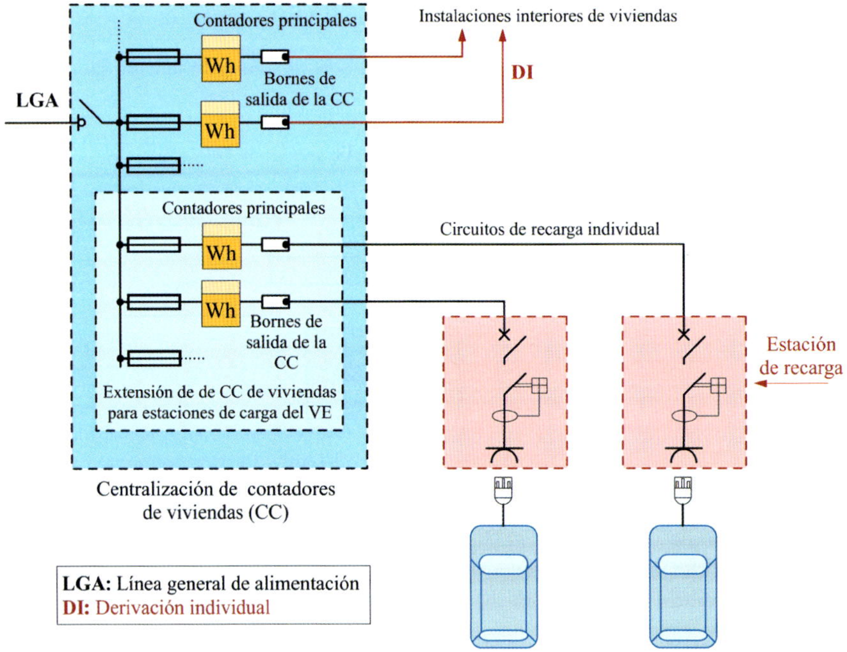

Figura 9. ***Esquema 3a:*** *instalación individual con un contador principal para cada estación de recarga (utilizando la centralización de contadores existente).*

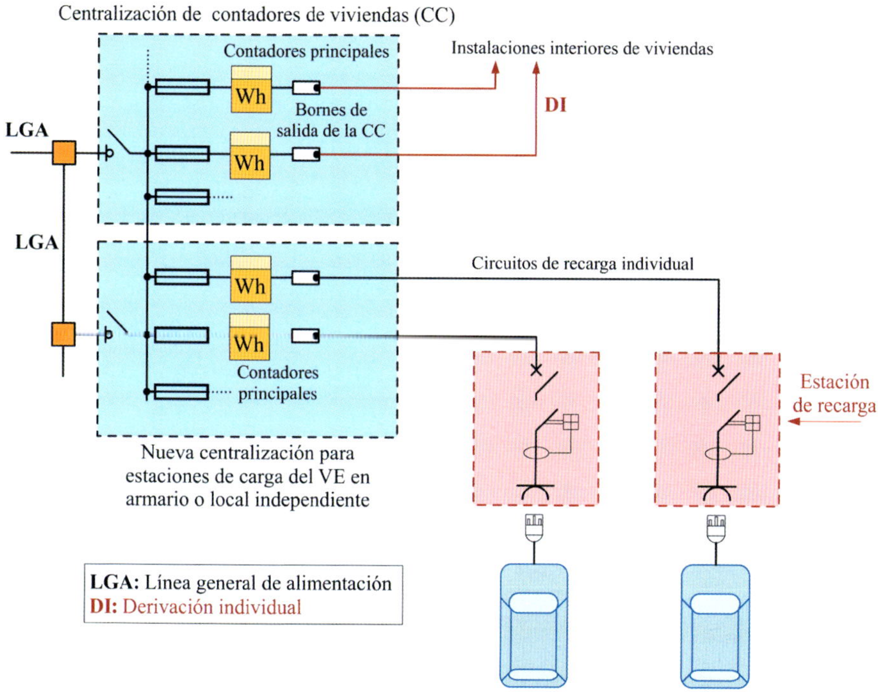

Figura 10. ***Esquema 3b:*** *instalación individual con un contador principal para cada estación de recarga (con una nueva centralización de contadores).*

Para la selección entre los esquemas 3a y 3b, se aplicarán los siguientes criterios de prioridad, en primer lugar se utilizarán los módulos de reserva de la centralización existente (esquema 3a), si ello no fuera suficiente se ampliará la centralización existente utilizando también el esquema 3a, en último caso y por falta de espacio, se dispondrán una o varias centralizaciones nuevas en armarios o locales (esquema 3b).

Los esquemas de instalación descritos en este apartado no resultan aplicables para la conexión de las estaciones de recarga que se alimenten mediante una red independiente de la red de distribución de corriente alterna usualmente utilizada, por ejemplo, mediante una red de corriente continua o corriente alterna ferroviaria, o mediante un fuente de energía de origen renovable con posible almacenamiento de energía, en cuyo caso el diseñador de la instalación especificará el esquema eléctrico a utilizar.

Nótese que las **Figuras 5 a 12** son solamente ejemplos ilustrativos de los distintos esquemas de instalaciones de recarga de vehículos eléctricos y que no contienen todos los elementos de la instalación.

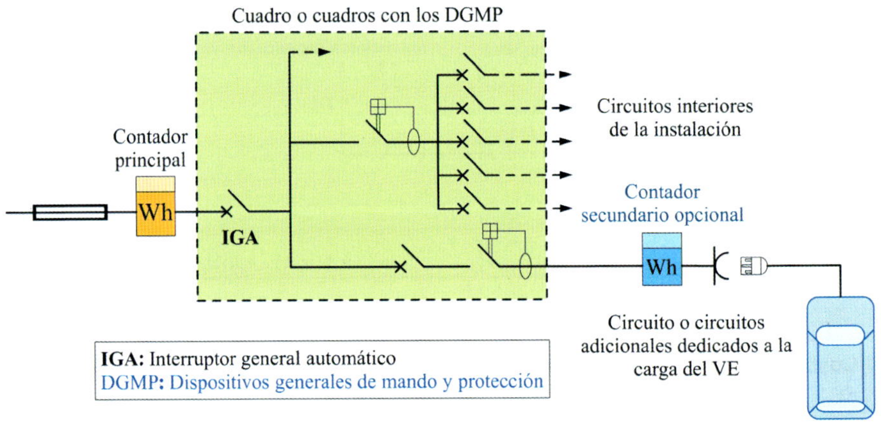

Figura 11. ***Esquema 4a:*** *instalación con circuito adicional individual para la recarga del VEHÍCULO ELÉCTRICO en viviendas unifamiliares.*

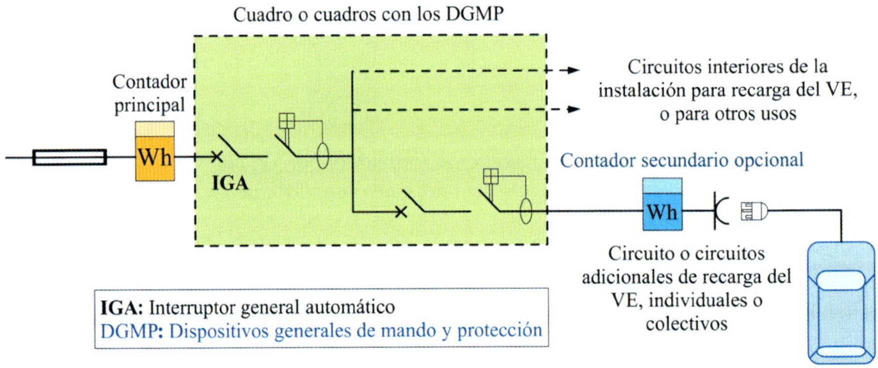

Figura 12. ***Esquema 4b:*** *instalación con circuito o circuitos adicionales para la recarga del VEHÍCULO ELÉCTRICO.*

GUÍA-BT-52

Este **esquema 4a** también se puede utilizar en instalaciones para la recarga de vehículos eléctricos en edificios o conjuntos inmobiliarios en régimen de propiedad horizontal según lo establecido en el apartado 3.2 de esta ITC-BT-52, siempre que la infraestructura común del edificio esté preparada para albergar este tipo de instalación. Su uso generalizado en garajes en régimen de propiedad horizontal supondría grandes caídas de tensión y la necesidad de disponer de patinillos para las derivaciones individuales de grandes dimensiones, de forma que se recomienda su utilización solo en los siguientes casos:

- Viviendas unifamiliares.
- Fincas de cualquier tipo con un único suministro.

Con el objetivo de mantener el nivel de seguridad, cuando con motivo de la instalación de los nuevos circuitos para la recarga de vehículos eléctricos se realice una modificación en la instalación interior de la vivienda (por ejemplo, en el cuadro de mando y protección), se recomienda realizar una revisión de la instalación existente, según la **UNE 202008 IN.**

GUÍA-BT-52

Conforme a lo establecido en el apartado 3.2 de esta ITC-BT-52, el **esquema 4b** se puede utilizar para la recarga de vehículos eléctricos en edificios o conjuntos inmobiliarios en régimen de propiedad horizontal, utilizando el cuadro de los servicios generales de los garajes como punto de partida de los circuitos para la recarga del vehículo eléctrico, y utilizando generalmente circuitos de recarga colectivos.

Si en este esquema 4b o en cualquier otro interviene un **gestor de cargas** cabe recordar que en aplicación del **RD 647/2011** tendrán que registrar en cada una de sus instalaciones los consumos destinados a la recarga de vehículos eléctricos de forma diferenciada a los consumos que puedan producirse para otros usos.

Con el objetivo de mantener el nivel de seguridad, cuando con motivo de la instalación de los nuevos circuitos para la recarga de vehículos eléctricos se realice una modificación en la instalación eléctrica de los aparcamientos se recomienda realizar una revisión de la instalación existente, según la parte aplicable de la serie de normas **UNE 202009 IN.**

3.1. Instalación en aparcamientos de viviendas unifamiliares

En las viviendas unifamiliares nuevas que dispongan de aparcamiento o zona prevista para poder albergar un vehículo eléctrico se instalará un circuito exclusivo para la recarga de vehículo eléctrico. Este circuito se denominará circuito $\mathbf{C_{13}}$, según la nomenclatura de la **ITC-BT-25** y seguirá el esquema de instalación **4a.**

GUÍA-BT-52

En todas las viviendas unifamiliares nuevas el **circuito C13** debe quedar totalmente instalado incluyendo los sistemas de canalización, los cables, las protecciones y el punto de recarga.

En las viviendas unifamiliares, o en general en las fincas con un único suministro, tanto para instalaciones nuevas como ya existentes, se instalará una **Caja de Protección y Medida (CPM)** que incorpore un protector contra sobretensiones transitorias antes del contador y un espacio para la instalación en caso necesario de un filtro PLC después del contador.

Las instalaciones existentes en las que se desee instalar una estación de recarga se ajustarán también a lo establecido en este apartado.

La alimentación de este circuito podrá ser monofásica o trifásica y la potencia instalada responderá generalmente a uno de los escalones de la **Tabla 1,** según prevea el proyectista de la instalación. No obstante, el proyectista podrá justificar una potencia mayor, en función de la previsión de potencia por estación de recarga o del número de plazas construidas para la vivienda unifamiliar, en cuyo caso el circuito y sus protecciones se dimensionarán acorde con la potencia prevista.

Tabla 1. *Potencias instaladas normalizadas en un circuito de recarga para una vivienda unifamiliar.*

$U_{nominal}$	Interruptor automático de protección en el origen del circuito	Potencia instalada	Estaciones de recarga por circuito
230 V	10 A	2.300 W	1
	16 A	3.680 W	1
	20 A	4.600 W	1
	32 A	7.360 W	1
	40 A	9.200 W	1
230/400 V	16 A	11.085 W	de 1 a 3
	20 A	13.856 W	de 1 a 4
	32 A	22.170 W	de 1 a 6
	40 A	27.713 W	de 1 a 8

Para evitar desequilibrios en la red eléctrica los circuitos C_{13} monofásicos no dispondrán de una potencia instalada superior a los **9.200 W**.

Cuando en un circuito trifásico se conecten estaciones monofásicas, éstas se repartirán de la forma más equilibrada posible entre las tres fases. El número máximo de estaciones de recarga de la **Tabla 1** por cada circuito de recarga trifásico se ha calculado suponiendo estaciones monofásicas de una potencia unitaria de **3.680 W**. El proyectista podrá ampliar o reducir el número máximo si justifica una potencia instalada por estación de recarga inferior o superior, respectivamente.

Las bases de toma de corriente o conectores instalados en la estación de recarga y sus interruptores automáticos de protección deberán ser conformes con alguna de las opciones indicadas en el **apartado 5.4.**

3.2. Instalación en aparcamientos o estacionamientos colectivos en edificios o conjuntos inmobiliarios en régimen de propiedad horizontal

Las instalaciones eléctricas para la recarga de vehículos eléctricos ubicadas en aparcamientos o estacionamientos colectivos en edificios o conjuntos inmobiliarios en régimen de propiedad horizontal seguirán cualquiera de los esquemas descritos anteriormente. En un mismo edificio se podrán utilizar esquemas distintos siempre que se cumplan todos los requisitos establecidos en esta **ITC-BT-52.**

GUÍA-BT-52

En edificios existentes que carezcan de instalaciones para recarga de vehículos, cuando sea necesario realizar las instalaciones para la recarga del primer vehículo, se recomienda que el o los vecinos propietarios de los vehículos a recargar y la propia comunidad de vecinos lleguen a un acuerdo en relación al esquema o esquemas de conexión a implementar en el edificio, sin que la decisión individual de una de las dos partes afecte a la otra, puesto que cada una debería asumir los costes correspondientes a la modificación o construcción de las instalaciones de las que sea titular.

En el **esquema 4a,** el circuito de recarga seguirá las condiciones de instalación descritas en la **ITC-BT-15,** utilizando cables y sistemas de conducción de los mismos tipos y características que para una derivación individual; la sección del cable se calculará conforme a los requisitos generales del **apartado 5** de esta ITC, no siendo necesario prever una ampliación de la sección de los cables para determinar el diámetro o las dimensiones transversales del sistema de conducción a utilizar.

GUÍA-BT-52

Para instalaciones existentes en garajes en régimen de propiedad horizontal en las que se utilice el **esquema 4a** para la recarga del vehículo eléctrico se tendrán en cuenta los siguientes aspectos:

- Los cables del circuito de recarga se podrán instalar por el interior del mismo Sistema de Conducción de Cables (SCC) de la Derivación Individual (DI) siempre que haya espacio disponible para ello de acuerdo con las reglas de la ITC-BT-21. En este caso los conductores del circuito de recarga utilizarán la reserva de espacio vacío del SCC prescrito en la ITC-BT-15.
- En caso de que no hubiera suficiente espacio disponible en el interior del SCC de la DI para poder pasar por su interior los conductores del circuito de recarga se podrá utilizar el tubo o conducción de reserva para DI siempre que exista la canalización y tenga espacio disponible para ello, de acuerdo con las reglas de la ITC-BT-21.

- En caso de que no fuera posible instalar el cable del circuito de recarga en el interior del SCC de la DI o por la conducción de reserva para DI, será posible instalar dicho cable bien en el interior de un SCC adicional o directamente en la canaladura de obra de las DI siempre y cuando haya espacio disponible para ello. Cuando el circuito de recarga se instale directamente en la canaladura se utilizará cable multiconductor de 0,6/1 kV, de acuerdo con las reglas de la ITC-BT-21.
- Por motivos de espacio y en caso de que ninguna de las anteriores soluciones sea posible, se podrá admitir la instalación de los conductores de circuitos de recarga de distintos suministros por el interior de un mismo sistema de conducción de cables (ya sea el tubo de reserva para derivaciones individuales u otro SCC instalado adicionalmente) siempre que exista espacio disponible según las reglas de la ITC-BT-21. En tal caso, para asegurar la separación necesaria entre suministros, los circuitos C13 deberán realizarse utilizando cable multiconductor de tensión asignada 0,6/1 kV.

El **esquema 4b** se utilizará cuando la alimentación de las estaciones de recarga se proyecte como parte integrante o ampliación de la instalación eléctrica que atiende a los servicios generales de los garajes.

Tanto en instalaciones existentes como en instalaciones nuevas, y con objeto de facilitar la utilización del esquema eléctrico seleccionado, los cuadros con las protecciones generales se podrán ubicar en los cuartos habilitados para ello o en zonas comunes.

La preinstalación eléctrica para la recarga de vehículo eléctrico en edificios o conjuntos inmobiliarios facilitará la utilización posterior de cualquiera de los posibles esquemas de instalación. Para ello se preverán los siguientes elementos:

a) Instalación de sistemas de conducción de cables desde la centralización de contadores y por las vías principales del aparcamiento o estacionamiento con objeto de poder alimentar posteriormente las estaciones de recarga que se puedan ubicar en las plazas individuales del aparcamiento o estacionamiento. Cuando la preinstalación esté prevista para el 100 % de las plazas los sistemas de conducción de cables llegarán hasta cada una de las plazas.

b) La centralización de contadores se dimensionará de acuerdo al esquema eléctrico escogido para la recarga del vehículo eléctrico y según lo establecido en la **ITC-BT-16.** Se instalará como mínimo un módulo de reserva para ubicar un contador principal, y se reservará espacio para los dispositivos de protección contra sobreintensidades asociados al contador, bien sea con fusibles o con interruptor automático.

GUÍA-BT-52

En base a la creciente demanda de este tipo de vehículos, sería recomendable realizar la preinstalación para el 100 % de las plazas. En relación a las potencias previstas será de aplicación lo indicado en el **Anexo 2.**

Cuando se realice la instalación para el primer punto de conexión en **edificios existentes,** se deberá prever, en su caso, la instalación de los elementos comunes de forma que se adecue la infraestructura para albergar la instalación de futuros puntos de conexión.

GUÍA-BT-52

Se recomienda que los elementos comunes a instalar, tales como las canalizaciones y los módulos de reserva en la centralización de contadores sigan las siguientes pautas, no siendo obligatorio que la preinstalación incluya los cables de los circuitos de alimentación del vehículo eléctrico, ni las estaciones de recarga.

- Cuando en edificios existentes se realice la instalación del primer punto de recarga, se dimensionará la canalización para albergar la instalación de futuros puntos de recarga en la zona de influencia del punto a instalar. El criterio anterior deberá aplicarse también cada vez que se realice la instalación de un nuevo punto de recarga. En el **Anexo 1,** aplicable a edificios o conjuntos inmobiliarios en régimen de propiedad horizontal, se presenta un ejemplo de cómo dimensionar estas canalizaciones.
- Cuando en edificios existentes se realice la instalación de un punto de recarga utilizando un esquema que precise de un contador principal adicional (esquemas 1 o 3) y por falta de espacio fuera necesario realizar una nueva centralización de contadores, generalmente en armario, esta se dimensionará con al menos un módulo de reserva para instalar el contador asociado con un futuro punto de recarga.

Las bases de toma de corriente o conectores instalados en la estación de recarga y sus interruptores automáticos de protección deberán ser conformes con alguna de las opciones indicadas en el apartado 5.4

3.3. Otras instalaciones de recarga

Las instalaciones eléctricas para la recarga de vehículos eléctricos alimentadas de la red de distribución de energía eléctrica, distintas de las descritas en 3.1 y 3.2 seguirán los esquemas 1a, 1b, 1c, 3 o 4b descritos anteriormente.

Las bases de toma de corriente o conectores instalados en la estación de recarga y sus interruptores automáticos de protección deberán ser conformes con alguna de las opciones indicadas en el apartado 5.4.

3.3.1. Estaciones de recarga para autoservicio (uso por personas no adiestradas)

Estas estaciones de recarga, tales como las ubicadas en la vía pública, en aparcamientos o estacionamientos de flotas privadas, cooperativas o de empresa, para su propio personal o asociados y en aparcamientos o estacionamientos públicos, gratuitos o de pago, de titularidad pública o privada, están destinadas a ser utilizadas por usuarios no familiarizados con los riesgos de la energía eléctrica.

Este tipo de instalaciones podrán utilizar cualquier modo de carga.

3.3.2. Estaciones de recarga con asistencia para su utilización (uso por personas adiestradas o cualificadas)

Estas estaciones de recarga, tales como las ubicadas en aparcamientos para recarga de flotas, talleres, concesionarios de automóviles, depósitos municipales de vehículo eléctrico, así como otras estaciones dedicadas específicamente a la recarga del vehículo eléctrico, están destinadas a ser utilizadas o supervisadas por usuarios familiarizados con los riesgos de la energía eléctrica.

Este tipo de instalaciones dispondrán preferentemente de los **modos de carga 3 o 4,** aunque también podrán equiparse con estaciones de recarga en modo 1 o 2, cuando esté previsto recargar vehículos eléctricos de baja potencia tales como bicicletas, ciclomotores y cuadriciclos.

4. Previsión de cargas según el esquema de la instalación

GUÍA-BT-52

Para realizar la previsión de cargas en garajes de nueva construcción en régimen de condominio cuando se desee realizar la preinstalación para un número de las plazas elevado, mayor que el mínimo reglamentario y superior al 50 % del total de plazas de garaje construidas, se podrá seguir lo indicado en el **Anexo 2** de la Guía ITC-BT-52.

Una vez terminada la instalación, y con objeto de conocer fácilmente la máxima potencia a contratar, el Certificado de Instalación Eléctrica (CIE) debería recoger, entre otros valores, la información actualizada correspondiente a la potencia máxima admisible de la totalidad de la instalación (esto es, potencia máxima admisible de la instalación aguas abajo del punto frontera entre empresa distribuidora y consumidor).

4.1. Esquema colectivo con un contador principal común (esquemas 1a, 1b y 1c)

La instalación del sistema de protección de la línea general de alimentación (SPL) será opcional, en edificios de nueva construcción a criterio del promotor y en instalaciones en edificios existentes a criterio del titular del suministro, o, en su caso, de la Junta de Propietarios.

El dimensionamiento de las instalaciones de enlace y la previsión de cargas se realizará considerando un **factor de simultaneidad** de las cargas del vehículo eléctrico con el resto de la instalación igual a **0,3** cuando se instale el SPL y de **1,0** cuando no se instale. Como entrada de información el SPL recibirá la medida de intensidad que circula por la LGA.

$$P_{edificio} = (P_1 + P_2 + P_3 + P_4) + 0{,}3 \cdot P_5 \text{ (se instala el SPL)}$$

$$P_{edificio} = (P_1 + P_2 + P_3 + P_4) + P_5 \text{ (no se instala el SPL)}$$

$\boldsymbol{P_1}$ = Carga correspondiente al conjunto de viviendas obtenida como el número de viviendas por el coeficiente de simultaneidad de la Tabla 1 de la ITC-BT-10.

$\boldsymbol{P_2}$ = Carga correspondiente a los servicios generales.

$\boldsymbol{P_3}$ = Carga correspondiente a locales comerciales y oficinas.

$\boldsymbol{P_4}$ = Carga correspondiente a los garajes distintas de la recarga del vehículo eléctrico.

$\boldsymbol{P_5}$ = Carga prevista para la recarga del vehículo eléctrico.

En el proyecto o memoria técnica de diseño de instalaciones en edificios existentes se incluirá el cálculo del número máximo de estaciones de recarga que se pueden alimentar teniendo en cuenta la potencia disponible en la LGA y considerando la suma de la potencia instalada en todas las estaciones de recarga con el factor de simultaneidad que corresponda con el resto de la instalación, según se disponga o no del SPL.

GUÍA-BT-52

La previsión de potencia de los puntos de recarga a instalar en aparcamientos o estacionamientos colectivos en edificios o conjuntos inmobiliarios en régimen de propiedad horizontal no será inferior a la previsión de potencia mínima para la instalación de recarga de vehículo eléctrico según el requisito de la **ITC-BT-10.**

$$P_{5\text{mínimo}} = 0{,}1 \cdot \text{N.° de plazas} \cdot 3{,}68\ \text{kW}$$

La previsión de potencia de los puntos de recarga a instalar en edificios de uso no residencial tales como los edificios de oficinas u otros de usos comerciales se calculará conforme a la disposición adicional primera del **RD 1053/2014** con la siguiente fórmula:

$$P_{5\text{mínimo}} = \frac{\text{N.° de plazas}}{40} \cdot 3{,}68\ \text{kW}$$

Para poder aplicar el **factor 0,3** para el cálculo de la previsión de cargas del edificio, es necesario que se instale un SPL en el edificio junto con las estaciones de recarga.

Dado que el correcto funcionamiento del SPL condiciona las dimensiones de la instalación de enlace y repercute en su seguridad, durante la instalación del sistema se debe asegurar por parte del titular o promotor y de los responsables técnicos que intervienen en la instalación (proyectista o instalador según el caso), que el SPL y los puntos de recarga instalados se comuniquen correctamente. Una vez puesta en servicio la instalación, será responsabilidad del titular su correcto mantenimiento, así como del correcto funcionamiento de las estaciones de recarga gestionadas por el SPL.

El número de estaciones de recarga posibles para cada circuito de recarga colectivo y su previsión de carga se calcularán, teniendo en cuenta la potencia prevista de cada estación con un **factor de simultaneidad** entre las estaciones de recarga igual a **1,0**. No obstante, el número de estaciones por circuito de recarga colectivo podrá aumentarse y el factor de simultaneidad entre ellas disminuirse si se dispone de un sistema de control que mida la intensidad que pasa por el circuito de recarga colectivo y reduzca la intensidad disponible en las estaciones, evitando las sobrecargas en el circuito de recarga colectivo.

GUÍA-BT-52

En caso de existir un sistema de control interno del circuito de recarga colectivo que mida la intensidad que pasa por dicho circuito y que pueda limitar la potencia disponible en las estaciones, la potencia prevista, P_5, para un número N de estaciones de recarga, podría reducirse, aunque nunca por debajo del umbral mínimo ($P_{5mínimo}$). Si se mantiene la previsión de potencia, la instalación de este sistema de control permitiría la instalación de puntos de recarga adicionales. En todo caso, el sistema optimiza el control de las cargas regulando la disponibilidad de potencia para la carga simultánea de todos los vehículos eléctricos.

4.2. Esquema individual (esquemas 2, 3a y 3b)

El dimensionamiento de las instalaciones de enlace y la previsión de cargas se realizará considerando un **factor de simultaneidad** de las cargas del vehículo eléctrico con el resto de cargas de la instalación igual a **1,0**.

GUÍA-BT-52

El mínimo reglamentario a considerar de la carga prevista para el VE, será el mismo valor $\boldsymbol{P_{5mínimo}}$ indicado en el apartado 4.1, según se trate de aparcamientos en régimen de propiedad horizontal o de aparcamientos en edificios de uso no residencial. Para aplicar este mínimo se separará la potencia prevista para el VE de la potencia prevista para otras cargas, tales como las viviendas.

En caso de utilizar el **esquema 2:**

- Dado que el circuito de alimentación de la estación de recarga no se alimenta de la derivación individual a la vivienda, la previsión de potencia del vehículo eléctrico no influye en el dimensionamiento de la derivación individual a la vivienda. Por tanto, para el cálculo de la sección de la derivación individual de las viviendas se tendrá en cuenta solo la previsión de potencia de la propia vivienda sin considerar la potencia para la carga del vehículo eléctrico.
- Respecto a la previsión de potencia total, la potencia prevista para la recarga del vehículo eléctrico se englobará dentro de la de la vivienda (como parte de $\boldsymbol{P_1}$) por lo que la previsión de potencia de la vivienda se incrementará en la potencia prevista para la recarga del vehículo eléctrico.
- No resulta necesario prever un grado de electrificación elevado para las viviendas en todos los casos, ya que la potencia prevista para el vehículo eléctrico se estima de forma independiente a la de la vivienda.

En los esquemas 3a y 3b, la función de control de potencia contratada para la estación de recarga se realizará con el contador principal, sin necesidad de instalar un ICP externo al contador.

GUÍA-BT-52

En caso de utilizar el **esquema 3,** como cada punto de recarga de vehículos eléctricos cuenta con su propio suministro individual, la recarga de vehículo eléctrico debe considerarse como una carga adicional a la del resto del edificio e incluirse dentro de P_5.

4.3. Esquema 4 (esquemas 4a y 4b)

La previsión de cargas se realizará considerando un **factor de simultaneidad** de las cargas del vehículo eléctrico con el resto de circuitos de la instalación igual a 1,0. Para calcular el número de estaciones de recarga en un circuito de recarga colectivo y la simultaneidad entre ellas según el esquema 4b, se aplicará lo indicado en el apartado 4.1.

GUÍA-BT-52

Cuando se utilice el **esquema 4a** en viviendas unifamiliares la previsión de cargas de la vivienda incluirá el o los puntos de recarga del VE, con una previsión mínima de **9200 W** por vivienda (nivel de electrificación elevada).

Cuando se utilicen el **esquema 4a o el 4b** para aparcamientos colectivos en régimen de propiedad horizontal o para aparcamientos en edificios de uso no residencial se aplicará la previsión de cargas mínima, $P_{5mínimo}$ indicada en el apartado 4.1. Para aplicar este mínimo se separará la potencia prevista para el VE de la potencia prevista para otras cargas, tales como las viviendas que podrán ser de electrificación básica o elevada.

En caso de utilizar el **esquema 4a,** a diferencia del caso en que se utiliza un **esquema 2,** la potencia correspondiente a la carga del vehículo eléctrico sí influye en el dimensionamiento de la derivación individual a la vivienda.

En instalaciones existentes con el **esquema 4a** la potencia prevista para la recarga del vehículo eléctrico se englobará dentro de la de la vivienda (como parte de P_1) por lo que la previsión de potencia de la vivienda se incrementará en la potencia prevista para la recarga del vehículo eléctrico con **factor de simultaneidad 1.**

En instalaciones existentes con el **esquema 4b** la potencia prevista para la recarga de vehículo eléctrico se sumará con la previsión de potencia del resto de la instalación también con **factor de simultaneidad 1.**

En caso de existir un sistema de control interno del circuito de recarga colectivo que mida la intensidad que pasa por dicho circuito y que pueda limitar la potencia disponible en las estaciones, la potencia instalada en dicho circuito y, por tanto, la previsión de cargas para dicho circuito se podrá reducir, ya que el sistema controlará la disponibilidad de potencia para la recarga simultánea en todos los puntos.

5. Requisitos generales de la instalación

En los locales cerrados de edificios destinados a aparcamientos o estacionamientos colectivos de uso público o privado, se podrá realizar la operación de recarga de baterías siempre que dicha operación se realice sin desprendimiento de gases durante la recarga y que dichos locales no estén clasificados como locales con riesgo de incendio o explosión según la **ITC-BT-29.** En el local donde se realice la recarga del vehículo eléctrico se colocará un cartel reflectante en el punto de recarga que identifique que no está permitida la recarga de baterías con desprendimiento de gases.

GUÍA-BT-52

Cuando se pretenda realizar una instalación para la recarga del VE en un garaje existente con ventilación forzada o con ventilación natural y más de 5 plazas de aparcamiento, el proyectista encargado de elaborar el proyecto o el instalador encargado de elaborar la memoria técnica de diseño, revisarán el proyecto original de la instalación eléctrica del garaje para comprobar si el garaje está desclasificado y si se siguen cumpliendo las condiciones de ventilación que permitieron esta desclasificación. En caso de que no se pueda comprobar que el garaje está desclasificado se realizará un proyecto de desclasificación según la **ITC-BT-29.**

Los circuitos de recarga colectivos discurrirán preferentemente por zonas comunes. Para los esquemas 1a, 1b, 1c, 2, 3a y 3b, los contadores principales se ubicarán en el propio local o armario destinado a albergar la concentración de contadores o, en caso de que no se disponga de espacio suficiente, se habilitará un nuevo local o armario al efecto de acuerdo con los requisitos de la **ITC-BT-6.** Cuando se instalen contadores secundarios, éstos se ubicarán en un armario, en una envolvente o dentro de un SAVE.

Se admitirá que la línea general de alimentación tenga derivaciones de menor sección si se garantiza la protección de dichas derivaciones contra sobreintensidades. Para tal fin, en los esquemas 1b, 1c y 3b, se podrán incluir en la caja de derivación las protecciones necesarias con fusibles o interruptor automático.

GUÍA-BT-52

En el **esquema 4b,** el contador principal, que será el correspondiente a los servicios generales de la finca, debe ubicarse en la centralización de contadores.

La caja en la que se realice la derivación de la LGA debe estar ubicada en un cuarto o armario de contadores o bien en una zona común. La caja estará cerrada y dispondrá de un sistema de cierre similar al utilizado en los armarios de contadores.

Cuando se instale un circuito de recarga colectivo que alimente a varias estaciones de recarga (según el esquema 1a, o 1b), cada circuito partirá de un interruptor automático para su protección contra sobrecargas y cortocircuitos. Aguas arriba de cada interruptor automático y en el mismo cuadro se instalará un IGA (interruptor general automático) para la protección general de todos los circuitos de recarga.

En aparcamientos y estacionamientos, el cuadro de mando y protección asociado a las estaciones de recarga estará identificado en relación a la plaza o plazas de aparcamiento asignadas. Los elementos a instalar en dicho cuadro se definen en el apartado 6.

Los cuadros de mando y protección, o en su caso los SAVE con protecciones integradas, deberán disponer de sistemas de cierre a fin de evitar manipulaciones indebidas de los dispositivos de mando y protección.

La **potencia instalada** en los circuitos de recarga colectivos **trifásicos** según el esquema 1a, 1b o 4b se ajustará generalmente a uno de los escalones de la **Tabla 2,** aunque el proyectista podrá justificar una potencia distinta, en cuyo caso el circuito y sus protecciones se dimensionarán acorde con la potencia prevista.

Tabla 2. *Potencias instaladas normalizadas de los circuitos de recarga colectivos destinados a alimentar estaciones de recarga.*

$U_{nominal}$	Interruptor automático de protección en origen circuito recarga	Potencia instalada	N.° máximo de estaciones de recarga por circuito
230/400 V	16 A	11.085 W	3
	32 A	22.170 W	6
	50 A	34.641 W	9
	63 A	43.647 W	12

Las estaciones de recarga monofásicas se repartirán de forma equilibrada entre las tres fases del circuito de recarga colectivo. El número máximo de estaciones de recarga por cada circuito de recarga colectivo indicado en la **Tabla 2,** se ha calculado suponiendo que las estaciones son monofásicas y de una potencia unitaria de **3.680 W**. El proyectista podrá ampliar o reducir el número de estaciones de recarga si justifica una potencia instalada por estación inferior o superior, respectivamente.

La previsión de potencia y las características del circuito de recarga colectivo o individual previsto para el modo de carga 4 se determinarán para cada proyecto en particular.

El **sistema de iluminación** en la zona donde esté prevista la realización de la recarga garantizará que durante las operaciones y maniobras necesarias para el inicio y terminación de la recarga exista un nivel de iluminancia horizontal mínima a nivel de suelo de **20 lux** para estaciones de recarga de exterior y de **50 lux** para estaciones de recarga de interior.

La **caída de tensión** máxima admisible en cualquier circuito desde su origen hasta el punto de recarga no será superior al **5 %**.

Los conductores utilizados serán generalmente de **cobre** y su sección no será inferior a **2,5 mm^2**, aunque podrán ser de **aluminio** en instalaciones distintas de las viviendas o aparcamientos colectivos en edificios de viviendas, en cuyo caso la sección mínima será de **4 mm^2**. Siempre que se utilicen conductores de aluminio, sus conexiones deberán realizarse utilizando las técnicas apropiadas que eviten el deterioro del conductor debido a la aparición de potenciales peligrosos, originados por pares galvánicos entre metales distintos.

En instalaciones para la recarga de vehículo eléctrico, que reúnan **más de 5 estaciones de recarga,** por ejemplo en estaciones dedicadas específicamente a la recarga del vehículo eléctrico, el proyectista estudiará la necesidad de instalar **filtros de corrección de armónicos,** con el objeto de garantizar que se mantiene la distorsión armónica de la tensión según los límites característicos de la tensión suministrada por las redes generales de distribución, para que otros usuarios que estén conectados en el mismo punto de la red no se vean perjudicados.

GUÍA-BT-52

En caso necesario, independientemente del número de estaciones de recarga, el proyectista o instalador preverá los elementos de corrección necesarios para evitar perturbaciones o distorsiones que afecten a la red y en particular a las comunicaciones del sistema de telegestión de los contadores, por ejemplo, mediante la instalación de filtros. Con tal fin, junto con el contador principal, tanto en cajas de protección y medida, CPM, como en centralizaciones de contadores, se recomienda reservar un espacio adecuado para que la empresa distribuidora pueda instalar un **filtro PLC** que elimine el ruido en el rango de frecuencia PLC que pueden introducir las estaciones de recarga o los propios vehículos y que impiden la telegestión del resto de suministros conectados a la misma red de baja tensión. En instalaciones existentes en las que no haya posibilidad de adecuar la centralización, se podrá utilizar cualquier otra ubicación aguas arriba de la estación de recarga.

El circuito que alimenta el punto de recarga debe ser un circuito dedicado y no debe usarse para alimentar ningún otro equipo eléctrico salvo los consumos auxiliares relacionados con el propio sistema de recarga, entre los que se puede incluir la iluminación de la estación de recarga.

La instalación fija para la recarga del vehículo eléctrico deberá contar con las bases de toma de corriente que corresponda según el modo de carga y ubicación de la estación de recarga conforme al apartado 5.4, de forma que se evite la utilización de prolongadores o adaptadores por parte de los usuarios de los servicios de recarga.

En todos los casos, pero de forma especial en los edificios existentes, el diseñador de la instalación comprobará que no se sobrepasa la intensidad admisible de la línea general de alimentación (o de la derivación individual en caso de viviendas unifamiliares), teniendo en cuenta la potencia prevista de cada estación de recarga y el factor de simultaneidad que proceda según se indica en el apartado 4.

La instalación para la recarga del vehículo eléctrico se podrá proyectar como una ampliación de la instalación de baja tensión ya existente o con una alimentación directa de la red de distribución mediante una instalación de enlace propia independiente de la ya existente.

Para toda instalación dedicada a la recarga de vehículos eléctricos, se aplicarán las prescripciones generales siguientes:

5.1. Alimentación

La tensión nominal de las instalaciones eléctricas para la recarga de vehículos eléctricos alimentadas desde la red de distribución será de **230/400 V** en corriente alterna para los modos de carga 1, 2 y 3. Cuando se requiera instalar una estación de recarga con alimentación trifásica, y la tensión de alimentación existente sea de **127/220 V**, se procederá a su **conversión a trifásica 230/400 V**.

En el **modo de carga 4,** la tensión de alimentación se refiere a la tensión de entrada del convertidor alterna-continua, y podrá llegar hasta **1.000 V** en corriente alterna trifásica y **1.500 V** en corriente continua.

5.2. Sistemas de conexión del neutro

Con objeto de permitir la protección contra contactos indirectos mediante el uso de dispositivos de protección diferencial en los casos especiales en los que la instalación esté alimentada por un **esquema TN,** solamente se utilizará en la forma **TN-S.**

5.3. Canalizaciones

Las canalizaciones necesarias para la instalación de puntos de recarga deberán cumplir con los requerimientos que se establecen en las diferentes ITC del REBT en función del tipo de local donde se vaya a hacer la instalación (local de pública concurrencia, local de características especiales, etc.).

Los **cables desde el SAVE** hasta el punto de conexión que formen parte de la instalación fija (*véase* la Figura 3, caso C de forma de conexión), deben ser de tensión asignada mínima **450/750 V**, con conductor de **cobre clase 5 o 6** (aptos para usos móviles) y resistentes a todas las condiciones previstas en el lugar de la instalación: mecánicas (por ejemplo abrasión e impacto, sacudidas o aplastamiento), ambientales (por ejemplo presencia de aceites, radiación ultravioleta o temperaturas extremas) y de seguridad (por ejemplo deflagración o vandalismo).

Cuando los cables de alimentación de las estaciones de recarga discurran por el **exterior**, estos serán de tensión asignada **0,6/1 kV**.

5.4. Punto de conexión

El punto de conexión deberá situarse junto a la plaza a alimentar, e instalarse de forma fija en una envolvente. La **altura mínima** de instalación de las tomas de corriente y conectores será de **0,6 m** sobre el nivel del suelo. Si la estación de recarga está prevista para uso público la altura máxima será de **1,2 m** y en las plazas destinadas a personas con movilidad reducida, entre los **0,7** y **1,2 m**.

Para garantizar la interconectividad del vehículo eléctrico a los puntos de recarga, para potencias mayores de **3,7 kW** y menores o iguales de **22 kW** los puntos de recarga de corriente alterna estarán equipados al menos con bases o **conectores del tipo 2.** Para potencias mayores de **22 kW** los puntos de recarga de corriente alterna estarán equipados al menos con **conectores del tipo 2.** En modo de carga 4 los puntos de recarga de corriente continua estarán equipados al menos con conectores del **tipo combo 2,** de conformidad con la norma **EN 62196-3.**

GUÍA-BT-52

Se recomienda que la altura mínima de las estaciones de recarga o cajas que incorporan las tomas de corriente sea como mínimo de **1,5 m** para evitar ser golpeados por los propios vehículos, con la única excepción de las plazas para personas con movilidad reducida en las que dicha altura se reducirá a **1 m.**

La determinación de los tipos adecuados de toma de corriente debe realizarse teniendo en cuenta la potencia de cada punto de conexión (base de toma de corriente o conector) y no la potencia total de la estación de recarga.

Allí donde se prescriban bases de toma de corriente tipo 2 según **UNE-EN 62196-2** y donde se prevea su uso por personal no conocedor de los riesgos del manejo de la electricidad, se recomienda el uso de tomas tipo 2 con obturadores.

En el caso de estaciones de recarga monofásicas de corriente alterna potencia menor o igual de **3,7 kW** instaladas en viviendas unifamiliares o en aparcamientos para edificios de viviendas en régimen de propiedad horizontal el punto de recarga de corriente alterna podrá estar equipado con cualquiera de las bases de toma de corriente o conectores indicados en la **Tabla 3.**

En modos de carga 3 y 4 las bases y conectores siempre deben estar incorporadas en un SAVE o en un sistema equivalente que haga las funciones del SAVE.

Según el modo de carga (1, 2 o 3) las bases de toma de corriente o conectores instalados en cada estación de recarga y sus protecciones deberán ser conformes a alguna de las opciones de la **Tabla 3**, en función de la ubicación de la estación de recarga, y de que la alimentación sea monofásica o trifásica.

Tabla 3. *Puntos de conexión posibles a instalar en función de su ubicación.*

Alimentación de la estación de recarga	Base de toma de corriente o conector del tipo descrito en: [1]	Intensidad asignada del punto de conexión	Interruptor automático de protección del punto de conexión	Modo de carga previsto	Ubicación posible del punto de conexión		
					Viviendas unifamiliares	Aparcamientos en edificios de viviendas	Otras instalaciones
Monofásica	UNE 20315-1-2. Fig. C2a	—	10 A[2]	1 o 2	Sí	Sí	No
	UNE 20315-2-11. Fig. C7a	—	10 A[2]	1 o 2	Sí	Sí	No
	UNE-EN 62196-2, tipo 2[3]	16 A	(4)	3	Sí	Sí	Sí
	UNE-EN 62196-2, tipo 2[3]	32 A	(4)	3	Sí	Sí	Sí
Trifásica	UNE-EN 62196-2, tipo 2[3]	16 A	(4)	3	Sí	Sí	Sí
	UNE-EN 62196-2, tipo 2[3]	32 A	(4)	3	Sí	Sí	Sí
	UNE-EN 62196-2, tipo 2[3]	63 A	(4)	3	No	No	Sí

(1) La recarga de autobuses eléctricos puede requerir de estaciones de recarga de muy alta potencia, por lo que en estos casos se podrán utilizar otras bases de toma de corriente y conectores normalizados distintos de los indicados en la Tabla.

(2) Se podrá utilizar también un automático de **16 A**, siempre que el fabricante de la base garantice que queda protegida por este automático en las condiciones de funcionamiento previstas para la recarga lenta del vehículo eléctrico con recargas diarias de **8 horas**, a la intensidad de **16 A**.

(3) Las estaciones de recarga distintas de las previstas para el modo de recarga 4 que estén ubicadas en lugares públicos, tales como centros comerciales, garajes de uso público o vía pública, estarán preparadas para el modo de recarga 3 con bases de toma de corriente tipo 2, salvo en aquellas plazas destinadas a recargar vehículos eléctricos de baja potencia, tales como bicicletas, ciclomotores y cuadriciclos que podrán utilizar otros modos de recarga y bases de toma de corriente normalizadas.

(4) La protección contra sobreintensidades de cada toma de corriente o conector puede estar en el interior de la estación de recarga (SAVE) por lo que, en tal caso, la elección de sus características es responsabilidad del fabricante. Para la protección del circuito de alimentación a la estación de recarga *véase* el apartado 6.3.

El contenido de este apartado se adaptará a las prescripciones que de carácter obligatorio dicten las futuras directivas o reglamentos europeos en este campo.

5.5. Contador secundario de medida de energía

Los contadores secundarios de medida de energía eléctrica tendrán al menos la capacidad de medir energía activa y serán de clase A o superior.

Cuando en los esquemas 1a, 1b, 1c, y 4b, exista una transacción comercial que dependa de la medida de la energía consumida será obligatoria la instalación de contadores secundarios para cada una de las estaciones de recarga ubicadas en:

a) Plazas de aparcamiento de aparcamientos o estacionamientos colectivos en edificios o conjuntos inmobiliarios en régimen de propiedad horizontal.

b) En estaciones de movilidad eléctrica para la recarga del vehículo eléctrico.

c) En las estaciones de recarga ubicadas en la vía pública.

Para los esquemas 1a, 1b, 1c, y 4b, en edificios comerciales, de oficinas o de industrias, también se instalarán contadores secundarios cuando sea necesario identificar consumos individuales. Su instalación será opcional a elección del titular para los esquemas 2 y 4a.

6. Protección para garantizar la seguridad

6.1. Medidas de protección contra contactos directos e indirectos

Las medidas generales para la protección contra los contactos directos e indirectos serán las indicadas en la **ITC-BT-24** teniendo en cuenta lo indicado a continuación.

El circuito para la alimentación de las estaciones de recarga de vehículos eléctricos deberá disponer siempre de conductor de protección, y la instalación general deberá disponer de toma de tierra.

En este tipo de instalaciones se admitirán exclusivamente las medidas establecidas en la **ITC-BT-24** contra contactos directos según los apartados 3.1, protección por aislamiento de las partes activas, o 3.2, protección por medio de barreras o envolventes, así como las medidas protectoras contra contactos indirectos según los apartados 4.1, protección por corte automático de la alimentación, 4.2, protección por empleo de equipos de la clase II o por aislamiento equivalente, o 4.5, protección por separación eléctrica.

Cualquiera que sea el esquema utilizado, la protección de las instalaciones de los equipos eléctricos debe asegurarse mediante dispositivos de protección diferencial. Cada punto de conexión deberá protegerse individualmente mediante un dispositivo **de protección diferencial** de corriente diferencial-residual asignada máxima de **30 mA**, que podrá formar parte de la instalación fija o estar dentro del SAVE. Con objeto de garantizar la selectividad la protección diferencial instalada en el origen del circuito de recarga colectivo será selectiva o retardada con la instalada aguas abajo.

Los dispositivos de protección diferencial serán de **clase A.** Los dispositivos de protección diferencial instalados en la vía pública estarán preparados para que se pueda instalar un dispositivo de rearme automático y los instalados en aparcamientos públicos o en estaciones de movilidad eléctrica dispondrán de un sistema de aviso de desconexión o estarán equipados con un dispositivo de rearme automático.

GUÍA-BT-52

Salvo cuando la protección contra contactos indirectos se realiza por separación eléctrica, cada punto de conexión debe estar protegido mediante su propio **diferencial** que será como mínimo de **tipo A,** con una corriente diferencial residual no superior a **30 mA.** Los dispositivos de protección diferencial deberían cumplir con una de las siguientes normas de producto: **EN 61008-1, EN 61009-1, EN 60947-2 o EN 62423.**

Cuando la estación de carga de vehículos eléctricos esté equipada con una toma de corriente o un conector de vehículo según la serie de normas **EN 62196** (previstas para recarga en modo 3), la normalización internacional más reciente (*véase* **UNE-HD 60364-7-722**) requiere de medidas contra las corrientes de fuga con componente en corriente continua, salvo cuando estas medidas estuvieran incluidas en la propia estación de carga de vehículos eléctricos. Las medidas apropiadas, para cada punto de conexión pueden ser:

- utilización de diferenciales de tipo B; o
- utilización de diferenciales de tipo A y un equipo que asegure la desconexión de la alimentación en caso de corrientes de defecto con componente en continua superior a los **6 mA** (dispositivo de detección de corriente diferencial continua [RDC-DD]) conforme con la norma **IEC 62955.**

6.2. Medidas de protección en función de las influencias externas

Las principales influencias externas a considerar en este tipo de instalaciones son:

a) **Para las instalaciones en el exterior:** penetración de cuerpos sólidos extraños, penetración de agua, corrosión y resistencia a los rayos ultravioletas.

b) **Para instalaciones en aparcamientos o estacionamientos públicos, privados o en vía pública:** competencia de las personas que utilicen el equipo.

c) **En todos los casos, el daño mecánico.**

El proyectista deberá prestar especial atención a las influencias externas existentes en el emplazamiento en el que se ubique la instalación a fin de analizar la necesidad de elegir características superiores o adicionales a las que se prescriben en este apartado. Cuando la estación de recarga esté instalada en el exterior, los equipos deben garantizar una adecuada protección contra la corrosión. Para ello se tendrán en cuenta las prescripciones que se incluyen en la **ITC-BT-30.**

Los grados de protección contra la penetración de cuerpos sólidos y acceso a partes peligrosas, contra la penetración del agua y contra impactos mecánicos de las estaciones de recarga podrán obtenerse mediante la utilización de envolventes múltiples proporcionando el grado de protección requerido el conjunto de las envolvente completamente montadas. En este caso, en la documentación del fabricante de la estación de recarga deberá estar perfectamente definido el método para la obtención de los diferentes grados de protección IP e IK.

6.2.1. Grado de protección contra penetración de cuerpos sólidos y acceso a partes peligrosas

Cuando la estación de recarga esté instalada en el exterior las canalizaciones deben garantizar una protección mínima **IP 4X** o **IP XXD**.

Las estaciones de recarga y otros cuadros eléctricos tendrán un grado de protección mínimo **IP 4X** o **IP XXD** para aquellas instaladas en el interior e **IP 5X** para aquellas instaladas en exterior. El grado de protección especificado para la estación de recarga no aplica durante el proceso de recarga.

6.2.2. Grado de protección contra la penetración del agua

Cuando la estación de recarga esté instalada en el exterior, la instalación debe realizarse de acuerdo a lo indicado en el capítulo 2 de la **ITC-BT-30,** garantizando, por tanto para las canalizaciones un **IP X4**.

Las estaciones de recarga y otros cuadros eléctricos asociados tendrán un grado de protección mínimo **IP X4**. Cuando la base de toma de corriente o el conector no cumpla con el grado IP anterior, éste deberá proporcionarlo la propia estación de recarga mediante su diseño. El grado de protección especificado para la estación de recarga no aplica durante el proceso de recarga.

6.2.3. Grado de protección contra impactos mecánicos

Los equipos instalados en emplazamientos en los que circulen vehículos eléctricos deberán protegerse frente a daños mecánicos externos del tipo impacto de severidad elevada (**AG3**). La protección del equipo se garantizará a través de alguno de los medios siguientes:

a) Emplazando el material eléctrico en una ubicación en la que éste no se encuentre sujeto a un riesgo de impacto previsible.

b) Disponiendo algún tipo de protección mecánica adicional en aquellas zonas en las que el equipo se encuentre sujeto al riesgo de impacto.

c) Seleccionando el material eléctrico con un grado de protección contra daños mecánicos de acuerdo con lo especificado en los apartados 6.2.3.1 y 6.2.3.2.

c) Usando la combinación de alguna o todas las medidas anteriores.

6.2.3.1. Grado de protección de las envolventes

Cuando la protección del equipo eléctrico frente a daños mecánicos se garantice mediante envolventes, una vez instaladas deberán proporcionar un grado de protección mínimo **IK 08** contra impactos mecánicos externos.

El cuerpo de las estaciones de recarga y otros cuadros eléctricos ubicados en el exterior tendrán un grado de protección mínimo contra impactos mecánicos externos de **IK 10**. El cuerpo de las estaciones de recarga excluye partes tales como teclado, leds, pantallas o rejillas de ventilación. El grado de protección especificado para la estación de recarga no aplica durante el proceso de recarga.

6.2.3.2. Grado de protección de las canalizaciones

Cuando las canalizaciones se instalen en una ubicación sujeta a riesgo de daños mecánicos, tales como áreas de circulación de vehículos eléctricos, éstas presentarán una resistencia adecuada a los daños mecánicos. En estos casos, los tubos presentarán una resistencia mínima al impacto **grado 4** y una resistencia mínima a la compresión **grado 5**. Si se utilizan canales protectoras, éstas presentarán una resistencia mínima **IK 08** a impactos mecánicos.

En otros sistemas de conducción que no aporten protección mecánica a los cables, la protección se garantizará mediante el uso de medios mecánicos adicionales, por ejemplo mediante la utilización de cables armados.

GUÍA-BT-52

Cuando el proyectista considere que existe un riesgo importante de choque de los vehículos contra la canalización, esta deberá tener una mayor resistencia al impacto:

- En el caso de tubos, resistencia mínima al impacto grado 5 según UNE-EN 61386.
- En el caso de canales, resistencia al impacto de 20 J según UNE-EN 50085.

6.3. Medidas de protección contra sobreintensidades

Los circuitos de recarga, hasta el punto de conexión, deberán protegerse contra sobrecargas y cortocircuitos con dispositivos de corte omnipolar, **curva C,** dimensionados de acuerdo con los requisitos de la **ITC-BT-22.**

Cada punto de conexión deberá protegerse individualmente. Esta protección podrá formar parte de la instalación fija o estar dentro del SAVE.

En instalaciones previstas para modo de carga 1 o 2 en las que el punto de recarga esté constituido por tomas de corriente conformes con la norma **UNE 20315**, el interruptor automático que protege cada toma deberá tener una intensidad asignada máxima de **10 A**, aunque se podrá utilizar una intensidad asignada de **16 A**, siempre que el fabricante de la base garantice que queda protegida por este interruptor automático en las condiciones de funcionamiento previstas para la recarga lenta del vehículo eléctrico con recargas diarias de **ocho horas**, a la intensidad de **16 A**.

En las instalaciones previstas para modo de **carga 3** la selección del interruptor automático que protege el circuito que alimenta la estación de recarga garantizará la correcta protección del circuito, evitando al mismo tiempo el disparo intempestivo de la protección durante el proceso de recarga. Para su selección se puede utilizar como referencia la documentación del fabricante de la estación. La tolerancia de la señal correspondiente a la intensidad de carga, el consumo interno de la propia estación de recarga y las condiciones ambientales de instalación, justifican que la intensidad asignada del interruptor automático sea en algunos casos superior a la suma de intensidades asignadas que pueden suministrar los puntos de conexión de la estación de recarga.

6.4. Medidas de protección contra sobretensiones

Todos los circuitos deben estar protegidos contra sobretensiones temporales y transitorias. Los dispositivos de protección contra sobretensiones temporales estarán previstos para una máxima sobretensión entre fase y neutro hasta **440 V**. Los dispositivos de protección contra sobretensiones temporales deben ser adecuados a la máxima sobretensión entre fase y neutro prevista.

Los dispositivos de protección contra sobretensiones transitorias deben ser instalados en la proximidad del origen de la instalación o en el cuadro principal de mando y protección, lo más cerca posible del origen de la instalación eléctrica en el edificio. Según cuál sea la distancia entre la estación de recarga y el dispositivo de protección contra sobretensiones transitorias situado aguas arriba, puede ser necesario proyectar la instalación con un dispositivo de protección contra sobretensiones transitorias adicional junto a la estación de recarga. En este caso, los dos dispositivos de protección contra sobretensiones transitorias deberán estar coordinados entre sí.

Con el fin de optimizar la continuidad de servicio en caso de destrucción del dispositivo de protección contra sobretensiones transitorias a causa de una descarga de rayo de intensidad superior a la máxima prevista, cuando el dispositivo de protección contra sobretensiones no lleve incorporada su propia protección, se debe instalar el dispositivo de protección recomendado por el fabricante, aguas arriba del dispositivo de protección contra sobretensiones, con objeto de mantener la continuidad de todo el sistema, evitando así el disparo del interruptor general.

GUÍA-BT-52

En el caso en que la máxima sobretensión prevista entre fase y neutro sea 440 V los dispositivos contra sobretensiones temporales deben cumplir con la norma **UNE-EN 50550.** El dispositivo de protección contra sobretensiones temporales puede instalarse en el circuito de recarga, junto a la estación de recarga o dentro de ella.

Se recomienda instalar una protección contra sobretensiones transitorias de tipo 1 aguas arriba del contador principal, instalando dicho protector bien en la caja de protección y medida, CPM, en el caso de suministros individuales, o bien junto al interruptor general de maniobra, IGM, situado a la entrada de la centralización de contadores.

Según la norma **UNE-CLC/TS 61643-12**:

«Dispositivos de protección contra sobretensiones transitorias de baja tensión. Parte 12: Dispositivos de protección contra sobretensiones transitorias conectados a sistemas eléctricos de baja tensión. Selección y principios de aplicación», cuando la distancia entre la estación de recarga y el dispositivo de protección contra sobretensiones transitorias situado aguas arriba sea superior o igual a **10 m** es recomendable instalar un dispositivo adicional de protección contra sobretensiones transitorias, tipo 2, junto a la estación de recarga o dentro de ella.

7. Condiciones particulares de instalación

7.1. Red de tierra para plazas de aparcamiento en el exterior

El presente apartado aplica tanto a la instalación de puntos de recarga en vía pública como a la instalación en aparcamientos o estacionamientos públicos a la intemperie.

La instalación de puesta a tierra se realizará de forma tal que la máxima resistencia de puesta a tierra a lo largo de la vida de la instalación y en cualquier época del año, no se puedan producir tensiones de contacto mayores de **24 V**, en las partes metálicas accesibles de la instalación (estaciones de recarga, cuadros metálicos, etc.). Cada poste de recarga dispondrá de un borne de puesta a tierra, conectado al circuito general de puesta a tierra de la instalación.

Los conductores de la red de tierra que unen los electrodos podrán ser:

Desnudos, de cobre, de **35 mm^2** de sección mínima, si forman parte de la propia red de tierra, en cuyo caso irán por fuera de las canalizaciones de los cables de alimentación.

Aislados, mediante cables de tensión asignada **450/750 V**, con recubrimiento de color verde-amarillo, con conductores de cobre, de sección mínima **16 mm^2**. El conductor de protección que une de cada punto de recarga con el electrodo o con la red de tierra, será de cable unipolar aislado, de tensión asignada **450/750 V**, con recubrimiento de color verde-amarillo, y sección mínima de **16 mm^2** de cobre.

Todas las conexiones de los circuitos de tierra, se realizarán mediante terminales, grapas, soldadura o elementos apropiados que garanticen un buen contacto permanente y protegido contra la corrosión.

GUÍA-BT-52

Anexo I
Previsión de cargas en edificios de viviendas de nueva construcción con garajes en régimen de condominio

Según la ITC-BT-10 del REBT sobre previsión de cargas para suministros en baja tensión, la carga mínima correspondiente a las zonas de estacionamiento con infraestructura para la recarga de los vehículos eléctricos en viviendas de nueva construcción, cuando se trate de plazas de aparcamientos o estacionamientos colectivos en edificios o conjuntos inmobiliarios en régimen de propiedad horizontal se calculará multiplicando **3680 W**, por el **10 %** del total de las plazas de aparcamiento construidas. Esta potencia se multiplicará por el factor de simultaneidad que corresponda y se sumará con la previsión de potencia del resto de la instalación del edificio, en función del esquema de la instalación y de la disponibilidad de un sistema protección de la línea general de alimentación. No obstante el proyectista de la instalación podrá prever una potencia instalada mayor cuando disponga de los datos que lo justifiquen.

Por otra parte, según se indica en el apartado 3.2. de esta ITC-BT-52, la preinstalación eléctrica para la recarga de VE, facilitará la utilización posterior de cualquiera de los posibles esquemas de instalación, y constará de sistemas de conducción de cables desde la centralización de contadores hacia las vías principales del aparcamiento o estacionamiento con objeto de poder alimentar posteriormente las estaciones de recarga que se puedan ubicar en las plazas individuales del aparcamiento o estacionamiento, mediante derivaciones del sistema de conducción de cables de longitud inferior a **20 m.** Estos sistemas de conducción de cables se dimensionarán de forma que permitan la alimentación de al menos el **15 %** de las plazas mediante cualquiera de los esquemas posibles de instalación.

Estos porcentajes sobre el total de plazas del **10 %** para la previsión de cargas o del **15 %** para dimensionar el tamaño de los sistemas de conducción de cables deben considerarse como valores mínimos reglamentarios. Sin embargo, para facilitar y reducir el coste de las instalaciones necesarias para la recarga, se recomienda que la preinstalación eléctrica se prepare para que el **100 %** de las plazas de garaje puedan disponer en un futuro de un punto de recarga para el vehículo eléctrico y que la previsión de cargas se adapte también en consecuencia. Por estos motivos es muy conveniente que los promotores inmobiliarios realicen la preinstalación para la totalidad de las plazas de garaje en sus nuevas promociones, quedando listas para dar respuesta a las futuras solicitudes de puntos de recarga que puedan tener sus propietarios, simplificando de este modo las necesidades de adecuación de la instalación ya que bastará con cablear el sistema de conducción de cables y colocar el punto de recarga para terminar la infraestructura.

Con el objetivo de no condicionar ni restringir las posteriores formas de conexión y contratación, en los casos en los que se proyecten dos centralizaciones de contadores (una para las viviendas y otra para las estaciones de carga del vehículo eléctrico) la canalización que las une debería dimensionarse con un espacio suficiente que permita otros esquemas alternativos (por ejemplo, el esquema 1 o el 2).

Para realizar la previsión de cargas en las nuevas promociones inmobiliarias de viviendas con garajes en régimen de condominio cabe distinguir dos casos según los esquemas utilizados.

En el caso de utilizar el esquema de instalación 2 (o el 4a), la previsión de cargas del VE se debe integrar con la de la vivienda, ya que ambos consumos serán medidos por el mismo contador, mientras que para el resto de esquemas es posible separar los consumos del VE de los consumos de las viviendas, ya que estarán asociados a contratos de suministro independientes y sus consumos se medirán con contadores principales diferentes.

Este anexo establece el procedimiento recomendado para determinar la previsión de cargas en garajes de nueva construcción en régimen de condominio cuando se desee realizar la preinstalación en un número de plazas, *N*, elevado, por encima del **50 %** del total de plazas de garaje construidas, porcentaje muy superior al mínimo reglamentario del **10 %**. Este procedimiento pretende realizar una buena previsión de cargas, evitando previsiones excesivas.

La previsión de cargas se estudiará agrupando los esquemas en tres casos distintos, suponiendo un número *N* de puntos de recarga de **3680 W** de potencia instalada en cada uno. No obstante, el procedimiento es generalizable para otras potencias distintas por punto de recarga.

a) Caso general, aplicables a los esquemas 1a , 1b, 1c y 4b.

La previsión de cargas del edificio para el caso general se calcula aplicando la expresión (1):

$$P_{\text{edificio}} = (P_1 + P_2 + P_3 + P_4) + P_{VE} \qquad (1)$$

La previsión de cargas para la recarga de vehículos en el edificio, P_{VE}, se calcula según esté o no prevista la instalación de un SPL mediante la aplicación del factor de simultaneidad FS_1.

$$P_{VE} = FS_1 \cdot P_5 = FS_1 \cdot N \cdot 3680 \text{ W} \qquad (2)$$

donde:

- P_1: carga correspondiente al conjunto de viviendas (sin VE) obtenida como el número de viviendas por el coeficiente de simultaneidad de la tabla 1 de la ITC-BT-10.
- P_2: carga correspondiente a los servicios generales del edificio.
- P_3: carga correspondiente a locales comerciales y oficinas.
- P_4: carga correspondiente a los garajes, pero distintas de la recarga del VE.
- P_{VE}: carga prevista para la recarga del VE incluyendo el factor de simultaneidad.
- P_5: carga prevista para la recarga del VE, sin factor de simultaneidad.
- FS_1: factor de simultaneidad cuyo valor depende de si se prevé o no el SPL (0,3 si se prevé y 1 si no se prevé).
- N: número de plazas de garaje en las que se realiza la preinstalación.

La ITC-BT-52 no incluía la posible instalación del SPL para el esquema 4b, sin embargo, tampoco la prohibía expresamente. Las diferentes soluciones tecnológicas y opciones disponibles en el mercado, hacen perfectamente viable la instalación del SPL, también en el esquema 4b, muy parecido a los esquemas 1, por lo que el caso general resultará aplicable a todos los esquemas 1a, 1b, 1c y 4b.

Una vez finalizada la promoción inmobiliaria con su preinstalación correspondiente para el VE, los puntos de recarga se irán colocando poco a poco según las necesidades de los propietarios de las plazas de garaje, por lo que el valor de la potencia realmente instalada irá creciendo también poco a poco. Una preinstalación con una previsión de cargas P_{VE}, calculada según la expresión (2), constituye una reserva de potencia, que se irá utilizando a medida que se instalen los puntos de recarga reales. Mientras que la potencia realmente instalada una vez colocados los puntos de recarga no supere el valor de P_{VE} que figure en el proyecto no será necesario reforzar, ampliar, duplicar la LGA o realizar una nueva acometida y se podrá autorizar la instalación de nuevos puntos de recarga aún sin la instalación del SPL.

En el proyecto se debe indicar el punto de recarga número *Y*, a partir del cual será necesario instalar el SPL. El valor de *Y* se calculará como la parte entera del número que resulte de multiplicar 0,3 por *N*.

Cada vez que se complete la instalación con uno o varios puntos de recarga el instalador tendrá que realizar una memoria técnica de diseño para el punto o puntos de recarga instalados sin ser necesario un proyecto, salvo que la previsión de carga de los puntos instalados desde el mismo circuito o cuadro superen los 50 kW (o 10 kW en instalaciones de exterior) tal y como se describe en la ITC-BT-04. En la memoria técnica de diseño, o en su caso en el proyecto, se hará constar el número de puntos de recarga instalados hasta la fecha, así como el valor de *Y* a partir del cual se debe instalar el SPL.

b) **Previsión de cargas para el esquema 2 o el 4a.**

La previsión de cargas de un edificio nuevo en el que el promotor opte por el esquema 2 o el 4a (instalación con un contador principal común para la vivienda y para la estación de recarga de VE) se realizará aplicando (3):

$$P_{edificio} = P_1 + P_2 + P_3 + P_4 \qquad (3)$$

donde:

P_1: carga correspondiente al conjunto de viviendas, incluida la carga correspondiente al VE para aquellas viviendas que tengan preinstalación del VE asignada.

P_2: carga correspondiente a los servicios generales del edificio.

P_3: carga correspondiente a locales comerciales y oficinas.

P_4: carga correspondiente a los garajes, pero distintas de la recarga del VE.

No existe todavía mucha experiencia real para determinar la previsión de cargas para una vivienda que incluya un punto de recarga para el VE, no obstante, la costumbre más extendida para su recarga cuando el usuario del vehículo dispone de una plaza de garaje asociada a la vivienda es la siguiente:

- Se trata de recargar aprovechando las tarifas supervalle y bajos precios del mercado durante la noche, así como la baja utilización del resto de circuitos de la vivienda por parte del usuario.
- Se utilizan los sistemas de programación del propio vehículo que permiten al conductor seleccionar el tiempo durante el cual se realizará la recarga, en otros casos se puede instalar fácilmente en el punto de recarga un programador/temporizador.

En función de estas premisas y los estudios descritos en el Anexo 3 de esta guía, se propone considerar dos períodos horarios (nocturno y diurno), y considerar como previsión de cargas para las viviendas el mayor valor obtenido de los dos períodos.

$$P_1 = \text{máximo } [P_1(\text{diurno}),\ P_1(\text{nocturno})] \quad (4)$$

- **Período diurno:** la previsión de cargas para las viviendas sin VE se calcularía según la ITC-BT-10, mientras que la previsión de cargas para viviendas con VE se calcularía con la expresión (5):

$$P_{\text{vivienda}}(\text{con VE}) = P_{\text{vivienda}}(\text{sin VE}) + (0{,}3) + 3680\ \text{W} \quad (5)$$

Según esta expresión la previsión de cargas durante el día para una vivienda con preinstalación de punto de recarga para el VE se considera como la suma de la previsión de cargas de una vivienda igual que no tuviera esta preinstalación más la carga prevista para el vehículo eléctrico con un factor de simultaneidad de 0,3. Esto significa que no es totalmente descartable la recarga del VE durante el día, por ejemplo que se inicie a las 19 h o las 20 horas, aunque en este caso lo más común es que usuario opte por no conectar al mismo tiempo todas las cargas de su vivienda.

Si denominamos *A*, al número de viviendas con preinstalación para el VE, y *B* al número de viviendas sin preinstalación, supuestas todas ellas con el mismo nivel de electrificación se puede calcular la potencia media aritmética por vivienda como:

$$P_{m,v} = \frac{A \cdot P_{\text{vivienda}}(\text{con } VE) + B \cdot P_{\text{vivienda}}(\text{sin } VE)}{A + B} \quad (6)$$

$$P_1(\text{diurno}) = CS \cdot P_{m,v} \quad (7)$$

donde:

$P_{m,v}$: valor medio aritmético de la previsión de carga correspondiente al conjunto de viviendas, incluyendo en la previsión de cargas de las viviendas la carga del VE.

CS: coeficiente de simultaneidad de la tabla 1 de la ITC-BT-10, que depende únicamente del número total de viviendas $(A + B)$.

- **Período nocturno:** la previsión de cargas durante el período nocturno se calcularía separando la carga de las viviendas de la carga para el VE, sumando para ello el consumo nocturno de las viviendas (sin VE) al producto del número de puntos de recarga previstos por 3680 W:

$$P_1(\text{nocturno}) = P_{\text{viviendas}}(\text{nocturno}) + N \cdot 3680\ \text{W} \tag{8}$$

El consumo nocturno de las viviendas se puede calcular en función de la potencia prevista por vivienda (supuestas todas del mismo nivel de electrificación) y del coeficiente de simultaneidad, *CS*, aplicable según la tabla 1 de la ITC-BT-10, siguiendo la expresión (9):

$$P_{\text{viviendas}}(\text{nocturno}) = 0{,}5 \cdot CS \cdot P_{\text{vivienda}}(\text{sin VE}) \tag{9}$$

Agrupando las expresiones (8) y (9):

$$P_1(\text{nocturno}) = 0{,}5 \cdot CS \cdot P_{\text{vivienda}}(\text{sin VE}) + N \cdot 3680\ \text{W} \tag{10}$$

Puede observarse como en la expresión (10) el factor de simultaneidad entre la previsión de cargas del VE y la previsión de cargas de la carga de las viviendas es igual a la unidad, tal y como se indica en la ITC-BT-52. La justificación del coeficiente 0,5 de las expresiones (9) y (10) se incluye en el Anexo 3 de esta guía.

En el caso particular de que las viviendas estuvieran previstas para tarifa nocturna, no procede realizar la distinción entre consumo diurno y nocturno, ya que el mayor consumo se producirá durante el período nocturno, por lo que la expresión a aplicar para calcular la carga P_1 correspondiente al conjunto de viviendas con tarifa nocturna, teniendo en cuenta el apartado 3.1 de la ITC-BT-10 sería la siguiente:

$$P_1(\text{caso tarifa nocturna}) = NV \cdot P_{\text{vivienda}}(\text{sin VE}) + N \cdot 3680\ \text{W} \tag{11}$$

Siendo:

NV: número de viviendas con tarifa nocturna.

c) **Previsión de cargas para el esquema 3a o el 3b.**

Este caso resulta parecido al caso a) por lo que la previsión de cargas del edificio se calcula con la expresión (1):

$$P_{\text{edificio}} = (P_1 + P_2 + P_3 + P_4) + P_{\text{VE}} \tag{1}$$

La previsión de cargas para la recarga de vehículos en el edificio, P_{VE}, se calcula aplicando un factor de simultaneidad igual a la unidad.

$$P_{\text{VE}} = P_5 = N \cdot 3680\ \text{W} \tag{12}$$

En caso de instalar puntos de recarga con potencia superior a 3680 W, los cálculos de las expresiones (5), (8), (10), (11) y (12) en cuanto a la potencia de recarga del VE se deberán adaptar proporcionalmente a la nueva potencia.

ANEXO I

CÓDIGO IP Y CÓDIGO IK

Código IP

Sistema de codificación para indicar los grados de protección que proporciona la envolvente del material eléctrico, según norma **UNE 20324.**

ÍNDICES DE PROTECCIÓN IP — IP X X

Letras del código

1.ª CIFRA. Grado de protección de las personas contra el acceso a partes peligrosas y grado de protección del equipo contra penetración de objetos sólidos extraños. Cifras 0 a 6, o letra X.

2.ª CIFRA. Grado de protección contra la penetración del agua. Cifras 0 a 8, o letra X.

LETRA ADICIONAL (opcional). Grados de protección contra el acceso a partes peligrosas. Letras A, B, C, D.

LETRA SUPLEMENTARIA (opcional). Información suplementaria. Letras H, M, S, W.

1.ª Cifra: Protección contra cuerpos sólidos			2.ª Cifra: Protección contra cuerpos líquidos		
IP	**Pruebas**	**Descripción**	**IP**	**Pruebas**	**Descripción**
0		Sí protección	0		Sí protección
1	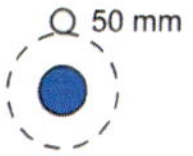	Protegido contra los cuerpos sólidos dede más de 50 mm (ej.: contactos involuntarios de la mano).	1		Protegido contra las gotas de agua en caída vertical (condensación).
2	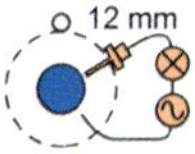	Protegido contra los cuerpos sólidos de más de 12 mm (ej.: dedos de la mano).	2		Protegido contra las gotas de agua en caída de hasta 15º de la vertical.
3	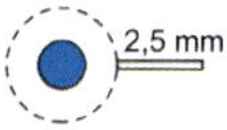	Protegido contra los cuerpos sólidos de más de 2,5 mm (ej.: cables, herramientas).	3	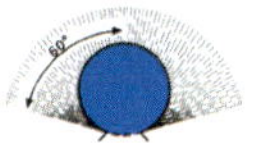	Protegido contra el agua de lluvia hasta 60º de la vertical.
4	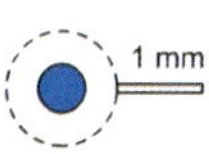	Protegido contra los cuerpos sólidos de más de 1 mm (ej.: pequeños cables, herramientas finas).	4	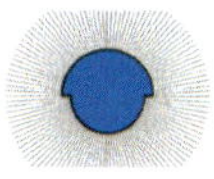	Protegido contra las proyecciones de agua de todas direcciones.
5	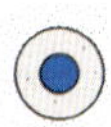	Protegido contra el polvo (sin sedimentos perjudiciales).	5	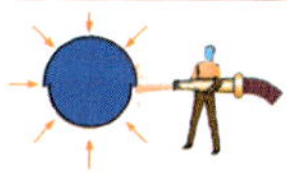	Protegido contra los chorros de agua lanzados de todas direcciones.
6	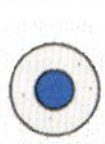	Totalmente protegidos contra el polvo.	6	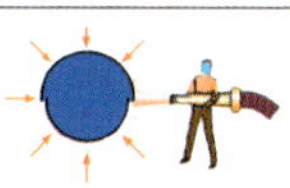	Protegido contra las proyecciones de agua similares a golpes de mar.
			7		Protegido contra los efectos de la inmersión.
			8		Protegido contra inmersiones prolongadas.

IP Letra adicional Se impide el acceso a partes peligrosas con		IP Letra suplementaria La envolvente protege de	
A	Una gran superficie del cuerpo humano, como una mano, pero no impide una penetración deliberada.	H	Alta tensión.
B	Los dedos u objetos análogos que no excedan de una longitud de 80 mm.	M	Penetración de agua mientras las partes móviles del equipo están en movimiento.
C	Herramientas con un diámetro de 2,5 m.	S	Penetración de agua mientras las partes móviles del equipo están en reposo.
D	Alambres o cintas con un espesor superior a 1 mm.	W	Condiciones atmosféricas específicas.

Código IK

Es un sistema de codificación para indicar el grado de protección proporcionado por la envolvente contra los impactos mecánicos nocivos, salvaguardando así los materiales o equipos en su interior. Según norma **UNE-EN 50102.**

El código IK se designa con un número graduado de cero (0) hasta diez (10); a medida que el número va aumentando, indica que la energía del impacto mecánico sobre la envolvente es mayor.

En la Tabla 1 se indican los diferentes grados de protección IK con la energía del impacto asociada a cada uno. También se indica la equivalencia en peso y altura de caída de la pieza de golpeo sobre la envolvente, de forma que, por ejemplo, un grado de protección IK 07 es aquel en el que la envolvente, en los puntos que se consideraran como más débiles, soportaría un impacto de una pieza de poliamida o de acero redondeada, de peso 500 g y que cayera desde una altura de 400 mm.

Tabla 1. *Código IK.*

Grado IK	IK 00	IK 01	IK 02	IK 03	IK 04	IK 05	IK 06	IK 07	IK 08	IK 09	IK 10
Energía (J)	–	0,15	0,2	0,35	0,5	0,7	1	2	5	10	20
Masa y altura de la pieza de golpeo	–	0,2 kg 70 mm	0,2 kg 100 mm	0,2 kg 175 mm	0,2 kg 250 mm	0,2 kg 350 mm	0,5 kg 200 mm	0,5 kg 400 mm	1,7 kg 295 mm	5 kg 200 mm	5 kg 400 mm

ANEXO II

CAÍDA DE TENSIÓN. CÁLCULO DE SECCIONES

La caída de tensión en las líneas puede llegar a ser un problema para el correcto funcionamiento de los receptores, ya que estos están diseñados para trabajar a una cierta tensión. Una tensión más baja puede impedir el arranque de un motor, el encendido de un tubo fluorescente, etc. Por todo ello, la caída de tensión no puede exceder de unos límites prefijados en el REBT para cada caso. En la Tabla 1 se expone, a modo de resumen, un extracto de la máxima caída de tensión admitida en las líneas de alimentación según el tipo de instalación.

Tabla 1. *Caída de tensión admisible para líneas de alimentación según el tipo de instalación.*

Instalación de los contadores	Instalaciones de enlace		Instalación interior		
	Línea general de alimentación	Derivación individual	Viviendas	Otras instalaciones	
				Alumbrado	Otros usos
Para un solo usuario. Para dos usuarios alimentados desde el mismo lugar.	No existe línea general de alimentación.	1,5 %	3 %	3 %	5 %
Contadores totalmente centralizados.	0,5 %	1 %			
Contadores centralizados en más de un lugar.	1 %	0,5 %			
TOTAL en el conjunto de la instalación.	1,5 %		4,5 %	4,5 %	6,5 %

La norma **UNE-HD 60364-5-52** nos indica que hay que tener en cuenta la resistividad (ρ) o conductividad (γ) del material conductor a utilizar, en las peores condiciones de temperatura que pueda trabajar.

Según esta norma las temperaturas máximas de servicio para los conductores habituales son:

- 70 °C para los conductores aislados con PVC.
- 90 °C para los conductores aislados con XLPE o EPR.

Hay que tener en cuenta que, si los conductores operan a temperaturas por encima de los 20 °C, su resistividad se verá aumentada en función del coeficiente de temperatura correspondiente, dando como resultado una sección mayor en el cálculo por caída de tensión. En la Tabla 2 se indica la conductividad que poseerían los conductores para diferentes temperaturas de trabajo.

Tabla 2. *Conductividad de los conductores en función de su temperatura.*

	Cobre	Aluminio	
$\gamma_{20\,°C}$	56	35	
$\gamma_{70\,°C}$	48	30	**PVC***
$\gamma_{90\,°C}$	44	28	**XLPE o EPR**

* A efecto de las intensidades admisibles y de temperatura de operación, los cables con aislamiento termoplástico a base de poliolefina (Z1) son equivalentes a los cables con aislamiento de policloruro de vinilo (V).

En la Tabla 3 se muestran las expresiones a utilizar para el cálculo de secciones para líneas monofásicas y trifásicas.

Tabla 3.

Líneas monofásicas	Líneas trifásicas
$S = \dfrac{2 \cdot L \cdot I \cdot \cos\varphi}{\gamma_{°C} U}$	$S = \dfrac{\sqrt{3} \cdot L \cdot I \cdot \cos\varphi}{\gamma_{°C} U}$

S = Sección del conductor (mm^2).
$\gamma_{°C}$ = Conductividad del conductor (S/m).
L = Longitud de la línea (m).
I_L = Intensidad eficaz por la línea (A).
$\cos\varphi$ = FP de la carga.
u = caída de tensión de la línea (V).

EJEMPLOS DE APLICACIÓN

1. Calcula la sección de los conductores de la derivación individual de una vivienda con un grado de electrificación básico, con una previsión de potencia de 5.750 W a 230 V y con un factor de potencia de 0,9. Los contadores son para un solo usuario. La línea está formada por cables unipolares aislados tipo ES07Z1-K *[cable de tensión asignada 450/750 V, con conductor de cobre clase 5 (–K) y aislamiento de compuesto termoplástico a base de poliolefina (Z1)]* con una longitud de 30 m e instalados en tubos empotrados en obra.

Solución:

Calculamos primero la intensidad total de la derivación individual:

$$I_L = \frac{P}{U_L \cos\varphi} = \frac{5.750}{230 \cdot 0{,}9} = 27{,}78 \text{ A}$$

La caída de tensión máxima a considerar será del 1,5 % para contadores para un solo usuario:

$$u = \frac{230}{100} \cdot 1{,}5 = 3{,}45 \text{ V}$$

Ahora calculamos la sección teniendo en cuenta esta caída de tensión. Dado que la temperatura admisible para cables aislados con compuesto termoplástico (equivalente a PVC), es de 70 °C, se tendrá en cuenta una conductividad de 48 para conductores de cobre:

$$S = \frac{2 \cdot L \cdot I \cdot \cos\varphi}{\gamma_{70\,°\text{C}}\, u} = \frac{2 \cdot 30 \cdot 27{,}78 \cdot 0{,}9}{48 \cdot 3{,}45} = 9 \text{ mm}^2$$

Le corresponde una sección comercial de 10 mm². Para acabar el cálculo de secciones, habría que comprobar si la intensidad admisible del conductor en función del tipo de instalación (Tabla A-52-1-bis de la ICT-BT-19) es superior a la nominal de la instalación.

Se comprueba que, para dos conductores de cobre de PVC, el método de instalación B1 (conductores aislados en tubos empotrados en obra). En la columna 6a tenemos que, para una sección de 10 mm², la intensidad máxima admisible es de 46 A. La intensidad es superior a los 27,78 A y, por tanto, suficiente.

2. Calcula la sección de los conductores de la línea general de alimentación de un edificio destinado principalmente a viviendas con los siguientes datos:

Previsión de carga total para el edificio = 50 kW.

Factor de potencia = 0,9.

Suministro de tres fases + neutro a una tensión de 400 V/230 V.

Contadores centralizados (caída de tensión máxima = 0,5 %).

Longitud de la línea = 10 m.

Línea formada por cables unipolares con XLPE (polietileno reticulado) de 0,6/1 kV.

Conducción bajo tubo empotrado.

Solución:

Calculamos primero la intensidad de la LGA trifásica:

$$I_L = \frac{P}{\sqrt{3} \cdot U_L \cdot \cos\varphi} = \frac{50.000}{\sqrt{3} \cdot 400 \cdot 0{,}9} = 80{,}2 \text{ A}$$

La caída de tensión máxima en voltios es:

$$u = \frac{400}{100} \cdot 0{,}5 = 2 \text{ V}$$

Ahora calculamos la sección teniendo en cuenta esta caída de tensión. Dado que la temperatura admisible para cables aislados con XLPE es de 90 °C, se tendrá en cuenta una conductividad de 44 para conductores de cobre:

$$S = \frac{\sqrt{3}\ L \cdot I \cdot \cos\varphi}{\gamma_{90°C} u} = \frac{\sqrt{3} \cdot 10 \cdot 80{,}2 \cdot 0{,}9}{44 \cdot 2} = 14{,}2 \text{ mm}^2 \rightarrow S_{\text{comercial}} = 16 \text{ mm}^2$$

En la Tabla A-52-1-bis de la ICT-BT-19 averiguamos la intensidad admisible para este conductor. Para tres conductores de cobre de XLPE, se utiliza el método de instalación B1 (conductores aislados en tubos empotrados en obra). En la columna 8b tenemos que, para una sección de 16 mm^2, la intensidad máxima admisible es de 77 A.

Como con 16 mm^2 no es suficiente para 80,2 A, seleccionamos finalmente un conductor de 25 mm^2 que admite hasta 100 A.

3. Calcula la sección de los conductores de un cable de aluminio aislado con XLPE, en triángulo en contacto, directamente soterrado que alimenta a un motor trifásico de 100 kW a 400 V y factor de potencia 0,8. La línea tiene 250 m y está situada en una instalación industrial con transformador propio y se admite una caída de tensión máxima del 6,5 %.

El cable está instalado en un terreno a una temperatura de 25 °C, a una profundidad de 0,50 metros, en un terreno arenoso muy seco con una resistividad térmica de 1,5 K · m/W.

Solución: calculamos primero la intensidad de la línea trifásica:

$$I_L = \frac{P}{\sqrt{3} \cdot U_L \cdot \cos\varphi} = \frac{100.000}{\sqrt{3} \cdot 400 \cdot 0{,}8} = 180{,}4 \text{ A}$$

La caída de tensión máxima en voltios es:

$$u = \frac{400}{100} \cdot 6{,}5 = 26 \text{ V}$$

Ahora calculamos la sección teniendo en cuenta esta caída de tensión. Dado que la temperatura admisible para cables aislados con XLPE es de 90 °C, se tendrá en cuenta una conductividad de 28 para conductores de aluminio:

$$S = \frac{\sqrt{3}\ L \cdot I \cdot \cos\varphi}{\gamma_{90°C} u} = \frac{\sqrt{3} \cdot 250 \cdot 180{,}4 \cdot 0{,}8}{28 \cdot 26} = 85{,}8 \text{ mm}^2 \rightarrow S_{\text{comercial}} = 95 \text{ mm}^2$$

En la Tabla B de la ICT-BT-07 según norma UNE 211435 comprobamos que un cable de 95 mm^2 de aluminio soporta una intensidad admisible de 200 A. En este caso no hay que aplicar ningún factor de corrección, ya que para una temperatura del terreno de 25 °C una profundidad de enterramiento de 0,5 m y una resistividad térmica de 1,5 K·m/W todos los factores son igual a la unidad.

ANEXO III

CPR Y MARCADO CE DE CABLES ELÉCTRICOS POR SU REACCIÓN AL FUEGO

¿Qué es el CPR?

El Reglamento de Productos de la Construcción (CPR, del inglés Construction Products Regulation) es la nueva legislación europea (Reglamento n.° 305/2011) en la que se establecen los requisitos básicos y las características esenciales armonizadas que todos los productos destinados a la construcción con ámbito de aplicación en la Unión Europea deben cumplir. La CPR especifica ocho requisitos básicos de seguridad a cumplir por las obras de construcción, y uno de ellos es la seguridad en caso de incendio.

Los cables de energía, de telecomunicaciones, datos y control se ven afectados por la CPR, ya que se considera que quedan incorporados de forma permanente a las obras de construcción.

El reglamento CPR introduce nuevos criterios de clasificación y clases comunes, llamadas **euroclases,** que establecen unas normas para el desarrollo de cables eléctricos con baja emisión de humos y gases tóxicos. Estos cables conceden más tiempo para realizar la evacuación en caso de incendio y son menos dañinos para los equipos de protección, por lo que facilitan las labores de rescate.

¿Qué características deben cumplir los cables en relación con el CPR?

La **reacción frente al fuego** de un cable tiene tres aspectos relevantes:

1. La contribución a la propagación del fuego por el calor emitido en la propia combustión del cable y por el desprendimiento de partículas incandescentes.
2. La cantidad y transparencia de los humos emitidos.
3. La acidez de los gases desprendidos.

Euroclases de los cables eléctricos

Tabla 1. *Según la energía liberada y la propagación del fuego.*

A_{ca}	Incombustible.
$B1_{ca}$	Combustible no inflamable. Con muy baja o nula propagación del fuego.
$B2_{ca}$	Combustible difícilmente inflamable. No propaga el fuego de forma continua y emite muy poco calor. Propagación del fuego muy limitada.
C_{ca}	Combustible difícilmente inflamable. No propaga el fuego de forma continua y emite muy poco calor. Propagación del fuego limitada.
D_{ca}	Moderadamente combustible. Mejor comportamiento frente a la llama que los cables sin retardante de la misma.
E_{ca}	Combustible fácilmente inflamable. Cables que tienen fácil propagación del fuego con la exposición a las llamas.
F_{ca}	Sin comportamiento declarado.

Tabla 1.1. *Clasificación adicional según la opacidad de los humos.*

s1	Escasa producción y lenta propagación de humos.
s1a	s1 y transparencia de humos superior al 80 % (UNE-EN 61034-2).
s1b	s1 y transparencia de humos superior al 60 % e inferior al 80 % (UNE-EN 61034-2).
s2	Valores intermedios de producción y propagación de humos.
s3	Ni s1 ni s2.

Tabla 1.2. *Clasificación adicional según el desprendimiento de gotas durante la combustión.*

d0	Sin caída de gotas y partículas inflamadas durante 1.200 s (UNE-EN 50399-2-1).
d1	Sin caída de gotas y partículas inflamadas durante más de 10 s (UNE-EN 50399-2-2).
d2	Ni d0 ni d1.

Tabla 1.3. *Clasificación adicional según la acidez de los humos.*

a1	Baja acidez (UNE-EN 50267-2-3, conductividad $< 2,5$ µS/mm y pH $> 4,3$).
a2	Valor intermedio de acidez (UNE-EN 50267-2-3, conductividad < 10 µS/mm y pH $> 4,3$).
a3	Ni a1 ni a2.

Adaptación del REBT a los requisitos CPR

Para adaptar la legislación española a los requisitos CPR, el Ministerio de Industria publicó en julio de 2016 los documentos de adaptación al REBT. La siguiente tabla muestra un resumen de estas adaptaciones.

REBT	Instalación	Clase CPR mínima
ITC-BT-14	Línea General de Alimentación	C_{ca}-s1b, d1, a1
ITC-BT-15	Derivaciones Individuales	C_{ca}-s1b, d1, a1
ITC-BT-16	Contadores	C_{ca}-s1b, d1, a1
ITC-BT-20	Instalaciones interiores	E_{ca}
ITC-BT-28	Instalaciones en locales de pública concurrencia	C_{ca}-s1b, d1, a1
ITC-BT-29	Locales con riesgo de incendio o explosión	C_{ca}-s1b, d1, a1

Ejemplo de designación Euroclase más común para cables en el REBT

C_{ca}	Combustible difícilmente inflamable. No propaga el fuego de forma continua y emite muy poco calor. Propagación del fuego limitada (UNE-EN 60332-1-2).
s1b	Escasa producción y lenta propagación de humos y transmitancia de humos entre el 60 % y el 80 % (UNE-EN 61034-2).
d1	Sin caída de gotas o partículas inflamadas durante más de 10 s (UNE-EN 50399-2-2).
a1	Baja acidez (UNE-EN 50267-2-3, conductividad < 2,5 µS/mm y pH > 4,3).
E_{ca}	Combustible fácilmente inflamable. Cables que tienen fácil propagación del fuego con la exposición a las llamas.

ANOTACIONES

Contenido del MATERIALweb

1. REBT

- **1.1.** RD 842/2002
- **1.2.** RD 560/2010
- **1.3.** RD 1053/2014
- **1.4.** RD 244/2019
- **1.5.** RD 542/2020
- **1.6.** RD 298/2021
- **1.7.** Corrección de errores del RD 560/210
- **1.8.** Erratas del REBT
- **1.9.** Ficha de equipos del REBT
- **1.10.** Titulación instalador de baja tensión 2019
- **1.11.** Adaptación del REBT a la reacción al fuego de los cables eléctricos

2. Instrucciones Técnicas Complementarias REBT

3. Guía Técnica de aplicación del REBT y Anexos

4. Documentación Técnica por Comunidades Autónomas

5. Seguridad eléctrica

- **5.1.** RD 614/2001 Protección frente al Riesgo Eléctrico
- **5.2.** RD 614/2001 Guía Riesgo Eléctrico
- **5.3.** Ley de Prevención de Riesgos Laborales
- **5.4.** RD 773/1997 Equipos de protección individual
- **5.5.** RD 485/1997 Señalización de seguridad
- **5.6.** RD 208-2005 Gestión de residuos (aparatos eléctricos)
- **5.7.** Seguridad material eléctrico (7-10-2005)

6. Leyes Sector Eléctrico

- **6.1.** Ley 54/1997 del Sector Eléctrico
- **6.2.** RD 1995/2000 Suministro de Energía Eléctrica

7. Código Técnico de la Edificación

- **7.1.** RD 314/2006 Código Técnico de la Edificación
- **7.2.** RD 173/2010 Modificaciones CTE
- **7.3.** Anexos al Código Técnico de la Edificación
- **7.4.** CTE-DBSI Seguridad Incendio

8. Eficiencia Energética en Edificios

9. Eficiencia Energética en Instalaciones de Alumbrado Exterior

- **9.1.** RD 1890/2008 Reglamento Eficiencia Energética de Alumbrado Exterior
- **9.2.** Guía Técnica de aplicación
- **9.3.** Documentación IDAE

10. Notas Técnicas de Prevención (NTP) para máquinas de elevación y transporte

- NTP 073: Distancias a líneas eléctricas de BT y AT
- NTP 125: Grúa-torre
- NTP 208: Grúa móvil
- NTP 255: Montacargas. Características estructurales
- NTP 271: Instalaciones eléctricas en obras de construcción
- NTP 634: Plataformas elevadoras móviles de personal
- NTP 701: Grúas-torre. Recomendaciones de seguridad en su manipulación
- NTP 72: Trabajos con elementos de altura en presencia de líneas eléctricas aéreas
- NTP 763: Distancias a líneas eléctricas de BT
- NTP 782-783: Grúas-torre. Recomendaciones de seguridad en el montaje, desmontaje y mantenimiento

11. Magnitudes y unidades de medida

12. Simbología Eléctrica

13. Guía FACEL con consideraciones sobre el reglamento CPR en relación a las clases posibles de reacción al fuego de los cables eléctricos

Instrucciones para el acceso al MATERIAL WEB

Puedes descargar estos útiles recursos y materiales a través de la ficha web de la obra *REBT. Reglamento Electrotécnico de Baja Tensión* (en **http://www.paraninfo.es/catalogo/9788413665061/**) mediante un sencillo registro desde la sección de «Recursos previo registro».